M. Crippa M. Rusconi A. Bargellini M. Fiorani D. Nepgen M. Mantelli

SCIENZE NATURALI

3

SECONDA EDIZIONE

LIBRO+WEB

Libro+Web è la piattaforma digitale Mondadori Education adatta a tutte le esigenze didattiche, che raccoglie e organizza i libri di testo in formato digitale, i **MEbook**; i **Contenuti Digitali Integrativi**; gli **Strumenti per la creazione di risorse**; la formazione **LinkYou**.

Il **centro dell'ecosistema digitale Mondadori Education** è il **MEbook**: la versione digitale del libro di testo. È fruibile **online** direttamente dalla homepage di Libro+Web e **offline** attraverso l'apposita app di lettura. Lo puoi consultare da qualsiasi dispositivo e se hai problemi di spazio puoi scaricare anche solo le parti del libro che ti interessano.

Il **MEbook** è personalizzabile: puoi ritagliare parti di pagina e inserire appunti, digitare del testo o aggiungere note. E da quest'anno trovi il vocabolario integrato direttamente nel testo.

È sempre con te: ritrovi qualsiasi modifica nella versione online e su tutti i tuoi dispositivi.

In Libro+Web trovi tutti i **Contenuti Digitali Integrativi** dei libri di testo, organizzati in un elenco per aiutarti nella consultazione.

All'interno della piattaforma di apprendimento sono inseriti anche gli Strumenti digitali per la personalizzazione, la condivisione e l'approfondimento: **Edutools**, **Editor di Test e Flashcard**, **Google Drive**, **Classe Virtuale**.

Da Libro+Web puoi accedere ai **Campus**, i portali disciplinari ricchi di news, info, approfondimenti e Contenuti Digitali Integrativi organizzati per argomento, tipologia o parola chiave.

Per costruire lezioni più efficaci e coinvolgenti il docente ha a disposizione il programma **LinkYou**, che prevede seminari per la didattica digitale, corsi, eventi e webinar.

Come ATTIVARLO e SCARICARLO

COME ATTIVARE IL MEbook

PER LO STUDENTE

- Collegati al sito mondadorieducation.it e, se non lo hai già fatto, registrati: è facile, veloce e gratuito.
- Effettua il login inserendo Username e Password.
- Accedi alla sezione Libro+Web e fai clic su "Attiva MEbook".
- Compila il modulo "Attiva MEbook" inserendo negli appositi campi tutte le cifre tranne l'ultima dell'ISBN, stampato sul retro del tuo libro, il codice contrassegno e quello seriale, che trovi sul bollino argentato SIAE nella prima pagina dei nostri libri.
- Fai clic sul pulsante "Attiva MEbook".

PER IL DOCENTE

- Richiedi al tuo agente di zona la copia saggio del libro che ti interessa.

COME SCARICARE IL MEbook

È possibile accedere online al **MEbook** direttamente dal sito mondadorieducation.it oppure scaricarlo per intero o in singoli capitoli sul tuo dispositivo, seguendo questa semplice procedura:

- Scarica la nostra applicazione gratuita che trovi sul sito mondadorieducation.it o sui principali store di app.
- Lancia l'applicazione.
- Effettua il login con Username e Password scelte all'atto della registrazione sul nostro sito.
- Nella libreria è possibile ritrovare i libri attivati: clicca su "Scarica" per renderli disponibili sul tuo dispositivo.
- Per leggere i libri scaricati fai clic su "leggi".

Accedi al MEbook anche senza connessione ad Internet.
Vai su www.mondadorieducation.it e scopri come attivare, scaricare e usare il tuo MEbook.

www.mondadorieducation.it

UNA DIDATTICA DIGITALE INTEGRATA

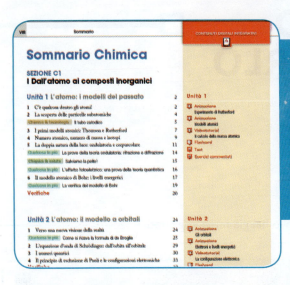

Studente e docente trovano un elenco dei **Contenuti Digitali Integrativi** nell'INDICE, che aiuta a pianificare lo studio e le lezioni in classe.

VIDEO E VIDEOLABORATORI

- Filmati per approfondire i temi più importanti attraverso una narrazione multimediale.
- Attività di laboratorio guidate per sviluppare le competenze attraverso esperienze, attività e ricerche.

MONDADORI EDUCATION

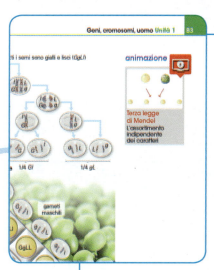

ANIMAZIONI

Risorse animate di supporto e di semplificazione per visualizzare processi complessi e recuperare lacune.

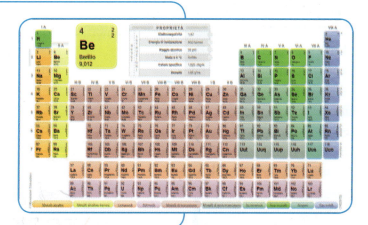

APP

La Tavola periodica interattiva, per esplorare le proprietà degli elementi chimici e scoprirne le caratteristiche meno conosciute.

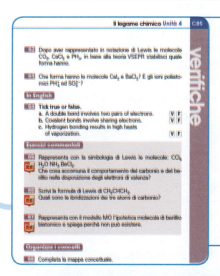

ESERCIZI COMMENTATI

Gli svolgimenti passo passo per imparare a risolvere i problemi, dai più semplici ai più complessi, attraverso un procedimento guidato.

E tanti altri Contenuti Digitali Integrativi:

 Test autocorrettivi per verificare le conoscenze.

 Flashcard, per ripassare e fissare bene i concetti.

 Webdoc, per approfondire.

 Videotutorial, per imparare con metodo.

www.mondadorieducation.it

Sommario
Scienze della Terra

SEZIONE T1
Le rocce e i processi litogenetici — T1
Qualcosa in più — Alcuni concetti fondamentali di chimica — T2

Unità 1 I minerali — T5

1. La mineralogia — T5
2. La composizione della crosta terrestre — T5
3. I minerali — T7
4. Genesi e caratteristiche dei cristalli — T8

Qualcosa in più — Come si studiano i reticoli cristallini? — T11

5. Due importanti proprietà dei minerali: polimorfismo e isomorfismo — T12
6. Alcune proprietà fisiche dei minerali — T13
7. La classificazione dei minerali — T15
8. I silicati e la loro classificazione — T15

Scienze della Terra & salute — Amianto: un killer invisibile — T19

9. Un'ulteriore distinzione: minerali femici e sialici — T20
10. I minerali non silicati — T20

Qualcosa in più — Le pietre preziose — T21
Qualcosa in più — L'oro del Ticino — T22
Verifiche — T23

Unità 1
- Animazione — I minerali e le rocce
- Flashcard
- Test

Unità 2 Le rocce ignee o magmatiche — T26

1. Le rocce — T26

Qualcosa in più — Lo studio delle rocce — T28

2. Il processo magmatico: dal magma alla roccia — T28
3. La classificazione delle rocce magmatiche — T29

Qualcosa in più — Classificazione modale: il diagramma di Streckeisen — T34

4. La genesi dei magmi — T35

Qualcosa in più — Usi delle rocce ignee — T36

5. Il dualismo dei magmi — T37
6. Cristallizzazione frazionata e differenziazione magmatica — T38

Qualcosa in più — Le serie magmatiche — T40
Verifiche — T41

Unità 2
- Webdoc — Le rocce ignee
- Flashcard
- Test

Unità 3 Plutoni e vulcani — T44

1. Plutoni — T44

Qualcosa in più — I plutoni italiani — T48

2. I vulcani: meccanismo eruttivo — T49
3. Attività vulcanica esplosiva — T50
4. Attività vulcanica effusiva — T52
5. Eruzioni centrali ed edifici vulcanici — T54

Qualcosa in più — I camini kimberlitici: resti di antichi apparati vulcanici — T56

Unità 3
- Video — I vulcani
- Animazione — I vulcani
- Flashcard
- Test

CONTENUTI DIGITALI INTEGRATIVI

Storie di ieri	Le più spaventose eruzioni vulcaniche della storia recente	T58
6	Eruzioni lineari o fissurali	T60
7	Vulcanismo secondario	T60
Qualcosa in più	Islanda: terra di vulcani e di ghiacciai	T61
Scienze della Terra & tecnologia	Energia geotermica in Italia	T62
8	Distribuzione dei vulcani sulla Terra	T63
9	I vulcani italiani	T63
Storie di ieri	L'eruzione del Vesuvio del 79 d.C.	T66
10	Il rischio vulcanico	T67
Qualcosa in più	I Campi Flegrei: una zona ad alto rischio	T68
Qualcosa in più	Il piano di emergenza per il Vesuvio	T69
Verifiche		T70

Unità 4 Rocce sedimentarie ed elementi di stratigrafia — T74

1	Il processo sedimentario	T74
2	La classificazione delle rocce sedimentarie	T76
Storie di ieri	Le Dolomiti: un'antica barriera corallina	T78
Qualcosa in più	I combustibili fossili	T81
Scienze della Terra & tecnologia	Uso delle rocce sedimentarie in edilizia	T82
3	Elementi di stratigrafia	T83
Qualcosa in più	Dalle strutture sedimentarie agli ambienti di sedimentazione	T84
Qualcosa in più	Gli ambienti sedimentari	T90
Verifiche		T91

Unità 4
- Webdoc — Le rocce sedimentarie
- Flashcard
- Test

Unità 5 Le rocce metamorfiche e il ciclo litogenetico — T94

1	Il processo metamorfico	T94
2	Studio e classificazione	T95
3	Metamorfismo retrogrado	T96
Qualcosa in più	Alcune reazioni metamorfiche	T96
4	Tipi di metamorfismo e strutture derivate	T97
5	Le serie metamorfiche	T98
6	Il ciclo litogenetico	T100
Qualcosa in più	Usi delle rocce metamorfiche	T101
Verifiche		T102

Unità 5
- Animazione — Il ciclo delle rocce
- Webdoc — Le rocce metamorfiche
- Flashcard
- Test

Verso le competenze Riconoscimento dei minerali	T106
Le proprietà fisiche dei minerali	T107
Riconoscimento di correlazioni stratigrafiche basate sulla presenza di fossili guida	T107

Laboratorio
La crescita di sali di salgemma	T108

CONTENUTI DIGITALI INTEGRATIVI

Sommario Chimica

SEZIONE C1
Dall'atomo ai composti inorganici — C1

Unità 1 L'atomo: i modelli del passato — C2

1. C'è qualcosa dentro gli atomi! — C2
2. La scoperta delle particelle subatomiche — C4
   - **Chimica & tecnologia** Il tubo catodico — C5
3. I primi modelli atomici: Thomson e Rutherford — C7
4. Numero atomico, numero di massa e isotopi — C9
5. La doppia natura della luce: ondulatoria e corpuscolare — C11
   - **Qualcosa in più** Le prove della teoria ondulatoria: rifrazione e diffrazione — C14
   - **Chimica & salute** Salviamo la pelle! — C15
   - **Qualcosa in più** L'effetto fotoelettrico: una prova della teoria quantistica — C16
6. Il modello atomico di Bohr: i livelli energetici — C17
   - **Qualcosa in più** La verifica del modello di Bohr — C19

Verifiche — C20

Unità 1
- Animazione — Esperimento di Rutherford
- Animazione — Modelli atomici
- Videotutorial — Il calcolo della massa atomica
- Flashcard
- Test
- Esercizi commentati

Unità 2 L'atomo: il modello a orbitali — C24

1. Verso una nuova visione della realtà — C24
   - **Qualcosa in più** Come si ricava la formula di de Broglie — C25
2. L'equazione d'onda di Schrödinger: dall'orbita all'orbitale — C29
3. I numeri quantici — C30
4. Il principio di esclusione di Pauli e le configurazioni elettroniche — C33

Verifiche — C37

Unità 2
- Animazione — Gli orbitali
- Animazione — Elettroni e livelli energetici
- Videotutorial — La configurazione elettronica
- Flashcard
- Test

Unità 3 Il sistema periodico e le proprietà periodiche — C40

1. Massa atomica o numero atomico? Una nuova legge periodica — C40
2. Tavola periodica e configurazioni elettroniche — C42
3. Le proprietà periodiche — C46
   - **Qualcosa in più** L'energia di prima ionizzazione in funzione del numero atomico — C50

Verifiche — C53

Unità 3
- Tavola periodica interattiva
- Animazione — Proprietà del gruppo I A
- Animazione — Proprietà del gruppo II A
- Animazione — Proprietà del gruppo VII A
- Animazione — Proprietà del gruppo VIII A
- Videotutorial — Energia di ionizzazione
- Flashcard
- Test
- Esercizi commentati

Unità 4 Il legame chimico — C56

1. Che cos'è un legame chimico? — C56
2. Il legame covalente — C59
   - **Chimica & tecnologia** Molecole polari... in cucina! — C63
   - **Qualcosa in più** La risonanza (o mesomeria): come rappresentare i legami delocalizzati — C65
3. Il legame ionico — C66
   - **Qualcosa in più** Perché si forma il legame ionico? — C67
4. Il legame metallico — C68
5. Geometria molecolare: la forma delle molecole — C69
6. La teoria del legame di valenza — C72
7. L'ibridazione degli orbitali — C75
8. La teoria dell'orbitale molecolare — C77
   - **Qualcosa in più** Conduttori, semiconduttori e teoria delle bande — C79
9. I legami deboli, o forze intermolecolari — C80

Verifiche — C82

Unità 4 — Contenuti digitali integrativi

- **Animazione** — Legame covalente semplice, doppio e triplo
- **Videotutorial** — Spostiamo gli elettroni
- **Videotutorial** — Formule di Lewis delle molecole
- **Animazione** — Legame ionico e legame covalente
- **Videotutorial** — La struttura delle molecole
- **Animazione** — La teoria del legame di valenza
- **Flashcard**
- **Test**
- **Esercizi commentati**

Unità 5 Le classi dei composti inorganici e la loro nomenclatura — C86

1. Due indici per contare i legami — C86
2. La classificazione dei composti inorganici — C88
3. La nomenclatura tradizionale — C89
4. La nomenclatura razionale (IUPAC) — C94
5. Le formule di struttura dei composti — C96

Verifiche — C99

Unità 5 — Contenuti digitali integrativi

- **Flashcard**
- **Test**
- **Esercizi commentati**

Verso le competenze

A. I corpuscoli di Thomson — C104
B. Gli isotopi — C104
C. Il gadolinio — C105

Laboratorio

Saggi alla fiamma — C106
Il simile scioglie il simile — C107
Miscibilità e solubilità di una sostanza in relazione ai legami che la caratterizzano — C108

- **Videolaboratorio** — Saggi alla fiamma

CONTENUTI DIGITALI INTEGRATIVI

Sommario Biologia

SEZIONE B1
I meccanismi dell'ereditarietà e dell'evoluzione — B1

Unità 1 Geni, cromosomi, uomo — B2

1. La teoria cromosomica dell'ereditarietà — B2
2. La determinazione del sesso — B4
   - Qualcosa in più — Come si determina il sesso negli animali? — B5
3. L'associazione di geni (*linkage*) — B7
4. La genetica e l'uomo — B8
   - Biologia & salute — SCID: i bambini-bolla — B10
   - Storie di ieri — Eugenetica: un'idea pericolosa — B14
5. Anomalie cromosomiche — B16
   - Biologia & salute — Il cariotipo — B17
- Verifiche — B19

Unità 1
- Animazione — Terza legge di Mendel
- Flashcard
- Test

Unità 2 Il DNA e l'espressione genica — B22

1. La natura molecolare del gene — B22
2. La scoperta della struttura del DNA — B25
   - Storie di ieri — Rosalind Franklin e la scoperta della doppia elica — B26
3. La duplicazione del DNA: come si trasmette il patrimonio genetico — B27
   - Biologia & salute — I telomeri e l'invecchiamento cellulare — B29
4. I geni si esprimono per mezzo delle proteine — B29
5. Il flusso dell'informazione genetica dal DNA alle proteine — B31
   - Qualcosa in più — Le eccezioni al dogma centrale: retrovirus e prioni — B31
   - Storie di ieri — La decifrazione del codice genetico — B33
6. Le mutazioni: il DNA non è infallibile — B38
   - Biologia & salute — Le malattie genetiche: cause e possibili terapie — B40
7. Il controllo dell'espressione genica — B41
- Verifiche — B47

Unità 2
- Video — La duplicazione del DNA
- Video — Il codice genetico
- Animazione — La sintesi proteica
- Flashcard
- Test

Unità 3 La sintesi evoluzionistica — B50

1. Da Darwin alla moderna teoria sintetica — B50
2. La genetica delle popolazioni — B51
3. L'equilibrio di Hardy-Weinberg — B53
   - Biologia & salute — La legge di Hardy-Weinberg e gli studi sulla frequenza delle malattie genetiche — B54
4. I fattori del cambiamento (microevoluzione) — B55

Unità 3
- Animazione — Elettroforesi su gel
- Animazione — La deriva genetica
- Animazione — Il collo di bottiglia

Storie di ieri L'isola dei senza colore e quella dei senza rumore		B57
5	Il mantenimento e l'incremento della variabilità: riproduzione sessuale e altri meccanismi	B59
6	La selezione naturale	B60
Qualcosa in più Il polimorfismo bilanciato		B62
7	L'adattamento all'ambiente	B63
Qualcosa in più Nessuno è perfetto		B65
8	La speciazione	B67
9	Modelli evolutivi: i possibili percorsi dell'evoluzione	B71
Qualcosa in più I fringuelli delle Galápagos: un esempio di radiazione adattativa		B72
10	I tempi dell'evoluzione: gradualismo o intermittenza?	B75
Biologia & tecnologia Le nuove frontiere dell'evoluzionismo: Evo-Devo ed epigenetica		B77
Qualcosa in più Il colpo di coda del creazionismo: il disegno intelligente		B78
Verifiche		B79

Unità 4 La storia della biodiversità — B82

1	La comparsa dei primi viventi	B82
Qualcosa in più Molecole autoreplicanti e protoselezione		B86
2	L'evoluzione biologica	B86
3	Fossili e fossilizzazione	B88
Biologia & tecnologia Da *Jurassic Park* al... "pollosauro"		B90
4	Breve storia biologica della Terra	B91
Verifiche		B94

Unità 5 L'evoluzione dell'uomo — B96

1	La comparsa dei primati	B96
2	Le differenze anatomiche tra uomo e scimmie antropomorfe	B99
3	Dai primi ominidi all'uomo moderno	B101
Storie di ieri Laetoli: impronte nel fango		B102
Qualcosa in più L'*Homo floresiensis*: una specie o un malato?		B107
4	Una sola origine, una sola razza	B107
Biologia & salute Intolleranza al lattosio e popolazioni umane		B109
5	Lo sviluppo del linguaggio umano	B109
Qualcosa in più L'evoluzione culturale		B111
Verifiche		B112
Verso le competenze Una "mappa" tridimensionale del genoma umano		B114
Laboratorio Costruiamo un modello di DNA		B116

CONTENUTI DIGITALI INTEGRATIVI

Animazione
La separazione geografica

Flashcard

Test

Unità 4

Animazione
La teoria dell'endosimbiosi

Animazione
La formazione dei fossili

Animazione
Mutamenti e popolazioni nel corso delle ere

Flashcard

Test

Unità 5

Flashcard

Test

Videolaboratorio
Estrazione e separazione di proteine
Striscio di sangue

Sommario

SEZIONE B2
Forme e funzioni delle piante — B117

Unità 6 La struttura delle piante superiori — B118

1. Le piante superiori: fusto, radici e foglie — B118
2. I tessuti vegetali — B119
3. Dal seme alla pianta: germinazione e sviluppo — B121
4. La radice: assorbimento, trasporto e ancoraggio al suolo — B124
5. Il fusto: sostegno, conduzione e fotosintesi — B127
   - *Qualcosa in più* Fusti modificati: stoloni e rizomi — B130
6. La foglia: fotosintesi e scambi gassosi — B131
7. Il fiore, organo della riproduzione sessuale — B134
8. Il frutto, veicolo delle disseminazione — B136
   - *Biologia & salute* La fitoterapia: curarsi con le piante — B138
- **Verifiche** — B139

Unità 7 Le funzioni vitali delle piante superiori — B142

1. Fisiologia vegetale: come funzionano le piante — B142
2. Crescita e sviluppo: la regolazione ormonale — B142
   - *Storie di ieri* La scoperta dei fitormoni — B146
3. Le risposte agli stimoli ambientali — B147
4. Esigenze e strategie nutrizionali delle piante — B150
   - *Qualcosa in più* Un modo diverso di "nutrirsi": piante parassite e piante carnivore — B153
5. L'assorbimento dell'acqua e dei sali minerali — B154
6. Il trasporto dell'acqua e dei sali minerali — B155
7. Il trasporto della linfa elaborata — B157
8. La fotosintesi: energia dalla luce, atomi dall'acqua e dall'anidride carbonica — B158
9. La risposta agli stress — B159
10. I meccanismi riproduttivi delle piante superiori — B161
- **Verifiche** — B163

Verso le competenze Una "foglia artificiale" a basso costo — B166
Laboratorio Osservazione di sezioni vegetali al microscopio ottico — B168
Osservazione del tessuto parenchimatico — B168

Indice analitico — XIII
Appendice — XXI
Tavola periodica — XXII

CONTENUTI DIGITALI INTEGRATIVI

Unità 6
- Flashcard
- Test

Unità 7
- Animazione — Il funzionamento degli stomi
- Animazione — Fotosintesi e respirazione
- Animazione — Il ciclo vitale delle piante
- Flashcard
- Test

- Videolaboratorio
  - Estrazione del DNA da piante
  - Il lievito come modello di speciazione

- App
  - Tavola periodica multimediale

Scienze della Terra

sezione T1
Le rocce e i processi litogenetici

Unità
1. **I minerali**
2. **Le rocce ignee o magmatiche**
3. **Plutoni e vulcani**
4. **Rocce sedimentarie ed elementi di stratigrafia**
5. **Le rocce metamorfiche e il ciclo litogenetico**

Obiettivi

Conoscenze
Dopo aver studiato questa Sezione sarai in grado di:

→ descrivere i criteri di classificazione di minerali e rocce;

→ illustrare i tipi di rocce esistenti e le loro strutture;

→ descrivere il meccanismo eruttivo, i diversi tipi di eruzione (attività effusiva ed esplosiva) e i prodotti a essi connessi;

→ illustrare i fenomeni secondari dell'attività vulcanica con particolare riferimento allo sfruttamento dell'energia geotermica;

→ descrivere gli ambienti di formazione delle rocce, in particolare delle rocce sedimentarie.

Competenze
Dopo aver studiato questa Sezione ed aver eseguito le Verifiche sarai in grado di:

→ osservare e imparare a riconoscere sommariamente una roccia, a partire dall'analisi della struttura macroscopica, per classificarla come ignea, sedimentaria o metamorfica;

→ comunicare attraverso la terminologia specifica della geologia descrittiva e interpretativa, imparando a utilizzare informazioni e dati riportati nel testo e nelle figure;

→ correlare le molteplici informazioni descrittive e metterle in relazione con l'interpretazione del fenomeno (ad esempio, mettere in relazione l'origine dei magmi con la loro composizione chimica, il tipo di lava col tipo di attività vulcanica, col tipo di prodotto, col tipo di deposito e col tipo di edificio vulcanico risultante).

Alcuni concetti fondamentali di chimica

Gli atomi, i "mattoni" della materia

Tutta la materia è composta da unità piccolissime, delle dimensioni di poche decine o centinaia di nanometri e quindi invisibili, chiamate atomi (dal greco *atomos*, "indivisibile"). Un atomo è formato da tre tipi di particelle, ancora più piccole: i protoni (p^+, dotati di carica elettrica positiva), i neutroni (n, privi di carica elettrica) e gli elettroni (e^-, con carica elettrica negativa).

Gli atomi non sono tutti uguali: la differenza tra un atomo e un altro dipende dal diverso numero di protoni che contiene (che a sua volta influenza il numero di neutroni ed elettroni). A ogni tipo di atomo corrisponde un elemento chimico: tutti gli atomi di un elemento sono identici tra loro, ma sono differenti dagli atomi degli altri elementi proprio perché hanno un diverso numero di protoni.

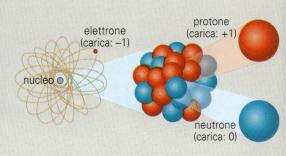

vedi la sezione di Chimica, Unità 1

Quanto "pesa" un atomo?

In base al numero di protoni e neutroni che possiede, un atomo ha una certa massa; gli elettroni sono molto più leggeri, e quindi il loro peso è trascurabile. L'idrogeno, per esempio, è l'atomo più leggero presente nell'universo perché ha un solo protone, mentre il piombo è molto pesante poiché ha 82 protoni e un numero simile di neutroni. Per misurare la massa degli atomi, che è estremamente piccola, non si usa la comune unità di misura dei pesi, il chilogrammo, e nemmeno un suo sottomultiplo, ma un'unità di misura introdotta appositamente: il **dalton** o, più correttamente, l'**unità di massa atomica** (u.m.a.), che è pari a 1/12 della massa dell'atomo di carbonio-12 e vale $1{,}667 \cdot 10^{-27}$ kg.

Per questo motivo la massa degli atomi è detta massa atomica relativa: un atomo di ossigeno, per esempio, ha una massa di 16 u.m.a. perché la sua massa è 16 volte maggiore di quella di 1/12 dell'atomo C-12.

Il modello planetario di Bohr

Secondo il modello atomico planetario proposto nel 1913 dal fisico danese N. Bohr, l'atomo si può immaginare come una specie di piccolissimo sistema solare in cui i protoni e i neutroni, di massa maggiore, sono concentrati in una zona centrale, il nucleo, mentre i leggerissimi elettroni "orbitano" intorno ad esso come i pianeti intorno al Sole (▶ 2).
Oggi questo modello è superato dal modello quanto-meccanico, ma è ancora molto utile per descrivere in modo semplice i fenomeni chimici.

Se si eccettua l'idrogeno, che possiede un solo elettrone, tutti gli altri atomi sono dotati di un certo numero di elettroni, che si muovono su orbite situate a distanze crescenti dal nucleo: queste orbite, in cui gli elettroni "stazionano" (ossia orbitano senza variare la distanza dal nucleo), sono dette livelli energetici e possono essere paragonate a una serie di gusci concentrici sempre più grandi. Nel primo livello, il più vicino al nucleo, possono stazionare al massimo 2 elettroni, nei livelli successivi un massimo di 8 elettroni.

Gli elettroni si collocano nei diversi livelli in base al criterio dell'energia crescente: se un atomo possiede numerosi elettroni, essi si collocano prima nel primo livello, riempiendolo, poi nel secondo e così via.

L'unico livello che rimane incompleto in quasi tutti gli atomi (eccetto i gas nobili, o inerti, come elio e neon) è il più esterno: gli elettroni che vi orbitano sono detti elettroni di valenza e hanno grande importanza nella formazione dei legami chimici.

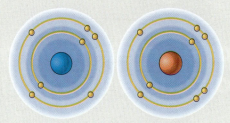

Figura 2 La struttura planetaria dell'atomo.

vedi la sezione di Chimica, Unità 1

Gli atomi possono perdere o acquistare elettroni: gli ioni

Di norma il numero degli elettroni presenti in un atomo è uguale a quello dei protoni: l'idrogeno, che ha un solo protone nel nucleo, possiede un elettrone; l'elio, che ha due protoni, possiede 2 elettroni; il piombo, che ha 82 protoni, possiede 82 elettroni. Per questo motivo gli atomi sono elettricamente neutri.

A volte però accade che un atomo acquisti oppure perda uno o più elettroni diventando uno ione, ossia un atomo dotato di carica elettrica; nel primo caso acquisisce una carica elettrica negativa (anione o ione negativo), poiché possiede più elettroni (negativi) che protoni (positivi), nel secondo caso acquisisce una carica elettrica positiva (catione o ione positivo), poiché possiede più protoni che elettroni.

La carica dello ione viene indicata a destra del suo simbolo atomico, come evidenziano gli esempi seguenti, in cui H ha perso un elettrone, Cl ne ha acquistato uno, Ca ne ha persi due e O ne ha acquistati due:

$$H^+ \quad Cl^- \quad Ca^{2+} \quad O^{2-}$$

In generale, indicando con n il numero di cariche elettriche possedute dall'atomo:

$$X^{n-} \quad \text{oppure} \quad X^{n+}$$

(la carica unitaria si indica solo con + o −, senza il numero 1)

QUALCOSA IN PIÙ

I minerali Unità 1

vedi la sezione di Chimica, Unità 3

Il Sistema Periodico degli elementi

Gli elementi chimici naturali e quelli creati artificialmente dall'uomo nei laboratori di fisica nucleare sono ordinati in base al loro numero atomico e raggruppati in base alle loro caratteristiche chimiche nel **Sistema Periodico degli elementi** (o **Tavola Periodica di Mendeleev**).

Le righe orizzontali della Tavola Periodica (TP, ▶3) sono dette **periodi** e numerate con numeri arabi, mentre le colonne verticali sono dette **gruppi** e numerate tradizionalmente con numeri romani. Gli elementi dello stesso gruppo possiedono caratteristiche chimiche simili perché hanno il medesimo numero di elettroni di valenza.

Sulla sinistra della TP sono posizionati i **metalli** (ferro, rame, sodio, potassio ecc.) solidi, lucenti, buoni conduttori di elettricità e calore, mentre sulla destra sono collocati i **non metalli**, che hanno proprietà tra loro differenti e possono essere gassosi, liquidi o solidi (ossigeno, azoto, carbonio, zolfo ecc.). Il blocco centrale è costituito dai **metalli di transizione** (che sono i metalli più comuni). Gli elementi che si trovano sulla stessa riga, per esempio tutti quelli tra il litio (Z = 3) e il neon (Z = 10), appartengono allo stesso periodo e i loro atomi possiedono lo stesso numero di livelli.

Gli elementi che si trovano nella stessa colonna, come H, Li, Na ecc., appartengono allo stesso gruppo e hanno proprietà chimiche simili, poiché possiedono lo stesso numero di elettroni di valenza nel livello più esterno: nel caso del gruppo I un solo elettrone, nel gruppo II due elettroni, sino a 8 elettroni nel gruppo VIII (il gruppo dei gas inerti). Il colore giallo infine indica i metalli, il verde i semimetalli (con caratteristiche solo in parte metalliche) e il rosa i non metalli.

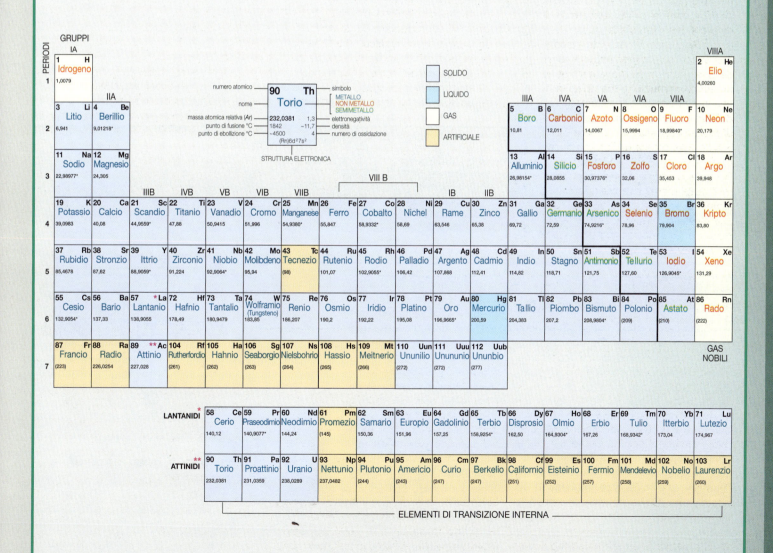

Figura 3 La moderna tavola periodica.

QUALCOSA IN PIÙ

Numero atomico, numero di massa e isotopi

Ogni elemento è definito dal numero di protoni presenti nel nucleo, ossia dal suo **numero atomico** (Z). Per indicare il numero atomico di un elemento si usa scriverlo in basso a sinistra del simbolo:

$$_1H \quad _6C \quad _7N \quad _8O$$

Nel nucleo di un atomo è presente anche un certo numero di neutroni, che hanno la funzione di interporsi tra i protoni in modo che non si respingano elettricamente.
Per questo motivo si è introdotto il **numero di massa** (N), che è la somma del numero di protoni (Z) e del numero di neutroni (N) presenti nel nucleo di un atomo:

$$A = Z + N$$

Il numero di massa si scrive in alto a sinistra del simbolo dell'elemento:

$$^1H \quad ^{12}C \quad ^{14}N \quad ^{16}O \quad ^{235}U$$

(si può anche scrivere: idrogeno-1, carbonio-12 ecc.)
Spesso si indicano sia il numero atomico sia quello di massa:

$$^1_1H \quad ^{12}_6C \quad ^{14}_7N \quad ^{16}_8O \quad ^{235}_{92}U$$

Gli atomi di uno stesso elemento chimico hanno il medesimo numero atomico, ma non obbligatoriamente lo stesso numero di massa, poiché possono possedere un diverso numero di neutroni: in questo caso si tratta di isotopi dello stesso elemento. Possiedono identiche proprietà chimiche, ma massa diversa.
La maggior parte degli elementi chimici è in pratica una miscela di isotopi, presenti in natura in percentuali differenti ma costanti nel tempo. Il caso più noto è quello dell'idrogeno (Z = 1), di cui esistono tre isotopi (▶ 4):

→ l'**idrogeno normale** o **pròzio** con un protone nel nucleo: ^1_1H (99,985% del totale);

→ il **deuterio** con un protone e un neutrone nel nucleo: ^2_1H (0,015%);

→ il **trizio** con un protone e due neutroni: ^3_1H (percentuale irrilevante).

Un altro esempio importante è quello del carbonio (Z = 6), anch'esso con tre isotopi:

$$^{12}_6C \quad ^{13}_6C \quad ^{14}_6C$$

Il carbonio-14 è un isotopo radioattivo (o radioisotopo), ossia un atomo il cui nucleo instabile si trasforma nel tempo, con velocità costante, in un nucleo stabile, emettendo radiazioni (decadimento radioattivo). Grazie a questa proprietà alcuni radioisotopi, come il C-14, vengono utilizzati per datare i fossili.

vedi la sezione di Chimica, Unità 1

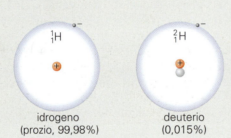
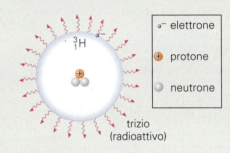

- elettrone
- protone
- neutrone

idrogeno (prozio, 99,98%) — deuterio (0,015%) — trizio (radioattivo)

Figura 4 I tre isotopi dell'idrogeno naturale.

I legami chimici

Con pochissime eccezioni (i gas inerti), gli atomi degli elementi non tendono a "stare da soli" ma a unirsi tra loro per mezzo di **legami chimici**. Lo fanno per raggiungere una maggiore stabilità energetica, che ottengono quando riescono a completare il livello energetico più esterno con 2 (nel caso dell'idrogeno) o con 8 elettroni (tutti gli altri): è la **regola dell'ottetto di stabilità**. I principali tipi di legami sono il **covalente**, lo ionico e il **metallico**.

vedi la sezione di Chimica, Unità 4

Il legame ionico: tra ioni positivi e ioni negativi

Esistono però anche composti solidi (detti genericamente **sali**) che non sono formati da molecole, ma da ioni di carica opposta che si attraggono reciprocamente. La forte attrazione elettrica che li tiene uniti è detta legame ionico. Gli ioni si formano grazie al trasferimento di uno o più elettroni da un atomo all'altro, quando questi hanno una notevole differenza di elettronegatività, come nel caso del cloruro di sodio (NaCl), un composto ionico formato da ioni sodio positivi (Na⁺) e da ioni cloro negativi (Cl⁻) disposti ordinatamente in una struttura tridimensionale, detta reticolo cristallino, in cui ogni atomo di sodio ha ceduto un elettrone a un atomo di cloro (▶ 5).

Il motivo per cui gli atomi di sodio e cloro si trasformano in ioni nasce, anche in questo caso, dalla tendenza degli atomi a riempire di elettroni il proprio livello esterno.
Il cloro (Z = 17) possiede due livelli pieni e il terzo (il più "esterno") con 7 elettroni di valenza; acquistando un elettrone riempie il terzo livello e raggiunge "l'ottetto di stabilità".
Il sodio (Z = 11) ha due livelli pieni e il terzo con un solo elettrone di valenza: cedendo questo elettrone al cloro rimane con due soli livelli, ma pieni, ed è quindi stabile.

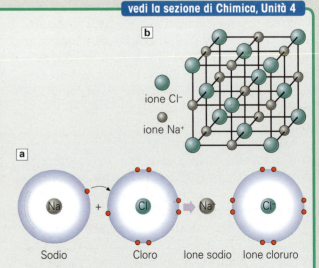

Figura 5 a) Reticolo cristallino del cloruro di sodio con ioni Na⁺ e Cl⁻ alternati; **b)** il sodio cede al cloro l'elettrone del suo livello energetico più esterno.

unità 1

scienze della terra

I minerali

Perché i minerali tendono ad assumere una forma geometrica particolare?

1 La mineralogia

La mineralogia, come studio sistematico, nasce in Sassonia nel XVI secolo a opera di Georg Bauer (▶1), più noto come Georgius Agricola (1494-1555): nel *De re metallica* egli portò a compimento il primo tentativo di classificazione dei minerali in base alle loro caratteristiche fisiche. Tuttavia l'interesse dell'uomo per i minerali è molto più antico. Il fascino della loro lucentezza e il mistero delle loro diverse forme geometriche li hanno elevati, da tempo immemorabile, al rango di oggetti preziosi, a volte persino dotati di proprietà magiche o terapeutiche. Una forte spinta alla ricerca mineraria venne, inoltre, dalla nascita e dallo sviluppo della metallurgia (l'estrazione dei metalli dai minerali) nelle società antiche.

Al giorno d'oggi i minerali non hanno certo perso di importanza. Da essi si estraggono elementi chimici essenziali per molte applicazioni tecnologiche e industriali: si pensi al silicio per i computer o all'uranio per le centrali nucleari.

Lo studio dei minerali assume anche un'importanza di tipo scientifico: le loro caratteristiche fisiche e chimiche dipendono dalle condizioni ambientali in cui si sono formati. La mineralogia fornisce allo studioso informazioni sui processi di trasformazione che la superficie del nostro pianeta ha subìto nel corso del tempo.

2 La composizione della crosta terrestre

Minerali e rocce costituiscono la parte più esterna del nostro pianeta: la **crosta terrestre**.

La nostra conoscenza diretta di questi materiali è limitata alle rocce che affiorano in superficie e che si estraggono dal sottosuolo con l'attività mineraria o in seguito ad attività di perforazione effettuate per la ricerca e l'estrazione di idrocarburi. Ma le miniere e le trivellazioni effettuate per questi scopi raggiungono profondità modeste, al massimo 7 km.

Il pozzo più profondo del mondo si trova in Russia, nella penisola di Kola, vicino a Murmansk. Questa perforazione, avviata per scopi di ricerca scientifica e arrivata oltre i 12 km di profondità, ha permesso di ampliare le nostre conoscenze dirette sulla parte superficiale della crosta continentale e di sviluppare nuove tecniche per l'esplorazione profonda.

Purtroppo, negli ultimi decenni alcuni progetti molto ambiziosi, che avevano come obiettivo l'esplorazione diretta di tutta la crosta terrestre, sono stati abbandonati per un problema di costi.

Perciò la nostra conoscenza dei materiali presenti nelle zone più profonde non può essere che indiretta, ottenuta prevalentemente con lo studio della propagazione delle onde sismiche in profondità (Unità 6).

Figura 1 Georg Bauer (1494-1555) è considerato il "padre" della mineralogia.

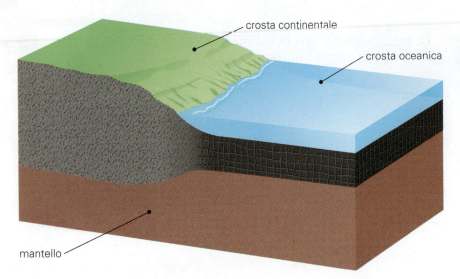

Figura 2 La crosta terrestre.

Figura 3 Nel vallone del Breuil, nei pressi del Passo del Piccolo San Bernardo, affiorano moltissime rocce di origine oceanica, ora parte integrante della crosta continentale (in primo piano, più scure). Sullo sfondo la Pointe Rousse, costituita da rocce di origine continentale (più chiare).

Si distinguono due tipi di crosta: continentale e oceanica. La crosta continentale, rispetto alla crosta oceanica, è costituita da rocce diverse e ha uno spessore maggiore; ambedue poggiano su uno strato di rocce più dense chiamato **mantello** (▶2).

A volte lembi di crosta oceanica che formavano antichi oceani si ritrovano intrappolati all'interno della crosta continentale a causa dei movimenti che provocano la formazione delle catene montuose in varie zone del pianeta e ne diventano parte costituente. Il vantaggio è evidente: si può studiare la composizione delle rocce che costituivano antichi i fondali oceanici "comodamente" sulla terraferma (▶3).

Tutte le informazioni raccolte confermano che solo alcuni dei 92 elementi chimici esistenti in natura sono presenti in quantità rilevanti nella crosta terrestre (▶4 e **TABELLA 1** e **2**).

TABELLA 1 Elementi costituenti la crosta terrestre in ordine di abbondanza

Elemento	Simbolo chimico	Percentuale in peso
1 Ossigeno	O	46,60
2 Silicio	Si	27,72
3 Alluminio	Al	8,13
4 Ferro	Fe	5,00
5 Calcio	Ca	3,63
6 Sodio	Na	2,83
7 Potassio	K	2,59
8 Magnesio	Mg	2,09
9 Titanio	Ti	0,44
10 Idrogeno	H	0,14

TABELLA 2 Altri elementi importanti dal punto di vista geologico

Elemento	Simbolo chimico	Elemento	Simbolo chimico
Argon	Ar	Litio	Li
Boro	B	Manganese	Mn
Bromo	Br	Azoto	N
Carbonio	C	Nichel	Ni
Cloro	Cl	Piombo	Pb
Rame	Cu	Rubidio	Rb
Fluoro	F	Zolfo	S
Elio	He	Selenio	Se
Iridio	Ir	Stronzio	Sr
Cripton	Kr	Zinco	Zn

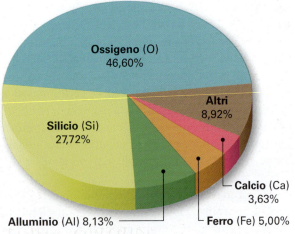

Figura 4 I principali elementi costituenti la crosta terrestre.

Facciamo il punto

1 Quali tipi di indagini hanno permesso l'esplorazione diretta della crosta terrestre?

2 Quali sono i principali elementi che formano le rocce della crosta?

3 I minerali

Un **minerale** è una sostanza naturale solida, originata da processi inorganici e caratterizzata da una composizione chimica ben definita (o variabile entro limiti ristretti).

Nella maggior parte dei minerali la disposizione spaziale degli atomi componenti forma un'impalcatura regolare e ordinata, chiamata reticolo cristallino; questa struttura è originata dalla ripetizione, nelle tre dimensioni dello spazio, di una **cella elementare**, che è la più piccola unità tridimensionale che conserva sia la composizione chimica sia la struttura cristallina di quel determinato minerale.

La cella elementare è quindi il mattone fondamentale che, ripetuto miliardi di volte, origina una forma esterna, fissa e caratteristica per ciascun minerale: l'**abito cristallino** (▶3).

In mineralogia, si definisce **cristallo** un corpo solido, naturale o artificiale, che si presenta con una forma esterna poliedrica, geometricamente definibile, delimitata da superfici piane, le *facce*, disposte regolarmente.

Le facce di un cristallo s'intersecano lungo linee, dette *spigoli*, mentre i *vertici* risultano dall'intersezione di almeno tre spigoli. Un cristallo è pertanto caratterizzato da un abito ben definito, cioè da una forma geometrica poliedrica ben riconoscibile, che a volte si può osservare a occhio nudo, altre con una lente di ingrandimento o con un microscopio binoculare.

Facciamo il punto
3 Che cos'è il reticolo cristallino di un minerale?
4 Come viene definito in mineralogia un cristallo?
5 Che cos'è l'abito cristallino di un minerale?

animazione
I minerali e le rocce
Che cosa sono e come vengono classificati.

Figura 3 Le foto raffigurano alcuni minerali il cui abito cristallino è facilmente riconoscibile:
a) berillo;
b) gesso;
c) fluorite;
d) almandino;
e) quarzo.

4 Genesi e caratteristiche dei cristalli

Un cristallo si può formare, sostanzialmente, in tre modi (▶4).

1) Per solidificazione di una sostanza, allo stato fuso, in raffreddamento: può accadere sia in superficie (da lava vulcanica), sia in profondità (da magmi, Unità 3).

2) Per precipitazione di sostanze disciolte in acqua: può avvenire da soluzioni che diventano soprasature e instabili per un abbassamento della temperatura, oppure da soluzioni calde, per evaporazione del solvente (per esempio, nei bacini di mare dove la temperatura è elevata).

3) Per brinamento da vapori, come nel caso dei minuscoli cristalli di zolfo che formano incrostazioni in prossimità di zone vulcaniche.

4.1 La struttura dei cristalli

Durante il processo di cristallizzazione, che può essere di lunga durata, qualsiasi modificazione delle condizioni ambientali fisiche (pressione e temperatura) e chimiche (concentrazioni ioniche nelle soluzioni) influenza la struttura del cristallo in crescita.

Le caratteristiche strutturali di un cristallo dipendono, in primo luogo, dai legami che si instaurano tra gli atomi che lo compongono. In base a ciò i minerali possono essere suddivisi in solidi *ionici*, *covalenti*, *metallici* o *molecolari*. Nel primo caso il cristallo è formato da cationi (ioni positivi) e anioni (ioni negativi) alternati, nel secondo da atomi neutri, nel terzo solo da ioni positivi e nel quarto da molecole tenute insieme da legami deboli. Non mancano cristalli dove sono presenti legami forti e deboli contemporaneamente. Dai tipi di legami presenti nel reticolo dipendono le proprietà fisiche dei minerali: i metalli, per esempio, conducono la corrente, mentre i solidi covalenti, come il diamante, hanno un'elevata durezza.

Figura 4 Tre modi di formazione di un cristallo. Per precipitazione (**a**, Salar de Uyuni, Bolivia); per solidificazione (**b**, cristalli di bismuto); per brinamento di vapori (**c**, cristalli di zolfo nell'isola di Vulcano).

Le caratteristiche di una struttura cristallina sono, però, determinate anche dalle *dimensioni relative delle particelle* che formano la cella elementare. Consideriamo un comune cristallo ionico (per esempio NaCl), dove gli ioni di carica opposta si attraggono fortemente e tendono, quindi, a disporsi il più possibile l'uno vicino all'altro. Se gli ioni hanno dimensioni diverse, intorno a quello più piccolo (Na^+) si dispongono gli ioni di carica opposta (Cl^-) in un numero che cresce all'aumentare delle dimensioni dell'atomo centrale. Tale numero è definito come *numero di coordinazione* e varia da 3 (se l'atomo centrale è molto piccolo) a 12 (se i due ioni di carica opposta hanno dimensioni molto simili). Il numero di coordinazione di Na^+ nel composto NaCl è 6: significa che ogni catione si trova a diretto contatto con 6 anioni Cl^-, due per ognuna delle direzioni dello spazio (▶5 e ▶6).

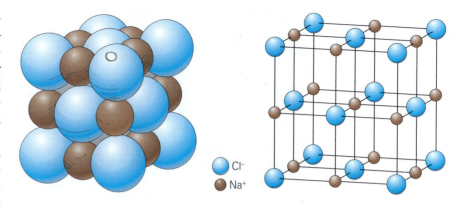

Da ultimo occorre ricordare che la cella elementare deve essere *elettricamente neutra*, quindi le cariche positive presenti devono essere uguali alle cariche negative. Se il catione e l'anione hanno la stessa carica in valore assoluto, il rapporto quantitativo tra ioni sarà di 1 : 1, come tra K^+ e Cl^- nella silvite (KCl); se gli ioni di segno opposto non hanno lo stesso numero di cariche, gli ioni con numero di cariche maggiore saranno presenti in quantità minore, come nell'argentite (Ag_2S, due ioni Ag^+ per ogni ione S^{2-}).

Figura 6 Le particelle che costituiscono il reticolo cristallino si dispongono in modo ordinato nello spazio. Per esempio, nel salgemma (NaCl – cloruro di sodio) gli ioni sodio e gli ioni cloro si dispongono alternati in filari paralleli ripetuti nelle tre dimensioni dello spazio per formare una struttura cubica.

NaCl → Alite

4.2 La forma dei cristalli

Le caratteristiche geometriche della cella elementare sono fondamentali per la definizione dell'abito cristallino di un minerale, ma questo non avviene in modo rigido e sempre uguale. Per esempio, un minerale con una cella elementare cubica può presentarsi con diversi tipi di abiti cristallini (cubico, ottaedrico e altri più complessi), purché la struttura macroscopica sia prodotta dalla ripetizione nello spazio di quella cella elementare (▶7). Tuttavia, i minerali sono in grado di "mascherarsi" in modo ancora più "subdolo": a volte l'abito cristallino appare estrema-

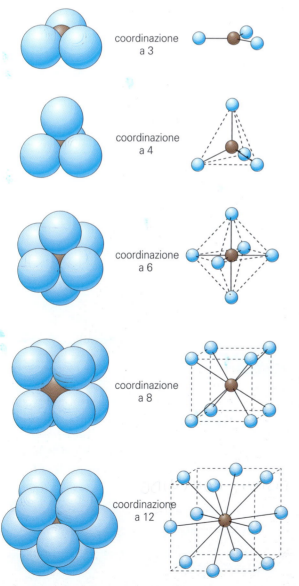

Figura 5 La struttura cristallina viene determinata dal numero di coordinazione. Più crescono le dimensioni dello ione positivo centrale, più ioni negativi possono disporsi attorno a esso.

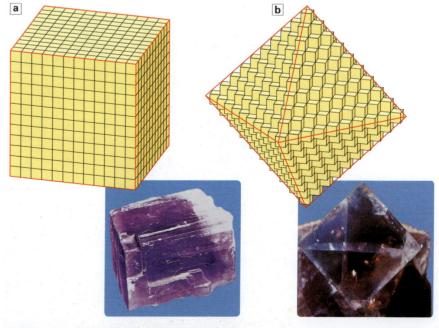

Figura 7 Le celle elementari ripetute nello spazio formano l'abito cristallino che può assumere diverse forme geometriche:
a) salgemma (abito cubico);
b) fluorite (abito ottaedrico).

Figura 9 Cristalli di quarzo a confronto. Essi presentano lo stesso abito cristallino; le dimensioni delle facce sono diverse ma gli angoli formati tra facce adiacenti sono identici (legge della costanza degli angoli diedri).

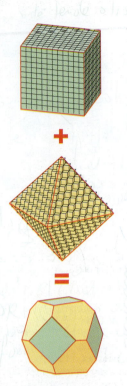

Figura 8 Le forme complesse dei cristalli si possono ricondurre alla combinazione di forme più semplici. Il cubo e l'ottaedro possono compenetrarsi in combinazioni in cui sono ancora riconoscibili le facce appartenenti a ciascuna delle forme semplici.

mente complesso, poiché deriva dalla combinazione di più forme geometriche semplici (▶8).

Inoltre, molto spesso, quello che dovrebbe essere uno dei caratteri diagnostici per il riconoscimento del minerale, cioè la forma del cristallo, non risulta facilmente identificabile poiché, durante i processi di formazione, i cristalli sono ostacolati nella loro crescita da spazi limitati e dalla formazione contemporanea di altri cristalli vicini. Di conseguenza, in molti casi si nota uno sviluppo maggiore di alcune facce rispetto ad altre e la forma del cristallo, influenzata da questa crescita irregolare, finisce per discostarsi di molto dalla forma poliedrica regolare rappresentata dall'abito cristallino. Per questo motivo i cristalli "perfetti" sono piuttosto rari.

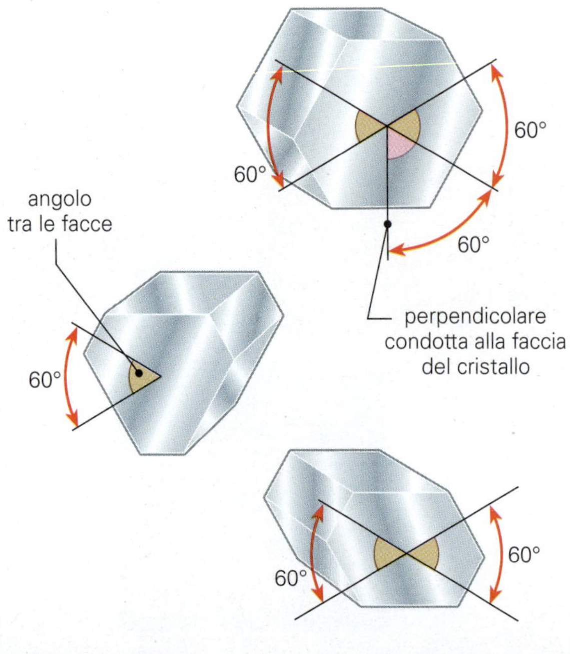

Tuttavia, anche nei casi più sfortunati, esiste una caratteristica che permette l'identificazione e la classificazione del minerale: infatti gli angoli diedri, formati dalle facce che si incontrano in uno spigolo, hanno un'ampiezza costante e caratteristica per i cristalli di un certo minerale, in qualsiasi modo essi si siano accresciuti. Questa legge in mineralogia è nota come *legge della costanza degli angoli diedri* (▶9 e 10).

4.3 I solidi amorfi

Esistono altri componenti naturali della crosta terrestre che, pur essendo solidi, non possiedono al loro interno una disposizione regolare degli atomi: si tratta di sostanze amorfe che vanno considerate come dei liquidi ad altissima viscosità, impossibilitati quindi a modificare la propria forma. Queste sostanze si formano dalla rapida solidificazione di un liquido: il raffreddamento è così repentino che le particelle non riescono a disporsi in modo ordinato, formando così una struttura disordinata, come quella del vetro. Esse possono presentarsi in forma vetrosa, per esempio nel materiale presente in una colata lavica, oppure sotto forma di gel colloidali, come gli idrossidi di Al e Fe e l'opale ($SiO_2 \cdot nH_2O$).

Figura 10 In un cristallo gli angoli tra le facce rimangono gli stessi, anche se le dimensioni delle facce sono alterate rispetto alla forma poliedrica regolare dell'abito cristallino (angoli diedri).

Facciamo il punto

6 In quali modi si può formare un cristallo?

7 Da che cosa dipendono le caratteristiche strutturali di un cristallo?

8 Che cosa sono i solidi amorfi?

9 Che cosa dice la legge della costanza degli angoli diedri?

Scheda 2 Come si studiano i reticoli cristallini?

Per lo studio dei reticoli cristallini vengono utilizzati i raggi X. Quando nel 1895 il fisico tedesco W.C. Röntgen scoprì questa radiazione di natura imprecisata (chiamata appunto X per questo motivo), ipotizzò che fosse di natura ondulatoria, come la luce. Egli però non riuscì a ottenere una conferma sperimentale di questa ipotesi poiché, a differenza della radiazione luminosa, i raggi X non producevano fenomeni di diffrazione: questo fenomeno di natura ondulatoria si verifica infatti solo quando le fenditure del reticolo artificiale attraverso il quale viene fatta passare la luce hanno una larghezza dello stesso ordine di grandezza della radiazione incidente. Nel 1912 il fisico tedesco Max von Laue ebbe l'idea di utilizzare i cristalli come reticoli naturali di diffrazione dei raggi X. Egli riuscì a ottenere uno spettro di diffrazione da un cristallo di blenda (ZnS), dimostrando sperimentalmente sia l'esistenza del reticolo cristallino sia la natura ondulatoria dei raggi X; la distanza tra le particelle atomiche nei piani reticolari risultò quindi dello stesso ordine di grandezza dei raggi X, cioè di pochi Ångstrom ($1\text{Å} = 10^{-10}$ m). Le figure di diffrazione, che vengono rilevate su speciali lastre fotografiche, sono pertanto diagnostiche per il riconoscimento di sostanze cristalline e per ricostruire sia la posizione degli atomi nel reticolo cristallino, sia la forma e la grandezza della cella elementare (▶1).

Gli studi dei cristalli con i raggi X vennero effettuati dal fisico inglese William Henry Bragg e da suo figlio Lawrence, che ottennero entrambi il premio Nobel nel 1915 per la scoperta della struttura di un cristallo di salgemma. Ad essi si deve la formulazione di una relazione matematica (legge di Bragg) per il calcolo della distanza reticolare (▶2).

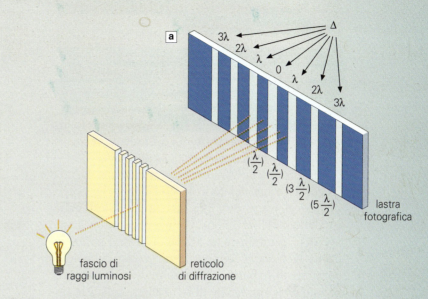

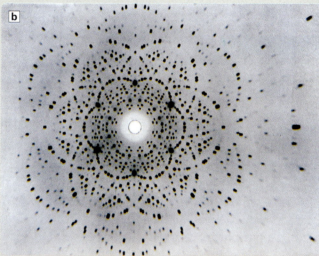

Figura 1 a) Le figure di diffrazione presentano zone luminose e zone buie a seconda che si produca un'interferenza positiva ($\Delta = n\lambda$) o negativa ($\Delta = n\lambda/2$).
b) Questo diffrattogramma mette in evidenza fenomeni di interferenza di raggi X diffratti da un cristallo di berillo e intercettati da una lastra fotografica.

Figura 2 Determinazione della distanza reticolare (d): se i fronti d'onda riflessi da due piani reticolari adiacenti si sommano si avrà un'interferenza positiva. Ciò avviene quando la differenza dello spazio percorso (ABC) risulta un multiplo intero della lunghezza d'onda della luce incidente. Da semplici considerazioni geometriche si può determinare d con la relazione $n\lambda = 2d\,\text{sen}\,\alpha$ (legge di Bragg).

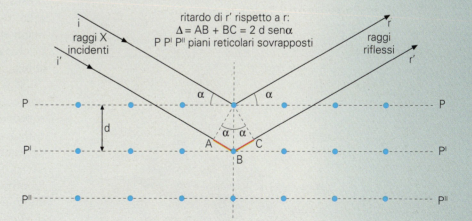

5 Due importanti proprietà dei minerali: polimorfismo e isomorfismo

Minerali con la stessa composizione chimica possono presentare un diverso abito cristallino, a seconda delle condizioni di pressione e temperatura del loro ambiente di formazione: questa proprietà dei minerali viene chiamata **polimorfismo** e le diverse configurazioni strutturali del reticolo vengono chiamate *varianti* o *modificazioni polimorfe*.

Ciascuna delle varianti è caratterizzata da una specifica forma del reticolo cristallino che corrisponde alla struttura più stabile in determinate condizioni di formazione. I minerali polimorfi hanno anche caratteristiche fisiche diverse. Il polimorfismo ha notevole importanza geologica, poiché permette di stabilire le condizioni di temperatura e pressione dell'ambiente di formazione della variante polimorfa di un dato minerale.

Un caso di polimorfismo molto evidente è quello tra *diamante* e *grafite*, entrambi costituiti da carbonio puro, ma con diversa struttura cristallina (▶11). Nel diamante (minerale duro, trasparente e fragile) ogni atomo di carbonio forma legami covalenti con altri quattro, costituendo una struttura tridimensionale formata da tetraedri tutti uguali. Esso si forma soltanto in condizioni estreme: temperature elevate (800-1000 °C) e pressioni presenti solo a profondità maggiori di 100 km. La grafite (minerale nero, opaco, untuoso al tatto) si forma invece a temperatura e pressione moderate e ha una struttura reticolare a piani paralleli, dove ogni atomo di carbonio forma legami covalenti con altri tre, a costituire esagoni disposti su di un piano. I piani sono invece tenuti uniti da legami deboli (forze di Van der Waals). Da questa differenza strutturale derivano le diverse proprietà dei due minerali: la tipica sfaldatura in piani della grafite e l'estrema durezza del diamante. Un altro esempio di polimorfismo è dato da *calcite*, romboedrica, e *aragonite*, prismatica, entrambe con formula $CaCO_3$.

L'**isomorfismo** è un fenomeno, piuttosto frequente, per cui minerali diversi per composizione possono avere una struttura cristallina, e quindi una cella elementare, analoga. Alla base di questo fenomeno vi è il fatto che alcuni ioni possono sostituirne altri all'interno del reticolo cristallino a patto che abbiano dimensioni simili (▶12).

Al fenomeno di sostituzione viene attribuito il nome di **vicarianza** e gli elementi che possono sostituirsi avendo il raggio ionico simile vengono detti *vicarianti*. Per esempio, gli ioni Si^{4+} e Al^{3+} sono vicarianti e la capacità dell'alluminio di sostituire il silicio nel reticolo cristallino dei silicati permette di identificare un sottogruppo di silicati, quello degli alluminosilicati. Altri ioni vicarianti sono il Fe^{2+} e il Mg^{2+}, il Na^+ e il Ca^{2+}.

La vicarianza si indica nelle formule chimiche con una virgola che separa i simboli dei due elementi.

I minerali isomorfi si possono considerare come delle vere e proprie soluzioni solide di due minerali distinti puri in cui si riscontra la presenza di uno solo dei due elementi vicarianti; la diversa quantità, in percentuale, in cui si possono trovare i due elementi all'interno del minerale dà luogo a una **serie isomorfa**.

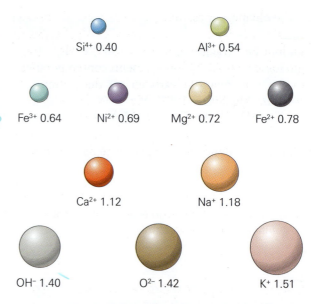

Figura 12 Dimensioni e cariche di alcuni ioni presenti nei minerali. Gli ioni si possono sostituire a vicenda in un reticolo cristallino solo se hanno dimensioni simili. Le cariche diverse possono essere bilanciate con l'inserimento di altri ioni nel reticolo. Il raggio ionico è espresso in angstrom Å (1 Å = 10^{-10} m).

Si^{4+} 0.40 — Al^{3+} 0.54
Fe^{3+} 0.64 — Ni^{2+} 0.69 — Mg^{2+} 0.72 — Fe^{2+} 0.78
Ca^{2+} 1.12 — Na^+ 1.18
OH^- 1.40 — O^{2-} 1.42 — K^+ 1.51

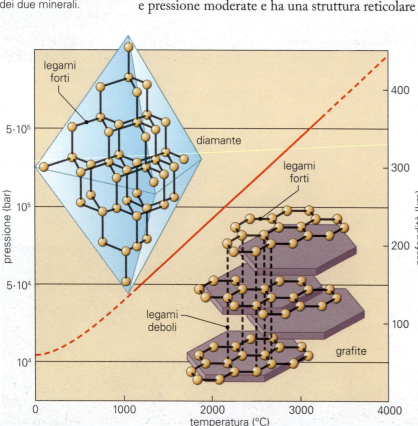

Figura 11 Diamante e grafite hanno la stessa composizione chimica, ma gli atomi di carbonio sono disposti in modo diverso nel reticolo cristallino: ciò determina le proprietà fisiche completamente diverse dei due minerali.

Le olivine, per esempio, sono minerali di una serie isomorfa aventi formula generale $(Mg, Fe)_2SiO_4$; gli ioni Fe^{2+} (raggio ionico = 0,78 Å) e Mg^{2+} (raggio ionico = 0,72 Å) sono presenti contemporaneamente e in quantità variabili tra due estremi, la *forsterite* Mg_2SiO_4 (100% Mg – 0% Fe) e la *fayalite* Fe_2SiO_4 (100% Fe – 0% Mg), piuttosto rari in natura. Quando le differenze nelle dimensioni degli ioni diventano rilevanti, tali cioè da impedire la vicarianza, si possono formare composti particolari detti *sali doppi*: ad esempio, la differenza di raggio ionico tra il Ca^{2+} e il Mg^{2+} impedisce che tra calcite $CaCO_3$ e magnesite $MgCO_3$ si formino miscele isomorfe. Si origina invece un sale doppio, la *dolomite* $CaMg(CO_3)_2$, con caratteri affini a quelli della calcite, in cui il rapporto tra calcio e magnesio è 1:1. Se ci fosse vicarianza, la formula della serie isomorfa sarebbe $(Ca, Mg)CO_3$.

Facciamo il punto

10 Definisci il polimorfismo facendo un esempio di minerale polimorfo.

11 Che cosa si intende con il termine "vicarianza"?

12 Che cos'è una serie isomorfa?

6 Alcune proprietà fisiche dei minerali

Le proprietà fisiche permettono, senza ricorrere ad analisi particolari, di riconoscere i minerali. Tranne qualche eccezione (la densità e la temperatura di fusione), esse variano a seconda della direzione della misura considerata all'interno del cristallo: questa caratteristica delle sostanze cristalline prende il nome di anisotropia.

Ecco alcune tra le più importanti proprietà fisiche dei minerali.

→ Il **colore** è sicuramente, tra le proprietà fisiche, la più appariscente ma anche la meno adatta per riconoscere con certezza il minerale che stiamo osservando. Alcuni minerali infatti presentano sempre lo stesso colore (*minerali idiocromatici*, ▶13), mentre altri possono presentare colorazioni diverse (*minerali allocromatici*, ▶14). La malachite (verde) e lo zolfo (giallo) sono esempi di minerali idiocromatici, il quarzo e molte pietre preziose sono esempi di minerali allocromatici (**SCHEDA 3**). Il colore di un minerale ridotto in polvere è più indicativo per il riconoscimento: normalmente la polvere di un minerale allocromatico è di colore biancastro o grigio chiaro, mentre quella di un minerale idiocromatico mantiene il colore, anche se più pallido.

Figura 13 Alcuni minerali idiocromatici:
a) malachite $[Cu(OH)_2CO_3]$; **b)** zolfo (S); **c)** cinabro (HgS); **d)** pirite (FeS_2).

→ La **durezza** è la misura della resistenza all'abrasione e alla scalfittura. Per la sua misura viene utilizzata la *scala di Mohs* che consta di 10 termini, ognuno dei quali scalfisce le superfici del minerale che lo precede nella scala e viene scalfito dal minerale che lo segue. Per avere un'idea della

Figura 14 Un esempio di minerale allocromatico è il salgemma:
a) bianco;
b) rosato;
c) viola.

TABELLA 3 — La scala di Mohs

Minerale	Numero della scala	Oggetti di riferimento
Talco	1	
Gesso	2	unghia
Calcite	3	moneta di rame
Fluorite	4	
Apatite	5	lama di un temperino
Ortoclasio	6	vetro
Quarzo	7	filo di acciaio
Topazio	8	
Corindone	9	
Diamante	10	

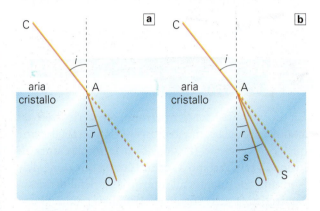

Figura 15 Le proprietà ottiche dei cristalli dipendono dalla loro struttura.
In **a)** vi è un solo raggio rifratto (O).
In **b)** il raggio incidente forma due raggi rifratti: uno ordinario (O) e uno straordinario (S). In questo caso il cristallo è birifrangente e ha la capacità di sdoppiare le immagini. Nella foto qui sopra, la birifrangenza di un cristallo di calcite fa in modo che l'osservatore veda un'immagine sdoppiata.

durezza di un minerale, non avendo disponibili i minerali della scala di Mohs, ci si può aiutare con oggetti di facile reperibilità, come una lama di un temperino, un'unghia, un vetro, una moneta (**TABELLA 3**). Un termine e il successivo della scala non sono separati dalla stessa differenza di durezza, infatti tra il corindone (9) e il diamante (10) vi è molta più differenza che non tra il talco (1) e il gesso (2).

→ La **densità** di un corpo è la sua massa per unità di volume (g/cm³): è direttamente proporzionale all'addensamento degli atomi nel reticolo ed è quindi alta in composti con elevato numero di coordinazione, come i metalli. Si misura in laboratorio pesando il solido e immergendolo in acqua per determinare il volume in base al principio di Archimede.

→ La **lucentezza** misura il grado in cui la luce è riflessa dal cristallo e può essere *metallica* o *non metallica*; i minerali con lucentezza metallica sono opachi in quanto assorbono totalmente la luce, gli altri sono più o meno trasparenti.

→ La **sfaldatura** è la tendenza a rompersi, per urto, secondo superfici piane regolari che normalmente sono parallele alle facce dei cristalli.

→ Se le forze di legame hanno più o meno la stessa intensità nelle tre direzioni dello spazio, otteniamo delle fratture di forma irregolare, scheggiosa, uncinata o curva. In questo caso non si parla più di sfaldatura ma di frattura: il quarzo, per esempio, dà luogo a superfici curve, dette *concoidi*, caratteristiche anche di corpi isotropi come il vetro.

→ Le **proprietà ottiche** sono importanti per lo studio e il riconoscimento dei minerali in sezione sottile al microscopio di mineralogia. Si distinguono minerali *monorifrangenti* (la luce rifratta si propaga all'interno del cristallo alla stessa velocità in tutte le direzioni) e minerali *birifrangenti* (la luce rifratta che passa all'interno del cristallo si divide in due raggi polarizzati che vibrano in piani tra loro perpendicolari e si propagano con diverse velocità) (▶ **15**).

→ La **luminescenza** è l'emissione di luce da parte di un minerale se sollecitato con raggi UV. Si parla di *fluorescenza* se il fenomeno finisce al cessare della sollecitazione, di *fosforescenza* se il minerale continua a emettere luce per un certo periodo anche se la sollecitazione è cessata.

Lo sapevi che...

L'oro degli sciocchi
La pirite è un solfuro di ferro (FeS₂) molto comune. Il nome della pirite viene dal greco *pyr* ("fuoco") poiché produce scintille quando la si percuote. Viene chiamata anche l'oro degli sciocchi poiché fin dal Medioevo veniva facilmente confusa con il nobile metallo a causa del colore e della lucentezza molto simili. Come si possono distinguere oro e pirite? L'oro ha una densità più elevata della pirite (19,3 contro 5,2 g/cm³) e quindi, a parità di volume, "pesa" di più; ha inoltre una durezza inferiore (indice della scala di Mohs: 2,5-3 contro 6-6,5). Nei giacimenti auriferi della Valle Anzasca (Macugnaga) microscopiche pagliuzze d'oro si trovano strettamente associate a cristalli di pirite: si parla in questo caso di "pirite aurifera".

Facciamo il punto

13 Perché il colore non è una proprietà fisica decisiva per il riconoscimento di un minerale?

14 Come viene definita la durezza di un minerale?

15 Come si misura la durezza di un minerale?

16 Qual è la differenza tra fluorescenza e fosforescenza?

7 La classificazione dei minerali

Data la grande quantità di specie mineralogiche conosciute (circa 2000) e la diffusione nell'uso corrente di sinonimi, nomi antichi e nomi commerciali, è stato necessario individuare dei precisi criteri di classificazione.

Uno dei criteri più diffusi per la classificazione dei minerali è di tipo chimico, poiché si considera l'anione che caratterizza il minerale. Se l'anione è l'ossigeno (O^{2-}) esso si potrà legare con cationi metallici per formare composti chiamati *ossidi*.

L'ossigeno però, più frequentemente, si lega ad altri elementi per formare anioni poliatomici che a loro volta si combinano con uno o più cationi metallici. Tra gli anioni più importanti ricordiamo lo ione silicato (SiO_4^{4-}), lo ione carbonato (CO_3^{2-}), lo ione solfato (SO_4^{2-}); i minerali contenenti questi ioni prendono il nome degli ioni stessi: *silicati*, *carbonati*, *solfati* (▶16). Esistono, in quantità decisamente minore, altri minerali, caratterizzati dallo ione solfuro S^{2-} (*solfuri*), oppure dallo ione fluoruro F^- e dallo ione cloruro Cl^- (*aloidi*). A questi vanno inoltre aggiunti gli *elementi nativi* (Au, Ag, Cu), che non possiedono anioni e sono molto rari.

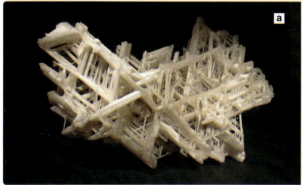

Figura 16 Due minerali di piombo: **a)** un carbonato (cerussite $PbCO_3$); **b)** un solfato (anglesite $PbSO_4$).

Facciamo il punto

17 Qual è il criterio più diffuso per la classificazione dei minerali?

8 I silicati e la loro classificazione

Sono i minerali più abbondanti nella crosta terrestre e sono caratterizzati dalla presenza dello ione silicato (SiO_4^{4-}), che rappresenta l'unità fondamentale del reticolo cristallino di questi composti. Lo ione silicato ha una struttura tetraedrica, all'interno della quale ogni ione silicio Si^{4+} coordina 4 ioni O^{2-} (▶17). Lo ione silicio si trova al centro del tetraedro, mentre ai vertici sono collocati i 4 ioni ossigeno. Siccome lo ione silicato non è elettricamente neutro (possiede 4 cariche negative in eccesso, una per ogni atomo di ossigeno) il tetraedro può raggiungere la neutralità in tre modi:

1) legandosi unicamente a cationi metallici, per cui i singoli tetraedri rimangono isolati non condividendo nessun atomo di ossigeno (i cationi fanno da ponte fra un tetraedro e l'altro);

2) legandosi in parte a cationi metallici e in parte mettendo in comune gli atomi di ossigeno con tetraedri adiacenti; in questo caso, che è il più diffuso, se aumenta il numero di atomi di ossigeno condivisi, diminuisce quello degli ioni positivi che entrano nella struttura del minerale;

3) unicamente mettendo in comune tutti gli atomi di ossigeno con i tetraedri adiacenti (nei *tettosilicati*).

La classificazione all'interno del gruppo dei silicati non è di tipo chimico ma strutturale, in quanto dipende dal modo in cui i tetraedri si uniscono tra loro (**TABELLA 4**, alla pagina successiva).

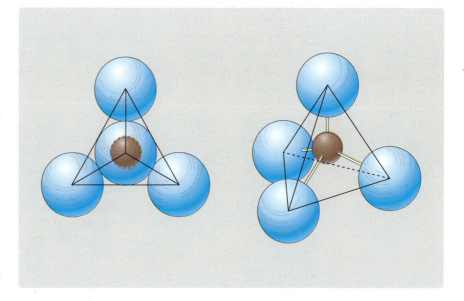

Figura 17 Nei silicati la struttura fondamentale è formata da un atomo di silicio centrale legato a quattro atomi di ossigeno che occupano i vertici di un tetraedro.

Scienze della Terra - Sezione T1 Le rocce e i processi litogenetici

TABELLA 4 — La struttura dei silicati

Nesosilicati
tetraedri isolati

Granato

Sorosilicati
coppie di tetraedri

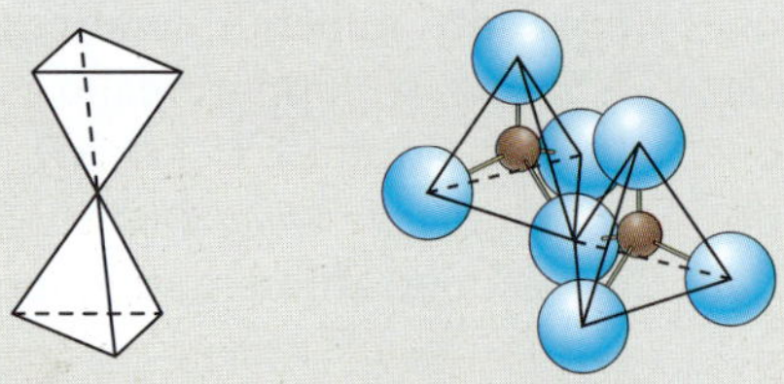

Vesuviana

Ciclosilicati
tetraedri ad anello

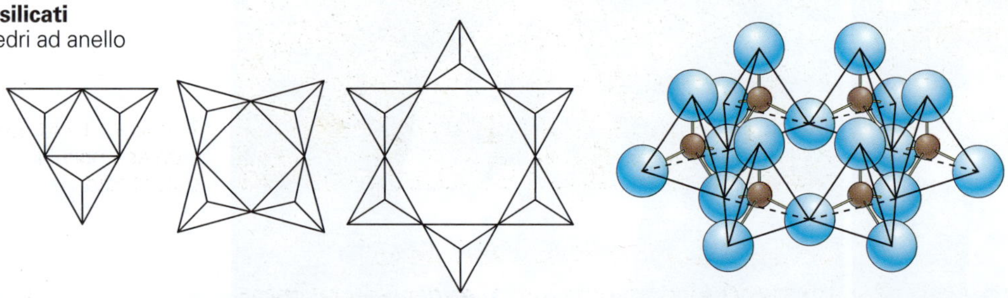

Berillo

Inosilicati
tetraedri a catena semplice

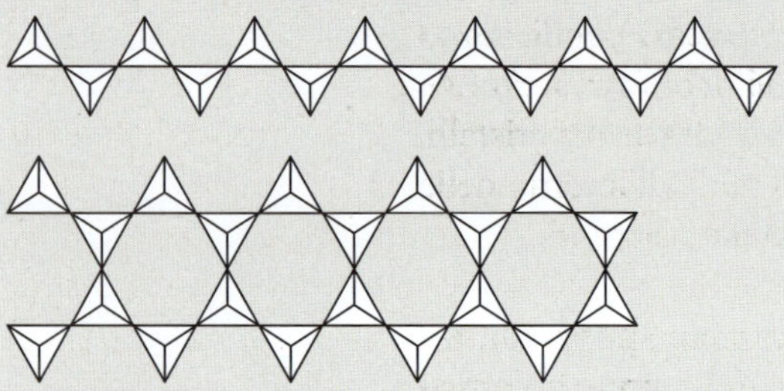

tetraedri a catena doppia

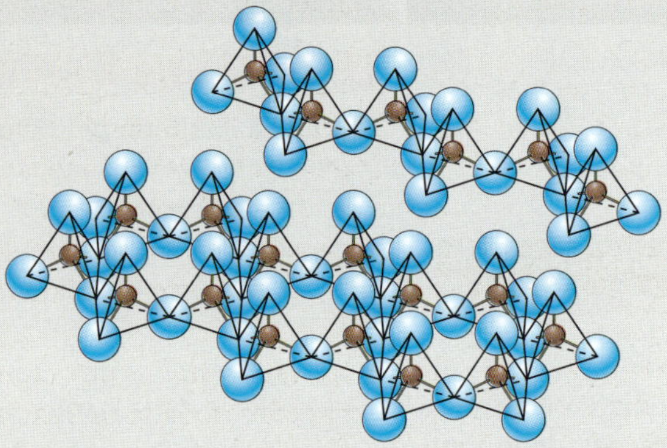

Orneblenda

Fillosilicati
piani di tetraedri

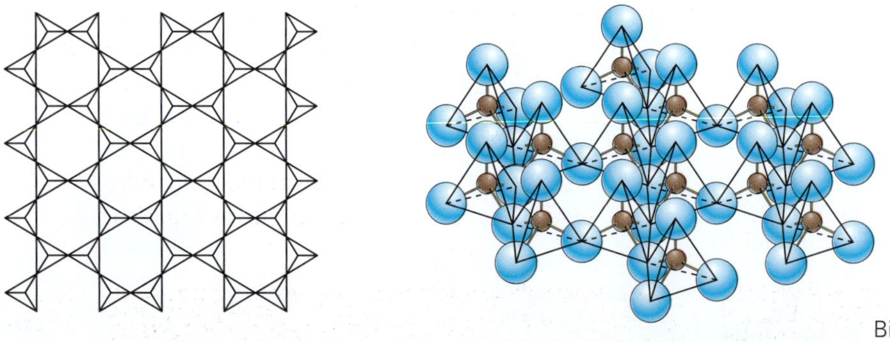

Biotite

Tettosilicati
rete tridimensionale di tetraedri

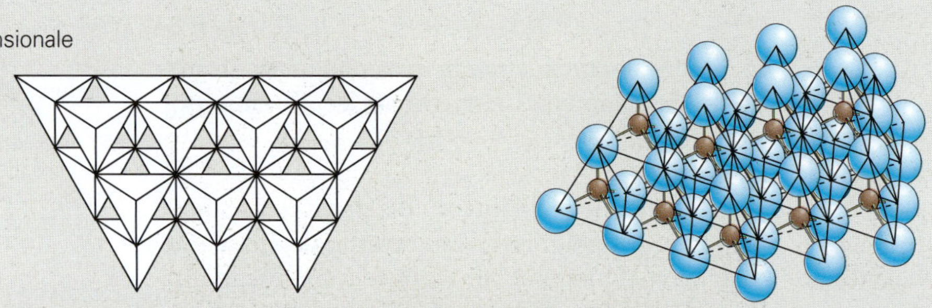

Quarzo

I nesosilicati: tetraedri isolati

I gruppi tetraedrici sono isolati. Le cariche negative dello ione silicato sono saturate da ioni metallici. Presentano generalmente durezza e peso specifico elevati. Esempio di nesosilicati sono le *olivine* (▶18), miscela isomorfa con formula generale $(Mg, Fe)_2SiO_4$. I cationi metallici che saturano le cariche negative sono Mg^{2+} e Fe^{2+}. Ogni catione coordina 6 atomi di ossigeno.

I ciclosilicati: tetraedri ad anello

Sono costituiti da anelli formati da 3, 4, 6 tetraedri, ognuno dei quali condivide 2 atomi di ossigeno con tetraedri dello stesso anello a formare gruppi $(Si_nO_{3n})^{2n-}$ (dove n è uguale al numero di tetraedri nell'anello). Nella struttura gli anelli risultano sovrapposti l'uno sull'altro dando origine a cristalli di forma prismatica. Esempi sono la *tormalina* (▶20) e il *berillo*.

Figura 18 Cristalli di olivina (nesosilicati).

Figura 20 La tormalina è un esempio di ciclosilicato.

I sorosilicati: coppie di tetraedri

Sono costituiti da due tetraedri uniti per un vertice a formare un gruppo $(Si_2O_7)^{6-}$ (**TABELLA 5**). Le sei cariche negative sono bilanciate da cationi metallici. I rappresentanti più diffusi sono gli *epidoti* (▶19), composti a formula complessa in cui troviamo vari cationi, talora vicarianti tra loro.

Gli inosilicati: tetraedri a catena

I tetraedri sono uniti tra loro a formare catene lineari indefinite; questa disposizione può essere di due tipi: *semplice* o *doppia*. Nel primo caso ogni tetraedro condivide due atomi di ossigeno con due tetraedri adiacenti; nel secondo caso i tetraedri condividono alternativamente due o tre atomi di ossigeno. Prevalgono forme allungate, aciculari o fibrose dei cristalli, in quanto i legami sono molto saldi all'interno delle catene e piuttosto deboli tra catene adiacenti.

→ *A catena semplice*: un esempio sono i pirosseni, caratterizzati dalla ripetizione del gruppo anionico $(Si_2O_6)^{4-}$. Tra i pirosseni più comuni ricordiamo le *augiti* (▶21), miscele molto complesse in cui possiamo trovare molti cationi vicarianti tra loro. Le augiti hanno formula generale $(Ca, Mg, Fe^{II}, Fe^{III}, Ti, Al)_2[(Si, Al)_2O_6]$; la formula, sebbene complessa, si può ricondurre alla formula generale dei pirosseni $A_2(Si_2O_6)$, in cui con "A" viene indicato un catione bivalente. Quando Al^{3+} sostituisce Si^{4+} si libera una carica negativa

TABELLA 5 Gruppi anionici e cariche negative da bilanciare

		Gruppo anionico	Carica
Nesosilicati		SiO_4	−4
Sorosilicati		Si_2O_7	−6
Ciclosilicati	a 3 tetraedri	Si_3O_9	−6
	a 4 tetraedri	Si_4O_{12}	−8
	a 6 tetraedri	Si_6O_{18}	−12
Inosilicati	a catena semplice	Si_2O_6	−4
	a catena doppia	Si_4O_{11}	−6
Fillosilicati		Si_4O_{10}	−4
Tettosilicati		SiO_2	zero

Figura 19 Cristalli di epidoto (sorosilicato).

Figura 21 L'augite (pirosseno) è un inosilicato a catena semplice.

Figura 22 La muscovite è un fillosilicato: a causa della sua struttura a piani di tetraedri si sfalda in lamelle sottili.

Figura 23 L'ortoclasio è un esempio di alluminosilicato (tettosilicato).

nell'anione complesso; in questo modo altri cationi possono inserirsi nella struttura cristallina per renderla elettricamente neutra.
La serie isomorfa diopside $CaMg(Si_2O_6)$-hedenbergite $CaFe(Si_2O_6)$ presenta una vicarianza tra Mg^{2+} e Fe^{2+}.

→ *A catena doppia*: un esempio sono gli anfiboli, caratterizzati dal gruppo anionico $(Si_4O_{11})^{6-}$. Alla serie pirossenica delle augiti corrisponde negli anfiboli la serie complessa delle *orneblende*. Oltre ai cationi metallici, nel reticolo cristallino sono presenti anche gli ioni F^- e OH^-. Sono minerali indice delle condizioni di pressione e temperatura a cui si sono formate le rocce.

I fillosilicati: piani di tetraedri

Un tetraedro condivide tre atomi di ossigeno con altrettanti tetraedri adiacenti a formare dei piani di esagoni; per questo motivo gli abiti dei cristalli sono lamellari e fogliacei con facile sfaldatura parallela ai piani. Il gruppo anionico che li caratterizza $(Si_4O_{10})^{4-}$ viene neutralizzato, tra un piano e l'altro, da quattro cariche positive fornite dai più comuni cationi metallici.

Le miche sono i minerali più rappresentativi del gruppo; tra esse ricordiamo la mica nera *biotite*, contenente Fe e Mg, e la mica bianca *muscovite*, contenente Al, in cui è molto accentuato il fenomeno della sfaldatura in sottili lamine parallele (▶22).

I tettosilicati: una rete tridimensionale di tetraedri

I quattro atomi di ossigeno del tetraedro sono in comune fra tetraedri vicini, in modo che ogni atomo di ossigeno sia legato a due atomi di silicio. La struttura che si forma è tridimensionale, continua e indefinita. In questo modo si genera un minerale molto diffuso nelle rocce della crosta continentale, il *quarzo* (SiO_2). L'*alluminio* può sostituire atomi di silicio all'interno dell'impalcatura tridimensionale, formando composti che sono chiamati alluminosilicati; la presenza dell'Al^{3+} in luogo del Si^{4+} permette l'inserimento nell'impalcatura cristallina di vari tipi di cationi. Un esempio di alluminosilicati sono i minerali appartenenti alla famiglia dei feldspati: se consideriamo quattro gruppi SiO_2 otteniamo (Si_4O_8) e, sostituendo un Si con un Al, otteniamo $(AlSi_3O_8)^-$, che si può legare con cationi monovalenti come K^+ e Na^+, oppure, sostituendo due atomi di Si con due di Al, si forma il gruppo anionico $(Al_2Si_2O_8)^{2-}$ che permette l'inserimento di cationi bivalenti come Ca^{2+}.

Nel primo caso si ottiene il *feldspato potassico* (*K–feldspato*) $KAlSi_3O_8$, termine generale che indica 4 modificazioni polimorfe che hanno una struttura differente in relazione alle condizioni di cristallizzazione: *sanidino* (alta temperatura), *ortoclasio* (temperatura medio-alta) (▶23), *microclino* (temperatura medio-bassa), *adularia* (bassa temperatura).

Nel secondo caso, la vicarianza tra Na^+ e Ca^{2+}, resa possibile dalle dimensioni quasi identiche dei due ioni, dà origine a una famiglia di minerali molto comuni, i *plagioclasi*, una serie isomorfa tra *albite* $NaAlSi_3O_8$ e *anortite* $CaAl_2Si_2O_8$, con formula generale $(Na,Ca)[Al(Al,Si)Si_2O_8]$. Anche in questo caso la composizione chimica è influenzata dalla temperatura: a temperatura maggiore cristallizza l'anortite, seguono via via termini sempre meno ricchi in Ca e più ricchi in Na, fino all'albite (Unità 2, § 6).

🔎 Lo sapevi che...

Non è mica... vetro!
Le miche sono dei minerali appartenenti al gruppo dei fillosilicati e sono caratterizzate da una grande sfaldabilità, data dalla disposizione in strati sovrapposti degli ioni silicato. Esse sono facilmente divisibili in lamelle trasparenti, flessibili, elastiche e spesso sottilissime.
In Russia, ai tempi degli zar, cristalli di grandi dimensioni di mica muscovite, varietà ricca in potassio, venivano utilizzati al posto del vetro per le finestre delle isbe.

✓ Facciamo il punto

18 Qual è l'unità fondamentale del reticolo cristallino dei silicati?

19 Qual è il criterio di classificazione dei silicati?

20 In quali gruppi vengono suddivisi i silicati?

21 Che particolarità hanno i tettosilicati?

Scheda 3 Amianto: un killer invisibile

Con il termine **amianto** o **asbesto** i geologi indicano, in senso stretto, la varietà filamentosa di un gruppo di silicati femici (ricchi in ferro e magnesio) appartenente alla serie mineralogica dei serpentini, che sono dei fillosilicati (▶1).

Figura 1 Amianto naturale.

Figura 2 Fibre di amianto naturale.

Il più importante in Italia è il **crisotilo**, presente soprattutto in Piemonte (nell'alta valle di Lanzo), in Valle d'Aosta, in Val Sesia (VC) e Val Malenco (SO). I singoli strati tipici dei fillosilicati sono arrotolati su se stessi a formare delle fibre facilmente lavorabili, con caratteristiche di elasticità e resistenza tali da poter essere tessute. Per l'enorme resistenza al calore l'amianto è stato utilizzato fino agli anni '80 del secolo scorso sia per indumenti e tessuti da arredamento ignifughi (anche per le tute dei vigili del fuoco) sia per produrre la miscela cemento-amianto (indistruttibile, eterna, da cui il nome: **eternit**) utilizzata per la coibentazione (isolamento termico e acustico) di edifici e treni; se n'è fatto uso anche come materiale per l'edilizia (tegole, pavimenti, tubazioni, vernici, canne fumarie), nelle auto (vernici, guarnizioni di parti meccaniche come i freni), nella fabbricazione di materiali plastici e di molti oggetti di uso quotidiano. Nel 1992, tuttavia, l'accertata nocività per la salute ha portato a vietarne, in Italia, l'estrazione e l'utilizzo. La pericolosità dell'amianto dipende dal fatto che la sua lavorazione tende a produrre polveri sottili (tra i 3 e i 5 micrometri) che, inspirate, provocano l'asbestosi (una malattia polmonare cronica) oltre che tumori della pleura (mesotelioma pleurico), dei bronchi e dei polmoni (carcinoma). Non esiste una soglia di rischio al di sotto della quale la concentrazione di fibre di amianto nell'aria non sia pericolosa, tuttavia un'esposizione prolungata nel tempo e/o a elevate quantità aumenta esponenzialmente le probabilità di ammalarsi. È il caso degli addetti all'estrazione e alla lavorazione del minerale, in cui si manifestano tumori anche dopo molti anni dalla cessazione dell'attività lavorativa. Un caso ben noto in Italia è quello dei lavoratori dello stabilimento "Eternit" (la multinazionale che produceva in grande quantità questo materiale, e che aveva lo stesso nome del materiale prodotto) di Casale Monferrato, costruito nel 1906 e chiuso 80 anni dopo. I vertici della multinazionale sono accusati di aver nascosto agli operai e ai cittadini la pericolosità delle polveri d'amianto, nota fin dagli anni '60: le imputazioni sono di disastro ambientale (le polveri di lavorazione, tra l'altro, venivano gettate nel Po) e omissione delle misure di sicurezza. In effetti, tutta la zona intorno a Casale è tuttora impregnata di amianto, sebbene molto sia già stato fatto per la bonifica. Per questo motivo un aumento delle patologie legate all'inspirazione delle polveri di amianto si registrò, e si riscontra tuttora, anche tra gli abitanti di Casale che non hanno mai lavorato nella fabbrica (il 75% degli attuali malati non sono mai stati dipendenti dell'azienda). Il 13 febbraio 2012 una storica sentenza del Tribunale di Torino ha condannato in primo grado gli attuali vertici di Eternit a 16 anni di reclusione, riconoscendo i capi di imputazione.
In appello, l'anno dopo, la pena è stata aumentata a 18 anni, con l'obbligo di risarcimento danni alle parti civili per un totale di 100 milioni di euro. Quello di Torino è stato comunque il primo caso al mondo in cui i vertici aziendali sono stati condannati per disastro ambientale aggravato, costituendo un importante precedente. Il 29 novembre 2014 la Cassazione ha però decretato l'annullamento delle condanne per avvenuta prescrizione.
In Italia l'amianto è stato da tempo rimosso dagli edifici, ma non è stata completata l'azione di bonifica, ossia l'eliminazione di tutti i materiali che lo contengono, che a volte sono stati accatastati "temporaneamente" in discariche a cielo aperto.

Figura 3 Rimozione di eternit dal tetto di un edificio.

9 Un'ulteriore distinzione: minerali femici e sialici

I silicati possono essere suddivisi in *femici*, se sono presenti Fe e Mg, e *sialici*, se sono presenti Al e Si. Nel primo caso i minerali hanno una densità elevata (fino a 3,3 g/cm³ per le olivine) e una colorazione scura (dal verde al nero); nel secondo caso i minerali hanno una densità più bassa (2,6 g/cm³ per il quarzo) e una colorazione per lo più chiara (nelle tonalità chiare sono compresi anche il rosa e il rosso) conferita loro anche dalla presenza di Na, K e Ca (TABELLA 6).

I termini "femici" (o "mafici") e "sialici" (o "felsici") possono essere estesi anche a minerali non silicatici e, se usati al femminile, per indicare la colorazione generale di una roccia.

TABELLA 6 Minerali femici e sialici

	Minerali	Rapporto Si/O	Densità (g/cm³)
femici	olivina	1/4	3,3 ÷ 4,3
femici	pirosseni	1/3	3 ÷ 4
femici	anfiboli	4/11	2,8 ÷ 3,6
femici	mica	2/5	2,6 ÷ 3,3
sialici	feldspati	~ 1/2	2,6 ÷ 2,8
sialici	quarzo	1/2	2,6

Facciamo il punto

22 Qual è la differenza tra minerali femici e minerali sialici?

10 I minerali non silicati

I più diffusi sono riconducibili a sei tipi principali, ma la loro quantità nella crosta terrestre non supera l'8%.

→ **Elementi nativi**: minerali composti da un solo elemento chimico e piuttosto rari nella crosta terrestre: ad esempio oro (Au), argento (Ag), rame (Cu), diamante e grafite (C), zolfo (S).

→ **Solfuri**: minerali importanti per l'estrazione di molti metalli che si trovano combinati con lo zolfo: pirite FeS_2 ("l'oro degli stupidi"), galena PbS, sfalerite ZnS, calcopirite $CuFeS_2$, cinabro HgS.

→ **Aloidi**: minerali che si formano per cristallizzazione a partire da soluzioni saline in seguito a evaporazione del solvente. Molti si ritrovano come componenti essenziali di rocce chiamate evaporiti: il più diffuso è il salgemma NaCl.

→ **Ossidi e idrossidi**: minerali in cui un elemento è combinato con l'ossigeno, gruppi ossidrile (OH^-),

Figura 26 L'anidrite è un solfato anidro.

molecole di H_2O. Esempi sono: l'ematite Fe_2O_3 e la magnetite $Fe^{II}Fe^{III}_2O_4$, principali minerali da cui si estrae il ferro; la brucite $Mg(OH)_2$, molto usata per l'estrazione del magnesio metallico; la bauxite $Al_2O_3 \cdot nH_2O$, utilizzata per l'estrazione dell'alluminio. Il quarzo si classifica come un ossido se si considera la sua composizione chimica (SiO_2), come un silicato se si tiene conto della sua struttura (tetraedri SiO_4^{4-}).

→ **Carbonati**: si formano prevalentemente per processi chimici e biochimici in acque marine e continentali. I rappresentanti più noti sono la calcite $CaCO_3$ e la dolomite $CaMg(CO_3)_2$, sale doppio di Ca e Mg. Sono minerali piuttosto diffusi, principali componenti di numerosi rilievi montuosi (Dolomiti, Prealpi, Massiccio del Gran Sasso).

→ **Solfati**: si distinguono in anidri e idrati e si generano prevalentemente per fenomeni chimici di precipitazione. Anidri: anidrite $CaSO_4$ (▶ 24), barite $BaSO_4$. Idrati: gesso $CaSO_4 \cdot 2H_2O$.

Lo sapevi che...

La rosa del deserto

La rosa del deserto è un aggregato di cristalli di gesso (solfato di calcio idrato) con la tipica forma di fiore. Si forma in particolari condizioni ambientali e climatiche, quando in un ambiente arido uno strato di gesso relativamente superficiale ricoperto di sabbia entra in contatto con l'acqua di falda o con la pioggia e viene parzialmente solubilizzato risalendo in superficie per capillarità. Le temperature desertiche provocano l'evaporazione dell'acqua e la precipitazione del gesso in cristalli tabulari dalla tipica disposizione. Le dimensioni di questi aggregati cristallini variano da pochi centimetri ad alcuni metri. I depositi più famosi sono quelli del Sahara (Libia, Tunisia, Marocco) e quelli dei deserti del Nuovo Messico e dell'Arizona (USA).

Facciamo il punto

23 Quali sono i tipi principali di minerali non silicati?

Scheda 4 Le pietre preziose

Forse non tutti sanno che alcune tra le più pregiate pietre preziose sono varietà particolarmente trasparenti e variamente colorate di minerali molto comuni. In alcuni casi il colore o la sfumatura particolare possono essere determinati da inclusioni di altri minerali, oppure dalla presenza all'interno del cristallo di elementi che lo colorano in modo particolare. Esempi sono il quarzo (ametista, rosa, citrino), il corindone (rubino e zaffiro) e il berillo (acquamarina e smeraldo). Le pietre preziose opportunamente tagliate e lavorate sono utilizzate in gioielleria.

Ametista: è chiamata in questo modo una varietà di uno dei silicati più comuni, il quarzo (SiO_2). Essa deve il suo colore viola alla presenza di ossido di Fe (▶1).

Quarzo citrino: è una varietà di quarzo di colore giallo citrino (dal latino *citrus*, limone) dovuto alla presenza di ferro (▶2).

Quarzo rosa: il colore rosa è dato dalla presenza di manganese o titanio.

Rubino e zaffiro: si tratta di due varietà di un comune ossido, il corindone (Al_2O_3), che di solito si presenta con un anonimo colore grigio o bruno. Il rubino è trasparente e di colore rosso, lo zaffiro è trasparente e di colore azzurro.

Acquamarina e **smeraldo**: si tratta di due varietà di berillo, che è un ciclosilicato di formula chimica $Al_2Be_3(Si_6O_{18})$. Il berillo si presenta normalmente con un abito prismatico esagonale e ha un colore grigio-azzurrino; l'acquamarina si può presentare con diverse tonalità dell'azzurro ed essere più o meno trasparente, lo smeraldo è trasparente e di colore verde (▶3).

Topazio: si tratta di un nesosilicato che si presenta con abito prismatico, talora con cristalli enormi (270 kg) e con colore molto variabile: la varietà più pregiata è certamente quella bruno-dorata, denominata *scherry*, mentre sono molto ricercate dai collezionisti le varietà blu o verde.

Granati: una diversa composizione chimica di questi minerali della famiglia dei nesosilicati assicura ai cristalli una notevole varietà cromatica: l'almandino, il piropo e la grossularia hanno colori rossi più o meno intensi dovuti alla presenza di ferro; l'uvarovite e la stessa glossularia sono verdi a causa della presenza di cromo e vanadio.

Olivina: è un nesosilicato componente essenziale delle rocce ultrabasiche (peridotiti) ed è molto abbondante anche nelle rocce basiche (basalti e gabbri). Il colore verde oliva o verde bottiglia è determinato dalla presenza di ferro nella miscela isomorfa $(Mg, Fe)_2SiO_4$. I cristalli più trasparenti vengono chiamati dai gemmologi con il nome di "peridoto" (▶4).

Diamante: è una delle modificazioni polimorfe del carbonio (le altre sono la grafite e il buckminsterfullerene) e lo si trova in rocce chiamate kimberliti (da Kimberley, Repubblica Sudafricana, dove fu scoperto il primo grande giacimento) che si formano a grandi profondità (▶5). Solo eccezionalmente i diamanti raggiungono dimensioni sufficienti per l'impiego come gemme, per il quale devono essere, inoltre, sottoposti al taglio (a rosetta, a brillante, a goccia). Il più celebre diamante mai ritrovato fu il Cullinan, rinvenuto presso Pretoria nel 1905; esso pesava grezzo 621,2 g e dalla sua lavorazione si ottennero 36 gemme (alcune usate per la corona dei reali d'Inghilterra). I principali giacimenti si trovano nella Repubblica Sudafricana (Kimberley, Pretoria) e nella Repubblica Democratica del Congo (primo produttore mondiale); l'estrazione, la lavorazione, il commercio e la vendita di diamanti in tutto il mondo sono di fatto controllati da una multinazionale, la De Beers.

Opale: non si trova mai in cristalli poiché si tratta di silice colloidale amorfa. Si presenta variamente colorato con splendide iridescenze che ne fanno delle vere e proprie pietre preziose di grandissimo pregio (▶6). I maggiori giacimenti si trovano in Australia.

Figura 1 L'ametista è una varietà di un minerale molto comune: il quarzo.

Figura 2 Quarzo citrino dell'Isola d'Elba.

Figura 3 Lo smeraldo (**a**) e l'acquamarina (**b**) sono due varietà di berillo: hanno lo stesso abito cristallino ma diverso colore.

Figura 4 Olivina (Vesuvio).

Figura 5 Il diamante si origina a grande profondità a pressioni molto elevate. Le varietà più pregiate sono estremamente trasparenti.

Figura 6 La caratteristica principale dell'opale è di presentare iridescenze di diverso colore a seconda della varietà.

Scheda 5 L'oro del Ticino

L'oro è un minerale classificato come elemento nativo poiché, a differenza dei composti, è formato da un unico elemento. Generalmente si rinviene in piccoli granuli o in pagliuzze disperso in rocce quarzose, di solito associato a solfuri; sono invece rarissimi i ritrovamenti di cristalli di forma cubica, ottaedrica o rombododecaedrica. La maggior parte dell'oro viene però ottenuto da giacimenti di origine sedimentaria, sia attuali, come le sabbie dei fiumi, sia fossili, nelle antiche sabbie e ghiaie compattate e cementate che ora sono rocce vere e proprie; questi giacimenti prendono il nome di "placers". In Italia, fin dai tempi dei Romani, era noto che il fiume Ticino fosse una fonte sfruttabile per l'estrazione del prezioso metallo. Bisogna ammettere che non si può pensare oggi a una corsa all'oro come quella che interessò il Nordamerica nel XIX secolo, anche se da noi, nell'immediato dopoguerra, ci fu effettivamente una piccola "corsa all'oro". In quegli anni sembrava davvero che l'oro del Ticino potesse rappresentare una fonte di guadagno per la popolazione, che usciva stremata dalla guerra e che soffriva la fame. Questo tipo di attività, oggi, in Italia, non riveste più alcun interesse economico, ma amatoriale: i cercatori d'oro del XXI secolo sono appassionati della natura e membri di associazioni che organizzano gare sportive.

L'Associazione cercatori d'oro della Valle del Ticino organizza gare, mostre, conferenze e altre attività inerenti all'oro, promuove attività per la tutela ecologica del Ticino e di altri fiumi auriferi, nonché di salvaguardia della secolare attività di "pesca dell'oro".

Vince chi ne trova la maggiore quantità: lavorando un'intera giornata si possono trovare circa 2 grammi d'oro!

Qual è l'attrezzatura richiesta? Molto semplice: stivali di gomma e una "batea" o "padella" del cercatore, un piatto di legno concavo (▶1).

Figura 2 In prossimità di un'ansa di un fiume è molto probabile trovare una concentrazione di metalli pesanti, poiché la velocità dell'acqua diminuisce e deposita sedimenti con densità maggiore.

Figura 1 Cercatore d'oro agita la batea facendola roteare. Il prezioso metallo si trova sul fondo.

Secondo una tecnica millenaria la batea viene riempita di sabbia aurifera e viene agitata facendola roteare a pelo dell'acqua per favorire la fuoriuscita dei materiali più leggeri. Dopo ripetuti "lavaggi", sul fondo della batea si concentra la parte più pesante della sabbia nella quale si possono scorgere le pagliuzze luccicanti.

Difficilmente si trovano pagliuzze di dimensioni superiori al millimetro, anche se con un po' di fortuna si possono trovare piccole pepite. La ricerca delle zone potenzialmente aurifere lungo il corso del fiume si basa su una delle caratteristiche fisiche del metallo e cioè l'elevato peso specifico: il fiume accumula sabbie aurifere là dove perde energia, cioè in prossimità di anse e meandri (▶2).

Da dove viene l'oro del Ticino? In alcune località alpine esistono delle mineralizzazioni aurifere in vene e filoni, sfruttate direttamente fino a non molto tempo fa, come le miniere nei pressi di Macugnaga alle falde del Monte Rosa: qui l'attività estrattiva, non più redditizia, cessò definitivamente nel 1961 e le vecchie gallerie sono ora adibite a museo.

Processi erosivi che hanno agito per milioni di anni su questi filoni quarziferi hanno via via eliminato la parte quarzosa della roccia "liberando" le pagliuzze che sono arrivate nel Ticino seguendo il corso dei principali affluenti.

I minerali **Unità 1**

Ripassa con le flashcard ed esercitati con i test interattivi sul Me•book.

CONOSCENZE

Con un testo articolato tratta i seguenti argomenti

1. Quali sono i fattori che determinano le caratteristiche dei cristalli?
2. Spiega che cosa si intende per isomorfismo e per polimorfismo e da che cosa dipendono.
3. Spiega qual è il criterio di classificazione dei silicati e in quali gruppi vengono suddivisi. Per ogni gruppo di silicati riporta almeno un esempio.
4. Come si riuscì sperimentalmente a dimostrare l'esistenza dei reticoli cristallini? (Scheda 1)
5. Descrivi le proprietà fisiche dei minerali.
6. Descrivi le caratteristiche principali delle pietre preziose più richieste (Scheda 3).
7. Descrivi l'impiego del diamante come gemma (Scheda 3).

Con un testo sintetico rispondi alle seguenti domande

8. Come si spiega il fenomeno della vicarianza?
9. Che cos'è il numero di coordinazione e da che cosa dipende?
10. Perché il colore non è una proprietà diagnostica per il riconoscimento di un minerale?
11. Come viene definita e come si misura la durezza di un minerale?
12. Che cosa si intende per sfaldatura di un minerale? Tutti i minerali possiedono questa proprietà?
13. Quali sono le caratteristiche delle sostanze amorfe?
14. In cosa consiste la caratteristica fisica detta anisotropia?
15. Su che cosa si basa il criterio di classificazione dei minerali?
16. Qual è l'unità fondamentale del reticolo cristallino dei silicati?
17. Qual è la differenza tra i seguenti termini: abito cristallino, reticolo cristallino, cella elementare?
18. Che cos'è un cristallo e da quali elementi è caratterizzato?
19. Quali sono le differenze tra minerali femici e sialici?
20. Che cosa sono gli alluminosilicati e in quale gruppo vengono classificati?
21. Che cosa sono gli elementi nativi?
22. Come è stato possibile definire la disposizione nello spazio degli atomi costituenti il reticolo cristallino? (Scheda 1)
23. Che cosa sono le figure di interferenza e come si possono ottenere? (Scheda 1)
24. Che cos'è l'opale? (Scheda 3)
25. Che cosa hanno in comune acquamarina e smeraldo? (Scheda 3)

Quesiti

26. Gli elementi nativi sono:
    a. minerali che contengono silicio.
    b. composti dell'ossigeno.
    c. minerali formati da un solo elemento chimico.
    d. solidi amorfi.

27. Quale tra queste coppie di minerali rappresenta un fenomeno di polimorfismo?
    a. Albite – Anortite.
    b. Diamante – Grafite.
    c. Calcite – Dolomite.
    d. Anortite – Ortoclasio.

28. Quale tra queste coppie di minerali è isomorfa?
    a. Forsterite – Fayalite.
    b. Diamante – Grafite.
    c. Calcite – Dolomite.
    d. Albite – Ortoclasio.

29. La scala di Mohs misura:
    a. la tendenza di un minerale a rompersi per urto.
    b. la tendenza di un minerale a emettere particelle che impressionano pellicole fotografiche.
    c. la resistenza di un minerale alla scalfittura.
    d. la resistenza allo sfregamento ottenuta con una porcellana ruvida non vetrificata.

30. Per la classificazione dei minerali normalmente viene impiegato il seguente criterio:
    a. si considera l'anione che caratterizza il minerale.
    b. si considera il catione presente con carica maggiore.
    c. si considera il nome commerciale.
    d. si considera la sua appartenenza o meno al gruppo dei silicati.

31. Identifica il minerale allocromatico:
    a. pirite.
    b. zolfo.
    c. malachite.
    d. berillo.

32. Il gesso viene classificato come:
    a. ossido.
    b. solfato.
    c. carbonato.
    d. solfuro.

33. Gli anfiboli sono silicati:
    a. a catena doppia.
    b. a tetraedri isolati.
    c. a piani paralleli.
    d. a catena singola.

34. Nei tettosilicati il rapporto Si/O è di:
    a. 1/4
    b. 1/3
    c. 1/2
    d. 1/6

35. Uno dei principali minerali da cui si ricava il ferro è:
    a. magnetite.
    b. cinabro.
    c. pirite.
    d. calcopirite.

36. L'acquamarina è una varietà di un minerale abbastanza comune:
    a. quarzo.
    b. ortoclasio.
    c. berillo.
    d. muscovite.

COMPETENZE

37 Per prepararti a un'interrogazione, rispondi a voce alta alle seguenti domande.
  a. Qual è la differenza tra mineralogia e petrografia?
  b. Spiega cos'è il polimorfismo.
  c. Dai una definizione di minerale.
  d. Come si formano i minerali?
  e. Come si possono riconoscere i minerali?
  f. Che cosa sono i silicati?

Leggi e interpreta

38 Cristalli al museo

Nel Museo di Scienze naturali di Kensington, a Londra, il piccolo Oliver Sacks era impressionato dalla presenza di una grande massa di galena costituita da cristalli a forma cubica, lucenti, di colore grigio scuro, nei quali spesso erano inclusi cubi più piccoli. Con la lente di ingrandimento osservò come questi cristalli, a loro volta, contenevano cubi ancora più piccoli, che pareva si sviluppassero dai più grandi. Lo zio Dave, lo "zio tungsteno", soprannominato così perché produceva lampadine, spiegò a Oliver che la galena aveva una struttura cubica a diversi livelli e se si fosse potuto osservare la sua struttura intima ingrandita milioni di volte, si sarebbero viste ancora strutture di quel tipo. La forma dei cubi di galena, così come quella, in generale, di tutti i cristalli è quindi una conseguenza della disposizione spaziale degli atomi costituenti. Questo accade perché i legami elettrostatici tra gli atomi e la posizione degli atomi in un reticolo cristallino, riflettono la disposizione nel minor spazio possibile considerando l'insieme delle forze attrattive e repulsive tra gli atomi. "Il fatto che un cristallo fosse costituito dalla ripetizione di innumerevoli reticoli identici – che fosse, a tutti gli effetti, un singolo gigantesco reticolo autoreplicante – mi sembrava meraviglioso". Da questo punto di vista i cristalli possono essere considerati come dei giganteschi microscopi che consentono di osservare la disposizione dei singoli atomi. "Potevo quasi vedere, con l'occhio della mente, gli atomi di piombo e quelli di zolfo che componevano la galena – li immaginavo vibrare leggermente per effetto dell'energia elettrica, ma per il resto fermamente stabili nella loro posizione, uniti gli uni agli altri e coordinati in un reticolo cubico infinito".

Liberamente tratto da Oliver Sacks, Zio Tungsteno, Adelphi, 2002

  a. Individua nel brano i termini che hai incontrato nello studio di questa Unità.
  b. Come si presentano i cristalli di galena del museo agli occhi di Oliver Sacks?

39 Le miniere chiudono i battenti

Il numero delle miniere in Piemonte è in costante diminuzione. I dati del ministero dell'Ambiente sono chiari: oggi sono censiti solo 30 siti minerari a fronte degli 80 di inizio '900 e dei 55 degli anni '90. Oggi tutte le attività estrattive in Italia sono in difficoltà rispetto a quelle della concorrenza estera. In Italia infatti vi è la necessità di rispettare la legge 626 sulla sicurezza, bisogna effettuare le valutazioni di impatto ambientale e firmare dei contratti di lavoro nazionali, cose che all'estero, soprattutto nei paesi in via di sviluppo, non vengono fatte. Un altro problema è quello delle concessioni che, dal 1998, sono concesse dalle regioni e durano 5 anni (rinnovabili poi per altri 5 anni), mentre in precedenza duravano anche 25-30 anni. Per tutti questi motivi risulta economicamente molto impegnativo avviare un'attività di questo tipo; la breve durata della concessione inoltre non è una garanzia sufficiente per procedere con un investimento importante. Sempre in Piemonte il tipo di materiali estratti è via via cambiato nel tempo: si estraggono più minerali per uso industriale piuttosto che metalli. Attività che reggono ancora il ritmo del mercato sono: l'estrazione del talco a Prali, nel Torinese, e dell'olivina a Vidracco, nel Canavese; è invece in difficoltà l'estrazione di feldspati della zona del Verbano per la produzione di ceramiche, in quanto si risente della concorrenza della Turchia. Anche i costi per il trasporto di queste materie prime sono molto alti e il loro valore è strettamente legato alle dinamiche dei mercati internazionali. A questo proposito, visto che le quotazioni dei minerali metalliferi sono aumentate notevolmente, si pensa di riprendere l'attività estrattiva per questi tipi di materiali. In particolare società straniere come la canadese Solid Resources sono alla ricerca di nichel in Val Sessera, Val Sesia e Val d'Ossola. La società canadese inoltre non esclude a priori nemmeno la possibilità di sfruttare la presenza di oro, visto che il suo prezzo sul mercato è aumentato e che soprattutto esistevano in Piemonte ben 43 giacimenti del prezioso metallo.

Liberamente tratto da Stefano Parola, "La Repubblica", 12 febbraio 2008

  a. Quanti sono i siti minerari oggi in Piemonte?
  b. Perché in Italia le attività estrattive sono in difficoltà?
  c. Per che cosa vengono utilizzati i feldspati?
  d. Perché si pensa a un ritorno ai minerali metalliferi?

40 Fai una ricerca sull'attività di estrazione di minerali in Sardegna, evidenziando: il luogo di estrazione, i minerali estratti, l'utilizzo dei minerali, i problemi ambientali relativi allo sfruttamento, l'attività estrattiva oggi.

Fai un'indagine

41 Fai una ricerca sull'attività estrattiva nella tua regione evidenziando:
  a. storia dell'attività estrattiva e ubicazione delle miniere;
  b. tipo di minerale estratto;
  c. tipo di materiale ricavato dalla lavorazione del minerale;
  d. come viene utilizzato il materiale ricavato;
  e. stato dell'attività lavorativa ad oggi;
  f. problemi ambientali relativi.

42 Cerca in Internet informazioni sull'attività estrattiva in Italia.

Osserva e rispondi

43 Individua la caratteristica fisica che viene messa in evidenza nella foto e spiega brevemente in che cosa consiste.

Formula un'ipotesi

44 Alcuni minerali hanno un abito prismatico-bipiramidale e presentano colori diversi a seconda della località di provenienza: verdi (Grecia), violetti (Sardegna), neri (Val d'Ossola), trasparenti (nei dintorni del Monte Bianco). Tutti vengono ugualmente scalfiti da un filo d'acciaio. Di che minerale si tratta? Motiva la tua risposta.

45 Lo ione potassio (K^+) e lo ione magnesio (Mg^{2+}), se opportunamente cambiati con un anione poliatomico (per esempio SO_4^{2-}), potrebbero dare luogo a una serie isomorfa? Motiva la tua risposta.

In English

46 Match terms and definitions.
   a. vicariance   ....   1. minerals with the same chemical composition, but with different crystal habit
   b. polymorphism   ....   2. solid solution of two minerals
   c. isomorphism   ....   3. replacement of ions within the elementary cell
   d. isomorphous series ....   4. different minerals with similar crystal structure

47 Match terms and definitions.
   a. density   ....   1. emission of light by a mineral if stressed with UV
   b. luster   ....   2. mass per unit volume
   c. cleavage   ....   3. tendency to break, by impact, in flat and regular surfaces
   d. luminescence   ....   4. measuring the reflection of light from a crystal

48 Explain why the classification of silicates is not chemical but structural.

Organizza i concetti

49 Completa la mappa.

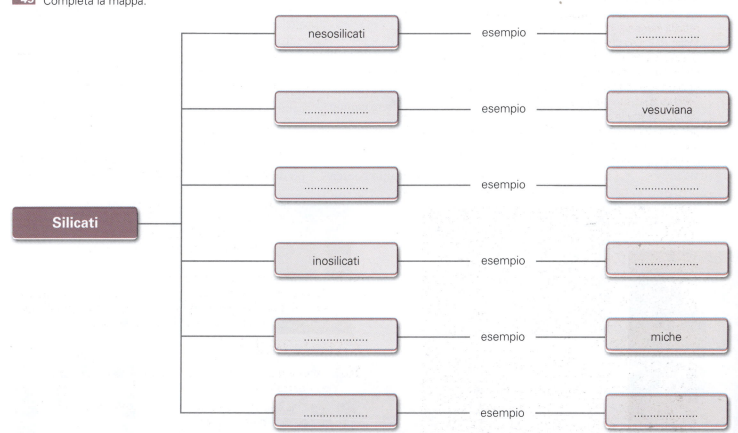

50 Costruisci uno schema sulla classificazione dei minerali non silicati indicando per ogni gruppo l'anione corrispondente e almeno un esempio.

Le rocce ignee o magmatiche

unità 2

scienze della Terra

Quali sono i processi di formazione delle rocce e quali sono i criteri con i quali si classificano le rocce ignee?

1 Le rocce

Le **rocce** sono aggregati naturali di uno o più minerali, talora anche di sostanze non cristalline, che costituiscono masse geologicamente indipendenti, ben individuabili, in genere originate da un particolare processo genetico. Esse possono essere composte da un insieme di minerali di un solo tipo, oppure possono essere un **miscuglio** (▶1) eterogeneo di minerali diversi. In natura è raro imbattersi in rocce omogenee se non a piccola scala, in quanto contengono sempre delle impurezze, tracce o masserelle di altri minerali.

Le rocce non hanno una composizione chimica definita, poiché i minerali che le compongono possono mescolarsi tra loro in qualsiasi rapporto quantitativo: questo spiega la notevole varietà di caratteristiche che esse presentano.

Si possono seguire diversi criteri per classificare le rocce, ma quello fondamentale è basato sui processi di formazione (**processi litogenetici**), che sono di tre tipi.

Figura 1 Una delle rocce ignee più diffuse, il granito, è formata da un miscuglio di quattro minerali essenziali.

Oligoclasio (bianco latte)

Biotite (nero)

Quarzo (grigio)

Ortoclasio (rosa)

Le rocce ignee o magmatiche Unità 2

Figura 2 Nello Yosemite National Park (USA) affiorano grandi masse di rocce ignee che si sono formate da 100 a 80 milioni di anni fa nelle profondità della crosta terrestre. Esse presentano aspetto massiccio e forma arrotondata dovuta all'azione di agenti erosivi che hanno asportato la copertura di rocce sedimentarie e metamorfiche. Nella foto, il famoso Half Dome.

→ **Processo magmatico**: consiste nella solidificazione di una massa fusa, detta *magma*, che si è formata all'interno della crosta terrestre. Il fenomeno può avvenire in superficie o in profondità e porta alla formazione di rocce magmatiche (o ignee) (▶2).

→ **Processo sedimentario** (Unità 4): avviene in superficie, in condizioni di bassa pressione e bassa temperatura, e produce rocce sedimentarie attraverso tre distinti meccanismi:
1) deposito e accumulo di particelle e detriti trasportati da acqua, vento o ghiaccio che formano rocce detritiche;
2) deposito e accumulo di prodotti dell'attività di organismi viventi (come gusci o scheletri) che formano rocce organogene;
3) fenomeni chimici di precipitazione che avvengono in acque dolci o marine che formano rocce di origine chimica (▶3).

→ **Processo metamorfico** (Unità 5): consistente nella trasformazione, più o meno accentuata, di rocce preesistenti (ignee, sedimentarie o metamorfiche) in seguito alla modificazione di parametri fisici come la pressione o la temperatura. Avviene in profondità e produce modificazioni nella struttura e nella composizione della roccia direttamente allo stato solido, cioè senza passare attraverso una fusione e una successiva solidificazione, come invece accade per le rocce ignee (▶4).

Per il riconoscimento e la classificazione di una roccia si dovrà inoltre tenere conto della sua *struttura*, cioè delle dimensioni (grana), della forma e della disposizione spaziale dei cristalli che la compongono, e della *composizione mineralogica* (o chimica, vedi oltre): il settore della geologia che studia le rocce e le loro caratteristiche prende il nome di **petrografia** (SCHEDA 1).

Facciamo il punto
1. Descrivi i diversi processi litogenetici.
2. Quali parametri si prendono in considerazione per classificare una roccia?

webdoc — Le rocce ignee

Figura 3 A causa della modalità di deposizione, le rocce sedimentarie (nella foto, le Dolomiti) si presentano in strati paralleli sovrapposti. I movimenti della crosta terrestre possono deformare gli strati formando pieghe.

Figura 4 Le rocce metamorfiche possono presentare fitte pieghe come questi gneiss della Val Sesia. Sono abbondanti sulle catene montuose perché hanno subìto deformazioni dovute a pressioni e a temperature molto elevate.

QUALCOSA IN PIÙ

Scheda 1 — Lo studio delle rocce

Le rocce possono essere studiate direttamente sul terreno, nei luoghi dove affiorano sulla superficie terrestre, oppure in laboratorio con semplici osservazioni al microscopio o prove più approfondite.

- **Lo studio sul terreno**: il geologo effettua osservazioni sull'aspetto generale degli ammassi rocciosi. Su una cartina topografica, poi, viene riportato il punto preciso in cui la roccia affiora e il punto in cui eventualmente si ritiene di prelevare un campione. Si osserva per esempio se è presente una stratificazione e si cerca di descrivere i rapporti con le rocce adiacenti. Più in particolare si annota su un quaderno ciò che è visibile: eventuali minerali riconoscibili dal colore, dall'abito cristallino o dalla durezza (per esempio utilizzando un temperino); si osserva la "grana", cioè le dimensioni dei cristalli costituenti la roccia (la grana può essere fine, media, grossolana), e la sua omogeneità, se necessario anche con una lente di ingrandimento. Questo tipo di lavoro porta alla definizione di dati per lo più di tipo qualitativo, e per questo ha bisogno di essere completato da analisi di tipo quantitativo che vengono effettuate in laboratorio: spesso è necessario conoscere, oltre al tipo di minerali presenti, anche la loro abbondanza.

Figura 1 I geologi rilevatori devono a volte raggiungere aree molto impervie e trasportare con sé oggetti molto pesanti che consentono loro di effettuare una fitta e accurata campionatura degli ammassi rocciosi.

Figura 2 Il martello da geologo è uno degli oggetti più fotografati poiché serve per definire la scala delle strutture della roccia che si vogliono mettere in evidenza.

- **Lo studio in laboratorio**: utilizzando una sega circolare diamantata, si ricava una sezione sottile della roccia (30 μm) che viene poi incollata su un vetrino portaoggetti e osservata con un microscopio da mineralogia, che consente di individuare e riconoscere con maggiore precisione i minerali presenti e stimare i rapporti quantitativi tra essi. Poiché la sezione è talmente sottile da risultare trasparente, è possibile fare osservazioni in luce naturale e in luce polarizzata, che è costituita da radiazioni luminose che vibrano nello stesso piano. Con un esame in luce polarizzata si riescono a notare i diversi comportamenti ottici caratteristici dei singoli minerali in quanto la luce subisce fenomeni di rifrazione, riflessione e interferenza che variano in relazione al minerale attraversato. Per la determinazione della composizione chimica si deve sottoporre la roccia a un trattamento speciale: il campione viene infatti inizialmente ripulito da eventuali patine di alterazione superficiale, poi frantumato con una pressa idraulica fino a ottenere una graniglia con frammenti di dimensioni inferiori al centimetro; successivamente, il prodotto così ottenuto viene polverizzato mediante apposita apparecchiatura.

Su questo materiale, che può essere trattato con acidi e facilmente sciolto in soluzione acquosa, si possono effettuare analisi chimiche molto semplici, come normali titolazioni, o più complesse, per le quali si utilizzano strumenti particolari come gli spettrofotometri che "leggono" le varie frequenze delle onde elettromagnetiche. Questi strumenti identificano gli ossidi e gli elementi in traccia presenti nella roccia. Inserendo i dati in un computer e confrontandoli con dati standard relativi a rocce di composizione nota, si riescono a quantificare in percentuale i minerali presenti e quindi a classificare la roccia.

2 — Il processo magmatico: dal magma alla roccia

Le rocce ignee (dal latino *ignis*, che significa "fuoco") sono le più diffuse nella crosta terrestre e derivano dalla solidificazione di un **magma**, che può essere definito come un materiale naturale ad alta temperatura, estremamente mobile e chimicamente complesso, nel quale prevale una fase liquida di composizione silicatica (comunemente chiamata **fuso**), in cui sono presenti anche gas disciolti e cristalli in sospensione. La presenza di gas e vapor d'acqua (*agenti mineralizzatori*) favorisce il movimento di ioni e molecole presenti nel magma, facilitando la formazione dei reticoli cristallini dei diversi minerali.

Nelle prime fasi successive alla sua formazione, circa 4,5 miliardi di anni fa, la Terra era allo stato fuso. A causa della gravità, i materiali più densi si accumularono nelle zone più interne del nostro pianeta, mentre i materiali più leggeri andarono a concentrarsi in prossimità della superficie. Al diminuire della temperatura i materiali cominciarono a solidificare a partire dalle zone più superficiali: si formarono così diversi tipi di rocce costituite da minerali con temperatura di fusione simile (i primi minerali a solidificare da una massa fusa sono quelli che hanno punto di fusione più elevato).

Nel corso del tempo geologico, gran parte del materiale costituente la crosta terrestre ha subìto più volte processi di fusione (in profondità) e di successiva solidificazione.

Facciamo il punto

3 Come si definisce il magma?

4 Perché è importante la presenza di gas e vapor d'acqua all'interno del magma?

3 La classificazione delle rocce magmatiche

Le rocce ignee si classificano in base a tre criteri generali:

→ le **condizioni di solidificazione**;
→ il **contenuto in silice** (SiO_2);
→ la **composizione mineralogica e chimica**.

3.1 Una prima classificazione in base alle condizioni di solidificazione

Per la classificazione delle rocce ignee è molto importante ricostruire le caratteristiche del processo di solidificazione del magma, riconoscendo per esempio la struttura del prodotto finale del processo litogenetico: la roccia.

Il processo di raffreddamento ha caratteristiche diverse a seconda che la massa fusa si solidifichi *in superficie* o *in profondità* all'interno della crosta terrestre.

Di norma si distinguono tre tipi di **rocce ignee**: **intrusive**, che derivano da magmi che solidificano lentamente, in profondità, producendo ammassi rocciosi detti plutoni, o più in generale "corpi ignei"; **effusive**, che derivano da magmi che solidificano, più rapidamente, in superficie; **ipoabissali** (o filoniane), che si formano in condizioni intermedie, a profondità non elevate.

Le rocce intrusive

Se il raffreddamento si verifica all'interno della crosta terrestre, avverrà in un tempo molto lungo, anche in milioni di anni, in quanto le rocce solide che circondano la massa di materiale fuso fungono da isolante termico. In una massa silicatica fusa, gli atomi che andranno a formare il reticolo cristallino dei minerali sono disposti in modo caotico. Durante il lungo processo di raffreddamento le particelle avranno il tempo necessario per costituire reticoli cristallini regolari e ordinati che possono avere varie dimensioni; normalmente si formano cristalli tutti

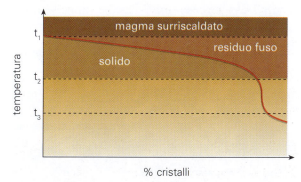

Figura 5 Nel grafico si osserva la variazione della percentuale in volume dei cristalli in un magma al variare della temperatura.

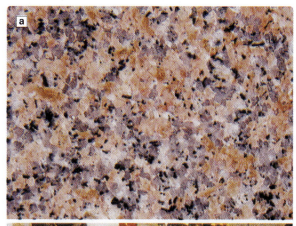

Figura 6 Nel campione di granito (**a**) si nota la struttura cristallina granulare. Nella sezione sottile (**b**) osservata in luce polarizzata si osservano cristalli bianchi e neri di forma irregolare (quarzo), cristalli grigi di forma più regolare (feldspati) e pochi cristalli colorati (miche).

visibili a occhio nudo. Una **struttura** di questo tipo viene chiamata **cristallina** o **granulare** dal nome della roccia più rappresentativa, il *granito*.

I minerali cristallizzano seguendo un ordine che dipende dal loro punto di fusione. Man mano che la temperatura diminuisce, nel magma cresce la percentuale in volume dei cristalli (solidi) a scapito del residuo fuso (▶5). Per esempio, i cristalli di olivina (che sono i primi a solidificare) crescono all'interno di una grande quantità di fuso e la loro forma finale corrisponderà all'abito cristallino, saranno cioè *cristalli idiomorfi*. Gli ultimi minerali che cristallizzano, come il quarzo, andranno a occupare gli spazi vuoti lasciati dai minerali che sono solidificati precedentemente; per questo motivo, questi cristalli saranno ostacolati nella crescita e avranno una forma irregolare, saranno cioè *cristalli allotriomorfi*. Quello che noi vediamo osservando una roccia che si è formata in questo modo è un'associazione di minerali idiomorfi e allotriomorfi (▶6).

Le rocce effusive

Le rocce effusive, a seconda della velocità con cui avviene il raffreddamento del magma, possono presentare diversi tipi di struttura che hanno, però, un'unica caratteristica comune: l'apparente assenza di struttura cristallina.

Il processo può avvenire in modo molto rapido quando il magma, a causa di un'eruzione vulcanica, arriva in superficie a contatto con l'atmosfera pren-

Lo sapevi che...

Niente pomici nel sito dell'Unesco!
Le Isole Eolie hanno rischiato per ben due volte in pochi anni di essere cancellate dalla lista Unesco dei Siti Patrimonio dell'Umanità nella quale erano state inserite nel 2000.
Una prima volta a causa dell'attività estrattiva delle cave di pomice a Lipari: in passato, da circa duecento anni, l'attività estrattiva di questa roccia è stata la maggiore attività economica per la popolazione. Dopo pressioni della stessa Unesco e di Legambiente, il 31 agosto 2007 le cave sono state chiuse. Una seconda volta per un progetto di un megaporto a Lipari la cui costruzione non è stata possibile per l'istituzione, nel 2008, del Parco delle Eolie, tutelato da rigorosi vincoli ambientali.

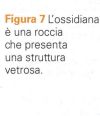

Figura 7 L'ossidiana è una roccia che presenta una struttura vetrosa.

Figura 8 La pomice è una roccia con struttura vetrosa molto porosa, tanto da galleggiare sull'acqua.

dendo il nome di **lava**. In questo caso gli atomi non hanno il tempo per organizzarsi in una struttura regolare e quindi restano, anche allo stato solido, disposti in modo caotico, formando dei solidi amorfi come il vetro. È come se gli atomi venissero "congelati" nella posizione che occupavano allo stato fuso. La roccia in questo caso assumerà una **struttura vetrosa**.

Osservando una roccia con struttura vetrosa non si riesce a distinguere alcun componente cristallino, nemmeno con l'analisi microscopica; queste rocce presentano frequentemente superfici di rottura concave (*fratture concoidi*) che generano frammenti estremamente taglienti. Un tipico esempio di roccia con queste caratteristiche è l'*ossidiana*, il cui colore scuro, generalmente nero, è dovuto alla presenza di ossidi di Fe; essa si può ritrovare indifferentemente come risultato di diversi tipi di attività vulcanica (▶7).

Rocce particolari con struttura vetrosa ma molto porose e ricche di cavità dovute a un'alta presenza di gas all'interno della lava in via di solidificazione sono le *pomici*, tanto leggere da galleggiare sull'acqua (▶8).

Un altro tipo di struttura che può comparire anche in associazione con quella vetrosa è la **microcristallina**, in cui i cristalli hanno dimensioni molto piccole, visibili solo se osservati al microscopio.

La struttura però più frequente nelle rocce effusive è quella **porfirica**, che è caratterizzata dalla presenza di cristalli di varia dimensione, spesso visibili a occhio nudo, chiamati **fenocristalli**, immersi in una *massa di fondo microcristallina* e/o *vetrosa*. I fenocristalli si trovano già cristallizzati all'interno della massa fusa, oppure solidificano durante la sua risalita, prima della fuoriuscita sulla superficie terrestre: si tratta dei minerali con punto di fusione più alto rispetto alla temperatura del magma, che coesistono a lungo con la fase liquida in cui sono immersi (▶9).

Le rocce ipoabissali o filoniane

Le rocce ipoabissali si formano in prossimità della superficie terrestre nella fase finale di un processo intrusivo di solidificazione, quando gli ultimi residui di magma non ancora solidificati, sebbene molto viscosi e con composizione chimica diversa dal magma originario, vengono trascinati verso l'alto

Figura 9 Le sezioni sottili ben evidenziano la struttura porfirica: **a)** riolite (acida); **b)** basalto (basica).

dai gas presenti e vanno a riempire fratture e spaccature. Si formano così dei *filoni*, corpi magmatici di ridotte dimensioni in cui la solidificazione avviene più rapidamente rispetto a quanto avviene per le rocce intrusive.

La struttura caratteristica di queste rocce è quella **porfirica**, e infatti il nome della struttura deriva proprio dal nome delle rocce ipoabissali più rappresentative, i *porfidi*.

Non sempre però le rocce ipoabissali hanno struttura porfirica: in alcuni casi la struttura è **aplitica**, granulare ma con cristalli tutti di piccole dimensioni. Più raramente, quando il magma è in gran parte solidificato, nel fuso residuo si possono concentrare grandi quantità di gas e di elementi chimici che di norma non entrano nella composizione dei minerali (*elementi incompatibili*): in queste condizioni le rocce possono acquisire una struttura **pegmatitica** (▶10), caratterizzata dalla presenza di grandi cristalli di muscovite, feldspato e quarzo, e di minerali rari come il topazio, il berillo e lo zircone.

3.2 Un secondo criterio di classificazione: il contenuto in silice

I magmi possono avere composizione chimica estremamente varia e quindi il processo magmatico può portare alla formazione di una grande varietà di minerali costituenti le rocce (▶11 e **TABELLA 1**).

Abbiamo già visto che i minerali possono essere suddivisi in sialici e femici. Anche per le rocce può essere utilizzata questa distinzione in relazione alla presenza di minerali dei due diversi tipi e in relazione al contenuto in silice. Si intende per "silice" sia quella libera, presente sotto forma di quarzo, sia quella vincolata, intrappolata nella struttura tetraedrica dei silicati. La silice vincolata si può considerare come una quantità di silice "virtuale", che si ricava dall'analisi chimica dei minerali silicatici presenti nella roccia e che viene calcolata in base alla quantità di Si e O presenti nella loro struttura tetraedrica. Ne consegue che, in molti casi, la roccia

Figura 10 La struttura pegmatitica è caratterizzata da cristalli di notevoli dimensioni.

TABELLA 1	Composizione mineralogica delle rocce intrusive ed effusive più comuni		
Rocce	Roccia intrusiva	Roccia effusiva	Composizione mineralogica
Acide (Sialiche) $SiO_2 > 65\%$	granito granodiorite	riolite dacite	quarzo, K-feldspato, pochi minerali femici
Neutre $52\% < SiO_2 < 65\%$	diorite	andesite	quarzo assente, ortoclasio, plagioclasio, minerali femici
Basiche (Femiche) $45\% < SiO_2 < 52\%$	gabbro	basalto	quarzo assente, plagioclasio, molti minerali femici
Ultrabasiche (Ultrafemiche) $SiO_2 < 45\%$	peridotite	picrite (rara)	minerali sialici assenti, solo minerali femici

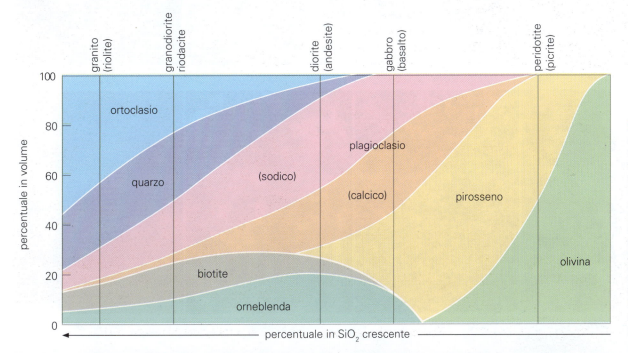

Figura 11 Il diagramma serve per la classificazione delle rocce magmatiche più diffuse.
Le composizioni mineralogiche in percentuale volumetrica si ottengono tracciando delle linee verticali.
Il nome da assegnare alla roccia dipende dal fatto che sia intrusiva o effusiva.
Il nome della roccia effusiva è indicato tra parentesi.

potrebbe contenere silice, ma non necessariamente il minerale quarzo.

Se la roccia contiene solo silice vincolata viene detta **sottosatura**, mentre se la quantità di silice è in eccesso e permette la cristallizzazione del minerale quarzo viene detta **sovrasatura**.

I **magmi** con alto contenuto in silice vengono definiti **acidi**, mentre quelli con basso contenuto in silice vengono definiti **basici**. Questa terminologia è da sempre stata utilizzata in petrografia poiché è noto che la silice, quando reagisce con l'acqua, forma un acido debole (ortosilicico, H_4SiO_4), a differenza degli ossidi metallici, che invece formano basi (idrossidi).

A seconda della percentuale in peso di silice presente nella roccia vengono riconosciuti quattro tipi di rocce ignee, nell'ambito di una famiglia molto diffusa di rocce che viene definita *calcalcalina*, o *serie calcalcalina* (**SCHEDA 4**).

Rocce acide

Derivano dalla solidificazione di magmi ricchi in elementi come Si e Al e per questo motivo vengono chiamate anche rocce *sialiche*. La quantità di silice presente è maggiore del 65% in peso e perciò hanno una densità piuttosto bassa, attorno ai 2,7 g/cm³.

I minerali presenti sono il quarzo, pochi silicati e grande quantità di alluminosilicati che conferiscono alla roccia un colore generalmente chiaro.

Esempio di roccia intrusiva acida è il **granito**, ricco in quarzo e plagioclasi, principale costituente di grossi corpi intrusivi chiamati *batoliti* che si originano in profondità nella crosta terrestre. La roccia effusiva che corrisponde al granito è la **riolite**, che può assumere nomi specifici diversi a seconda della località in cui si ritrova (liparite, pantellerite) o della struttura prevalente (ossidiana, porfido) (▶12).

Rocce neutre

Derivano dalla solidificazione di magmi a composizione intermedia con percentuale in peso di silice compresa tra il 52% e il 65%. La densità di queste rocce è intermedia, il rapporto tra silicati e alluminosilicati è prossimo a 1; aumenta, rispetto alle rocce acide, la quantità di minerali femici. Le **andesiti** sono le rocce effusive e prendono il nome da una catena montuosa formata da un allineamento di vulcani, le Ande in Sud America. Le rocce intrusive sono chiamate **dioriti**. Sono caratterizzate dalla presenza in egual misura di minerali sialici (plagioclasi) e minerali femici (anfiboli e pirosseni) (▶12).

Figura 12 Nonostante la composizione chimica sia identica per le rocce acide, neutre e basiche, le rocce effusive e intrusive di ogni gruppo presentano un aspetto molto diverso.

TIPO	ROCCE ACIDE	ROCCE NEUTRE	ROCCE BASICHE	ROCCE ULTRABASICHE
EFFUSIVE	Riolite	Andesite	Basalto	Picrite
INTRUSIVE	Granito	Diorite	Gabbro	Peridotite

Rocce basiche

I magmi che danno origine alle rocce basiche contengono una quantità di silice compresa tra il 45% e il 52%. Sono ricchi in silicati di Fe e Mg (le rocce originatesi da questi tipi di magmi vengono chiamate anche rocce *femiche*) variamente colorati in verde, grigio, nero; essi conferiscono alla roccia una colorazione generalmente scura. La densità è più elevata (circa 3 g/cm^3) e si riscontra l'assenza di quarzo.

La roccia effusiva, il **basalto**, è di gran lunga la più diffusa in quanto è il costituente principale dei fondali oceanici; è costituito da plagioclasi ricchi di Ca con anfiboli, pirosseni e olivina. La roccia intrusiva prende il nome di **gabbro** (▶12).

Rocce ultrabasiche

Vengono chiamate in questo modo quelle rocce con colorazione molto scura, a causa della presenza in grande quantità di minerali femici, caratterizzate da alta densità (>3 g/cm^3) e da bassa percentuale in peso di silice (< 45%). La **peridotite** è una roccia intrusiva che raramente affiora in superficie: è composta da olivina e pirosseni (▶12). A volte sono presenti minerali come cromo e platino in quantità sfruttabili. La corrispondente roccia effusiva è rarissima e prende il nome di **picrite**.

3.3 La composizione mineralogica e chimica

Esistono sicuramente delle connessioni tra la composizione mineralogica e quella chimica delle rocce: sappiamo, infatti, che ai singoli minerali corrispondono determinate composizioni chimiche. Tuttavia, siccome numerosi minerali componenti le rocce sono delle miscele isomorfe complesse (Unità 1), sarebbe più opportuno ricorrere al criterio di classificazione chimica in quanto univoco (mentre non è altrettanto univoco il significato chimico di termini mineralogici come olivine, anfiboli, pirosseni, minerali sialici).

Nonostante ciò, la maggior parte dei petrografi preferisce utilizzare il criterio mineralogico (**analisi modale**) in quanto più pratico e semplice da utilizzare. Questo criterio è facilmente applicabile alle rocce intrusive, poiché dall'accurata osservazione e descrizione della roccia in sezione sottile si riesce a ricavare la percentuale in volume dei minerali presenti (*moda*) che consente di classificare la roccia.

Il metodo più utilizzato per ottenere questo dato è quello di applicare al microscopio un accessorio, chiamato "tavolino integratore", che consente di spostare la sezione lungo direzioni ortogonali, secondo intervalli prefissati; si ottiene così una griglia in cui ogni punto corrisponde a una precisa fase mineralogica. Il numero totale di punti conteggiato per ogni fase viene considerato con buona approssimazione proporzionale alla sua abbondanza relativa.

🛈 Lo sapevi che...

La roccia che prende il nome da un paese

Il gabbro, roccia intrusiva basica formata essenzialmente da plagioclasi e pirosseni, deriva il suo nome dalla omonima località toscana in provincia di Livorno, nel comune di Rosignano. Il nome fu attribuito da Christian Leopold von Buch (1774-1853), geologo e paleontologo tedesco che studiò l'area nella prima metà dell'800.
Nei dintorni del piccolo paese infatti affiorano gabbri in associazione con numerosi altri tipi di rocce di origine oceanica, portate alla luce da movimenti della crosta, chiamate ofioliti. Il nome deriva dal latino "glabrum" che stava a indicare l'aridità del luogo.

Non sempre però è possibile effettuare questo tipo di analisi: infatti, le rocce effusive (che hanno una struttura vetrosa o microcristallina) non presentano cristalli distinguibili al microscopio. Si ricorre allora all'**analisi normativa**, per mezzo della quale è possibile ricavare, dalla composizione chimica della roccia, la percentuale teorica in peso dei vari minerali presenti (non direttamente visibili). È possibile poi utilizzare questo dato mineralogico per la classificazione modale (**SCHEDA 2**).

✏️ Facciamo il punto

5 Qual è la differenza tra le rocce intrusive ed effusive?

6 Quali sono le strutture che permettono di riconoscere una roccia intrusiva o una effusiva?

7 Quali sono le caratteristiche delle rocce ipoabissali?

8 Qual è la differenza tra rocce sottosature e rocce sovrasature?

9 Che significato hanno i termini "acido" e "basico" nella classificazione delle rocce?

10 In quali casi si ricorre all'analisi normativa?

Scheda 2 — Classificazione modale: il diagramma di Streckeisen

Esiste un metodo molto semplice per classificare le rocce partendo dall'analisi modale. Si utilizzano a questo scopo diagrammi triangolari come quello rappresentato nella ▶1.

Il diagramma di Streckeisen (il doppio triangolo) (▶2) utilizza un ulteriore parametro: la percentuale di feldspatoidi (F), cioè minerali sottosaturi in silice (con minor numero di atomi di silicio rispetto ai cationi K^+, Na^+, Ca^{2+}) come la leucite, la nefelina e la sodalite. Le rocce che si trovano nel triangolo QAP sono quindi sovrasature (ossia ricche in silice), mentre quelle che si trovano nel triangolo APF sono sottosature. Quarzo e feldspatoidi sono incompatibili: la presenza dell'uno esclude quella dell'altro. Un quinto parametro modale (M – minerali femici) viene utilizzato per le rocce ultrafemiche (M > 90); si utilizzano in questo caso altri diagrammi triangolari ai cui vertici vengono rappresentati i minerali olivina (ol), pirosseni (px) e orneblende (hbl) (campo 16 in ▶2).

Rocce plutoniche

1) quarzolite
2) granito a feldspati alcalini
3) granito
4) granodiorite
5) tonalite
6) sienite a feldspati alcalini
7) sienite
8) monzonite
9) monzodiorite, monzogabbro
10) diorite, gabbro, anortosite
11) sienite a feldspatoidi
12) monzonite a feldspatoidi
13) essexite
14) teralite
15) foidite
16) ultramafite

Rocce vulcaniche

2) riolite a feldspati alcalini
3) riolite
4) dacite
5) plagidacite
6) trachite a feldspati alcalini
7) trachite
8) latite
9) latiandesite, mugearite
10) andesite, basalto
11) fonolite
12) fonolite tefritica
13) tefrite fonolitica
14) tefrite, basanite
15) foidite, nefelinite, leucitite
16) ultramafite, picrite

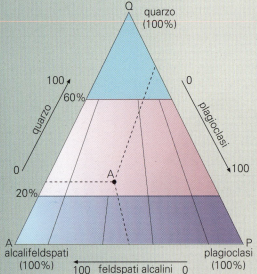

Figura 1 Diagrammi triangolari sono alla base della classificazione modale delle rocce ignee di Streckeisen.

Per entrare in questi diagrammi basta ottenere la percentuale in volume di soli tre parametri principali: la percentuale di quarzo (Q), quella di plagioclasi (P) e quella di alcalifeldspati (A). A ogni vertice corrisponde il 100% di presenza di quel minerale, lungo i lati la sua percentuale diminuisce man mano che si procede in direzione di un altro vertice, fino ad annullarsi. Il punto A all'interno del triangolo in ▶1 rappresenta una roccia costituita da una bassa percentuale di quarzo e plagioclasi (siamo infatti piuttosto lontani dai vertici Q e P) e media di alcalifeldspati (A) (il punto si trova relativamente vicino al vertice A).

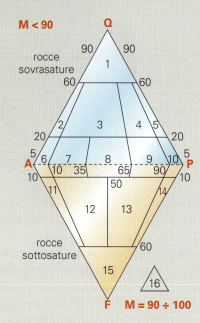

Figura 2 Il diagramma di Streckeisen è suddiviso in 15 campi: ognuno di essi rappresenta una famiglia di rocce.

Figura 3 Una roccia sovrasatura, la diorite (a) e una roccia sottosatura, la tefrite (b).

4 La genesi dei magmi

Le masse magmatiche si originano in profondità dalla fusione di materiale componente la crosta terrestre o la parte superiore del mantello. La fusione delle rocce in profondità dipende da diversi fattori: la pressione litostatica, la temperatura e la presenza di acqua.

Pressione litostatica

All'interno della Terra i materiali rocciosi sono sottoposti a una pressione litostatica (da *lithos*, che in greco significa "pietra"), esercitata uniformemente da tutte le direzioni dello spazio.

La pressione litostatica, che cresce all'aumentare della profondità in quanto dipende dal peso dei materiali sovrastanti, influenza lo stato fisico dei minerali: la loro temperatura di fusione, infatti, aumenta con la profondità; di conseguenza, una roccia che in superficie, a una determinata temperatura, sarebbe totalmente fusa, in profondità potrebbe trovarsi (alla stessa temperatura) ancora allo stato solido, o solo parzialmente fusa.

Se però, in una zona situata a grande profondità, la pressione litostatica diminuisce, a causa della formazione di fratture, la roccia potrebbe fondere originando così una massa magmatica che, risalendo all'interno della crosta, continuerebbe a mantenersi fluida poiché sottoposta a pressioni via via minori (▶13): si spiegherebbe così la genesi dei magmi più profondi.

Temperatura

Un fattore molto importante per la genesi dei magmi è l'aumento di temperatura che si può verificare localmente all'interno della crosta terrestre.

La roccia sottoposta a un aumento di temperatura comincia a fondere a partire dai minerali con

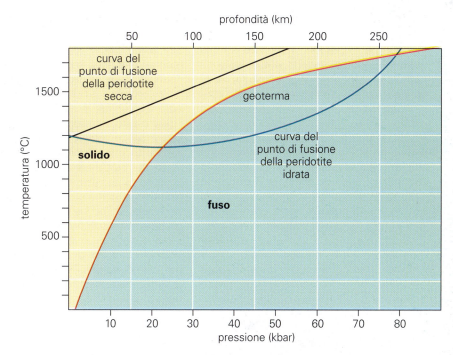

Figura 14 Influenza dell'acqua sulla temperatura di fusione dei materiali rocciosi. La peridotite secca e quella idrata sono rappresentate da due curve rispettivamente sopra (la peridotite rimane allo stato solido) e sotto (la peridotite si trova allo stato fuso) una terza curva chiamata geoterma. La geoterma indica la variazione di temperatura all'interno della Terra in funzione della pressione e quindi della profondità. A pressioni di 20-80 kbar (80-260 km di profondità) la presenza di acqua fa fondere la peridotite, che invece permane allo stato solido se l'acqua non è presente.

più basso punto di fusione: uno dei minerali con minore punto di fusione è il quarzo.

Il primo fuso che si forma avrà quindi certamente una composizione acida o sialica; se il processo continua fino alla fusione di tutta la massa rocciosa, il fuso finale avrà la stessa composizione chimica della roccia di partenza. Le temperature variano da circa 700 °C per i magmi acidi a circa 1400 °C per quelli basici.

Le masse magmatiche tendono a risalire verso la superficie, poiché sono caratterizzate da densità minore rispetto alle rocce circostanti.

Presenza di acqua

In profondità è spesso presente dell'acqua che penetra dalla superficie terrestre attraverso le fratture e le fessure delle rocce.

La presenza di acqua in profondità abbassa notevolmente la temperatura di fusione di tutte le rocce favorendo la formazione di magmi (▶14).

Facciamo il punto

11 In che modo la pressione litostatica e la temperatura contribuiscono alla genesi delle masse magmatiche?

12 Come viene condizionata dalla presenza d'acqua la genesi dei magmi in profondità?

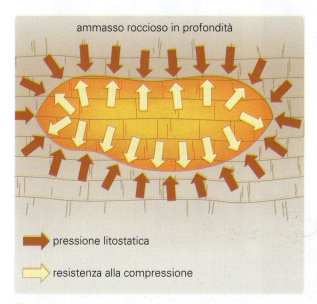

Figura 13 La pressione litostatica aumenta con la profondità e agisce sulle rocce da tutte le direzioni dello spazio.

Scheda 3 Usi delle rocce ignee

I colori che si possono osservare su una superficie piana di una roccia di solito sono piuttosto opachi e insignificanti; la roccia lavorata in lastre assume una variegata colorazione che ne determina il valore estetico solo quando la superficie è bagnata o lucidata. Vista la loro facilità a essere lavorate, la loro resistenza alla compressione e soprattutto all'usura, che ne determina la durevolezza, le rocce ignee sono ampiamente impiegate in edilizia. Un tempo venivano utilizzate per la costruzione di colonne, volte, muri e strutture portanti di edifici; questi materiali sono stati oggi sostituiti dal cemento armato che è più leggero ed economico.

Oggi il loro valore è dovuto in primo luogo alla colorazione, che ne determina il pregio estetico, in quanto vengono impiegate come rivestimenti esterni o interni di edifici, oppure come pavimentazioni. Vengono soprattutto utilizzate negli edifici pubblici.

La nomenclatura commerciale delle rocce non sempre corrisponde alla nomenclatura petrografica: per esempio, con il termine generico di "graniti" vengono indicate tutte le rocce intrusive. I "graniti" sono molto usati, tra l'altro, anche nell'arte funeraria: in un cimitero solitamente si può osservare un buon campionario delle rocce ignee più pregiate che si trovano in commercio. Inoltre ci sono utilizzi per i quali non c'è bisogno della lucidatura: ad esempio il porfido, usato per le pavimentazioni stradali tipo pavé, è molto diffuso nel Nord Italia, in particolare in Alto Adige, dove ricopre più di 3000 km^2 di territorio.

Altre rocce effusive, diffuse soprattutto nell'Italia centro-meridionale, che vengono utilizzate per le pavimentazioni stradali, sono il **basalto** e la **leucitite**, già conosciuti ai tempi dei Romani (▶1). Tutte queste rocce possono essere usate anche come pietre da costruzione, come pietrisco per massicciate ferroviarie, come pietre da macina, come ghiaie e in blocchi per scogliere frangiflutti. Le varietà con struttura vetrosa, come le ossidiane o certi tipi di basalti, sono utilizzate per la produzione di "lana di roccia" e "lana di vetro", materiali fibrosi usati come isolanti termici e acustici in sostituzione dell'ormai obsoleto e pericoloso amianto.

Un'altra roccia molto resistente all'usura è il **porfido rosso antico**, un'andesite di colore rossastro per la presenza di ematite (un ossido di ferro). Il porfido rosso antico fu la pietra romana per eccellenza, usato nelle tombe imperiali e nei palazzi (pannelli murari e colonne): lo importavano dall'Egitto e dall'Arabia. Fu impiegato anche nel Medioevo e nel Rinascimento (di solito recuperandolo da edifici dell'epoca romana), soprattutto nelle chiese (▶2). È ampiamente utilizzato anche oggi.

Figura 1 La leucitite è una roccia basica effusiva sottosatura con struttura porfirica, comunissima nella zona dei vulcani laziali; è formata da leucite, augite, olivina. Era usata dagli antichi Romani per la costruzione delle strade, come la Via Appia.

Figura 2 I tetrarchi sono una scultura in porfido saccheggiata a Bisanzio nel 1204 e poi collocata nella Basilica di San Marco a Venezia (**a**). In porfido rosso è anche la statua della Giustizia, in cima all'omonima colonna, a Firenze, ultimata nel 1528 (**b**)..

5 Il dualismo dei magmi

Per molto tempo i geologi hanno cercato di rispondere a una domanda che, a questo punto, dovrebbe sorgere spontanea: esistono diversi tipi di magma che solidificandosi hanno dato origine ai diversi tipi di rocce ignee, oppure tutte le rocce hanno avuto origine da pochi tipi di magma che in seguito hanno subìto delle trasformazioni, diversificandosi? Il problema è di non poco conto se si considera che non è affatto semplice studiare sistemi chimico-fisici così complessi e per giunta non direttamente visibili e poco facilmente raggiungibili.

Come sempre dobbiamo fare affidamento in primo luogo sull'osservazione: possiamo orientare la nostra ricerca su magmi già solidificati che affiorano in superficie, oppure su studi di laboratorio che permettono di ricostruire la storia della cristallizzazione di una massa silicatica fusa in determinate condizioni ambientali.

Gli studi sulle rocce costituenti la superficie terrestre hanno permesso di constatare che la crosta continentale è formata essenzialmente da rocce acide, e la crosta oceanica da rocce basiche. In particolare la maggior parte delle rocce intrusive (circa il 95%) ha composizione granitica o granodioritica, mentre la maggior parte delle rocce effusive (circa il 98%) è di composizione basaltica. Questo dato induce a ipotizzare che in natura la maggior parte dei magmi sia riconducibile a due tipi principali (▶ 15): magmi primari, basici, e magmi secondari, acidi.

Il **magma primario** è di origine profonda: deriva infatti dalla fusione parziale delle rocce ultrabasiche del mantello, ricche di minerali femici, ha temperature iniziali elevate (circa 1400 °C) e risale lentamente attraverso la crosta terrestre.

La temperatura di fusione dei minerali che lo compongono diminuisce al diminuire della pressione esterna e quindi è molto probabile che durante la risalita, nonostante siano in atto processi di raffreddamento, esso si mantenga allo stato fuso e che rimanga tale fino alla sua fuoriuscita in superficie che avviene sotto forma di colate laviche.

Il **magma secondario** ha temperature iniziali più basse (circa 700 °C) e deriva dalla fusione parziale di rocce poco profonde della crosta: quando la temperatura si avvicina a 600-700 °C (a circa 30-40 km di profondità), le rocce cominciano a fondere liberando i loro componenti sialici che hanno punto di fusione più basso.

Questo processo viene chiamato **anatessi** e i fusi acidi così prodotti vengono chiamati anche *magmi anatettici*.

Sono magmi molto viscosi, poco mobili in quanto coesistono con materiali ancora solidi, e quindi tendono a solidificare in situ, originando in profondità corpi granitici molto estesi chiamati *plutoni*.

È estremamente raro che questi magmi arrivino in superficie: essi solidificano all'interno della crosta poiché la loro temperatura di fusione,

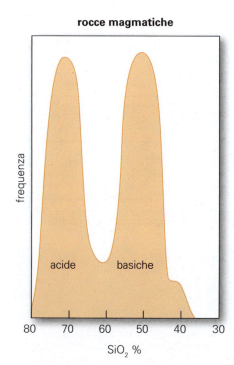
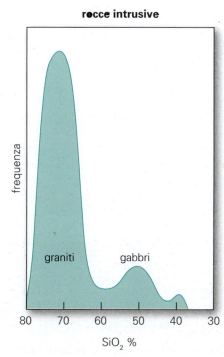
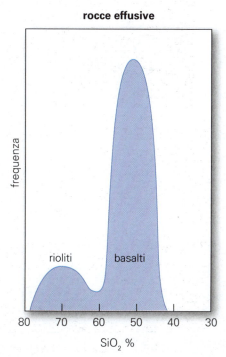

Figura 15 I magmi presenti in natura sono in prevalenza acidi o basici. Sono molto scarsi i magmi di composizione intermedia. Tra le rocce acide prevalgono i graniti (intrusivi), tra quelle basiche prevalgono i basalti (effusivi).

al contrario di quella dei magmi con genesi profonda, aumenta al diminuire della pressione esterna (▶16).

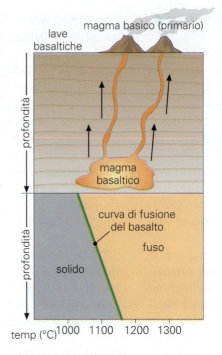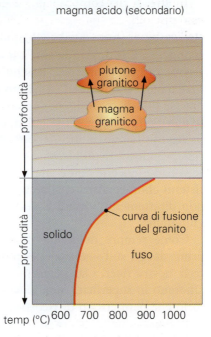

Figura 16 Effetti della diminuzione di pressione su magmi acidi e basici in risalita all'interno della crosta terrestre. Nei magmi acidi al diminuire della pressione (profondità) aumenta la temperatura necessaria per mantenere allo stato fuso il materiale: questo tipo di magma tende a solidificare all'interno della crosta terrestre. Nei magmi basici accade il contrario e quindi essi hanno maggiore possibilità di arrivare in superficie sotto forma di colate basaltiche.

Facciamo il punto

13 Qual è la differenza tra magma primario e magma secondario?

14 In che cosa consiste il fenomeno di anatessi?

6 Cristallizzazione frazionata e differenziazione magmatica

È possibile spiegare ragionevolmente la genesi di un'enorme varietà di rocce con composizione chimica (*chimismo*) differente grazie al magma primario. Infatti nei processi anatettici, a causa della bassa temperatura iniziale di formazione, i magmi secondari danno sempre origine a rocce sialiche, qualunque sia la composizione della roccia di partenza. Numerosi studi di laboratorio hanno permesso di ricostruire con precisione le modalità di cristallizzazione di miscele silicatiche fuse con temperature iniziali elevate. L'interpretazione della cristallizzazione frazionata richiede numerose semplificazioni in quanto, come si è già detto, il magma è un sistema complesso, in continuo movimento rispetto alle rocce circostanti, ed è caratterizzato dalla compresenza di molte variabili chimico-fisiche e da frequenti movimenti differenziali tra le sue varie fasi.

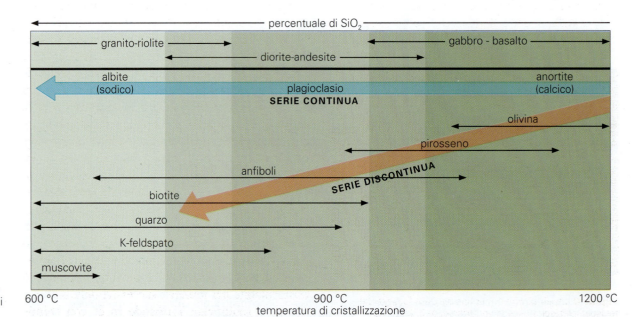

Figura 17 Le serie di Bowen: in relazione alla diminuzione della temperatura si formano minerali via via più ricchi in silice.

Inoltre, la sua composizione e quella dei gas in esso disciolti, che influenzano notevolmente la cristallizzazione (e per questo vengono chiamati agenti mineralizzatori), è piuttosto variabile.

Nel 1928 il petrografo statunitense Norman L. Bowen stabilì le leggi che regolano la cristallizzazione dei minerali durante il raffreddamento di un magma basaltico. Egli individuò due serie distinte di cristallizzazione, note come **serie di Bowen**: una serie discontinua e una serie continua (▶ 17).

→ La **serie discontinua** riguarda le trasformazioni relative ai minerali femici e prevede che si formino, durante il raffreddamento, specie mineralogiche diverse che a turno reagiscono con il fuso. Con la progressiva diminuzione della temperatura, il fuso viene privato dei minerali femici (che passano allo stato solido) e quindi si arricchisce sempre più nella sua componente sialica, diventando più acido. In questa serie, l'olivina è il primo minerale che cristallizza; essa rimane in equilibrio con il fuso fino a una data temperatura, poi reagisce con esso per formare pirosseni. Con un processo analogo, a temperature più basse, i pirosseni reagiscono formando anfiboli che, a loro volta, origineranno biotite. I minerali che cristallizzano hanno una struttura via via più complessa: da nesosilicati si passa infatti a inosilicati per arrivare a fillosilicati e tettosilicati.

→ La **serie continua** descrive le trasformazioni che avvengono nella serie isomorfa dei plagioclasi: si formano quindi minerali che, durante il raffreddamento, mantengono la stessa struttura, ma modificano la loro composizione. Il primo minerale a cristallizzare (contemporaneamente all'olivina della serie discontinua) è l'anortite (plagioclasio ricco in Ca); le reazioni con il fuso permettono la cristallizzazione di plagioclasi progressivamente più ricchi in Na e più poveri in Ca, fino all'albite (plagioclasio ricco in Na, ▶ 18).

Queste reazioni non sempre avvengono in modo completo: può accadere infatti che interessino solo la parte più esterna del cristallo. In questo caso il risultato è il ritrovamento, all'interno della roccia ormai solidificata, di plagioclasi "zonati", cioè di cristalli in cui la composizione chimica varia in modo concentrico dalla parte più interna ricca in Ca alla parte più esterna ricca in Na. Potremmo in questo caso trovare cristalli con un nucleo anortitico ma con un rivestimento esterno albitico. Tuttavia la composizione finale del plagioclasio dipende dalla composizione del fuso iniziale: più questo è ricco in silice e più il plagioclasio finale sarà ricco in Na.

La cristallizzazione procede parallelamente nelle due serie, quindi se in una roccia troviamo olivina o pirosseni, il plagioclasio presente sarà un termine calcico della miscela isomorfa. Se la composizione iniziale del magma è tale da permettere la cristallizzazione degli ultimi minerali delle serie (biotite e plagioclasio sodico) e la produzione di una certa quantità di ulteriore fuso residuo, da questo cristallizzeranno direttamente feldspato potassico, muscovite e quarzo, senza interferire con le due serie.

Questa descrizione dell'ordine di cristallizzazione è puramente teorica e riguarda un sistema isolato: il prodotto finale di questo processo sarà una roccia con composizione identica a quella del fuso iniziale. In questo modo però si arriverebbe alla conclusione, poco plausibile, che da un magma primario basico si possano formare solo rocce femiche. Come spiegare dunque la grandissima varietà di rocce ignee che ritroviamo in natura? Dato che il magma non può essere considerato un sistema isolato, a causa del continuo movimento della sua componente fluida e della continua interazione con le rocce già solidificate della crosta terrestre, Bowen ipotizzò che in uno o in più momenti della cristallizzazione si potesse verificare una separazione della porzione fusa da quella già solidificata. Il fuso residuale, privato dei minerali già cristallizzati, sarà così sempre più differenziato in senso acido rispetto alla composizione iniziale, poiché i minerali che si separano per primi sono quelli femici; inoltre diventerà esso stesso un "fuso iniziale" che potrà cominciare una nuova cristallizzazione a partire da minerali (della serie di Bowen) stabili a temperature inferiori. Durante la loro risalita, questi fusi possono essere iniettati, attraverso fratture della crosta terrestre, in zone diverse da quella di origine: in questo modo essi vengono allontanati definitivamente dalla componente femica (già cristallizzata e quindi non più trasformabile nei minerali successivi delle serie), e potranno solidificare, formando rocce con chimi-

Figura 18 La labradorite è un minerale della famiglia dei feldspati plagioclasi; spesso è fortemente iridescente.

smo da intermedio fino ad acido, se il processo avviene più volte.

La cristallizzazione dei minerali da un magma, descritta dalle serie di Bowen, è un processo continuo che prende il nome di **cristallizzazione frazionata**; la trasformazione in senso acido della composizione del magma di partenza, dovuta alla progressiva separazione dei minerali femici, viene detta **differenziazione magmatica**.

La quantità di rocce granitiche, quindi acide, che però si genera con la cristallizzazione frazionata e con la differenziazione magmatica ammonta al 10% circa del volume del magma iniziale: questa quantità, estremamente limitata, da sola non riesce a giustificare l'abbondanza dei corpi intrusivi di quella composizione, la cui genesi quindi si deve ricondurre prevalentemente a magmi anatettici.

Facciamo il punto

15. Quali sono le differenze tra le due serie di Bowen?
16. In che cosa consiste il fenomeno di differenziazione magmatica?

QUALCOSA IN PIÙ

Scheda 4 Le serie magmatiche

I geologi da tempo hanno messo in evidenza l'esistenza di associazioni di rocce ignee affini dal punto di vista chimico e petrografico che vengono chiamate "*serie magmatiche*". Le rocce appartenenti a una serie, sebbene molto diverse per genesi (intrusive o effusive) o per il diverso contenuto in silice (acide o basiche), rivelano uno stretto grado di parentela definito dall'abbondanza relativa di alcuni elementi (per esempio, Na, K, ma anche Ca, Al, Ti) (▶1).

All'inizio del secolo scorso Daly e Bowen fecero l'ipotesi che le rocce appartenenti a una stessa serie fossero originate per differenziazione da uno stesso magma basico di partenza. Esistono quindi diversi tipi di magmi basici che, solidificando, daranno origine a rocce appartenenti a serie diverse.

Riconoscere la serie magmatica di cui una roccia ignea fa parte (con un'analisi chimica accurata) può essere molto importante ai fini dell'individuazione del tipo di ambiente geodinamico in cui la roccia si è venuta a formare. Le rocce descritte nel testo costituiscono una famiglia di rocce definita *serie calcalcalina subalcalina*.

Le **serie calcalcaline** comprendono generalmente rocce subalcaline (con basso tenore di elementi alcalini), per lo più sovrasature, ricche in alluminio e povere in titanio. Sono associazioni che si ritrovano per esempio in prossimità di catene montuose in formazione.

Esistono però altre serie.

Le **serie tholeiitiche** sono costituite da rocce subalcaline per lo più sovrasature in cui prevalgono rocce effusive. Si ritrovano più o meno le stesse rocce della serie calcalcalina, ma particolarmente povere in potassio (<1%), ricche in calcio e con quantità variabile di titanio. Esse caratterizzano per esempio i fondali oceanici e parti emerse di questi (Islanda).

Le **serie alcaline** sono le più diffuse e comprendono rocce da neutre a sottosature, prive quindi di silice libera (quarzo); sono parti-

Figura 2 Sienite.

colarmente ricche di elementi alcalini, cioè Na e K, e di minerali chiamati *feldspatoidi* (nefelina e leucite).

Tra le rocce neutre intrusive della serie alcalina ricordiamo le **sieniti**, di aspetto simile al granito, caratterizzate da una colorazione violetta di K-feldspato (▶2), e le corrispondenti effusive **trachiti**, molto diffuse sui Colli Euganei, in Veneto. Tra le rocce che derivano da magmi alcalini basici ricordiamo le **leucititi** effusive, molto diffuse nell'Italia centrale, specie nel Lazio; le rocce intrusive sono molto rare.

Le **serie shoshonitiche** hanno caratteristiche intermedie tra le serie alcaline e calcalcaline. Sono caratterizzate da un rapporto K/Na circa uguale a 1. Esse sono presenti in prossimità di catene montuose già formate.

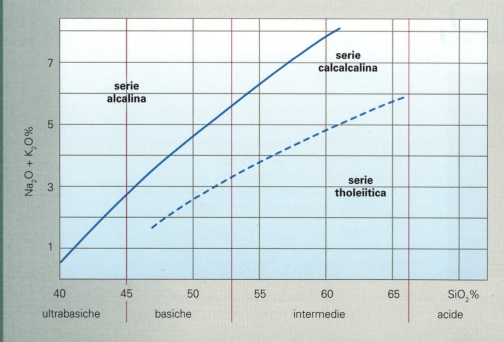

Figura 1 In base al contenuto in elementi alcalini si possono distinguere diverse serie magmatiche.

Le rocce ignee o magmatiche **Unità 2**

Ripassa con le flashcard ed esercitati con i test interattivi sul Me•book.

CONOSCENZE

Con un testo articolato tratta i seguenti argomenti

1. Descrivi e commenta i criteri di classificazione delle rocce ignee.
2. Descrivi le caratteristiche (struttura, composizione) delle più importanti rocce magmatiche distinguendo tra intrusive ed effusive.
3. Descrivi le serie di Bowen spiegando il loro significato in relazione al processo di cristallizzazione frazionata.
4. Spiega come viene condotto sul terreno e in laboratorio lo studio di una roccia (Scheda 1).
5. Spiega com'è strutturato e a che cosa serve il diagramma di Streckeisen (Scheda 2).

Con un testo sintetico rispondi alle seguenti domande

6. Come si origina una roccia ignea?
7. Che cosa si intende per struttura porfirica e di quali tipi di rocce è caratteristica?
8. Quale tipo di struttura possono avere le rocce ipoabissali?
9. Perché è importante conoscere il contenuto in silice di una roccia?
10. Quali sono i fattori che possono provocare la formazione del magma?
11. Come influisce la presenza di acqua sulla temperatura di fusione delle rocce?
12. Che cosa si intende per pressione litostatica?
13. Che differenza c'è tra magma primario e secondario?
14. Che cosa si intende per cristallizzazione frazionata?
15. Qual è la differenza principale tra serie continua e discontinua di Bowen?
16. Se l'ordine di cristallizzazione procede senza interferenze dell'ambiente esterno, quale sarà la composizione della roccia solidificata?
17. In che modo si possono formare magmi acidi a partire da un magma basico?
18. Da quale tipo di magma si formano prevalentemente i graniti?
19. Che cos'è l'anatessi?
20. A che cosa servono i diagrammi triangolari? (Scheda 2)
21. Che cosa si intende per serie magmatica? (Scheda 4)
22. Da che cosa sono caratterizzate le rocce della serie calcalcalina? (Scheda 4)

Quesiti

23. Abbina la struttura alla roccia.

    1. ossidiana .... a. porfirica
    2. andesite .... b. granulare
    3. gabbro .... c. vetrosa
    4. riolite .... d. microcristallina

24. La struttura porfirica è caratterizzata da:

    a. assenza di cristalli visibili, anche al microscopio.
    b. fitta aggregazione di cristalli molto piccoli.
    c. presenza di cristalli di grosse dimensioni.
    d. cristalli immersi in una massa di fondo vetrosa o microcristallina.

25. Vero o falso?

    I fenocristalli:

    a. sono tipici di una struttura microcristallina V F
    b. si trovano in rocce con struttura vetrosa come l'ossidiana V F
    c. sono già cristallizzati all'interno del magma prima della sua fuoriuscita sulla superficie terrestre V F
    d. si trovano in abbondanza nelle rocce ipoabissali V F

26. Le rocce basiche hanno una percentuale di silice in peso:

    a. > 65%
    b. tra 52 e 65%
    c. tra 45 e 52%
    d. < 45%

27. I magmi anatettici:

    a. sono mobili e fluidi.
    b. tendono a solidificare nel luogo di formazione.
    c. hanno temperature iniziali elevate.
    d. possono dare luogo a colate laviche molto estese.

28. I magmi primari si formano:

    a. dalla fusione di rocce superficiali.
    b. dalla fusione di rocce all'interno della crosta terrestre a profondità di una decina di km.
    c. dalla fusione di rocce all'interno della crosta terrestre in prossimità del mantello.
    d. dalla fusione di rocce del mantello superiore.

29. Quale tra queste variabili non ha nessuna influenza sulla formazione dei magmi?

    a. La pressione litostatica.
    b. La temperatura.
    c. La presenza di acqua.
    d. La percentuale di silice.

30. Quali tra queste coppie di minerali possono essere presenti contemporaneamente in una roccia ignea secondo Bowen?

    a. Anortite – albite.
    b. Olivina – biotite.
    c. Olivina – anortite.
    d. Olivina – albite.

31. Nei diagrammi triangolari si indicano per i parametri indicati (Scheda 2):

    a. le quantità assolute.
    b. la percentuale in peso.
    c. le proporzioni relative.
    d. la percentuale in volume.

32. In una serie magmatica possono essere presenti (Scheda 4):

    a. solo rocce acide.
    b. solo rocce basiche.
    c. sia rocce acide sia rocce basiche.
    d. rocce basiche, neutre e acide.

COMPETENZE

Leggi e interpreta

33 **I complessi basici stratificati**

Durante il raffreddamento di una massa magmatica in profondità si possono avere fenomeni di differenziazione magmatica per gravità.

Se il magma di partenza ha un'origine profonda e ha composizione basica, i primi minerali che cristallizzano, come l'olivina, i pirosseni, la cromite e la magnetite, precipitano verso il basso accumulandosi alla base della camera magmatica; il processo è favorito dall'estrema fluidità dei magmi basici. Il frazionamento del fuso avviene in questo caso per gravità, con formazione di strati di minerali femici che cominceranno a stratificarsi.

Mentre i minerali direttamente a contatto con il fuso potranno dare luogo alle reazioni previste dalle serie di Bowen, quelli sottostanti si manterranno tali, e di fatto saranno esclusi da reazioni che possano cambiare la loro composizione chimica. Se immaginiamo che lo stesso processo interessi il fuso residuo, possiamo ipotizzare che gli strati di minerali che si formeranno successivamente avranno una composizione un po' più acida.

Si formano in questo modo i cosiddetti "complessi basici stratificati": se si analizza la stratificazione procedendo verso l'alto, seguendo cioè l'ordine di cristallizzazione, ogni strato risulterà via via più differenziato in senso acido rispetto a quello sottostante. I complessi basici stratificati di solito non sono molto estesi, ma sono molto importanti in termini economici: al loro interno, infatti, si possono trovare concentrazioni apprezzabili di minerali di nichel, cobalto, platino e cromo.

Il più importante da questo punto di vista si è rivelato il complesso stratificato del Bushveld in Sudafrica la cui formazione risale a circa 2 miliardi di anni fa e costituisce il maggiore giacimento di platino del mondo.

a. Quali sono i primi minerali che cristallizzano da un magma basico?
b. Come avviene il processo di differenziazione magmatica?
c. Quali caratteristiche hanno gli strati del complesso basico?
d. Perché i complessi basici stratificati sono importanti?

Risolvi il problema

34 Il diagramma serve per classificare le rocce magmatiche più diffuse. A seconda del contenuto in silice e dei minerali presenti (percentuale in volume) si ottiene il nome della roccia. Tra parentesi vengono indicate le rocce effusive.

Rispondi alle seguenti domande:

a. Una roccia composta prevalentemente di quarzo e ortoclasio è acida o basica?
b. Calcola la composizione percentuale in volume dei minerali che formano un basalto.
c. Traccia una linea che identifica una roccia con la seguente composizione: anfiboli 11,95%, biotite 14,92%, plagioclasi 32,84%, quarzo 22,38%, ortoclasio 17,91%.

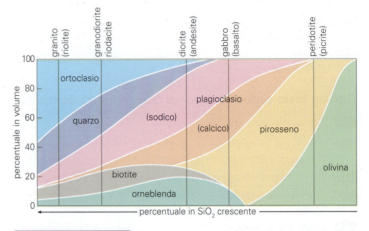

Osserva e rispondi

35 Individua la struttura delle rocce nelle seguenti figure:

36 Individua nelle seguenti immagini al microscopio se si tratta di una roccia magmatica intrusiva o effusiva indicando il tipo di struttura osservata.

Fai un'indagine

37 Fai una ricerca sulle rocce che vengono estratte nella tua regione, mettendo in evidenza:
a. l'ubicazione dell'attività estrattiva;
b. il tipo di rocce che vengono estratte;
c. quale tipo di lavorazione subiscono prima di essere messe sul mercato;
d. per quali usi vengono utilizzate.

38 Individua il tipo di roccia che è stata utilizzata per la costruzione o il rivestimento dei principali monumenti ed edifici della tua città, nonché la sua provenienza.

In English

39 The structure of intrusive rocks is:
a granular.
b glassy.
c porphyritic.
d microcrystalline.

40 What are the factors that influence the melting of rocks in depth?

Organizza i concetti

41 Completa la mappa.

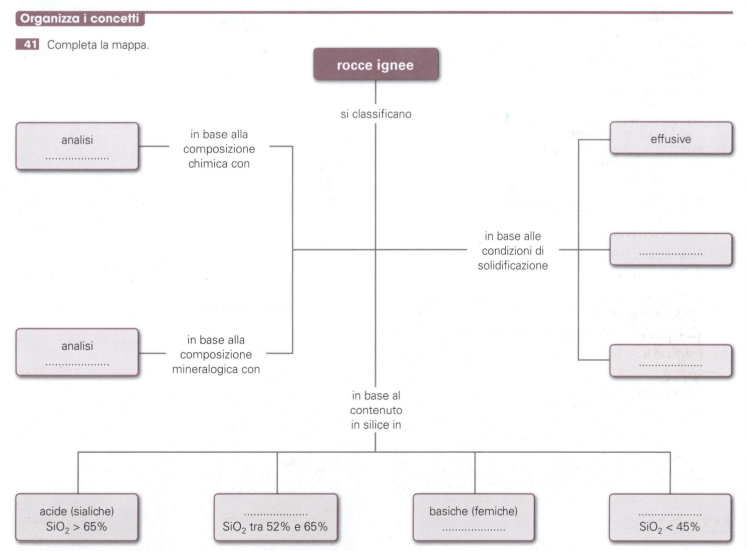

42 Costruisci una mappa che indichi le diverse strutture delle rocce effusive, intrusive e ipoabissali.

Plutoni e vulcani

unità 3

scienze della Terra

Quali sono le diverse forme che può assumere un edificio vulcanico? E da che cosa dipende principalmente la sua forma?

1 Plutoni

Il magma, come abbiamo visto nell'Unità precedente, è destinato a solidificarsi con modalità differenti a seconda che il processo di raffreddamento avvenga lentamente all'interno della crosta terrestre, oppure rapidamente in superficie. Il fenomeno più impressionante è l'eruzione vulcanica, che è un evento direttamente osservabile e spesso molto spettacolare. Un singolo episodio nasce e si esaurisce in tempi brevi (giorni, settimane), ma soprattutto nell'immaginario collettivo è sinonimo di catastrofe, morte e distruzione; gli eventi vulcanici vengono spesso amplificati dai media e accompagnati da un certo fatalismo e da molti luoghi comuni.

La **solidificazione del magma in profondità**, al contrario, è un fenomeno decisamente molto più lento e meno spettacolare, ma non per questo meno importante nello studio delle vicende del nostro pianeta. Possiamo avere un riscontro diretto di questi eventi profondi, ma solamente molto tempo dopo che le rocce stesse si sono solidificate, quando finalmente esse vedono la luce a causa dell'erosione degli strati rocciosi sovrastanti.

Questa copertura, che ci impedirebbe di vedere le rocce in profondità, viene normalmente asportata dai fenomeni erosivi che si verificano nelle zone in cui avviene un sollevamento della crosta terrestre in relazione alla formazione di catene montuose (▶1).

Figura 1 I plutoni si intrudono in rocce preesistenti (**a**), ripiegandole e sollevandole (**b**). Successivamente, fenomeni erosivi asportano le rocce sovrastanti scoprendo le rocce del plutone sottostante (**c**).

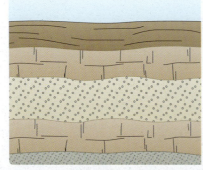

a Successione stratigrafica originaria.

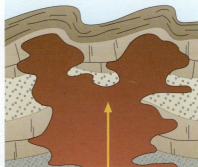

b L'intrusione di un plutone piega e solleva le rocce preesistenti.

c I fenomeni erosivi mettono in luce la presenza del plutone.

Figura 2 Lungo la zona occidentale del Nord America (**a**) e lungo la costa pacifica della Patagonia (**b**) affiorano enormi batoliti granitici che costituiscono una sorta di "spina dorsale" delle catene montuose parallele alla costa.

All'interno della crosta terrestre, per lo meno a profondità maggiori di 8-10 km, non sono presenti cavità: il magma in risalita deve farsi spazio sfruttando la presenza di fratture, allargandole, inglobando blocchi di roccia sovrastante e fondendo le rocce incassanti.

Vengono chiamati **plutoni** i corpi magmatici consolidati che si sono insediati all'interno della crosta. Essi possono avere dimensioni e forme molto varie, e rapporti variabili con le rocce incassanti: in alcuni casi si identificano dei contatti netti, in altri i contatti sono più sfumati così da rendere difficile definirne i limiti. I plutoni di maggiore dimensione vengono chiamati **batoliti**; essi hanno composizione prevalentemente acida e possono avere dimensioni gigantesche, fino a occupare aree di centinaia di km^2 sulla superficie terrestre. Frequentemente i batoliti formano il nucleo di catene montuose: costituiscono per esempio la "spina dorsale" delle cordigliere occidentali del Nord America e del Sud America, in Patagonia (▶2). In Italia, un esteso batolite costituisce l'asse portante del massiccio cristallino sardo-corso.

I batoliti (▶3) sono costituiti da rocce granitiche la cui genesi, in così grande quantità, non può essere giustificata solamente ammettendo un processo di differenziazione di un magma primario basico in risalita all'interno della crosta: infatti, la quantità di fuso residuo di quella composizione che si origina mediante cristallizzazione frazionata è molto modesta, e perciò bisognerebbe ammettere il coinvolgimento di ingenti quantità di magmi basici che dovremmo ritrovare nella crosta come enormi masse gabbriche, di cui però non abbiamo alcun riscontro.

Figura 3 Il Cerro Torre, una delle vette più spettacolari e inaccessibili della Patagonia, è un enorme batolite granitico.

Figura 4 Questo filone-strato (strato più scuro) si dispone tra i piani di stratificazione dell'ammasso roccioso. Assume l'aspetto di un normale strato sedimentario ma è più resistente all'erosione.

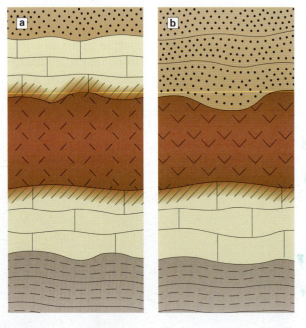

Figura 5 Fenomeni di alterazione e cottura delle rocce nel caso di un filone-strato (**a**) e di una colata lavica (**b**).

Il fatto che molti batoliti abbiano contorni sfumati con le rocce incassanti e il fatto che siano sempre associati alla formazione di grandi catene montuose, là dove si ha un aumento della temperatura nella crosta, fa pensare che il processo principale di formazione, per lo meno di quelli più profondi, possa essere il fenomeno di **anatessi** (dal greco *anátexis*, "fusione") con successiva solidificazione di masse granitiche. La viscosità del magma anatettico non ne permetterebbe la risalita e perciò, quando le condizioni ambientali lo permetteranno (alla fine del sollevamento della catena stessa), esso solidificherà nello stesso luogo in cui si è formato, costituendo l'ossatura stessa della catena montuosa.

1.1 Corpi ipoabissali

Alcuni corpi plutonici di dimensioni modeste possono solidificare in prossimità della superficie. L'iniezione di questi corpi può essere concordante (parallela), oppure no, rispetto a una eventuale stratificazione delle rocce in cui si intrudono. I **filoni-strato** o *sills* sono corpi tabulari concordanti, per lo più inseriti tra strato e strato nelle rocce sedimentarie, con spessore variabile da qualche centimetro a qualche decina di metri (▶4). Essi solitamente accompagnano l'attività vulcanica, hanno composizione basica e quindi vengono alimentati dalla stessa fonte che provoca le eruzioni; per questo motivo, quando affiorano potrebbero essere confusi con una normale colata lavica.

Ciò che ne permette la distinzione è la maggiore dimensione dei cristalli presenti (dovuta a un raffreddamento più lento) e gli effetti termici che provocano fenomeni di "cottura" sulle rocce incassanti. Una normale colata lavica provocherebbe infatti fenomeni di alterazione solo sugli strati alla base della colata (▶5).

I **laccoliti** sono simili ai filoni-strato, ma hanno forma convessa verso l'alto poiché inarcano gli strati sovrastanti e assumono una tipica forma "a fungo" (▶6a).

I filoni o **dicchi** (▶6b) sono invece corpi discordanti, che tagliano trasversalmente gli strati della roccia incassante, utilizzando come via di fuga preferenziale le numerose fratture che accompagnano la risalita del magma (▶7). Infine, i **neck** sono corpi che assumono forma a torre con fianchi molto ripidi (vedi § 5).

Facciamo il punto

1. Come si formano i batoliti?
2. Quali sono le caratteristiche dei corpi ipoabissali?

Figura 6 a) I Colli Euganei sono laccoliti formati da rioliti e trachiti solidificate 35 milioni di anni fa nell'Oligocene inferiore. L'erosione della copertura di rocce calcaree ha portato alla luce la parte superiore della struttura.
b) I dicchi sono corpi discordanti rispetto alle rocce incassanti. Solitamente si distinguono poiché hanno una colorazione diversa.

Figura 7 Diverse forme e rapporti dei corpi plutonici con le rocce incassanti.

Scheda 1 — I plutoni italiani

Esistono in Italia molti plutoni riferibili a età diverse, ma sempre associati alla formazione di catene montuose. I plutoni più antichi si sono formati durante fenomeni che hanno prodotto catene montuose nel corso dell'orogenesi ercinica tra il tardo Carbonifero e il Permiano inferiore, alla fine dell'era Paleozoica: le catene montuose che si sono formate in Italia in questo periodo, tra i 300 e i 260 milioni di anni fa, sono state completamente smantellate dai fenomeni erosivi e sepolte sotto rocce più giovani; in Europa questi sollevamenti sono invece testimoniati dalla presenza di catene montuose non molto elevate come i Vosgi in Francia, la Foresta Nera in Germania, e la Selva Boema.

Tra i plutoni italiani riferiti a quest'epoca ricordiamo il batolite sardo, composto prevalentemente da graniti; assieme alle rocce granitiche della Corsica costituisce un unico blocco, il massiccio cristallino sardo-corso che affiora per 400 km in direzione Nord-Sud e per circa 100 km in direzione Est-Ovest (▶1). Queste rocce non hanno subito sostanziali modificazioni nel corso del tempo. Altri plutoni, della stessa età di quelli sardi, sono costituiti da rocce che sono state soggette a forti trasformazioni (a causa di fenomeni metamorfici) in quanto sono stati coinvolti nei movimenti compressivi che hanno generato la catena alpina milioni di anni dopo la loro formazione. Questi plutoni formano le più alte montagne delle Alpi: il Monte Bianco, il Monte Rosa e il Gran Paradiso nelle Alpi occidentali; il plutone di Cima d'Asta in Trentino nella zona orientale, datato a 276 milioni di anni fa.

La catena alpina è inoltre costellata dalla presenza di numerosi altri plutoni più recenti e collegati alla formazione della catena alpina (riferibili ai periodi Eocene e Oligocene nell'era Cenozoica, tra i 60 e i 20 milioni di anni fa): il più esteso è il batolite dell'Adamello composto prevalentemente da tonaliti (▶2) e granodioriti, al confine tra Lombardia e Trentino. Un altro esempio è il plutone della Val Masino-Val Bregaglia in Lombardia (▶3), che si sviluppa a Nord dell'Adda, nell'alta Valtellina, dal quale si cava una roccia particolare chiamata "ghiandone" (granodiorite con grossi cristalli di K-feldspato), molto usato in edilizia.

Nelle Alpi occidentali vale la pena citare un piccolo plutone, il plutone di Biella nella valle del torrente Cervo, la cui età è di 30 milioni di anni, composto, oltre che da graniti e monzoniti, anche da sieniti. La sienite della valle del Cervo è nota anche come sienite della Balma, dal nome del centro abitato dove era ubicata la principale cava di estrazione. È una pietra famosa in tutto il mondo per la sua colorazione scura tendente al violetto, ma anche per la sua radioattività superiore alla media; è stata impiegata come pietra da costruzione prevalentemente nelle pavimentazioni di vie e piazze e nei rivestimenti di edifici a Torino e Milano.

Un altro plutone legato a fenomeni più recenti ha portato alla formazione di parte dell'isola d'Elba e dell'arcipelago toscano. L'isola d'Elba, in particolare, è formata da due plutoni costituiti da granodiorite: uno (età 7 milioni di anni) forma nella parte occidentale il massiccio del Monte Capanne, l'altro si trova nella parte orientale dell'isola (età 5 milioni di anni), è ricoperto da rocce calcaree e metamorfiche ed è stato determinante per la formazione dei giacimenti di ematite, magnetite e pirite di questa parte dell'isola (▶4).

Figura 2 Tonalite dell'Adamello.

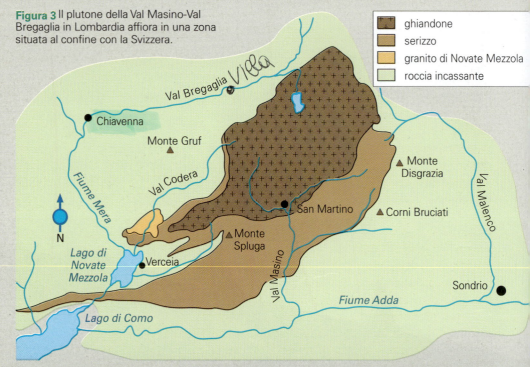

Figura 3 Il plutone della Val Masino-Val Bregaglia in Lombardia affiora in una zona situata al confine con la Svizzera.

- ghiandone
- serizzo
- granito di Novate Mezzola
- roccia incassante

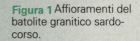

Figura 1 Affioramenti del batolite granitico sardo-corso.

Figura 4 L'Isola d'Elba è costituita da due granodioriti: quello occidentale e più antico, che risale a 7 milioni di anni fa, ha dato origine al Monte Capanne.

2 I vulcani: meccanismo eruttivo

Il magma in risalita all'interno della crosta forma delle strutture caratteristiche simili a grosse "gocce", con la radice rivolta verso il basso, che prendono il nome di **diapiri** (▶8). I diapiri si intrudono sfruttando fratture già esistenti o deformando, fratturando e inglobando i blocchi rocciosi sovrastanti. Essi provocano una caratteristica attività sismica: i terremoti associati al movimento dei magmi all'interno della crosta vengono chiamati *tremori*. I diapiri possono venire a contatto tra loro e mescolarsi a dare strutture più grandi che, una volta arrivate in prossimità della superficie, possono ristagnare occupando uno spazio più o meno ampio, denominato **camera magmatica**. La profondità di questa struttura può variare dai 2 ai 10 km.

Nelle zone geologicamente attive, la camera, o serbatoio magmatico, viene continuamente alimentata da zone profonde ed è collegata alla superficie terrestre da un **camino** o **condotto vulcanico**, che rappresenta una via di fuga del magma stesso quando la pressione dei gas presenti aumenta rompendo l'equilibrio e provocando l'**eruzione vulcanica**.

Il magma arriva in superficie fuoriuscendo da fratture oppure da una struttura localizzata, generalmente subcircolare, generata dall'intersezione del camino vulcanico con la superficie: il **cratere** (▶9).

Il magma che fluisce sulla superficie durante l'eruzione vulcanica prende il nome di **lava**. I gas disciolti nel magma hanno una funzione importante nel meccanismo eruttivo; frequentemente sono presenti biossido di carbonio (CO_2), ossido di carbonio (CO), acido cloridrico (HCl), acido solfidrico (H_2S), anidride solforosa (SO_2), anidride solforica (SO_3), metano (CH_4), ammoniaca (NH_3). La sostanza aeriforme presente in misura maggiore nel magma è il vapor d'acqua, la cui quantità può aumentare se l'acqua (di falda o superficiale) che penetra nel sottosuolo raggiunge la camera magmatica. I gas disciolti tendono a liberarsi se la pressione litostatica diminuisce; essi si concentrano così nella parte superiore della camera magmatica.

Le rocce consolidate di precedenti eruzioni che si trovano all'interno del camino vulcanico formano una specie di "*tappo*" che impedisce l'uscita dei gas. Se la pressione dei gas supera la pressione esercitata dalle rocce sovrastanti, esse vengono frantumate e questo provoca un'ulteriore diminuzione della pressione che grava sulla massa magmatica. Questo processo facilita l'ulteriore liberazione di gas e la loro rapida espansione. Nel magma si formano grosse bolle che facilitano la risalita del materiale lungo il camino vulcanico fino alla superficie.

I vulcani rimangono attivi per molto tempo, fino a quando la camera magmatica continua a essere

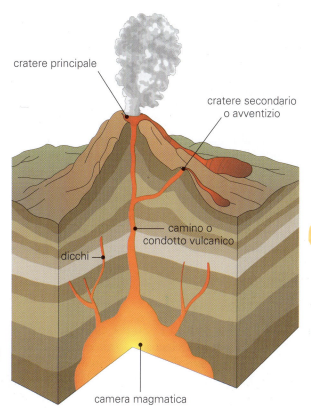

Figura 8 Sezione di un apparato vulcanico. Il magma in risalita attraverso il condotto magmatico principale può fuoriuscire dal cratere centrale oppure da crateri avventizi situati sui fianchi del vulcano collegati a condotti secondari. Il magma inoltre può solidificare in profondità generando corpi ipoabissali come dicchi e laccoliti.

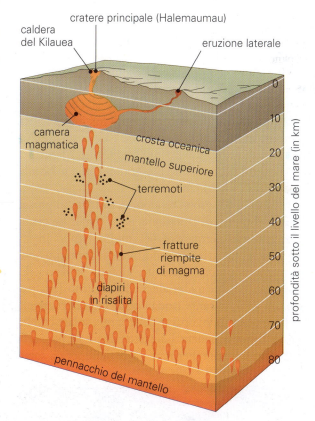

Figura 9 Meccanismo di risalita del magma basaltico del vulcano Kilauea (Hawaii): i diapiri si originano nel mantello superiore e migrano verso l'alto sfruttando le fratture all'interno delle rocce generando movimenti sismici caratteristici chiamati "tremori". Nella crosta il materiale si può unire formando dei ristagni relativamente superficiali (camera magmatica) dai quali il magma può giungere in superficie provocando eruzioni periodiche.

alimentata dal basso: per questo motivo le **eruzioni** sono **fenomeni ciclici**. Una volta esaurita la potenza dei gas che hanno provocato l'eruzione, il materiale che ancora si trova nel condotto non ha più la forza necessaria per fuoriuscire e quindi consolida al suo interno. A questo punto il meccanismo è soggetto a una specie di "ricarica", e genererà un'altra eruzione quando altri gas provenienti dal profondo, assieme a sufficienti quantità di magma, aumenteranno la pressione fino alla nuova rottura dell'equilibrio.

Le modalità di eruzione possono essere molto diverse e dipendono essenzialmente dalla composizione chimica del magma, in particolare dalla **percentuale di silice presente** (che ne determina la **viscosità**) e dalla **quantità di gas presenti** (che può generare un'**attività più o meno esplosiva**). Da questi fattori dipenderà anche la forma che assumerà l'edificio vulcanico in superficie.

Facciamo il punto

3 Descrivi la struttura di un vulcano.

4 Descrivi il meccanismo che genera un'eruzione vulcanica.

3 Attività vulcanica esplosiva

Viene definita **attività esplosiva** quella caratterizzata da un **magma viscoso**, da andesitico a riolitico, accompagnato da v**iolente esplosioni** dovute alla fuoriuscita violenta delle bolle di gas presenti nel magma. Essa può coinvolgere anche parti più o meno vaste dell'edificio vulcanico che frantumandosi ne modificano la morfologia; la lava viene ridotta in brandelli di varia dimensione che si mescolano con i frammenti delle rocce preesistenti. Questi frammenti o **clasti**, generati dalla eruzione vulcanica, vengono chiamati **piroclasti** e le rocce a cui danno origine sono denominate **piroclastiti**. Queste rocce sono considerate **rocce sedimentarie** e come tali sono classificate in base alle dimensioni dei clasti: si va dai **frammenti più fini** che possono essere trasportati molto lontano dal vento, le **ceneri** (▶10a), ai frammenti più grossolani, i **lapilli**, ai frammenti decisamente più grandi come le **bombe** o **blocchi** (▶10b) (TABELLA 1).

I blocchi più grossi tendono a ricadere in prossimità del punto di emissione, per gravità. Le ceneri fini possono permanere per molto tempo in sospensione nell'aria e, trasportate dai venti, possono disperdersi omogeneamente su tutta la Terra. La sospensione del materiale nell'alta atmosfera può durare anni, durante i quali ogni singola particella riflette una minima parte dell'energia solare che investe il nostro pianeta. L'insieme di queste particelle ha la capacità di schermare parte dell'energia solare che, non raggiungendo la Terra, provocherà abbassamenti globali della temperatura media dell'ordine di qualche decimo di grado. Sebbene l'abbassamento possa sembrare irrisorio, in realtà può provocare localmente imponenti sconvolgimenti climatici.

Ad esempio, l'eruzione del 1991 del vulcano Pinatubo (Filippine) ha eiettato una nube di ceneri

Figura 10 a) Ceneri eruttate dal vulcano Stromboli, in Sicilia; **b)** bomba vulcanica nell'isola di Vulcano (Sicilia).

TABELLA 1	Classificazione di Fischer e Wenthworth		
Granulometria (mm)		Sedimento incoerente	Roccia coerente
Fisher	Wenthworth		
Ø < 1/4	Ø < 1/16	cenere fine	cinerite
1/4 < Ø < 4	1/16 < Ø < 2	cenere grossolana	tufo cineritico
4 < Ø < 32	2 < Ø < 64	lapilli	tufo a lapilli
Ø > 32	Ø > 64	bombe, blocchi	breccia vulcanica

fino a un'altezza di 30 km che ha fatto più volte il giro del mondo, condizionando il clima degli anni successivi: già due settimane dopo l'eruzione, infatti, le ceneri si erano diffuse su tutta la Terra, e per il 1992 è stato calcolato un abbassamento della temperatura media del pianeta di 0,5 °C.
I piroclasti in tempi più o meno lunghi precipiteranno al suolo per gravità e si depositeranno formando depositi di materiale derivanti da tre tipi di meccanismi prevalenti (▶11):
1) **caduta gravitativa**;
2) **flusso piroclastico**;
3) **ondata basale**.

3.1 Il meccanismo di caduta gravitativa

Si tratta del meccanismo più comune di deposito dei piroclasti. Questi vengono lanciati in aria dalla forza dell'esplosione e ricadono al suolo seguendo delle traiettorie balistiche, paraboliche, più o meno ampie a seconda delle loro dimensioni: i frammenti più grandi tenderanno a ricadere in prossimità del luogo di emissione, mentre i frammenti più piccoli potranno raggiungere luoghi più lontani. La ricaduta al suolo può avvenire anche dopo anni, se si tratta di ceneri fini che vengono eiettate ad altezze molto elevate; avviene invece in tempi brevissimi se si tratta di blocchi o bombe. I depositi che si formano ricoprono le asperità del terreno con uno spessore costante, come se si trattasse di una nevicata; di solito presentano una marcata stratificazione e, su scala regionale, si riscontra la diminuzione dello spessore del deposito all'aumentare della distanza dal centro di emissione.

I piroclasti si consolideranno a dare, in relazione alle loro dimensioni crescenti, **cineriti**, **tufi** e **brecce vulcaniche**. Se i frammenti raggiungono il mare, essi possono mescolarsi ai sedimenti di altra origine che già si trovano accumulati sul fondo del bacino, formando rocce chiamate **tufiti**.

3.2 Il meccanismo di flusso piroclastico

I flussi piroclastici sono caratterizzati dal movimento verso valle di materiale piroclastico tenuto in sospensione da gas ad alta temperatura che agisce da lubrificante. Tipici flussi piroclastici sono rappresentati dalle **nubi ardenti** (▶12).

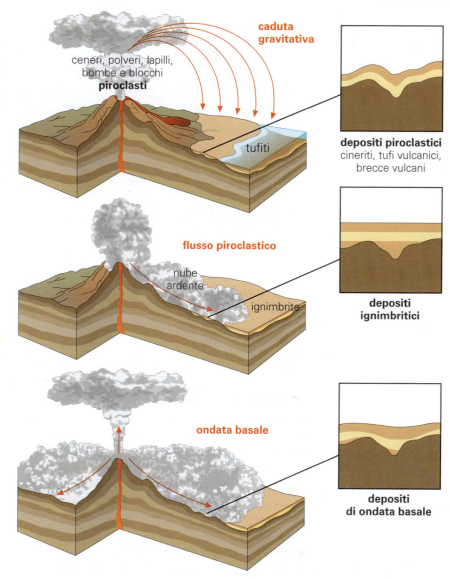

Figura 11 I diversi meccanismi di deposizione dei piroclasti e i tipi di deposito a cui danno origine (nel riquadro).

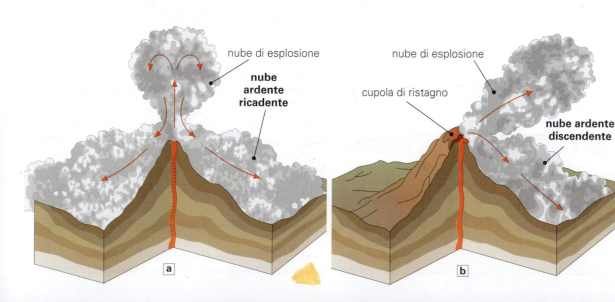

Figura 12 Diversi meccanismi di formazione di nubi ardenti. Nel primo caso deriva dal collasso gravitativo della colonna eruttiva sui fianchi del vulcano (**a**). Nel secondo caso la lava più viscosa ostruisce il cratere creando un ristagno; la nube fuoriesce direttamente dal cratere sfruttando una via di fuga laterale (**b**).

Scienze della Terra - Sezione T1 Le rocce e i processi litogenetici

Figura 13 Questa nube ardente è stata emessa dal Monte St. Helens (USA) nel maggio 1980.

I depositi di flusso piroclastico sono generati dallo scorrimento di nubi con temperatura e densità relativamente alte e con elevati rapporti piroclasti/gas. La nube ardente è in grado di percorrere lunghe distanze permettendo ai piroclasti di mantenere una temperatura elevata.

Le nubi ardenti sono delle vere e proprie valanghe di materiale solido e gas ad alta temperatura che possono purtroppo seminar morte e distruzione in tempi rapidi (la loro velocità varia da 20 a 300 m/s) (▶13). Quando il fenomeno si esaurisce, i frammenti si saldano a caldo e si compattano con una matrice vetrosa per dare origine a rocce chiamate **ignimbriti**. I volumi di magma coinvolti sono molto grandi e i depositi tendono a colmare le depressioni del terreno formando vaste superfici piatte o debolmente inclinate.

Molti vulcani possono essere interessati dalla presenza di coperture di ghiaccio sommitale, oppure possono presentare laghi di riempimento craterico; se essi sono interessati da episodi di flusso piroclastico, si genereranno delle colate di fango, formate da flussi d'acqua carichi di materiale solido di origine vulcanica o preso in carico durante il percorso, che i vulcanologi chiamano con il termine indonesiano di **lahar**.

3.3 Il meccanismo di ondata basale

Le **ondate basali** sono flussi di gas e materiale piroclastico con densità relativamente bassa, cioè con basso rapporto piroclasti/gas. Sono caratterizzate da alta velocità e da flusso turbolento; sono state osservate per la prima volta nel 1946, durante l'esplosione nucleare di Bikini: si tratta di una corrente che si muove radialmente, ad anello, rasoterra, rispetto a una colonna esplosiva determinata da qualsiasi evento, anche vulcanico. Il peso della colonna esplosiva è tale da schiacciare verso il basso il nuovo materiale che si sta producendo. Fenomeni di ondata basale si generano quando acqua circolante nel sottosuolo e magma vengono a contatto: l'acqua vaporizza istantaneamente, provocando un improvviso aumento di pressione che può avere esiti catastrofici quando determina un'eruzione violenta, chiamata **freato-magmatica**, che può distruggere anche il vulcano stesso.

Un'eruzione di questo tipo fu quella famosa del Vesuvio nel 79 d.C., che distrusse Ercolano e Pompei e durante la quale perì Plinio il Vecchio (**SCHEDA 6**). I depositi di ondata basale si distinguono dai precedenti in quanto sono ben stratificati e si ispessiscono in corrispondenza delle depressioni topografiche.

Facciamo il punto

5. Quali sono i prodotti dell'attività vulcanica esplosiva?
6. Quali sono i principali meccanismi di deposito del materiale piroclastico?
7. Illustra il meccanismo di caduta gravitativa. Che tipi di rocce si formano dal consolidamento dei piroclasti?
8. Che cosa sono le nubi ardenti?
9. In quali casi si può generare un lahar?
10. Qual è la differenza tra ondata basale e flusso piroclastico?
11. Come si generano le eruzioni freato-magmatiche?

video
I vulcani
Il vulcanismo modella la Terra

4 Attività vulcanica effusiva

Quando i fenomeni esplosivi sono molto scarsi, il magma può fuoriuscire dal condotto senza subire frammentazioni: l'attività vulcanica si definisce effusiva. Non avremo la produzione di piroclasti ma solo la fuoriuscita di lava (**colata lavica**).

Se si tratta di lave basaltiche molto fluide (è il caso più frequente), esse vengono emesse ad alte temperature (1000-1200 °C) e scorrono tranquillamente verso valle, formando dei veri e propri fiumi di lava che possono raggiungere una distanza anche di 50-60 km dal centro di emissione e poi ristagnare negli avvallamenti del terreno (▶14).

Le lave più acide, di composizione riolitica, a causa della maggiore viscosità e della minore temperatura (800-900 °C) tendono invece a consolidare in prossimità del centro di emissione, formando frequentemente dei ristagni a forma di cupola.

4.1 I diversi tipi di colate laviche

L'attività vulcanica si distingue in **subaerea**, se la lava solidifica a contatto con l'atmosfera, e sotto-

Figura 14 Fiume di lava che scorre sulle pendici dell'Etna.

Figura 15 Le lave pahoehoe sono caratterizzate da superfici di solidificazione lisce.

Figura 16 Lave a corda: la superficie presenta tipici corrugamenti.

Figura 17 Le lave aa presentano una superficie di solidificazione irregolare.

marina o **subacquea**, se la lava solidifica a contatto con l'**acqua**. La classificazione delle lave subaeree si basa sull'aspetto della superficie di raffreddamento, mentre la distinzione tra lave subaeree e subacquee avviene in base alla loro struttura.

→ **Lave subaeree**: quando le superfici delle colate sono lisce, si parla di **lave pahoehoe** (▶15), termine hawaiiano che significa "che ci si può camminare sopra a piedi nudi". Una variante è la **lava a corda** (▶16), determinata da una riduzione della velocità di flusso provocata da asperità topografiche: essa è caratterizzata da un tipico corrugamento della superficie di raffreddamento. Le superfici delle colate possono essere scoriacee, irregolari, in alcuni punti particolarmente vetrose e spinose: sono le **lave aa** (▶17), altro termine hawaiiano che significa "che non ci si può camminare sopra a piedi nudi", in quanto la superficie è tagliente. Localmente, per un'accelerazione del flusso, le lave pahoehoe possono trasformarsi in aa.

Quando la velocità del flusso provoca la rottura della superficie delle lave aa in frammenti irregolari poliedrici, si parla di **lave a blocchi**. La parte superficiale di una colata può solidificare per un certo spessore e agire da isolante nei confronti della lava sottostante ancora fluida, che può continuare a scorrere anche quando cessa l'alimentazione: si forma così una struttura tubolare sotterranea che può svuotarsi completamente formando i **tunnel di lava**.

→ **Lave subacquee**: se le lave fluide entrano in contatto con acqua, come accade in ambiente sottomarino, si possono formare strutture particolari dette a cuscino (▶18). La **lava a cuscino** (o *a pillow*) fuoriesce formando delle strutture a goccia o a tubo (come il dentifricio che fuoriesce dal tubetto), delimitate da una crosta solida vetrosa, che poi si staccano dal centro di emissione e possono rotolare verso il basso accumulandosi in zone depresse.

Figura 18 Queste lave a cuscino prodotte dal vulcano Laki durante l'eruzione del 1783 ricoprono una vasta zona a sud dell'Islanda.

Facciamo il punto

12 Quali strutture possono formare le lave molto acide?

13 Secondo quale criterio si classificano le lave subaeree?

animazione

I vulcani
Tipologie di edifici vulcanici

5 Eruzioni centrali ed edifici vulcanici

Si parla di **eruzione centrale** quando la colata lavica fuoriesce da una sorgente localizzata, un **cratere** collegato a un condotto vulcanico. Gli edifici che si formano in questo caso sono i **vulcani a forma di cono** che tutti conosciamo. La forma dell'edificio vulcanico dipende dalla viscosità della lava e, quindi, dal tipo di attività che lo ha formato (▶19).

I **vulcani a scudo** hanno **dimensioni estese e fianchi non molto ripidi**, con una forma che presenta una convessità verso l'alto (come un antico scudo greco appoggiato al suolo) e un cratere sulla sommità. Sono generati da **lave basaltiche molto fluide** che possono arrivare a enorme distanza dal centro di emissione. Le loro eruzioni sono **molto frequenti** e un singolo evento può durare anche per mesi. Ne sono un tipico esempio i **vulcani hawaiiani**: l'arcipelago delle isole Hawaii è di origine vulcanica, ma solo l'isola di Hawaii (quella più estesa) possiede vulcani ancora attivi, il *Mauna Loa* e il *Kilauea*. In particolare il Mauna Loa emerge dalle acque dell'oceano per oltre 4000 m e la sua struttura a forma di cono poggia sul fondale oceanico profondo più di 5000 m. Se non si considerassero le acque oceaniche, il Mauna Loa sarebbe la più alta montagna della Terra (▶20).

AUMENTO DELLA VISCOSITÀ DELLA LAVA ↓

vulcano a scudo
- antica colata lavica
- lava recente
- condotto
- strati di basalto

stratovulcano
- cratere parzialmente tappato con frammenti di lava
- strati alternati di lava e piroclasti

cono di scorie
- strati di piroclasti

protrusione solida

Figura 19 Principali edifici vulcanici formati da un'eruzione centrale e correlati a un aumento della viscosità della lava.

Figura 20 Cartina dell'isola di Hawaii, formata da cinque vulcani a scudo di cui due ancora attivi: il Mauna Loa e il Kilauea. Le colate più recenti sono segnate in rosso: esse possono arrivare fino al mare accrescendo in questo modo la superficie dell'isola.

Lo sapevi che...

Miti e vulcani

La mitologia hawaiiana attribuisce l'attività vulcanica a una dea (Péle), la cui dimora sarebbe stata il vasto cratere del Kilauea; il nome del vulcano in lingua hawaiiana significa "nuvola di fumo che sale". Il nome del cratere (Halemaumau) testimonia che l'attività del vulcano è persistente, in quanto significa "casa del fuoco inestinguibile". Halemaumau è attivo almeno dagli anni venti del secolo scorso, epoca a cui risalgono le prime relazioni scritte sulla sua attività vulcanica.

Figura 21 Esempi di stratovulcani: il Cotopaxi, in Ecuador (**a**), Il Fuji Yama, in Giappone (**b**), e il vulcano Osorno, in Cile (**c**).

Gli **stratovulcani** o **vulcani compositi** hanno la tipica forma a cono simmetrico prodotta da un'attività mista, alternativamente esplosiva ed effusiva. Per questo motivo una sezione dei fianchi del vulcano mette in evidenza strati di piroclasti alternati a colate laviche solidificate. Molte delle più belle montagne del mondo sono vulcani compositi (▶21): il Fuji Yama in Giappone, il Monte St. Helens negli Stati Uniti, il Monte Cotopaxi in Ecuador, e i maggiori vulcani italiani (Etna, Vesuvio e Stromboli). Alla sommità dell'edificio vulcanico c'è un cratere che contiene uno o più condotti vulcanici. La lava può fuoriuscire anche da fessure dai fianchi del vulcano formando dei **crateri avventizi** o addirittura nuovi edifici vulcanici (da cui il nome di **vulcani compositi**). Quando solidifica forma dei **dicchi** che creano una specie di intelaiatura rigida che rafforza la struttura del cono.

I **coni di scorie** sono edifici vulcanici caratterizzati da pendii molto ripidi (> 30°) e da un'altezza ridotta (200-300 m), come il Parícutin in Messico. Derivano da un'attività di tipo esplosivo e si formano per accumulo di piroclasti incoerenti: per questo motivo possono essere erosi molto facilmente (▶22). Il vulcanismo esplosivo di una certa entità, come quello provocato da eruzioni freato-magmatiche, potrebbe anche non produrre un edificio a cono: il risultato può essere semplicemente un **cratere di esplosione** chiamato **maar**.

L'attività eruttiva, oltre agli edifici vulcanici, può dare origine a strutture particolari formate da lava solidificata.

Se la lava è molto acida (riolitica), a causa della grande viscosità non riesce a tracimare dal cratere. In questo caso non avremo la formazione di colate laviche ma di strutture di forma più o meno conica, dette **duomi di lava** (o **cupole di ristagno**), al di sopra del punto di emissione (▶23). I duomi di lava si possono formare nelle fasi finali dell'attività di un vulcano di tipo esplosivo, quando la forza dei gas che frantumano la lava viscosa è ormai esaurita: ha questa origine, per esempio, il duomo che si formò all'interno del vulcano St. Helens dopo la violenta eruzione del 1980. Se questi accumuli di lava solidificata sono alti e sottili si parla di **protrusioni solide** (oppure di **guglie** o **spine**): una guglia che raggiunse l'altezza di 350 m si elevò dal cratere del vulcano La Pelée nel 1903.

Se la lava è basaltica, raffreddandosi bruscamente si contrae e può dare origine a **strutture a fessurazione colonnare**, costituite da "colonne" di basalto a base esagonale; queste creano un magnifico effetto

Figura 23 Duomo di lava molto viscosa che ristagna all'interno del vulcano St. Helens negli Stati Uniti dopo la famosa eruzione del 1980.

Figura 22 Il cono di scorie è costituito da materiale piroclastico. Nella foto, il cono di scorie Formica Leo sulle pendici del Piton de la Fournaise, uno dei vulcani più attivi al mondo, sull'isola della Réunion.

anello di materiali piroclastici

duomo vulcanico formatosi all'interno del cratere

Scienze della Terra - Sezione T1 Le rocce e i processi litogenetici

Figura 24 I basalti a fessurazione colonnare sono prodotti dalla contrazione della massa rocciosa dovuta al raffreddamento. Nella foto, le suggestive *Organ Pipes* (canne d'organo), in Namibia.

visivo a seconda della direzione prevalente lungo la quale ha agito l'erosione: se la colata lavica viene tagliata perpendicolarmente si può avere un effetto tipo "canne d'organo" (▶24). Fessurazioni colonnari a scala ridotta si formano anche all'interno delle lave a cuscini: esse si distribuiscono radialmente a partire dal centro di ogni singolo cuscino.

A volte l'erosione mette alla luce la parte interna di antichi condotti vulcanici riempiti di magma solidificato o di piroclastiti, relitti di un edificio vulcanico smantellato: sono i **neck** (o **plug**). Normalmente queste strutture si formano quando la lava che riempie il condotto è più resistente all'erosione

QUALCOSA IN PIÙ

Scheda 2 — I camini kimberlitici: resti di antichi apparati vulcanici

Il **camino kimberlitico** o **diatrema** è una formazione rocciosa di forma grosso modo conica (in sezione ricorda la forma di una carota), che in superficie si presenta come un camino verticale a pareti molto ripide con un diametro che varia da poche centinaia di metri fino a un massimo di due chilometri (▶1). L'interno del camino kimberlitico è costituito da rocce magmatiche ultrabasiche provenienti dal mantello chiamate kimberliti dal nome della città di Kimberley nella Repubblica Sudafricana, dove sono state identificate per la prima volta: sarebbero forse passate inosservate se non si fosse scoperto che queste rocce contengono diamanti. Altre kimberliti sono successivamente state scoperte in Lesotho, Namibia, Botswana, Siberia (Yakuzia), Canada, USA, Brasile.

I camini kimberlitici sono ciò che resta di antichi condotti vulcanici probabilmente completati in superficie da un cratere e da un piccolo cono di materiale piroclastico. Nella maggior parte dei casi la parte superiore del camino è mancante, in quanto è stata asportata dagli agenti erosivi (▶2). La maggior parte delle kimberliti si sono formate durante il periodo Cretaceo, da 130 a 70 milioni di anni fa, ma si conoscono anche kimberliti più vecchie di un miliardo di anni. Nella matrice kimberlitica si ritrovano noduli dalla caratteristica forma arrotondata, costituiti da rocce ultrabasiche provenienti dal mantello (peridotiti), e da xenoliti, inclusi provenienti dalla roccia frantumata e sminuzzata che circonda il condotto.

Questi apparati vulcanici si sono originati a causa di particolari eruzioni esplosive, quando il magma, a causa delle enormi pressioni esercitate dai gas, risale a grande velocità direttamente dalla zona di formazione, collocata tra i 100 e i 300 km di profondità all'interno del mantello, senza stazionare in camere magmatiche intermedie. La risalita del magma ad alta temperatura e molto fluido può essere molto veloce (ore o giorni), ad una velocità che può raggiungere i 600 m/s.

I diamanti inclusi nelle kimberliti si formano a grande profondità nel mantello, in condizione di temperatura e pressione molto elevate, e poi vengono trascinati verso la superficie dall'eruzione.

Quando il magma arriva in superficie si espande lateralmente in modo esplosivo formando un cratere molto ampio; l'esplosività e la velocità dell'evento, associate al rapido raffreddamento del magma, impediscono al carbonio dei diamanti di trasformarsi in grafite.

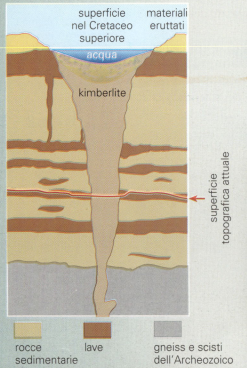

Figura 2 Modello di camino kimberlitico. La parte superiore è stata asportata dall'erosione avvenuta tra il Cretacico superiore (quando si formò il camino) e l'epoca attuale.

Figura 1 Questo camino kimberlitico, profondamente scavato da una miniera di diamanti a cielo aperto, si trova nella Repubblica Sudafricana.

della roccia incassante, andando così a costituire rilievi isolati con morfologia a torre (▶25). Un'altra stuttura che si forma nei camini vulcanici è il **camino kimberlitico** (o **diatrema**) (SCHEDA 2).

5.1 Caldere

Nell'area sommitale di tutti i vulcani che sono caratterizzati da eruzioni centrali si possono riscontrare delle strutture depresse di forma subcircolare o ovale che vengono chiamate **caldere**. Numerose caldere vengono occupate da laghi, ma esistono caldere riempite di lave o sedimenti, o addirittura sepolte.

Ne esistono due tipi. Le **caldere di sprofondamento** si formano quando l'entità dei prodotti espulsi è talmente elevata da provocare un collasso della parte sommitale dell'edificio vulcanico verso il basso, cioè verso zone in cui lo spazio che si è formato nel sottosuolo a causa dello svuotamento della camera magmatica non è ancora stato riempito da nuovo materiale. In molti casi la depressione può essere riempita dall'acqua: si forma allora un lago vulcanico. Esempi sono i laghi di Bolsena, Vico, Bracciano e altri laghi del Lazio in Italia, il Crater Lake nell'Oregon (▶26).

Anche i vulcani con attività effusiva come il Kilauea sono caratterizzati da questi tipi di strutture, sebbene la loro attività sia meno esplosiva. Il cratere si trova al centro della caldera; la lava in questo caso, prima di scendere verso valle, riempie la caldera per poi tracimare dal suo bordo provocando la colata vera e propria. Nel cratere (detto *cratere a pozzo* a

Figura 25 Lo scoglio di Strombolicchio è un esempio di neck: si trova appena a Nord-Est dell'isola di Stromboli nell'arcipelago delle Isole Eolie.

causa delle sue pareti subverticali) spesso si osserva la formazione di laghi di lava permanenti, il cui livello sale e scende a seconda delle fasi di attività più o meno intensa del vulcano. Nei periodi in cui l'attività è meno intensa si può formare una crosta solida in superficie, sotto la quale la lava resta allo stato fuso per molti anni.

Le **caldere di esplosione**, invece, sono depressioni a imbuto che vengono generate dalla particolare violenza dell'esplosione che distrugge tutta la sommità del cono.

Facciamo il punto

14 Da che tipi di eruzioni sono generati i vulcani a scudo?

15 Quali sono le principali strutture formate da lave molto acide emesse da un condotto centrale?

16 Che cosa sono le caldere?

17 Qual è la differenza tra caldere di sprofondamento e caldere di esplosione?

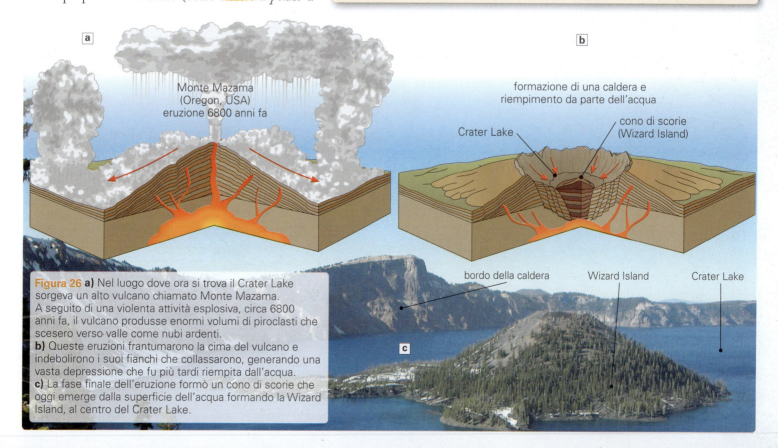

Figura 26 a) Nel luogo dove ora si trova il Crater Lake sorgeva un alto vulcano chiamato Monte Mazama. A seguito di una violenta attività esplosiva, circa 6800 anni fa, il vulcano produsse enormi volumi di piroclasti che scesero verso valle come nubi ardenti.
b) Queste eruzioni frantumarono la cima del vulcano e indebolirono i suoi fianchi che collassarono, generando una vasta depressione che fu più tardi riempita dall'acqua.
c) La fase finale dell'eruzione formò un cono di scorie che oggi emerge dalla superficie dell'acqua formando la Wizard Island, al centro del Crater Lake.

STORIE DI IERI

Scheda 3 — Le più spaventose eruzioni vulcaniche della storia recente

Le più distruttive eruzioni di tipo esplosivo verificatesi in epoca recente sono state, in ordine cronologico: Tambora, Krakatoa, Pelée e St. Helens.

Tambora
L'eruzione del vulcano **Tambora** (in Indonesia, nel 1815) liberò nell'atmosfera circa 2 milioni di tonnellate di piroclasti, mietendo numerose vittime (circa 10 000); l'anno seguente, il 1816, è noto nelle cronache dell'epoca come "anno senza estate", in quanto vi fu un irrigidimento del clima (ci furono addirittura nevicate estive nel Nord America), a cui seguirono periodi di carestia dovuti ai mancati raccolti. I Paesi più colpiti furono gli Stati Uniti e la Francia.

Krakatoa
Il **Krakatoa** è un vulcano dell'isola indonesiana di Rakata, nello Stretto della Sonda. È conosciuto per le sue eruzioni molto violente, soprattutto quella che si verificò il 27 agosto 1883 (▶1). In quell'anno le eruzioni erano cominciate all'inizio di agosto, intensificandosi giorno dopo giorno, fino a che l'ultima di queste aprì delle fessure nell'edificio vulcanico attraverso le quali l'acqua del mare si riversò nella camera magmatica. L'esplosione che ne seguì distrusse i due terzi del territorio dell'isola proiettando nell'atmosfera più di 20 chilometri cubi di roccia, ceneri e polveri che raggiunsero un'altezza di 11 km. Il rumore dell'esplosione, uno dei più assordanti mai uditi sulla Terra, fu avvertito in Australia, lontana 3500 km, e nell'isola di Rodriguez vicino a Mauritius, lontana 4800 km. L'eruzione produsse inoltre un'onda di tsunami alta 40 metri che distrusse 165 villaggi nell'arcipelago di Giava e Sumatra e uccise 36 000 persone. Le onde d'aria generate dall'esplosione "viaggiarono" sette volte intorno al mondo, e il cielo si scurì per i giorni successivi. Successive eruzioni del vulcano, dal 1927, hanno fatto emergere una nuova isola, detta *Anak Krakatau* (figlio di Krakatoa).

Il Monte Pelée
Il **Monte Pelée**, o La Pelée, un vulcano della Martinica, è famoso per la sua eruzione dell'8 maggio 1902, che distrusse la città di Saint-Pierre. Dal mese di aprile erano cominciate emissioni quasi continue di ceneri, dapprima deboli, poi sempre più abbondanti, accompagnate da piccole scosse di terremoto. Da allora, l'eruzione fu in continuo crescendo, con fitte piogge di ceneri e forte odore di zolfo, causando panico tra gli abitanti che cominciarono ad abbandonare la città. Le autorità sottovalutarono il pericolo e invitarono gli abitanti a tornare sull'isola: lo stesso governatore si recò a Saint-Pierre la sera del 7 maggio, e rimase vittima dell'eruzione, che avvenne il mattino successivo, alle 7.50: una tremenda esplosione fece andare in pezzi la montagna, sprigionando una caldissima nube ardente (800 °C) che precipitò verso il mare alla velocità di 160 km/h, mantenendo il contatto col suolo. Nel giro di due minuti travolse Saint-Pierre, distruggendola completamente. L'intera popolazione di 30 000 abitanti fu carbonizzata dalla nube. Ci fu un solo sopravvissuto, un prigioniero che si salvò, seppur gravemente ustionato, perché era incarcerato in una cella sotterranea. Dopo l'eruzione dell'8 maggio, il Monte Pelée continuò l'attività, emettendo altre nubi ardenti, fino agli inizi del 1904. Nel corso del 1903 si formò nel cratere del vulcano una protrusione solida a guglia (▶2), detta *Spina di Pelée*, che in poco tempo crebbe fino a toccare i 350 m d'altezza. Sarà poi distrutta da esplosioni successive nel dicembre dello stesso anno. Grazie agli studi che seguirono il disastro si scoprì che la causa della violenta eruzione era stata la cupola di ristagno che occludeva il cratere: essendo troppo resistente alla pressione dei gas, questi ultimi si aprirono una via laterale sui fianchi del monte, causando la nube ardente che distrusse Saint-Pierre. Attualmente il Monte Pelée, sebbene sia in fase di semi-quiescenza, è

Figura 2 La guglia di lava emersa dal Monte Pelée.

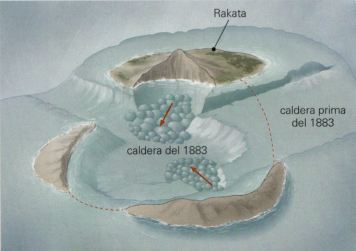

Figura 1 La potenza distruttiva delle eruzioni freato-magmatiche è testimoniata da questa ricostruzione in cui viene rappresentata l'isola di Krakatoa, nello stretto della Sonda, in Indonesia, prima e dopo la famosa eruzione del 1883. Come si può vedere, l'isola era costituita da tre coni vulcanici (Rakata, Danan, Perbuwatan) che sono stati letteralmente frantumati.

tenuto sotto continua osservazione.

Il Monte St. Helens
Il **Monte St. Helens** è uno stratovulcano della Catena delle Cascate (Stato di Washington, USA). Il 18 maggio del 1980, dopo 123 anni di inattività, riprese la sua attività con violenza inaudita: l'evento fu preceduto da una serie di microsismi, dall'apertura di nuove fenditure, da emissione di gas e ceneri provocati dai movimenti del magma sottostante. L'intrusione del magma aveva prodotto sul fianco settentrionale della montagna un rigonfiamento di circa 60 m. Il 18 maggio, in seguito a una scossa sismica di magnitudo 5,1 localizzata a circa 1,5 km all'interno del vulcano, la parete Nord e la cima della montagna si staccarono verso valle generando una grande frana con spessore fino a 180 m che scese a 125 km/h per più di 27 km. Inoltre, la frana scoperchiò il magma sottostante con abbassamento repentino della pressione e trasformando l'acqua freatica in vapore.

L'effetto fu come stappare una bottiglia di spumante: oltre alla frana, il vulcano produsse nubi ardenti (con temperature fino a 300 °C che scesero verso valle a una velocità variabile da 100 a 400 km/h), lahar e una colonna di ceneri che raggiunse un'altezza di 20 km in meno di 15 minuti; in tre giorni si distribuì sopra gli Stati Uniti, in 15 giorni fece il giro della Terra. Le ceneri per caduta gravitativa coprirono gran parte del territorio circostante, danneggiando coltivazioni anche a 2500 km di distanza.

Il Dipartimento di caccia e pesca dello Stato di Washington stimò una perdita di circa 7000 unità tra alci, cervi e orsi, così come tutti gli uccelli e molti piccoli mammiferi; 12 milioni di salmoni furono uccisi quando i vivai vennero distrutti. Andarono distrutte inoltre le foreste circostanti entro un raggio di 28 km con un danno economico all'industria del legname superiore al miliardo di dollari. Risultarono morte o disperse 62 persone, ma il danno fu soprattutto psicologico in quanto i vulcani delle Cascate, che prima erano considerati innocui, ora rappresentano per la popolazione una minaccia latente. Alla fine dell'eruzione l'altezza della montagna si era ridotta di 350 m: là dove c'era la cima della montagna si era creato un enorme anfiteatro roccioso rivolto verso Nord con diametro di 2 km, al cui centro si formò successivamente, in corrispondenza del condotto vulcanico, un duomo di lava con diametro di 300 m e altezza di 65 m. Il duomo di lava che si formò tra il 13 e il 20 giugno crebbe in altezza con una velocità di circa 6 m al giorno e fu poi successivamente distrutto da una nuova eruzione il 22 luglio. Altre eruzioni con formazione di duomi di lava si succedettero fino al 19 ottobre (▶3).

12 aprile 1980

30 giugno 1980

Figura 3 Il Monte Saint-Helens prima e dopo la spaventosa eruzione del 1980. La cima si trovava a 2950 m di altezza. Dopo l'esplosione si formò una caldera con un diametro di 2 km, il cui bordo superiore raggiungeva un'altezza di 2500 m, mentre la base si trovava a un'altezza tra i 1800 e i 1900 m. Nella foto più grande si notano abbondanti colate piroclastiche.

6 Eruzioni lineari o fissurali

Durante questi tipi di eruzioni il magma fuoriesce in grande quantità da fratture più o meno allungate e strette; il materiale espulso non andrà a formare il classico edificio a cono tipico di un'emissione puntiforme, ma si distribuirà omogeneamente ai due lati della frattura formando, a grande scala, espandimenti di lava pianeggianti chiamati **plateaux** (▶27).

Si distinguono plateaux basaltici e plateaux ignimbritici a seconda che il magma sia di composizione basica o acida.

Vasti plateaux basaltici si trovano in Islanda: l'isola è attraversata da un sistema di fratture attive da cui fuoriescono enormi quantità di lava.

Il vulcano Laki, in Islanda, nel 1783 produsse una colata di lava del tipo aa, che uscì da una fessura lunga 25 km, e che ricoprì un'area di 560 km².

A 15-20 milioni di anni fa risale invece la formazione del plateau basaltico del Columbia River (USA), distribuito tra Washington, Oregon e Idaho, che arrivò a misurare fino a 2,5 km di spessore con una estensione di 520 000 km².

Altri esempi sono l'altopiano del Deccan in India e quello del fiume Paraná in Brasile e Paraguay. Più rari sono gli espandimenti riolitici: un esempio è quello dei porfidi quarziferi che costituiscono la "piattaforma porfirica atesina", in Alto Adige, ignimbrite la cui formazione risale a circa 250 milioni di anni fa. Colate di porfidi si alternano a ignimbriti con la stessa composizione e molto simili nell'aspetto, con spessore complessivo da 400 a 1500 m ed estensione areale di circa 3000 km².

Facciamo il punto
18 Che cosa sono i plateaux?

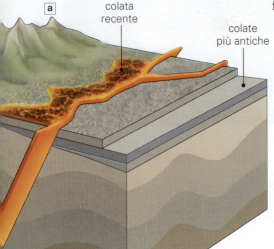

Figura 27 a) Nelle eruzioni lineari la lava fuoriesce in grande quantità dando origine a giganteschi espandimenti lavici pianeggianti chiamati plateaux.
b) Nella foto, l'imponente plateaux basaltico della Groenlandia.

7 Vulcanismo secondario

Figura 28 Solfatara di Pozzuoli.

In stretta associazione con l'attività vulcanica si riscontrano spesso una serie di fenomeni, detti di vulcanismo secondario, che possono caratterizzare i momenti di stasi nell'attività oppure le ultime fasi della vita di un vulcano. Senza che necessariamente il vulcano produca piroclasti o lave, si può assistere all'emissione di gas o vapor d'acqua: essi provengono dal magma stesso in raffreddamento nel sottosuolo e dal riscaldamento dell'acqua della falda freatica.

La vaporizzazione dell'acqua di falda è provocata dalla temperatura ancora elevata del serbatoio magmatico, che tuttavia non è più sufficiente per alimentare nuove eruzioni: i gas e i vapori sfruttano le fratture che di solito si trovano in gran quantità nelle zone vulcaniche e si dirigono verso la superficie dove verranno a contatto con l'atmosfera.

La più tipica manifestazione di vulcanismo secondario è quella delle **fumarole** in cui i gas più comuni che vengono emessi assieme al vapor d'acqua sono CO_2 e H_2S. Se il gas prevalente è l'acido solfidrico, esso reagisce con l'ossigeno presente nell'aria provocando la cristallizzazione di zolfo in prossimità del punto di emissione: questa attività viene detta **solfatara** (▶28) ed è molto frequente per esempio nei Campi Flegrei, dove l'ultima attività eruttiva di una certa entità si è avuta ormai 35 000 anni fa con la deposizione dell'ignimbrite campana. Può capitare che le emissioni siano particolarmente ricche di CO_2: in questo caso vengono chiamate **mofete**. Altre emissioni particolari sono i **soffioni boraciferi** a Larderello in Toscana, che vengono sfruttati per la produzione di energia elettrica (SCHEDA 5): si tratta di vapor d'acqua surriscaldato (fino a 230 °C) misto ad acido borico che fuoriesce con una certa pressione e in modo continuo.

Senza dubbio le manifestazioni più spettacolari del vulcanismo secondario sono i **geyser**, di cui i più famosi si trovano in Islanda e in America settentrionale (geyser *Old Faithful*, nel parco nazionale di Yellowstone nel Wyoming).

Sono delle emissioni a intervalli regolari di acqua bollente, che si accumula nel sottosuolo in un condotto verticale, formando una colonna che viene spinta a grandi altezze quando i gas sottostanti vincono la pressione idrostatica; la ricarica del meccanismo viene garantita dalle acque di falda che affluiscono continuamente nel condotto e dai gas che provengono dal basso (▶29).

Altri fenomeni sembrano far ribollire le acque fangose depositate in piccoli laghetti, generando a volte piccoli coni: si parla di **vulcanetti di fango e di salse** (come quelle presenti, per esempio, nel Modenese).

Facciamo il punto

19 Che cosa si intende in generale quando si parla di vulcanismo secondario?

20 Che cosa sono i geyser?

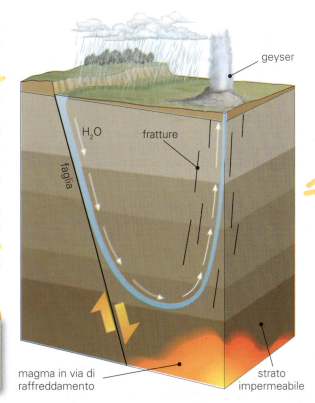

Figura 29 Schema di formazione e alimentazione di un geyser. I geyser possono accompagnare l'attività vulcanica in alcune zone.

Scheda 4 Islanda: terra di vulcani e di ghiacciai

Un visitatore che attraversi quest'isola viene certamente affascinato ma nello stesso tempo annichilito dalla manifestazione di potenza della natura che qui sembra aver concentrato un campionario dei suoi fenomeni più grandiosi. I vulcani che costituiscono la spina dorsale dell'isola sono più di 200 e negli ultimi 500 anni hanno riversato circa un terzo di tutta la lava che è stata prodotta dalle eruzioni di tutto il mondo, formando vasti plateaux basaltici. Le eruzioni si verificano in media ogni 5 anni circa, ma l'energia del calore sottostante continua incessantemente a farsi strada lungo le fratture fino alla superficie dove forma sorgenti calde, geyser e polle di fango bollente. I vulcani sono ricoperti da spessi ghiacciai che riversano verso valle, quando i vulcani entrano in attività, oltre ai prodotti dell'eruzione, anche una grande quantità di acqua di fusione, che genera delle vere e proprie alluvioni sulle pianure sottostanti. Quando riescono a perforare la coltre di ghiaccio sovrastante, i vulcani subglaciali possono dare origine a eruzioni, ma producono solamente lapilli, bombe e ceneri: la lava basaltica, infatti, povera di gas e di fluidi, solidifica immediatamente a contatto con il ghiaccio.

Ma i vulcani islandesi non sono un problema solo per gli abitanti dell'isola. Il 20 marzo del 2010 è iniziata una consistente attività eruttiva del vulcano **Eyjafjöll** (ricoperto dal ghiacciaio **Eyjafjallajökull**) (▶1), che si trova nel Sud dell'Islanda; l'ultima eruzione iniziò nel 1821 e durò circa 2 anni, fino al 1823. Ha un'altezza di 1666 metri ed è considerato dai geologi islandesi uno dei vulcani meno attivi e pericolosi dell'isola! La nube di ceneri prodotta prevalentemente dalla fase freato-magmatica dell'eruzione ha sorvolato l'Europa provocando enormi disagi nel traffico aereo: sono stati cancellati 100 000 voli e lasciati a terra 1 300 000 passeggeri, con un danno complessivo per le compagnie aeree di 1,5 miliardi di euro. Si temono anche effetti sul clima: dipenderà sia dalla durata dell'eruzione sia dalla quantità di gas e cenere prodotti. Ma anche altri vulcani islandesi sono a forte rischio di imminente ripresa di attività: desta particolare preoccupazione il vulcano **Katla**, che si trova a soli 20 km a est dell'Eyjafjöll. Infatti alle ultime due eruzioni dell'Eyjafjöll (nel 1612 e nel 1821) ha sempre fatto seguito il risveglio di questo vulcano, di gran lunga più pericoloso, anch'esso ricoperto da un esteso ghiacciaio: il Myrdalsjökull. Ha dato segni di risveglio anche il vulcano **Grìmsvötn**, che sorge sotto il più grande ghiacciaio d'Europa, il **Vatnajokull** (8300 km^2 di estensione e uno spessore di 900 m). A rischio è anche l'**Hekla**, il vulcano più temuto d'Islanda, che dal 1979 è entrato in fase eruttiva più o meno ogni 10 anni, l'ultima proprio nel 2000. L'attività dei vulcani islandesi non mette in pericolo solo il trasporto aereo: nel 1783, l'eruzione del vulcano **Laki** produsse una nube tossica di anidride solforosa e acido solforico che uccise, in Gran Bretagna, 23 000 persone. Convivere con i vulcani certo non è facile per gli islandesi, ma non mancano i vantaggi. L'energia geotermica, sommata a quella idroelettrica prodotta grazie ai fiumi, soddisfa il 96% del fabbisogno elettrico dell'isola.

Figura 1 La spettacolare eruzione dell'Eyjafjöll del 2010.

Scheda 5 Energia geotermica in Italia

Il calore interno della Terra può essere utilizzato per la produzione di energia elettrica, ma per poterlo sfruttare occorre un intermediario: l'acqua. Le aree più favorevoli per lo sfruttamento di questo tipo di energia sono quelle vulcaniche o comunque quelle in cui nel sottosuolo sono presenti magmi in via di raffreddamento in prossimità della superficie; i magmi riscaldano le acque circolanti nel sottosuolo che, in determinate condizioni di temperatura e pressione, possono passare allo stato di vapore.

L'energia geotermica utilizza risorse praticamente inesauribili: il calore terrestre e l'acqua, sotto forma di vapore, che fuoriesce dalle fratture in superficie. Si tratta di un tipo di energia "pulita", in quanto non crea grossi problemi di inquinamento ambientale.

A **Larderello**, in Toscana, il vapore fuoriesce naturalmente dalla superficie terrestre in getti chiamati **soffioni**: nel 1904 furono effettuati i primi tentativi di produrre energia elettrica tentando di far ruotare turbine con il vapore, nel 1914 fu costruita la prima centrale, negli anni '30 la produzione di energia cominciò ad acquisire una certa importanza (▶ 1). In Europa, fu questo il primo tentativo di sfruttamento dell'energia geotermica.

Non è un'energia sfruttabile da tutti i Paesi: essa può essere utilizzata prevalentemente dove sussistono opportune condizioni geologiche, cioè soprattutto in aree vulcaniche. Inoltre le acque nel sottosuolo devono poter circolare in strutture formate da rocce porose e permeabili che fungono da serbatoio, chiamate **acquiferi** (nel caso di Larderello le rocce costituenti l'acquifero sono evaporiti: calcari e anidriti); al di sopra dell'acquifero, che viene continuamente ricaricato da acqua meteorica, devono trovarsi rocce impermeabili (nel caso di Larderello si tratta di rocce a forte componente argillosa) che impediscano ai fluidi di disperdersi in superficie e che li mantengano sotto pressione.

Una volta individuato l'acquifero in profondità, ad esempio con sondaggi elettrici, si può perforare la coltre impermeabile sovrastante e convogliare il vapore alla centrale con apposite tubazioni (▶ 2).

In genere il vapore che viene sfruttato per la produzione di energia elettrica deve avere una temperatura superiore a 140 °C (a Larderello ha una temperatura di 260 °C) e il rendimento è maggiore se si tratta di vapore "secco", cioè in assenza di acqua liquida; se vi è risalita di acqua oltre a vapore, la fase liquida deve essere separata in quanto solo il vapore può essere impiegato per mettere in movimento le turbine. Il vapore, una volta utilizzato, diventa acqua che può essere iniettata di nuovo nel sottosuolo per essere riscaldata ancora, chiudendo il ciclo. La reiniezione dei fluidi nel sottosuolo è necessaria non solo per garantire la giusta "ricarica" dell'acquifero che viene sfruttato, ma anche per problemi di inquinamento. Infatti le acque sono in genere ricche di boro, arsenico e fluoro che in determinate concentrazioni possono essere tossici: si preferisce non disperdere in superficie acque che possono essere inquinanti, iniettandole di nuovo nel sottosuolo per mezzo di pozzi che si trovano in zone vicine alla centrale.

Un altro problema ambientale che si può verificare in zone soggette a questo tipo di sfruttamento è la subsidenza, cioè il cedimento del suolo, con progressivo abbassamento, dovuto all'eccesso di fluidi estratti.

Le acque a temperatura non elevata possono essere impiegate anche per riscaldare direttamente case, serre, suoli agricoli, come avviene per esempio in Islanda (**SCHEDA 2**). Il problema che si può verificare in questo caso riguarda la resistenza delle tubature nelle quali viene convogliata l'acqua: quest'ultima infatti può contenere una percentuale più o meno elevata di sostanze corrosive.

Un altro impiego di una certa importanza è l'utilizzo delle acque calde ad uso terapeutico negli stabilimenti termali.

In Italia la produzione di energia elettrica di origine geotermica che viene immessa nella rete nazionale purtroppo incide ancora in misura minima sul totale prodotto (circa il 3%).

Figura 1 I principali campi geotermici in Italia.

Figura 2 La centrale geotermica di Larderello.

8 Distribuzione dei vulcani sulla Terra

I vulcani attivi presenti sulla Terra sono circa 500 (▶30): si trovano sia sui continenti sia sui fondali oceanici. Se riportiamo su un planisfero la loro ubicazione si nota subito una particolare distribuzione: il fatto che si raggruppino in zone e in fasce ben evidenti può far pensare che la loro ubicazione non sia casuale, e in effetti è così. Molti vulcani si trovano vicino ai bordi dei continenti (sul continente stesso oppure al largo della costa): basti osservare la densità di distribuzione di vulcani che circonda tutto l'Oceano Pacifico (*anello di fuoco circumpacifico*).

Altri vulcani seguono allineamenti particolari ma nel mezzo degli oceani, altri ancora sembrano isolati, sia all'interno dei continenti, sia nel mezzo degli oceani. Vedremo in seguito di capire il perché di questa distribuzione che si inquadra in un'ottica globale più ampia, la quale non può essere compresa senza l'acquisizione di altre informazioni che verranno trattate nelle Unità seguenti.

Facciamo il punto

21 Descrivi la distribuzione dei vulcani sulla Terra osservando la fig. 30.

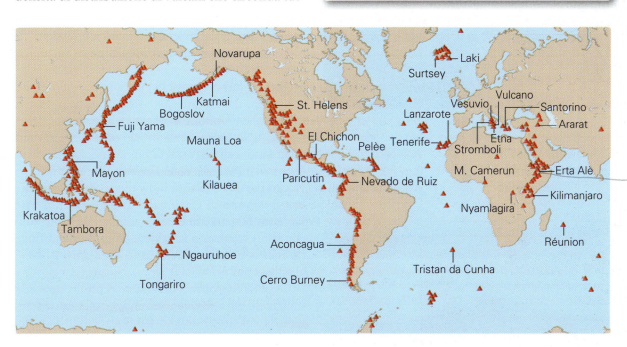

Figura 30 Distribuzione dei vulcani attivi sul nostro pianeta.

9 I vulcani italiani

L'Italia si trova in una zona geografica particolarmente instabile dal punto di vista geologico. Per questo motivo sono numerosi i vulcani attivi presenti nel nostro Paese: l'Etna nella Sicilia orientale, il Vesuvio nella zona di Napoli, Stromboli e Vulcano nelle Isole Eolie, l'Isola di Ischia e i Campi Flegrei in Campania; a questi si aggiungono i vulcani sottomarini presenti sul fondale del Mar Tirreno meridionale e del Canale di Sicilia.

Sul nostro territorio sono presenti, infine, vulcani ormai estinti: Monte Amiata, i monti del Lazio, Roccamonfina, Vulture, Isole Pontine e altri (▶31).

Etna. È il più alto vulcano d'Europa (3345 m) e uno dei più attivi del mondo: attualmente è caratterizzato da un'attività prevalentemente effusiva con emissione di lave basaltiche. A volte le eruzioni sono accompagnate da "piogge di ceneri" che, trasportate dai venti, possono ricadere anche a grande distanza dal cratere. L'ultima cospicua eruzione

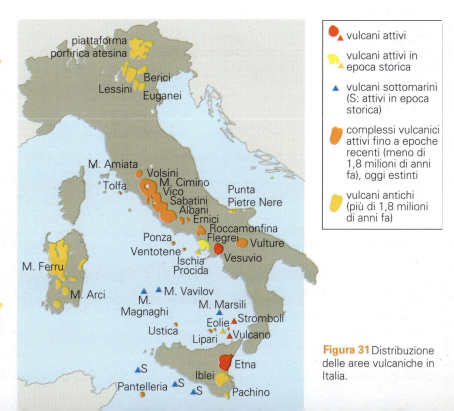

Figura 31 Distribuzione delle aree vulcaniche in Italia.

Figura 32 Le luci di Catania brillano sullo sfondo di una spettacolare attività stromboliana (lanci intermittenti di materiale incandescente) prodotta dal cono di Pian del Lago dell'Etna.

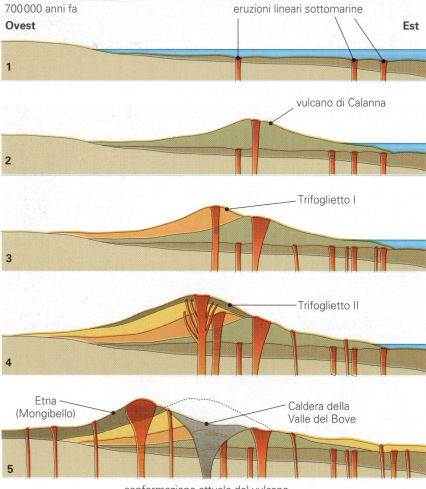

Figura 33 Evoluzione dell'Etna: il vulcano inizia la sua attività come vulcano sottomarino; nel corso del tempo l'attività magmatica si sposta verso Ovest consentendo la sovrapposizione di più edifici vulcanici poi parzialmente smantellati e sostituiti dall'edificio attuale, il Mongibello.

dell'Etna, terminata nei primi mesi del 2003, ha provocato una ricaduta di ceneri che si è protratta per lungo tempo e ha messo in ginocchio l'economia agricola e turistica delle province di Catania, Siracusa e Ragusa (▶32).

La sua attività è cominciata circa 700 000 anni fa, quando l'area si trovava al di sotto del livello del mare: l'Etna nasce infatti come vulcano sottomarino, con lave a cuscino che ora affiorano in prossimità della costa presso Aci Castello.

Successivamente l'attività diventa subaerea a causa del sollevamento dell'area, con formazione di un vulcano a scudo. Nel tempo la composizione del magma che alimenta il vulcano cambia, diventando più acida con emissione di lava più viscosa: l'attività di colate laviche alternate a emissione di piroclastiti trasformano infine l'Etna in un tipico stratovulcano.

Tutte le fasi evolutive del vulcano possono essere ricostruite dallo studio dell'attuale edificio: l'Etna (3345 m) è un cono che risulta dalla sovrapposizione e compenetrazione di antichi edifici, che si sono accresciuti a spese di quelli precedenti spostando la loro attività via via verso Ovest. Oltre al primitivo vulcano sottomarino, si individuano 4 distinti edifici: il vulcano di Calanna, il Trifoglietto I, il Trifoglietto II, parzialmente smantellati da esplosioni che hanno generato la caldera della Valle del Bove sul fianco Est del vulcano attuale, chiamato Mongibello.

Oggi l'Etna, oltre a un cratere centrale, possiede sui fianchi circa 200 coni avventizi e numerose fratture da cui fuoriesce lava basaltica simile a quella dei vulcani hawaiiani (▶33).

Stromboli. Sorge sull'isola omonima dell'arcipelago eoliano ed è un vulcano in continua eruzione da 2000 anni: per questo è chiamato "Faro del Mediterraneo" dai naviganti (▶34). Ha un'altezza complessiva di 3000 m, ma solo 927 m emergono al di sopra del livello del mare. Di norma la sua attività, di tipo esplosivo con lava andesitica, non è pericolosa per i due piccoli centri abitati dell'isola poiché si manifesta con esplosioni a bassa intensità ed emissioni di gas e piroclasti a intervalli regolari (in media una ogni 20 minuti).

Questo tipo di attività viene definita *eruzione di tipo stromboliano* proprio dal nome di questo vulcano.

Nel caso meno frequente di emissione di colate laviche, queste percorrono una zona disabitata chiamata "sciara del fuoco" che le indirizza verso il mare. Il 30 dicembre 2002 una cospicua eruzione ha fatto precipitare in mare due milioni di m³ di materiale lavico che ha prodotto un'onda anomala: questo piccolo maremoto ha sommerso le coste dell'isola provocando danni ingenti.

Vulcano. È un altro vulcano eoliano ma la sua attività, che produce minime quantità di lava riolitica e andesitica molto viscosa, è oggi molto ridotta ed è caratterizzata da emissione di gas con temperature che possono arrivare fino a 700 °C. Potenzialmente è un vulcano più pericoloso di Stromboli perché la sua attività è di tipo decisamente esplosivo e perché la fase di quiescenza dall'ultima eruzione (1894) ormai si protrae da più di un secolo: se si risvegliasse darebbe origine a una forte esplosione iniziale che libererebbe il camino dal tappo che lo ostruisce e produrrebbe ingenti quantità di materiali solidi, ceneri e gas: un'*eruzione di tipo vulcaniano*. Il cratere principale è chiamato "La Fossa" con un diametro di circa 500 metri a 391 m di altitudine. Per gli abitanti dell'isola esiste un piano di evacuazione in caso di ripresa dell'attività (▶35).

Vesuvio. Alto 1281 m, è il vulcano più pericoloso d'Europa (▶36). È attivo da almeno 25 000 anni, durante i quali ha alternato eruzioni di tipo effusivo a eruzioni di tipo esplosivo. Attualmente è caratterizzato da un'attività esplosiva intervallata da lunghi periodi di quiescenza. La prima eruzione accertata è stata quella del 79 d.C. descritta da Plinio il Giovane, che causò la distruzione di Pompei ed Ercolano (**SCHEDA 6**). In suo onore questo tipo di eruzione, che produce enormi nubi di ceneri a forma di fungo o pino marittimo, è detta di *tipo pliniano*.

Dopo la violenta eruzione del 1631, che provocò 4000 morti e la distruzione dei paesi circumvesuviani verso il mare, il Vesuvio ha prodotto eruzioni di scarsa intensità alternate a periodi di quiescenza.

L'ultima eruzione si è verificata nel 1944 (▶37).

Figura 34 Stromboli ha un'intensa attività esplosiva.

Figura 35 Il cratere di Vulcano (391 m).

Figura 36 Il cratere del Vesuvio. Sullo sfondo si vedono le pareti interne della caldera del 79 d.C.

I vulcani sottomarini

I **vulcani sottomarini** sono concentrati nel tratto di mare tra Napoli e le Isole Eolie e nel Canale di Sicilia. Attualmente sono quiescenti, ma un'eventuale ripresa della loro attività potrebbe dare origine a maremoti che si abbatterebbero sulle città costiere della Campania, della Calabria e della Sicilia. Nel Tirreno meridionale il più pericoloso è il **Marsili**, che si è formato 2 milioni di anni fa e si erge per oltre 3000 m dal fondale del Mar Tirreno

Figura 37 Nella foto, l'ultima attività del Vesuvio nel 1944.

STORIE DI IERI

Scheda 6 — L'eruzione del Vesuvio del 79 d.C.

La storica eruzione freato-magmatica del 79 d.C. fu preceduta da innumerevoli scosse sismiche che si succedettero per oltre 15 anni; nessuno mise in relazione questa attività sismica con la ripresa dell'attività del vulcano (che allora non era considerato tale) in quanto mancava la memoria storica di eruzioni. Verso le ore 13 del 24 agosto il vulcano produsse una colonna di ceneri, gas e vapori che assunse la forma di pino marittimo. A tratti il materiale, non più sorretto dalla colonna, collassò lungo i fianchi del vulcano producendo nubi piroclastiche, mentre le ceneri e le pomici eiettate caddero sulle zone limitrofe e in mare. L'evento si protrasse per tutta la notte fino al mattino successivo quando, verso le 6, ci fu una drastica diminuzione dell'attività che consigliò agli abitanti di Pompei, che si erano rifugiati nottetempo sulle imbarcazioni e lungo la costa, di far ritorno nelle proprie case per recuperare i propri averi. L'eruzione aveva però vuotato parzialmente il serbatoio magmatico e ciò consentì l'afflusso di acqua di falda che vaporizzò istantaneamente aumentando enormemente la pressione: il risultato fu l'innalzamento e il rigonfiamento del vulcano con successiva eruzione freato-magmatica accompagnata da un terremoto e da fenomeni di ondata basale, flusso piroclastico e lahar, che produsse una nuvola di cenere nera che si depositò in una vasta area attorno al vulcano seppellendo Pompei e i suoi abitanti. Qualche giorno dopo Ercolano, che fu risparmiata dalla pioggia di ceneri poiché si trovava sottovento, fu sepolta da una colata di fango, spessa 20 m, provocata dalle piogge intense che rimobilizzarono le ceneri depositate in condizioni di equilibrio precario sui fianchi del vulcano.
L'eruzione cambiò la morfologia del vulcano, diventato una vasta caldera con la parete Nord più elevata. L'attuale edificio vulcanico si formò all'interno della caldera.

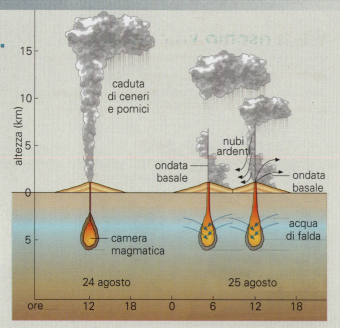

Figura 1 Schema dell'eruzione pliniana del Vesuvio (79 d.C.): il 24 agosto il vulcano espulse pomici a causa di afflusso di magma dal basso. La colonna di pomici nelle ore successive collassò generando nubi piroclastiche. Il mattino del 25 agosto l'acqua di falda invase la camera magmatica provocando eruzioni freatomagmatiche con fenomeni di flusso piroclastico, ondata basale, lahar.

---

meridionale arrivando fino a –500 m sotto il livello del mare (▶38). Sui suoi fianchi si ergono numerosi **edifici vulcanici secondari** di notevoli dimensioni. Il **Vavilov** e il **Magnaghi**, più antichi del Marsili, sono al centro del Tirreno: il primo ha un'altezza di circa 2500 m, il secondo di 2700 m.

L'Isola Ferdinandea. Il 13 luglio 1831 nel Canale di Sicilia, al largo di Sciacca, una potente eruzione esplosiva produsse fontane di lava e una colonna di fumo e ceneri alta centinaia di metri: si formò un'isola vulcanica che emerse dal mare raggiungendo un'estensione massima di 700 m di diametro e 5 km di perimetro per un'altezza di 70 m.
L'isola fu chiamata Ferdinandea dai siciliani, in onore del re Ferdinando II di Borbone. La proprietà dell'isola fu rivendicata però anche dagli inglesi, che la chiamarono Graham, e dai francesi, che la battezzarono Julie perché nata nel mese di luglio.
I contrasti diplomatici cessarono di esistere il 28 dicembre di quell'anno, poiché l'isola non resistette all'azione erosiva del moto ondoso e scomparve definitivamente al di sotto del livello del mare. I resti sottomarini dell'isola si trovano oggi a una decina di metri di profondità e sono noti ai naviganti come "banco di Graham".
Dalla fine del 2002 l'isola mostrò nuovi segnali di attività sottomarina attirando così la curiosità dei vulcanologi. Da recenti studi effettuati nel Canale di Sicilia, i cui risultati sono stati pubblicati nel 2009, sembra che il cono vulcanico di Ferdinandea non sia isolato, ma inserito in un sistema vulcanico che in un raggio di circa 5 km comprende almeno una decina di edifici di varie dimensioni, da una cinquantina di metri a circa 1,5 chilometri di diametro. Questi vulcani sottomarini sono allineati e seguono prevalentemente la direzione del Canale di Sicilia (NW-SE).

Figura 38 Il vulcano sottomarino Marsili.

Facciamo il punto

22 Descrivi l'evoluzione dell'Etna.

23 Perché il Vesuvio è considerato il vulcano più pericoloso d'Europa?

24 Dove si trovano i principali vulcani sottomarini italiani?

10 Il rischio vulcanico

Le pendici dei vulcani sono da tempo immemorabile costellate di insediamenti umani: il motivo principale di questo comportamento apparentemente insensato è la fertilità dei suoli vulcanici, causata dall'abbondanza di sali minerali (di potassio, ferro, calcio, magnesio ecc.) presenti nei materiali eruttati. A volte, invece, semplicemente ci si "dimentica" di avere un vulcano vicino a casa: i tempi dei vulcani sono diversi rispetto ai tempi umani, e può capitare che molte generazioni non vedano con i loro occhi il vulcano in azione.

Non essendo ipotizzabile l'eliminazione degli insediamenti umani, ormai millenari, presenti nei pressi dei vulcani, per poter garantire un accettabile livello di sicurezza è essenziale valutare la pericolosità della situazione. Per questo i vulcanologi hanno individuato un parametro di riferimento, il **rischio vulcanico**, che può essere definito come il *valore atteso di perdite* (morti, feriti, danni alle proprietà e alle attività economiche), in una particolare area e in un determinato periodo di tempo, conseguente a un'eruzione di una certa intensità.

Il valore di tale rischio si può calcolare con l'equazione:

$$R = P \cdot V \cdot E$$

dove:
R indica il **Rischio**, in questo caso vulcanico;
P è la **Pericolosità**, ossia la probabilità che un'eruzione di una determinata intensità si verifichi, in una data area, entro un certo periodo di tempo;
V è la **Vulnerabilità** di un elemento (persona, edificio, attività economica ecc.), ossia la propensione a subire danneggiamenti in conseguenza dell'eruzione (è sempre alta nel caso di eruzioni);
E è l'**Esposizione**, ossia il numero di individui e di strutture a rischio presenti in una data area. Quest'ultimo è un fattore di grande importanza: per fare un esempio, il rischio è molto minore per i vulcani dell'Alaska, che si trovano in zone a bassa densità di popolazione, piuttosto che per il Vesuvio, nei cui dintorni vivono circa 800 mila persone.

Oltre al rischio vulcanico, in questo modo può essere calcolato qualsiasi tipo di rischio riguardante il territorio (rischio di terremoto, di alluvione, di frana, di valanga, di incendio boschivo ecc.).

10.1 Il rischio vulcanico in Italia

In Italia l'uso del territorio adiacente ai vulcani non ha tenuto conto della loro pericolosità, cosicché ci troviamo a fronteggiare situazioni di alto rischio. Naturalmente non tutti i vulcani italiani presentano lo stesso livello di rischio che, come abbiamo detto, dipende da vari fattori. Sebbene alcuni studiosi ritengano che non si possa mai considerare del tutto estinto un vulcano, nel nostro Paese sono considerati *estinti* i vulcani la cui ultima eruzione risale a oltre 10 000 anni fa: Monte Amiata, Vulsini, Cimini, Vico, Sabatini, Isole Pontine, Roccamonfina, Vulture. Sono invece considerati *attivi* quei vulcani che hanno prodotto eruzioni negli ultimi 10 000 anni: Colli Albani, Campi Flegrei, Ischia, Vesuvio, Salina, Lipari, Vulcano, Stromboli, Etna, Isola Ferdinandea. Solo Stromboli ed Etna sono in *attività persistente*, cioè sono caratterizzati da eruzioni continue o intervallate da brevi periodi di riposo, dell'ordine di mesi o di pochissimi anni. Tutti questi vulcani attivi possono produrre eruzioni in tempi brevi o medi.

Il Dipartimento della Protezione Civile svolge attività volte a ridurre il rischio vulcanico sul territorio italiano, adottando le misure opportune per ridurre le perdite di vite umane e di beni in caso di eruzione.

Tali attività sono di tre tipi: **sorveglianza** dei vulcani e **previsione** delle eruzioni; **prevenzione** del rischio vulcanico; **difesa** dalle eruzioni e **gestione** delle emergenze.

→ **Sorveglianza** e **previsione**: la sorveglianza dei vulcani italiani è condotta e coordinata dall'**Istituto Nazionale di Geofisica e Vulcanologia (INGV)**, attraverso le proprie Sezioni preposte al monitoraggio vulcanico: Sezione di Napoli-Osservatorio Vesuviano, Sezione di Catania, Sezione di Palermo. In particolare l'Osservatorio Vesuviano, che si occupa di monitorare Vesuvio, Campi Flegrei, Ischia e Stromboli, è il più antico osservatorio vulcanologico del mondo, fondato nel 1841 da Ferdinando II di Borbone. La sorveglianza si effettua per mezzo di reti di monitoraggio che rilevano una serie di parametri fisico-chimici indicativi dello stato del vulcano e la loro variazione. Prevedere un'eruzione vulcanica significa indicare dove e quando avverrà e di che tipo sarà. Premesso che non è possibile sapere con certezza quando e in che modo avverrà un'eruzione, è comunque possibile effettuare previsioni a breve termine grazie al riconoscimento e alla misurazione degli eventi che accompagnano la risalita del magma verso la superficie, i **fenomeni precursori**: terremoti (anche di lieve entità), bradisismi, rigonfiamenti dei fianchi del vulcano (misurati con precisione dai satelliti), variazioni dei campi gravitazionale e magnetico nei pressi dell'edificio vulcanico, cambiamenti di composizione delle emanazioni gassose dai crateri e dal suolo, variazioni del livello e delle caratteristiche delle acque di falda. Un altro importante contributo è dato dagli studi geofisici volti a definire

Figura 39 Nel 1983 fu effettuato per la prima volta un intervento per cercare di deviare la lava che minacciava di distruggere i paesi di Nicolosi e Belpasso sulle pendici dell'Etna. Con tubi di metallo riempiti di esplosivo si tentò di abbattere l'argine del fiume di lava affinché la lava stessa potesse deviare in una valle laterale.

quale sia la struttura profonda del vulcano e il suo stato attuale.

→ **Prevenzione**: fra le attività di prevenzione rientrano gli *studi di pericolosità* (ricostruendo la storia eruttiva del vulcano è possibile fare previsioni sul tipo di eruzione più probabile), l'elaborazione di *mappe di pericolosità* relative al territorio, anche attraverso simulazioni al computer, la *pianificazione territoriale* per evitare nuove costruzioni nelle aree esposte, l'attività di *educazione e informazione* delle popolazioni esposte al rischio, la formulazione di *piani di emergenza*, che prevedono tutte le azioni da intraprendere in caso di crisi (in particolare l'evacuazione della popolazione, vedi **SCHEDA 8**).

→ **Difesa dalle eruzioni** e **gestione delle emergenze**: in caso di eruzione il Dipartimento della Protezione Civile interviene con propri uomini e mezzi sui territori interessati dai fenomeni vulcanici, per attuare i piani di emergenza e mitigare gli effetti dannosi, mettendo in atto iniziative di *difesa passiva* (evacuazione delle popolazioni, raccolta e smaltimento delle ceneri ecc.) o *attiva*, come quando si deviò il flusso di lava dell'Etna che minacciava gli abitati di Nicolosi e Belpasso (nel 1983) e di Zafferana Etnea (nel 1992): furono usati esplosivi per deviare la lava in valli laterali disabitate e blocchi di cemento per formare un argine che difendesse l'abitato (▶39).

Facciamo il punto

25 Che cosa si intende per "rischio vulcanico"?

26 A chi è affidata la sorveglianza dei vulcani italiani?

27 Che cosa sono i fenomeni precursori?

QUALCOSA IN PIÙ

Scheda 7 I Campi Flegrei: una zona ad alto rischio

La città di Napoli si trova stretta nella morsa di due zone ad altissimo rischio vulcanico: a Est l'area in cui si erge il Vesuvio, a Ovest la zona dei Campi Flegrei, chiamata così dal greco *flègo* (brucio, ardo). Qui vivono circa 500 000 persone; il centro abitato più importante è Pozzuoli. Questa zona è interpretata dai geologi come parte di un'enorme caldera di forma grossolanamente circolare, in parte sommersa dal mare, che comprende anche le isole vulcaniche di Ischia e Procida. La grossa depressione raggiunge un'ampiezza massima di 15 km ed è stata modellata da due eventi eruttivi particolarmente violenti e distruttivi avvenuti 36 000 e 14 000 anni fa. Le rocce prodotte da queste eruzioni (tufi in particolare) formano il sottosuolo di Napoli e sono tuttora ampiamente utilizzate in edilizia. Negli ultimi 36 000 anni nell'area sono stati attivi più di 40 centri eruttivi diversi; l'ultima eruzione risale al 1538 quando, nel giro di qualche giorno, si formò un vulcano (chiamato poi Monte Nuovo) in un punto dove in precedenza non esisteva alcun centro eruttivo.

I fenomeni associati all'attività vulcanica che oggi possiamo osservare sono: le fumarole, che caratterizzano in particolare il vulcano della Solfatara, le sorgenti termali, sfruttate fin dai tempi dei Romani, e il **bradisismo** della zona di Pozzuoli. In particolare il fenomeno del bradisismo (abbassamenti e sollevamenti del suolo), provocato da movimenti del magma in profondità, viene interpretato come possibile segno premonitore di una prossima eruzione. Episodi di sollevamento del suolo a Pozzuoli, intervallati da episodi di abbassamento, si sono registrati nel 1971, tra il 1982 e il 1984, e nel 1989. Sulle colonne del Tempio di Serapide, a Pozzuoli, si riscontrano le prove del bradisismo in quanto si notano dei fori nel marmo, ora completamente all'asciutto, prodotti da organismi marini litodomi (molluschi che vivono in cavità che scavano loro stessi nelle rocce calcaree). Le tracce lasciate da questi organismi ci fanno capire che l'acqua in passato ha parzialmente sommerso il tempio a causa dell'abbassamento del suolo (▶1).

Figura 1 Sulle colonne del Tempio di Serapide a Pozzuoli (Napoli) si riscontrano le testimonianze di fenomeni di bradisismo che hanno interessato l'area. Fori di organismi litodomi marini (Gen. *Litophaga*) si ritrovano oggi a una certa altezza (zone più scure) sulle 3 colonne più grandi.

Scheda 8 — Il piano di emergenza per il Vesuvio

In questo momento sul Vesuvio non si registra il benché minimo segno di ripresa dell'attività, pur trattandosi di un vulcano ancora attivo, complesso e tra i più pericolosi del mondo. Oggi il suo condotto è ostruito e il vulcano si trova in uno dei suoi maggiori periodi di quiescenza. Questo periodo di riposo verrà certamente interrotto da un'eruzione. Più la fase quiescente sarà lunga, più l'eruzione sarà violenta. Per questo motivo è necessario valutare con precisione il livello della sua pericolosità, in modo da essere pronti ad affrontare con criterio, senza facili fatalismi o rassegnazione, una ripresa dell'attività. Questo è l'obiettivo del piano di emergenza redatto da una commissione della Protezione Civile di cui ci occupiamo in questa Scheda.

Prima di elaborare un qualsiasi piano di emergenza bisogna conoscere la storia del vulcano, con particolare riferimento ai tipi di eruzioni da cui è stato caratterizzato e al loro grado di pericolosità.

Il Vesuvio, nel corso della sua evoluzione, ha alternato tranquilli episodi effusivi a catastrofici episodi esplosivi. I tipi di attività che si sono succeduti nel tempo si possono suddividere in tre tipologie a pericolosità crescente.

1) **Attività effusiva**, caratterizzata dall'emissione di piccole quantità di magma con colate di lava e da coni di scorie. Essa ha caratterizzato il periodo più recente dal 1631 al 1944.

2) **Attività media**, in cui prevalgono le fasi esplosive con emissione di pomici, piroclasti, nubi ardenti e colate di fango. Come esempio viene presa l'eruzione del 1631.

3) **Attività esclusivamente esplosiva**, con emissioni di pomici, nubi ardenti, ondate basali e colate di fango. Sono coinvolti grandi volumi di magma e i tempi di quiescenza sono molto lunghi e superiori ai 100 anni. Come esempio viene presa l'eruzione del 79 d.C.

Poiché è impensabile redigere un piano diverso per ogni tipo di eruzione, bisogna scegliere a quale tipologia adattare il piano. Realisticamente, considerando i tempi di ritorno delle eruzioni del passato, c'è buona probabilità di assistere nei prossimi 15-20 anni a un'eruzione simile a quella del 1631 che viene quindi presa come termine di riferimento.

L'inizio dell'attività di solito è preceduto da una serie di fenomeni precursori che nel 1631 si sono registrati ben 15 giorni prima dell'eruzione. Allora non erano a disposizione gli strumenti che possediamo oggi. È verosimile quindi ritenere che oggi questi fenomeni possano essere rilevati, studiati e interpretati precocemente. I fianchi del vulcano infatti sono costantemente monitorati da sistemi di reti sismologiche e attraverso misure in situ e in laboratorio si rilevano dati sulla composizione e sulla temperatura dei gas emessi dalle fumarole. Gli studi, coordinati dall'Osservatorio Vesuviano, mirano a ricostruire la struttura interna del vulcano, la profondità del serbatoio magmatico (circa 10 km) e i movimenti del magma in profondità, possibilmente correlandoli con i fenomeni premonitori. Vengono inoltre effettuate delle simulazioni al computer che permettono di studiare i possibili percorsi delle nubi ardenti, le aree soggette a ricaduta di ceneri e lapilli a seconda della velocità e della direzione del vento, identificando quali sono i centri abitati più a rischio (▶1). Tuttavia l'unica vera difesa che permette di mettere in salvo la popolazione è l'evacuazione prima dell'inizio dell'eruzione.

Il **piano di emergenza del 2001** prevede due aree di intervento.

1) **Zona ad alto rischio**: riguarda 18 comuni dell'area circumvesuviana, tutti della provincia di Napoli. Per gli abitanti di questi centri si prevede l'evacuazione totale con alloggio al di fuori della regione Campania attraverso forme di gemellaggio con tutte le regioni italiane.

2) **Zona a rischio moderato**: questa zona sarà presumibilmente interessata dalla sola ricaduta di ceneri e comprende 59 comuni delle province di Napoli e Salerno. Si prevede l'evacuazione di parte della popolazione, da decidere al momento in funzione di parametri che non sono valutabili con precisione a priori, quali la direzione e la velocità del vento.

Con l'**aggiornamento del 13 febbraio 2014** si stabiliscono le seguenti modifiche rispetto al piano del 2001:
1) i comuni coinvolti passano da 18 a 25;
2) si delineano nuovi limiti della cosiddetta "area rossa", che corrisponde alla zona ad alto rischio sopra descritta. Al suo interno ora si distinguono 2 zone: un'area soggetta a flussi piroclastici (area rossa 1) e un'area soggetta a elevato rischio di crollo di tetti di edifici a causa dell'accumulo di materiali piroclastici (area rossa 2): ricordiamo che basta un accumulo di 50 cm di materiali piroclastici di varia dimensione per provocare il crollo della maggior parte degli edifici.
Queste modifiche sono state concordate, sulla base delle indicazioni della comunità scientifica, con la Regione Campania e i comuni interessati, che hanno potuto decidere di inglobare totalmente o parzialmente il territorio comunale anche in base a fattori sociali, economici e logistici, oltre che di organizzazione dell'evacuazione stessa.

Un punto fondamentale del piano di emergenza è che i cittadini siano a conoscenza del rischio che grava sul territorio in cui vivono e che vengano informati su come le istituzioni si sono preparate a gestire l'evento per salvaguardare la loro incolumità. Si prevede che anche nelle scuole e tramite i media si forniscano informazioni sul comportamento corretto che ognuno deve tenere, in caso di allerta, per non mettere a rischio la propria incolumità e quella degli altri.

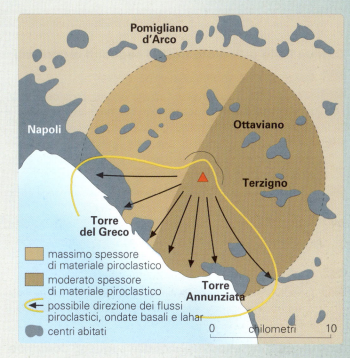

Figura 1 La carta indica le aree che potrebbero essere ricoperte da spessori maggiori di materiale piroclastico nel caso di una prossima eruzione del Vesuvio. Le frecce indicano le possibili direzioni di flussi piroclastici, ondate basali e lahar.

CONOSCENZE

Con un testo articolato tratta i seguenti argomenti

1. Descrivi il meccanismo eruttivo dei vulcani.
2. Spiega in che cosa consiste l'attività vulcanica esplosiva, quali sono i meccanismi di deposizione del materiale eruttato e le caratteristiche dei depositi.
3. Da cosa dipende l'attività vulcanica di tipo effusivo? Descrivi il tipo di prodotti a cui può dare origine e il tipo di edificio vulcanico, riferendoti a vulcani in attività.
4. Analizza le cause che portano alla differenziazione degli edifici vulcanici che si originano da eruzioni centrali.
5. Analizza il concetto di "rischio vulcanico", con particolare attenzione al rischio in Italia e all'attività di prevenzione che si potrebbe concretamente attuare sul territorio.
6. Spiega come viene sfruttata l'energia geotermica in Italia.
7. Descrivi l'evoluzione del Vesuvio: le eruzioni storiche e il piano di emergenza per eventuali nuove eruzioni (Schede 6, 7 e 8).

Con un testo sintetico rispondi alle seguenti domande

8. Come viene spiegata la genesi dei grandi batoliti di composizione granitica?
9. Qual è la tipologia dei corpi ipoabissali?
10. Qual è la struttura di uno stratovulcano?
11. Che cosa sono i vulcani a scudo?
12. Come vengono classificati i piroclasti?
13. Che cos'è una nube ardente?
14. Che cosa sono i duomi di lava?
15. Quali strutture si formano da eruzioni sottomarine?
16. Che cosa sono le caldere?
17. Da quali tipi di eruzioni si originano le strutture chiamate plateaux?
18. Quali sono le manifestazioni tipiche del vulcanismo secondario?
19. Che cosa si intende per "difesa attiva" nei confronti di un vulcano?
20. Che cosa si intende con il termine "bradisismo"?
21. Quali sono le principali fasi evolutive dell'Etna?
22. Quali sono i particolari tipi di eruzione dei grandi vulcani islandesi? (Scheda 4)
23. In che modo si sfrutta l'energia geotermica? (Scheda 5)
24. Come si origina un'eruzione freato-magmatica? (Scheda 6)
25. In che modo furono distrutte nel 79 d.C. Ercolano e Pompei? (Scheda 6)
26. Quali sono le caratteristiche dell'eruzione che è stata presa come riferimento per il piano di emergenza per il Vesuvio? (Scheda 8)

Quesiti

27. I batoliti sono:
    - a plutoni basici.
    - b plutoni di dimensioni gigantesche.
    - c corpi ipoabissali.
    - d piroclasti di grosse dimensioni.

28. Abbina ogni struttura alla sua descrizione.
    a. diapiri - b. dicchi - c. filoni-strato - d. laccoliti
    1. corpi ipoabissali concordanti tabulari ....
    2. corpi ipoabissali discordanti ....
    3. corpi ipoabissali che inarcano gli stati sovrastanti ....
    4. strutture magnetiche a forma di goccia in risalita all'interno della crosta ....

29. I lapilli sono piroclasti che, secondo Wenthworth, hanno dimensioni:
    - a minori di 2 mm.
    - b comprese tra 2 e 64 mm.
    - c tra 64 mm e 2 m.
    - d maggiori di 2 m.

30. La roccia coerente che deriva dalla cementazione delle ceneri grossolane prende il nome di:
    - a cinerite.
    - b tufo cineritico.
    - c tufo a lapilli.
    - d breccia vulcanica.

31. Le brecce vulcaniche derivano dalla cementazione di:
    - a lapilli.
    - b ceneri.
    - c ceneri fini.
    - d bombe o blocchi.

32. Vero o falso?
    a. L'ultima eruzione del Vesuvio risale al 1944. V F
    b. Il Vesuvio è l'unico pericolo di tipo vulcanico nell'area di Napoli. V F
    c. L'Etna si può considerare come costituito da una sovrapposizione di più edifici vulcanici. V F
    d. L'attività di Vulcano (Eolie) si manifesta con esplosioni di bassa intensità che emettono gas e piroclasti ad intervalli regolari. V F

33. Le tufiti sono rocce piroclastiche che:
    - a derivano dalla solidificazione del materiale trasportato da una nube ardente.
    - b si originano per caduta gravitativa dei frammenti su terraferma.
    - c si formano dal mescolamento di piroclasti e altri sedimenti sui fondali marini.
    - d si formano a partire dai depositi trasportati dai lahar.

34. Le lave subacquee:
    - a sono originate da lave fluide e formano strutture a cuscino.
    - b sono originate da lave acide e formano lave a cuscino.
    - c vengono frammentate a causa del rapido raffreddamento formando così lave a blocchi.
    - d sono interessate da fenomeni di fessurazione colonnare dovuti al rapido raffreddamento.

35. Il componente aeriforme principale all'interno del magma è:
    - a biossido di carbonio.
    - b anidride solforosa.
    - c anidride solforica.
    - d vapor d'acqua.

36 Le eruzioni freato-magmatiche:
- a sono tranquille effusioni di lava fluida e interessano principalmente i vulcani hawaiiani.
- b sono eruzioni disastrose che si innescano quando l'acqua di falda viene a contatto con il magma.
- c sono violente eruzioni caratteristiche delle prime fasi dell'attività eruttiva del vulcano in quanto ne frantumano il tappo solido che ostruisce il condotto.
- d sono eruzioni pericolose perché interessano vulcani la cui sommità è ricoperta da ghiaccio che fonde e forma assieme ai piroclasti colate di fango.

37 Una colata di fango formata da flussi d'acqua carichi di materiale vulcanico viene detta:
- a ignimbrite.
- b pahoehoe.
- c lahar.
- d maar.

38 I vulcani a scudo:
- a presentano attività esplosiva con emissione di ceneri e lapilli.
- b sono caratterizzati dall'emissione di lave acide molto viscose.
- c presentano attività effusiva con emissione di nubi ardenti.
- d sono caratterizzati dall'emissione di lave basiche molto fluide.

39 Le eruzioni lineari:
- a sono caratteristiche di emissioni basiche e formano vasti plateaux.
- b sono caratteristiche di emissioni sia acide sia basiche e formano vasti plateaux.
- c formano edifici a cono molto estesi e asimmetrici.
- d formano stratovulcani che possono raggiungere altezze molto elevate.

40 Completa.
La più tipica manifestazione del vulcanismo secondario è quella delle ...., in cui i gas presenti, oltre il vapor d'acqua, sono .... e ....
Se invece l'attività emette acido solfidrico, prende il nome di ....
Se le emissioni sono particolarmente ricche di CO_2, allora prendono il nome di ....

41 Per bradisismo si intende:
- a tremori diffusi sui fianchi del vulcano prima di un'eruzione.
- b movimenti del suolo dovuti alla risalita di magma nel condotto vulcanico.
- c sollevamenti e abbassamenti del suolo dovuti al movimento del magma.
- d abbassamenti del suolo dovuti a svuotamento della camera magmatica dopo un'eruzione.

42 Dalle sue fratture eruttive esce lava basaltica simile a quella dei vulcani hawaiiani:
- a Vesuvio.
- b Etna.
- c Stromboli.
- d Vulcano.

43 Nelle fasi finali della disastrosa eruzione del Monte Saint-Helens, in corrispondenza del condotto vulcanico si formò (Scheda 1):
- a una guglia di lava.
- b un neck.
- c un duomo di lava.
- d un lago vulcanico.

44 Le aree a maggiore rischio vulcanico in Italia sono:
- a Vesuvio, area dell'Etna, Monte Amiata, Isole Eolie.
- b Isole Eolie, area dell'Etna, Larderello, Vesuvio.
- c Vesuvio, Isole Eolie, area dell'Etna, Campi Flegrei.
- d Etna, Roccamonfina, Vesuvio, Campi Flegrei.

45 I maggiori danni dell'eruzione del 79 d.C. a Ercolano furono provocati da (Scheda 4):
- a nube ardente.
- b pioggia di lapilli incandescenti.
- c colate di lava.
- d lahar.

46 Per la stesura del piano di emergenza del Vesuvio si prende come riferimento (Scheda 6):
- a la famosa eruzione del 79 d.C.
- b l'eruzione del 1139.
- c l'eruzione del 1631.
- d l'ultima eruzione del 1944.

47 Le prime fasi di attività dell'Etna:
- a sono sottomarine con emissione di lave a cuscino.
- b sono subaeree con grande emissione di piroclasti.
- c sono subaeree con emissione di lave fluide.
- d sono sottomarine con emissione di lave fluide alternate a piroclasti.

48 Le rocce presenti in Sardegna indicano che il territorio:
- a è stato interessato da un'intensa attività vulcanica di tipo fissurale che ha formato vasti plateaux.
- b era formato da una catena montuosa di cui ora emergono le zone più profonde a causa dell'erosione.
- c è ancora interessato da fenomeni di vulcanismo secondario, in particolare da solfatare.
- d è formato da numerosi laccoliti che vengono interpretati come propaggini più elevate di un unico batolite.

49 Quali aree nei dintorni del Vesuvio sono maggiormente a rischio di nubi ardenti e ondate basali? (Scheda 8)
- a Le zone interne verso l'Appennino Campano.
- b Tutta la città di Napoli.
- c La zona a Sud del cratere che comprende la città di Torre Annunziata.
- d Le zone a Sud e a Est del cratere che comprendono le città di Torre Annunziata, Torre del Greco e parte della città di Napoli.

50 Scegli gli abbinamenti corretti.
a. pericolosità - b. vulnerabilità - c. esposizione

1. Individui e strutture a rischio presenti in una determinata area. ....
2. Probabilità che si verifichi un'eruzione. ....
3. Per una determinata area, è la sua propensione a subire danni. ....

COMPETENZE

Leggi e interpreta

51 **L'eruzione di Santorini**

L'isola di Santorini è stata interessata da una delle più violente eruzioni che si ricordino a memoria d'uomo. Si ritiene che questa catastrofica eruzione sia una delle cause, assieme al conseguente maremoto, che ha provocato la misteriosa scomparsa della fiorente civiltà minoica. Numerosi dati recentemente raccolti dai ricercatori dell'Università di Rhode Island e del centro ellenico di studi marini hanno accertato che l'eruzione di Thera, che ha devastato l'isola e che ne ha determinato la morfologia attuale, avvenne nel 1600 a.C.

I dati emersi da indagini che hanno coinvolto, oltre che la terraferma, anche i fondali marini, dimostrano che l'eruzione è stata molto più violenta di quanto ritenuto fino ad ora. Se ci si basa sui dati relativi ai depositi vulcanici di terraferma, come è stato fatto finora, si giunge a una stima di 39 km^3 di magmi, ceneri e rocce eiettati da un'eruzione fortemente esplosiva.

Dopo aver sondato i fondali marini e aver constatato che le pomici e le ceneri vulcaniche si estendono con uno spessore che varia tra i 10 e gli 80 metri coprendo una distanza di 20-30 km attorno a Santorini in tutte le direzioni, i ricercatori dovranno rivedere le loro stime sulla quantità di materiale emesso dal vulcano. Si calcola in questo modo che il materiale disperso dall'eruzione del Thera raggiunga la ragguardevole cifra di 60 milioni di metri cubi, seconda eruzione di tutti i tempi. Il primato è detenuto dal vulcano Tambora, che nel 1815 eruttò ben 100 milioni di metri cubi di materiale.

La forma attuale dell'isola è stata modellata nel corso di numerose eruzioni, tra cui 4 importanti, che si sono succedute nel corso degli ultimi 400 000 anni.

Liberamente tratto da "Le Scienze", 23 agosto 2006

a. Cerca sull'atlante la posizione dell'isola di Santorini.
b. Disegna su un foglio la forma dell'isola.
c. A che cosa è dovuta la forma particolare dell'isola?
d. Per quale motivo si ritiene che l'eruzione del vulcano Thera del 1600 a.C. sia stata più imponente di quanto ritenuto finora?
e. Calcola la distanza di Santorini dall'isola di Creta.
f. Quale si ritiene sia la causa della scomparsa della civiltà minoica?
g. Individua nel brano i termini che hai incontrato nello studio di questa Unità.

Osserva e rispondi

52 Dall'esame della foto:

a. riconosci il tipo di attività vulcanica.
b. riconosci il tipo di lava emessa.
c. ipotizza il tipo di edificio vulcanico che si forma nel caso in cui questo tipo di attività sia prevalente.

53 Osserva la foto e rispondi alle seguenti domande.

a. Che tipo di attività è caratteristica di questo vulcano?
b. Quale fenomeno viene rappresentato nella foto?

54 Individua nella figura i principali corpi ignei intrusivi.

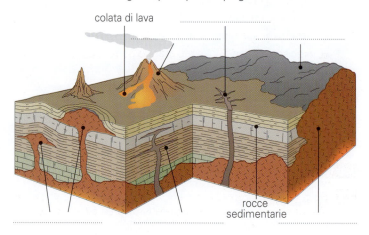

55 Riconosci il tipo di vulcano e collegalo al tipo di attività prevalente.

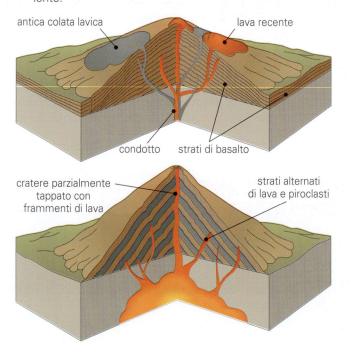

Fai un'indagine

56 Cerca in Internet informazioni sull'attività dei vulcani hawaiiani e descrivine un'eruzione tipica.

57 Cerca in Internet informazioni sull'eruzione del Monte St. Helens del 1980: descrivi nel dettaglio tutte le fasi dell'eruzione.

Plutoni e vulcani Unità 3

58 Fai una ricerca in Internet sul vulcano Ol Doinyo Lengai prestando particolare attenzione:
a. alla sua ubicazione;
b. al tipo di lava emessa;
c. al tipo di eruzione a cui può dare luogo;
d. alla sua ultima eruzione;
e. cerca di mettere a fuoco il motivo per cui questo vulcano è considerato unico al mondo.

59 Fai una ricerca sul vulcano Lascar, considerato uno dei vulcani più attivi della catena andina. Nello svolgimento della tua ricerca:
a. individua l'esatta zona in cui si trova;
b. descrivi il tipo di attività del vulcano con un'indagine storica sulle sue principali eruzioni;
c. descrivi la sua ultima eruzione;
d. precisa se le eruzioni sono state o potrebbero essere pericolose per l'incolumità degli abitanti.

60 Nella tua regione esistono fenomeni di vulcanismo? Se sì, dove e di quale tipo? Informati e relaziona alla tua classe sul rischio vulcanico del tuo territorio e su eventuali piani di evacuazione esistenti.

Fai la tua scelta

61 Se ti offrissero un lavoro ben retribuito, accetteresti di trasferirti a vivere in una città situata in un'area ad alto rischio di eruzione vulcanica? Spiega i motivi della tua scelta.

Formula un'ipotesi

62 Uno strato di tufo nelle vicinanze del vulcano ha un certo spessore e una certa granulometria. Che cosa ti aspetti di osservare se ti allontani dal vulcano?
a. Non mi aspetto una variazione né nello spessore né nella granulometria.
b. Lo spessore e la granulometria aumentano.
c. Lo spessore diminuisce e la granulometria aumenta.
d. Lo spessore e la granulometria diminuiscono.

In English

63 Which of these volcanoes have recently had an effusive activity?
a. Vesuvio
b. St Helens
c. Nevado del Ruiz
d. Kilauea

64 Complete the following sentences with the right word.
lahars – phreatomagmatic – ignimbrites
1. .... are rocks that are formed by the solidification of the material emitted by the Pelean clouds.
2. The flows of water full of solid volcanic materials are called ....
3. An explosive eruption initiated by the interaction of magma and groundwater is called ....

65 What are calderas? Explain the difference between collapse calderas and explosive calderas.

Organizza i concetti

66 Completa la mappa.

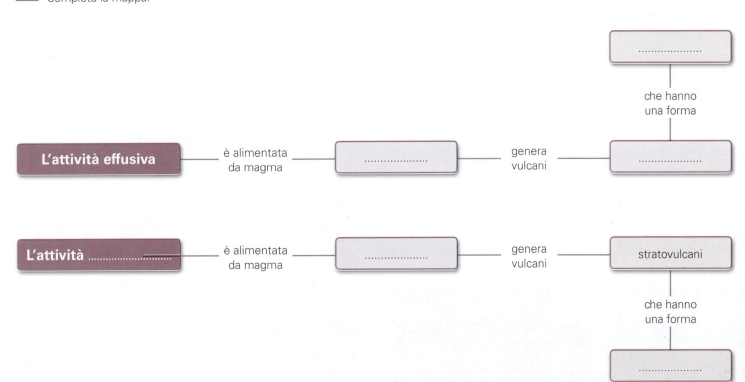

67 Costruisci una mappa che evidenzi i diversi tipi di colate laviche.

Rocce sedimentarie ed elementi di stratigrafia

unità 4

scienze della Terra

Quali sono le principali rocce sedimentarie? Perché spesso costituiscono montagne dall'aspetto assai caratteristico?

Figura 1 Il Grand Canyon in Arizona è una profonda gola scavata dal fiume Colorado. Questo fenomeno erosivo nel corso del tempo ha portato alla luce rocce sedimentarie molto antiche, ricche di fossili che consentono di ricostruire la storia della vita sulla Terra fino a 2 miliardi di anni fa.

1 Il processo sedimentario

Le rocce sedimentarie formano un sottile involucro che avvolge quasi ovunque la superficie terrestre con uno spessore che può arrivare fino a 10 km. Si formano a partire dalla degradazione di rocce preesistenti attraverso fenomeni fisici, chimici e biologici derivanti dall'interazione con atmosfera, idrosfera e biosfera. La caratteristica comune di molte rocce sedimentarie è una evidente disposizione a strati (▶1).

Il processo di formazione delle rocce sedimentarie avviene in condizioni di bassa pressione e bassa temperatura attraverso varie fasi: **erosione** di rocce preesistenti con la formazione di frammenti di varia dimensione che vengono chiamati **clasti**; **trasporto** da parte di acqua, vento o ghiaccio; **deposito** e **accumulo** in zone depresse della superficie terrestre; **compattazione** e **cementazione** dei sedimenti accumulati.

1.1 Disgregazione, trasporto e sedimentazione

Le rocce superficiali sono soggette a due tipi di processi di degradazione: la *disgregazione fisica* e l'*alterazione chimica*.

La **disgregazione fisica** è prodotta da azioni di tipo meccanico esercitate sulla roccia dalle precipitazioni, dall'escursione termica giornaliera e dall'alternarsi di gelo e disgelo, che provocano la formazione di uno strato superficiale formato da frammenti di varia dimensione.

I **processi chimici** sono fenomeni di soluzione, idratazione, ossidazione e idrolisi dei minerali presenti nella roccia, tramite l'azione di ossigeno e biossido di carbonio presenti nell'aria o disciolti nell'acqua.

I detriti derivati dai processi di alterazione meccanica o chimica possono essere trasportati a

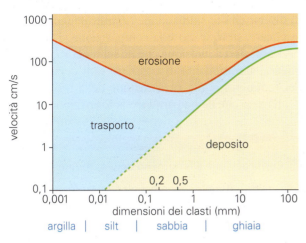

Figura 2 Diagramma di Hjulström: si individuano le condizioni di erosione, trasporto e deposizione di clasti di varie dimensioni alla velocità delle correnti d'acqua.

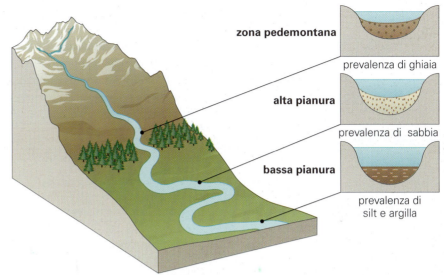

Figura 3 Negli alvei fluviali le dimensioni dei clasti depositati dipendono dall'energia delle correnti d'acqua: a monte verranno deposti i materiali grossolani, a valle i materiali più fini.

una certa distanza dal luogo di origine per mezzo dell'azione della gravità, dell'acqua e, in determinati luoghi, anche del vento e dei ghiacciai.

L'acqua è il mezzo di trasporto più diffuso e più efficace e quindi è anche il più studiato. Il trasporto dei clasti all'interno di una massa d'acqua in movimento dipende dall'energia del mezzo, dalle dimensioni dei clasti e dalla loro densità. Più la velocità dell'acqua è elevata e più essa ha la capacità di prendere in carico (*erodere*) e trasportare clasti di grandi dimensioni e peso. Se l'energia dell'acqua diminuisce, per esempio a causa della diminuzione della pendenza del corso d'acqua, il materiale si deposita (*si sedimenta*). In un corso d'acqua i clasti possono essere trasportati in soluzione, in sospensione (i frammenti più fini) o sul fondo per rotolamento, trascinamento o saltazione. Il rapporto tra energia dell'acqua delle correnti fluviali e la dimensione delle particelle trasportate viene messo in evidenza dal diagramma di Hjulström (▶2).

Il trasporto dell'acqua consente una buona selezione delle particelle in base al loro peso e in base alle loro dimensioni poiché esse vengono deposte là dove il mezzo non ha più energia sufficiente per trasportarle: i sedimenti più fini potranno essere trasportati fino al mare, mentre i sedimenti più grossolani verranno deposti nelle zone pedemontane, dove cambia la pendenza del corso d'acqua con diminuzione della velocità. In generale, i sedimenti vengono trasportati dalle aree più elevate, dove si ha prevalenza di erosione, verso le aree più depresse, dove si accumuleranno (▶3).

1.2 La diagenesi

Con il termine **diagenesi** si intende l'insieme di tutti quei fenomeni fisici e chimici che si verificano a deposizione avvenuta e che trasformano i sedimenti **incoerenti** (non cementati) in roccia **coerente** (cementata) (▶4).

I clasti depositati nelle aree depresse vengono continuamente ricoperti da nuovo materiale, che continua ad accumularsi stratificandosi. Per questo motivo gli spazi esistenti tra i clasti, di solito saturi d'acqua, vengono via via ridotti a causa dell'aumento progressivo del peso dei sedimenti sovrastanti: questo fenomeno viene chiamato **compattazione** e permette l'espulsione di acqua dal materiale che viene compresso, con diminuzione della porosità del materiale a causa dell'avvicinamento dei granuli.

Negli interstizi tra un granulo e l'altro possono precipitare sostanze che si trovano disciolte nell'acqua circolante, principalmente quelle meno solubili come $CaCO_3$ o SiO_2; queste contribuiscono a diminuire ulteriormente la porosità e inoltre svolgono un'azione cementante (**cementazione**) che determinerà la genesi della roccia compatta vera e propria.

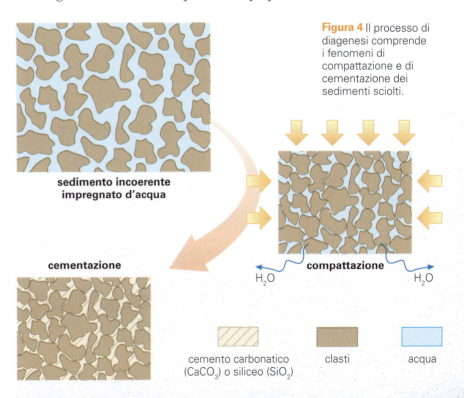

Figura 4 Il processo di diagenesi comprende i fenomeni di compattazione e di cementazione dei sedimenti sciolti.

Oltre ai processi descritti, durante la diagenesi si possono verificare reazioni chimiche dovute alle acque circolanti, alle sostanze in esse contenute e all'aumento di temperatura e pressione con la profondità.

In natura esistono rocce sedimentarie di composizione molto varia, che si formano a causa dell'azione di diversi agenti: studiandone la struttura (compatta, granulare, stratificata) e la composizione si riesce a risalire al tipo di erosione che ha subìto la roccia originaria, alle modalità di trasporto e di deposizione dei sedimenti e alla ricostruzione della morfologia del terreno che ne ha permesso la formazione.

Facciamo il punto

1. In che cosa consiste il processo sedimentario?
2. Che cosa si intende con il termine "diagenesi"?
3. Come avviene il fenomeno della cementazione?
4. Quale materiale viene espulso durante la compattazione di un sedimento?

2 La classificazione delle rocce sedimentarie

Le **rocce sedimentarie** vengono classificate in tre grandi famiglie a seconda della natura dei clasti. Si distinguono **rocce detritiche** o **clastiche** formate da frammenti di rocce preesistenti di ogni tipo, **rocce organogene** che derivano dall'attività di organismi viventi e **rocce di origine chimica** il cui accumulo dipende da fenomeni chimici, come la precipitazione. Esistono inoltre rocce sedimentarie in cui si rileva la presenza contemporanea di materiale derivante da processi organogeni e chimici, misti a materiale detritico: la loro collocazione univoca in una delle tre famiglie è pertanto assai difficile.

Figura 5 Un conglomerato clastico.

Se le dimensioni dei clasti sono superiori ai 2 mm il sedimento prende il nome generico di *rudite*, più specifico di **ghiaia** se si tratta di sedimenti incoerenti o di **conglomerato** se si tratta di roccia coerente (*breccia* se i clasti sono a spigoli vivi, *puddinga* se arrotondati). Per dimensioni dei clasti comprese tra 2 e 0,0625 mm si parla genericamente di *areniti*: **sabbie** incoerenti e **arenarie** coerenti (▶5). Se le dimensioni sono comprese tra 0,0625 e 0,004 mm si parla di **silt** e **siltiti**, per dimensioni inferiori a 0,004 mm si parla di **argille** e **argilliti**, mantenendo per i sedimenti con dimensioni minori di 0,0625 mm il nome generico di *peliti*. Questo criterio di classificazione vale anche per le rocce organogene: si prende in considerazione in questo caso la dimensione dei frammenti di origine organica (gusci di organismi).

Dallo studio delle rocce sedimentarie si possono ricavare dei dati relativi all'ambiente di formazione: è importante prendere in considerazione la **composizione mineralogica** per identificare la possibile area di origine del materiale eroso e trasportato, la **granulometria** per stabilire in percentuale la quantità di frazione detritica con determinate dimensioni, e infine la **forma** e il **grado di arrotondamento** dei clasti per stabilire il tipo e la durata del trasporto. In particolare un grado di arrotondamento elevato indica un maggiore trasporto che non la presenza di clasti "a spigoli vivi" (▶6).

Le sabbie che formano le **arenarie** si trovano in molti ambienti: fiumi, laghi, zone litoranee, deserti. Si possono distinguere in base alla composizione dei clasti, a seconda che prevalga una componente feld-

2.1 Le rocce clastiche

Sia i materiali clastici incoerenti sia le rocce coerenti, formate da sedimenti cementati, si classificano, in primo luogo, in base alle dimensioni e alla forma dei clasti che li compongono (TABELLA 1).

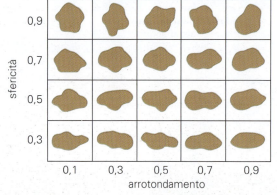

Figura 6 Tavola empirica per stabilire il grado di arrotondamento e di sfericità dei clasti.

TABELLA 1	Le rocce clastiche		
Diametro dei clasti (mm)	Nome generico	Sedimenti incoerenti (sciolti)	Rocce coerenti
> 2	rudite	ghiaia	conglomerato
2 ÷ 1/16	arenite	sabbia	arenaria
1/16 ÷ 1/256	pelite	silt	siltite
< 1/256		argilla	argillite

spatica (*arcose*, almeno il 20% di feldspati), una frazione argillosa (*grovacche*) o una quarzosa (*quarzareniti*).

Le **argilliti** si ritrovano in quasi tutti i tipi di ambiente. I minerali argillosi sono silicati idrati di alluminio (caolino, montmorillonite) che derivano dall'alterazione di silicati instabili presenti in rocce magmatiche e metamorfiche. Le **argille** sono impermeabili ma nello stesso tempo molto porose e quindi possono assorbire grandi quantità di acqua che ne provoca un aumento di volume. Alcune argille sono caratterizzate da un colore nero (**black shales**) indice di presenza di materiale organico che si è conservato a causa della asfitticità dell'ambiente di deposizione, per esempio in alcuni laghi o mari chiusi con scarsa circolazione e scarso ricambio di acqua e quindi assenza di ossigenazione in prossimità del fondo. Queste condizioni di sedimentazione si ritrovano per esempio sui fondali del Mar Nero o del Mar Morto. In molti casi a una frazione argillosa si aggiunge anche una percentuale di carbonato di calcio; se nella roccia sono presenti i due componenti in egual misura, essa prende il nome di **marna**.

Un tipo particolare di rocce clastiche è rappresentato dalle **rocce piroclastiche**, che risultano dalla deposizione e successiva cementazione di materiale eruttato dai vulcani (Unità 3).

2.2 Le rocce organogene

Si formano in seguito all'accumulo di materiali prodotti dall'azione di organismi viventi. Spesso si tratta di scheletri e gusci calcarei o silicei che precipitano sui fondali in seguito alla morte dell'organismo che li ha prodotti; a volte costituiscono edifici prodotti da organismi costruttori, come le scogliere coralline; in altri casi, infine, sono materiali organici che si trasformano nel tempo in combustibili fossili (**SCHEDA 2**). Possiamo distinguere tra **rocce carbonatiche** a prevalente composizione calcarea, **rocce silicee** e **rocce fosfatiche**.

Rocce carbonatiche

I principali organismi che contribuiscono alla formazione di queste rocce sono: bivalvi, gasteropodi, cefalopodi, brachiopodi, crinoidi, foraminiferi per quanto riguarda gli animali invertebrati, alghe e piante acquatiche per quanto riguarda la componente vegetale. Queste rocce si formano prevalentemente in ambiente marino (ma anche in acque dolci) e i frammenti che le compongono possono essere rimaneggiati e sminuzzati fino ad assumere dimensioni molto piccole.

Nelle acque basse tropicali, in prossimità della linea di costa (▶7), si possono generare dei finissimi "tappeti algali", formati da alghe azzurre (cianobatteri) che fissano il carbonato di calcio contenuto nell'acqua costruendo delle strutture a cupola o colonnari chiamate **stromatoliti**. Queste strutture si ritrovano anche come fossili datati a 3 miliardi di anni fa e testimoniano l'esistenza di forme di vita in tempi remotissimi.

Molto diffusi e originari di ambienti marini non molto profondi sono i **calcari organogeni**, sia **bioclastici** (derivati dal trasporto e dall'accumulo di gusci), sia **biocostruiti**, cioè prodotti dall'azione di alghe e molluschi che vivono in stretta associazione

webdoc

Le rocce sedimentarie

Figura 7 Stromatoliti formati da carbonato di calcio depositato dall'azione di alghe azzurre lungo le coste australiane (Shark Bay).

Lo sapevi che...

La montagna del Purgatorio

La Pietra di Bismantova è un'altura dell'Appennino reggiano molto particolare e suggestiva: si presenta infatti come un enorme "scoglio" isolato, con cima piatta e pareti ripide, lungo 1 km, largo 240 metri e alto 300 metri sull'altopiano su cui poggia. La montagna raggiunge così la considerevole altezza complessiva sul livello del mare di 1047 metri. La presenza di molluschi, coralli e denti di pesci, soprattutto di squali, nelle arenarie e calcareniti organogene che la costituiscono è testimonianza della sua origine marina, in ambiente tropicale circa 20 milioni di anni fa (Miocene inferiore/medio). È un tipico esempio di erosione residuale: si tratta cioè di un relitto di una più ampia formazione sedimentaria che, nei dintorni, è stata progressivamente distrutta dai processi erosivi. Viene citata nel canto IV del Purgatorio della *Divina Commedia* di Dante (vv. 25-30); secondo alcuni commentatori il Poeta avrebbe visitato personalmente il luogo nel 1306 mentre si recava da Padova alla Lunigiana e ne avrebbe tratto ispirazione per la descrizione del Monte del Purgatorio.

STORIE DI IERI

Scheda 1 Le Dolomiti: un'antica barriera corallina

A Cortina d'Ampezzo fa bella mostra di sé un monumento al geologo e mineralogista francese Dolomieu (1750-1801), che diede il nome sia al minerale **dolomite**, sia alla catena montuosa di indescrivibile bellezza che si estende tra il Veneto e il Trentino-Alto Adige. L'intera area dolomitica, che è formata da rocce carbonatiche di varia natura e da rocce vulcaniche (▶1), si formò tra i 270 e i 180 milioni di anni fa. Tra i 230 e i 220 milioni di anni fa si formarono estese **barriere coralline** nella zona costiera della parte finale di un golfo, chiamato **Tetide**, che si insinuava nella parte centro-orientale della Pangea. A quell'epoca il clima era tropicale caldo e secco; sui fondali poco profondi al limitare della costa si svilupparono estesi banchi corallini che avrebbero potuto avere un aspetto molto simile a quelli che oggi formano i banchi carbonatici del Mar dei Caraibi, come quelli delle Isole Bahamas, o dell'Oceano Indiano, come quelli delle Isole Maldive (▶2).

Le scogliere coralline si svilupparono soprattutto nell'area delle Dolomiti occidentali, quella più vicina all'antica linea di costa: montagne come lo Sciliar, le Pale di San Martino, la Marmolada, il Latemar, il Sassolungo, il Catinaccio sono ricche di fossili di organismi tipici che testimoniano questa antica origine.

I coralli sono organismi biocostruttori che per proliferare hanno bisogno di acque basse e limpide; la nuova colonia si accresce su quella preesistente formando una stratificazione che porterebbe a una crescita in altezza della scogliera portandola all'emersione. Questo fenomeno viene però scongiurato dalla graduale subsidenza, che compensa l'accrescimento e consente alle nuove colonie di organismi di proliferare nelle stesse condizioni ambientali di quelle che le hanno precedute. In questo modo gli spessori raggiunti sono considerevoli (dai 500 agli 800 metri).

Nei periodi successivi la Pangea si fratturò, il clima cambiò, complessi fenomeni geologici modificarono radicalmente l'area e le scogliere vennero sepolte sotto nuovi strati di sedimenti che si trasformarono poi in roccia coerente. I complessi movimenti di collisione della litosfera continentale europea e africana che formarono la catena alpina portarono alla luce immensi blocchi rocciosi che si accavallarono e si piegarono, accorciando la sequenza originaria dei sedimenti: se potessimo distendere le pieghe, le faglie e gli accavallamenti dell'edificio dolomitico, questo si allungherebbe di circa 20 km in direzione Nord-Sud. Le rocce subirono solo processi di sollevamento ma non di metamorfismo, poiché abbastanza lontane dal margine di collisione continentale tra il continente africano e quello europeo.

Il sollevamento portò all'emersione dell'area: a poco a poco le acque e i ghiacciai asportarono la coltre di sedimenti che le ricopriva, e le scogliere tornarono a rivedere la luce del Sole. Se non si verificheranno nuovi fenomeni di sollevamento, le Dolomiti così come noi le vediamo oggi scompariranno entro "breve" tempo a causa dei fenomeni erosivi: fra qualche milione di anni delle maestose guglie come le Tre Cime di Lavaredo resterà solo una collina ricoperta da vegetazione.

Figura 1 I processi erosivi porteranno in pochi milioni di anni al completo smantellamento delle più famose cime delle Dolomiti: le Tre Cime di Lavaredo.

Figura 2 Banchi corallini nell'arcipelago delle Maldive. Tra i 200 e i 230 milioni di anni fa l'area in cui sorgono le Dolomiti si presentava pressappoco così.

con i coralli delle barriere coralline (▶8). Infatti i coralli sono dei celenterati che vivono in colonie e fissano il loro esoscheletro su una base calcarea formata dai resti di colonie precedenti, con il risultato di accrescere in altezza l'edificio biocostruito.

In mare aperto gli unici resti carbonatici che si possono accumulare sui fondali sono i gusci di foraminiferi (protozoi), organismi che formano lo zooplancton e che quindi vivono e proliferano in acque superficiali. I gusci calcarei, che depositandosi formano i cosiddetti **fanghi carbonatici**, si possono accumulare solo su fondali di profondità inferiore ai 4000-4500 m (*profondità di compensazione dei carbonati*) poiché a profondità maggiori il $CaCO_3$ passa in soluzione. Gli unici resti di organismi che si possono depositare a grande profondità sono quelli silicei che formeranno i **fanghi silicei** sui fondali oceanici.

Durante i processi diagenetici il $CaCO_3$ originario può subire una trasformazione chimica da parte di soluzioni circolanti ricche di Mg. Questo processo prende il nome di **dolomitizzazione**. Si forma in questo modo un carbonato doppio di calcio e magnesio $CaMg(CO_3)_2$ chiamato dolomite; la roccia composta da dolomite prende il nome di **dolomia**. Le Dolomiti prendono il nome dal minerale dolomite e sono interpretate come un insieme di scogliere coralline fossili di circa 200 milioni di anni fa con spessori di 2000-3000 m (▶9).

Le rocce silicee

Sono formate da resti di organismi a guscio siliceo (SiO_2), come i **radiolari** (protozoi-zooplancton) e le **diatomee** (protozoi fotosintetici-fitoplancton), oppure da accumuli di aghi silicei costituenti l'impalcatura rigida interna di alcune spugne. Le rocce silicee prendono il nome di **selci**. Se dall'analisi di una sezione sottile riconosciamo resti di questi organismi si può parlare di **radiolariti**, **diatomiti**, **spongoliti**.

Le rocce fosfatiche

Meritano un cenno le rocce chiamate **fosforiti** (ricche di fosfato di Ca) formate da scheletri di vertebrati o da escrementi di uccelli marini. In particolare, sulle coste del Perú e del Cile settentrionale l'accumulo di questi escrementi è così significativo (i depositi raggiungono uno spessore di 50 m) che le rocce vengono sfruttate per la produzione di concimi e fertilizzanti per l'attività agricola. In particolare il **guano** del Perú, che è il più pregiato, è una fosforite che contiene il 5-15% di azoto organico, il 5-14% di acido fosforico e il 2% di potassio.

2.3 Le rocce di origine chimica

Queste rocce si originano in seguito a processi chimici. Il più diffuso è quello di precipitazione di sali in soluzione acquosa: può avvenire a causa del cambiamento delle condizioni ambientali in cui si viene a trovare la soluzione, oppure perché le soluzioni sono sature o sovrasature. La precipitazione di sali si può riscontrare in prossimità delle foci dei fiumi, dove si incontrano acque dolci e acque salate: gli ioni disciolti nelle acque dei fiumi che vengono a contatto con altri ioni formano sali non solubili, che precipitano.

La precipitazione può inoltre essere condizionata dalla temperatura. In ambiente continentale, in prossimità di sorgenti, cascate o grotte carsiche

Figura 8 Calcare biocostruito formato da resti di coralli coloniali. Si distingue poiché i resti fossili mantengono la struttura originaria.

Figura 9 Le antiche scogliere coralline possono venire alla luce e formare massicci imponenti come la parete della Roda di Vael, nel gruppo del Catinaccio (Dolomiti).

Figura 10 Stalattiti e stalagmiti nelle grotte di Toirano, in provincia di Savona.

si verificano cambiamenti repentini di temperatura e pressione, oppure condizioni di forte agitazione meccanica che possono provocare la precipitazione di $CaCO_3$ da soluzioni sovrasature, con formazione di **travertino, alabastro, stalattiti** e **stalagmiti** (▶10).

Se la precipitazione è causata dall'evaporazione del solvente si originano le **evaporiti**. Sono rocce che si formano in zone soggette a forte evaporazione in cui vi è la presenza di bacini acquei più o meno estesi e poco alimentati, come il Mar Rosso, il Mediterraneo orientale, il Mar Morto e il Mar Caspio.

I primi sali a precipitare sono quelli meno solubili e quelli per i quali si raggiunge una concentrazione vicina alla saturazione. Una tipica successione evaporitica è composta, dal basso verso l'alto, da: calcite e dolomite, gesso ($CaSO_4 \cdot 2H_2O$), anidrite ($CaSO_4$), salgemma (NaCl), silvite (KCl) e carnallite ($MgCl_2$).

In Italia vi sono moltissime rocce evaporitiche affioranti in Sicilia, in Emilia-Romagna, nelle Marche e in Abruzzo (**formazione gessoso-solfifera**) (▶11).

Queste rocce si sono formate circa 6-7 milioni di anni fa a causa della chiusura dello Stretto di Gibilterra che ha isolato il Mediterraneo dall'Oceano Atlantico, facendo cessare il ricambio di acqua. Buona parte dell'acqua evaporò e il Mediterraneo si prosciugò parzialmente per via dei limitati apporti di acqua dolce dai fiumi e della scarsità delle precipitazioni. Con il sollevamento della catena appenninica le evaporiti vennero alla luce, affiorando in più punti lungo la penisola.

Le **rocce residuali** sono costituite da ossidi o idrossidi di Fe e Al, che sono tra i materiali più resistenti all'azione chimica delle acque dilavanti e meteoriche. Si formano essenzialmente in zone tropicali con intense precipitazioni. Quando nei terreni sono presenti contemporaneamente ossidi e idrossidi di Fe e Al, le rocce vengono chiamate **lateriti**. Quando l'alterazione è più accentuata, vengono dilavati anche gli ossidi e gli idrossidi di Fe: la roccia residuale risulterà formata solo da ossidi e idrossidi di Al e prende il nome di **bauxite** (dalla località di Les Baux in Provenza). Le bauxiti sono le rocce più importanti da cui si estrae l'alluminio. Il processo di dilavamento delle acque meteoriche è accentuato dal fenomeno delle piogge acide (pH 3-4) che hanno più capacità corrosiva e quindi sono in grado di asportare materiale anche poco solubile.

Figura 11 Luoghi di affioramento della "formazione gessoso-solfifera".

Lo sapevi che...

Sale: marino o fossile?

Il cloruro di sodio è il sale che si utilizza normalmente in cucina. In antichità il sale veniva utilizzato come moneta di scambio e di pagamento, da cui il termine "salario". Viene prodotto in stabilimenti detti saline che sfruttano l'evaporazione dell'acqua di mare, che viene raccolta in vasche impermeabilizzate di grande estensione e bassa profondità (in Italia a Trapani e a Santa Margherita di Savoia). Questo tipo di sale deve essere raffinato, cioè depurato dalla presenza di altri sali normalmente presenti nell'acqua di mare, prima di essere messo in commercio. Esistono anche giacimenti di cloruro di sodio (salgemma) depositati sui fondali di antichi mari, e ora ricoperti da strati di rocce sedimentarie. In Italia i depositi di salgemma "fossile" da cui si estrae il sale in miniera si trovano a Petralia in Sicilia (dove si ottiene cloruro di sodio al 99,8%, che non ha bisogno di essere raffinato), in Val di Cecina, in Toscana, e in Val d'Agri in Basilicata. Alcune tra le più antiche miniere di salgemma europee, sfruttate fin dai tempi dei Romani, si trovano a Salisburgo (letteralmente "borgo del sale"), in Austria.

Facciamo il punto

5 Come vengono classificate le rocce sedimentarie?

6 In base a quali criteri vengono classificate le rocce clastiche?

7 Qual è la differenza tra calcari bioclastici e biocostruiti?

8 Che cosa sono le selci?

9 Che cosa sono le evaporiti?

Rocce sedimentarie ed elementi di stratigrafia **Unità 4**

Scheda 2 — I combustibili fossili

I combustibili fossili vengono classificati come rocce sedimentarie organogene, perché si originano dall'accumulo di resti di organismi viventi. Mentre però le rocce carbonatiche e silicee sono costituite da materiale inorganico, carbone e petrolio mantengono una componente organica. Dopo la morte degli organismi di solito si assiste a una rapida decomposizione (putrefazione) del materiale organico, per l'azione dell'ossigeno dell'aria o di quello disciolto nell'acqua. In taluni casi ciò può non accadere, poiché i resti vengono subito ricoperti da materiale sedimentario argilloso, e quindi impermeabile, che li sottrae all'azione dell'ossigeno. In questo modo il materiale organico si conserva, si trasforma e in tempi molto lunghi può dare origine ai carboni fossili e ai giacimenti di idrocarburi.

I **carboni fossili** sono originati da una lenta trasformazione di resti di origine vegetale, provocata dall'azione di batteri anaerobi su fondali salmastri come lagune litorali, paludi, laghi ecc. Con il passare del tempo si assiste a un progressivo arricchimento indiretto in carbonio (che in condizioni aerobiche si legherebbe con l'ossigeno a dare biossido di carbonio) dovuto alla "perdita" di altri elementi costituenti il materiale organico, principalmente ossigeno e idrogeno (▶1).

I carboni vengono classificati in base all'età e quindi al contenuto in carbonio da cui dipende il potere calorifico. Il carbone di recente formazione, in cui il processo di carbonizzazione è ancora in corso, si chiama **torba**: si origina in centinaia o migliaia di anni in zone paludose, contiene circa il 60-65% di carbonio e ha un basso potere calorifico (3500 calorie per kg); viene utilizzata prevalentemente per riscaldamento domestico. Carbone più ricco di carbonio è la **lignite** che risale all'era Terziaria, contiene fino al 70% di carbonio e sviluppa circa 5000 calorie per kg; viene utilizzata per riscaldamento e come combustibile per le centrali termoelettriche. Il **litantrace** contiene circa l'85% di carbonio e sviluppa un potere calorifico di 7000 calorie per kg.

L'**antracite** è il carbon fossile più antico; contiene fino al 95% di carbonio e produce circa 9000 calorie per kg. Antracite e litantrace vengono usati nell'industria, negli altiforni e vengono distillati per produrre molte materie prime dell'industria chimica. I maggiori giacimenti risalgono al periodo Carbonifero (300 milioni di anni fa) nell'era Paleozoica; si sono formati in zone tropicali in cui proliferavano felci arboree (ora estinte) che raggiungevano altezze di qualche decina di metri.

Il **petrolio** è composto da una miscela di idrocarburi che si formano in seguito alla decomposizione di sostanze organiche (sia animali sia vegetali) depositate su fondali marini a opera di batteri anaerobi. Queste sostanze decomposte più leggere dell'acqua tendono a migrare verso l'alto attraverso pori e fessure fino a quando la loro risalita viene ostacolata da uno strato impermeabile ("trappola stratigrafica") che ne provoca l'accumulo, generando così un giacimento. Se non si formassero delle strutture che intrappolano gli idrocarburi in profondità essi si disperderebbero senza formare alcun giacimento. La roccia in cui si accumula il petrolio deve essere porosa e viene chiamata "roccia serbatoio" (▶2).

All'interno di un giacimento gli idrocarburi si stratificano a seconda della densità: nelle zone più elevate, a diretto contatto con la roccia impermeabile sovrastante, si trovano gli idrocarburi gassosi come il metano; nella zona intermedia si trovano gli idrocarburi liquidi; nella zona sottostante si trova acqua, in genere salata, intrappolata nei pori dei sedimenti assieme ai resti organici. In genere, quando si scava un pozzo per l'estrazione, il petrolio sgorga naturalmente in superficie poiché è soggetto alla pressione litostatica. I giacimenti di petrolio si trovano in rocce sedimentarie, non sottoposte a metamorfismo, di origine marina, piuttosto recenti in quanto risalgono all'era Cenozoica.

Figura 1 Nella figura sono schematizzate le principali fasi della formazione del carbon fossile. Con il passare del tempo si assiste a un progressivo aumento del contenuto in carbonio e della profondità a cui possiamo trovare i depositi di carbone.

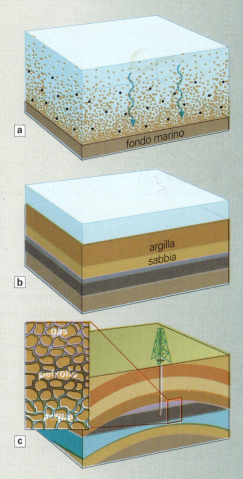

Figura 2 a) Sostanze organiche e sedimenti sabbiosi si depositano sul fondale.
b) Uno strato argilloso ricopre lo strato di sabbia in cui si forma il petrolio.
c) La successione sedimentaria viene piegata. Gas, petrolio e acqua si stratificano in base alla loro densità nello strato di sabbia diventato arenaria.

Scheda 3 Uso delle rocce sedimentarie in edilizia

Le rocce sedimentarie **coerenti** vengono utilizzate prevalentemente come pietra da costruzione in molte regioni italiane. Possono essere distinti alcuni tipi commerciali: i *conglomerati* e le *arenarie*, i *"marmi"* (in realtà calcari), i *tufi* vulcanici, le *rocce argillose*.

Le **arenarie** sono state largamente utilizzate nell'edilizia: le caratteristiche che ne fanno un materiale pregiato sono, oltre il colore, l'uniformità delle dimensioni dei clasti, l'assenza di frazioni argillose o siltose e di ciottoli, la presenza di cemento siliceo, che le rendono più resistenti e meno soggette ad alterazioni. Ancora oggi, ma in misura minore che nel passato, le arenarie vengono utilizzate per cornicioni, parapetti e rivestimenti.

Anche i **conglomerati** sono stati usati spesso per la costruzione di edifici: ad esempio il Castello Visconteo di Trezzo sull'Adda è stato costruito interamente con una pietra molto diffusa in tutta l'alta pianura lombarda, e in particolar modo lungo l'Adda, dove forma degli speroni rocciosi di notevole dimensione, che prende il nome di "Ceppo Lombardo". Nel periodo napoleonico parte della costruzione è stata smantellata, in quanto i blocchi di conglomerato sono stati trasportati a Milano e utilizzati per la costruzione dell'Arena Civica.

Tra i "marmi" (con il termine commerciale "marmo" vengono indicate sia rocce sedimentarie sia metamorfiche di composizione calcarea) ricordiamo il Botticino (dal nome della località a Est di Brescia dove viene cavato), un calcare a grana fine, compatto, di colore variabile dal bianco-avorio al beige, utilizzato per la costruzione di numerosi monumenti nella città di Brescia. Un altro calcare con una tipica colorazione rossa e ricco di fossili (ammoniti) è il Rosso Ammonitico Veronese della bassa Val d'Adige che viene usato per pavimentazioni. La presenza di fossili gli conferisce un pregio particolare perché sulla superficie lucidata si delineano disegni e forme particolari a seconda del taglio che viene effettuato. Un "marmo" di origine chimica molto utilizzato nell'Italia centro-meridionale è il **travertino**. In genere presenta colore bianco o beige, più raramente rosso, e una struttura a bande compatte alternate a bande porose con disegni bizzarri provocati da incrostazioni di muschi o piante. Il Lazio è certamente la regione più nota al mondo per i suoi travertini, in particolare la zona del basso Aniene nelle vicinanze di Tivoli, località da cui deriva il nome della roccia (dal latino *lapis tiburtinus*, "pietra di Tivoli"); inoltre vengono cavati anche nei dintorni del Lago di Bolsena (Monti Vulsini) e nella Maremma laziale in provincia di Viterbo. Il travertino è stato utilizzato per la costruzione di numerosi monumenti di Roma come il Colosseo (▶1) e la Basilica di San Pietro. Molte rocce sedimentarie calcaree o marnose sono la materia prima che viene utilizzata per la produzione di cemento.

I **tufi** vengono utilizzati e cavati nelle stesse zone dei travertini. Sono pietre leggere, solide e molto facili da lavorare. Nei dintorni di Roma si usarono e si continuano a usare i tufi che provengono dalle emissioni vulcaniche dei Colli Albani e dei Monti Sabatini. Il tufo veniva estratto anche in città e molte cave di questo materiale furono trasformate in catacombe. Anche in Campania è stato utilizzato il tufo fin da tempi remoti; il più famoso è il "Tufo Pipernoide", di colore grigio in cui sono visibili delle strutture scure vetrose a fiamma, che viene cavato nei Campi Flegrei, vicino a Napoli.

Fra le rocce sedimentarie **incoerenti** ricordiamo l'utilizzo della **ghiaia** e della **sabbia**, che vengono cavate prevalentemente dagli alvei fluviali per la preparazione del calcestruzzo e per la costruzione di sottofondi stradali e opere di drenaggio in genere.

Le **argille** vengono impiegate per la produzione di laterizi e ceramiche. Vengono utilizzati minerali plastici componenti le argille, come il caolino, miscelati a minerali non plastici come il feldspato, il talco, gli ossidi di Fe e la bauxite. Il tipo di prodotto dipende dalla composizione dell'impasto iniziale che viene lavorato a freddo e indurito ad alta temperatura (**TABELLA 1**).

TABELLA 1 Principali prodotti ceramici

Nome del prodotto	Composizione dell'impasto	Temperatura di cottura in °C	Utilizzo
Tegole e laterizi	Argille di vario tipo e qualità	800-1000	Edilizia
Terraglia tenera per vasellame	Argille comuni contenenti ossidi di ferro e calcare	800-1000	Vasi e stoviglie
Maiolica	Argilla comune trattata con il 10-30% di sbiancante	800-900	Piatti e piastrelle decorative
Faenza	Argilla affinata con aggiunta di calcare	800-900	Vasi, piatti decorativi, piastrelle per pavimento
Terraglia bianca e terraglia forte	Argille bianche e caolini (50%) con quarzo, feldspato, calcari (50%)	1100-1300	Piatti comuni
Porcellana inglese o porcellana tenera	50-60% di cenere d'ossa, 15-20% di quarzo e feldspato in miscela, 15-30% di caolino	1240-1280	Stoviglie di pregio

Figura 1 Il travertino fu utilizzato per la costruzione del Colosseo a Roma.

3 Elementi di stratigrafia

La **stratigrafia** è il settore della geologia che si occupa dello studio delle rocce sedimentarie.

Chiunque abbia osservato le imponenti masse rocciose delle Prealpi o delle Dolomiti avrà notato che la caratteristica fondamentale della maggior parte delle rocce sedimentarie è la disposizione in strati.

Lo **strato** infatti è l'"unità deposizionale" fondamentale delle rocce sedimentarie: è costituito da materiale roccioso relativamente omogeneo, perché si forma in un ben definito intervallo di tempo e in condizioni di sedimentazione costanti, cioè in un "singolo evento deposizionale". Uno strato è caratterizzato da uno spessore (**potenza**) variabile ed è delimitato da superfici di solito parallele (**piani di stratificazione**).

Gli studi stratigrafici hanno lo scopo di determinare la composizione rocciosa dello strato sedimentario e i suoi rapporti con le rocce adiacenti in base alle sue dimensioni e alla sua orientazione nello spazio (**giacitura**). Inoltre, vista la stretta correlazione che esiste tra i diversi tipi di rocce e i loro ambienti di formazione, i geologi riescono a ricostruire con buona precisione la storia geologica di vaste aree della crosta terrestre (**paleogeografia**).

Due princìpi di stratigrafia molto semplici, che hanno un'importanza fondamentale per il geologo, sono stati enunciati da Nicolò Stenone nel 1669 durante i suoi studi sulla geologia della Toscana: la "*legge dell'orizzontalità originaria degli strati*" e la "*legge di sovrapposizione*".

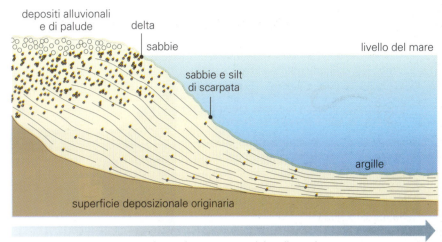

Figura 12 Gli strati in prossimità del delta di un fiume si depositano parallelamente alla superficie deposizionale preesistente e non "orizzontalmente".

→ **Legge dell'orizzontalità originaria degli strati**: questa legge prevede che in ambiente subacqueo i sedimenti si depositino in strati orizzontali o paralleli alla superficie sulla quale si vanno depositando: se ci troviamo infatti in ambiente deltizio dove il fiume sfocia nel mare aperto, oppure ai margini di scarpate, gli strati non si disporranno orizzontalmente, ma saranno comunque paralleli alla superficie su cui si depositano (▶12).

→ **Legge di sovrapposizione**: essa stabilisce che, in una successione **normale** di strati, lo strato sottostante è più antico dello strato sovrastante. Questo principio è valido se la successione di strati non è stata rovesciata a causa dei movimenti della crosta terrestre: la successione in questo caso è detta **inversa** (▶13).

Queste due leggi introducono in geologia il concetto di tempo: il succedersi degli strati sedimentari registra i cambiamenti ambientali che si sono verificati in una determinata zona in tempi successivi.

Gli strati rocciosi possono anche essere datati in base al principio di sovrapposizione, che consente però di stabilire solamente quale sia lo strato più vecchio e quale il più recente. Questo metodo per stabilire l'età di una roccia fa affidamento anche all'eventuale presenza di fossili nella successione di strati e viene chiamato **datazione relativa**.

Con i metodi di **datazione assoluta**, che si basano sull'utilizzo di alcuni isotopi radioattivi, gli scienziati riescono a stabilire l'età precisa della roccia, con margini di errore trascurabili in relazione alla durata dei tempi geologici.

Figura 13 Se gli strati di una successione stratigrafica sono stati piegati è possibile riconoscere sequenze inverse.

Un terzo principio della stratigrafia, enunciato alla fine dell'Ottocento, è la legge di Walther, dal nome del geologo Johannes Walther.

→ **Legge di Walther**: stabilisce che in una successione stratigrafica possono trovarsi sovrapposti, in continuità di sedimentazione, solamente strati rocciosi che si formano attualmente in ambienti confinanti.

Questo principio ci fa capire che se nella sedimentazione non ci sono state rilevanti interruzioni, i caratteri delle rocce variano gradualmente sia in senso

QUALCOSA IN PIÙ

Scheda 4 — Dalle strutture sedimentarie agli ambienti di sedimentazione

Gli ambienti sedimentari in cui sono avvenuti il trasporto e la sedimentazione dei clasti vengono individuati a partire dall'analisi di quelle caratteristiche particolari di un deposito sedimentario che i geologi definiscono strutture sedimentarie.

Ne è un esempio la **classazione**: all'interno di uno strato sedimentario i singoli clasti possono essere tutti delle stesse dimensioni (**sedimento classato**) oppure essere di dimensioni varie, mescolati caoticamente (**sedimento non classato**). Sono mal classati i detriti derivanti da una frana o depositati da un ghiacciaio, mentre sono ben classati i sedimenti depositati dal vento e dall'acqua dei fiumi, poiché questi trasportano e depositano particelle di dimensioni differenti a seconda della loro velocità.

Un altro esempio è quello della **sedimentazione gradata** (o **gradazione**) (▶1): all'interno di uno strato i sedimenti possono presentarsi ordinati verticalmente in base alla loro *granulometria*; di norma si ha una progressiva diminuzione delle dimensioni dei granuli dalla base alla sommità dello strato. La gradazione avviene quasi esclusivamente in acque marine o lacustri tranquille, in particolare quando in esse sfocia un fiume ricco di detriti: i sedimenti più grossolani si depositano per primi mentre quelli fini rimangono in sospensione più a lungo; pure le torbiditi che si accumulano alla base delle scarpate continentali presentano una tipica gradazione.

Informazioni importanti si possono ricavare dalle caratteristiche della stratificazione: se la deposizione avviene in un ambiente che mantiene caratteristiche costanti (come, per esempio, la direzione del flusso delle acque di un fiume), gli strati di norma sono paralleli tra loro (**stratificazione parallela**); se invece l'agente di trasporto modifica spesso la sua direzione può dare origine a una **stratificazione incrociata**, in cui i piani di stratificazione sono obliqui e incrociati tra loro (▶2): capita nelle dune sabbiose depositate dal vento e nei sedimenti deposti dalle correnti marine. Strutture molto diffuse nelle arenarie sono i **ripple marks**, piccole increspature presenti sulla superficie dello strato che possono essere prodotte dall'azione del vento (sulle dune), dal moto ondoso e da correnti marine (sui fondali). Possono essere simmetrici o asimmetrici (▶3).

Nei sedimenti argillosi o limosi possiamo trovare i **mud cracks**: sono fessurazioni di forma poligonale derivanti dall'essiccazione del fango, che vengono spesso riempite da materiale di diversa origine (▶4).

Da ultimo citiamo le **bioturbazioni**, tracce lasciate da organismi che vivevano in prossimità della superficie del sedimento stesso (impronte, solchi, gallerie ecc.): forniscono informazioni sulle forme di vita presenti in un ambiente deposizionale.

Figura 4 I mud cracks sono strutture poligonali che si formano a causa della contrazione di sedimenti argillosi dovuta alla intensa disidratazione.

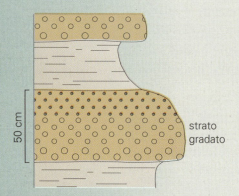

Figura 1 In uno strato gradato si può riconoscere una variazione regolare di granulometria.

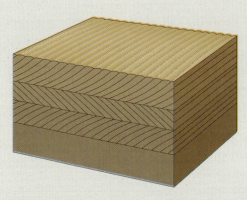

Figura 2 Sedimenti con stratificazione incrociata che testimoniano l'azione del vento o delle correnti di marea.

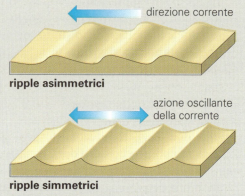

Figura 3 Il moto ondoso può generare sulla sabbia del fondale strutture simmetriche o asimmetriche chiamate ripple marks.

verticale sia in orizzontale esprimendo la variazione delle condizioni ambientali nel tempo e nello spazio. L'ambiente di mare profondo, per esempio, raramente è adiacente all'ambiente continentale; in una successione di strati, quindi, troveremo interposti tra gli strati depositatisi in questi due ambienti, strati caratteristici di un ambiente di transizione come l'ambiente deltizio, lagunare o litoraneo di mare poco profondo.

Gli strati di rocce sedimentarie affioranti possono essere orizzontali, verticali oppure variamente inclinati, piegati o fratturati a testimonianza delle notevoli deformazioni a cui sono andati incontro durante la loro storia geologica. La branca della geologia che studia le deformazioni delle rocce è la **geologia strutturale** o **tettonica**.

Facciamo il punto

10 Che cos'è uno strato?

11 Che cosa afferma la legge della sovrapposizione?

12 Che cosa afferma la legge di Walther?

3.1 Il rilevamento geologico

Per gli studi stratigrafici è molto importante il lavoro sul terreno effettuato dal geologo: il rilevamento geologico. Lo scopo del rilevamento è la rappresentazione su una carta topografica degli affioramenti degli strati rocciosi, cioè la produzione di una **carta geologica**. Oltre ad analizzare e a descrivere il tipo di rocce presenti (di cui si devono prelevare campioni da analizzare in laboratorio) si disegna l'andamento degli strati sedimentari su una cartina topografica, distinguendoli con diversi colori, in modo tale da poterne seguire l'andamento anche su grandi aree. I diversi tipi di rocce sono inoltre rappresentati con simboli diversi.

Con l'aiuto di una bussola, viene misurata e rappresentata in carta, con adeguata simbologia, la **giacitura** degli strati sedimentari che, a seconda della loro inclinazione, possono intersecare in vario modo la superficie topografica. La giacitura di uno strato è definita dall'immersione, dall'inclinazione e dalla direzione.

L'**immersione** è la direzione verso la quale immerge lo strato. Viene misurata usando una bussola e viene espressa in gradi misurando l'angolo orario (azimut) compreso tra il Nord e la direzione di massima pendenza dello strato.

L'**inclinazione** è l'angolo che lo strato forma con il piano orizzontale; si misura con il clinometro, che consiste in un ago supplementare incorporato nella bussola da geologo.

La **direzione** è una linea perpendicolare all'immersione e giace sul piano di stratificazione.

Quando la giacitura è stata individuata con pre-

Figura 14 Utilizzando una bussola si possono ricavare i parametri che definiscono la giacitura di uno strato roccioso: l'immersione, l'inclinazione e la direzione.

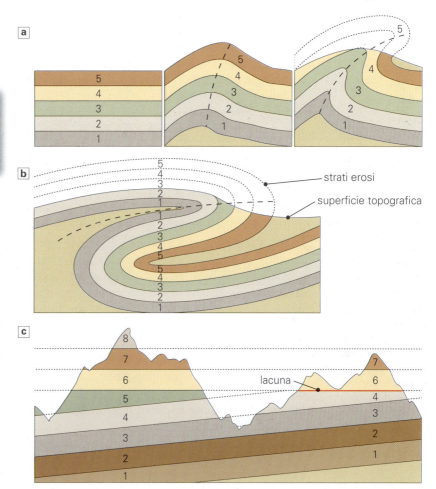

cisione, il geologo può fare delle ipotesi "a tavolino" sull'andamento degli strati nel sottosuolo e sulla loro estensione (▶14): è un lavoro di interpretazione che porta a individuare l'ubicazione di strati rocciosi e i limiti tra le formazioni rocciose anche nei luoghi in cui non abbiamo evidenza diretta della loro presenza.

L'estensione laterale degli strati sedimentari si può seguire per tratti molto ampi solo nelle zone di alta montagna, per esempio sulle Dolomiti; spesso però la copertura detritica e la vegetazione li sottraggono alla nostra vista. Gli stessi strati possono affiorare di nuovo anche a molta distanza dal luogo in cui sono nascosti. Il geologo può riconoscere uno stesso strato anche a chilometri di distanza in base alla litologia, alla presenza di fossili e alla giacitura (▶15).

Figura 15 a) In una successione normale di strati sedimentari lo strato più antico è sempre sottostante a quelli più recenti. **b)** In una successione piegata le serie di strati possono essere invertite rispetto alla posizione originaria di sedimentazione. **c)** La lacuna stratigrafica si forma quando uno strato della successione viene a mancare: essa può essere evidenziata da correlazioni stratigrafiche.

Di solito la scala delle carte topografiche utilizzate nel rilevamento geologico non permette di rappresentare i singoli strati se non in casi eccezionali. Il geologo sceglie quindi, a seconda del tipo di studi che deve effettuare in una determinata zona, di raggruppare più strati (detti **unità stratigrafiche**) e di cartografarli con un unico colore e simbologia.

Normalmente quando si comincia a studiare una determinata zona si dispone già di una classificazione delle unità stratigrafiche presenti, effettuata dai geologi che hanno studiato la zona precedentemente. Il geologo può decidere se acquisire e ritenere valide queste unità, oppure rigettarle e operare nuovi raggruppamenti.

Il raggruppamento di più strati può essere effettuato seguendo criteri litostratigrafici (somiglianza litologica), biostratigrafici (distribuzione dei fossili), oppure cronostratigrafici (criteri temporali).

3.2 Unità litostratigrafiche

Il singolo strato della successione sedimentaria, cioè la singola unità deposizionale, può avere uno spessore poco significativo se confrontato con le dimensioni dell'ammasso roccioso di cui fa parte. In una carta geologica alla scala 1:25 000 è praticamente impossibile cartografare strati che hanno uno spessore dell'ordine di qualche centimetro o di qualche decimetro. È molto più significativo considerare una **unità litostratigrafica**, cioè un insieme di più strati, anche litologicamente diversi tra loro, ma che possono essere con certezza correlati a un determinato ambiente sedimentario. Vengono definite diverse unità litostratigrafiche in base all'ordine di grandezza che si vuole considerare. Tra le unità litostratigrafiche più importanti ricordiamo la *formazione* e l'*orizzonte-guida*.

La **formazione** è l'unità che viene rappresentata sulle carte geologiche d'Italia alla scala 1:100 000. Deve essere litologicamente uniforme (anche se non accade mai che gli strati componenti siano composti da un solo tipo di roccia), distinguibile dalle formazioni adiacenti e sufficientemente estesa da poter essere cartografata. Il passaggio laterale da una formazione all'altra (detto **eteropia**) può essere sfumato o presentare caratteristiche interdigitazioni (▶16).

L'**orizzonte-guida**, sebbene sia un'unità litostratigrafica di piccolo spessore, è molto importante poiché ha una notevole estensione laterale: queste sue caratteristiche permettono al geologo di riconoscerlo con facilità e di effettuare correlazioni che consentono di capire la geometria degli strati sedimentari anche all'interno della crosta terrestre.

3.3 Unità biostratigrafiche

L'unità biostratigrafica è un insieme di strati definito in base alla presenza di fossili. La distribuzione di fossili negli strati rocciosi è sicuramente significativa se questi sono contemporanei alla sedimentazione (**fossili autoctoni**), poiché forniscono indicazioni precise sul tipo di ambiente sedimentario. In altri casi il ritrovamento dei fossili non è significativo in quanto è possibile che essi si siano originati in altre zone, prima della loro cementazione all'interno della roccia (**fossili alloctoni**), oppure perché si tratta di fossili, erosi da strati di rocce più vecchie, che vengono rideposti e ricementati in sedimenti più giovani (**fossili rimaneggiati**).

L'unità biostratigrafica fondamentale è la **biozona** (o zona biostratigrafica), che viene definita in base al fossile o all'associazione di fossili presente. Particolare importanza rivestono i resti di organismi che si sono evoluti rapidamente e che si sono estinti altrettanto rapidamente in modo tale da poter essere attribuiti a un periodo preciso della storia geologica. I fossili con queste caratteristiche vengono definiti **fossili guida**.

Possiamo pertanto affermare che due strati sedimentari che si trovano in due zone diverse ma contengono gli stessi fossili guida si sono depositati nello stesso periodo geologico (▶17, alla pagina seguente).

Siamo in questo modo in grado di individuare delle corrispondenze temporali (**correlazioni**) tra rocce affioranti in diverse località. Tra i fossili guida più importanti citiamo i *trilobiti* (Paleozoico), le *ammoniti* (Mesozoico), i *nummuliti* (Cenozoico).

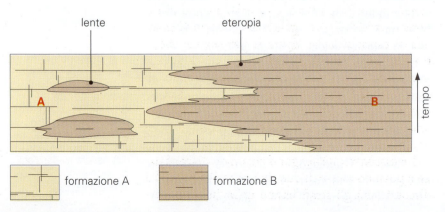

Figura 16 Le formazioni A e B sono tra loro eteropiche. Il passaggio laterale tra una formazione e l'altra è indice di una sedimentazione contemporanea.

Facciamo il punto

13 Come si misura la giacitura di uno strato?

14 Che cosa sono le unità stratigrafiche?

15 Come si definisce l'unità litostratigrafica?

16 Che cosa si intende con il termine "orizzonte-guida"?

17 Che cos'è la biozona?

18 Che cosa sono i fossili guida?

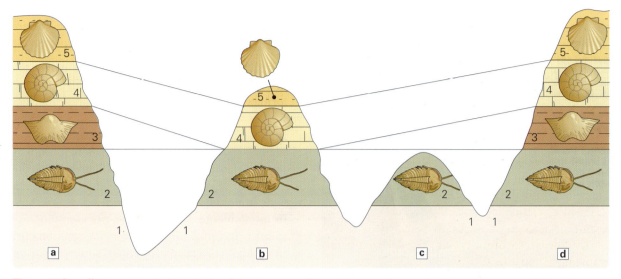

Figura 17 Per effettuare correlazioni stratigrafiche tra rocce affioranti in zone diverse si utilizzano (se presenti) i fossili. Strati che contengono gli stessi fossili guida sono coevi. Nella località (**a**) e (**d**) la successione degli strati è completa. Nella località (**b**) c'è una lacuna tra lo strato 2 e lo strato 4. Nella località (**c**) l'erosione ha asportato alcuni strati.

3.4 Unità cronostratigrafiche

Attraverso la correlazione tra unità lito o biostratigrafiche di diverse zone della Terra si è ricostruita una successione degli avvenimenti geologici, che sono stati ordinati in una **scala geocronologica** (**TABELLA 2**).

Un'*unità geocronologica* corrisponde a un intervallo di tempo delimitato da avvenimenti particolari della storia biologica o geologica del nostro pianeta. A ciascuna unità geocronologica corrisponde una serie di rocce che si sono formate nello stesso intervallo di tempo, cioè una *unità cronostratigrafica*. L'**unità cronostratigrafica** è quindi un corpo roccioso che possiede una precisa collocazione nel tempo geologico.

La storia della Terra è stata divisa in diverse categorie di unità geocronologiche: gli intervalli di tempo più grandi vengono chiamati **eoni**; questi sono suddivisi in **ere**, le ere in **periodi**, i periodi in **epoche** e le epoche in **età**.

Facciamo il punto

18 Come si definisce l'unità cronostratigrafica?

TABELLA 2 Scala geocronologica

Eone	Era	Periodo	Milioni di anni
fanerozoico	terziaria o cenozoico	olocene	
			0,01
		pleistocene	
			1,8
		pliocene	
			5
		miocene	
			23
		oligocene	
			37,5
		eocene	
			53,5
		paleocene	
			65
	secondaria o mesozoico	cretaceo	
			130
		giurassico	
			204
		triassico	
			245
	primario o paleozoico	permiano	
			290
		carbonifero	
			360
		devoniano	
			400
		siluriano	
			418
		ordoviciano	
			495
		cambriano	
			570
criptozoico	precambriano o archeozoico	proterozoico	
			2500
		archeano	
			4600

3.5 Discontinuità stratigrafiche

All'interno di una formazione stratigrafica non sempre il processo di accumulo sedimentario in un determinato ambiente deposizionale è interpretabile come continuo: è molto probabile che durante il processo si verifichino delle interruzioni della sedimentazione.

Si definisce **lacuna** una mancanza di strati sedimentari, all'interno di una serie, riferibili a un determinato intervallo di tempo.

La lacuna può rivelare una mancata sedimentazione oppure l'asportazione di strati a causa di fenomeni erosivi. Essa è evidenziata dalla presenza di una discontinuità che separa la formazione che si trova sopra la lacuna (che testimonia la ripresa della sedimentazione) da quella che si trova sotto. In genere in ambienti subacquei prevale la sedimentazione, mentre in ambienti subaerei prevalgono fenomeni erosivi che molto spesso possono formare una lacuna.

Le discontinuità vengono chiamate **discordanze** e possono essere di due tipi: se al di sotto della discontinuità gli strati hanno un'inclinazione di-

Figura 18 In una discordanza angolare si ha una brusca variazione della giacitura degli strati: inclinati al di sotto e orizzontali al di sopra.

versa da quelli sovrastanti si parla di **discordanza angolare** (▶18); se gli strati sottostanti la discontinuità hanno la stessa inclinazione di quelli sovrastanti, e quindi testimoniano movimenti verticali, si parla di **disconformità**, più difficile da individuare, ma riconoscibile per la presenza di un paleosuolo oppure per un cambiamento dei fossili o della litologia (▶19).

Facciamo il punto
20 Quanti tipi di discontinuità vengono descritti?

3.6 Cicli sedimentari

Con il termine **facies** (dal latino "aspetto") i geologi indicano le caratteristiche litologiche e paleontologiche di una roccia che dipendono dall'ambiente di formazione (continentale, di transizione, marino, vedi SCHEDA 5).

Individuare i caratteri litologici e paleontologici e la presenza di discontinuità permette quindi ai geologi di ricostruire l'alternanza di ambienti sedimentari che si sono succeduti in una determinata regione in un dato periodo di tempo.

In un ambiente di transizione, per esempio, migrazioni orizzontali di tipi litologici appartenenti a differenti ambienti sedimentari sono provocate dall'alternarsi di periodi in cui le terre emerse vengono invase dalle acque, con periodi in cui le stesse terre sono interessate da un progressivo ritiro delle acque.

Nel primo caso si parla di **trasgressione**, nel secondo di **regressione** (▶20).

Durante la trasgressione si assiste a una migrazione verso la terraferma delle facies marine che vanno a ricoprire facies continentali. Durante la regressione la linea di costa e le facies marine si spostano progressivamente verso il mare e le terre che emergono vengono sottoposte a erosione in ambiente subaereo, con conseguente formazione di una discontinuità. In una successione verticale riferita a una zona interessata da trasgressione e re-

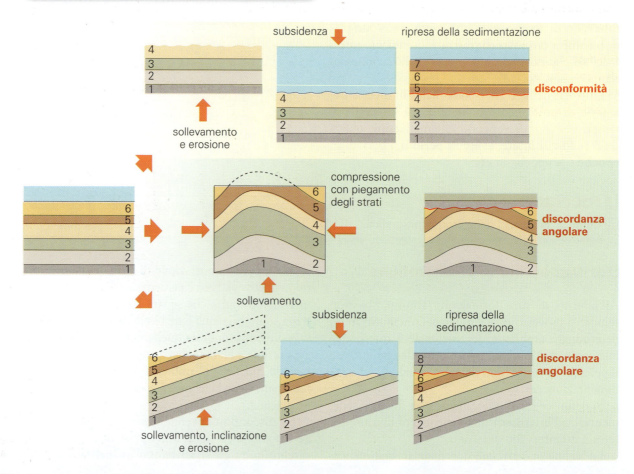

Figura 19 Esempi di discordanze stratigrafiche: in modo schematico viene rappresentata la formazione di una disconformità e di due discordanze angolari.

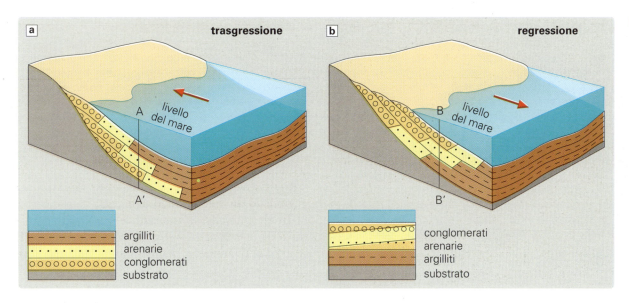

Figura 20 Le colonnine stratigrafiche mettono in evidenza la successione di strati che indicano rispettivamente una trasgressione marina (**a**) e una regressione (**b**).

gressione si passerà da facies continentali a facies di transizione (ambiente costiero) e a facies marine nel periodo di trasgressione; nel periodo di regressione da facies marine si passerà a facies di transizione fino a facies continentali.

Si definisce **ciclo sedimentario** l'insieme di una serie trasgressiva e di una serie regressiva comprese tra due discordanze. Le cause delle trasgressioni e delle regressioni possono essere di origine tettonica (dovute alle forze che provocano deformazioni nelle rocce) oppure associate a **movimenti eustatici**, oscillazioni globali delle acque degli oceani che si sono ripetute più volte nel corso delle ere geologiche (▶21).

Queste variazioni del livello medio del mare (**eustatismo**) possono essere causate da variazioni di volume delle acque oceaniche oppure dei bacini oceanici. Le variazioni di volume delle acque oceaniche dipendono essenzialmente dalla variazione nel tempo della temperatura media del nostro pianeta. Nei periodi glaciali, molta acqua liquida degli oceani passa allo stato solido e si aggiunge a quella che costituisce i ghiacciai, accrescendoli: in questi periodi il livello medio del mare diminuisce. Nei periodi più caldi i ghiacciai fondono, andando così ad alimentare gli oceani che accrescono il loro volume e quindi anche il livello medio del mare. Le variazioni di volume dei bacini oceanici sono causate da fenomeni legati alla tettonica a placche, di cui i principali sono il movimento e la velocità di espansione delle placche stesse e la variazione di volume delle dorsali.

Facciamo il punto

21 Che cos'è un ciclo sedimentario?

22 Qual è la successione di strati che indica una successione?

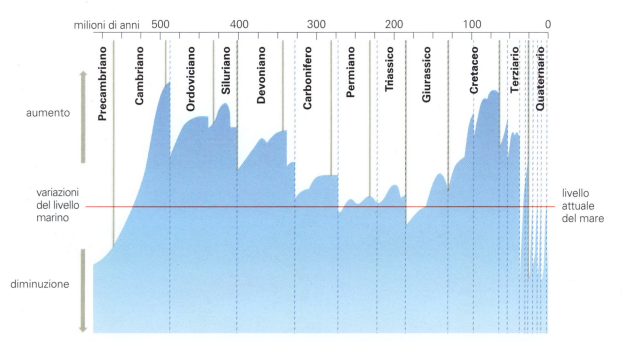

Figura 21 Variazioni del livello del mare negli ultimi 600 milioni di anni.

QUALCOSA IN PIÙ

Scheda 5 — Gli ambienti sedimentari

I materiali che originano le rocce sedimentarie si possono depositare in ambienti diversi. Riconoscere una determinata facies di una roccia significa identificare il tipo di ambiente in cui essa si è formata. Si distinguono tre tipi di ambiente in cui si può avere sedimentazione: ambiente continentale, ambiente di transizione, ambiente marino (▶1).

Ambiente continentale. Si tratta di un tipo di ambiente in cui prevale l'erosione di rocce o sedimenti. Tuttavia, si possono formare depositi dovuti all'azione dei ghiacciai come le morene, caratterizzate dalla presenza di materiali di diverse dimensioni e di diversa origine, immersi in una matrice argillosa (**facies moreniche**). Depositi che vengono accumulati a causa dell'azione del vento danno origine alle dune, estremamente mobili e formate da materiale sabbioso (**facies desertiche**). Anche sui continenti si risente dell'azione dell'acqua a causa della presenza di fiumi e laghi. I fiumi trasportano sedimenti di varie dimensioni, dalla ghiaia alle argille, che vengono depositati nell'alveo fluviale oppure sulla pianura adiacente durante le esondazioni e le continue migrazioni del corso d'acqua (**facies fluviali**). La sedimentazione nei laghi interessa materiali fini (limi, argille, calcari) che si depositano in strati paralleli nel centro del lago e si chiudono "a becco di flauto" in prossimità delle rive (**facies lacustri**). Possono essere presenti fossili di piante acquatiche e di molluschi di acqua dolce.

Ambiente di transizione. È un ambiente tipico di zone litoranee, in prossimità della linea di costa dove si possono formare paludi, lagune, cordoni sabbiosi, laghi costieri con acqua salmastra. Ognuno di questi ambienti è caratterizzato dalla presenza di associazioni di organismi tipici di acque a bassa salinità. Un ambiente di transizione tipico è quello dei delta e degli estuari fluviali. In particolare le **facies di delta** hanno spessori e granulometria decrescenti dalla linea di costa verso il mare aperto e inoltre presentano in pianta una forma a ventaglio.

Ambiente marino. Esiste un'ampia varietà di ambienti marini a cui corrisponde una grande varietà di facies. Si distinguono **facies litorali** sabbiose in prossimità della linea di costa con acque basse (da qualche centimetro a qualche metro); **facies neritiche** più al largo (fino a 200 metri di profondità) dove proliferano organismi bentonici (che vivono ancorati al fondale) come spugne e coralli e organismi nectonici (che nuotano); **facies pelagiche** di mare profondo dove prevalgono sedimenti argillosi, fanghi calcarei e silicei formati dai resti di organismi planctonici a guscio calcareo (foraminiferi) o siliceo (diatomee e radiolari). I sedimenti che derivano dall'erosione continentale si concentrano soprattutto nella zona litoranea o neritica, comunque sulla piattaforma continentale, principalmente a causa dell'azione dei fiumi e delle correnti costiere; in mare aperto prevalgono fanghi argillosi finissimi trasportati dal vento (argille rosse).

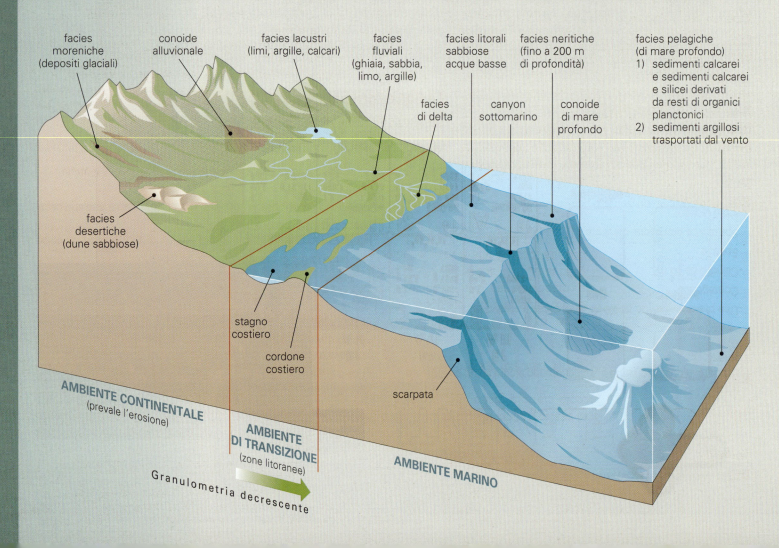

Figura 1 I materiali che formano le rocce sedimentarie si possono depositare in ambienti diversi. Riconoscere una determinata facies di una roccia significa identificare il tipo di ambiente in cui essa si è formata. Si distinguono tre tipi di ambiente in cui si può avere sedimentazione: ambiente continentale, ambiente di transizione, ambiente marino.

Rocce sedimentarie ed elementi di stratigrafia **Unità 4**

Ripassa con le flashcard ed esercitati con i test interattivi sul Me•book.

CONOSCENZE

Con un testo articolato tratta i seguenti argomenti

1. Descrivi le fasi del processo sedimentario.
2. Spiega quali sono i criteri di classificazione delle rocce sedimentarie.
3. Descrivi quali sono le caratteristiche delle rocce carbonatiche, citando qualche esempio.
4. Spiega la genesi delle rocce sedimentarie di origine chimica.
5. Spiega quali sono i principi che stanno alla base dello studio stratigrafico e qual è il loro significato.
6. Spiega che cosa sono le unità litostratigrafiche e qual è il loro significato.
7. Spiega il significato dei cicli sedimentari e perché è importante il loro studio.
8. Descrivi il processo di formazione dei carboni fossili (Scheda 2).
9. Descrivi il processo di formazione e di accumulo del petrolio (Scheda 2).
10. Spiega come possono essere utilizzate le rocce sedimentarie coerenti e incoerenti (Scheda 3).
11. Descrivi le principali strutture che si possono presentare nelle rocce sedimentarie (Scheda 4).
12. Descrivi le caratteristiche dei principali ambienti sedimentari in relazione alle rocce che ivi si formano (Scheda 5).

Con un testo sintetico rispondi alle seguenti domande

13. Che cosa si intende con il termine "diagenesi"?
14. Da che cosa dipende il trasporto dei clasti in una massa d'acqua in movimento?
15. Che cos'è la superficie di compensazione dei carbonati?
16. Come si formano le dolomie?
17. Che cosa sono le marne?
18. Che differenza c'è tra calcari e selci?
19. Qual è la differenza tra rocce coerenti e rocce incoerenti?
20. Come si definisce uno strato sedimentario?
21. Che cos'è un orizzonte-guida?
22. Che cosa si intende con il termine "giacitura"?
23. Quali sono le cause delle trasgressioni e delle regressioni?
24. Che cosa sono le discontinuità stratigrafiche?
25. Che cos'è una lacuna e da che cosa può essere provocata?
26. Come vengono classificati i carboni fossili? (Scheda 2)
27. Da che cosa è causata la stratificazione incrociata all'interno di uno strato sedimentario? (Scheda 4)
28. Qual è la differenza tra sedimenti classati e sedimenti non classati? Cita un esempio. (Scheda 4)
29. Che tipo di rocce possiamo ritrovare in un ambiente continentale? (Scheda 5)
30. Che tipo di rocce si possono trovare in un ambiente marino? (Scheda 5)

Quesiti

31. Con il termine "diagenesi" si indica:
    a. l'insieme dei fenomeni fisici e chimici che avvengono durante l'erosione delle rocce.
    b. l'insieme dei fenomeni fisici e chimici che avvengono durante il trasporto dei clasti.
    c. l'insieme dei fenomeni fisici e chimici che avvengono durante la sedimentazione.
    d. l'insieme dei fenomeni fisici e chimici che avvengono a sedimentazione avvenuta.

32. Il principio di sovrapposizione definisce che:
    a. uno strato si deve sempre trovare in continuità laterale con un altro strato.
    b. la stratificazione è un fenomeno continuo.
    c. gli strati si sovrappongono sempre paralleli alla superficie.
    d. lo strato sottostante è più antico rispetto a quello sovrastante.

33. Gli strati appartenenti a un'unità litostratigrafica devono avere le seguenti caratteristiche:
    a. devono avere uguali litologie.
    b. devono essere con certezza correlati a un determinato ambiente sedimentario.
    c. devono comprendere discontinuità.
    d. devono rappresentare un ciclo sedimentario completo.

34. L'orizzonte guida:
    a. è un'unità biostratigrafica che consente di operare precise correlazioni.
    b. è un'unità cronostratigrafica che consente di datare gli strati rocciosi.
    c. è un'unità litostratigrafica di piccolo spessore e di grande estensione.
    d. è un'unità biostratigrafica che contiene fossili guida.

35. Abbina termini e definizioni.
    a. lacuna - b. discordanza angolare - c. disconformità
    1. Gli strati sottostanti la discontinuità hanno la stessa inclinazione di quelli sovrastanti. ....
    2. Mancanza di strati all'interno di una serie sedimentaria. ....
    3. Al di sotto della discontinuità gli strati hanno un'inclinazione diversa da quelli sovrastanti. ....

36. Il petrolio si può trovare in (Scheda 2):
    a. rocce sedimentarie chimiche.
    b. rocce clastiche.
    c. rocce di ambiente marino.
    d. rocce di ambiente continentale.

37. Le argille incoerenti vengono utilizzate per produrre (Scheda 3):
    a. ceramiche.
    b. calcestruzzo.
    c. cemento.
    d. statue.

38. Vero o falso? (Scheda 5)
    a. In ambiente continentale prevale l'erosione. V F
    b. L'ambiente deltizio è un esempio di ambiente di transizione. V F
    c. Le facies neritiche sono tipiche di un ambiente marino profondo. V F
    d. Le facies moreniche sono caratterizzate dalla presenza di sedimenti argillosi e fanghi calcarei e silicei. V F

COMPETENZE

Leggi e interpreta

39 **Biocostruzioni**

Alcuni organismi sono in grado di costruire con le loro parti dure, in successive generazioni, impalcature rigide di grandi dimensioni. Gli spazi vuoti che normalmente si trovano tra i resti organici che formano l'impalcatura della costruzione vengono riempiti, man mano che la costruzione procede, da minuti frammenti degli stessi organismi produttori e, in parte, da carbonato di calcio di precipitazione chimica. In questo modo tutto l'insieme si presenta come costruzione rigida e resistente, innalzata rispetto alle zone circostanti. La costruzione, chiamata "scogliera organogena", è sempre circondata da una zona detritica, che deriva dalla frammentazione di parte dell'impalcatura organica dovuta all'azione del moto ondoso. L'insieme di queste due parti, cioè l'impalcatura organica e la zona detritica, costituisce ciò che viene chiamato "complesso di scogliera". Gli organismi che attualmente costituiscono scogliere sono essenzialmente coralli e alghe coralline. Le condizioni ambientali richieste affinché si formino strutture di questo tipo sono:

1) la *temperatura ideale dell'acqua*, perché gli organismi costruttori possano prosperare, deve essere compresa tra 25 e 29 °C; secondo altri autori, tra 23 e 27 °C;

2) le acque devono essere *limpide*: l'eventuale presenza di materiale fine in sospensione ostacola infatti la penetrazione della luce (bisogna infatti considerare che i Coralli costruttori vivono in simbiosi con Alghe unicellulari) e inoltre, depositandosi sulla colonia, provoca il soffocamento e la morte degli organismi;

3) le acque devono essere *ben ossigenate*: l'ossigenazione è favorita dall'azione di onde e correnti;

4) la *salinità* deve coincidere con il valore normale per l'acqua di mare; le condizioni ottimali si registrano per valori di salinità compresi tra 34 a 36‰. Anche a causa della torbidità, non si possono sviluppare in vicinanza di eventuali apporti di acqua dolce;

5) i Coralli costruttori vivono in una zona compresa tra la superficie e una profondità massima di 90 metri, ma la maggior parte di essi è concentrata a profondità inferiori ai 50 metri; la crescita più vigorosa si ha in *acque profonde meno di 20 metri*. Ciò è dovuto al fatto che essi, come già precisato, vivono in simbiosi con alghe unicellulari.

Da quanto affermato nel punto precedente, risulta evidente l'importanza della subsidenza nello sviluppo delle scogliere organogene.

I coralli tendono a crescere verticalmente, verso l'alto, e siccome l'intervallo di profondità adatto è praticamente compreso tra il livello della bassa marea e 50 metri circa di profondità, è necessario che si realizzi un equilibrio tra la velocità di subsidenza del fondale su cui è impostata la costruzione organica e la velocità di accrescimento verticale della costruzione stessa, affinché la scogliera possa raggiungere le dimensioni e gli spessori rilevanti osservabili in natura.

Liberamente tratto da Mario Gnaccolini, Sedimenti, processi e ambienti sedimentari

a. Individua nel brano i termini che hai incontrato nello studio di questa Unità.

b. Che cosa è il complesso di scogliera?

c. Quali caratteristiche ideali devono avere le acque perché gli organismi biocostruttori possano proliferare?

d. Perché i Coralli non possono sopravvivere a profondità elevate?

e. Quale importanza assume la subsidenza nello sviluppo delle scogliere organogene?

f. Qual è la condizione necessaria perché la scogliera assuma notevoli spessori?

Osserva e rispondi

40 Indica il tipo di sedimento prevalente in relazione alla zona fluviale indicata.

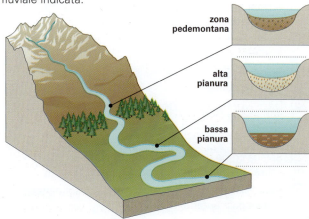

41 Che tipo di strutture sono quelle che vedi nella foto? Come si formano?

Usa i termini corretti

42 Osserva le trasformazioni nel tempo della successione stratigrafica indicata (strati da 1 a 6): come viene chiamata la superficie ondulata indicata in rosso?

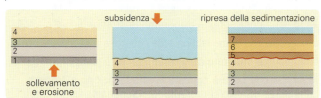

43 Completa la seguente tabella inserendo i nomi appropriati.

TABELLA	Le rocce clastiche		
Diametro dei clasti (mm)	Nome generico	Sedimenti incoerenti (sciolti)	Rocce coerenti
> 2			
2 ÷ 1/16			
1/16 ÷ 1/256			
< 1/256			

Fai un'indagine

44 Cerca in Internet informazioni sulla stratigrafia del territorio della tua città con particolare riferimento:
  a. alla successione verticale degli strati;
  b. ai nomi e alle descrizioni litologiche delle formazioni;
  c. all'età delle formazioni;
  d. all'ambiente sedimentario in cui si sono formate.

45 Fai una ricerca sulle pietre da costruzione di origine sedimentaria utilizzate nella tua città o paese con particolare attenzione:
  a. alla descrizione dei litotipi più utilizzati per edifici e monumenti;
  b. alla loro provenienza;
  c. alle problematiche legate alle zone dove viene cavato il materiale;
  d. ai problemi ambientali delle zone di cave.

In English

46 Fill in the blanks with the right words.
  1. Widespread in the sandstones, sedimentary structures that appear as small ripples on the surface of the stratum, produced by wind and wave power are called ....
  2. In clayey sediments can find polygonal cracks resulting from drying mud; these structures are called ....

47 Choose the correct option.
Sandstones are rocks in which the clasts have sizes:
  a > 2 mm.
  b between 0.0625 and 2 mm.
  c between 0.004 and 0.0625 mm.
  d < 0.004 mm.

Risolvi il problema

48 In una successione stratigrafica ti imbatti in uno strato in cui si ritrovano molti radiolari fossili. Puoi affermare che queste rocce si sono formate in ambiente:
  a di transizione.
  b litorale.
  c pelagico.
  d neritico.

49 Stai studiando un deposito di materiale sedimentario di aspetto caotico con materiali di dimensione varia immersi in una matrice argillosa. Si tratta di:
  a facies fluviali.
  b facies moreniche.
  c facies di delta.
  d facies litorali.

Organizza i concetti

50 Completa la mappa.

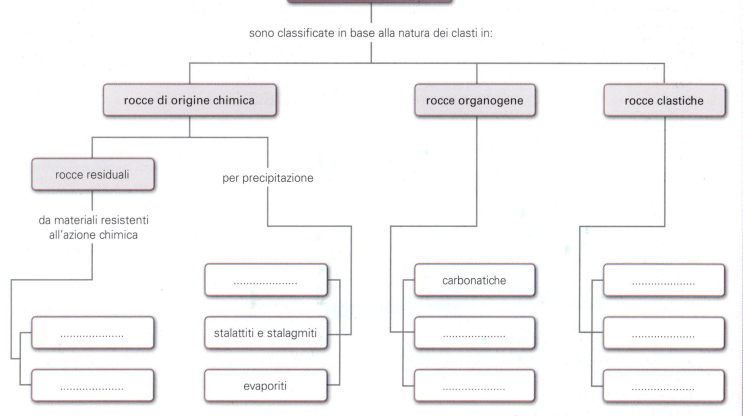

51 Costruisci una mappa che illustri la distinzione tra unità litostratigrafiche, biostratigrafiche, cronostratigrafiche.

unità 5
Le rocce metamorfiche e il ciclo litogenetico

scienze della Terra

Quale minerale conferisce al marmo la sua colorazione caratteristica e attraverso quali processi metamorfici si origina?

webdoc
Le rocce metamorfiche

1. Il processo metamorfico

Tutti i minerali componenti le rocce che abbiamo finora esaminato si formano in condizioni ambientali ben definite: essi sono cioè stabili a determinate pressioni e a determinate temperature, e quindi in equilibrio con l'ambiente fisico circostante.

Ma in tempi molto lunghi, a causa dei movimenti della crosta terrestre, una roccia può essere sottoposta a condizioni fisiche e chimiche diverse da quelle in cui si è formata.

Definiamo **metamorfismo** (dal greco *metá*, "cambiamento", e *morphé*, "forma") la profonda trasformazione che una roccia subisce, allo stato solido, in seguito all'incremento della temperatura e/o della pressione.

Il **processo metamorfico** è diverso sia dalla *diagenesi* (che produce rocce sedimentarie in condizioni di bassa temperatura e bassa pressione) sia dall'*anatessi* (che produce rocce magmatiche, per fusione di rocce preesistenti) e dà origine a **rocce metamorfiche** perfettamente adatte alle nuove condizioni ambientali.

La **temperatura** è di gran lunga il fattore che incide di più: infatti, se cresce l'energia del sistema, aumenta anche l'instabilità dei componenti delle strutture cristalline dei minerali che quindi possono essere separati e utilizzati per la formazione di nuove strutture. Si verificano delle vere e proprie reazioni chimiche allo stato solido, che avvengono in tempi molto lunghi e che consentono di produrre nuovi minerali oppure di modificare la forma e le dimensioni dei cristalli, rendendoli più stabili nelle nuove condizioni di temperatura e pressione.

Se la composizione chimica del minerale che subisce il metamorfismo può variare, non è così per la composizione complessiva della roccia che rimane identica a quella di partenza. Generalmente, infatti, le rocce metamorfiche mantengono la composizione chimica della roccia originaria, se non vi è apporto o sottrazione di sostanze veicolate dai **fluidi circolanti**, composti da sostanze volatili (prevalentemente H_2O e CO_2), che possono generarsi direttamente dal processo metamorfico e andare a occupare spazi intergranulari e fratture.

Anche la **pressione** è importante: il metamorfismo è infatti un fenomeno che avviene in profondità, dove il materiale è sottoposto a una *pressione litostatica*, dovuta al peso delle rocce sovrastanti (che aumenta con la profondità), oppure a una *pressione orientata* lungo direzioni preferenziali, prodotta dai movimenti della crosta terrestre.

Al termine di questi processi i minerali subiscono una **ricristallizzazione** allo stato solido, o **blastèsi**, che porta alla formazione di nuove associazioni mineralogiche stabili in un particolare ambito di temperatura e pressione.

Facciamo il punto

1. Spiega perché il processo metamorfico è diverso dalla diagenesi e dalla anatessi.
2. In che cosa consiste la blastèsi?

2 Studio e classificazione

Lo studio delle rocce metamorfiche viene effettuato innanzitutto ipotizzando la conservazione del chimismo complessivo della roccia: la composizione chimica della roccia originaria è uguale a quella della roccia che ha subìto i processi metamorfici ed è rilevabile tramite accurate analisi di laboratorio. Inoltre, molti indizi utili vengono conservati all'interno della roccia stessa, poiché se il metamorfismo non è stato intenso si possono ancora individuare strutture o minerali della roccia originaria: è possibile in questo modo risalire più facilmente al tipo di roccia che ha subìto la trasformazione.

La classificazione delle rocce metamorfiche non assegna un'importanza fondamentale alla composizione chimica (come accade per le rocce ignee), né alle dimensioni delle singole componenti (come accade per le rocce sedimentarie), ma privilegia l'**informazione geologica**, cioè l'identificazione dell'ambiente in cui si è verificato il processo metamorfico. Infatti, poiché l'intervallo di temperature e pressioni in cui si è formata la roccia corrisponde a determinate zone ben localizzate all'interno della crosta, è possibile ricostruire i movimenti delle rocce in profondità e quindi l'evoluzione geologica di zone piuttosto vaste della superficie terrestre.

Di particolare importanza, per individuare le caratteristiche di un ambiente metamorfico, è lo studio dei minerali indice e delle paragenesi di una roccia. I **minerali indice** sono quelli che si formano in intervalli ristretti di temperatura e pressione. La **paragenesi** invece è una particolare associazione di minerali che si sono formati insieme da una stessa reazione chimica, possibile in uno specifico ambiente di formazione: i cristalli di questi minerali si trovano per questo sempre a stretto contatto tra loro (SCHEDA 1). Quando in una roccia si rileva la presenza di uno o più minerali indice o si individua una determinata paragenesi, si può risalire alle condizioni ambientali (con particolare riferimento alla temperatura e alla pressione) in cui si è formata.

Per lo studio delle rocce metamorfiche si è quindi sentita l'esigenza di introdurre il concetto di **facies metamorfica**, cioè un insieme di rocce di origine e composizione diversa accomunate dal fatto di essersi formate nelle medesime condizioni di temperatura e pressione (▶1).

Più il metamorfismo è accentuato e più intense saranno le trasformazioni dei minerali originari. A partire da una roccia con una determinata composizione chimica potremo ottenere rocce diverse a seconda del diverso **grado metamorfico**, cioè della diversa intensità del processo metamorfico. La facies delle *zeoliti* è tipica di basse temperature e pressioni. Per temperature crescenti troviamo la facies *scisti verdi* a cui fanno seguito quella delle *anfiboliti* e quella delle *granuliti*. L'effetto della pressione elevata è evidente per le rocce appartenenti alle facies delle *eclogiti* (temperature medio-alte) e degli *scisti blu* (temperature basse). La facies delle *cornubianiti* è tipica di alte temperature e pressioni trascurabili.

Ogni facies è rappresentata da minerali indice e paragenesi caratteristiche (▶2); a volte il nome della facies deriva dal colore del minerale indice più rappresentativo e che determina anche il colore della roccia. Ad esempio, la facies scisti verdi è caratterizzata dalla presenza di *clorite*, una mica di colore verde, mentre la facies degli scisti blu è indicata dalla presenza di *glaucofane*, un anfibolo di colore blu-nero. Un minerale tipico della facies delle anfiboliti è l'*orneblenda*, mentre le granuliti sono formate prevalentemente da *quarzo* e *granati*.

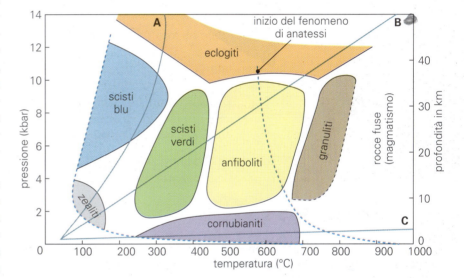

Figura 1 Campi di esistenza delle principali facies metamorfiche in funzione della pressione (profondità) e della temperatura. Le curve indicano le trasformazioni progressive che subiscono le rocce se sottoposte a un metamorfismo a pressione crescente (**A**), a un metamorfismo regionale a pressione e temperatura crescenti (**B**) e a un metamorfismo di contatto a temperatura crescente (**C**).

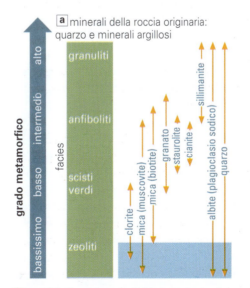
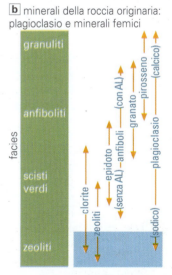

Figura 2 Dalle paragenesi di in una roccia si riesce a risalire al tipo di metamorfismo che essa ha subìto. Lo schema mostra i minerali che si formano in diverse condizioni di metamorfismo a partire da rocce argillose (**a**) e da rocce basiche (**b**).

Facciamo il punto

3 Perché sono importanti i minerali indice?

4 Come vengono classificate le rocce metamorfiche?

3 Metamorfismo retrogrado

Le reazioni che producono varie associazioni mineralogiche a temperature crescenti non sono reversibili. Quindi non avvengono in senso contrario per temperature decrescenti, anche se a volte nelle rocce si possono riscontrare dei deboli effetti di trasformazione dei minerali a più bassa temperatura (**metamorfismo retrogrado**). Il processo metamorfico è sostanzialmente irreversibile perché il riscaldamento che lo accompagna è molto più lungo che non la fase di raffreddamento (in cui dovrebbe avvenire il metamorfismo retrogrado) (▶3). Di conseguenza la paragenesi di minerali presenti sarà quella caratteristica del culmine termico (massima temperatura) del processo.

Tuttavia, una roccia che ha subìto un processo metamorfico può subirne un altro in tempi successivi: in questo caso i minerali indice testimoniano l'ultimo processo metamorfico che ha subìto la roccia.

Se la roccia ha subìto un metamorfismo di basso grado e successivamente un metamorfismo di alto grado, di solito il culmine termico che si raggiunge cancella le tracce delle paragenesi del metamorfismo precedente e quindi è difficile ricostruire nel dettaglio la storia "dinamica" della roccia.

Se invece l'ultima trasformazione metamorfica della roccia è di un grado minore rispetto a quella subìta precedentemente, sebbene siano comunque i minerali indice dell'ultima trasformazione metamorfica quelli che compongono la roccia, è possibile riconoscere, dall'analisi in sezione sottile, minerali "relitti" del metamorfismo precedente, di più alto grado. Questi risultano profondamente alterati e sostituiti parzialmente o totalmente (in questo caso si riconosce ancora la forma dell'abito cristallino) (▶4) da minerali più stabili alle nuove

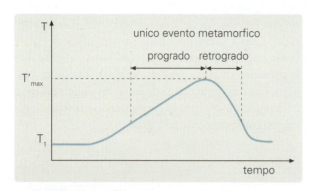

Figura 3 Se la roccia ha subìto un unico evento metamorfico, il metamorfismo retrogrado può essere provocato solo dalla fase decrescente di temperatura. La paragenesi rimane quella caratteristica del culmine termico perché la fase di raffreddamento è più veloce della fase di riscaldamento.

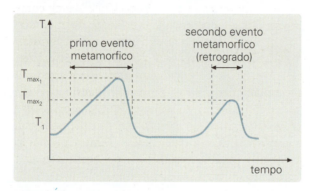

Figura 4 Se la roccia subisce due eventi metamorfici di cui l'ultimo con culmine termico minore del precedente, la roccia subisce un metamorfismo retrogrado detto anche "retrocessione metamorfica". La seconda paragenesi non sostituisce completamente la prima.

QUALCOSA IN PIÙ

Scheda 1 Alcune reazioni metamorfiche

Durante il metamorfismo possono avvenire reazioni omogenee (che coinvolgono un solo tipo di minerale) oppure reazioni eterogenee (che coinvolgono minerali diversi). Ne esistono di diversi tipi: le più importanti sono le **reazioni solido-solido** e le reazioni **solido-(solido+fluido)**.

Le reazioni solido-solido possono essere sia omogenee sia eterogenee. Nel primo caso si tratta di trasformazioni polimorfe (indice di alte pressioni) come accade per la grafite e il diamante (C): la presenza dell'una o dell'altra modificazione polimorfa ci fornisce indicazioni utili nell'ipotizzare le condizioni di temperatura e pressione durante il processo metamorfico. Nel secondo caso si tratta di reazioni tra minerali diversi a contatto, che risultano instabili nelle nuove condizioni. Per esempio, l'associazione tra quarzo e giadeite è caratteristica di alte pressioni e basse temperature; i due minerali a pressioni minori diventano instabili e reagiscono a dare albite secondo la seguente reazione (che avviene allo stato solido):

$$NaAlSi_2O_6 \text{ (giadeite)} + SiO_2 \text{ (quarzo)} \rightarrow NaAlSi_3O_8 \text{ (albite)}$$

Le reazioni solido-(solido+fluido) coinvolgono una fase fluida che può trovarsi tra i prodotti o tra i reagenti. Alcune reazioni molto diffuse vengono chiamate di **deidratazione** in quanto, all'aumentare della temperatura, viene liberata acqua; ad esempio, per temperature crescenti a partire da rocce argillose di origine sedimentaria avremo:

minerali delle argille → clorite + mica + H_2O (**scisti verdi**) →
→ biotite + K-feldspato + granato + sillimanite + H_2O (**anfiboliti**) →
→ pirosseno + K-feldspato + sillimanite + granato + H_2O (**granuliti**).

Si noti che ad ogni passaggio viene espulsa H_2O dal reticolo cristallino dei reagenti (▶1).
Il fluido espulso potrebbe essere anche CO_2. In questo caso avremo reazioni di decarbonatazione come ad esempio (per temperature crescenti):

$$\text{carbonati} + \text{quarzo} \rightarrow \text{silicati di Ca e Mg} + CO_2$$

In questo caso l'andamento delle reazioni è influenzato dalla presenza di CO_2, il cui aumento ostacola la reazione che quindi, per avvenire, ha bisogno di temperature più elevate.

Figura 1 La sillimanite è un minerale metamorfico di medio-alto grado che si forma in reazioni di deidratazione.

condizioni di equilibrio. Se si è verificata questa seconda condizione la roccia subisce un particolare tipo di metamorfismo retrogrado che prende il nome di **retrocessione metamorfica**. Attraverso lo studio di questo secondo episodio metamorfico, che non cancella totalmente le tracce delle paragenesi dell'evento precedente, è possibile ricostruire con maggior dettaglio la storia geologica della roccia, coprendo un periodo di tempo notevolmente più ampio.

Facciamo il punto

5 Che cosa si intende per metamorfismo retrogrado?

6 In che cosa consiste la retrocessione metamorfica?

4 Tipi di metamorfismo e strutture derivate

Temperatura e pressione sono fattori che possono intervenire contemporaneamente oppure separatamente.

Per questo motivo si distinguono diversi tipi di metamorfismo, a seconda che intervenga più o meno intensamente l'uno o l'altro fattore.

4.1 Metamorfismo di contatto

In questo tipo di metamorfismo interviene solamente un **aumento di temperatura**: può essere provocato, a bassa profondità, dalla risalita di masse magmatiche. Il nome stesso spiega il meccanismo con cui si generano queste rocce: si tratta di fenomeni di riscaldamento delle rocce incassanti da parte del magma che però non ne provoca la fusione. Gli effetti sono la ricristallizzazione dei minerali con aumento delle dimensioni dei cristalli e la modifica della struttura della roccia. Si formano rocce che si collocano nella facies delle cornubianiti con struttura **massiccia** o **granulare**, che non presenta cioè disposizioni orientate dei cristalli.

Se la roccia sottoposta a metamorfismo di contatto è calcarea, la roccia risultante è il **marmo**, materiale molto pregiato, usato in edilizia fin dall'antichità. Il marmo di Carrara, per esempio, assume una struttura chiamata **saccaroide** perché i cristalli di calcite ricordano l'aspetto dei cristalli di zucchero in una zolletta. La stessa struttura caratterizza il marmo rosa di Candoglia (Val d'Ossola – Piemonte) che è stato sfruttato per la costruzione del Duomo di Milano (▶ 5).

4.2 Metamorfismo cataclastico

È un tipo di metamorfismo che deriva esclusivamente da un **aumento della pressione**, risultato di attriti e frizioni che avvengono per i movimenti degli ammassi rocciosi lungo superfici di frattura o di scorrimento, dove si genera sbriciolamento e sminuzzamento del materiale roccioso. È un fenomeno che avviene principalmente in superficie.

Si possono distinguere rocce diverse a seconda della crescente intensità della deformazione a cui sono sottoposte: se la frantumazione dei minerali è pressoché completa, si parla di struttura **milonitica**, in caso contrario, se lo sminuzzamento è stato parziale, si parla di struttura **cataclastica**.

4.3 Metamorfismo regionale

Questo tipo di metamorfismo interessa vaste aree della crosta terrestre. È provocato dall'azione combinata di **temperatura** e **pressione**, che aumentano con la profondità. A causa dei movimenti continui della crosta terrestre, enormi masse rocciose possono trasferirsi da zone poco profonde a zone più profonde. Il grado metamorfico in questo caso dipende essenzialmente dalla profondità a cui avviene la trasformazione: da una roccia di partenza con una determinata composizione chimica possiamo assistere a modificazioni via via più accentuate con l'aumento della profondità.

Le strutture generate da questo tipo di metamorfismo sono tra le più diffuse: l'azione della temperatura provoca la ricristallizzazione dei minerali, mentre quella della pressione, se agisce in una direzione prevalente, forma strutture orientate. Alcuni minerali hanno abito prismatico, lamellare o acicolare e sono quindi allungati in una certa direzione, che corrisponde al loro asse maggiore. Quando durante il processo metamorfico si formano nuovi minerali, questi dispongono il loro asse maggiore per-

Figura 5 Il marmo di Candoglia, come quello di Carrara, ha una particolare struttura granulare detta "saccaroide".

Figura 6 Diversi esempi di struttura scistosa. I minerali si dispongono in piani che possono essere paralleli o piegati: **a)** scisto argilloso (mica, clorite e quarzo tra i componenti principali); **b)** la struttura scistosa è visibile anche in una sezione sottile di micascisto; **c)** gneiss: si notano letti più scuri composti da mica e letti più chiari composti da quarzo e feldspati.

Figura 7 La struttura occhiadina in questo gneiss è caratterizzata da grossi cristalli di K-feldspato.

pendicolarmente rispetto alla direzione di massima intensità della pressione, formando una struttura chiamata **scistosa** (o **scistosità**) (▶6). In genere le rocce scistose possono essere più o meno deformate e caratterizzate da piani o bande di scistosità (che non hanno niente a che vedere con i piani di stratificazione delle rocce sedimentarie, anche se potrebbero ricordarli) composti alternatamente da minerali chiari e minerali più scuri. Ciò è provocato dalla presenza di minerali con abito prismatico allungato come gli anfiboli, oppure lamellare come le miche.

Le rocce scistose sono facilmente lavorabili in lastre sfruttando la maggiore debolezza che si sviluppa tra un piano di scistosità e l'altro. Una scistosità accentuata è caratteristica delle filladi e dei micascisti, mentre negli gneiss (vedi § 5) è presente una scistosità meno evidente che avvolge cristalli di grande dimensione (frequentemente feldspati) che formano dei veri e propri "occhi" circondati da cristalli più piccoli che compongono la massa di fondo. Questa struttura viene chiamata "**occhiadina**" (▶7).

Facciamo il punto

7 Come vengono distinti i vari tipi di metamorfismo?

8 Descrivi le strutture caratteristiche delle rocce che si formano da un metamorfismo regionale.

5 Le serie metamorfiche

L'insieme di tutte le rocce con la stessa composizione chimica che hanno subìto metamorfismo crescente viene definito "**serie metamorfica**".

Una prima serie comprende tutte le rocce che si formano a partire dalla trasformazione di *argilliti* o *arenarie*. Con il metamorfismo di basso grado (scisti verdi) si producono **filladi**, composte da quarzo, mica e clorite, con accentuate scistosità e sfaldabilità. A gradi metamorfici crescenti (scisti verdi – anfiboliti) si formano **micascisti**, rocce scistose composte da letti di mica alternati a letti quarzosi. Gli **gneiss** (pronuncia *g-naiss* con la "g" dura) sono rocce che si ritrovano comunemente associate ai micascisti, composte da quarzo, K-feldspato (che forma caratteristici "occhi") e miche, con modesta scistosità, caratteristici del metamorfismo regionale di medio-alto grado. Spesso questi passaggi graduali tra una roccia della serie e quella successiva si identificano facilmente anche sul terreno.

Un'altra serie metamorfica è quella che interessa la trasformazione di *rocce ignee basiche*, come i basalti che costituiscono i fondali oceanici: per metamorfismo crescente dei basalti abbiamo la serie prasiniti – anfiboliti – eclogiti, oppure prasiniti – anfiboliti – granuliti basiche.

Le **prasiniti** sono rocce composte dalla tipica associazione mineralogica della facies scisti verdi: clorite, epidoti e occhi di albite (plagioclasio sodico).

Le **anfiboliti** sono caratterizzate dalla comparsa di orneblenda e plagioclasi che conferiscono alla roccia una colorazione verde più o meno scuro.

Le **eclogiti** sono rocce ad alta densità caratteristiche di un metamorfismo di alte pressioni e alte temperature in cui si formano pirosseni e granati con struttura granulare massiccia prevalente.

Le **granuliti basiche** sono rocce silicatiche ric-

Figura 8 Le serpentiniti, lavorate in lastre sottili, sono utilizzate in edilizia per copertura di tetti e per rivestimenti esterni.

Figura 9 Le migmatiti sono rocce caratterizzate dalla presenza di parti più scure con aspetto scistoso (paleosoma) e da parti più chiare con aspetto granitico (neosoma).

che di granati, feldspati e pirosseni che derivano da un metamorfismo di alte temperature e pressioni variabili in condizioni di assenza di acqua.

Sempre da lave basaltiche, ma da un metamorfismo di alta pressione e bassa temperatura, si originano gli **scisti a glaucofane** (facies scisti blu).

Le **serpentiniti** (▶8) sono rocce massicce o scistose formate essenzialmente da serpentino e magnetite, derivano dal metamorfismo regionale di rocce ultrabasiche e di solito si trovano associate alle rocce basiche della serie descritta precedentemente (rocce verdi o ofioliti). Il serpentino è un minerale che deriva dall'alterazione di minerali componenti le rocce ultrabasiche come olivina, pirosseni e anfiboli. L'alterazione dell'olivina in ambiente ricco di acqua a temperatura medio bassa dà origine al talco, minerale che assieme alla magnetite forma rocce chiamate **talcoscisti**.

Dal metamorfismo di arenarie quarzose derivano le **quarziti**, dal metamorfismo di rocce calcaree i **marmi** (metamorfismo regionale o di contatto) con struttura variabile, prevalentemente granulare; dal metamorfismo di basso-medio grado di marne o calcari marnosi derivano i **calcescisti**, composti da calcite, mica, clorite e quarzo. Questi ultimi si trovano spesso associati a rocce basiche, in particolar modo sulle Alpi occidentali, dove affiora la famosa formazione dei "calcescisti con pietre verdi".

Rocce molto particolari, collocate al passaggio tra le rocce metamorfiche e quelle ignee, sono chiamate **migmatiti**. Quando le rocce vengono sottoposte ad alte temperature si innescano dei processi di fusione (anatessi) che possono anche non completarsi: in questo modo la roccia sarà costituita da una parte residuale che non fonde, formata dai minerali a più alto punto di fusione (*paleosoma*), e da una parte che fonde e successivamente cristallizza, di composizione granitica (*neosoma*) (▶9). Le migmatiti sono costituite da parti metamorfiche di colore scuro avvolte da parti più chiare derivanti dalla ricristallizzazione del fuso anatettico. Questo fenomeno di fusione parziale è detto **ultrametamorfismo**.

Facciamo il punto

9. Come si definiscono le serie metamorfiche?
10. Fai un esempio di serie metamorfiche.

TABELLA 1 Sequenze di rocce metamorfiche in funzione del tipo e del grado di metamorfismo

Rocce originarie	Metamorfismo di contatto	Metamorfismo regionale		
		basso grado	medio grado	alto grado
Argille e arenarie	Cornubianiti (hornfels)	Argilloscisti Filladi	Micascisti Gneiss	Granuliti acide Gneiss
Rocce ignee acide (graniti, dioriti)	–	Porfiroidi	Micascisti	Gneiss
Arenarie quarzose	Quarziti	–	Quarziti	–
Calcari argillosi e marne	Marmi e calcefiri	Calcescisti	Calcescisti	
Calcari	Marmi	Marmi	Marmi	–
Rocce ignee basiche	Cornubianiti (hornfels)	Prasiniti e cloritoscisti (facies scisti verdi) Scisti blu con glaucofane	Anfiboliti	Granuliti basiche Eclogiti
Rocce ultrabasiche	Serpentiniti	Serpentiniti Talcoscisti	Anfiboliti	Eclogiti

animazione

Il ciclo delle rocce
Le fasi del ciclo litogenetico

6 Il ciclo litogenetico

I processi che portano alla formazione delle rocce descritti in questa Unità e in quelle precedenti non possono essere considerati separatamente. Bisogna considerare infatti che le rocce possono subire delle trasformazioni in tempi molto lunghi. La stretta interazione tra tutti i processi di formazione delle rocce ignee, sedimentarie e metamorfiche che abbiamo esaminato e le potenzialità di trasformazione delle rocce è messa in evidenza dallo schema del **ciclo litogenetico** (▶ 10).

I processi di alterazione, erosione, trasporto e deposizione agiscono su tutte le rocce che affiorano sulla superficie terrestre (ignee, sedimentarie e metamorfiche). L'avvenuta deposizione dei clasti e la successiva diagenesi permette la formazione di rocce sedimentarie. Queste, per sollevamenti della crosta, possono ritornare in superficie per essere di nuovo erose, oppure portate in profondità dove verranno sottoposte a temperature e pressioni elevate che genereranno rocce metamorfiche. Le rocce metamorfiche potranno ritornare in superficie direttamente, oppure, a causa dell'aumento della temperatura, potranno essere sottoposte a processi di fusione (anatessi) che formeranno masse magmatiche intrusive (batoliti) di composizione granitica (magmi secondari). Le rocce ignee possono formarsi anche dai magmi primari provenienti dal mantello. Anche le rocce ignee intrusive (di origine primaria o secondaria) possono arrivare ad affiorare in superficie per essere di nuovo erose (assieme a quelle effusive) e trasformate in rocce sedimentarie, chiudendo così il ciclo.

Facciamo il punto

11 Che cosa si intende per ciclo litogenetico?

12 Descrivi la figura del ciclo litogenetico.

Figura 10
Schematizzazione del ciclo litogenetico.

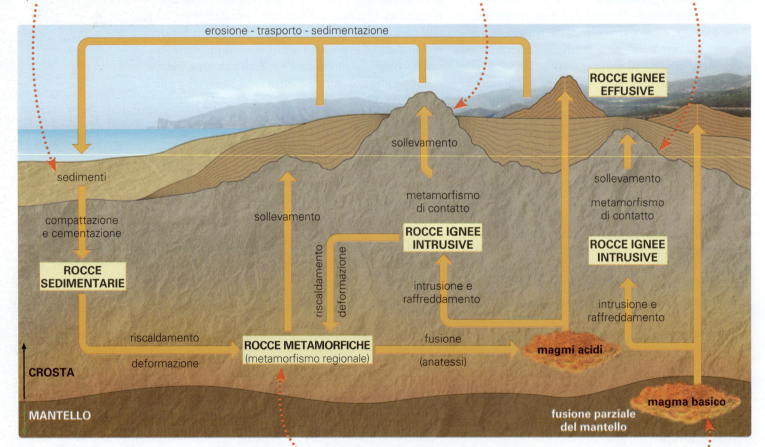

Le rocce metamorfiche e il ciclo litogenetico **Unità 5**

Scheda 2 Usi delle rocce metamorfiche

Tra le rocce metamorfiche i **marmi** sono molto utilizzati in edilizia, sia grezzi sia in lastre lucidate per rivestimenti, pavimentazioni e manufatti ornamentali. Ricordiamo che a fini commerciali, anche se il termine "marmo" si riferisce a rocce tipicamente metamorfiche, esso viene usato anche per indicare le rocce calcaree di origine sedimentaria. Le varietà più pregiate (marmi statuari) vengono utilizzate anche per la scultura. Famosi marmi statuari bianchi si trovano a Carrara nelle Alpi Apuane (▶1) e in Grecia (marmo Paro). Il marmo rosa di Candoglia, in provincia di Novara, è stato usato per costruire il Duomo di Milano ed è impiegato ancora oggi per i restauri dalla "Fabbrica del Duomo", che sfrutta la cava in esclusiva. Varietà listate ricche di clorite e serpentino che formano righe e disegni particolari su sfondo bianco sono chiamati "cipollini" e vengono cavati prevalentemente in Toscana e nel Lazio.

Le rocce metamorfiche scistose (**micascisti**, **filladi**, **ardesie**) (▶2) sono facilmente lavorabili in lastre che vengono impiegate per la copertura dei tetti. Le ardesie sono rocce di colore nero che derivano dal metamorfismo di basso grado di rocce argillose: vengono utilizzate come tegole (per esempio nella Francia centrale) oppure viene impiegata la varietà chiamata "lavagna" (dal nome della località ligure) nelle aule scolastiche.

Gli gneiss vengono utilizzati in edilizia, in lastre per la pavimentazione stradale oppure per cordonature di marciapiedi. Gneiss oc-

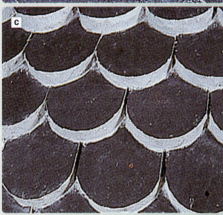

Figura 2 Le rocce scistose sono facilmente lavorabili in lastre più o meno spesse. **a)** Vecchi cavatori nella miniera di ardesia di Fontanabuona vicino a Lavagna in Liguria. Le ardesie uniscono alle qualità estetiche una particolare resistenza agli acidi e vengono impiegate come tegole per i tetti. Tetto in ardesia con copertura a rombo (**b**) e a scaglia di pesce (**c**).

chiadini si trovano distribuiti principalmente lungo la catena alpina dove formano grandi massicci: Monte Bianco, Monte Rosa, Gran Paradiso.

Le **serpentiniti** si trovano diffuse in tutta la catena alpina: per lavorazione "a spacco" si producono lastre (chiamate "piode" in alcune località) per il rivestimento di tetti. In alcune località le serpentiniti si trovano spesso in associazione con talcoscisti e cloritoscisti. In Val Malenco e nei dintorni di Chiavenna (SO) veniva e viene tuttora cavata una roccia molto malleabile chiamata "**pietra ollare**" dal termine dialettale "**olla**" (pentola). Si tratta comunemente di **talcoscisti** e **cloritoscisti** associati a serpentiniti, che vengono utilizzati per la produzione di manufatti (come pentole, stufe, piastre per la cottura) che sfruttano l'elevata conduzione e resistenza al calore del materiale.

Figura 1 Una cava di marmo bianco di Carrara nelle Alpi Apuane.

verifiche

Scienze della Terra - Sezione T1 Le rocce e i processi litogenetici

Ripassa con le flashcard ed esercitati con i test interattivi sul Me•book.

CONOSCENZE

Con un testo articolato tratta i seguenti argomenti

1. Descrivi il processo metamorfico.
2. Spiega quali sono i criteri di classificazione delle rocce metamorfiche.
3. Spiega che cosa si intende per metamorfismo retrogrado e come può essere utilizzato per la ricostruzione della storia della roccia.
4. In che cosa differiscono tra loro i vari tipi di metamorfismo?
5. Metti in relazione i tipi di metamorfismo con le strutture metamorfiche.
6. Spiega come vengono definite le serie metamorfiche facendo un esempio relativo a rocce di composizione basica.
7. Descrivi e discuti il ciclo litogenetico.
8. Che tipi di reazioni possono avvenire durante il processo metamorfico? (Scheda 1)
9. Per quali usi vengono impiegate le rocce scistose? (Scheda 2)

Con un testo sintetico rispondi alle seguenti domande

10. Che cosa si intende per "paragenesi"?
11. Come vengono definite le "facies metamorfiche"?
12. Cosa significa che una roccia è stata sottoposta a "retrocessione metamorfica"?
13. Quali sono le cause che possono provocare metamorfismo regionale?
14. Quali sono le condizioni affinché in una roccia si formi una struttura scistosa?
15. Gli gneiss sono il prodotto di un metamorfismo di alto grado. Quali rocce di partenza possono dare origine agli gneiss? Quali sono le rocce che si formano a gradi metamorfici intermedi?
16. Che cosa si intende per struttura milonitica e da che tipo di metamorfismo è generata?
17. Che cosa si intende con il termine commerciale "marmo"? (Scheda 2)
18. Perché è importante il fenomeno del polimorfismo nelle reazioni metamorfiche? (Scheda 1)

Quesiti

19. Con il termine "blastèsi" si indica:
    a. l'azione della temperatura sulle rocce.
    b. l'azione della pressione sulle rocce.
    c. la diversa intensità del processo metamorfico.
    d. la ricristallizzazione metamorfica.

20. I minerali indice vengono così chiamati perché:
    a. indicano la paragenesi di una roccia.
    b. indicano ristretti intervalli di temperatura e pressione.
    c. indicano ampi intervalli di temperatura e pressione.
    d. indicano la presenza di fluidi circolanti.

21. Il metamorfismo di contatto dipende:
    a. unicamente dalla pressione.
    b. dall'azione combinata di pressione e temperatura.
    c. unicamente dalla temperatura.
    d. unicamente dai fluidi circolanti.

22. La struttura massiccia di una roccia metamorfica è generata:
    a. da pressioni orientate.
    b. da movimenti a scala regionale della crosta terrestre.
    c. da ricristallizzazione ad alta temperatura.
    d. dalla pressione litostatica a grandi profondità.

23. La struttura occhiadina è caratteristica di:
    a. micascisti.
    b. gneiss.
    c. filladi.
    d. eclogiti.

24. Vero o falso?
    a. La facies scisti verdi è quella di più basso grado metamorfico. V F
    b. Le eclogiti sono rocce metamorfiche che si formano ad alte pressioni. V F
    c. La presenza di clorite in una roccia metamorfica indica un grado metamorfico elevato. V F
    d. L'orneblenda è un minerale tipico della facies anfiboliti. V F

25. Abbina lettere e numeri.
    a. prasiniti – b. gneiss – c. anfiboliti – d. filladi
    1. Possono avere struttura occhiadina. ....
    2. Sono rocce di basso grado metamorfico. ....
    3. Rocce della facies scisti verdi. ....
    4. Sono rocce costituire prevalentemente da plagioclasi e orneblenda. ....

26. Completa.
    a. La struttura milonitica è indice di un metamorfismo ....
    b. Le cornubianiti sono rocce che si formano per metamorfismo ....
    c. Le rocce scistose sono rocce che si formano per metamorfismo ....

27. Cancella il termine errato.
    a. Le rocce metamorfiche per fusione in profondità origineranno magmi *primari/anatettici* che potranno originare *batoliti/eruzioni vulcaniche acide*.
    b. I minerali che si formano in ristretti intervalli di temperatura e pressione si chiamano minerali *indice/guida*.
    c. Le rocce ignee intrusive possono raggiungere la superficie. L'azione degli agenti atmosferici può trasformarle in rocce *effusive/sedimentarie*.

28. Quali tra queste rocce si sono formate a grandi pressioni e temperature?
    a. anfiboliti.
    b. granuliti basiche.
    c. cornubianiti.
    d. scisti a glaucofane.

29 Rocce appartenenti alla facies degli scisti verdi sono:
- a prasiniti.
- b eclogiti.
- c gneiss.
- d micascisti.

30 Se si parla di facies anfiboliti si indica un metamorfismo di grado:
- a bassissimo.
- b basso.
- c intermedio.
- d alto.

31 I marmi derivano dal metamorfismo di:
- a rocce silicee.
- b rocce acide.
- c rocce basiche.
- d rocce calcaree.

32 Per reazioni di decarbonatazione si intende (Scheda 1):
- a reazioni che liberano anidride carbonica gassosa.
- b reazioni che formano carbonato di calcio.
- c reazioni che formano carbonato di calcio e liberano anidride carbonica gassosa.
- d reazioni che trasformano silicati di calcio in carbonato di calcio.

33 I micascisti sono (Scheda 2):
- a rocce con struttura scistosa che possono essere facilmente lavorate in lastre.
- b rocce a struttura occhiadina che possono essere facilmente lavorate in lastre.
- c rocce scistose che si utilizzano in lastre lucidate.
- d rocce a struttura occhiadina che formano grandi massicci della catena alpina, come il massiccio del Monte Bianco.

COMPETENZE

Leggi e interpreta

34 **I monti di Michelangelo sventrati per i dentifrici**

ROMA – "Noi tutti qui a Carrara chiediamo pietà. Pietà per il marmo, che da secoli è la vita della nostra gente. Pietà per le Alpi Apuane. Per i nostri paesaggi sconvolti e sventrati. Tra poco non parleremo più di montagne ma di bassopiano apuano...". Questo è ciò che afferma Mario Venutelli quando parla delle "sue" montagne. Venutelli è figlio di una delle più antiche famiglie di cavatori di marmi di Carrara, quei Magistri Marmorum che solo dopo un attento vaglio del pezzo estratto lo "certificavano" e lo affidavano agli artigiani e ai grandi artisti, che produssero opere immortali come Michelangelo Buonarroti. Ha nel sangue l'amore per le Alpi Apuane che in profondità custodiscono il bianco materiale che è sempre stato sinonimo di ricchezza: il marmo pregiato, ricercato in tutto il pianeta.

Purtroppo da dieci anni tutto è cambiato: "Si estraeva il marmo e si metteva da parte le scaglie e gli sfridi, cioè i frantumi. Finché non è stata scoperta una facile fonte di ricchezza: proprio gli scarti. Quindi il carbonato di calcio utilizzabile nelle industrie cosmetiche, nelle cartiere per patinare. Ottimo per fabbricare dentifrici, mangimi, coloranti, colle, persino filtri destinati alle centrali idroelettriche per evitare le piogge acide. E quel filtro, dopo l'uso, restituisce gesso nobile. Ovvero la base per il cemento". Una volta capito che tutto ciò poteva essere la fonte di ulteriori notevoli guadagni, è partito l'assalto per lo sfruttamento del materiale. Le Apuane oggi, per ogni estrazione, producono il 20% di marmo e l'80% di carbonato di calcio, come prevede una regolamentazione della Regione Toscana: le cifre sono impressionanti: cinque milioni di tonnellate estratte ogni anno nel distretto compreso tra Carrara e la Lucchesia, ma la gran parte riguarda Carrara. Un migliaio di camion ogni giorno partono dalle montagne, attraversano la città, la inquinano e scendono verso i porti da cui il materiale estratto verrà spedito nelle varie destinazioni. Un grave effetto di questa attività è la diffusione di casi di silicosi in rapido aumento: ci si ammala semplicemente respirando la polvere. La collettività locale non trae nessun beneficio: tutto il materiale che viene estratto è infatti portato via dalle multinazionali.

Liberamente tratto da Paolo Conti, Corriere della Sera, 10 luglio 2010

a. Individua nel brano i termini che hai incontrato nello studio di questa Unità.
b. Per quali attività nel passato veniva impiegato il marmo?
c. Per quali attività vengono utilizzati gli scarti di lavorazione?
d. L'attività estrattiva porta benefici alla popolazione locale?
e. Quali tipi di problemi sono legati al trasporto del materiale cavato?
f. Perché sono sempre più numerosi i casi di silicosi tra la popolazione?

Fai un'indagine

36 Fai un'indagine sul tipo di rocce metamorfiche utilizzate per l'edilizia e per i monumenti della tua città. Individua i tipi di rocce, il tipo di metamorfismo, il tipo di roccia originaria, le zone di estrazione e i problemi ambientali dovuti all'attività di cava.

37 Fai una ricerca sulle pietre da costruzione di origine metamorfica utilizzate nella tua città con particolare attenzione:
a. alla descrizione dei litotipi più utilizzati per edifici e monumenti;
b. alla loro provenienza;
c. alle problematiche legate alle zone dove viene cavato il materiale;
d. ai problemi ambientali delle zone di cave

Scienze della Terra - Sezione T1 Le rocce e i processi litogenetici

Osserva e rispondi

38 Riconosci il tipo di struttura delle rocce nelle seguenti immagini. Da che tipo di metamorfismo vengono prodotte?

Formula un'ipotesi

40 Dall'analisi macroscopica di una roccia risulta che è formata essenzialmente da serpentino e magnetite. Che cosa puoi dire sulla sua origine?
- **a** È una roccia che deriva dal metamorfismo di arenarie quarzose.
- **b** È una roccia che deriva dal metamorfismo regionale di rocce ultrabasiche.
- **c** È una roccia che deriva dal metamorfismo di contatto di rocce calcaree.
- **d** È una roccia che deriva dal metamorfismo di basso grado di rocce basiche.

41 Osservi uno strato roccioso fratturato e caratterizzato da un'intensa frantumazione della roccia che lo compone. Formula un'ipotesi sul tipo di metamorfismo cui è stato sottoposto:
- **a** metamorfismo di contatto.
- **b** metamorfismo cataclastico.
- **c** metamorfismo regionale di basso grado.
- **d** metamorfismo regionale di alto grado.

In English

42 What does it mean "metamorphism" in petrography?

43 What is the fundamental criterion that is considered for the classification of metamorphic rocks?

Usa i termini corretti

39 Completa il diagramma.

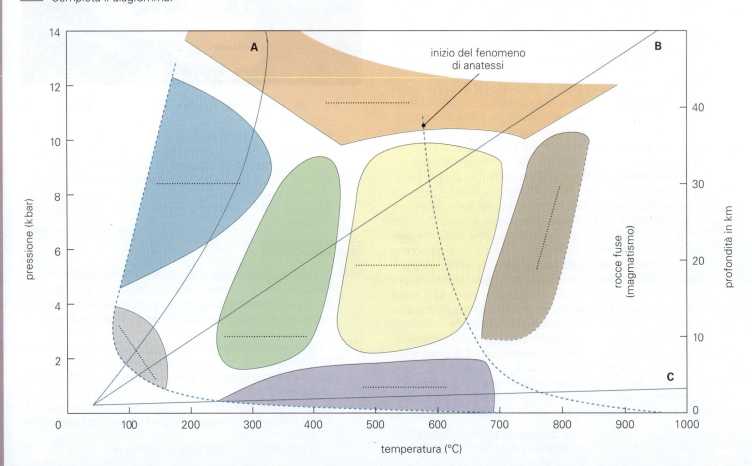

44 Riempi i rettangolini gialli indicando il tipo di rocce.

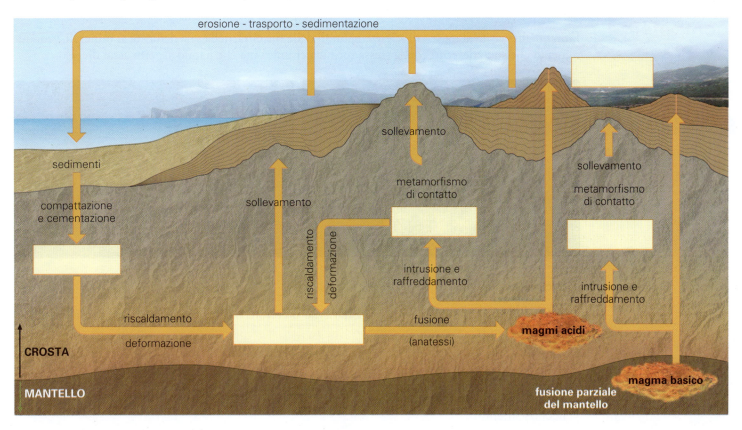

Organizza i concetti

45 Completa la mappa.

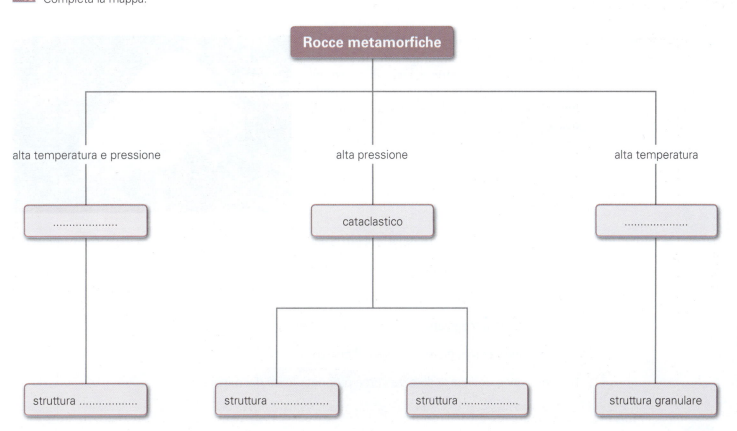

46 Costruisci una tabella con le principali serie metamorfiche.

Verso le competenze

Riconoscimento dei minerali

Durante una visita al museo di scienze naturali della tua città, nella sala dedicata ai minerali, vedi due minerali che sono descritti con la stessa formula chimica ma che hanno aspetto assai diverso.

Domanda 1
Proprietà dei minerali

a. In quale proprietà dei minerali ti sei imbattuto?

1. In nessuna proprietà: c'è stato sicuramente un errore nella compilazione del cartellino.
2. Polimorfismo
3. Il somorfismo

b. Perchè identificare l'abito cristallino di un minerale non è un'osservazione decisiva per il suo riconoscimento?

....
....
....

Domanda 2
La durezza

Stai passeggiando lungo un sentiero di montagna e trovi una roccia in cui spiccano in superficie alcuni cristalli trasparenti. Hai a disposizione un coltellino multiuso. Siccome l'abito cristallino è irregolare sei indeciso tra la calcite e il quarzo.

a. Con la lama del coltellino riesci a incidere la superficie del minerale. Puoi affermare che il minerale ha:

1. una durezza minore di 5 della scala di Mohs.
2. una durezza uguale a 5 della scala di Mohs.
3. una durezza maggiore di 5 della scala di Mohs.
4. una durezza maggiore di quella del quarzo.

b. Come viene definita la durezza come proprietà fisica dei minerali?

....
....
....

Le proprietà fisiche dei minerali

Stai passeggiando sulle rive del Ticino. Noti un piccolo ciottolo giallo che luccica alla luce del sole.
A prima vista sembra oro!

Domanda 3
Le proprietà fisiche

a. Cosa puoi fare per stabilire se si tratta effettivamente del prezioso metallo? Hai a disposizione: una bilancia, un cilindro graduato, dell'acqua e una tabella delle densità (oppure una tavola periodica).

....

....

b. Perché non si può riconoscere un minerale solo dal colore?

....

....

Riconoscimento di correlazioni stratigrafiche basate sulla presenza di fossili guida

Dopo aver fatto dei rilevamenti geologici in quattro diverse località (a, b, c, d) riesci a ricostruire le sezioni geologiche relative e riesci a correlare gli strati attraverso la presenza di fossili guida.

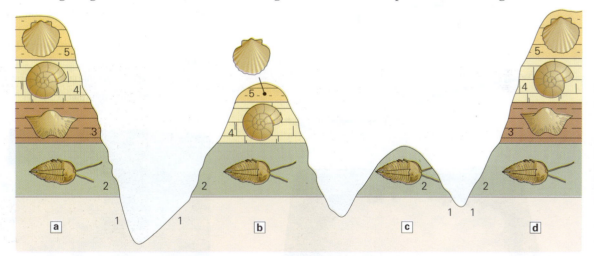

Domanda 4
Le successioni stratigrafiche

a. Cosa puoi affermare per le successioni stratigrafiche delle località a e d?

....

....

b. Cosa puoi dire per la successione della località b?

....

....

c. Cosa è successo nella località c?

....

....

Laboratorio

La crescita di sali di salgemma

Scopo
Osservare i cristalli di salgemma e la loro crescita.

Materiale occorrente
- Un normale bicchiere
- Acqua
- Sale fino da cucina
- Sale grosso
- Filo di cotone (da rammendo)
- Un cucchiaino
- Uno stuzzicadenti

Premessa
Il salgemma (NaCl) è il comune sale che utilizziamo in cucina.
È possibile osservare la crescita di cristalli di salgemma da una soluzione satura di acqua e sale.

Procedimento
- Riempi d'acqua un normale bicchiere.
- Prendi un cucchiaino da caffè e, poco per volta, versa nel bicchiere un pizzico di sale fino.
- Mescola fino a quando il sale non si sarà sciolto del tutto.
- Continua ad aggiungere sale fino a quando, pur continuando a mescolare, ne rimane un po' sul fondo del bicchiere: significa che la soluzione è satura, cioè contiene la quantità massima di sale che si può sciogliere in quella quantità d'acqua.
- Prendi un cristallo di sale grosso (quello che si usa per salare l'acqua per cuocere la pasta) e, con un po' di pazienza, legalo all'estremità di un sottile filo di cotone.
- L'altra estremità del filo di cotone va assicurata a un sostegno che può essere uno stuzzicadenti sufficientemente lungo, oppure una matita, che appoggerai sul bordo del bicchiere, in modo tale che il cristallo di sale si trovi sospeso nell'acqua.
- Fai evaporare l'acqua, magari mettendo il bicchiere sul calorifero per accelerare il processo.

Elaborazione
Controlla costantemente quello che accade e memorizza i cambiamenti che subisce il cristallo.

Dopo qualche giorno sarai in grado di rispondere alle seguenti domande:

a. Che trasformazioni ha subito il cristallo immerso nel bicchiere?
b. Qual è l'abito cristallino dei cristalli di salgemma?

Chimica

Sezione C1

Dall'atomo ai composti inorganici

Unità
1. L'atomo: i modelli del passato
2. L'atomo: il modello a orbitali
3. Il sistema periodico e le proprietà periodiche
4. Il legame chimico
5. Le classi dei composti inorganici e la loro nomenclatura

Obiettivi

Conoscenze

Dopo aver studiato questa Sezione sarai in grado di:

→ illustrare l'evoluzione dei modelli teorici atomici avvenuta nel corso del XX secolo;

→ descrivere le caratteristiche degli atomi secondo la moderna meccanica quantistica (orbitali e livelli energetici);

→ esporre le caratteristiche della moderna tavola periodica;

→ evidenziare l'andamento periodico di alcune proprietà degli elementi;

→ spiegare le differenze esistenti tra i diversi tipi di legami chimici e i motivi della tendenza degli atomi a legarsi tra loro;

→ esporre e spiegare le differenti teorie esistenti sul legame chimico (teoria dell'ottetto, teoria VB, teoria OM, delocalizzazione, ibridazione);

→ evidenziare le differenti proprietà delle diverse classi di composti chimici esistenti e spiegare i princìpi su cui si basano la nomenclatura tradizionale e quella IUPAC.

Competenze

Dopo aver studiato questa Sezione e aver eseguito le Verifiche sarai in grado di:

→ utilizzare la corretta terminologia per enunciare teorie, regole e leggi (modelli atomici, teorie sul legame chimico ecc.) e metodi appropriati di rappresentazione del comportamento degli atomi (diagrammi a punti, grafici, formule elettroniche ecc.);

→ interpretare dati e informazioni provenienti da fonti diverse (tavola periodica, grafici, diagrammi a punti ecc.);

→ formulare ipotesi per spiegare fenomeni osservati in laboratorio, online o descritti nel testo;

→ utilizzare la nomenclatura IUPAC e quella tradizionale.

L'atomo: i modelli del passato

unità 1

La teoria atomica di Dalton definiva l'atomo come l'unità fondamentale della materia e lo riteneva indivisibile e inalterabile. Ma nel corso del XX secolo le conoscenze sull'atomo subirono una profonda evoluzione: furono elaborati modelli atomici sempre più adeguati a spiegare i dati sperimentali.

1 C'è qualcosa dentro gli atomi!

La teoria atomica di Dalton asseriva che gli atomi degli elementi chimici erano indivisibili e inalterabili. Tuttavia, tra il XVIII e il XIX secolo, una diversa interpretazione dei fenomeni elettrici e nuove importanti scoperte scientifiche dimostrarono che questa ipotesi non corrispondeva alla realtà.

1.1 Elettrizzazione, pila, elettrolisi: la natura elettrica della materia

Sin dall'antichità era noto che l'ambra, una resina fossile, acquisisce la capacità di attrarre a sé oggetti molto leggeri (pagliuzze, capelli, grani di polvere ecc.) se strofinata con un panno di lana. La stessa proprietà è comune ad altri materiali, come il vetro e la plastica.

Si dice che i corpi, per sfregamento, si elettrizzano, cioè acquistano una **carica elettrica** (▶1).

Un corpo privo di carica è definito **elettricamente neutro**, se è dotato di carica è detto **elettricamente carico**.

Esistono due tipi di cariche elettriche, chiamate convenzionalmente **carica positiva** e **carica negativa** e indicate con + e −. Il vetro strofinato, per esempio, si carica positivamente; il plexiglas e l'ebanite, invece, si caricano negativamente.

Cariche dello stesso segno si respingono, mentre cariche di segno opposto si attraggono (▶2). In entrambi i casi, l'intensità F della **forza elettrostatica** con cui interagiscono due quantità q_1 e q_2 di carica elettrica poste a una distanza r l'una dall'altra è descritta da una legge formulata da Charles-Augustin de Coulomb (1736-1806). In suo onore è stata chiamata **coulomb** (simbolo **C**) l'unità di misura della quantità di carica elettrica.

Figura 1 Elettrizzazione per sfregamento.

Per elettrizzare alcuni materiali, come la plastica di una penna biro, è sufficiente strofinarli.

Un oggetto elettrizzato attrae pezzetti di carta e, in generale, frammenti di materiali leggeri.

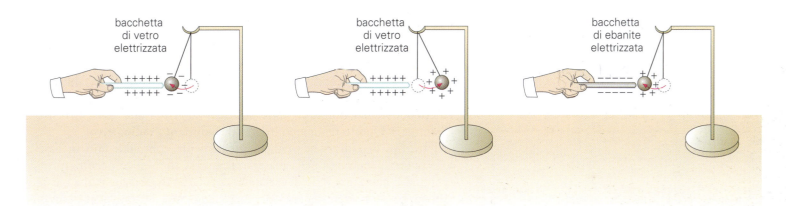

Una bacchetta di vetro elettrizzata (positiva) esercita una forza attrattiva su una sfera carica negativamente.

Una bacchetta di vetro elettrizzata (positiva) esercita una forza repulsiva su una sfera carica positivamente.

Una bacchetta di ebanite elettrizzata (negativa) esercita una forza attrattiva su una sfera carica positivamente.

Figura 2 Due corpi elettrizzati si respingono se la loro carica è dello stesso segno, si attraggono se è di segno opposto.

> La **legge di Coulomb** afferma che l'intensità della forza elettrostatica di repulsione o di attrazione tra due corpi elettricamente carichi è direttamente proporzionale al prodotto delle loro cariche e inversamente proporzionale al quadrato della loro distanza.

In simboli,

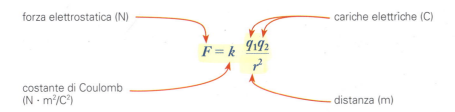

forza elettrostatica (N) — cariche elettriche (C)

$$F = k \frac{q_1 q_2}{r^2}$$

costante di Coulomb (N · m²/C²) — distanza (m)

La costante k, detta **costante di Coulomb**, dipende dal materiale interposto tra le cariche; se queste sono nel vuoto (o nell'aria) vale $9{,}0 \cdot 10^9$ N · m²/C².

Le cariche elettriche si possono trasferire da un corpo all'altro: se tocchiamo un oggetto metallico neutro con un altro elettricamente carico, il primo assume una carica dello stesso segno del secondo. Inoltre se due oggetti con carica elettrica opposta si toccano diventano neutri: ciò fa ipotizzare che un corpo elettricamente neutro possieda, al suo interno, sia cariche positive sia cariche negative in ugual numero.

Ma le cariche elettriche non si limitano a trasferirsi da un corpo all'altro. Nel 1800 Alessandro Volta (1745-1827) riuscì a produrre un flusso di cariche elettriche, ossia una **corrente elettrica**, per mezzo di un dispositivo in cui si verificavano reazioni chimiche: la **pila** (▶3). Successivamente gli inglesi William Nicholson (1753-1815) e Humphry Davy (1778-1829) riuscirono a far avvenire, per mezzo dell'elettricità, alcune reazioni chimiche come la decomposizione dell'acqua in idrogeno e ossigeno: il processo fu chiamato **elettrolisi**.

Si fece in tal modo evidente l'esistenza di uno stretto rapporto tra materia ed elettricità. La materia, però, è costituita da atomi: si doveva quindi supporre che ogni atomo possedesse una "natura elettrica" e non fosse l'entità elementare ipotizzata da Dalton?

> I **fenomeni elettrici** (elettrizzazione dei corpi, pila, elettrolisi) si possono spiegare immaginando che all'interno degli atomi neutri siano presenti, in ugual numero, particelle dotate di carica elettrica opposta e che particelle cariche possano trasferirsi da un atomo all'altro.

Figura 3 La pila di Volta.

1.2 La radioattività: atomi in trasformazione

Alla fine del XIX secolo gli studi sulla radioattività portarono prove inconfutabili a sostegno di una nuova concezione dell'atomo, non più indivisibile né inalterabile. Si scoprì infatti che alcuni elementi chimici instabili, come l'uranio e il radio, si trasformano spontaneamente in elementi più leggeri emettendo radiazioni: a seconda dei casi, raggi α ("alfa"), β ("beta") e γ ("gamma"). Questo fenomeno è detto **decadimento radioattivo**.

I tre tipi di radiazione vennero inizialmente contraddistinti in base al loro potere penetrante nella materia: i raggi α sono poco penetranti e per schermarli basta un foglio di carta; per arrestare i raggi β serve una più consistente lastra di alluminio; per bloccare i raggi γ occorrono lastre di piombo di alcuni centimetri di spessore.

Successivamente si scoprì che i raggi α e i raggi β erano particelle dotate di carica elettrica di segno opposto e i raggi γ radiazioni elettromagnetiche simili ai raggi X. Il fatto che alcuni atomi potessero trasformarsi uno nell'altro emettendo corpuscoli e radiazioni confermava l'ipotesi dell'esistenza di particelle subatomiche.

Facciamo il punto

1 Completa le frasi.

a. L'intensità della forza elettrostatica di repulsione o di attrazione tra due corpi elettricamente carichi è direttamente proporzionale al .... delle loro .... e inversamente proporzionale al .... della loro ....

b. Il .... può produrre radiazioni di tipo α, β e γ.

2 La scoperta delle particelle subatomiche

Una serie di importanti esperimenti effettuati a cavallo tra il XIX e il XX secolo portò alla scoperta dell'esistenza di tre corpuscoli: l'**elettrone**, il **protone** e il **neutrone**.

2.1 L'elettrone: la carica elementare negativa

La scoperta dell'elettrone si deve al tedesco Eugen Goldstein (1850-1930) e agli inglesi William Crookes (1832-1919) e Joseph J. Thomson (1856-1940), che effettuarono esperimenti sui gas rarefatti facendo uso di un particolare dispositivo, il **tubo catodico** (▶4). Si tratta, nella sua forma originaria, di un tubo di vetro in cui sono collocate due piastre metalliche, gli **elettrodi**, che vengono collegate ai due poli di un generatore di corrente elettrica.

Dopo aver immesso un gas nel tubo (elio, neon, ossigeno ecc.) si aziona il generatore: uno dei due elettrodi si carica negativamente (il **catodo**) e l'altro positivamente (l'**anodo**). Contemporaneamente si collega il tubo catodico a una pompa a vuoto che aspira un poco alla volta il gas, provocando una graduale diminuzione della pressione interna. All'inizio, tra i due elettrodi si producono delle scariche elettriche irregolari, ma quando si raggiungono condizioni di estrema rarefazione del gas (intorno a 10^{-6} atm) il tubo si oscura completamente. Solo allora si può notare una debole fluorescenza sulla parete di vetro opposta al catodo, prodotta da radiazioni che si originano dal catodo e vanno verso l'anodo: sono i **raggi catodici**.

Da che cosa sono costituiti i raggi catodici? Fu Thomson a trovare la risposta a questo interrogativo, effettuando alcune prove.

→ Interpose un mulinello (▶5) lungo il percorso dei raggi e vide che questo

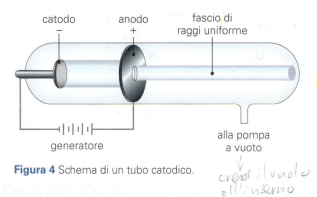

Figura 4 Schema di un tubo catodico.

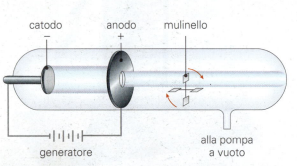

Figura 5 Il movimento del mulinello dimostra che i raggi catodici sono costituiti da corpuscoli.

si metteva in movimento. Verificò così che i raggi catodici erano costituiti da corpuscoli, dotati di massa. Solo in questo caso, infatti, essi potevano trasferire energia cinetica al mulinello.

→ Applicò un campo elettrico trasversalmente alla direzione dei raggi e osservò che essi deviavano verso il polo positivo (▶6). Concluse quindi che erano particelle con carica elettrica negativa.

Thomson ipotizzò che queste particelle venissero in parte prodotte dal catodo e che in parte provenissero dagli atomi del gas presente nel tubo: l'intensità dei raggi, infatti, era maggiore quando la pressione (quindi la densità del gas) era più elevata. Cambiò sia il materiale del catodo sia il gas e scoprì che le particelle non mutavano le loro caratteristiche. Precisamente, il rapporto tra la loro carica e la loro massa rimaneva costante.

> I **raggi catodici** sono particelle dotate di carica negativa che non modificano le loro caratteristiche in base al materiale che li produce: sono quindi presenti negli atomi di tutti gli elementi. A essi fu dato il nome di **elettroni**.

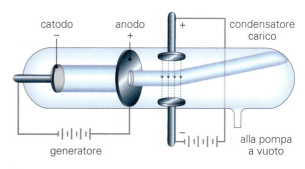

Figura 6 I raggi catodici deviano verso la lamina positiva di un condensatore che genera un campo elettrico trasversale: ciò dimostra che sono carichi negativamente.

2.2 Il protone: la carica elementare positiva

Utilizzando un tubo catodico dotato di un catodo forato, Goldstein scoprì la presenza di radiazioni che si muovevano dall'anodo verso il catodo, cioè in senso opposto rispetto ai raggi catodici (▶7). Vennero chiamate **raggi canale** o **raggi positivi**: si trattava di particelle cariche positivamente, decisamente più pesanti degli elettroni, che modificavano la loro carica e la loro massa in funzione del gas contenuto all'interno del tubo.

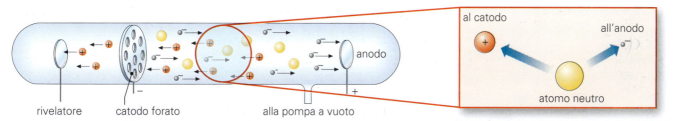

Figura 7 Il fatto che i raggi canale si dirigano dall'anodo verso il catodo indica che sono costituiti da corpuscoli dotati di carica positiva.

Scheda 1 Il tubo catodico

Il tubo catodico ha dato origine a una delle più importanti invenzioni del XX secolo: il televisore. Il tradizionale schermo del televisore non è altro che la parte terminale di un tubo catodico e le immagini che noi vediamo su di esso si formano per l'azione di un fascio di elettroni che lo colpisce.
Lo schermo è infatti internamente ricoperto da sostanze che si illuminano più o meno intensamente in base all'intensità del flusso di elettroni in arrivo. Il fascio di elettroni è in continuo movimento, dando origine a una serie di righe orizzontali che riempiono molto rapidamente tutto lo schermo e forniscono l'immagine complessiva che noi vediamo. Anche i monitor tradizionali dei computer funzionano in questo modo, mentre i moderni televisori e monitor a LCD o al plasma si basano su tecnologie del tutto diverse.
Negli schermi LCD sono utilizzati i cristalli liquidi, che hanno la capacità di variare il loro comportamento ottico se sottoposti a un campo magnetico. Negli schermi ultrapiatti, invece, si sfruttano le proprietà di quel particolare stato della materia chiamato plasma, in cui non esistono più gli atomi perché gli elettroni si sono separati dai nuclei e si muovono liberamente.

Figura 1 Lo schermo dei televisori di un tempo era costituito dalla parte terminale di un tubo catodico.

Goldstein ipotizzò che si trattasse degli atomi del gas che, urtati dai raggi catodici, perdevano elettroni, trasformandosi in atomi dotati di carica positiva, ossia in **ioni positivi**. La massa di queste particelle, infatti, era pressoché uguale alla massa degli atomi del gas presente nel tubo.

Scoprì inoltre che i valori delle cariche degli ioni erano multipli interi di un valore minimo, quello riscontrato quando si utilizzava, come gas, l'idrogeno. Alcuni anni dopo si comprese che tutti gli atomi contenevano un numero variabile di particelle positive, i **protoni**, e che il valore minimo di carica misurato con l'idrogeno era dovuto al fatto che in esso è presente un solo protone.

> I **protoni** sono particelle positive presenti, in numero variabile, in tutti gli atomi.

2.3 Il neutrone: una particella priva di carica

Negli anni successivi alla scoperta di elettroni e protoni si scoprì che la massa degli atomi era superiore a quella prevista teoricamente; l'elio, per esempio, ha massa atomica relativa uguale a 4 u, ma in esso sono presenti solo due protoni (la massa degli elettroni è irrilevante e la massa di un singolo protone è circa uguale a 1 u). Si ipotizzò quindi l'esistenza di un'altra particella elementare, il **neutrone**. Questo fu isolato solo nel 1932 da James Chadwick, che bombardò con raggi α una lamina di berillio in modo da disintegrarne gli atomi.

> I **neutroni** sono particelle prive di carica, di massa molto simile a quella del protone, presenti negli atomi in numero variabile.

2.4 Caratteristiche generali delle particelle subatomiche

La **TABELLA 1** riassume le caratteristiche fondamentali di elettroni, protoni e neutroni. È da notare che la massa del protone e quella del neutrone sono, rispettivamente, 1835 e 1837 volte superiori alla massa dell'elettrone.

Nella tabella le cariche elettriche sono espresse in rapporto al valore assoluto della carica dell'elettrone (uguale a $1,6 \cdot 10^{-19}$ C), assunto come carica unitaria.

TABELLA 1 Particelle subatomiche e loro proprietà

Particella	Simbolo	Massa (u)	Massa (kg)	Carica
elettrone	e^-	0,00549	$9,11 \cdot 10^{-31}$	−1
protone	p	1,007276	$1,673 \cdot 10^{-27}$	1
neutrone	n	1,008665	$1,675 \cdot 10^{-27}$	0

Un protone e un neutrone liberi hanno massa lievemente superiore a 1 u (un dodicesimo della massa del carbonio-12) poiché quando formano i nuclei degli atomi (per fusione nucleare) queste particelle perdono una piccola parte della loro massa.

Facciamo il punto

2 Come sono stati scoperti gli elettroni?

3 Completa la frase.

Gli .... hanno carica negativa, i .... carica positiva, i .... non hanno carica.

3 I primi modelli atomici: Thomson e Rutherford

La scoperta degli elettroni diede a Thomson la possibilità di elaborare un primo modello atomico.

3.1 Il modello di Thomson

Secondo lo scienziato inglese l'atomo era una sfera dotata di una carica positiva diffusa, con gli elettroni distribuiti uniformemente al suo interno come le uvette in un panettone, da cui il nome di "modello a panettone" o, in originale, *plum pudding* (▶8).

L'atomo di Thomson è neutro, poiché gli elettroni negativi bilanciano la carica positiva, ed è sostanzialmente omogeneo in tutte le sue parti.

Questo modello spiegava correttamente la trasformazione di un atomo in ione con la perdita o l'acquisto di elettroni, ma venne ben presto abbandonato perché in contraddizione con i risultati ottenuti nel 1909 dai fisici Ernest Rutherford, Hans Geiger ed Ernest Marsden in uno storico esperimento.

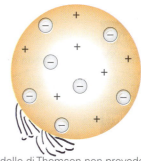

Figura 8 Il modello di Thomson non prevede l'esistenza dei protoni nell'atomo.

Joseph John Thomson

(Cheetham Hill, Manchester, 1856 - Cambridge, 1940)
La sua fama è legata soprattutto alle ricerche sulla conducibilità elettrica dei gas rarefatti, nel corso delle quali egli riuscì, nel 1897, a calcolare il rapporto tra la carica e la massa delle particelle che costituiscono i raggi catodici. I suoi studi sui raggi canale, d'altro canto, posero le basi per la scoperta degli isotopi. Vinse il Nobel per la Fisica nel 1906.

Esperimento di Rutherford
Le deviazioni delle particelle α

3.2 L'esperimento di Rutherford, Geiger e Marsden

Un fascio di particelle α (costituite da due protoni e due neutroni), emesse da una sostanza radioattiva, fu lanciato contro una sottilissima lamina d'oro, nel cui spessore vi erano poche migliaia di atomi. Uno schermo fluorescente venne posizionato tutt'intorno alla lamina d'oro, in modo da evidenziare l'arrivo di ogni particella α con la produzione di un lampo di luce. In questo modo fu possibile ricostruire la traiettoria percorsa dalle particelle dopo l'impatto con la lamina (▶9).

Figura 9 Lo schema e il risultato dell'esperimento di Rutherford, Geiger e Marsden.

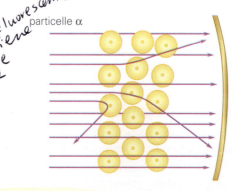

Un fascio di raggi α proveniente da una sorgente radioattiva viene inviato contro una sottile lamina d'oro, al centro di uno schermo fluorescente di forma circolare.

Per la maggior parte le particelle α attraversano indisturbate la lamina, ma alcune, che più si avvicinano ai nuclei degli atomi di cui essa è formata, vengono deviate o respinte.

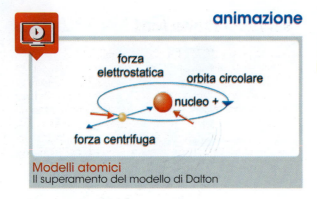

Modelli atomici
Il superamento del modello di Dalton

Si scoprì che la grandissima maggioranza delle particelle attraversava la lamina senza subire deviazioni, ma un certo numero di esse subiva deviazioni più o meno consistenti (angoli di deflessione tra 1° e 90°) e circa una su diecimila veniva addirittura respinta (angoli di deflessione maggiori di 90°).

Convinto che il modello atomico di Thomson fosse corretto, Rutherford si stupì soprattutto per quest'ultimo fenomeno, poiché i leggerissimi elettroni non potevano deviare le pesanti particelle α lanciate a grande velocità. E infatti disse: "Fu come sparare un proiettile da 15 pollici contro un foglio di carta e vedersi respingere il proiettile!".

I collaboratori di Rutherford studiarono gli angoli di deviazione delle particelle α dopo l'impatto con la lamina e si resero conto che questi erano compatibili con la legge di Coulomb: le deviazioni erano dunque prodotte da un'interazione elettrica di tipo repulsivo con particolari punti, piccolissimi e di carica positiva, interni alla lamina.

3.3 Il modello planetario di Rutherford

In base al risultato del suo esperimento, Rutherford costruì un modello atomico avente al centro il **nucleo**, costituito da un certo numero di protoni, e intorno gli **elettroni**, in ugual numero rispetto ai protoni e in movimento rapidissimo su orbite circolari: l'atomo appariva come un minuscolo sistema planetario, in cui il nucleo corrispondeva al Sole e gli elettroni ai pianeti (▶10).

Nel **modello planetario** proposto da Rutherford i nuclei, che ospitano i protoni, sono dotati di carica positiva e in essi è contenuta la quasi totalità della massa dell'atomo, data l'enorme differenza di massa tra protoni ed elettroni.

Il diametro di un atomo è da 10 000 a 100 000 volte maggiore di quello del suo nucleo (a seconda degli atomi). Ciò significa che, per esempio, se un atomo avesse il diametro di 10 (o 100) km, il suo nucleo avrebbe il diametro di 1 m soltanto! Poiché, inoltre, gli elettroni che occupano lo spazio intorno al nucleo sono di gran lunga più piccoli dei nuclei stessi, possiamo concludere che un atomo è quasi del tutto vuoto: lo dimostra il fatto che solo una piccolissima percentuale di particelle α passa talmente vicino ai nuclei degli atomi d'oro da essere deviata e ancora più raramente si dirige direttamente contro un nucleo, così da venirne respinta.

Occorreva però spiegare come mai gli elettroni presenti negli atomi, essendo carichi negativamente, non cadessero per attrazione elettrica sui nuclei, di carica positiva. Rutherford ipotizzò che ogni elettrone fosse sottoposto a due forze contrapposte in perfetto equilibrio: la forza elettrostatica attrattiva, che lo teneva vincolato al nucleo, e la forza centrifuga, legata al rapido moto di rotazione dell'elettrone stesso, che ne impediva la caduta sul nucleo (▶11).

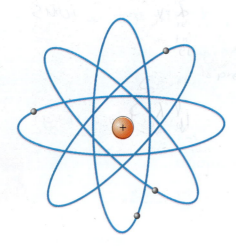

Figura 10 Modello atomico di Rutherford.

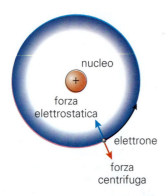

Figura 11 Secondo Rutherford un elettrone atomico è sottoposto a due forze che si controbilanciano: l'attrazione elettrica da parte del nucleo e la forza centrifuga.

3.4 Nel nucleo sono presenti anche i neutroni

Gli studi sul nucleo dell'atomo effettuati negli anni successivi all'elaborazione del modello atomico di Rutherford evidenziarono che la massa degli atomi dei differenti elementi variava in modo diverso rispetto alla carica positiva del loro nucleo, ossia al numero dei protoni che possedevano. Lo stesso Rutherford aveva dimostrato che i nuclei di elio erano quattro volte più pesanti di quelli di idrogeno, mentre la loro carica nucleare positiva era solo il doppio di quella dell'idrogeno (quindi possedevano solo due protoni).

Per elementi di massa atomica maggiore la differenza tra carica nucleare e massa atomica si faceva sempre più evidente. Solo con la scoperta dei neutroni si capì che nei nuclei atomici, ad eccezione del nucleo dell'atomo di idrogeno, sono contenute anche queste particelle, con la funzione di fare da "cuscinetto" tra i protoni, ossia di ridurne la reciproca repulsione elettrica.

Facciamo il punto

4 Come si comportano le particelle dopo aver attraversato la lamina d'oro, nel corso dell'esperimento di Rutherford, Geiger e Marsden?

5 Perché nel modello atomico planetario gli elettroni non cadono sul nucleo, secondo Rutherford?

4 Numero atomico, numero di massa e isotopi

Il modello atomico planetario, per quanto superato da successivi modelli teorici, prevede l'esistenza del nucleo e quindi permette di introdurre due concetti fondamentali: il numero atomico e il numero di massa.

4.1 Numero atomico

> Il **numero atomico** Z è il numero di protoni presenti nel nucleo di un atomo.

Atomi dello stesso elemento hanno il medesimo numero atomico, che è quindi caratteristico dell'elemento. L'idrogeno, ad esempio, ha numero atomico $Z = 1$, poiché ha un solo protone nel nucleo, mentre l'elio ha $Z = 2$, perché ha due protoni nel nucleo.

Il numero atomico di un elemento viene scritto in basso a sinistra del simbolo:

$$_1H \quad _6C \quad _7N \quad _8O \quad _{92}U$$

4.2 Numero di massa

> Il **numero di massa** A è la somma del numero di protoni Z e del numero di neutroni N presenti nel nucleo di un atomo.

Si ha, cioè:

$$A = Z + N$$

da cui $N = A - Z$.

Il numero di massa si scrive in alto a sinistra del simbolo dell'elemento:

$$^1H \quad ^{12}C \quad ^{14}N \quad ^{16}O \quad ^{235}U$$

(si può anche scrivere: idrogeno-1, carbonio-12 ecc.).
Spesso si indicano sia il numero atomico sia quello di massa:

$$^1_1H \quad ^{12}_6C \quad ^{14}_7N \quad ^{16}_8O \quad ^{235}_{92}U$$

In generale, chiamando X il simbolo dell'elemento,

$$^A_Z X$$

Qualsiasi atomo rappresentato in questo modo per evidenziarne le caratteristiche nucleari è detto **nuclide**.

4.3 Gli isotopi: stesso numero di protoni ma diverso numero di neutroni

Gli atomi di uno stesso elemento chimico hanno il medesimo numero atomico, ma non obbligatoriamente lo stesso numero di massa, poiché possono possedere un diverso numero di neutroni.

> Si definiscono **isotopi** i nuclidi di un elemento aventi uguale numero atomico e diverso numero di massa. Possiedono identiche proprietà chimiche, ma massa diversa.

Ernest Rutherford

(Brightwater, 1871 - Cambridge, 1937)
Nato in Nuova Zelanda, si trasferì ben presto in Inghilterra. Qui divenne allievo di Joseph J. Thomson e successivamente professore di fisica a Cambridge, dove rimase sino alla morte. Si occupò della struttura dell'atomo e dei processi nucleari. Scoprì l'esistenza del nucleo atomico ed elaborò il noto modello atomico planetario. Vinse il Nobel per la Chimica nel 1908 per i suoi studi sulla radioattività.

videotutorial

Il calcolo della massa atomica

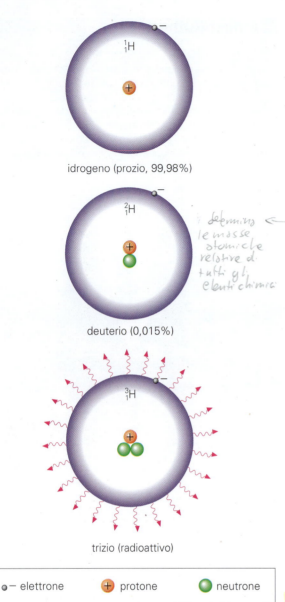

Figura 12 I tre isotopi dell'idrogeno naturale.

La maggior parte degli elementi chimici è una miscela di isotopi, presenti in natura in percentuali differenti ma costanti nel tempo. Il caso più noto è quello dell'idrogeno (Z = 1), di cui esistono tre isotopi (▶12):

→ l'**idrogeno normale** ^1_1H, o **pròzio**, con nucleo formato da un solo protone, che costituisce il 99,985% della miscela isotopica;
→ il **deuterio** ^2_1H, con un protone e un neutrone nel nucleo, che costituisce lo 0,015%;
→ il **trizio** ^3_1H, con un protone e due neutroni, presente nella miscela in percentuale irrilevante.

Un altro esempio importante è quello del carbonio (Z = 6), anch'esso con tre isotopi: $^{12}_6C$, $^{13}_6C$ e $^{14}_6C$. Il carbonio-14 è un isotopo radioattivo utilizzato per la datazione dei fossili.

Possiamo ora capire il motivo per cui la massa atomica relativa, a differenza del numero di massa, non è mai un numero intero, nonostante i protoni e i neutroni abbiano massa praticamente uguale a 1 u e la massa degli elettroni, molto minore, sia ininfluente nel computo finale.

La massa atomica di un elemento è la **media ponderata** delle masse atomiche degli isotopi che lo costituiscono. Per media ponderata si intende una media che tiene conto dell'abbondanza percentuale di ogni isotopo in natura (**abbondanza isotopica**).

Il potassio, per esempio, esiste come ^{39}K (93,2%) e ^{41}K (6,8%).
La sua massa atomica si ricava così:

$$\frac{39 \cdot 93,2 + 41 \cdot 6,8}{100} = 39,1$$

e questo valore corrisponde alla misura sperimentale.

4.4 Gli atomi possono perdere o acquistare elettroni: cationi e anioni

Un atomo neutro contiene lo stesso numero di protoni e di elettroni; il numero di elettroni però può variare.

> Un atomo che perde uno o più elettroni si trasforma in uno **ione positivo**, o **catione**.

Ogni catione si rappresenta con il suo simbolo, indicando la sua carica in alto a destra:

Ca^{2+} Na^+ K^+

> Un atomo che acquista uno o più elettroni si trasforma in uno **ione negativo**, o **anione**.

Gli anioni si rappresentano in modo analogo ai cationi:

Cl^- F^- S^{2-}

In generale,

numero di cariche elementari negative → X^{n-} oppure X^{n+} ← numero di cariche elementari positive

simbolo chimico   simbolo chimico

dove n rappresenta il numero di cariche elettriche elementari possedute dall'atomo.

Facciamo il punto

6 Scegli tra le due alternative.
Il numero *atomico/di massa* è il numero di protoni presenti nel nucleo di un atomo.

7 Completa le frasi.
a. Gli isotopi sono nuclidi con uguale numero .... ma diverso numero ....
b. L'atomo $^{39}_{20}X$ possiede .... protoni e .... neutroni.

5 La doppia natura della luce: ondulatoria e corpuscolare

Prima di proseguire il nostro discorso sui modelli atomici dobbiamo chiarire alcuni aspetti del comportamento della luce, uno strumento essenziale per lo studio della struttura più intima della materia.

Per molto tempo i fisici si sono interrogati sulla reale natura della luce, proponendo teorie spesso contrastanti. Intorno alla metà del XVII secolo, Isaac Newton (1643-1727) ipotizzò che la luce fosse un flusso di piccolissime particelle di materia (**modello corpuscolare**); l'olandese Christiaan Huygens (1629-1695), al contrario, era del parere che la luce si propagasse come un'onda (**modello ondulatorio**). Nel XIX secolo prevalse la seconda ipotesi: il fisico scozzese James C. Maxwell (1831-1879) definì la luce un'**onda elettromagnetica**, e le sue idee trovarono conferma nel lavoro sperimentale del tedesco Heinrich R. Hertz (1857-1894). Il problema sembrò trovare così una soluzione definitiva.

5.1 La natura ondulatoria della luce

Per chiarire che cos'è un'onda elettromagnetica è utile partire da un esempio concreto: se gettiamo un sasso nell'acqua, vediamo formarsi delle onde che si allontanano dal punto in cui si sono generate.

In realtà questo movimento orizzontale riguarda solo l'energia trasportata dall'onda ma non interessa l'acqua, che si limita a oscillare verticalmente (per verificarlo è sufficiente osservare il movimento di qualsiasi oggetto galleggiante, che si solleva e poi si abbassa al passare dell'onda, ma non si sposta orizzontalmente).

In questo tipo di onde, quindi, il mezzo materiale oscilla perpendicolarmente alla direzione di propagazione dell'onda (anche le onde sismiche sono di questo tipo).

> Un'**onda** è un fenomeno di propagazione dell'energia che non comporta trasporto di materia.

Onda elettromagnetica

Anche la luce è un'onda che trasporta energia, ma si distingue dalle altre perché a oscillare non sono particelle di materia, bensì due campi, uno elettrico e uno magnetico, che variano periodicamente di intensità su due piani perpendicolari tra loro e alla direzione in cui l'onda si propaga nello spazio (▶13).

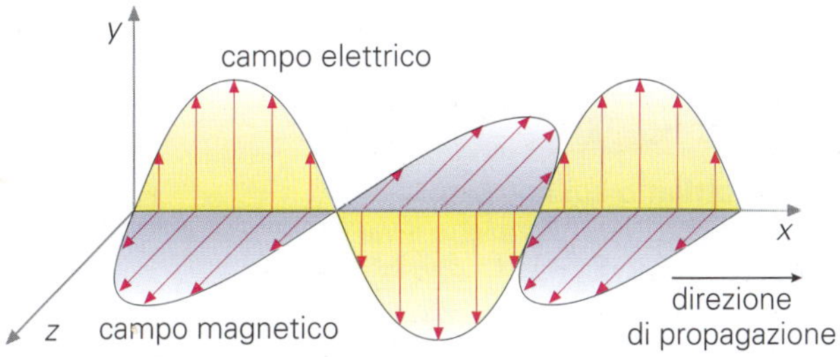

Figura 13 Rappresentazione di un'onda elettromagnetica: i due campi oscillano perpendicolarmente tra loro e contemporaneamente si spostano nello spazio.

La luce non è quindi la perturbazione di un mezzo materiale, ed è per questo motivo che, a differenza delle altre onde, viaggia anche nel vuoto. Tutte le onde, indistintamente, sono definite dagli stessi parametri:

→ la **lunghezza d'onda** λ, ossia la distanza tra due massimi (creste) o due minimi (ventri) successivi dell'onda (▶14), che si misura in metri;

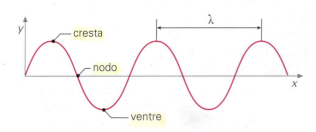

Figura 14 La lunghezza d'onda λ.

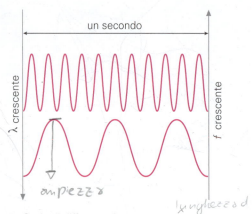

Figura 15 Onde di differente frequenza.

- **la frequenza** f, ossia il numero di oscillazioni nell'unità di tempo (▶15), che si misura in hertz (simbolo Hz, 1 Hz = 1 s^{-1});
- **la velocità di propagazione** v, che assume valori diversi a seconda del tipo di onda e del mezzo in cui si propaga.

La frequenza e la lunghezza d'onda sono inversamente proporzionali l'una all'altra e il loro prodotto corrisponde alla velocità di propagazione (costante). Questa, nel caso delle onde elettromagnetiche nel vuoto, si indica con c ed è uguale a $3{,}00 \cdot 10^8$ m/s.

Per la luce che si propaga nel vuoto (o nell'aria) possiamo pertanto scrivere la seguente relazione:

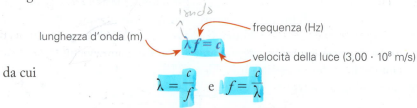

da cui

$$\lambda = \frac{c}{f} \quad \text{e} \quad f = \frac{c}{\lambda}$$

La **luce visibile**, percepita dall'occhio umano, è solo una piccola parte dello **spettro elettromagnetico**, cioè dell'insieme delle radiazioni elettromagnetiche esistenti nell'universo, che si differenziano tra loro per frequenza e lunghezza d'onda (▶16).

Figura 16 Lo spettro elettromagnetico.

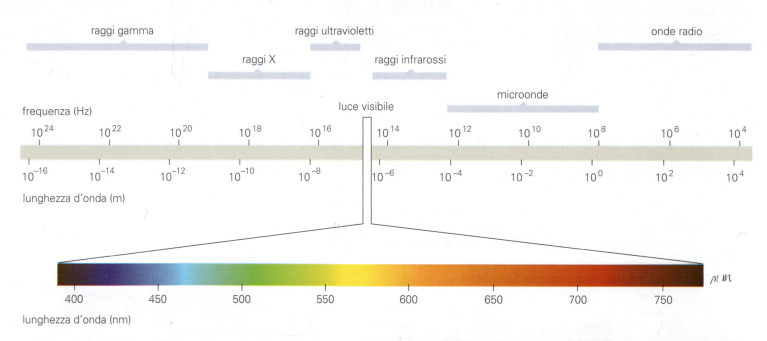

Risolviamo insieme

Di che colore è quell'onda?
Calcoliamo la lunghezza d'onda di un radiazione elettromagnetica avente una frequenza di $4{,}80 \cdot 10^{14}$ Hz. Di quale settore dello spettro elettromagnetico fa parte?

■ **Dati e incognite**
$f = 4{,}80 \cdot 10^{14}$ Hz $\lambda = ?$

■ **Soluzione**
Dalla relazione $\lambda f = c$ ricaviamo:

$$\lambda = \frac{c}{f} = \frac{3{,}00 \cdot 10^8 \text{ m/s}}{4{,}80 \cdot 10^{14} \text{ Hz}} = 6{,}25 \cdot 10^{-7} \text{ m}$$

■ **Riflettiamo sul risultato**
Dalla figura 16 notiamo che il valore calcolato

$$\lambda = 6{,}25 \cdot 10^{-7} \text{ m} = 625 \text{ nm}$$

appartiene al settore visibile dello spettro, precisamente al colore arancione.

■ **Prosegui tu**
Calcola la frequenza di una radiazione la cui lunghezza d'onda è di 400 nm.

[$7{,}50 \cdot 10^{14}$ Hz]

5.2 Gli spettri atomici: l'impronta digitale degli atomi

Chi non ha mai osservato un arcobaleno? Questo affascinante fenomeno trae origine dal fatto che la luce solare (policromatica) si suddivide in fasci di luce monocromatici passando attraverso delle goccioline d'acqua.

Qualcosa di simile fanno gli **spettroscopi**: sono strumenti costituiti essenzialmente da una fenditura e da un prisma di vetro trasparente che permettono di analizzare la luce policromatica scomponendola nelle sue diverse radiazioni componenti in base al fenomeno della rifrazione.

Se portiamo all'incandescenza del materiale e facciamo passare la luce da esso emessa attraverso uno spettroscopio possiamo ottenere due tipi di spettri.

→ Gli **spettri di emissione continui** si ottengono rendendo incandescente un solido, un liquido o un gas compresso: in essi sono visibili tutti i colori, che sfumano uno nell'altro (▶17).

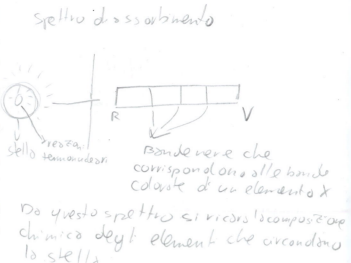

Figura 17 Produzione di uno spettro di emissione continuo.

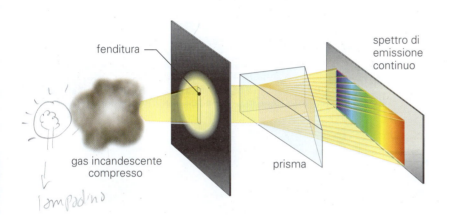

→ Gli **spettri di emissione a righe** o **a bande** sono prodotti da gas rarefatti (a bassa pressione) incandescenti e sono costituiti da righe sottili di diverso colore (se il gas è atomico) o da bande di larghezza variabile (se il gas è molecolare), nettamente separate tra loro. Ogni riga corrisponde a una precisa lunghezza d'onda (▶18). La caratteristica più interessante di questi spettri è che sono tipici della sostanza che li emette: ogni elemento chimico produce una caratteristica serie di righe o bande, che è la sua "impronta digitale".

Figura 18 Produzione di uno spettro di emissione a righe.

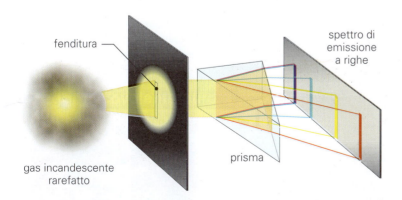

È quindi possibile riconoscere qualsiasi elemento chimico esaminando il suo spettro e confrontandolo con spettri campione ottenuti in laboratorio. Per questo motivo gli spettri di emissione si rivelarono, all'inizio del XX secolo, un importante mezzo per indagare la struttura degli atomi.

Facciamo il punto
8. Che tipo di onda è la luce?
9. Quali sono i parametri che definiscono le onde elettromagnetiche?
10. Su quali prove si basa la teoria ondulatoria?

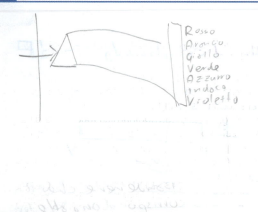

5.3 La natura corpuscolare della luce: i quanti di energia

La vittoria del modello ondulatorio della luce non fu definitiva. Nel 1900 il fisico tedesco **Max Planck**, per giustificare le caratteristiche degli spettri emessi da corpi sottoposti a riscaldamento (i cosiddetti "corpi neri"), ipotizzò che la luce non venisse assorbita o emessa in modo continuo come si era creduto sino ad allora, ma per unità separate, "pacchetti" o "granuli" di energia, cui venne dato il nome di **quanti** (o **fotoni**): nasceva così la **teoria quantistica**, che introdusse il rivoluzionario concetto di **quantizzazione dell'energia**.

QUALCOSA IN PIÙ

Scheda 2 — Le prove della teoria ondulatoria: rifrazione e diffrazione

Un cucchiaino immerso nell'acqua di un bicchiere, se osservato da una certa angolazione, appare spezzato: è il fenomeno della **rifrazione**. Un raggio di luce monocromatica (di una sola lunghezza d'onda), quando passa da un materiale trasparente a un altro di densità diversa, per esempio da aria ad acqua, subisce infatti una deviazione (▶1): l'angolo di rifrazione, ossia l'angolo con cui la luce procede nel mezzo trasparente, è diverso dall'angolo di incidenza, ossia l'angolo con cui la luce è entrata nel mezzo.

Figura 2 Un effetto della rifrazione: le componenti dello spettro della luce visibile si separano quando un raggio luminoso attraversa un prisma di vetro.

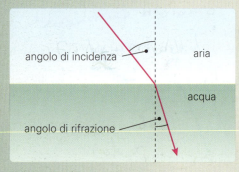

Figura 1 Nel passaggio da un materiale trasparente a un altro, la direzione di un raggio luminoso si modifica.

L'angolo di rifrazione dipende sia dal materiale attraversato sia dalla lunghezza d'onda del raggio luminoso. Se la luce incidente è policromatica (un insieme di radiazioni di diverse lunghezze d'onda), ogni raggio monocromatico in essa contenuto devia di un angolo diverso, separandosi dagli altri e formando un ventaglio di colori (▶2).
La rifrazione è un fenomeno che riguarda tutti i tipi di onde: il fatto che la luce compia rifrazione dimostra la natura ondulatoria della luce stessa.
Un'ulteriore prova della validità della teoria ondulatoria è la **diffrazione**, illustrata nella figura ▶3.
Se facciamo passare un raggio di luce monocromatica attraverso una fenditura molto sottile (di dimensioni paragonabili al valore della lunghezza d'onda) e raccogliamo la luce su uno schermo nero posizionato dietro alla fenditura stessa, non vedremo una sola banda luminosa, ma una **figura di diffrazione**, ossia una serie di bande parallele alternativamente luminose o buie. La banda più luminosa è in corrispondenza della fenditura, ma le altre si estendono anche sui due lati, come se la luce potesse superare l'ostacolo della parete intorno alla fenditura. Si tratta di un fenomeno spiegabile solo come risultato di una sovrapposizione, o **interferenza**, tra onde. Se ad attraversare la fenditura fossero dei corpuscoli materiali, questi si addenserebbero unicamente al centro dello schermo retrostante. Le onde luminose, attraversata la fenditura, diffondono invece in tutte le direzioni, raggiungendo punti anche lontani dello schermo.
Quando due onde si incontrano in uno stesso punto dello schermo dopo aver effettuato percorsi differenti, si possono sovrapporre in due modi diversi: se nel punto di incontro sono in concordanza di fase (entrambe al massimo o al minimo dell'oscillazione) si ha un'interferenza costruttiva e l'intensità luminosa si potenzia; se, viceversa, le due onde si incontrano in discordanza di fase (una al massimo, l'altra al minimo dell'oscillazione), la luce scompare e l'interferenza è detta distruttiva.
Lo stesso fenomeno si verifica facendo passare i raggi luminosi attraverso un foro sufficientemente piccolo: si ottengono sullo schermo anelli concentrici alternativamente illuminati e scuri. Nel caso dei raggi X è possibile ottenere diffrazione attraverso un reticolo cristallino (gli spazi tra gli atomi sono equivalenti a minuscoli fori).

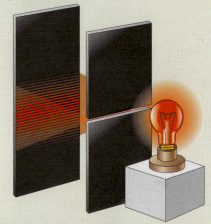

Figura 3 Diffrazione della luce.

[handwritten notes at top: rosso E=h·v_z / violetto E=h·v_v → maggiore energia, più pericolosi]

Chiariamo con un esempio. L'acqua che esce dal rubinetto è un esempio di flusso continuo; centinaia di bottiglie di acqua minerale che scorrono su un nastro trasportatore rappresentano invece un flusso d'acqua discontinuo (ossia quantizzato), perché costituito da entità minime, le bottiglie, che non possono essere ulteriormente suddivise. Analogamente secondo la teoria ondulatoria la luce è un flusso continuo di energia, mentre secondo la teoria quantistica essa viene assorbita o emessa dalla materia in modo discontinuo.

I quanti non sono tutti uguali tra loro, perché possono contenere diverse quantità di energia. L'energia E_f di un fotone, infatti, dipende dalla frequenza f dell'onda elettromagnetica corrispondente, secondo la relazione

$$E_f = hf$$

quanto di energia (J) — costante di Planck ($6,6 \cdot 10^{-34}$ J · s) — frequenza (Hz)

[handwritten: E = h·v]

dove la costante $h = 6,6 \cdot 10^{-34}$ J · s, il cui valore è stato ricavato sperimentalmente, è chiamata **costante di Planck**.

L'interazione tra la materia e una radiazione elettromagnetica di data frequenza f avviene solo mediante l'emissione o l'assorbimento di quantità discrete di energia, $E = nhf$, multiple dell'energia $E_f = hf$ del singolo fotone secondo numeri interi n.

Max Planck
(Kiel, 1858 - Göttingen, 1947)

Tra le più eminenti figure della fisica moderna, pose le basi della teoria dei quanti.
Approfondì gli studi di termodinamica focalizzando l'attenzione sul problema dell'irraggiamento del "corpo nero" (un qualsiasi corpo che emette luce per riscaldamento). A partire da questi studi formulò matematicamente l'ipotesi del quanto di radiazione, che gli valse il Nobel per la Fisica nel 1918. Rimase in Germania durante il nazismo e si oppose al regime di Hitler: suo figlio fu condannato a morte per la partecipazione alla congiura e all'attentato contro Hitler del 1944.

Scheda 3 — Salviamo la pelle!

Un tempo veramente breve, di pochi minuti, è sufficiente affinché l'esposizione ai raggi solari possa provocare arrossamenti e scottature (▶1): l'eritema solare. A lungo termine, un'eccessiva esposizione al Sole provoca l'ispessimento e l'invecchiamento della pelle, oltre a favorire la formazione di tumori cutanei, poiché i raggi solari danneggiano il DNA cellulare.

Il pericolo dei raggi UV
I danni cellulari sono provocati dai raggi ultravioletti (UV): le radiazioni che coprono la porzione dello spettro elettromagnetico corrispondente a lunghezze d'onda comprese tra 100 e 400 nanometri. In generale, indipendentemente dal fatto che provengano dal sole o da sorgenti artificiali, la capacità di penetrazione – e quindi la "pericolosità" per l'uomo – dei raggi UV aumenta al diminuire della lunghezza d'onda (▶2).
Sebbene una parte della radiazione ultravioletta di origine solare venga bloccata in quota dallo strato di ozono, una percentuale non indifferente giunge sino a noi. (A causa del "buco dell'ozono" sembra che questa parte sia cresciuta negli ultimi anni!)

Filtri chimici e filtri fisici
Per difendersi dalle radiazioni solari nocive si fa spesso uso di creme protettive (i filtri solari) che impediscono ai raggi UV di penetrare nella pelle.
Le creme solari possono contenere preparati di due tipi: i filtri chimici sono composti aromatici come i benzofenoni e l'acido p-amminobenzoico, che assorbono le radiazioni ultraviolette; quelli fisici contengono polveri di diossido di titanio e di ossido di zinco, dotate di un elevato potere riflettente, come dei microscopici specchi.
Il fattore di protezione che troviamo scritto sulla confezione ci dice di quante volte possiamo aumentare l'esposizione al sole senza correre il rischio di scottarci (▶3): se per esempio la nostra pelle resiste al sole solo 10 minuti senza protezione, una crema con fattore 10 ci permette di rimanere esposti sino a 100 minuti.

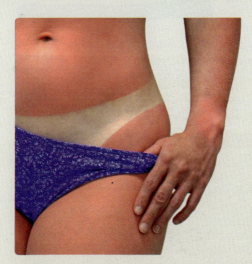

Figura 1 I danni provocati dalle radiazioni UV alla nostra pelle possono essere più gravi e duraturi di una semplice scottatura.

Figura 2 Le lampade abbronzanti emettono raggi UV tanto dannosi per la pelle quanto quelli solari.

Figura 3 Poiché la sensibilità cutanea è notevolmente diversa da persona a persona e i livelli di UV nella radiazione solare sono molto variabili con la latitudine, l'altitudine, le condizioni dell'atmosfera e l'ora del giorno, il fattore di protezione rappresenta un'indicazione di massima e non un dato esatto. Nessuna crema, inoltre, è in grado di fornire uno schermo totale ai raggi UV.

CHIMICA & SALUTE

QUALCOSA IN PIÙ

Scheda 4 L'effetto fotoelettrico: una prova della teoria quantistica

Le osservazioni sperimentali più importanti a sostegno della teoria quantistica riguardano l'**effetto fotoelettrico**.
Spiegato dal punto di vista teorico da Albert Einstein nel 1905, questo fenomeno consiste nella capacità di alcuni metalli di emettere elettroni se colpiti da una radiazione elettromagnetica. Ciò accade perché l'energia luminosa viene acquistata dagli elettroni che, così "eccitati", abbandonano gli atomi.
I risultati che si ottengono dallo studio sperimentale dell'effetto fotoelettrico sono i seguenti (▶1):

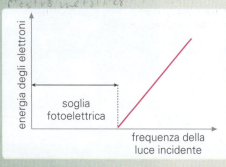

Figura 1 Il grafico mette in relazione l'energia cinetica degli elettroni emessi da un metallo e la frequenza della radiazione elettromagnetica che colpisce la sua superficie. Al di sotto di un valore soglia della frequenza non avviene alcuna emissione.

- la velocità (ovvero l'energia cinetica) degli elettroni emessi dal metallo dipende solo dalla frequenza della radiazione incidente, non dall'intensità della radiazione stessa;
- non vi è emissione di elettroni se la frequenza della radiazione incidente è inferiore a un valore soglia, qualunque sia l'intensità della radiazione;
- l'emissione di elettroni è sempre istantanea, per qualsiasi intensità della radiazione incidente;
- il numero degli elettroni emessi nell'unità di tempo è direttamente proporzionale all'intensità della radiazione, ma non varia con la frequenza della radiazione.

Si tratta di risultati assolutamente incompatibili con la teoria ondulatoria, secondo la quale l'energia di una radiazione elettromagnetica dipende dalla sua intensità: se questa aumenta, gli elettroni dovrebbero acquistare più energia ed essere emessi dal metallo sempre più veloci; non dovrebbe esistere, inoltre, un limite inferiore (soglia) di frequenza della luce, ma qualsiasi tipo di radiazione dovrebbe produrre, prima o poi, un'emissione di elettroni. Se la radiazione, infine, avesse una bassa intensità, gli elettroni dovrebbero impiegare più tempo per acquistare l'energia necessaria ad abbandonare i loro atomi. L'emissione è, invece, sempre istantanea.
Einstein, in base alla teoria quantistica, fornì una spiegazione del fenomeno che possiamo sintetizzare come segue.

- Ogni fotone di una radiazione di data frequenza f che colpisce un atomo metallico viene assorbito da un elettrone, che quindi viene emesso. Quanto maggiore è l'energia $E_f = hf$ del fotone, tanto maggiore sarà l'energia cinetica dell'elettrone emesso. L'intensità della luce non ha influenza sull'energia dei singoli elettroni, perché corrisponde al numero di fotoni che colpiscono il metallo nell'unità di tempo, non alla loro energia.
- Se il fotone assorbito non possiede una energia superiore a un determinato valore soglia, l'elettrone non raggiunge un'energia sufficiente per fuoriuscire dagli atomi, mentre se è superiore al valore soglia l'emissione è istantanea.
- Al crescere del numero di fotoni che colpiscono il metallo (luce più intensa) aumenta il numero di elettroni emessi, ma non aumenta l'energia cinetica dei singoli elettroni.

Come si è visto per le radiazioni elettromagnetiche, esistono fotoni X o UV, blu o rossi: un quanto X ha più energia di un quanto UV e un quanto blu ne possiede di più di un quanto rosso. A questo punto è naturale chiedersi quale sia la teoria corretta: quella ondulatoria o quella quantistica? La risposta può sembrare sconcertante: sono giuste tutte e due!
Esistono prove sperimentali inconfutabili a sostegno della teoria quantistica, come pure della teoria ondulatoria. Dobbiamo quindi arrenderci all'evidenza sperimentale: la luce, così come tutte le radiazioni che compongono lo spettro elettromagnetico, ha un comportamento dualistico, ossia si rivela all'osservatore come un'onda quando si propaga e come un flusso di particelle quando interagisce con la materia, ma è sempre, contemporaneamente, di natura ondulatoria e corpuscolare: è il **dualismo onda-particella**.

Facciamo il punto

11 Completa le frasi.
   a. I corpuscoli di luce sono detti .... o ....
   b. La luce si comporta come .... quando si propaga e come un flusso di .... quando interagisce con la materia.

12 Che cosa dimostra l'effetto fotoelettrico? Perché?

Risolviamo insieme

Ha più energia un raggio infrarosso o uno ultravioletto?

Determiniamo l'energia di un fotone di luce ultravioletta con frequenza uguale a $4{,}8 \cdot 10^{15}$ Hz e di un fotone di luce infrarossa con frequenza uguale a $4{,}8 \cdot 10^{13}$ Hz.

■ **Dati e incognite**
Luce ultravioletta: $f_1 = 4{,}8 \cdot 10^{15}$ Hz; $E_1 = ?$
Luce infrarossa: $f_2 = 4{,}8 \cdot 10^{13}$ Hz; $E_2 = ?$

■ **Soluzione**
$E_1 = h f_1 = (6{,}6 \cdot 10^{-34}$ J · s$)(4{,}8 \cdot 10^{15}$ Hz$) = 3{,}2 \cdot 10^{-18}$ J
$E_2 = h f_2 = (6{,}6 \cdot 10^{-34}$ J · s$)(4{,}8 \cdot 10^{13}$ Hz$) = 3{,}2 \cdot 10^{-20}$ J

■ **Riflettiamo sul risultato**
Il risultato evidenzia che ha più energia il raggio ultravioletto, com'è ovvio, essendo l'energia della radiazione (del fotone) direttamente proporzionale alla sua frequenza.

6 Il modello atomico di Bohr: i livelli energetici

Dopo aver esaminato le caratteristiche della luce torniamo agli atomi.

Il modello atomico di Rutherford si dimostrò ben presto insoddisfacente sia dal punto di vista teorico sia da quello sperimentale.

In primo luogo non teneva conto delle leggi dell'elettromagnetismo, già note all'epoca di Rutherford, secondo cui una carica elettrica, se è in movimento non rettilineo, emette energia sotto forma di radiazione elettromagnetica. L'elettrone avrebbe dovuto quindi perdere gradualmente energia cinetica (producendo uno spettro di emissione continuo). Sarebbe quindi diventato sempre più lento e caduto a spirale sul nucleo, poiché la forza centrifuga non sarebbe più riuscita a contrastare l'attrazione elettrostatica: tutto ciò in una frazione di secondo (▶19).

È evidente che ciò, in realtà, non accade e che gli atomi sono strutture stabili, ma il modello di Rutherford non forniva alcuna giustificazione per questo comportamento apparentemente anomalo.

Gli atomi, inoltre, non producono spettri di emissione continui: ogni atomo emette uno spettro a righe specifico, ma solo se viene eccitato, ossia se a esso si fornisce energia.

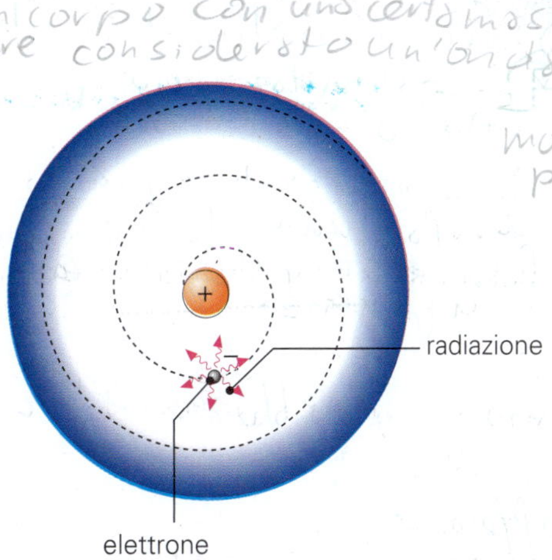

Figura 19 Se l'atomo fosse correttamente descritto dalle leggi della fisica classica, l'elettrone in moto rotatorio dovrebbe perdere energia sotto forma di radiazione elettromagnetica e cadere sul nucleo.

6.1 Il modello atomico a strati

Nel 1913 il fisico danese Niels Bohr mise in relazione gli spettri di emissione a righe e i quanti di energia di Planck, proponendo un modello atomico a strati basato sul concetto di quantizzazione dell'energia.

In base alla teoria quantistica gli elettroni possono assorbire o perdere energia solo in quantità discrete (i quanti). Di conseguenza, secondo Bohr, l'energia degli elettroni all'interno degli atomi è quantizzata, ossia può assumere solo alcuni valori.

All'interno di un atomo gli elettroni possono percorrere solo determinate orbite circolari nettamente separate tra loro (**orbite stazionarie**) e caratterizzate ciascuna da una definita quantità di energia (**livello energetico**). Di norma occupano il livello energetico più basso (**livello fondamentale**), e ruotano nella corrispondente orbita senza perdere energia: la struttura dell'atomo è quindi stabile.

Quando gli elettroni assorbono energia possono "saltare" da un'orbita stazionaria a minore energia (livello energetico inferiore) a una a maggiore energia (livello energetico superiore). Non possono però permanere indefinitamente nello stato eccitato e quindi tornano al livello energetico inferiore emettendo una radiazione di frequenza definita, cioè un quanto di energia, che corrisponde a una specifica riga dello spettro di emissione dell'atomo (▶20).

L'elettrone che percorre un'orbita stazionaria è caratterizzato da un **momento angolare** $L = mvr$, in cui m è la massa dell'elettrone, v la sua velocità e r il raggio della sua orbita, definito dalla relazione

$$L = mvr = n\frac{h}{2\pi}$$

con h costante di Planck.

Questa relazione è detta **condizione quantistica**: in essa n costituisce il **numero quantico**, che può assumere solo valori interi positivi. Tutti i valori di n che non corrispondono a numeri interi individuano orbite non percorribili dall'elettrone, quindi inesistenti.

Nel modello di Bohr l'elettrone si comporta come una biglia che, invece di rotolare verso il basso (ossia cadere verso il nucleo), staziona su un gradi-

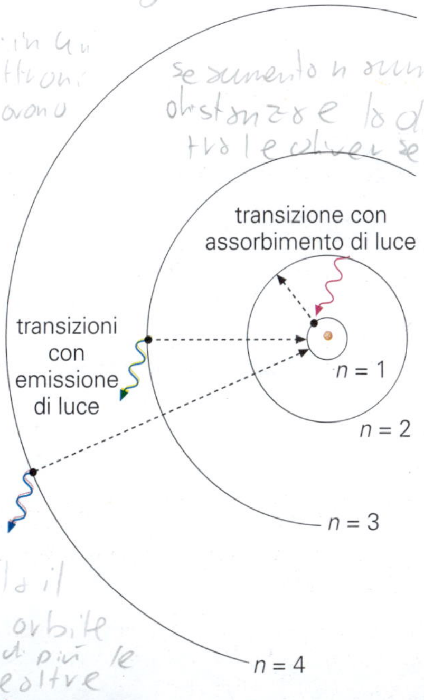

Figura 20 Secondo il modello di Bohr possono verificarsi due tipi di transizioni elettroniche: da un'orbita più interna a una più esterna con assorbimento di energia e da una più esterna a una più interna con emissione di energia. Alle orbite più interne corrispondono livelli energetici minori, a quelle più esterne livelli energetici maggiori.

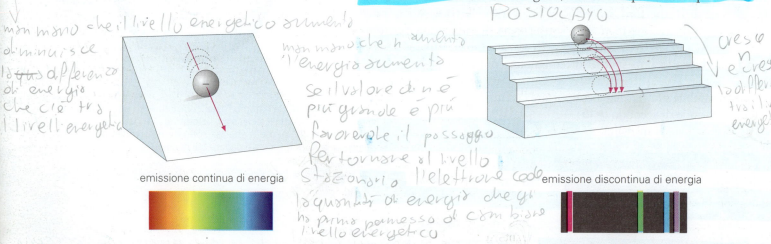

Figura 21 Due modelli a confronto.

emissione continua di energia

emissione discontinua di energia

Se, come affermavano i critici di Rutherford, l'elettrone dovesse cadere sul nucleo perdendo energia con continuità, lo spettro di emissione atomico sarebbe continuo e l'atomo sarebbe instabile.

Nell'ipotesi di Bohr, lo spettro discontinuo e la stabilità atomica sono giustificati dal fatto che l'elettrone dell'atomo eccitato può perdere energia solo per salti e mai può scendere sotto il livello energetico fondamentale.

no (▶21). Può anche salire a un livello superiore, se acquista energia, o scendere a uno inferiore, se la perde, ma lo fa sempre saltando uno o più gradini. Nell'atomo, a ogni transizione elettronica in discesa (da un livello superiore a uno inferiore) corrisponde l'emissione di un differente quanto di energia, in funzione dell'ampiezza del salto compiuto.

La conferma sperimentale della teoria di Bohr, da lui ottenuta applicando il suo modello all'atomo di idrogeno, non risolse però tutti i problemi.

6.2 Il modello di Bohr-Sommerfeld

Nel 1915 Arnold Sommerfeld (1868-1951) modificò il modello originario ipotizzando l'esistenza di orbite ellittiche, oltre a quelle circolari, orientate in diverse direzioni; lo fece per giustificare il suddividersi, in presenza di un campo magnetico, delle righe spettrali degli atomi in un certo numero di righe più sottili.

Il modello di Bohr-Sommerfeld si dimostrò valido solo per l'atomo di idrogeno e per gli atomi idrogenoidi, quelli dotati di un solo elettrone come He^+, Li^{2+} o Be^{3+}; in atomi più complessi, con due o più elettroni, le previsioni relative alle frequenze delle righe spettrali fallirono, in parte o del tutto.

Il modello a strati subì anche critiche di tipo teorico: Bohr aveva introdotto elementi quantistici nella sua teoria atomica, ma lo aveva fatto per mezzo di postulati privi di una giustificazione teorica. Non spiegava, per esempio, il motivo per cui un elettrone, percorrendo un'orbita stazionaria, non perdesse energia; inoltre utilizzò solo parzialmente i principi quantistici, poiché continuava a descrivere il comportamento degli elettroni con le equazioni e le leggi della fisica classica, come se si trattasse di corpi macroscopici. La sua era un'impostazione che oggi definiremmo "deterministica", ma l'elettrone non è per nulla simile a un sasso o a un proiettile: è qualcosa di completamente diverso.

La ricerca di un modello atomico soddisfacente non era ancora finita. Per risolvere il problema occorreva percorrere nuove strade.

Niels Bohr

(Copenaghen, 1885 - 1962)
Fu allievo di Thomson e di Rutherford, di cui volle migliorare il modello atomico finendo poi per modificarlo sostanzialmente. Per i suoi studi vinse il premio Nobel nel 1922.
Amico di Einstein, fu spesso in disaccordo con lui sui temi della teoria quantistica e dei modelli atomici.
Quando i nazisti invasero la Danimarca operò attivamente nel movimento antinazista, trasferendosi prima in Svezia e poi negli Stati Uniti, dove partecipò agli studi per la costruzione della bomba atomica.
Negli anni successivi, al pari di Einstein, divenne un acceso pacifista.

Facciamo il punto

13 Il modello atomico di Bohr:
    a fu verificato sperimentalmente per tutti gli atomi.
    b fu verificato sperimentalmente solo per l'atomo di idrogeno.
    c fu verificato sperimentalmente per idrogeno ed elio.
    d non fu mai verificato sperimentalmente.

14 Sapresti definire il concetto di orbita stazionaria?

15 Che cos'è la condizione quantistica?

Scheda 5 — La verifica del modello di Bohr

Bohr applicò il suo modello atomico all'idrogeno e trovò una conferma sperimentale alle sue ipotesi negli spettri di emissione dell'elemento. A partire dalla condizione quantistica e dalla legge di Coulomb, lo scienziato danese ricavò due formule con le quali calcolò i valori che avrebbero dovuto avere il raggio e l'energia delle orbite elettroniche stazionarie nell'atomo di idrogeno (TABELLA A).

→ Raggio delle orbite

$$r = \frac{n^2 h^2}{4\pi^2 k e^2 m}$$

in cui si è indicato con k la costante di Coulomb, con e e con m rispettivamente la carica e la massa dell'elettrone, con r il raggio dell'orbita.

Raccogliendo tutti i fattori costanti ed esprimendoli con k_r, la formula diventa più semplice:

$$r = n^2 k_r$$

Per $n = 1$ si ricava $r = 53$ pm (ovvero $r = 5{,}3 \cdot 10^{-11}$ m), che corrisponde al raggio dell'orbita più vicina al nucleo, detto **raggio di Bohr**.

Il raggio dell'n-esima orbita, in picometri, può quindi essere calcolato dalla formula $r = 53\, n^2$.

→ Energia delle orbite

$$E = -\frac{2\pi^2 k^2 e^4 m}{n^2 h^2}$$

Infine, indicando con k_e l'insieme dei fattori costanti,

$$E = -\frac{k_e}{n^2}$$

Per $n = 1$ si trova il livello energetico fondamentale dell'atomo di idrogeno,

$$E = -2{,}18 \cdot 10^{-18}\ \text{J}.$$

Il livello corrispondente alla n-esima orbita è calcolabile, in joule, dalla formula

$$E = -2{,}18 \cdot 10^{-18}/n^2.$$

È utile notare che, per la presenza del segno negativo, al crescere di n, quindi della distanza dell'elettrone dal nucleo, aumenta la sua energia.

Conoscendo i livelli energetici corrispondenti alle singole orbite, Bohr poté calcolare le differenti frequenze delle radiazioni che l'elettrone eccitato dell'atomo di idrogeno avrebbe dovuto emettere effettuando alcune transizioni "in discesa", per mezzo della seguente equazione:

$$f = \frac{E_i - E_f}{h} = \frac{-k_e/n_i^2 - (-k_e/n_f^2)}{h}$$
$$= \frac{k_e}{h}\left(\frac{1}{n_f^2} - \frac{1}{n_i^2}\right)$$

avendo indicato con E_i l'energia del livello iniziale, con E_f l'energia del livello finale e con n_i e n_f i corrispondenti numeri quantici.

L'equazione era stata già determinata empiricamente da Johann J. Balmer e da Johannes R. Rydberg alla fine del XIX secolo (**equazione di Rydberg**). Applicandola alle transizioni da alcuni livelli superiori al livello 2 si può verificare che i valori ottenuti corrispondono perfettamente alle frequenze delle righe, note come **serie di Balmer**, dello spettro di emissione dell'idrogeno nel campo della luce visibile (▶1).

Lo spettro di emissione dell'idrogeno è quindi la conferma dell'esistenza in quell'atomo dei livelli energetici previsti dal modello di Bohr.

TABELLA A — Raggio ed energia delle prime sette orbite dell'atomo di idrogeno

Numero quantico n	Raggio (pm)	Livello energetico (J)
1	53	$-2{,}18 \cdot 10^{-18}$
2	212	$-5{,}45 \cdot 10^{-19}$
3	477	$-2{,}42 \cdot 10^{-19}$
4	848	$-1{,}36 \cdot 10^{-19}$
5	1325	$-8{,}71 \cdot 10^{-20}$
6	1908	$-6{,}06 \cdot 10^{-20}$
7	2597	$-4{,}45 \cdot 10^{-20}$

A mano a mano che ci si allontana dal nucleo, la distanza tra orbite contigue aumenta, mentre la loro differenza di energia diminuisce. Il passaggio di un elettrone da un certo livello a uno più alto (o basso) è reso possibile dall'assorbimento (o emissione) di un singolo fotone di energia uguale alla differenza tra i livelli.

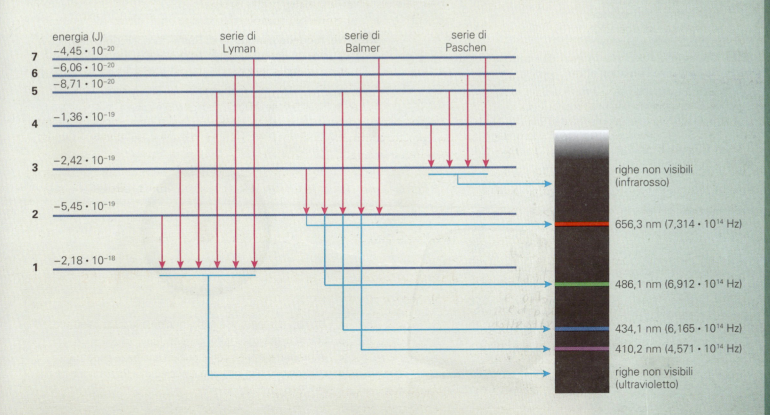

Figura 1 Le transizioni possibili dell'elettrone dell'idrogeno corrispondono agli spettri di emissione osservati sperimentalmente: le transizioni al livello 1 costituiscono la cosiddetta serie di Lyman, quelle al livello 2 la serie di Balmer, quelle al livello 3 la serie di Paschen.

CONOSCENZE

Con un testo articolato tratta i seguenti argomenti

1. Descrivi come furono scoperte le caratteristiche degli elettroni (esperimento di Thompson) e quelle dei protoni.
2. Illustra l'esperimento che diede origine al modello atomico di Rutherford.
3. Descrivi il modello atomico di Bohr-Sommerfield.

Con un testo sintetico rispondi alle seguenti domande

4. In che cosa consiste l'elettrizzazione di un corpo e che cosa afferma la legge di Coulomb?
5. Quali sono le caratteristiche principali di elettroni, protoni e neutroni?
6. Quali forze mantengono in equilibrio gli elettroni nell'atomo di Rutherford?
7. In che cosa si differenziano numero atomico e numero di massa?
8. Che cosa sono la lunghezza e la frequenza di un'onda? Come sono correlate matematicamente?
9. In che cosa si differenziano gli spettri di emissione continui e quelli discontinui?
10. Che cosa caratterizza le orbite stazionarie e da che parametro sono definiti gli elettroni che le percorrono?

Quesiti

11. Cariche elettriche opposte:
    a. si respingono in base alla legge di Coulomb.
    b. si attraggono in base alla legge di Dalton.
    c. si respingono in base alla legge di Dalton.
    d. si attraggono in base alla legge di Coulomb.

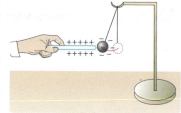

12. Come interagiscono, in aria, due cariche positive di 1 C distanti 1 m l'una dall'altra?
    a. Si attraggono con una forza di $9,0 \cdot 10^9$ N.
    b. Si respingono con una forza di 1 N.
    c. Si respingono con una forza di $9,0 \cdot 10^9$ N.
    d. Si respingono con una forza di intensità ignota.

13. I raggi catodici sono costituiti da:
    a. particelle cariche negativamente le cui caratteristiche non dipendono dal materiale che le emette.
    b. particelle cariche positivamente le cui caratteristiche non dipendono dal materiale che le emette.
    c. raggi X.
    d. particelle positive le cui caratteristiche variano a seconda del materiale che le emette.

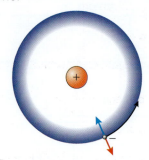

14. Le caratteristiche corpuscolari degli elettroni sono state evidenziate nell'esperimento di Thomson:
    a. dal modo in cui essi colpiscono il vetro.
    b. da un campo elettrico.
    c. dal movimento di un mulinello.
    d. da un campo magnetico.

15. Completa la seguente tabella contrassegnando le opportune caselle:

	Elettrone	Protone	Neutrone
Ha carica negativa			
Ha carica positiva			
Non ha carica elettrica			
Ha massa di circa 1 u			
Ha massa di 0,00055 u			

16. I raggi canale sono:
    a. particelle negative con rapporto carica-massa costante.
    b. particelle positive con rapporto carica-massa costante.
    c. raggi X.
    d. particelle positive con rapporto carica-massa variabile a seconda del gas presente nel tubo.

17. Completa le frasi.
    a. Il modello atomico di .... afferma che gli elettroni nell'atomo sono come "uvette nel panettone".
    b. Il modello atomico di .... afferma che l'atomo è come un piccolissimo sistema solare.

18. Nel modello planetario di Rutherford il raggio atomico è:
    a. circa un milione di volte maggiore di quello nucleare.
    b. da 10000 a 100000 volte più grande di quello del nucleo.
    c. circa 1000 volte maggiore di quello nucleare.
    d. circa 10 volte maggiore di quello nucleare.

19. Nel modello planetario l'elettrone è sottoposto a due forze in equilibrio:

    a. l'attrazione magnetica con il nucleo e la forza centrifuga.
    b. la forza di gravità e la forza centrifuga.
    c. l'attrazione elettrica con il nucleo e la forza centrifuga.
    d. la repulsione elettrica con il nucleo e la forza di gravità che lo attrae.

20 Il numero di massa è:
- a il numero di protoni nel nucleo.
- b il numero di neutroni nel nucleo.
- c la somma dei protoni e dei neutroni del nucleo.
- d la somma dei protoni e degli elettroni dell'atomo.

21 Il numero atomico è:
- a il numero di protoni nel nucleo.
- b il numero di neutroni nel nucleo.
- c la somma dei protoni e dei neutroni del nucleo.
- d la somma dei protoni e degli elettroni dell'atomo.

22 Il numero di massa si scrive:
- a in alto a sinistra del simbolo dell'elemento.
- b in alto a destra del simbolo dell'elemento.
- c in basso a sinistra del simbolo dell'elemento.
- d in basso a destra del simbolo dell'elemento.

23 Gli isotopi di un medesimo elemento sono nuclidi aventi:
- a diverso numero atomico e uguale numero di massa.
- b lo stesso numero atomico e lo stesso numero di massa.
- c uguale numero atomico e diverso numero di massa.
- d lo stesso numero di neutroni.

24 I seguenti nuclidi $^{196}_{80}$Hg e $^{199}_{80}$Hg differiscono per:
- a tre elettroni.
- b tre protoni.
- c tre neutroni.
- d 116 neutroni.

25 La teoria elettromagnetica afferma che la luce:
- a è un flusso di fotoni.
- b è un flusso di elettroni.
- c è un'onda costituita da due campi oscillanti (elettrico e magnetico).
- d è un'onda costituita da materia che oscilla.

26 La teoria quantistica afferma che la luce, quando viene emessa o assorbita:
- a è un flusso di fotoni.
- b è un flusso di elettroni.
- c è un'onda costituita da due campi oscillanti (elettrico e magnetico).
- d è un'onda costituita da materia che oscilla.

27 È la distanza tra due creste successive di un'onda.
- a frequenza
- b velocità di propagazione
- c spettro
- d lunghezza d'onda

28 In un'onda è il numero di oscillazioni nell'unità di tempo.
- a frequenza
- b velocità di propagazione
- c spettro
- d lunghezza d'onda

29 In un'onda elettromagnetica, la lunghezza d'onda λ e la frequenza f sono legate tra loro dalla relazione:
- a $c = \lambda/f$.
- b $f c = \lambda$.
- c $\lambda f = c$.
- d $\lambda c = f$.

30 Numera in ordine di frequenza crescente le seguenti radiazioni dello spettro elettromagnetico:

radiazione ultravioletta ......
onde radio ......
microonde ......
raggi γ ......
radiazione infrarossa ......
raggi X ......
luce visibile ......

31 Vero o falso?
- a. I quanti sono "pacchetti" di energia. V F
- b. L'energia di un quanto associato a una radiazione elettromagnetica di frequenza f è $E_f = h f$. V F

32 Nel modello atomico di Bohr, le orbite percorse dagli elettroni senza emettere energia sono dette:
- a circolari.
- b stazionarie.
- c accelerate.
- d ellittiche.

33 Nel modello atomico di Bohr, quando un elettrone salta da un'orbita a maggiore energia a un'orbita a minore energia:
- a emette un quanto di energia.
- b assorbe un quanto di energia.
- c non emette energia.
- d emette uno spettro continuo.

34 Nel modello atomico di Bohr la condizione quantistica è:
- a $m v = \dfrac{h}{n}$.
- b $m v r = n \dfrac{h}{2\pi}$.
- c $r = 53 n^2$ pm.
- d $E = - \dfrac{2,18 \cdot 10^{-18}}{n^2}$ J.

35 Vero o falso?
- a. Nel modello atomico di Bohr l'elettrone è libero di occupare un'orbita a qualsiasi distanza dal nucleo. V F
- b. Nel modello di Bohr il passaggio da un livello superiore a uno inferiore comporta l'assorbimento di un fotone. V F
- c. Il numero quantico può assumere solo valori interi e positivi. V F
- d. Le orbite previste da Bohr sono tutte circolari, mentre Sommerfeld introduce le orbite ellittiche. V F

36 È la somma del numero di protoni e del numero di neutroni presenti in un nucleo.
- a numero di massa
- b numero atomico
- c massa atomica relativa
- d peso atomico

COMPETENZE

Risolvi il problema

37 Calcola la massa atomica relativa del carbonio, sapendo che l'isotopo ^{12}C, di massa esattamente uguale a 12 u, costituisce il 98,89% della miscela naturale, mentre l'isotopo ^{13}C, di massa 13,00335 u, ne costituisce l'1,11%. La presenza del ^{14}C, invece, è irrilevante. [12,011 u]

Guida alla soluzione Per calcolare la massa atomica relativa A_r dell'elemento, si deve eseguire la media ponderata delle masse atomiche degli isotopi che lo costituiscono, cioè:

$$A_r = \frac{12 \cdot 98,89 + \ldots\ldots \cdot 1,11}{100} = \ldots\ldots$$

38 Calcola la massa atomica relativa del litio, sapendo che la miscela naturale di questo elemento è composta per il 7,5% dell'isotopo ^{6}Li, di massa atomica 6,015 u, e per il 92,5% dell'isotopo ^{7}Li, di massa atomica 7,016 u. [6,94 u]

39 Calcola la massa atomica relativa del magnesio, sapendo che in natura questo elemento è costituito per il 78,70% di ^{24}Mg, di massa atomica 23,985 u, per il 10,13% di ^{25}Mg, di massa atomica 24,986 u, e per l'11,17% di ^{26}Mg, di massa atomica 25,983 u. [24,31 u]

40 Calcola la frequenza di una radiazione elettromagnetica avente lunghezza d'onda di 400 nm. Di quale settore dello spettro elettromagnetico fa parte? [$7,5 \cdot 10^{14}$ Hz]

41 Calcola la lunghezza d'onda, in metri, della radiazione utilizzata di norma nei forni a microonde, che possiede una frequenza di circa 2,5 GHz (gigahertz). [0,12 m]

42 Calcola la lunghezza d'onda di un'emissione radio FM a 90 MHz (megahertz). [3,3 m]

43 La luce laser di un lettore di CD ha una lunghezza d'onda di $6,9 \cdot 10^{-7}$ m. Qual è l'energia di un fotone di questa radiazione? [$1,5 \cdot 10^{-19}$ J]

44 Determina l'energia del singolo fotone di una radiazione UV di frequenza uguale a $1 \cdot 10^{16}$ Hz. [$6,6 \cdot 10^{-18}$ J]

45 Determina l'energia di un fotone di luce verde con lunghezza d'onda di 500 nm. [$4,0 \cdot 10^{-19}$ J]

Formula un'ipotesi

46 Contiene più energia un fotone di luce arancione, avente frequenza uguale a $4,8 \cdot 10^{14}$ Hz, o un fotone di radiazione X, la cui frequenza è $1,3 \cdot 10^{17}$ Hz?

In English

47 Fill in the gaps with the right words.

radio – microwaves – electromagnetic – light – radio waves

.... is not the only example of an .... wave. Other electromagnetic waves include the .... you use to heat up leftovers for dinner, and the .... that are broadcast from .... stations.

48 Which scientist used the cathode ray tube to isolate the electron in 1897?

- a Niels Bohr
- b Joseph J. Thomson
- c Robert Millikan
- d Ernest Rutherford

Risolvi il problema

49 Nella tabella sono indicati i valori della lunghezza d'onda λ di alcune righe dello spettro di emissione del mercurio. Completa la tabella inserendo i corrispondenti valori dell'energia E. Quali righe appartengono al settore visibile dello spettro elettromagnetico?

λ (nm)	E (J)
253	....
365	....
404	....
435	....
1013	....

Esercizi commentati

50 Dopo aver fatto gli opportuni calcoli indica quale tra i seguenti atomi è quello che ha il più basso numero di neutroni.

- a ^{105}Cd
- b ^{190}Au
- c ^{191}Pb
- d ^{108}Tc
- e ^{106}Sn

51 La configurazione elettronica più esterna dell'americio (Z = 95) è $5f^7 7s^2$ senza alcun elettrone nell'orbitale 6d. Perché tale sottolivello, pur avendo cominciato a riempirsi con l'attinio, non presenta alcun elettrone?

52 Tra le seguenti configurazioni elettroniche, una rappresenta lo stato fondamentale, una uno stato eccitato e una è impossibile per un dato elemento: individuale.

- a $1s^2 2s^2 2p^7 3s^2$
- b $1s^2 2s^2 2p^6 3s^2$
- c $1s^2 2s^2 2p^6 3s^1 3p^1$

Risolvi il problema

53 La teoria quantistica non è facile da comprendere. Supponi di doverla spiegare con degli esempi macroscopici, come la "quantizzazione" dell'acqua minerale in bottiglia o delle bibite in lattina. Trova tu altri esempi.

54 Completa la seguente tabella.

Elemento	Numero atomico	Numero di elettroni	Numero di protoni	Carica nucleare	Numero di massa	Numero di neutroni
N	7				14	
O		8				8
P			15		31	
K				19		20
I				53	126	
Ba		56				81

Osserva e rispondi

55 La riga più intensa dello spettro del magnesio corrisponde a una lunghezza d'onda di 285 nm e una riga meno intensa a una lunghezza d'onda di 518 nm. A quale settore dello spettro elettromagnetico appartengono?

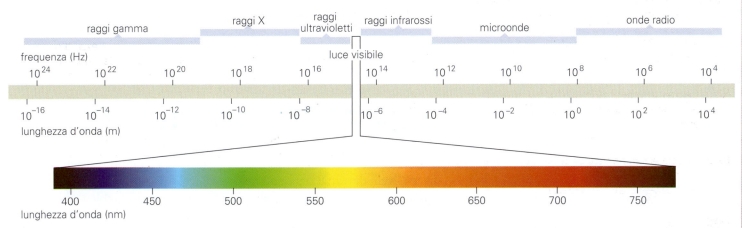

Organizza i concetti

56 Completa la mappa concettuale.

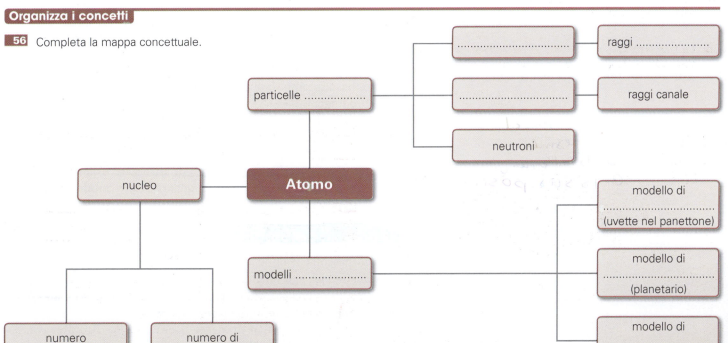

L'atomo: il modello a orbitali

unità 2

I modelli atomici che abbiamo studiato sinora avevano un fondamentale difetto: consideravano gli elettroni alla stregua di oggetti macroscopici, come delle piccole biglie in moto intorno al nucleo. Ma dentro gli atomi le cose non funzionano come nel mondo che conosciamo: gli elettroni sono particelle molto strane... in pratica delle onde.

1 Verso una nuova visione della realtà

Negli anni Venti del XX secolo maturò una nuova visione della realtà atomica, che prese il nome di **meccanica quantistica**. Si intuì l'esistenza di due diversi livelli di realtà: il mondo macroscopico della nostra esperienza quotidiana, in cui valgono le leggi della meccanica classica di Galileo e Newton, e il mondo atomico e subatomico, dell'estremamente piccolo, non descrivibile con le leggi della fisica tradizionale, ma con leggi diverse. Nacque così la necessità di creare una nuova meccanica.

Due gruppi di scienziati elaborarono, in modo indipendente e partendo da presupposti diversi, due differenti teorie:

→ la **meccanica ondulatoria**, in cui si afferma che l'elettrone, all'interno dell'atomo, ha un comportamento ondulatorio (Louis V. de Broglie ed Erwin Schrödinger);
→ la **meccanica delle matrici**, che interpreta la realtà atomica in modo matematico-probabilistico (Werner K. Heisenberg e Max Born).

Erano due modi diversi, ma equivalenti, di affrontare il problema e alla fine si giunse a un'unica teoria atomica quantistica, o **modello quantomeccanico**.

1.1 L'ipotesi di de Broglie

L'idea che i corpuscoli e le onde fossero due fenomeni assolutamente distinti era stata messa in crisi, agli inizi del XXI secolo, dalla scoperta dell'esistenza dei fotoni, i quanti di energia radiante: la luce aveva comportamento dualistico, onda elettromagnetica e fotone allo stesso tempo.

Nel 1924, il giovane fisico francese Louis V. de Broglie avanzò un'ipotesi che Einstein definì "del tutto solida, per quanto possa apparire folle": se la luce ha natura dualistica, anche la materia, simmetricamente, deve avere natura dualistica, contemporaneamente corpuscolare e ondulatoria.

A ogni particella di massa *m*, in movimento a velocità *v*, può quindi essere associata un'**onda di materia** (che non ha nulla a che vedere con un'onda elettromagnetica) di una determinata lunghezza d'onda λ, secondo la seguente relazione, detta **equazione di de Broglie**:

lunghezza d'onda (m) — costante di Planck ($6,6 \cdot 10^{-34}$ J·s)

$$\lambda = \frac{h}{m\,v}$$

massa (kg) — velocità (m/s)

1.2 La doppia natura dell'elettrone: onda e corpuscolo

L'equazione di de Broglie è applicabile a qualsiasi corpo in movimento. La presenza della massa *m* al denominatore indica, tuttavia, che è assolutamente impossibile rilevare, con i nostri sensi o con strumenti di misura, le caratteristiche ondulatorie dei corpi macroscopici. La loro massa elevata rende infatti la lunghezza d'onda λ infinitamente piccola.

I valori di λ diventano misurabili solo per particelle estremamente piccole, come gli elettroni.

La rivoluzionaria ipotesi di de Broglie trovò conferma sperimentale nel 1927 grazie agli esperimenti di Clinton J. Davisson e Lester H. Germer: si verificò che gli elettroni, attraversando le maglie di un reticolo cristallino, compiono diffrazione esattamente come i raggi X; manifestano, cioè, un comportamento ondulatorio (▶1).

Louis Victor de Broglie

(Dieppe, 1892 - Louveciennes, 1987)
Di origini aristocratiche, dopo aver effettuato studi storici alla Sorbona decise di dedicarsi alle scienze, laureandosi nel 1913 e ottenendo il dottorato con una tesi in cui avanzava la sua ipotesi sul dualismo onda-particella.
Proprio per queste ricerche ottenne il premio Nobel per la Fisica nel 1929. Dal 1945 sino alla morte fu consigliere della Commissione francese per l'energia atomica.

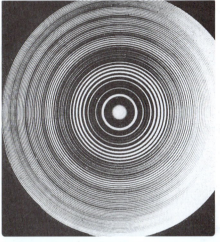

Figura prodotta dalla diffrazione di raggi X attraverso un cristallo.

Figura prodotta dalla diffrazione di un fascio di elettroni.

Figura 1 Facendo incidere su un cristallo un fascio di raggi X e raccogliendo su uno schermo la radiazione che emerge dal cristallo, si osserva, come risultato del fenomeno ondulatorio della diffrazione, una figura composta da anelli concentrici. Lo stesso accade se si fa incidere sul cristallo un fascio di elettroni.

QUALCOSA IN PIÙ

Scheda 1 Come si ricava la formula di de Broglie

Secondo la teoria quantistica, la luce di una data frequenza *f* è costituita da fotoni di energia $E = h\,f$. La teoria della relatività di Einstein, d'altra parte, afferma che vi è un'equivalenza tra energia *E* e massa *m*: le due grandezze sono legate dalla relazione $E = m\,c^2$, in cui *c* è la velocità della luce nel vuoto (una costante).
De Broglie associò al fotone, essendo questo una particella, una massa, che ricavò uguagliando le due precedenti relazioni, ovvero ponendo

$$h\,f = m\,c^2$$

da cui

$$m = \frac{h\,f}{c^2}$$

Che i fotoni abbiano una massa è in accordo con il fatto che la luce subisca una deviazione in presenza di forti campi gravitazionali, come prevede la teoria della relatività e come hanno verificato gli astronomi in occasione delle eclissi.
È stato osservato, infatti, che la luce delle stelle devia quando passa vicino al Sole, prima di giungere a noi.
La formula $h\,f = m\,c^2$ può essere trasformata utilizzando la relazione $f = c/\lambda$ tra la frequenza *f* e la lunghezza d'onda λ della luce che si propaga nel vuoto. Si ottiene:

$$\frac{h\,c}{\lambda} = m\,c^2$$

ovvero

$$\lambda = \frac{h}{m\,c}$$

in cui *m* è la massa del fotone e *c* la sua velocità.
Estendendo questa relazione a una qualunque particella di massa *m* e velocità *v*, essa permette di associare una lunghezza d'onda λ alla particella, nella forma:

$$\lambda = \frac{h}{m\,v}$$

La lunghezza d'onda di una particella in movimento è dunque inversamente proporzionale al prodotto tra la massa e la velocità della particella.

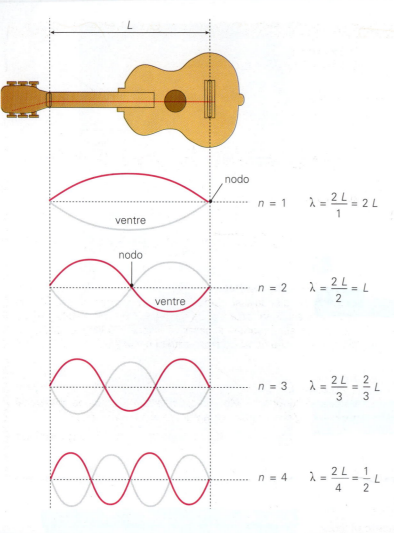

Figura 2 La corda di una chitarra, quando viene pizzicata, diventa sede di un'onda stazionaria. Poiché infatti è fissata ai suoi due estremi, la sua oscillazione non interessa i due punti terminali (i nodi) e quindi non si muove lungo la corda stessa. La lunghezza d'onda λ delle oscillazioni può assumere solo alcuni valori, secondo la formula λ = 2 L/n, in cui L è la lunghezza della corda e n un numero intero. Per n = 1, si produce la vibrazione fondamentale, che determina l'altezza del suono, ossia la nota; per n = 2, 3, 4, ..., si producono le cosiddette vibrazioni armoniche, che determinano il timbro del suono.

Venne così confermata la natura dualistica dell'**elettrone-onda**.

Occorre tuttavia precisare che le nostre idee di particella e di onda derivano dall'osservazione del mondo macroscopico: applicarle all'elettrone è una semplificazione che ci permette di intuirne il comportamento senza far uso di complessi calcoli matematici.

Secondo de Broglie, all'interno dell'atomo l'elettrone perde le sue caratteristiche corpuscolari e si comporta sostanzialmente come un'onda. Non ha senso quindi concepire le orbite come traiettorie!

Gli elettroni sono da ritenersi **onde stazionarie** (▶2), cioè onde che non viaggiano nello spazio aperto, ma sono "imprigionate" entro l'atomo.

L'ipotesi dello scienziato francese permise di dare una giustificazione teorica alla quantizzazione delle orbite introdotta da Bohr. Alla luce dell'equazione di de Broglie, $\lambda = h/(m v)$, la condizione quantistica $m v r = n h/(2 \pi)$ si trasforma infatti in:

$$2 \pi r = n \lambda$$

Il significato di questa equazione è che le orbite stazionarie, per essere tali, devono avere raggio multiplo, secondo il numero quantico n, della lunghezza d'onda λ degli elettroni. In base al fenomeno tipicamente ondulatorio dell'interferenza, le orbite devono essere considerate come zone in cui l'elettrone, in quanto onda, compie interferenza costruttiva, gli spazi tra le orbite come zone a interferenza distruttiva.

Facciamo il punto

1 In base alla legge di de Broglie la lunghezza d'onda di un corpuscolo dipende:

a. dalla sua massa e dalla sua velocità.
b. dal suo volume e dalla sua densità.
c. dal suo peso e dalla sua accelerazione.
d. dal suo numero di massa.

1.3 Il principio di indeterminazione di Heisenberg: la fine delle certezze

Partendo da presupposti teorici diversi, il fisico tedesco Werner K. Heisenberg pervenne, nel 1927, a conclusioni analoghe a quelle di de Broglie.

Nella vita quotidiana siamo abituati a pensare che qualunque grandezza sia misurabile. Ciò dipende dal fatto che nel mondo macroscopico, di norma, l'atto di misurare non modifica ciò che si sta misurando. In effetti, se prendiamo con un metro la misura della lunghezza di un tavolo di certo non ne modifichiamo il valore, e così pure se misuriamo la temperatura dell'acqua contenuta in una vasca da bagno con un normale termometro.

Heisenberg, tuttavia, comprese che ciò non è sempre vero: se con un termometro cerchiamo di misurare la temperatura di una piccola quantità d'acqua inevitabilmente ne modifichiamo il valore (raffreddandola o scaldandola con il termometro stesso). Lo strumento adoperato può alterare la misura di una quantità non trascurabile rispetto al valore rilevato e in gene-

Risolviamo insieme

La lunghezza d'onda di de Broglie: elettrone e pallone a confronto

Calcoliamo la lunghezza d'onda associabile a un elettrone, la cui massa è $9{,}1 \cdot 10^{-31}$ kg, in movimento alla velocità di $6{,}0 \cdot 10^6$ m/s. Facciamo poi lo stesso per un pallone della massa di 0,5 kg, calciato alla velocità di 3,0 m/s.

Dati e incognite
Elettrone: $m = 9{,}1 \cdot 10^{-31}$ kg; $v = 6{,}0 \cdot 10^6$ m/s; $\lambda = ?$

Pallone: $m = 0{,}5$ kg; $v = 3{,}0$ m/s; $\lambda = ?$

Soluzione
Dall'equazione di de Broglie, essendo

$$h = 6{,}6 \cdot 10^{-34} \text{ J} \cdot \text{s} = 6{,}6 \cdot 10^{-34} \text{ kg} \cdot \text{m}^2/\text{s}$$

otteniamo, per l'elettrone,

$$\lambda = \frac{h}{mv} = \frac{6{,}6 \cdot 10^{-34} \text{ kg} \cdot \text{m}^2/\text{s}}{(9{,}1 \cdot 10^{-31} \text{ kg})(6{,}10 \cdot 10^6 \text{ m/s})} = 1{,}2 \cdot 10^{-10} \text{ m}$$

Per il pallone otteniamo, invece,

$$\lambda = \frac{6{,}6 \cdot 10^{-34} \text{ kg} \cdot \text{m}^2/\text{s}}{(0{,}5 \cdot \text{kg})(3{,}0 \cdot \text{m/s})} = 4{,}4 \cdot 10^{-34} \text{ m}$$

Riflettiamo sul risultato
La lunghezza d'onda associata all'elettrone corrisponde approssimativamente alla lunghezza d'onda dei raggi X ed è rilevabile per diffrazione. Quella associata al pallone è invece una lunghezza d'onda piccolissima, che nessuno strumento può rilevare.

Prosegui tu
Calcola la lunghezza d'onda di un batterio con una massa di $1{,}0 \cdot 10^{-6}$ kg che si muove alla velocità di $1{,}0 \cdot 10^{-3}$ m/s.

[$6{,}6 \cdot 10^{-25}$ m]

---

rale l'atto di misurare può modificare l'oggetto della misurazione.

Trasferiamo questo ragionamento nel mondo dell'estremamente piccolo. Per ricostruire l'orbita percorsa da un elettrone dovremmo conoscere in ogni istante la sua posizione e la sua velocità (intesa come vettore). È però impossibile determinare contemporaneamente con precisione queste due grandezze: quanto maggiore è la precisione della misura della posizione del corpuscolo, tanto maggiore è l'incertezza della misura della sua quantità di moto (il prodotto tra la massa e la velocità), e viceversa. La precisione di una misura è inversamente proporzionale alla precisione dell'altra (▶3).

In formula, indicando con Δx e Δp le indeterminazioni delle due grandezze, si ha:

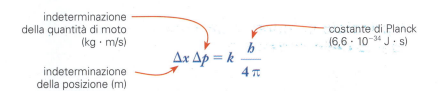

Figura 3 Con un solo scatto fotografico è impossibile determinare la posizione e la velocità del ciclista.

Con un tempo di esposizione breve si fissa la sua posizione.

Con un tempo di esposizione lungo si può dare l'idea della velocità, ma la posizione diventa incerta.

L'impossibilità di eseguire misurazioni con esattezza e senza alcuna restrizione ha una causa: per ricavare informazioni da un elettrone dobbiamo fornire a esso energia (in modo da ottenere uno spettro di emissione), ma in quell'istante inevitabilmente ne perturbiamo la posizione e la velocità, essendo sufficiente un fotone per spostare un elettrone dalla sua orbita. Il principio di indeterminazione di Heisenberg non riguarda quindi una incapacità operativa legata all'imprecisione degli strumenti di indagine di cui attualmente disponiamo, ma esprime un limite invalicabile insito nella natura stessa della materia, che diventa evidente solo nelle misurazioni che interessano il mondo subatomico.

Come per de Broglie, anche per Heisenberg non ha senso parlare di orbite percorse dagli elettroni in un atomo!

Werner Karl Heisenberg

(Würzburg, 1901 - Monaco di Baviera, 1976)
Professore all'università di Lipsia e direttore del Max Planck Institut di Berlino, fu tra i fondatori della fisica quantistica. Lo studio dell'atomo lo portò a proporre il principio di indeterminazione, che segnò una svolta radicale nella comprensione dei meccanismi di funzionamento della natura nel mondo dell'estremamente piccolo. Gli fu assegnato il premio Nobel nel 1932.

Facciamo il punto

2 Completa la frase.
Il principio di indeterminazione afferma che non è possibile conoscere contemporaneamente con esattezza sia la .... sia la .... di un elettrone.

3 Completa la formula e spiegala a voce.
$$\Delta x \, \Delta p = \ldots\ldots\ldots\ldots$$

Risolviamo insieme

Perché possiamo centrare un piattello, ma non un elettrone; l'incertezza nelle misure simultanee di quantità di moto e di posizione

Un elettrone si muove alla velocità di $1{,}0 \cdot 10^6$ m/s e l'incertezza della misura della sua quantità di moto è dello 0,1%. Qual è l'indeterminazione della sua posizione nell'atomo?
Se le stesse misurazioni fossero eseguite su un oggetto della massa di 1,0 kg in movimento a 30 m/s, e se anche in questo caso la quantità di moto fosse rilevata con un'incertezza dello 0,1%, quale sarebbe l'indeterminazione della posizione dell'oggetto?

Dati e incognite
Elettrone: $m = 9{,}1 \cdot 10^{-31}$ kg; $v = 1{,}0 \cdot 10^6$ m/s;
$\Delta p/p = 0{,}1\% = 0{,}001$; $\Delta x = ?$
Oggetto macroscopico: $m = 1{,}0$ kg; $v = 30$ m/s;
$\Delta p/p = 0{,}1\% = 0{,}001$; $\Delta x = ?$

Soluzione
• Elettrone
La quantità di moto della particella è
$$p = m v = (9{,}1 \cdot 10^{-31} \text{ kg}) (1{,}0 \cdot 10^6 \text{ m/s}) = 9{,}1 \cdot 10^{-25} \text{ kg} \cdot \text{m/s}$$

Di conseguenza, l'incertezza del suo valore è
$$\Delta p = \frac{\Delta p}{p} p = 0{,}001 \, (9{,}1 \cdot 10^{-25} \text{ kg} \cdot \text{m/s}) = 9{,}1 \cdot 10^{-28} \text{ kg} \cdot \text{m/s}$$

Dal principio di indeterminazione di Heisenberg si ricava l'incertezza della posizione:
$$\Delta x = \frac{h}{4\pi \, \Delta p} = \frac{6{,}6 \cdot 10^{-34} \text{ kg} \cdot \text{m}^2/\text{s}}{4\pi \, (9{,}1 \cdot 10^{-28} \text{ kg} \cdot \text{m/s})} = 5{,}8 \cdot 10^{-8} \text{ m}$$

• Oggetto macroscopico
Procedendo nello stesso modo si ottiene:
$$p = m v = (1{,}0 \text{ kg}) (30 \text{ m/s}) = 30 \text{ kg} \cdot \text{m/s}$$

$$\Delta p = \frac{\Delta p}{p} p = 0{,}001 \, (30 \text{ kg} \cdot \text{m/s}) = 0{,}030 \text{ kg} \cdot \text{m/s}$$

$$\Delta x = \frac{h}{4\pi \, \Delta p} = \frac{6{,}6 \cdot 10^{-34} \text{ kg} \cdot \text{m}^2/\text{s}}{4\pi \, (0{,}030 \text{ kg} \cdot \text{m/s})} = 1{,}8 \cdot 10^{-33} \text{ m}$$

Riflettiamo sul risultato
Nel caso dell'elettrone il valore trovato, $\Delta x = 58$ nm, rappresenta un margine elevatissimo di indeterminazione, se si tiene conto che gli atomi hanno raggi dell'ordine di grandezza di qualche centesimo o decimo di nanometro. Questo risultato indica che è impossibile individuare con precisione la posizione dell'elettrone nell'atomo.
Al contrario, nel caso del corpo macroscopico, l'indeterminazione è piccolissima e non può essere messa in evidenza con nessuno strumento di misura. Per questo motivo possiamo affermare che la posizione dell'oggetto è misurabile con estrema accuratezza e, se fosse un piattello del tiro a volo, potremmo colpirlo.

2 L'equazione d'onda di Schrödinger: dall'orbita all'orbitale

Le idee di de Broglie e di Heisenberg ci spingono forse a rassegnarci a non sapere nulla di ciò che accade nell'atomo? Fortunatamente no! Occorre però abbandonare l'impostazione deterministica di Bohr, che pretendeva di descrivere le orbite degli elettroni come se si avesse a che fare con dei satelliti.

2.1 L'equazione d'onda

Nel 1926, proseguendo sulla strada tracciata da de Broglie, il fisico austriaco Erwin Schrödinger (1887-1961) descrisse il comportamento ondulatorio degli elettroni per mezzo di un'**equazione d'onda**. Si tratta di un'equazione differenziale le cui soluzioni, dette **funzioni d'onda** e indicate con il simbolo ψ, assumono significato fisico se elevate al quadrato, o più precisamente, essendo espresse da numeri complessi, se elevate al quadrato in modulo.

L'equazione d'onda di Schrödinger ammette soluzioni solo per alcuni valori dell'energia dell'elettrone: ciò concorda con la quantizzazione dei livelli energetici ipotizzata da Bohr.

Il fisico tedesco Max Born (1882-1970) diede un'interpretazione di tipo probabilistico alle funzioni d'onda.

> Secondo Born, il modulo quadrato $|\psi|^2$ della funzione d'onda di un elettrone rappresenta la **densità di probabilità**, dipendente dall'energia che esso possiede, di trovare l'elettrone in una determinata zona dello spazio intorno al nucleo dell'atomo (▶4).

Possiamo descrivere graficamente l'andamento di $|\psi|^2$ (ossia della densità di probabilità) per mezzo di puntini che si infittiscono a formare una specie di nube dove la densità elettronica è elevata e si diradano notevolmente dove la densità elettronica è bassa: questa nuvola di carica negativa, più densa nella parte centrale e sfumata verso la periferia, rappresenta un **orbitale** (▶5).

2.2 L'orbitale

> Definiamo **orbitale** una zona dello spazio intorno al nucleo atomico in cui la probabilità di trovare un elettrone è molto elevata, almeno uguale al 90%.

Non è questa una definizione del tutto corretta (la probabilità viene fissata arbitrariamente al 90%, essendo impossibile avere la certezza di trovare l'elettrone nel suo orbitale), ma è assai pratica, perché permette di rappresentare la densità elettronica $|\psi|^2$ in modo facilmente intuibile, per mezzo di una superficie limite come quella mostrata nella figura ▶6.

Non tutti accettarono, inizialmente, questa visione della realtà. Einstein affermò: "La meccanica quantistica è degna di ogni rispetto, ma una voce interiore mi dice che non è ancora la soluzione giusta… Sono convinto che Dio non gioca a dadi con il mondo."

Verosimilmente aveva torto: tutte le prove sperimentali degli ultimi decenni hanno confermato la teoria.

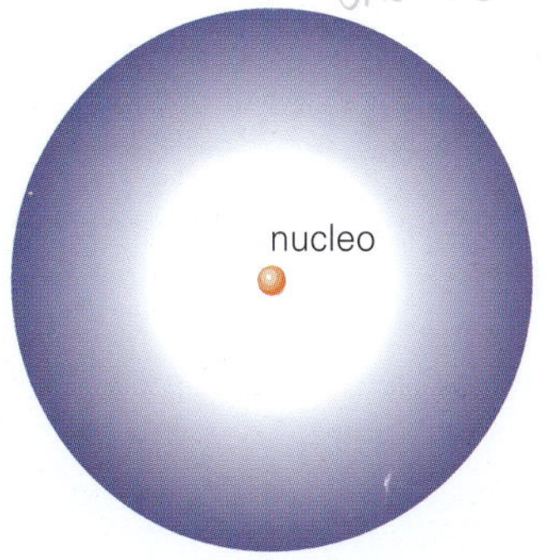

Facciamo il punto

4 Completa la frase.
Il modulo quadrato di una funzione d'onda indica la ……………………… di trovare un elettrone in un punto intorno al nucleo atomico.

5 Definisci il concetto di orbitale.

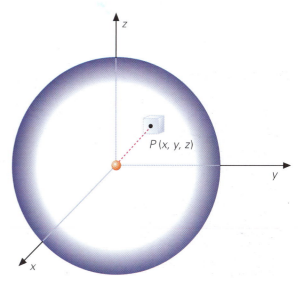

Figura 4 Per ogni porzione di spazio intorno a qualsiasi punto $P(x, y, z)$, nelle vicinanze del nucleo, è possibile calcolare la probabilità che vi si trovi un elettrone.

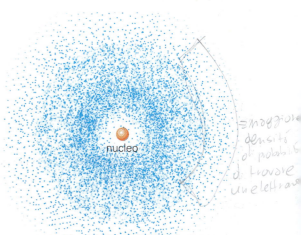

Figura 5 Una funzione d'onda può essere rappresentata da un insieme di punti, addensati nelle porzioni di spazio in cui è più alta la probabilità di trovare un elettrone.

Figura 6 Per visualizzare un orbitale si disegna la superficie che delimita la regione di spazio al cui interno un elettrone può trovarsi con una prestabilita probabilità (per esempio del 90%).

3 | I numeri quantici

Ogni orbitale possiede caratteristiche specifiche, che sono le sue **dimensioni**, la sua **forma** e la sua **orientazione** nello spazio, definite dai valori che vengono assegnati ad alcuni parametri: i **numeri quantici** n, l ed m, presenti nelle funzioni d'onda.

I tre numeri quantici sono tra loro correlati, per cui a ogni valore di n corrispondono determinati valori di l e di m.

3.1 | Il numero quantico principale

Il **numero quantico principale** n individua il livello energetico che un elettrone può occupare. Nella moderna teoria atomica, livelli e orbitali sono concetti distinti.

> Un **livello energetico** è costituito da tutti gli orbitali aventi lo stesso valore di n.

Il numero quantico principale può assumere solo valori interi positivi:

$$n = 1, 2, 3, \ldots$$

da 1 a 7 negli atomi che si trovano nello stato fondamentale, senza alcun limite negli atomi eccitati.

Al crescere di n aumentano l'energia degli elettroni e le dimensioni degli orbitali del livello.

3.2 | Il numero quantico angolare

Il **numero quantico angolare** l definisce la forma degli orbitali e, in misura minore rispetto a n, la loro energia: individua quindi dei sottolivelli (solo nell'idrogeno i sottolivelli hanno la medesima energia; in tutti gli altri atomi possiedono energie lievemente differenti).

> Un **sottolivello energetico** è costituito da tutti gli orbitali aventi i medesimi valori sia di n sia di l.

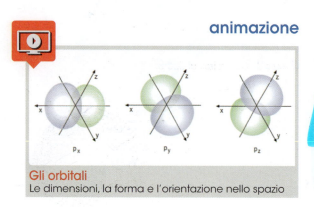

Gli orbitali
Le dimensioni, la forma e l'orientazione nello spazio

animazione

A ogni valore di l corrisponde una forma specifica degli orbitali, che viene indicata con una delle seguenti lettere: s, p, d, f (dalle iniziali dei nomi dati alle righe individuabili entro le bande principali degli spettri atomici: *sharp, principal, diffuse, fundamental*).

→ $l = 0$
Individua sottolivelli di tipo s con orbitali di forma sferica.

→ $l = 1$
Individua sottolivelli di tipo p con orbitali composti da due lobi ellissoidali, simmetrici rispetto al nucleo.

→ $l = 2$
Individua sottolivelli di tipo d, con orbitali composti da più lobi. Precisamente, gli orbitali d hanno due forme caratteristiche: una è costituita da quattro lobi disposti lungo assi mutuamente perpendicolari, che possono assumere diverse orientazioni nello spazio, e l'altra consiste nell'insieme di due lobi e di un anello che circonda il nucleo.

→ $l = 3$
Individua sottolivelli di tipo f i cui orbitali possono assumere forme piuttosto complesse e varie orientazioni.

> I valori di l dipendono da quelli di n: il numero quantico angolare l assume, infatti, valori interi compresi tra 0 ed $n - 1$.

Per $n = 1$ si ha $l = 0$: ciò significa che il primo livello energetico di un atomo può contenere un solo sottolivello, di tipo s, che chiameremo $1s$.

Per $n = 2$ si ha $l = 0, 1$: il secondo livello di un atomo può contenere due sottolivelli, $2s$ e $2p$.

Per $n = 3$ si ha $l = 0, 1, 2$: il terzo livello di un atomo può contenere tre sottolivelli, $3s$, $3p$ e $3d$.

Per $n = 4$ si ha $l = 0, 1, 2, 3$: il quarto livello di un atomo può contenere quattro sottolivelli, $4s$, $4p$, $4d$ e $4f$.

Per valori di n superiori, però, il numero di sottolivelli non aumenta più, anzi comincia a diminuire.

Gli orbitali di tipo s dei vari livelli differiscono per dimensioni ed energia, ma hanno la medesima forma: l'orbitale $2s$, per esempio, ha dimensioni maggiori dell'orbitale $1s$, ma uguale forma sferica. Ciò vale anche per gli orbitali p, d e f.

3.3 Il numero quantico magnetico

Il **numero quantico magnetico** m indica l'orientazione degli orbitali nello spazio; definisce anche il numero di orbitali che possono coesistere in un dato sottolivello.

Gli orbitali che appartengono al medesimo sottolivello hanno la stessa energia e sono detti **orbitali degeneri**. Il sottolivello p è tre volte degenere, in quanto comprende tre orbitali di diverso numero quantico magnetico, il sottolivello d è cinque volte degenere e il sottolivello f è sette volte degenere. Si può verificare quanto detto tenendo conto del fatto che m prende tutti i valori da $-l$ a l, zero incluso. (**TABELLA 1**).

Per $l = 0$ si ha $m = 0$: il sottolivello s è costituito da un solo orbitale sferico (▶7).

Per $l = 1$ si ha $m = -1, 0, 1$: il sottolivello p è costituito da tre orbitali degeneri, p_x, p_y e p_z, rispettivamente orientati nello spazio lungo gli assi cartesiani x, y e z (▶8).

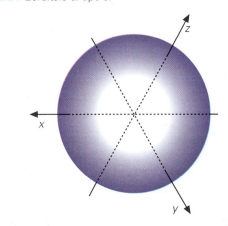

Figura 7 L'orbitale di tipo s.

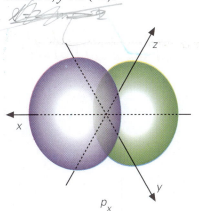
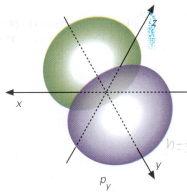

Figura 8 I tre orbitali di tipo p.

TABELLA 1	I numeri quantici e le loro relazioni				
$n = 1, 2, ...$	$l = 0, ..., n-1$	Sottolivello	$m = -l, ..., 0, ..., l$	Numero di orbitali degeneri nel sottolivello	Numero di orbitali nel livello (n^2)
1	0	$1s$	0	1	$1^2 = 1$
2	0	$2s$	0	1	$2^2 = 4$
	1	$2p$	$-1, 0, 1$	3	
3	0	$3s$	0	1	$3^2 = 9$
	1	$3p$	$-1, 0, 1$	3	
	2	$3d$	$-2, -1, 0, 1, 2$	5	
4	0	$4s$	0	1	$4^2 = 16$
	1	$4p$	$-1, 0, 1$	3	
	2	$4d$	$-2, -1, 0, 1, 2$	5	
	3	$4f$	$-3, -2, -1, 0, 1, 2, 3$	7	

Figura 9 I cinque orbitali di tipo *d*.

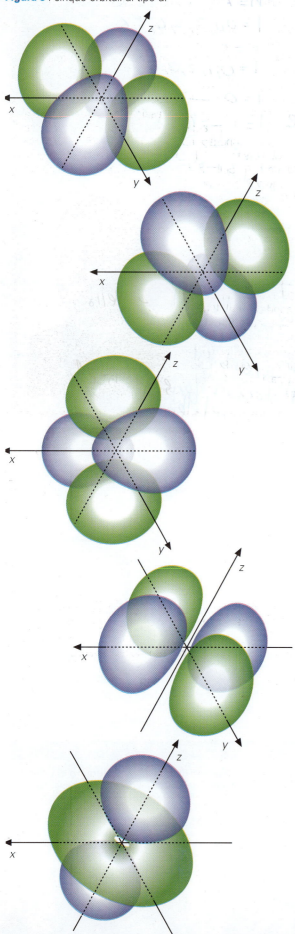

Per $l = 2$ si ha $m = -2, -1, 0, 1, 2$: il sottolivello *d* è costituito da cinque orbitali degeneri, aventi due differenti forme caratteristiche e diversamente orientati nello spazio (▶9).

Per $l = 3$ si ha $m = -3, -2, -1, 0, 1, 2, 3$: il sottolivello *f* è costituito da sette orbitali degeneri, di varia forma e diversamente orientati nello spazio.

L'espressione n^2 fornisce il numero di orbitali presenti in ogni livello:
→ il primo livello può contenere un solo orbitale ($1^2 = 1$), di tipo *s*;
→ il secondo livello può contenere 4 orbitali ($2^2 = 4$), un *s* e tre *p*;
→ il terzo livello può contenere 9 orbitali ($3^2 = 9$), un *s*, tre *p*, cinque *d*;
→ il quarto livello può contenere 16 orbitali ($4^2 = 16$), un *s*, tre *p*, cinque *d*, sette *f*.

La regola non vale per $n > 4$.

3.4 Il numero quantico di spin

Se gli orbitali sono definiti dai numeri quantici *n*, *l* e *m*, gli elettroni in essi contenuti possiedono un'ulteriore proprietà: lo **spin**, che non è correlato all'energia posseduta dall'elettrone, ma alla sua attività magnetica.

Per comprendere il significato dello spin si può immaginare che ogni elettrone ruoti intorno al proprio asse come se fosse un pianeta, generando un campo magnetico. (Infatti le cariche elettriche in movimento, come insegna la fisica, hanno la proprietà di essere sorgenti di campo magnetico.)

Vi sono solo due possibilità: o l'elettrone ruota in senso antiorario, o ruota in senso orario. Di conseguenza il **numero quantico di spin** m_s può assumere solo due valori, ovvero è quantizzato.

I due valori attribuiti a m_s sono 1/2 o −1/2 (▶10).

Un elettrone di cui si vuole simboleggiare lo spin si indica con una freccia rivolta verso l'alto o verso il basso, all'interno di un riquadro che rappresenta l'orbitale in cui si trova. Se due elettroni hanno diverso spin si dice che hanno spin "antiparallelo" (o opposto).

$m_s = -1/2 \qquad m_s = 1/2$

Figura 10 Rappresentazione di una coppia di elettroni con diverso spin. Immaginare lo spin connesso alla rotazione dell'elettrone è tuttavia una semplificazione di un concetto molto complesso.

Facciamo il punto

6 Il numero quantico angolare *l* individua:

a. il livello energetico dell'elettrone.
b. la forma dell'orbitale e quindi il sottolivello.
c. l'orientazione degli orbitali.
d. lo spin dell'elettrone.

7 Completa le frasi.
a. Esistono quattro tipi di orbitali: *s*, ..., *d*, ...
b. Il sottolivello .... è tre volte degenere, il sottolivello *d* è .... volte degenere e il sottolivello .... è .... volte degenere.
c. Il numero quantico di spin ...... può assumere solo i valori ...... e ....

4 Il principio di esclusione di Pauli e le configurazioni elettroniche

Nel 1925 il fisico austriaco Wolfgang E. Pauli formulò un'ipotesi, dimostratasi fondata, riguardante il modo in cui gli elettroni si distribuiscono negli orbitali. Poiché la presenza di un elettrone con un dato spin esclude la presenza, nello stesso orbitale, di un altro elettrone con identico spin, l'ipotesi di Pauli costituisce un "principio di esclusione".

> Il **principio di esclusione di Pauli** afferma che in un atomo non possono esistere due elettroni con i medesimi quattro numeri quantici; in altri termini, un orbitale può contenere al massimo due elettroni, con spin antiparallelo.

Ciò avviene perché gli elettroni si respingono elettricamente, ma se hanno spin opposto si attraggono magneticamente e possono convivere nello stesso orbitale. Se hanno invece il medesimo spin la repulsione magnetica si somma a quella elettrica rendendo impossibile la convivenza.

4.1 Orbitali completi e semicompleti

Si dice completo un orbitale che contiene due elettroni, semicompleto uno con un solo elettrone (▶11).

I sottolivelli comprendenti orbitali degeneri possono contenere, ovviamente, più di due elettroni (**TABELLA 2**):
- il sottolivello s (un orbitale) contiene al massimo 2 elettroni;
- il sottolivello p (tre orbitali degeneri) contiene sino a 6 elettroni;
- il sottolivello d (cinque orbitali degeneri) contiene sino a 10 elettroni;
- il sottolivello f (sette orbitali degeneri) contiene sino a 14 elettroni.

È possibile, infine, ricavare il numero massimo N di elettroni presenti in un certo livello energetico, individuato dal valore del numero quantico principale n, per mezzo della formula

$$N = 2n^2$$

numero massimo di elettroni in un livello energetico — numero quantico principale

Da questa si trova che $N = 2$ elettroni possono essere ospitati nel primo livello ($n = 1$), $N = 8$ nel secondo livello ($n = 2$), $N = 18$ nel terzo ($n = 3$) ed $N = 32$ nel quarto ($n = 4$). Riguardo ai livelli successivi, la regola non vale.

Wolfgang Ernst Pauli

(Vienna, 1900 - Zurigo, 1958)
Laureatosi a Vienna nel 1918, dopo appena due mesi pubblicò il suo primo articolo sulla teoria della relatività generale di Albert Einstein. Nel 1921 conseguì il dottorato in fisica, sotto la guida di Arnold Sommerfeld, presso l'Università di Monaco. Passò un anno all'Università di Gottinga come assistente di Max Born, e l'anno seguente andò all'Istituto Niels Bohr di fisica teorica a Copenaghen. Dal 1924 al 1928 fu docente all'Università di Amburgo, dove contribuì a elaborare i fondamenti della meccanica quantistica. In particolare formulò il principio di esclusione che porta il suo nome. Nel 1928 venne nominato professore di fisica teorica all'Istituto Federale di Tecnologia di Zurigo. A causa dello scoppio della seconda guerra mondiale, nel 1940 emigrò negli Stati Uniti, dove diventò docente di fisica teorica a Princeton. Nel 1945 ricevette il premio Nobel per la Fisica.

 orbitale s semicompleto   orbitale s completo

Figura 11 A ogni freccia corrisponde un elettrone.

TABELLA 2 — Sottolivelli e orbitali dei primi quattro livelli

Numeri quantici			Sottolivello e rappresentazione dei suoi orbitali	Numero massimo di elettroni	
n	l	m		nel sottolivello	nel livello ($2n^2$)
1	0	0	1s □	2	2
2	0	0	2s □	2	8
	1	−1, 0, 1	2p □□□	6	
3	0	0	3s □	2	18
	1	−1, 0, 1	3p □□□	6	
	2	−2, −1, 0, 1, 2	3d □□□□□	10	
4	0	0	4s □	2	32
	1	−1, 0, 1	4p □□□	6	
	2	−2, −1, 0, 1, 2	4d □□□□□	10	
	3	−3, −2, −1, 0, 1, 2, 3	4f □□□□□□□	14	

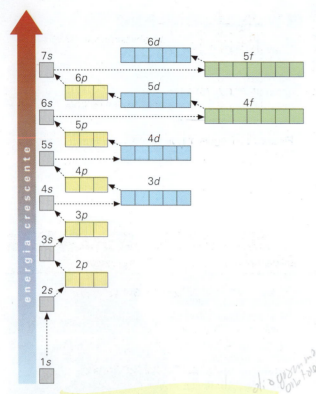

Figura 12 Ordine di riempimento degli orbitali atomici.

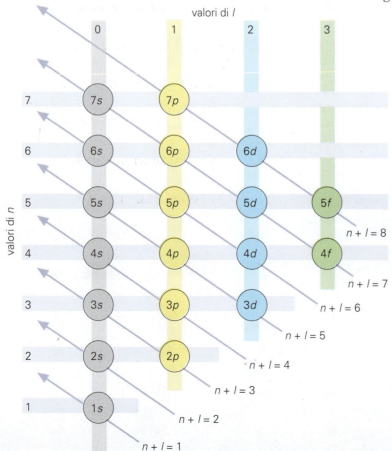

Figura 13 Ordinando i sottolivelli verticalmente, dal basso verso l'alto, per valori crescenti di n e orizzontalmente, da sinistra verso destra, per valori crescenti di l, le frecce in diagonale indicano l'ordine di riempimento dei sottolivelli stessi.

4.2 L'energia degli orbitali

Come abbiamo detto, a valori crescenti del numero quantico principale n sono associati valori crescenti dell'energia. Anche i sottolivelli s, p, d e f, rispettivamente corrispondenti ai valori 0, 1, 2 e 3 del numero quantico angolare l, si distinguono l'uno dall'altro (tranne che per l'idrogeno) per l'energia ad essi associata: presi nell'ordine in cui sono elencati, hanno energia crescente. Di conseguenza, per poter stabilire l'energia degli orbitali occorre tenere conto sia di n sia di l.

Può accadere che un orbitale s di un livello possieda meno energia di un orbitale d o f del livello precedente. Una regola pratica per stabilire in quali casi ciò si verifica è quella di sommare i valori dei numeri quantici n ed l corrispondenti ai diversi sottolivelli: un sottolivello per il quale la somma $n + l$ risulti minore ha energia più bassa di quello per il quale la somma $n + l$ risulti maggiore.

Per esempio, il sottolivello $4s$ (per il quale è $n = 4$ ed $l = 0$, da cui $n + l = 4 + 0 = 4$) ha meno energia del $3d$ (per il quale è $n = 3$ ed $l = 2$, da cui $n + l = 3 + 2 = 5$).

Il motivo di questa apparente anomalia è duplice: da un lato la distanza energetica tra i livelli diminuisce al crescere del numero quantico principale, dall'altro la forma degli orbitali d ed f può far sì, per esempio, che la parte estrema di un orbitale d del terzo livello si allontani dal nucleo più dell'orbitale sferico s del quarto livello (e l'energia di un elettrone è maggiore se l'elettrone è più lontano dal nucleo).

Il differente contenuto energetico degli orbitali determina la sequenza con cui essi vengono occupati dagli elettroni (▶12).

4.3 La configurazione elettronica degli elementi

Ogni atomo è caratterizzato da una specifica distribuzione degli elettroni all'interno degli orbitali, cioè da una specifica **configurazione elettronica**, o **formula elettronica**.

Per disporre correttamente gli elettroni negli orbitali dei diversi sottolivelli e livelli si devono seguire precisi criteri.

→ Immaginando di inserire a uno a uno gli elettroni nell'edificio atomico, si devono occupare i sottolivelli e i livelli a minore contenuto energetico (sino a riempirli completamente) prima di passare al sottolivello o livello con energia maggiore. Questa regola è detta **principio di Aufbau**, ovvero **della costruzione progressiva**. Per conoscere l'ordine di riempimento degli orbitali viene spesso utilizzato il sistema delle frecce, illustrato nella figura ▶13.

→ Per il principio di esclusione di Pauli, in un orbitale si possono collocare al massimo due elettroni, con spin opposto.

→ In uno stesso sottolivello gli elettroni tendono ad occupare il maggior numero di orbitali degeneri possibile, singolarmente e con il medesimo spin: è questa la cosiddetta **regola di Hund**, o **della massima molteplicità**. Per esempio, ognuno dei tre orbitali del sottolivello p viene occupato da un elettrone prima che si formi una coppia di elettroni in uno di essi (▶ 14).

Si possono rappresentare le configurazioni elettroniche degli atomi in due modi diversi.

→ Il sistema della **notazione spettroscopica** fa uso di un numero (da 1 a 7) per indicare il livello, di una lettera (s, p, d, f) per precisare il sottolivello e di un esponente per specificare il numero di elettroni presenti nel sottolivello stesso. Per esempio, per indicare che due elettroni si trovano nel sottolivello s del secondo livello di un atomo si scrive $2s^2$. Analogamente, l'espressione $2p^1$ significa che vi è un elettrone nel sottolivello p del secondo livello. L'espressione $2s^2 2p^1$ indica quindi la presenza di tre elettroni nel secondo livello di un atomo: due di questi si trovano nel sottolivello s e uno nel sottolivello p. Nella **TABELLA 3** sono indicate le configurazioni elettroniche in notazione spettroscopica degli elementi chimici al variare del numero atomico Z da 1 (H) a 36 (Kr): quella dell'azoto, che ha $Z = 7$, è $1s^2 2s^2 2p^3$ (2 elettroni nel sottolivello s del primo livello, che è

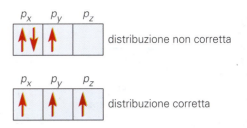

Figura 14 La regola di Hund applicata a un sottolivello di tipo p.

TABELLA 3 Configurazione elettronica degli elementi con numero atomico fino a $Z = 36$

Z	Elemento	Configurazione	Z	Elemento	Configurazione
1	H	$1s^1$	19	K	$1s^2 2s^2 2p^6 3s^2 3p^6 4s^1$
2	He	$1s^2$	20	Ca	$1s^2 2s^2 2p^6 3s^2 3p^6 4s^2$
3	Li	$1s^2 2s^1$	21	Sc	$1s^2 2s^2 2p^6 3s^2 3p^6 3d^1 4s^2$
4	Be	$1s^2 2s^2$	22	Ti	$1s^2 2s^2 2p^6 3s^2 3p^6 3d^2 4s^2$
5	B	$1s^2 2s^2 2p^1$	23	V	$1s^2 2s^2 2p^6 3s^2 3p^6 3d^3 4s^2$
6	C	$1s^2 2s^2 2p^2$	24	Cr	$1s^2 2s^2 2p^6 3s^2 3p^6 3d^5 4s^1$
7	N	$1s^2 2s^2 2p^3$	25	Mn	$1s^2 2s^2 2p^6 3s^2 3p^6 3d^5 4s^2$
8	O	$1s^2 2s^2 2p^4$	26	Fe	$1s^2 2s^2 2p^6 3s^2 3p^6 3d^6 4s^2$
9	F	$1s^2 2s^2 2p^5$	27	Co	$1s^2 2s^2 2p^6 3s^2 3p^6 3d^7 4s^2$
10	Ne	$1s^2 2s^2 2p^6$	28	Ni	$1s^2 2s^2 2p^6 3s^2 3p^6 3d^8 4s^2$
11	Na	$1s^2 2s^2 2p^6 3s^1$	29	Cu	$1s^2 2s^2 2p^6 3s^2 3p^6 3d^{10} 4s^1$
12	Mg	$1s^2 2s^2 2p^6 3s^2$	30	Zn	$1s^2 2s^2 2p^6 3s^2 3p^6 3d^{10} 4s^2$
13	Al	$1s^2 2s^2 2p^6 3s^2 3p^1$	31	Ga	$1s^2 2s^2 2p^6 3s^2 3p^6 3d^{10} 4s^2 4p^1$
14	Si	$1s^2 2s^2 2p^6 3s^2 3p^2$	32	Ge	$1s^2 2s^2 2p^6 3s^2 3p^6 3d^{10} 4s^2 4p^2$
15	P	$1s^2 2s^2 2p^6 3s^2 3p^3$	33	As	$1s^2 2s^2 2p^6 3s^2 3p^6 3d^{10} 4s^2 4p^3$
16	S	$1s^2 2s^2 2p^6 3s^2 3p^4$	34	Se	$1s^2 2s^2 2p^6 3s^2 3p^6 3d^{10} 4s^2 4p^4$
17	Cl	$1s^2 2s^2 2p^6 3s^2 3p^5$	35	Br	$1s^2 2s^2 2p^6 3s^2 3p^6 3d^{10} 4s^2 4p^5$
18	Ar	$1s^2 2s^2 2p^6 3s^2 3p^6$	36	Kr	$1s^2 2s^2 2p^6 3s^2 3p^6 3d^{10} 4s^2 4p^6$

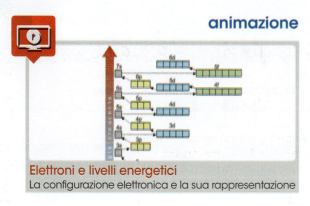

animazione

Elettroni e livelli energetici
La configurazione elettronica e la sua rappresentazione

quindi completo, e 5 elettroni nel secondo livello, 2 in *s* e 3 in *p*); quella dell'ossigeno, che ha $Z = 8$, è $1s^2\,2s^2\,2p^4$ (2 elettroni nel primo livello e 6 nel secondo, 2 in *s* e 4 in *p*).

→ Il **diagramma a caselle** è un metodo che fornisce un numero maggiore di informazioni: in esso gli elettroni sono rappresentati da frecce e gli orbitali da quadrati. Nella **TABELLA 4** sono disegnati i diagrammi degli elementi con numero atomico da 1 a 11.

TABELLA 4 Diagramma a caselle per gli elementi con numero atomico fino a $Z = 11$

Z	Elemento	Configurazione	Diagramma
1	H	$1s^1$	1s ↑
2	He	$1s^2$	1s ↑↓
3	Li	$1s^2\,2s^1$	1s ↑↓ 2s ↑
4	Be	$1s^2\,2s^2$	1s ↑↓ 2s ↑↓
5	B	$1s^2\,2s^2\,2p^1$	1s ↑↓ 2s ↑↓ 2p ↑ _ _
6	C	$1s^2\,2s^2\,2p^2$	1s ↑↓ 2s ↑↓ 2p ↑ ↑ _
7	N	$1s^2\,2s^2\,2p^3$	1s ↑↓ 2s ↑↓ 2p ↑ ↑ ↑
8	O	$1s^2\,2s^2\,2p^4$	1s ↑↓ 2s ↑↓ 2p ↑↓ ↑ ↑
9	F	$1s^2\,2s^2\,2p^5$	1s ↑↓ 2s ↑↓ 2p ↑↓ ↑↓ ↑
10	Ne	$1s^2\,2s^2\,2p^6$	1s ↑↓ 2s ↑↓ 2p ↑↓ ↑↓ ↑↓
11	Na	$1s^2\,2s^2\,2p^6\,3s^1$	1s ↑↓ 2s ↑↓ 2p ↑↓ ↑↓ ↑↓ 3s ↑

videotutorial

La configurazione elettronica

Facciamo il punto

8 Che cosa afferma il principio di esclusione di Pauli?

9 E il principio di Aufbau?

10 E la regola di Hund?

11 Il livello 3 può contenere al massimo:

　a 2 elettroni.　**b** 8 elettroni.　**c** 18 elettroni.　**d** 32 elettroni.

12 Rispetto a un elettrone posizionato in un orbitale del sottolivello 3*d*, uno posizionato in 4*s* ha energia:

　a maggiore.　**b** minore.　**c** uguale.　**d** simile.

13 Spiega la seguente formula elettronica e individua l'elemento a cui si riferisce:

$$1s^2\,2s^2\,2p^6\,3s^2\,3p^4$$

CONOSCENZE

Con un testo articolato tratta i seguenti argomenti

1. Spiega il significato dell'equazione d'onda di Schrödinger e della funzione ψ^2.
2. Spiega le caratteristiche e il significato di ogni numero quantico.
3. Illustra come si costruisce una formula elettronica esplicitando i criteri e le regole che si utilizzano per disporre gli elettroni negli orbitali.

Con un testo sintetico rispondi alle seguenti domande

4. Nella teoria di de Broglie quale legame esiste tra la massa di un corpo e la sua lunghezza d'onda?
5. Che cosa afferma il principio di indeterminazione e quali conseguenze ha sulla natura dell'elettrone?
6. Definisci il concetto di orbitale.
7. Quali sono le regole da seguire per il riempimento degli orbitali?
8. Che cos'è la notazione spettroscopica?

Quesiti

9. Quale dei seguenti fenomeni o esperimenti evidenzia il carattere ondulatorio degli elettroni?
   a. Effetto fotoelettrico.
   b. Diffrazione degli elettroni da parte di un reticolo cristallino.
   c. Esperimento del tubo catodico.
   d. Esperimento di Millikan.

10. Qual è la formula ricavata da de Broglie per esprimere le caratteristiche ondulatorie degli elettroni?
    a. $E_f = hf$
    c. $\lambda f = c$
    b. $E = mc^2$
    d. $\lambda = \dfrac{h}{mv}$

11. Tra i seguenti corpi in movimento alla medesima velocità, quale ha lunghezza d'onda maggiore?

   a. Elettrone
   b. Protone
   c. Atomo di idrogeno
   d. Proiettile di pistola

12. Non è vero che il principio di Heisenberg esprime:
    a. una difficoltà solo di tipo tecnico superabile in futuro.
    b. una difficoltà insuperabile legata alla natura stessa della materia.
    c. l'impossibilità di misure esatte dal momento che il sistema di misura interferisce con il misurato.
    d. l'impossibilità di conoscere in ogni istante con certezza la velocità e la posizione di un elettrone.

13. Quale dei seguenti scienziati elaborò l'equazione d'onda per descrivere il comportamento degli elettroni negli atomi?
    a. de Broglie
    c. Heisenberg
    b. Bohr
    d. Schrödinger

14. Le funzioni d'onda di Schrödinger individuano:
    a. zone di spazio dentro il nucleo in cui la densità elettronica è massima.
    b. la traiettoria percorsa da un elettrone.
    c. l'orbita più probabile percorsa da un elettrone.
    d. la densità elettronica nelle zone di spazio intorno al nucleo.

15. Un orbitale è:
    a. l'orbita più probabile percorsa da un elettrone in un atomo.
    b. una zona intorno al nucleo con bassa densità elettronica.
    c. un punto vicino al nucleo dove è possibile trovare un elettrone.
    d. una regione dello spazio intorno al nucleo ad alta densità elettronica.

16. Abbina i simboli n, l, m, m_s dei numeri quantici alle rispettive denominazioni.
    a. Numero quantico magnetico ......
    b. Numero quantico angolare ......
    c. Numero quantico principale ......
    d. Numero quantico di spin ......

17. Completa le frasi e abbina il simbolo dei numeri quantici al loro significato.
    a. n varia da ...... a ...... e indica ....
    b. m varia da ...... a ...... e indica ....
    c. m_s può valere ...... o ...... e indica ....
    d. l varia da ...... a ...... e indica ....

    1. la forma dell'orbitale
    2. il livello energetico
    3. lo spin dell'elettrone
    4. l'orientamento degli orbitali

18. Quale dei seguenti orbitali ha forma sferica?
    a. $3p$
    b. $2s$
    c. $4d$
    d. $5f$

19. Se il numero quantico principale di un elettrone in un atomo è $n = 2$, i valori possibili dei suoi numeri quantici angolare e magnetico sono:
    a. $l = 0$; $m = -1, 0, 1$.
    b. $l = 0, 1$; $m = -1, 0, 1$.
    c. $l = -1, 0, 1$; $m = 0, 1$.
    d. $l = 1$; $m = 0, 1, 2$.

20. Se il numero quantico principale di un elettrone in un atomo è $n = 3$, i valori possibili dei suoi numeri quantici angolare e magnetico sono:
    a. $l = 0$; $m = -1, 0, 1$.
    b. $l = 1$; $m = 0, 1, 2$.
    c. $l = 0, 1, 2$; $m = -2, -1, 0, 1, 2$.
    d. $l = -1, 0, 1$; $m = 0, 1$.

21. Il livello energetico corrispondente al numero quantico $n = 4$ comprende i seguenti sottolivelli:
    a. s.
    c. s, p, d.
    b. s, p.
    d. s, p, d, f.

verifiche

22 In un orbitale possono coesistere, al massimo:
- a) tre elettroni.
- b) due elettroni con spin uguale.
- c) due elettroni con spin antiparallelo.
- d) quattro elettroni con spin parallelo.

23 Quanti elettroni può contenere al massimo il terzo livello?
- a) 2
- b) 8
- c) 32
- d) 18

24 Quanti elettroni può contenere al massimo il quarto livello?
- a) 2
- b) 8
- c) 32
- d) 18

25 Quanti elettroni può contenere al massimo il sottolivello d?
- a) 2
- b) 6
- c) 10
- d) 14

26 Quanti elettroni può contenere al massimo il sottolivello f?
- a) 2
- b) 6
- c) 10
- d) 14

27 Il sottolivello con minore energia è:
- a) $4p$.
- b) $5s$.
- c) $3d$.
- d) $4f$.

28 Indica il corretto ordine di riempimento dei sottolivelli:
- a) $3s, 3p, 3d, 4s$.
- b) $3s, 3p, 4s, 3d$.
- c) $3s, 4s, 3p, 3d$.
- d) $4s, 3d, 3p, 3s$.

29 Il principio di Heisenberg applicato all'atomo esprime l'impossibilità:
- a) di avere alcuna conoscenza dell'atomo stesso.
- b) di conoscere in ogni istante la velocità e la posizione di un elettrone.
- c) di conoscere la posizione del nucleo.
- d) di conoscere la forma degli orbitali.

30 In base al principio di Pauli, un orbitale è completo se contiene:
- a) due elettroni.
- b) tre elettroni.
- c) quattro elettroni.
- d) sei elettroni.

31 Vero o falso?
- a. Il modello atomico a orbitali si basa sulla probabilità. V F
- b. Per de Broglie l'elettrone è contemporaneamente corpuscolo e onda. V F
- c. Nel modello a orbitali derivante dall'equazione di Schrödinger, i sottolivelli d sono tre volte degeneri. V F
- d. Dal principio di esclusione di Pauli segue che il livello energetico con $n = 4$ può contenere al massimo 18 elettroni. V F

COMPETENZE

Osserva e rispondi

32 Individua la corretta configurazione elettronica del potassio ($Z = 19$).
- a) $1s^2\ 2s^2\ 2p^6\ 3s^2\ 3p^6$
- b) $1s^2\ 2s^2\ 2p^6\ 3s^4\ 3p^6\ 4s^2$
- c) $1s^2\ 2s^2\ 2p^6\ 3s^2\ 3p^6\ 4s^1$
- d) $1s^2\ 2s^2\ 2p^6\ 3s^2\ 3p^6\ 4s$

33 Individua la corretta configurazione elettronica dello zinco ($Z = 30$).
- a) $1s^2\ 2s^2\ 2p^6\ 3s^2\ 3p^6\ 3d^{10}\ 4s^2$
- b) $1s^2\ 2s^2\ 2p4\ 3s^2\ 3p^6\ 4s^2\ 4d^{10}$
- c) $1s^2\ 2s^2\ 2p^6\ 3s^2\ 3p^6\ 3d9\ 4s^1$
- d) $1s^2\ 2s^2\ 2p^6\ 3s^2\ 3p^6\ 4s^3\ 4d^9$

34 La configurazione elettronica del livello energetico più esterno del ferro ($Z = 26$) è:
- a) $4s^2\ 3d^7$
- b) $5s^1\ 4d^7$
- c) $4s^2\ 3d^6$
- d) $4s^2\ 3d^3$

35 Quale elemento presenta la configurazione elettronica $1s^2\ 2s^2\ 2p^6\ 3s^2\ 3p^6\ 3d^{10}\ 4s^2\ 4p^3$?
- a) P
- b) As
- c) Al
- d) I

Risolvi il problema

36 Quale dei seguenti elementi ha la configurazione elettronica $3s^2\ 3p^3$ nel livello energetico più esterno?
- a) P
- b) Mg
- c) Cl
- d) S

37 Abbina la configurazione elettronica all'elemento e completa.
- a) $1s^2\ 2s^2\ 2p^6\ 3s^2\ 3p^6\ 4s^2\ 3d^{10}\ 4p^5$ ......
- b) $1s^2\ 2s^2\ 2p^6\ 3s^2\ 3p^6$ ....
- c) $1s^2\ 2s^2\ 2p^3$ ......
- d) $1s^2\ 2s^2\ 2p^6$ ......

1) Ne 2) N 3) K 4) Br

38 Riempi gli spazi, scrivendo quale orbitale si riempie, secondo il principio di Aufbau, immediatamente dopo ciascuno di quelli indicati:

$4s$, ... $4f$, ... $3d$, ... $5d$, ...

39 Riempi gli spazi, scrivendo quale orbitale si riempie, secondo il principio di Aufbau, immediatamente prima di ciascuno di quelli indicati:

......, $3s$ ......, $4f$ ......, $5d$ ......, $3p$

40 Identifica il livello e il sottolivello di un elettrone caratterizzato dai numeri quantici $n = 2$, $l = 0$, $m = 0$.

41 Calcola la lunghezza d'onda di un elettrone che si muove alla velocità di $2{,}0 \cdot 10^6$ m/s.

[$3{,}6 \cdot 10^{-10}$ m]

42 Calcola la lunghezza d'onda associabile a una palla da golf della massa di 100 g che viaggia a 50 m/s.

[$1{,}3 \cdot 10^{-34}$ m]

43 Calcola la lunghezza d'onda associabile a una pallottola con la massa di 2,0 g che viaggia alla velocità di 300 m/s.

[$1,1 \cdot 10^{-33}$ m]

44 Una microcar con una massa di 500 kg viaggia alla velocità di 2,0 m/s. Supponendo che l'incertezza con cui è misurata la sua velocità sia dell'1%, qual è l'indeterminazione della sua posizione?

[$5,2 \cdot 10^{-36}$ m]

45 Un pallino sparato da un fucile da caccia ha una massa di 0,10 g e una velocità di 1000 m/s. Se determiniamo la sua velocità con un'incertezza del 5%, quale sarà l'incertezza della sua posizione?

[$1,1 \cdot 10^{-32}$ m]

46 L'elettrone di un atomo di idrogeno si muove alla velocità di $2 \cdot 10^6$ m/s e l'incertezza della misura della sua quantità di moto è del 10%. Qual è l'indeterminazione della sua posizione? Sapendo che il raggio dell'atomo di idrogeno è di 37 pm, ritieni che sia rilevabile la posizione dell'elettrone all'interno dell'atomo?

[$2,9 \cdot 10^{-10}$ m]

47 Scrivi la configurazione elettronica dei seguenti elementi utilizzando il sistema delle frecce, che indica l'ordine di riempimento dei sottolivelli:

C ($Z = 6$): ....
F ($Z = 9$): ....
Na ($Z = 11$): ....
Al ($Z = 13$): ....
S ($Z = 16$): ....
Ca ($Z = 20$): ....
Se ($Z = 34$) ....

Osserva e rispondi

48 Utilizza il diagramma a caselle per rappresentare la configurazione elettronica dei seguenti elementi:

Li ($Z = 3$)
Be ($Z = 4$)
C ($Z = 6$)
N ($Z = 7$)
F ($Z = 9$)

49 In quale dei seguenti casi è applicata correttamente la regola di Hund?

a ↑ ↑
b ↑↓ ↑↓
c ↑ ↑ ↑
d ↑↓ ↑ ↑ ↑

In English

50 Electrons are arranged around the nucleus in specific regions:
a called nucleus corona.
b called energy shells.
c inside the nucleus.

51 The energy subshell that has 7 orbitals is:
a s   b d   c f

Fai un'indagine

52 Effettua una ricerca su Internet e su testi di filosofia che evidenzi l'importanza del principio di indeterminazione nel pensiero scientifico moderno.

Organizza i concetti

53 Completa la mappa concettuale.

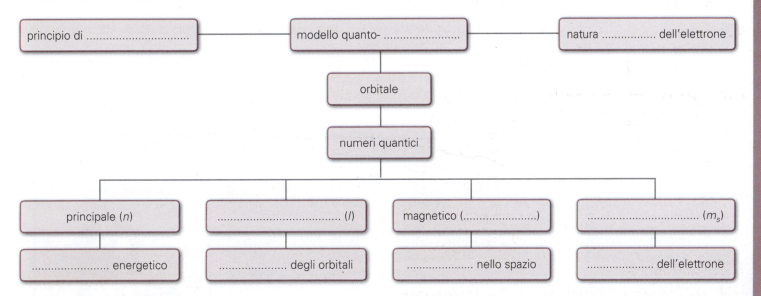

54 Costruisci una mappa in cui siano evidenziate le regole da seguire e le modalità d'azione da utilizzare nell'elaborare una formula elettronica.

Il sistema periodico e le proprietà periodiche

unità 3

La tavola periodica nasconde un grande segreto, ma non ve l'ha inserito Dmitrij Mendeleev che l'ha creata (non poteva nemmeno immaginarlo!): vi si è introdotto da sé e ci spiega finalmente perché gli elementi presenti in un medesimo gruppo si comportano in modo così simile.

1 Massa atomica o numero atomico? Una nuova legge periodica

Quando elaborò la sua tavola periodica, Dmitrij I. Mendeleev (1834-1907) mise in luce alcune incongruenze che non riuscì a spiegare.

1.1 La legge periodica di Mendeleev

La **legge periodica** che Mendeleev aveva proposto classificava gli elementi chimici secondo valori crescenti della massa atomica relativa (all'epoca chiamata "peso atomico"). In base a questo criterio il chimico russo avrebbe dovuto porre i componenti di alcune coppie di elementi in un ordine invertito rispetto a quello suggerito dal ricorrere delle proprietà chimiche. Precisamente, il nichel, avendo massa atomica relativa leggermente maggiore del cobalto, avrebbe dovuto precedere quest'ultimo elemento, così come lo iodio avrebbe dovuto precedere il tellurio.

■ Dmitrij I. Mendeleev

(Tobolsk, 1834 – San Pietroburgo, 1907)
Nato in Siberia, frequentò la Facoltà di fisica e matematica di San Pietroburgo, dove si laureò con una tesi sull'isomorfismo. In seguito si concentrò sullo studio della capillarità, sui gas perfetti e sull'affinità chimica. Si specializzò ad Heidelberg (Germania) e nel 1860 partecipò al Congresso di Karlsruhe, dove incontrò, tra gli altri, Stanislao Cannizzaro, le cui teorie giocarono certamente un ruolo importante nella successiva ricerca di Mendeleev. Impegnato a contribuire alla modernizzazione della Russia, fu tra i promotori della Società Chimica Russa.
Nel 1867 ottenne la cattedra di chimica all'Università di Pietroburgo. Fu per questo incarico che iniziò la stesura del celebre *Principi di chimica*, in cui elaborò le carte dei 63 elementi allora conosciuti, ordinandoli secondo le loro proprietà chimiche e mettendo in evidenza la periodicità con cui queste ultime si presentano.
Da qui ebbe origine la celebre Tavola periodica degli elementi, che venne poi perfezionata, ampliata e corretta dallo stesso Mendeleev e dall'inglese Henry Moseley.

Mendeleev fece sensatamente prevalere il criterio ispirato alla periodicità delle proprietà chimiche: dispose il cobalto davanti al nichel e il tellurio davanti allo iodio.

1.2 Qual è il migliore criterio di classificazione?

Il problema si risolse nel 1914, dopo la morte di Mendeleev, quando il fisico inglese Henry Moseley scoprì che, se si ordinavano gli elementi in base alla carica nucleare anziché alla massa atomica, si risolvevano tutte le incongruenze riscontrate da Mendeleev. Ordinare gli elementi in base alla loro massa atomica, infatti, non è un criterio totalmente affidabile, perché la massa atomica dipende dal numero di neutroni, che è diverso nei vari isotopi.

Moseley chiamò **numero atomico** il valore della carica nucleare di un elemento, che corrisponde al numero di protoni del nucleo, e formulò una nuova legge periodica.

> La **legge periodica** afferma che gli elementi possiedono proprietà chimiche e fisiche che variano periodicamente al crescere del numero atomico.

Per questo motivo, nella moderna **tavola periodica** (TP), o **sistema periodico**, gli elementi sono ordinati per numero atomico crescente (▶1).

Facciamo il punto

1. Mendeleev classificò gli elementi chimici:
   a. in ordine di massa atomica crescente.
   b. in ordine di numero atomico crescente.
   c. in base al numero di neutroni presenti nel nucleo atomico.
   d. in ordine di carica nucleare decrescente.

Figura 1 La moderna tavola periodica.

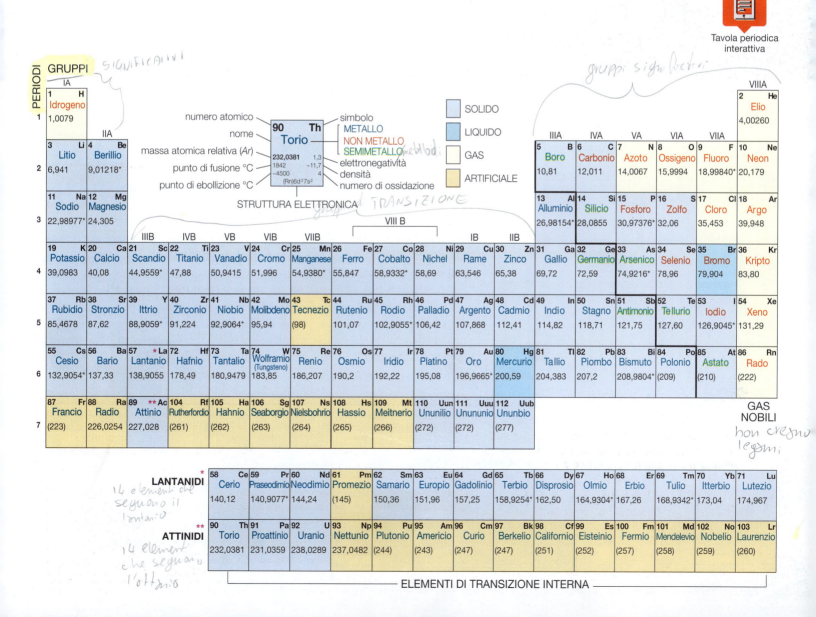

2. Tavola periodica e configurazioni elettroniche

Il sistema periodico nasconde un segreto: le configurazioni elettroniche di tutti gli elementi. È questa una caratteristica importante, perché, come oggi sappiamo, le proprietà chimiche degli elementi dipendono proprio da come sono distribuiti gli elettroni intorno al nucleo.

Osservando la figura ▶2 si nota che la TP può essere considerata "figlia" del diagramma a caselle che abbiamo incontrato nell'Unità 2.

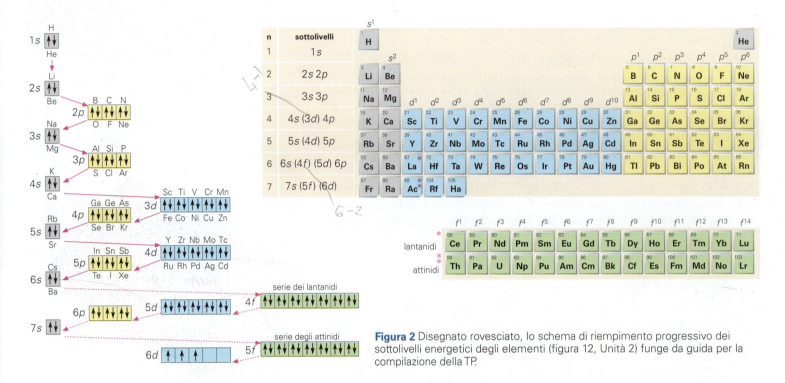

Figura 2 Disegnato rovesciato, lo schema di riempimento progressivo dei sottolivelli energetici degli elementi (figura 12, Unità 2) funge da guida per la compilazione della TP.

La TP, infatti, è suddivisa in quattro blocchi (▶3): nel **blocco s** vi sono gli elementi i cui elettroni esterni occupano i sottolivelli di tipo s; nel **blocco p** vi sono gli elementi con gli elettroni esterni nei sottolivelli di tipo p; nel **blocco d** vi sono gli elementi di transizione, che riempiono via via il sottolivello $3d$, o $4d$ o $5d$; nel **blocco f** vi sono gli elementi che riempiono il sottolivello $4f$ o $5f$.

Torniamo quindi ad analizzare la TP da questo nuovo punto di vista.

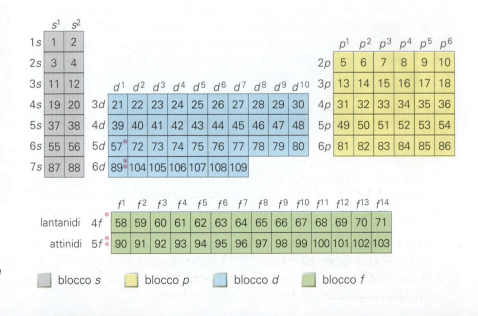

Figura 3 La TP divisa in blocchi. A ogni blocco corrisponde un tipo di sottolivello (s, p, d, f).

2.1 I periodi

I periodi della tavola periodica degli elementi sono sette e corrispondono ai primi sette livelli energetici degli atomi, ovvero ai valori compresi tra 1 e 7 del numero quantico principale n.

Nello stato fondamentale (non eccitato), gli atomi di elementi appartenenti a uno stesso periodo hanno infatti i loro elettroni più esterni nel medesimo livello: sette livelli sono sufficienti a ospitare tutti gli elettroni anche dell'ultimo elemento, quello con numero atomico più elevato.

→ **Primo periodo**
Comprende solo due elementi, l'idrogeno (▶4) e l'elio, perché il livello energetico con $n = 1$ possiede solo il sottolivello s, che si riempie con due elettroni. Di conseguenza nella prima colonna è posizionato l'idrogeno, che ha $Z = 1$ e configurazione elettronica $1s^1$; nell'ultima colonna (che corrisponde al livello pieno) si trova l'elio, con $Z = 2$ e configurazione elettronica $1s^2$.

Figura 4 Nei prossimi anni il più leggero degli elementi potrebbe insidiare, nel settore dei trasporti, il primato dei combustibili fossili.

→ **Secondo periodo**
Con gli elementi di questo periodo si riempie il secondo livello energetico ($n = 2$), comprendente due sottolivelli, s e p, che contengono al massimo due e sei elettroni rispettivamente. Perciò tali elementi sono in totale otto, con Z da 3 a 10. Il secondo periodo inizia con il litio (▶5), che ha $Z = 3$ e configurazione elettronica $1s^2\ 2s^1$, e termina con il neon, che ha $Z = 10$ e configurazione $1s^2\ 2s^2\ 2p^6$.

→ **Terzo periodo**
Il livello con $n = 3$ comprende tre sottolivelli, s, p e d, che contengono al massimo due, sei e dieci elettroni rispettivamente. Nella costruzione della moderna TP, però, si tiene conto dell'ordine di riempimento degli orbitali in base alla loro energia: poiché l'orbitale $4s$ si riempie prima del $3d$, il terzo periodo contiene solo otto elementi. Sono gli elementi con Z crescente da 11 a 18, i cui elettroni più esterni occupano gli orbitali $3s$ e $3p$: il primo è il sodio ($Z = 11$, $1s^2\ 2s^2\ 2p^6\ 3s^1$) e l'ultimo l'argo ($Z = 18$, $1s^2\ 2s^2\ 2p^6\ 3s^2\ 3p^6$).

Figura 5 Il litio, grazie alla bassa densità e alla buona conducibilità elettrica, ha soppiantato il piombo nella costruzione di batterie.

→ **Quarto periodo**
In esso, in primo luogo, viene riempito l'orbitale $4s$ dal potassio ($Z = 19$, $1s^2\ 2s^2\ 2p^6\ 3s^2\ 3p^6\ 4s^1$) e dal calcio ($Z = 20$, $1s^2\ 2s^2\ 2p^6\ 3s^2\ 3p^6\ 4s^2$). Poi si inseriscono, in ritardo, quegli elementi i cui elettroni più esterni riempiono gli orbitali $3d$: sono dieci elementi, con Z da 21 a 30 (il sottolivello d non può contenere più di dieci elettroni). Si continua quindi con il gallio ($Z = 31$, $1s^2\ 2s^2\ 2p^6\ 3s^2\ 3p^6\ 3d^{10}\ 4s^2\ 4p^1$), che contiene un elettrone in un orbitale $4p$ e si conclude con il kripto ($Z = 36$; $1s^2\ 2s^2\ 2p^6\ 3s^2\ 3p^6\ 3d^{10}\ 4s^2\ 4p^6$) che ha gli orbitali $4p$ completi.

→ **Quinto periodo e successivi**
Il quinto periodo inizia con il rubidio ($Z = 37$), che ha un solo elettrone nel sottolivello più esterno, il $5s$. Più avanti, nel sesto periodo (▶6), vi sono gli elementi con Z da 58 a 71, i cui elettroni riempiono gli orbitali $4f$. Questa serie, che viene posizionata spesso al di fuori della TP, contiene 14 elementi, dal cerio al lutezio, ed è chiamata **serie dei lantanidi**, poiché è da inserire dopo il lantanio ($Z = 57$). Analogamente, nel settimo periodo, dopo l'attinio ($Z = 89$), si inserisce la serie di elementi con Z da 90 a 103; questa è detta **serie degli attinidi** e comprende 14 elementi i cui elettroni più esterni riempiono gli orbitali $5f$. L'ultimo elemento naturale della TP è l'uranio ($Z = 92$); i successivi, detti **elementi transuranici**, sono tutti artificiali, prodotti nei laboratori di fisica nucleare.

Figura 6 Il piombo è un elemento del sesto periodo e, tra gli elementi stabili, la cui miscela comprende almeno un nuclide non radioattivo, è quello con numero atomico maggiore. Nella foto, il recupero di lingotti di piombo trovati nel relitto di una nave romana e successivamente concessi in uso per scopi scientifici ai laboratori di fisica nucleare del Gran Sasso.

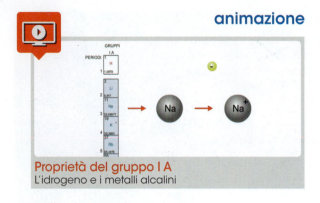

Proprietà del gruppo I A
L'idrogeno e i metalli alcalini

2.2 I gruppi

Il motivo della notevole omogeneità di comportamento degli elementi appartenenti al medesimo gruppo si comprende dall'analisi delle loro configurazioni elettroniche.

→ Nel **gruppo I A** si trovano tutti quegli elementi che terminano la loro configurazione elettronica con un elettrone in un orbitale di tipo *s*:
l'idrogeno (H), $1s^1$;
il litio (Li), $1s^2\,2s^1$;
il sodio (Na), $1s^2\,2s^2\,2p^6\,3s^1$;
il potassio (K), $1s^2\,2s^2\,2p^6\,3s^2\,3p^6\,4s^1$, e così via.

→ Nel **gruppo II A** trovano posto gli elementi che terminano la loro configurazione con due elettroni in un orbitale *s*:
il berillio (Be), $1s^2\,2s^2$;
il magnesio (Mg), $1s^2\,2s^2\,2p^6\,3s^2$;
il calcio (Ca), $1s^2\,2s^2\,2p^6\,3s^2\,3p^6\,4s^2$, e così via.

Proprietà del gruppo II A
I metalli alcalino-terrosi

→ Nel **gruppo III A** vi sono gli elementi che hanno tre elettroni nell'ultimo livello occupato, due nel sottolivello *s* e uno nel *p*:
il boro (B), $1s^2\,2s^2\,2p^1$;
l'alluminio (Al), $1s^2\,2s^2\,2p^6\,3s^2\,3p^1$, e così via.

→ Nel **gruppo IV A** vi sono gli elementi con quattro elettroni nell'ultimo livello occupato, due nel sottolivello *s* e due nel *p*:
il carbonio (C), $1s^2\,2s^2\,2p^2$;
il silicio (Si), $1s^2\,2s^2\,2p^6\,3s^2\,3p^2$, e così via.

→ Nel **gruppo VIII A**, infine, l'ultimo della TP, il livello esterno degli atomi è completo di otto elettroni, due in *s* e sei in *p* (fa eccezione l'elio, che possiede due soli elettroni, entrambi nel primo sottolivello *s*).

Proprietà del gruppo VII A
Gli alogeni, "generatori di sali"

2.3 Gli elettroni di valenza

Gli elementi che appartengono al medesimo gruppo hanno un comportamento chimico simile perché <mark>possiedono la stessa configurazione elettronica esterna, cioè un uguale numero di elettroni in sottolivelli esterni dello stesso tipo</mark>. D'altra parte, gli elementi che appartengono allo stesso periodo, considerati da sinistra verso destra, possiedono un numero crescente di elettroni nel loro livello energetico esterno (che si riempie del tutto nel gruppo VIII A): questi elettroni sono detti **elettroni di valenza**.

Per i gruppi di tipo A, il numero del gruppo cui appartiene un elemento corrisponde anche al numero dei suoi elettroni di valenza: gli elementi del gruppo V A hanno 5 elettroni di valenza, quelli del VII A ne hanno 7 e così via.

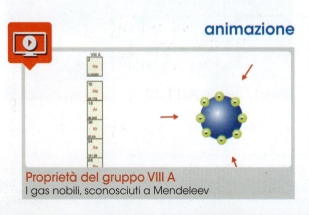

Proprietà del gruppo VIII A
I gas nobili, sconosciuti a Mendeleev

Facciamo il punto

2 Che cosa hanno in comune gli elementi che appartengono allo stesso gruppo della TP?

3 Gli elementi che appartengono allo stesso periodo:

  a riempiono progressivamente di elettroni, all'aumentare del numero atomico, lo stesso livello energetico.

  b hanno la stessa configurazione elettronica esterna.

  c hanno lo stesso numero quantico principale.

  d possiedono lo stesso numero di elettroni di valenza.

Lo sapevi che...

La strana collocazione dell'elio

Se hai osservato con attenzione la tavola periodica non ti sarà sfuggito che l'elio, pur possedendo configurazione elettronica $1s^2$, viene collocato nel gruppo VIII A e non nel II A. Perché?
In primo luogo per le sue caratteristiche chimiche: l'elio è un gas nobile come il neon e l'argo. Ma possiamo giustificare la sua collocazione anche dal punto di vista della configurazione elettronica: con la configurazione $1s^2$ l'elio completa il suo livello esterno (il primo e unico), che contiene solo il sottolivello s, esattamente come il neon, che con due elettroni nel sottolivello $2s$ e sei nel sottolivello $2p$ completa il secondo livello.
D'altra parte anche l'argo, che termina la sua configurazione elettronica con due elettroni nel sottolivello $3s$ e sei nel sottolivello $3p$, completa il terzo livello, fatta eccezione per il sottolivello $3d$, che tuttavia, avendo un contenuto energetico maggiore dei primi sottolivelli del livello successivo, si riempie in ritardo. Lo stesso vale per i gas nobili di numero atomico più elevato: escludendo i sottolivelli di tipo d e f, che si riempiono in ritardo, le loro configurazioni elettroniche esterne, tutte con due elettroni in un sottolivello di tipo s e sei in un sottolivello di tipo p, completano l'ultimo livello.

Risolviamo insieme

Lezione... di guida

Usando come guida la TP, determiniamo le formule elettroniche dell'arsenico ($Z = 33$) e del piombo ($Z = 82$).

■ Dati e incognite

Arsenico: $Z = 33$ Piombo: $Z = 82$
Quali sono le formule elettroniche?

■ Soluzione

Il percorso della freccia, in questa rappresentazione della TP, indica la sequenza in cui dobbiamo considerare le caselle affinché possiamo conoscere l'ordine di riempimento degli orbitali dei diversi livelli energetici: per usare la TP come guida occorre spostarsi da sinistra verso destra e dall'alto verso il basso.
L'arsenico appartiene al gruppo V A. Si trova nel quarto periodo ($n = 4$), e nella terza colonna del blocco p.
Scorrendo la tavola nell'ordine specificato, si attraversano per intero i periodi 1, 2 e 3, che vanno perciò completati (il loro completamento corrisponde alla configurazione elettronica $1s^2\,2s^2\,2p^6\,3s^2\,3p^6$). Nel quarto periodo si attraversano poi il blocco s (a ciò corrisponde il completamento del sottolivello $4s$) e il blocco d (a ciò corrisponde il completamento del sottolivello $3d$, che si riempie in ritardo); infine si penetra di tre caselle nel blocco p (a ciò corrisponde l'aggiunta di tre elettroni nel sottolivello $4p$). La configurazione elettronica, o formula elettronica, è quindi:

$$1s^2\,2s^2\,2p^6\,3s^2\,3p^6\,3d^{10}\,4s^2\,4p^3$$

Per abbreviare la formula, considerando che il gas nobile che precede l'arsenico è l'argo, si può scrivere:

$$[\text{Ar}]\,3d^{10}\,4s^2\,4p^3$$

Il piombo appartiene al gruppo IV A. Si trova nel sesto periodo ($n = 6$) e nella seconda colonna del blocco p. Scorrendo la tavola si attraversano i livelli (periodi) 1, 2, 3, 4 e 5, che vanno completati, poi il sottolivello $6s$, il sottolivello $4f$ (che si riempie in ritardo) e il sottolivello $5d$ (anch'esso in ritardo); infine si entra nel $6p$. Poiché il gas raro che precede il piombo è lo xeno, si può scrivere la configurazione nella forma:

$$[\text{Xe}]\,4f^{14}\,5d^{10}\,6s^2\,6p^2$$

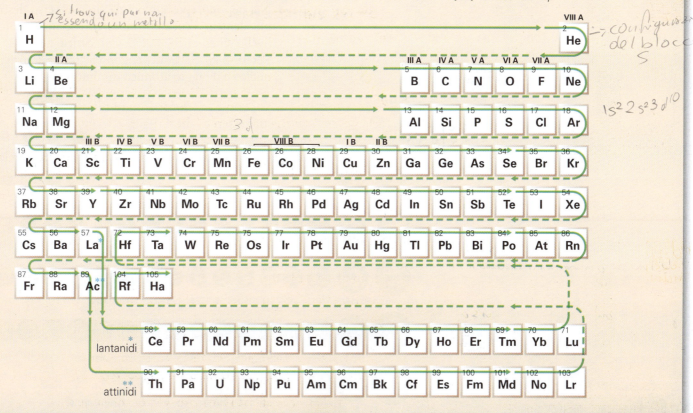

3 Le proprietà periodiche

Numerose sono le proprietà fisiche e chimiche degli elementi che manifestano un andamento periodico. Tra le proprietà fisiche vi sono il raggio atomico, il raggio ionico, la densità, la temperatura di fusione e quella di ebollizione; tra le proprietà chimiche l'energia di ionizzazione, l'affinità elettronica e l'elettronegatività. Nella trattazione che segue non procederemo, però, secondo questa distinzione, ma concentreremo la nostra attenzione solo su alcune proprietà essenziali per lo studio del legame chimico, che affronteremo più avanti.

3.1 Il raggio atomico

> Si definisce **raggio atomico** la misura della distanza media tra il nucleo e gli elettroni del livello più esterno.

Quando è possibile, per determinare il raggio atomico si misura la semidistanza media tra due nuclei all'interno di un cristallo.
Le figure ▶7 e ▶8 evidenziano che, nella TP, il raggio degli atomi aumenta in un gruppo dall'alto verso il basso e diminuisce in un periodo da sinistra a destra.
Quali sono le cause di questo comportamento?

→ Nel gruppo, scendendo verso il basso, troviamo elementi i cui elettroni esterni occupano orbitali sempre più distanti dal nucleo; inoltre, l'attrazione elettrostatica del nucleo positivo sugli elettroni più esterni viene in parte neutralizzata (schermata) dagli elettroni dei livelli inferiori. Di conseguenza gli elettroni esterni si allontanano maggiormente dal nucleo e il raggio atomico aumenta.

→ Nel periodo, spostandoci da sinistra verso destra, troviamo elementi i cui elettroni esterni occupano tutti lo stesso livello energetico, ma la cui carica nucleare aumenta. Pertanto gli elettroni vengono attratti più fortemente dal nucleo e il raggio atomico diminuisce.

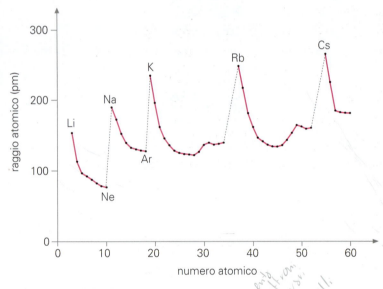

Figura 7 Andamento del raggio atomico in funzione del numero atomico.

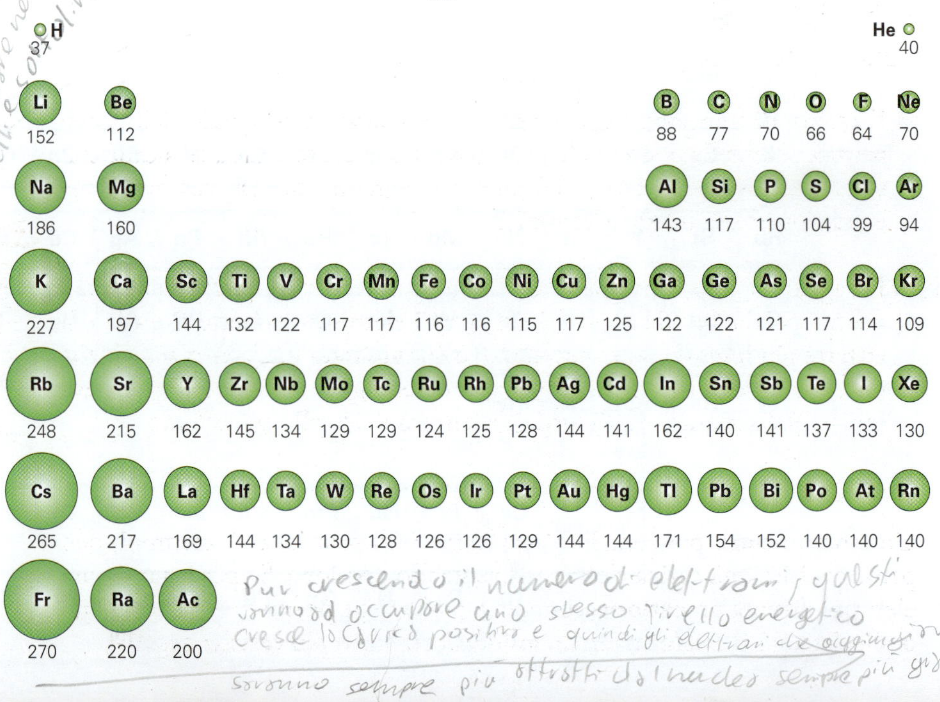

Figura 8 Raggi atomici in picometri.

3.2 Il raggio ionico

Quando un atomo si trasforma in ione modifica le sue dimensioni (▶9): che il **raggio ionico** sia maggiore o minore del raggio dell'atomo neutro da cui lo ione deriva dipende dal segno dello ione stesso.

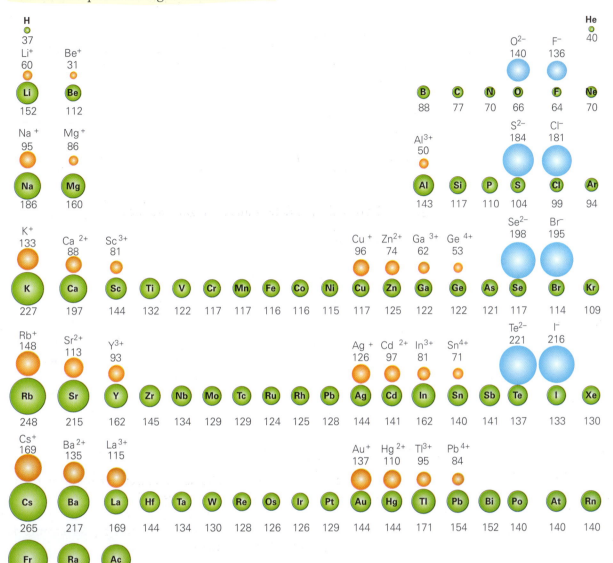

Figura 9 Raggi ionici e raggi atomici a confronto. I valori sono espressi in picometri.

→ Il raggio di uno ione negativo è sempre maggiore di quello dell'atomo neutro, poiché l'eccesso di elettroni (rispetto ai protoni) riduce la capacità di attrazione elettrostatica del nucleo su ognuno di essi, causando una espansione della nuvola elettronica.

→ Il raggio di uno ione positivo è sempre inferiore a quello dell'atomo neutro, poiché la riduzione del numero di elettroni permette al nucleo di attrarre più intensamente ognuno di essi, causando una contrazione della nuvola elettronica. Una netta riduzione del raggio ionico è spesso determinata dalla scomparsa di tutti gli elettroni del livello più esterno.

Facciamo il punto

4 Scegli tra le due alternative.
a. Uno ione positivo ha raggio *maggiore/minore* di quello dell'atomo da cui deriva.
b. Uno ione negativo ha raggio *maggiore/minore* di quello dell'atomo da cui deriva.

3.3 Energia di ionizzazione

Un atomo neutro possiede lo stesso numero di protoni e di elettroni; può però acquisire una carica elettrica, diventando uno ione. Se perde uno o più elettroni diventa un **catione**, con una o più cariche positive; se acquista uno o più elettroni si trasforma in un **anione**, con una o più cariche negative.

Nel 1914 i fisici tedeschi James Franck e Gustav L. Hertz, per mezzo di un tubo a raggi catodici, dimostrarono sperimentalmente che è necessario fornire energia per estrarre elettroni dagli atomi (▶10).

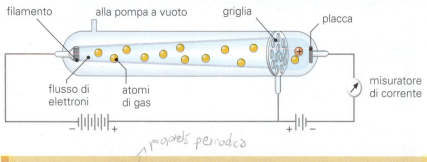

Figura 10 Tubo a raggi catodici per la misurazione dell'energia di ionizzazione. Gli elettroni emessi dal filamento (catodo), urtando atomi di gas entro il tubo, li ionizzano perdendo energia. Il calo di energia corrisponde all'energia di ionizzazione e viene rilevato come una diminuzione dell'intensità di corrente nel circuito esterno.

> Si definisce **energia di prima ionizzazione** l'energia che occorre fornire a un atomo isolato per allontanare da esso uno degli elettroni più esterni.

L'energia di ionizzazione è solitamente misurata in kJ/mol: i valori espressi in questa unità di misura rappresentano l'energia che si deve spendere, per ogni mole di atomi allo stato gassoso, per strappare a ciascuno un elettrone.

Nel caso del potassio, per esempio, l'energia di prima ionizzazione è $E_{i1} = 419$ kJ/mol. Si scrive perciò:

$$K + 419 \text{ kJ/mol} \rightarrow K^+ + e^-$$

per indicare che, fornendo 419 kJ di energia a una mole di atomi K allo stato gassoso, si ottengono una mole di ioni K^+ allo stato gassoso e una mole di elettroni liberi.

Le figure ▶11 e ▶12 evidenziano che, nella TP, i valori dell'energia di prima ionizzazione diminuiscono in un gruppo dall'alto verso il basso e aumentano in un periodo da sinistra verso destra. Ciò significa che, nel gruppo, è tanto più facile sottrarre un elettrone all'atomo quanto più l'elemento si trova in basso; nel periodo, è tanto più difficile strappare un elettrone all'atomo quanto più l'elemento si trova a destra. Perché?

→ Nel gruppo, a mano a mano che si scende, aumentano le dimensioni dell'atomo e di conseguenza, in base alla legge di Coulomb, si riduce l'attrazione esercitata dal nucleo sugli elettroni esterni; inoltre, come abbiamo già visto per il raggio atomico, l'attrazione nucleare a cui sono sottoposti gli elettroni esterni si riduce per l'effetto schermante degli elettroni dei livelli interni.

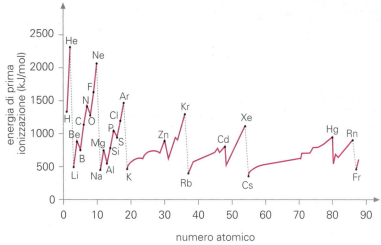

Figura 11 Andamento dell'energia di prima ionizzazione in funzione del numero atomico.

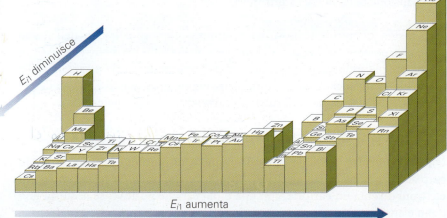

Figura 12 Rappresentazione tridimensionale della variazione dell'energia di prima ionizzazione E_{i1} nella tavola periodica.

→ Nei periodi, andando da sinistra a destra, la carica del nucleo aumenta e quindi esso trattiene con forza crescente gli elettroni.

3.4 Energie di seconda ionizzazione, di terza ionizzazione e successive

L'energia che serve ad allontanare da uno ione positivo un secondo elettrone è chiamata **energia di seconda ionizzazione**, quella per sottrarre un terzo elettrone è detta **energia di terza ionizzazione** e così via, finché dal nucleo non sono allontanati, uno per volta, tutti gli elettroni.

Nel caso del berillio, il cui numero atomico è $Z = 4$, si ha, per esempio,

→ prima ionizzazione: $Be + 900 \text{ kJ/mol} \rightarrow Be^+ + e^-$
→ seconda ionizzazione: $Be^+ + 1757 \text{ kJ/mol} \rightarrow Be^{2+} + e^-$
→ terza ionizzazione: $Be^{2+} + 14890 \text{ kJ/mol} \rightarrow Be^{3+} + e^-$
→ quarta ionizzazione: $Be^{3+} + 21004 \text{ kJ/mol} \rightarrow Be^{4+} + e^-$

Le energie E_{i1}, E_{i2}, E_{i3} ed E_{i4}, rispettivamente di prima, seconda, terza e quarta ionizzazione, assumono valori crescenti, poiché risulta sempre più difficile strappare un elettrone a ioni la cui carica positiva aumenta di volta in volta.

Osservando i valori delle diverse energie di ionizzazione di un atomo (▶ 13) si ricavano informazioni sulla sua configurazione elettronica: si incontra infatti un brusco salto quando si arriva ad allontanare elettroni da un livello completo, dopo che sono stati allontanati tutti gli elettroni di valenza. Nel caso del berillio, E_{i2} è di poco più alta di E_{i1}, poiché la prima e la seconda ionizzazione consistono nell'estrarre due elettroni del livello esterno; si ha però un aumento molto marcato da E_{i2} a E_{i3}, quando si estraggono dall'atomo elettroni del livello completo più interno.

I dati sull'energia di ionizzazione confermano l'esistenza di elettroni esterni, che vengono più facilmente estratti dagli atomi, e di elettroni interni, più vincolati ai nuclei.

I valori crescenti delle energie di ionizzazione di un atomo sono quindi un'importante prova dell'esistenza dei livelli energetici e della validità dell'attuale modello atomico.

Lo stesso accade nel caso del boro (B) con numero atomico $Z = 5$: allontanare i 3 elettroni del livello più esterno richiede una quantità di energia più o meno dello stesso ordine di grandezza, ma quando si estraggono i due elettroni del livello completo più vicino al nucleo, l'energia richiesta diventa notevolmente superiore.

videotutorial

Energia di ionizzazione

	Li	Be	B	C	N	O	F	Ne
E_{i1}	520	900	801	1086	1402	1314	1681	2081
E_{i2}	7298	1757	2427	2353	2856	3388	3374	3952
E_{i3}	11815	14890	3660	4621	4578	5301	6051	6122
E_{i4}		21004	25020	6223	7468	7456	84100	9351
E_{i5}			32823	37823	9443	10970	11021	12200
E_{i6}				46861	53137	13305	15146	15146
E_{i7}					64015	71128	17866	18703
E_{i8}						83680	91360	22970
E_{i9}							106274	114642
E_{i10}								130122

Figura 13 Energie E_{i1}, E_{i2}, E_{i3}, ... di prima, seconda, terza, ... ionizzazione degli elementi del secondo periodo. Si ha un brusco incremento di valori (tra E_{i1} ed E_{i2} per Li, tra E_{i2} ed E_{i3} per Be ecc.) quando si intacca un livello completo.

Facciamo il punto

5 Che cos'è l'energia di ionizzazione?

6 Come varia nella TP?

7 Scegli tra le due alternative.

a. L'energia di prima ionizzazione è l'energia che va fornita a un atomo per allontanare da esso un *protone/elettrone*.

b. I valori delle energie di ionizzazione *aumentano/diminuiscono* dalla prima, alla seconda, alla terza ecc.

QUALCOSA IN PIÙ

Scheda 1 — L'energia di prima ionizzazione in funzione del numero atomico

Un'osservazione attenta del grafico della figura ▶11 evidenzia alcune irregolarità nella crescita dei valori dell'energia di prima ionizzazione nel periodo al crescere del numero atomico: gli elementi del gruppo II A hanno valori più elevati rispetto a quelli del gruppo III A (l'energia di ionizzazione di berillio e magnesio è maggiore, rispettivamente, di quella di boro e alluminio). Lo stesso accade nel passaggio dal gruppo V A al VI A (azoto e fosforo hanno un'energia di ionizzazione maggiore di ossigeno e zolfo).

L'inversione dell'andamento dei valori dell'energia di prima ionizzazione è causata dalla particolare stabilità della configurazione elettronica esterna degli elementi dei gruppi II A e V A: elementi come il berillio e il magnesio hanno una configurazione elettronica in cui il sottolivello s più esterno è completo (s^2), a differenza del boro e dell'alluminio, che presentano una configurazione esterna meno stabile, di tipo s^2p^1, con il sottolivello p occupato da un solo elettrone. Un'analoga considerazione si può fare per i gruppi V A e VI A: il sottolivello p di azoto e fosforo è semicompleto (s^2p^3) e quindi più stabile del sottolivello p di ossigeno e zolfo (s^2p^4).

Immagini per riflettere

Energie di ionizzazione di prima, seconda, ... fascia.

I valori delle energie di ionizzazione possono essere raggruppati in fasce, come evidenziato nel diagramma.
Esso rappresenta i valori delle energie di ionizzazione successive (prima, seconda, terza ecc.) di ogni elemento dall'idrogeno al calcio. Prendendo ad esempio il sodio, atomo che possiede 11 elettroni, puoi notare che gli undici valori delle energie di ionizzazione presentano gli incrementi più accentuati nella seconda ionizzazione (cioè quando si toglie il secondo elettrone) e nella decima (quando si toglie il decimo elettrone).
Questo andamento collima perfettamente con la configurazione del sodio, che ha un elettrone nel terzo livello, otto elettroni nel secondo e due elettroni nel primo livello.
Prova a verificare il modello con qualche altro atomo.

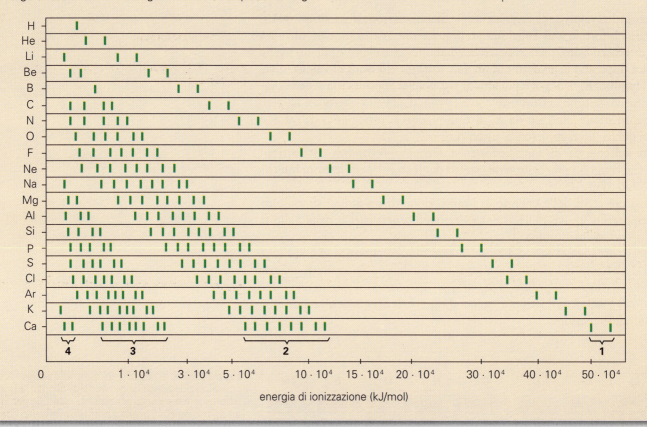

3.5 Affinità elettronica

Si definisce **affinità elettronica** l'energia che un atomo isolato (allo stato gassoso) libera quando acquista un elettrone.

Si misura in kJ/mol ed è, in pratica, la misura della tendenza di un atomo a trasformarsi in un anione. Per il cloro, ad esempio, si ha:

$$Cl + e^- \rightarrow Cl^- + 349{,}0 \text{ kJ/mol}$$

cioè l'affinità elettronica è $E_{af} = 349{,}0$ kJ/mol.

L'andamento dell'affinità elettronica nella TP è evidenziato nella figura ▶14. Come per l'energia di ionizzazione, i valori dell'affinità elettronica diminuiscono lungo un gruppo dall'alto verso il basso e aumentano lungo un periodo da sinistra a destra.

Energia di ionizzazione e affinità elettronica permettono di stabilire se un atomo tende a trasformarsi in ione positivo o negativo:

→ minore è il valore dell'energia di ionizzazione, più alta è la tendenza dell'atomo a cedere elettroni e a trasformarsi in catione;

→ maggiore è il valore dell'affinità elettronica, più alta è la tendenza di un atomo ad acquistare elettroni e a trasformarsi in anione.

3.6 Elettronegatività

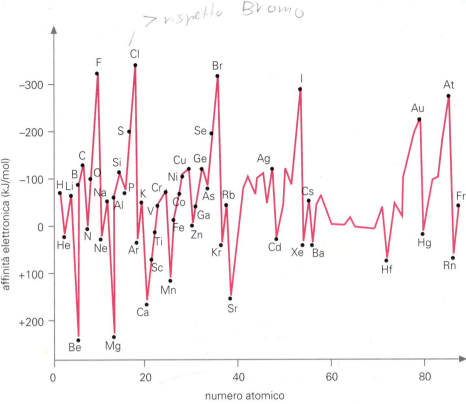

Figura 14 Andamento dell'affinità elettronica in funzione del numero atomico.

Mentre l'energia di ionizzazione e l'affinità elettronica misurano la tendenza di un atomo singolo a trasformarsi in ione, l'elettronegatività si riferisce agli atomi combinati chimicamente tra loro.

> L'**elettronegatività** è la tendenza degli atomi ad attirare a sé gli elettroni messi in comune con altri atomi nei legami chimici (elettroni di legame).

I valori di elettronegatività vengono espressi secondo scale diverse. La più usata è quella elaborata dal chimico statunitense Linus C. Pauling (1901-1994), che attribuisce all'elemento più elettronegativo, il fluoro, valore 4,0 e a quelli meno elettronegativi, il francio e il cesio, valore 0,7 (▶15). Si tratta di valori privi di unità di misura.

Un'altra scala è stata proposta dal chimico statunitense, e premio Nobel, R.S. Mulliken: in essa l'elettronegatività è la media aritmetica tra l'energia di ionizzazione e l'affinità elettronica.

Figura 15 L'elettronegatività degli elementi secondo Pauling.

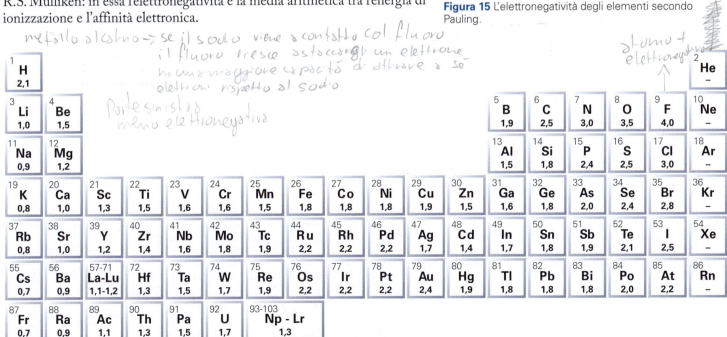

L'andamento dell'elettronegatività nella TP è analogo a quello dell'energia di ionizzazione e dell'affinità elettronica (▶16): l'elettronegatività diminuisce lungo un gruppo dall'alto verso il basso e aumenta lungo un periodo da sinistra a destra.

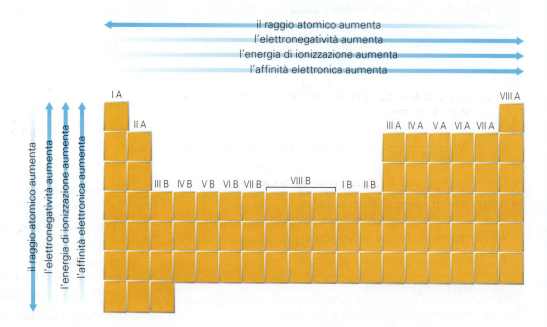

Figura 16 Schema riassuntivo dell'andamento delle proprietà periodiche degli elementi.

3.7 Energia di ionizzazione, affinità elettronica e carattere metallico degli elementi

Già sappiamo che nella TP il carattere metallico degli elementi diminuisce, nel periodo, da sinistra verso destra. Al contrario, abbiamo appena visto che l'energia di ionizzazione e l'affinità elettronica aumentano lungo il periodo.

Non è casuale: poiché infatti i metalli hanno bassi valori di energia di ionizzazione e di affinità elettronica, cedono facilmente elettroni e si trasformano in ioni positivi, assumendo la configurazione elettronica del gas nobile che li precede nella TP. Per questo motivo gli elementi dei gruppi I A e II A e i metalli di transizione esistono in natura sotto forma di ioni positivi all'interno di composti ionici (fanno eccezione rame, argento, oro e pochi altri, che hanno infatti valori più elevati di energia di ionizzazione e affinità elettronica).

I non metalli, al contrario, hanno alti valori di energia di ionizzazione e di affinità elettronica: non cedono elettroni ma tendono ad acquistarli, trasformandosi in ioni negativi nei composti ionici (con la configurazione del gas nobile che li segue nella TP) o nel polo negativo delle molecole polari.

Anche il fatto che il carattere metallico degli elementi aumenti nel gruppo dall'alto verso il basso è legato all'andamento opposto dell'energia di ionizzazione e dell'affinità elettronica.

Facciamo il punto

8 Che cos'è l'affinità elettronica?

9 Come varia nella TP?

10 Vero o falso?

a. I metalli hanno bassa energia di ionizzazione e bassa affinità elettronica. ☐V ☐F

b. I metalli hanno bassa energia di ionizzazione e alta affinità elettronica. ☐V ☐F

c. I non metalli hanno alta energia di ionizzazione e bassa affinità elettronica. ☐V ☐F

d. I metalli hanno alta energia di ionizzazione e alta affinità elettronica. ☐V ☐F

CONOSCENZE

Con un testo articolato tratta i seguenti argomenti

1 Spiega il modo in cui la tavola periodica e le configurazioni elettroniche degli elettroni sono correlate, evidenziando eventuali eccezioni.

2 Definisci le principali proprietà periodiche, descrivi il modo in cui variano nella TP ed evidenzia quali conseguenze ha questa variazione sulle caratteristiche degli atomi

Con un testo sintetico rispondi alle seguenti domande

3 Perché il criterio di classificazione degli elementi introdotto da Moseley è più affidabile di quello utilizzato da Mendeleev?

4 Quali blocchi formano la tavola periodica? A quali caratteristiche degli atomi corrispondono?

5 Perché gli elementi che appartengono allo stesso gruppo evidenziano proprietà chimiche simili?

6 Come varia il raggio di un atomo quando si trasforma in ione?

7 Come variano le energie di prima, seconda ecc. ionizzazione di un medesimo atomo? Perché?

8 In che cosa si differenziano affinità elettronica ed elettronegatività?

Quesiti

9 Nella moderna TP gli elementi si susseguono secondo il crescere:
- a del numero atomico.
- b della massa atomica.
- c del numero di neutroni.
- d del numero di elettroni.

10 Gli elementi di uno stesso gruppo si comportano chimicamente in modo simile perché hanno:
- a lo stesso numero di elettroni.
- b la stessa massa.
- c lo stesso numero di elettroni di valenza.
- d lo stesso numero atomico.

11 Quanti sono gli elettroni di valenza degli elementi del gruppo VII A?
- a 7
- b 5
- c 3
- d 1

12 Quanti sono gli elementi della serie dei lantanidi, i cui elettroni esterni riempiono via via, all'aumentare del numero atomico, orbitali di tipo f?
- a 2
- b 6
- c 10
- d 14

13 La configurazione elettronica dell'alluminio termina con:
- a $2s^2\ 2p^1$.
- b $5s^2\ 5p^1$.
- c $4s^2\ 4p^1$.
- d $3s^2\ 3p^1$.

14 Qual è l'elemento la cui configurazione elettronica termina con $5s^2\ 5p^5$?
- a Cl
- b I
- c S
- d Sn

15 Qual è il numero atomico dell'elemento di configurazione elettronica [Ne] $3s^2$?
- a 2
- b 3
- c 10
- d 12

16 Il raggio atomico degli elementi:
- a aumenta nel periodo da sinistra verso destra e diminuisce nel gruppo dall'alto verso il basso.
- b diminuisce nel periodo da sinistra verso destra e aumenta nel gruppo dall'alto verso il basso.
- c aumenta nel periodo da sinistra verso destra e aumenta nel gruppo dall'alto verso il basso.
- d diminuisce nel periodo da sinistra verso destra e diminuisce nel gruppo dall'alto verso il basso.

17 Un catione, rispetto all'atomo neutro, ha:
- a elettroni in meno e raggio minore.
- b elettroni in meno e raggio maggiore.
- c elettroni in più e raggio minore.
- d elettroni in più e raggio maggiore.

18 L'energia di ionizzazione:
- a aumenta nel periodo da sinistra verso destra e diminuisce nel gruppo dall'alto verso il basso.
- b diminuisce nel periodo da sinistra verso destra e aumenta nel gruppo dall'alto verso il basso.
- c aumenta nel periodo da sinistra verso destra e aumenta nel gruppo dall'alto verso il basso.
- d diminuisce nel periodo da sinistra verso destra e diminuisce nel gruppo dall'alto verso il basso.

19 L'energia di prima ionizzazione è l'energia che:
- a va fornita a un atomo per allontanare da esso un protone.
- b un atomo libera quando un elettrone si allontana.
- c va fornita a un atomo per allontanare da esso un elettrone.
- d un atomo libera quando un neutrone si allontana.

20 L'affinità elettronica è:
- a l'energia che occorre fornire a un atomo quando acquista un elettrone.
- b l'energia che un atomo libera quando acquista un elettrone.
- c la misura della tendenza di un atomo ad attirare gli elettroni di legame.
- d la misura della tendenza di un atomo a respingere gli elettroni di legame.

21 L'affinità elettronica:
- a aumenta lungo il periodo da sinistra a destra.
- b aumenta lungo il gruppo dall'alto verso il basso.
- c non varia lungo il periodo.
- d prima aumenta, poi diminuisce lungo il gruppo dall'alto verso il basso.

22 L'elettronegatività è:
- a l'energia che occorre fornire a un atomo quando acquista un elettrone.
- b l'energia che un atomo libera quando acquista un elettrone.
- c la misura della tendenza di un atomo ad attirare gli elettroni di legame.
- d la misura della tendenza di un atomo a respingere gli elettroni di legame.

verifiche

23 L'elemento più elettronegativo è:
- a l'ossigeno.
- b il fluoro.
- c l'idrogeno.
- d il francio.

24 Gli elementi che più facilmente diventano anioni sono:
- a metalli.
- b semimetalli.
- c gas rari.
- d non metalli.

25 Vero o falso?
- a. I metalli tendono a perdere elettroni trasformandosi in ioni positivi. V F
- b. I metalli hanno bassa energia di ionizzazione e alta affinità elettronica. V F

26 Scegli tra le due alternative.
Nella TP un *periodo/gruppo* è costituito da elementi con proprietà chimiche simili.
Nella TP un *periodo/gruppo* è costituito da elementi con uguale configurazione elettronica esterna.

27 Per ogni periodo, quanti sono gli elementi del blocco *f*?
- a 2
- b 6
- c 10
- d 14

28 Il raggio dello ione Na^+, rispetto a quello dell'atomo Na, è:
- a minore.
- b maggiore.
- c uguale.
- d non misurabile.

29 Il raggio dello ione Br^-, rispetto a quello dell'atomo Br, è:
- a minore.
- b maggiore.
- c uguale.
- d non misurabile.

30 Per ciascuna delle seguenti coppie atomo-ione, segna con una crocetta la particella che ha raggio maggiore.
- ☐ Al, Al^{3+} ☐
- ☐ K, K^+ ☐

31 Per ciascuna delle seguenti coppie, segna con una crocetta l'elemento più elettronegativo.
- ☐ cloro, fluoro ☐
- ☐ carbonio, azoto ☐
- ☐ arsenico, calcio ☐
- ☐ magnesio, alluminio ☐

32 Per ciascuna delle seguenti coppie, segna con una crocetta l'elemento avente energia di prima ionizzazione maggiore.
- ☐ Mg, Ca ☐
- ☐ Na, K ☐
- ☐ Al, Cl ☐

33 Tra gli elementi delle seguenti coppie, quali presentano differenze più spiccate di comportamento chimico?
- a Fe e Co
- b K e I
- c Ge e Sn
- d Ne e Ar

34 Quale dei seguenti elementi ha carattere metallico più marcato?
- a Fe
- b Ba
- c Si
- d As

COMPETENZE

Osserva e rispondi

35 Osserva la TP e completa la seguente tabella.

Nome	Simbolo chimico	Stato fisico	Numero atomico
	Hg		
carbonio			
			17
			11
	Rn		
	Ti		
bario			
	Rb		
			27
	Cu		
argento			
			4

36 In corrispondenza di ciascuna delle seguenti coppie, scrivi la differenza di elettronegatività tra i due elementi secondo la scala di Pauling.
- a. Cl, F ....
- b. Na, K ....
- c. N, P ....
- d. Cu, Ag ....

37 Poni gli elementi di ciascuno dei seguenti gruppi in ordine crescente di energia di prima ionizzazione.
- a. Li, Ba, K .... , ... , ...
- b. B, Be, Cl .... , ... , ...
- c. Ca, C, Cl .... , ... , ...

38 Completa la seguente tabella.

Elemento	Numero atomico	Periodo	Gruppo	Configurazione elettronica
				[Ne] $3s^2 3p^1$
Cr	26			
	55			
				$1s^2 2s^1$
		3	VI A	
Br				
	30			
K				
				[Ne] $3s^2 3p^3$
	14			
		4	III A	

39 Utilizzando la TP come guida scrivi le formule elettroniche dei seguenti elementi.

C ($Z = 6$): ....
F ($Z = 9$): ....
Na ($Z = 11$): ....
Al ($Z = 13$): ....
P ($Z = 15$): ....
Ar ($Z = 18$): ....
Sc ($Z = 21$): ....
V ($Z = 23$): ....
Mn ($Z = 25$): ....
Co ($Z = 27$): ....
Zn ($Z = 30$): ....
As ($Z = 33$): ....
Br ($Z = 35$): ....
Nb ($Z = 41$): ....
Ag ($Z = 47$): ....

Fai un'indagine

40 **Un mondo di silicio**
Il silicio, un semiconduttore del gruppo IV A, ha assunto negli ultimi trent'anni un'importanza eccezionale nell'industria elettronica, poiché è il componente fondamentale dei circuiti integrati dei computer (i *chip*). Cerca in Internet o su testi appropriati informazioni sulle proprietà dei semiconduttori e sull'utilizzo del silicio nel settore della microelettronica.

In English

41 The atomic mass tells the number of:
a electrons and neutrons.
b electrons and protons.
c protons and neutrons.
d protons.

42 What do the periods on the periodic table have in common?
a The number of electron orbitals.
b The exact same characteristics.
c The number of valence electrons.

43 An element has the electronic structure 2,8,4. Which group is it in?
a Group 3.   b Group 4.   c Group 0.

Esercizi commentati

44 Determina l'elemento:
a del gruppo 4 che ha dimensioni minori;
b del 5° periodo che ha dimensioni maggiori;
c del gruppo 7 con energia di prima ionizzazione più bassa.

45 Considerando i valori di affinità elettronica e di energia di ionizzazione dell'oro rispetto a quelli dell'argento, puoi dire che gli andamenti di queste due grandezze all'interno del gruppo sono rispettate? Che cosa puoi prevedere relativamente all'elettronegatività?

46 Il rame può formare i cationi Cu^+ e Cu^{2+}. Quale dei due sarà più piccolo?
Spiega perché.

Organizza i concetti

47 Completa la mappa.

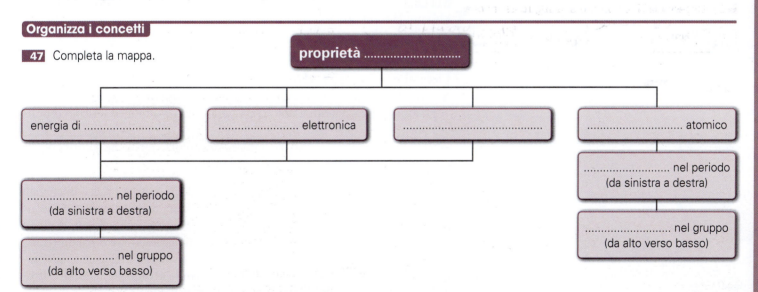

48 Costruisci una mappa in cui sia ricostruita la sequenza di azioni che occorre effettuare con la TP per compilare la formula elettronica di un atomo come il mercurio o il piombo.

Il legame chimico

unità 4

In italiano e in molte altre lingue, con una ventina di lettere si possono costruire migliaia di parole; in modo simile la natura, con un centinaio di elementi, crea milioni di sostanze diverse, i composti, nei quali gli atomi sono uniti tra loro da legami chimici. Ma che cos'è un legame chimico?

1 Che cos'è un legame chimico?

Ad eccezione dei gas inerti (elio, neon ecc.), tutte le sostanze, elementi o composti che siano, sono costituite da atomi uniti tra loro più o meno stabilmente.

> Definiamo **legame chimico** l'interazione che tiene un atomo unito a un altro.

Ma qual è la natura di questa interazione? Perché, durante i processi chimici, i legami si rompono e si riformano?

1.1 Legami primari e legami secondari

I legami possono essere classificati in due modi distinti:
- sono detti **legami primari**, o **interatomici**, i legami che tengono insieme gli atomi appartenenti a una stessa molecola o a un unico reticolo cristallino;
- sono detti **legami secondari**, o **intermolecolari**, quelli che si formano tra atomi appartenenti a molecole differenti.

I primi permettono l'esistenza di molecole come H_2O e HCl, o di cristalli come $NaCl$ e quarzo: determinano quindi la natura di un composto. I secondi impediscono che le molecole di una sostanza siano indipendenti tra loro: senza di essi non esisterebbero sostanze molecolari allo stato solido (come lo zucchero) o liquido (come l'acqua) perché le singole molecole si allontanerebbero inevitabilmente le une dalle altre, come accade per i gas rarefatti.

Sono primari il **legame covalente**, il **legame ionico** e il **legame metallico**. Sono intermolecolari il **legame dipolo-dipolo**, il **legame a idrogeno** e il **legame tra molecole non polari** (o apolari).

I legami non hanno tutti la medesima forza, ma tengono uniti gli atomi in modo più o meno tenace. In generale si può affermare che i primari sono **legami forti**, mentre i secondari sono **legami deboli**, ma esistono significative differenze anche all'interno delle due categorie: il legame a idrogeno, per esempio, è molto più "forte" del legame tra molecole non polari. Per comprendere il significato di quest'ultima distinzione è indispensabile introdurre il concetto di energia di legame.

> **Facciamo il punto**
>
> 1. Quali sono i legami primari? E i secondari? Che cosa li differenzia?
> 2. Quale dei seguenti legami non è primario?
>   - a) Covalente
>   - b) Dipolo-dipolo
>   - c) Ionico
>   - d) Metallico

1.2 L'energia di legame

Un legame tra due atomi si forma solo se l'energia della molecola è inferiore a quella degli atomi isolati: come accade per la caduta di un corpo, la formazione di un legame porta gli atomi a un minimo di energia potenziale, ossia a una situazione di maggiore stabilità energetica. Per questo motivo la formazione dei legami è un processo che avviene spontaneamente, mentre non lo è la loro rottura.

> L'**energia di legame** è la quantità di energia necessaria per rompere i legami di un certo tipo presenti in una mole di sostanza allo stato gassoso.

La definizione fa riferimento alla mole e non alla molecola, per cui l'energia di legame viene misurata in kJ/mol.

L'energia di legame fornisce un'indicazione della forza del legame considerato (**TABELLA 1**).

TABELLA 1 Alcune energie di legame

Tipo di legame	Esempio	Energia di legame (kJ/mol)
covalente	in H_2	436
	in N_2	945
	in HF	570
metallico	nel litio	155
	nel ferro	404
a idrogeno	tra molecole d'acqua, tra molecole di ammoniaca ecc.	10-40
dipolo-dipolo	tra molecole di acido fluoridrico, tra molecole di acido cloridrico ecc.	1-10
tra molecole non polari	di ossigeno, di azoto ecc.	0,1-1

In genere i legami forti hanno un'energia di legame di centinaia di kJ/mol, nettamente superiore a quella dei legami deboli, che varia da un decimo a qualche decina di kJ/mol.

La figura ▶1 fornisce un'ulteriore informazione: quando si forma un legame, viene liberata una quantità di energia uguale a quella necessaria per rompere il legame stesso. Cambia solo la direzione del flusso dell'energia, che viene assorbita quando il legame si spezza e liberata quando il legame si forma.

Per questo motivo possiamo considerare l'energia di legame come la differenza esistente tra l'energia potenziale degli atomi non legati e l'energia potenziale (per mole di sostanza) della molecola risultante dalla loro unione (▶2).

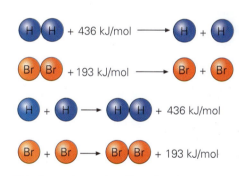

Figura 1 La formazione e la rottura di un legame mettono in gioco la medesima quantità di energia.

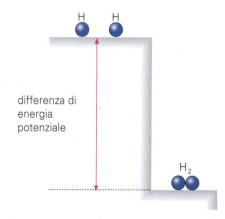

Figura 2 Il dislivello energetico tra due atomi liberi e gli stessi due atomi legati in una molecola. La formazione del legame provoca una diminuzione dell'energia potenziale del sistema.

1.3 Configurazioni stabili e regola dell'ottetto

Perché gli atomi preferiscono stare legati piuttosto che separati? Una prima risposta la diede, nel 1916, il chimico americano Gilbert N. Lewis

Gilbert Newton Lewis

(Weymouth, 1875 - Berkeley, 1946)
Nel 1902 aveva ipotizzato che il comportamento degli elementi potesse essere spiegato con un modello in cui gli elettroni erano sistemati negli atomi ai vertici di cubi concentrici. Nasceva da qui, nove anni prima del modello atomico di Rutherford, la regola dell'ottetto. Lewis si occupò di termodinamica, del comportamento chimico del deuterio, dei gas, dell'origine del colore e della fluorescenza, ed elaborò una teoria sugli acidi e le basi. La sua grandezza, tuttavia, non venne riconosciuta a sufficienza e non ottenne mai il Nobel.

(1875-1946): gli atomi tendono a conseguire la configurazione esterna s^2p^6 (l'**ottetto elettronico**), che è quella particolarmente stabile del gas nobile che li segue o li precede nella tavola periodica.

Nel caso dell'idrogeno il primo livello si riempie con solo due elettroni, per la mancanza del sottolivello p. Non si può parlare di ottetto, ma dal punto di vista chimico è una situazione equivalente di stabilità.

> La **regola dell'ottetto di stabilità** afferma che un atomo è stabile quando possiede l'ottetto elettronico nel livello esterno (o livello di valenza).

Per poter raggiungere questa situazione ideale gli atomi possono seguire due strade.

→ Cedere uno o più elettroni a un altro atomo o acquistare uno o più elettroni da un altro atomo: i due atomi coinvolti nello scambio di elettroni si trasformano in ioni di carica opposta, che si attraggono, e tra di essi si forma un **legame ionico**.

→ Condividere uno o più elettroni di valenza con un altro atomo: in questo caso si forma, tra gli atomi compartecipanti, un **legame covalente** per ogni coppia di elettroni che viene condivisa.

Gli elettroni condivisi nel legame covalente prendono nome di **elettroni di legame**. Anche il **legame metallico** può considerarsi basato sulla condivisione di elettroni, ma, come vedremo, in modo del tutto particolare.

1.4 La notazione di Lewis

Per rappresentare gli elettroni di valenza che sono coinvolti nella formazione dei legami è ancor oggi utilizzato il sistema elaborato da Lewis negli anni Venti del secolo scorso, detto **notazione di Lewis** o **diagramma a punti**. Gli elettroni sono raffigurati da punti disposti intorno al simbolo dell'elemento chimico cui appartengono.

Come si può osservare nella figura ▶3, gli elettroni di valenza, quando sono più di quattro, vengono disegnati a coppie. Tali coppie rappresentano i **doppietti elettronici** presenti negli orbitali quando sono completi.

Facciamo il punto

3 Completa le frasi.
   a. L'energia di legame è l'energia necessaria per .... i legami di un certo tipo presenti in una .... di sostanza.
   b. Quanto maggiore è l'energia di legame tanto più .... è il legame.
   c. Formando un legame gli atomi cercano di raggiungere l'............... di stabilità.

Figura 3 I diagrammi a punti degli elementi. Se gli elettroni esterni sono più di quattro, si formano coppie (doppietti) di elettroni. Gli elettroni spaiati sono anche detti singoletti.

2 Il legame covalente

Il legame covalente è il legame più diffuso in natura: è presente soprattutto nelle molecole dei gas e dei liquidi, ma anche in molti solidi cristallini.

> Il **legame covalente** si forma quando due atomi mettono in comune una o più coppie di elettroni di valenza, che si chiamano **coppie di legame**.

Tramite questa compartecipazione, o condivisione di elettroni, gli atomi raggiungono una configurazione elettronica esterna stabile. L'esempio più semplice è il legame tra due atomi di idrogeno nella molecola H_2:

$$H\bullet + \bullet H \rightarrow H:H$$

Il legame può essere rappresentato con una **formula di struttura**, in cui il trattino tra i due simboli rappresenta la coppia di elettroni di legame:

$$H-H$$

Se consideriamo gli elettroni come proprietà comune di entrambi gli atomi di idrogeno, ogni atomo ne possiede due e raggiunge la configurazione stabile dell'elio, il gas nobile immediatamente successivo nella tavola periodica.

Esempi simili sono forniti dalle molecole F_2 e Cl_2:

$$:\ddot{F}\bullet + \bullet\ddot{F}: \rightarrow :\ddot{F}:\ddot{F}: \quad \text{ovvero} \quad F-F$$

$$:\ddot{Cl}\bullet + \bullet\ddot{Cl}: \rightarrow :\ddot{Cl}:\ddot{Cl}: \quad \text{ovvero} \quad Cl-Cl$$

Gli atomi di fluoro e di cloro, pur disponendo di sette elettroni di valenza, mettono in compartecipazione un solo elettrone a testa: sia in F_2 sia in Cl_2 sono quindi presenti una coppia di legame e sei (tre più tre) coppie di elettroni che non partecipano al legame, dette **coppie libere**.

2.1 Legame semplice e legami multipli

Nei precedenti esempi gli atomi che si legano tra loro condividono una sola coppia di elettroni, ovvero formano un **legame semplice**. Se definiamo **ordine di legame** il numero dei doppietti elettronici in comune, in questi casi l'ordine di legame è 1.

La stabilità delle molecole descritte dipende dalla presenza di una zona a elevata concentrazione di carica negativa tra i due nuclei (▶4). Non sempre, però, è sufficiente un legame semplice per creare una molecola stabile: talvolta occorrono **legami multipli**.

Prendiamo in considerazione la molecola O_2, in cui si formano due legami tra due atomi di ossigeno, aventi sei elettroni di valenza ciascuno (s^2p^4):

$$:\ddot{O}\bullet + \bullet\ddot{O}: \rightarrow :\ddot{O}::\ddot{O}: \quad \text{o anche} \quad O=O$$

animazione

Legame covalente semplice, doppio e triplo
Il legame semplice, multiplo e polare

Figura 4 Formazione del legame covalente della molecola di idrogeno. La nuvola di carica negativa, addensandosi maggiormente tra i due nuclei, ne scherma la carica positiva.

Affinché entrambi gli atomi raggiungano l'ottetto di stabilità, è necessario un **doppio legame** (ordine di legame 2): nella molecola sono quindi presenti due coppie di legame e quattro coppie libere.

Nel caso della molecola N_2, sono addirittura tre i legami che si formano tra i due atomi di azoto, dotati di cinque elettroni di valenza:

$$:\!\overset{.}{N}\!\cdot\; +\; \cdot\overset{.}{N}\!: \;\rightarrow\; :\!N\!:\!:\!:\!N\!: \quad \text{o anche} \quad N\equiv N:$$

Con il **triplo legame** (ordine di legame 3) entrambi gli atomi di azoto raggiungono l'ottetto: nella molecola sono presenti tre coppie di legame e due coppie libere.

Oltre che nelle molecole delle sostanze elementari, i legami covalenti sono presenti in quelle di molti composti, come HCl, H_2O e CH_4:

$$H\!:\!\ddot{\underset{..}{Cl}}\!: \qquad H-Cl$$

$$H\!:\!\underset{..}{\overset{..}{O}}\!:\!H \qquad H-O-H$$

$$\begin{array}{c} H \\ H\!:\!\underset{H}{\overset{H}{C}}\!:\!H \end{array} \qquad \begin{array}{c} H \\ | \\ H-C-H \\ | \\ H \end{array}$$

2.2 Perché si forma il legame covalente?

Prendiamo in considerazione il caso più semplice: la formazione di un legame tra due atomi di idrogeno nella molecola H_2.

In primo luogo occorre che i due atomi si avvicinino abbastanza perché si sviluppi una reciproca attrazione elettrica (▶5): il nucleo positivo di ogni atomo attrae così sia il proprio elettrone sia l'elettrone dell'altro

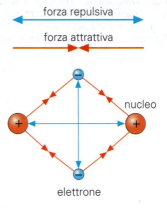

Figura 5 Le forze attrattive e le forze repulsive nella formazione di un legame covalente.

Risolviamo insieme

Le formule di Lewis

Abbiamo visto che per mezzo della notazione di Lewis è possibile evidenziare i legami esistenti tra gli atomi: questo modo di rappresentare le molecole è detto formula di Lewis.
Sapendo che il cloro e lo iodio hanno 7 elettroni di valenza, l'ossigeno e lo zolfo ne hanno 6, l'azoto ne ha 5 e l'idrogeno ne ha 1, rappresentiamo le molecole I_2, H_2S, Cl_2O ed NH_3 con la formula di Lewis.

■ Dati e incognite

Elemento	Numero di elettroni di valenza
Cl	7
I	7
O	6
S	6
N	5
H	1

Quali sono le formule di Lewis di I_2, H_2S, Cl_2O, NH_3?

■ Soluzione

$:\!\ddot{I}\!:\!\ddot{I}\!:$ ovvero I—I

$H\!:\!\ddot{S}\!:\!H$ ovvero H—S—H

$:\!\ddot{Cl}\!:\!\ddot{O}\!:\!\ddot{Cl}\!:$ ovvero Cl—O—Cl

$:\!\underset{H}{\overset{H}{\ddot{N}}}\!:\!H$ ovvero $\begin{array}{c} H \\ | \\ N-H \\ | \\ H \end{array}$

■ Riflettiamo sul risultato
Come si vede, in tutti i casi è rispettata la regola dell'ottetto.

■ Prosegui tu
Utilizzando la tavola periodica per stabilire il numero di elettroni di valenza degli elementi, rappresenta le formule di Lewis delle molecole BeF_2, BF_3, HBr e PCl_4.

atomo. Esistono però anche forze repulsive tra gli elettroni dei due atomi e, soprattutto, tra i due nuclei. Le forze attrattive favoriscono la formazione del legame, facendo diminuire l'energia potenziale del sistema, mentre le forze repulsive tendono a impedirne la formazione, provocando l'aumento dell'energia potenziale.

La figura ▶6 mostra come l'energia potenziale scenda al valore minimo quando i due nuclei si trovano a una determinata distanza, detta **distanza di legame**, o **lunghezza di legame**: a distanze maggiori di quella di legame le forze attrattive non sono sufficienti a tenere uniti gli atomi, a distanze minori le forze repulsive tra i nuclei sono troppo elevate perché il legame si formi.

È l'insieme delle forze attrattive e repulsive a determinare la forza e la lunghezza di un legame. Quanto maggiore è la forza di un legame, tanto minore è la sua lunghezza. Se, inoltre, il legame è multiplo (ordine 2 o 3), la sua lunghezza è minore: ad esempio, il legame C — C è lungo 154 pm, mentre il legame doppio C = C è di 134 pm e il triplo C ≡ C è di 121 pm.

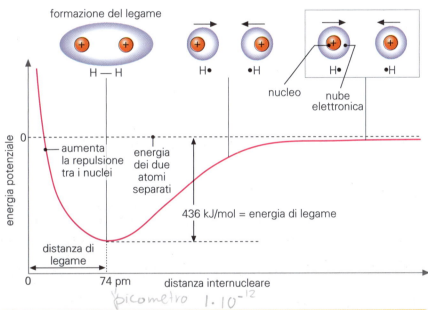

Figura 6 Energia potenziale al variare della distanza internucleare. Dal grafico si nota che, man mano che i due atomi si avvicinano, l'energia potenziale prima diminuisce, poi aumenta bruscamente per la repulsione reciproca dei due nuclei.

Facciamo il punto

4 Quali sono le caratteristiche fondamentali del legame covalente?

5 Completa la frase.
Un legame covalente è semplice, ... o .... in base al numero dei .... elettronici messi in compartecipazione.

2.3 Il legame covalente puro

> Il **legame covalente puro**, detto anche **apolare** o **omopolare**, si forma tra atomi con la stessa elettronegatività, o con valori di elettronegatività molto vicini.

Il caso più comune è quello delle molecole degli elementi, come H_2, Cl_2 e Br_2, i cui due atomi sono uguali e quindi hanno una differenza di elettronegatività esattamente nulla.

Questo tipo di legame produce una **molecola non polare**, cioè una molecola in cui la nuvola elettronica si distribuisce equamente tra i nuclei.

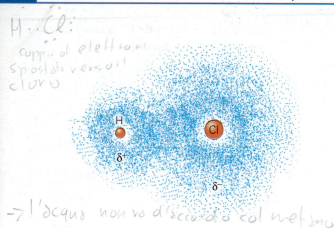

Figura 7 La molecola polare HCl.

2.4 Il legame covalente polare

Il **legame covalente polare** si forma tra due atomi aventi valori di elettronegatività diversi, la cui differenza tuttavia non superi il valore di 1,9.

Prendiamo come esempio la molecola HCl, in cui l'elettronegatività di H è 2,1 e quella di Cl è 3,0. Poiché la differenza è $3,0 - 2,1 = 0,9 < 1,9$, i due atomi sono tenuti insieme da un legame covalente polare.

Tale legame produce una **molecola polare**, caratterizzata da una nuvola elettronica spostata verso l'atomo più elettronegativo, che attira maggiormente a sé gli elettroni (▶7). La molecola si comporta come un **dipolo elettrico**, ossia un sistema contenente cariche opposte, poiché l'atomo più elettronegativo tende a caricarsi negativamente, mentre quello meno elettronegativo tende a caricarsi positivamente. I due eccessi di carica o, come si usa dire, le due **cariche parziali** (inferiori in valore assoluto alla carica dell'elettrone, considerata come unitaria) si indicano con i simboli δ^- e δ^+ posizionati in prossimità dei simboli degli atomi:

$$\overset{\delta^+}{H} - \overset{\delta^-}{Cl}$$

In questo modo si evidenzia che non si tratta di due ioni distinti, ma di una molecola unica, complessivamente neutra, con cariche parzialmente separate.

La polarità più o meno accentuata di una molecola è espressa dal suo **momento dipolare**, che in una molecola biatomica dipende dall'intensità delle due cariche parziali e si rappresenta con una freccia orientata da δ^+ a δ^-:

$$\overset{\delta^+ \longrightarrow \delta^-}{H - Cl}$$

In una molecola poliatomica la presenza di legami polari non rende automaticamente polare la molecola, le cui caratteristiche elettriche dipendono anche dalla forma, come vedremo meglio più avanti: per esempio, H_2O è polare, ma CO_2 non lo è, pur possedendo entrambe legami polari.

Le molecole polari hanno la caratteristica di subire maggiormente l'influenza dei campi elettrici e sono molto più numerose di quelle non polari.

Immagini per riflettere
Lo stupefacente comportamento dell'acqua

Prova a far scendere dal rubinetto di casa un filo d'acqua e ad esso avvicina una bacchetta di plastica (per esempio un pettine, come nella foto), dopo averla strofinata in modo che acquisti una carica elettrica.
Accadrà quello che vedi nella foto: l'acqua verrà attratta dalla bacchetta carica.
Sembra impossibile che l'acqua sia sensibile all'elettricità, ma il motivo è la polarità della sua molecola di forma angolata, positiva dalla parte dei due atomi di idrogeno (poco elettronegativi) e negativa dalla parte dell'atomo di ossigeno (molto elettronegativo):

Tuttavia non sempre la presenza di legami polari in una molecola fa sì che essa sia polare. Nelle molecole costituite da tre o più atomi, se i legami polari hanno orientazione opposta i loro effetti si annullano. La molecola CO_2, per esempio, pur possedendo due legami polari non è polare, per la sua forma lineare e simmetrica:

$$\overset{\delta^-}{O} = \overset{\delta^+}{C} = \overset{\delta^-}{O}$$

Scheda 1 Molecole polari... in cucina!

I forni a microonde sono ormai entrati nell'uso comune in cucina (▶ 1). Le microonde, come abbiamo visto, sono onde elettromagnetiche: quelle usate nei forni hanno, di norma, una frequenza di 2,5 gigahertz. Sono prodotte per mezzo di una corrente elettrica, lanciate contro una ventola che le disperde in tutte le direzioni e infine respinte dalle pareti metalliche del forno: di conseguenza colpiscono il cibo con diverse angolazioni. Le microonde interferiscono con le molecole polari d'acqua presenti nel cibo, facendole ruotare su se stesse. La rotazione provoca un attrito tra le molecole d'acqua e le molecole organiche circostanti, e un conseguente riscaldamento del cibo (dall'interno e non dall'esterno, come nei normali metodi di cottura).

In questo modo, però, la temperatura dei cibi non può superare quella di ebollizione dell'acqua, e pertanto non è possibile dorare una torta o un arrosto. Il microonde è ideale per cuocere verdure come cavolfiori, zucchine, broccoli, che, così, non disperdono sostanze aromatiche e nutrienti nell'acqua né si inzuppano, ma restano ben consistenti anche se cotte.

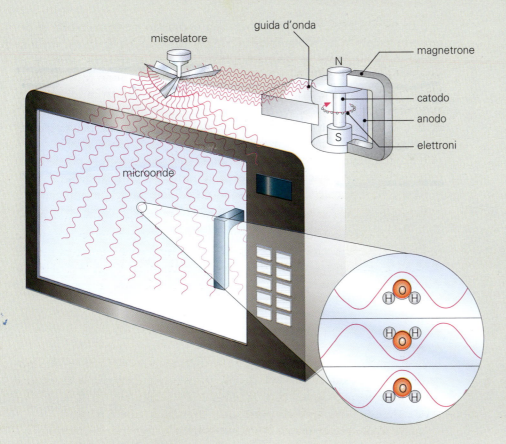

Figura 1 Schema di un forno a microonde. Nello zoom, una rappresentazione in sequenza di come varia l'orientazione di una molecola d'acqua mentre il campo elettrico delle microonde oscilla nel tempo.

2.5 Il legame covalente dativo

Nel **legame covalente dativo** la coppia di elettroni in compartecipazione proviene da un solo atomo, il **donatore**, mentre il secondo atomo, l'**accettore**, mette a disposizione un orbitale vuoto in cui gli elettroni possano muoversi.

Il legame dativo spesso si forma tra due atomi non appartenenti alla stessa molecola: in questo caso è detto **legame di coordinazione**. Un esempio è quello dello ione ammonio, NH_4^+, che si origina "per coordinazione" da parte dell'ammoniaca, NH_3, di uno ione positivo H^+.

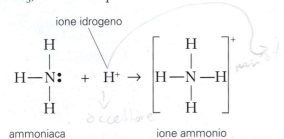

videotutorial

Spostiamo gli elettroni

Nelle formule di struttura il legame di coordinazione è spesso indicato con una freccia che punta dal donatore verso l'accettore. Lo ione ammonio può essere quindi rappresentato anche nella seguente forma:

$$\left[\begin{array}{c} H \\ | \\ H - N \rightarrow H \\ | \\ H \end{array} \right]^+$$

L'azoto possiede una coppia libera (un doppietto elettronico non impegnato in legami), che può mettere in compartecipazione per legarsi allo ione idrogeno. Nonostante la diversa origine, i quattro legami tra l'azoto e gli atomi di idrogeno nello ione ammonio si equivalgono: sono tutti covalenti polari, poiché l'azoto, più elettronegativo dell'idrogeno, attira gli elettroni verso di sé. La carica positiva che originariamente apparteneva allo ione H⁺, inoltre, si distribuisce su tutti gli atomi della molecola, che risulta globalmente positiva, per la mancanza di un elettrone.

Il legame di coordinazione può formarsi solo se il donatore possiede già l'ottetto di stabilità, ottenuto per mezzo di normali legami covalenti.

Anche le molecole d'acqua possono coordinare uno ione idrogeno. Si forma lo ione H_3O^+, detto **ione ossonio**, o **idronio**, che come vedremo in seguito è all'origine dell'acidità delle soluzioni:

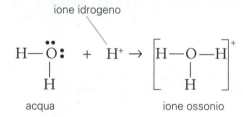

Lo ione ossonio può essere anche rappresentato dalla formula:

$$\left[\begin{array}{c} H - \ddot{O} \rightarrow H \\ | \\ H \end{array} \right]^+$$

Esiste una vasta gamma di **composti di coordinazione** in cui il legame di coordinazione si instaura tra una molecola in cui è presente un atomo donatore (H_2O, NH_3, CO, CN^- ecc.) e uno ione metallico accettore (Cu^{2+}, Zn^{2+}, Fe^{2+} ecc.), con la formazione di ioni poliatomici complessi.

videotutorial

Formule di Lewis delle molecole

Figura 8 L'emoglobina.

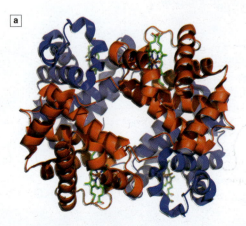

Una raffigurazione della molecola. In verde sono rappresentati i gruppi eme.

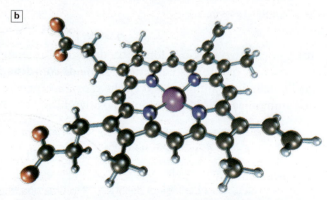

La struttura del gruppo eme. La sfera centrale, in rosa, rappresenta lo ione di ferro; in grigio sono indicati atomi di carbonio, in bianco di idrogeno, in azzurro di azoto e in rosso di ossigeno.

Un esempio è lo ione

$$\left[\begin{array}{c} NH_3 \\ \downarrow \\ H_3N \rightarrow Zn \leftarrow NH_3 \\ \uparrow \\ NH_3 \end{array}\right]^{2+}$$

in cui lo zinco ha l'orbitale s del livello esterno vuoto, così come vuoti ha i tre orbitali p, mentre l'azoto dispone di una coppia di elettroni non impegnata in legami con l'idrogeno.

Alcuni composti dotati di un atomo donatore sono importanti in biologia, come il **gruppo eme** dell'emoglobina, che coordina e trasporta uno ione di ferro (▶ 8); altri sono dei potenti catalizzatori (accelerano le reazioni chimiche); altri infine sono utilizzati nell'analisi chimica, in particolare per il riconoscimento di ioni in soluzione, cui si legano in modo specifico.

È ipotizzabile l'esistenza di legami dativi anche tra atomi appartenenti alla stessa molecola. In realtà, a volte non è possibile stabilire se si tratta di legami dativi o legami doppi, in quanto gli atomi del terzo periodo (e successivi) hanno la possibilità di effettuare un numero di legami superiore a quanto prevede la regola dell'ottetto, trasferendo elettroni nei sottolivelli d e f vuoti o incompleti.

Alcuni esempi di molecole e ioni poliatomici in cui la regola dell'ottetto porta a prevedere la presenza di legami dativi sono SO_3, SO_4^{2-} e ClO_3^-:

> **✓ Facciamo il punto**
>
> **6 Scegli tra le due alternative.**
> Un legame covalente è *puro/polare* se la differenza di elettronegatività tra i due atomi è maggiore di zero e minore di 1,9.
>
> **7 Completa le frasi.**
> a. In una molecola biatomica polare la nuvola elettronica è spostata verso l'atomo più ....
> b. In un legame dativo il .... è l'atomo che mette in compartecipazione la coppia di elettroni di legame.

Scheda 2 — La risonanza (o mesomeria): come rappresentare i legami delocalizzati

QUALCOSA IN PIÙ

Vi sono composti chimici la cui struttura non è descrivibile con il metodo sino ad ora utilizzato. Consideriamo, per esempio, la molecola SO_2, che tradizionalmente viene rappresentata in questo modo:

$$O = S \atop \downarrow \atop O$$

Per raggiungere l'ottetto di stabilità, lo zolfo stabilisce un legame doppio con un atomo di ossigeno e uno dativo con un altro atomo di ossigeno. La formula, però, non spiega come mai le lunghezze dei legami dello zolfo, misurate sperimentalmente, siano identiche tra loro e intermedie tra il valore tipico di un legame singolo e quello di un legame doppio.

Attualmente si ritiene che la coppia di elettroni coinvolta nella formazione del doppio legame sia particolarmente mobile e si ripartisca equamente tra i due atomi di ossigeno: l'atomo di zolfo forma quindi due legami di ordine 1,5 (un legame e mezzo con ogni atomo di ossigeno). Il fenomeno, piuttosto complesso, è detto delocalizzazione e i legami di questo tipo sono detti delocalizzati. Per descrivere questa struttura, Linus Pauling propose il sistema delle **formule di risonanza**.

Si ipotizza che la struttura reale della molecola sia intermedia ("risuoni") tra due formule limite, che si rappresentano collegate tra loro da una freccia a doppia punta:

$$O=S \atop \downarrow \atop O \quad \leftrightarrow \quad O \leftarrow S \atop \| \atop O$$

Anche lo ione ClO_3^- ha una struttura risonante:

$$O \atop \uparrow \atop O=Cl-O^-$$
$$\updownarrow$$
$$O \atop \| \atop O^- - Cl \rightarrow O$$
$$\updownarrow$$
$$O^- \atop | \atop O \leftarrow Cl = O$$

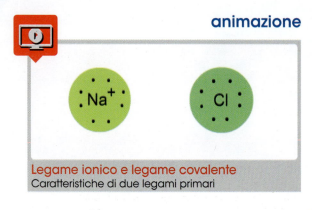

Legame ionico e legame covalente
Caratteristiche di due legami primari

3 Il legame ionico

Il legame ionico ideale tra due atomi consiste nel trasferimento di uno o più elettroni dall'atomo meno elettronegativo a quello più elettronegativo. Il primo, perdendo elettroni, si trasforma in uno ione positivo, il secondo, acquistando elettroni, diventa uno ione negativo: entrambi raggiungono una configurazione elettronica stabile (ottetto di stabilità) e tra essi si stabiliscono forze elettriche attrattive.

3.1 Da legame covalente polare a legame ionico: un passaggio graduale

> Il **legame ionico** si stabilisce per attrazione elettrostatica tra uno ione positivo e uno negativo e si forma tra atomi con differenza di elettronegatività elevata, superiore a 1,9.

Il valore di 1,9 fissato per la differenza di elettronegatività per discriminare tra legame covalente polare e legame ionico è un limite convenzionale, poiché in realtà non esiste una distinzione netta: al crescere della differenza di elettronegatività tra i due atomi che formano il legame, le caratteristiche del legame variano gradualmente e aumenta la **percentuale di ionicità** del legame stesso (▶9, TABELLA 2).

Figura 9 A seconda della differenza di elettronegatività tra gli atomi, il legame può essere definito come covalente puro, covalente polare o ionico.

differenza di elettronegatività
0 — 1 — 2 — 3 — 3,3

→ polarità e carattere ionico aumentano
← aumenta il carattere covalente

TABELLA 2 La ionicità dei legami

Differenza di elettronegatività	Percentuale di ionicità
0,0	0
0,2	1
0,4	3
0,6	7
0,8	12
1,0	18
1,2	25
1,4	32
1,6	40
1,8	47
2,0	54
2,2	61
2,4	68
2,6	74

Un legame è considerato ionico se la sua percentuale di ionicità supera il 50%, ovvero se la differenza di elettronegatività tra gli atomi che lo formano è maggiore di 1,9.

3.2 Il cloruro di sodio

L'esempio più noto di composto ionico è il cloruro di sodio, NaCl (▶10). Il sodio appartiene al gruppo dei metalli alcalini e ha un'elettronegatività uguale a 0,9, mentre il cloro appartiene al gruppo degli alogeni e ha un'elet-

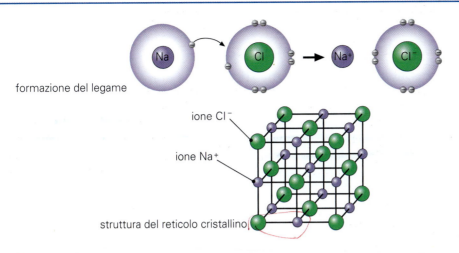

Figura 10 Il legame ionico del cloruro di sodio.

tronegatività pari a 3,0. La differenza di elettronegatività risulta essere 3,0 − 0,9 = 2,1 > 1,9.

Trasformandosi nello ione Na^+, il sodio assume la configurazione del gas nobile che lo precede nella tavola periodica (il neon), mentre, trasformandosi nello ione Cl^-, il cloro assume la configurazione del gas nobile che lo segue (l'argo):

$$Na\cdot + \cdot\overset{..}{\underset{..}{Cl}}: \rightarrow Na^+ + :\overset{..}{\underset{..}{Cl}}:$$

I composti ionici sono tutti solidi cristallini, poiché ogni ione positivo si circonda di ioni negativi e viceversa, producendo una struttura che definiamo **reticolo cristallino**. Nel caso di NaCl, per esempio, ogni ione Na^+ è contornato da sei ioni Cl^-, e allo stesso modo ogni ione Cl^- ha intorno sei ioni Na^+. Esistono cristalli con strutture più complesse, ma il principio costruttivo del reticolo è il medesimo: l'alternanza tra cariche positive e negative.

È vero che allo stato gassoso (a elevate temperature) si formano vere e proprie molecole di NaCl, ma allo stato solido, in cui normalmente si trova, il sale da cucina non è costituito da molecole. La formula NaCl non rappresenta perciò un'entità reale, a differenza di H_2O o di CO_2, ma esprime solo il rapporto quantitativo tra sodio e cloro nel composto: in un cristallo di NaCl, per ogni atomo Na c'è un atomo Cl. In un cristallo di cloruro di calcio ($CaCl_2$), invece, per ogni atomo di calcio sono presenti due atomi di cloro.

Facciamo il punto

8 Scegli tra le due alternative.

a. Il legame ionico si forma tra atomi con differenza di elettronegatività *superiore/inferiore* a 1,9.

b. Nel legame ionico gli elettroni vengono *ceduti da un atomo all'altro/messi in comune tra due atomi*.

c. Il legame ionico è presente *nelle molecole polari/nei solidi cristallini*.

Scheda 3 Perché si forma il legame ionico?

Per comprendere il motivo per cui alcuni atomi trovano conveniente trasformarsi in ioni all'interno di cristalli è necessario tenere conto della loro energia di ionizzazione e della loro affinità elettronica.

Sappiamo che sono gli elementi metallici dei gruppi I A e II A, da una parte, e quelli non metallici dei gruppi VI A e VII A, dall'altra, a formare composti ionici. I primi sono caratterizzati da bassa energia di ionizzazione, e i secondi da un'elevata affinità elettronica.

Il legame ionico, come quello covalente, si forma solo nel caso in cui si produca una diminuzione dell'energia potenziale del sistema, attraverso la liberazione di una certa quantità di energia.

Se prendiamo nuovamente in esame il cristallo di NaCl scopriamo che Na ha un'energia di ionizzazione di circa 495 kJ/mol e Cl ha un'affinità elettronica di circa 359 kJ/mol. Tenendo conto del fatto che gli atomi di Na e Cl sono in rapporto 1:1 nel reticolo cristallino, dovremmo sorprendentemente concludere che la formazione del legame è energeticamente svantaggiosa: l'energia in entrata (495 kJ/mol) è maggiore di quella in uscita (359 kJ/mol), per cui si ha un aumento di (495 − 395) kJ/mol = 136 kJ/mol dell'energia potenziale del sistema.

Non abbiamo considerato, però, l'energia che si libera al momento della formazione del legame, ossia l'energia di legame, che in questo caso chiamiamo **energia reticolare** e definiamo come l'energia che si libera, per mole di sostanza, quando ioni di segno opposto interagiscono tra loro mediante la forza elettrica, entrando a far parte di un reticolo cristallino stabile.

L'energia di legame, nel caso di NaCl, è di circa 777 kJ/mol. Se sottraiamo questo valore a 136 kJ/mol otteniamo un valore negativo: −641 kJ/mol. Si verifica quindi, complessivamente, una perdita notevole di energia e un conseguente abbassamento dell'energia potenziale del sistema. (Per semplicità, abbiamo ignorato l'energia che occorre fornire per scindere la molecola Cl_2 negli atomi costituenti e per separare gli atomi di sodio metallico; poiché tale energia ammonta a 359 kJ/mol, anche includendo questi processi il bilancio energetico netto è negativo.) Per vie diverse legame ionico e legame covalente raggiungono il medesimo obiettivo: la stabilità energetica!

4 Il legame metallico

I metalli dei gruppi I A, II A e III A e quelli di transizione, quando sono allo stato elementare, formano reticoli cristallini come quelli illustrati nella figura ▶ 11, nei quali è da escludere la presenza sia di legami ionici, per la mancanza di ioni di segno opposto, sia di legami covalenti, per il numero esiguo di elettroni di valenza che gli atomi dei metalli possiedono.

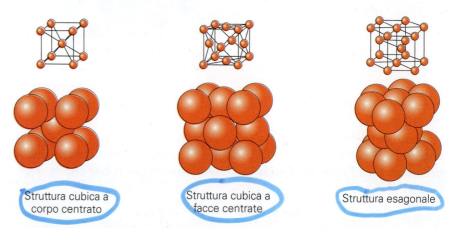

Struttura cubica a corpo centrato | Struttura cubica a facce centrate | Struttura esagonale

Figura 11 Alcuni tipi di cristalli metallici.

4.1 Un "mare" di elettroni

Si è ipotizzato che gli atomi metallici, a causa della loro bassa energia di ionizzazione, si trasformino tutti in ioni positivi, perdendo i propri elettroni esterni: questi elettroni, liberi di muoversi in tutto il cristallo, creano uno schermo tra i nuclei che ne impedisce la reciproca repulsione. Si tratta di un legame completamente delocalizzato, data l'estrema mobilità delle nuvole elettroniche, per il quale si è forgiata l'immagine del mare di elettroni.

> Il **legame metallico** è caratterizzato dalla presenza di ioni positivi immersi in un mare di elettroni liberi di muoversi in tutto il reticolo cristallino.

4.2 È il tipo di legame a conferire ai metalli le loro proprietà

Alcune delle proprietà tipiche dei metalli, come la conducibilità elettrica e quella termica, sono ampiamente giustificate dalla libertà di movimento degli elettroni: se colleghiamo un pezzo di metallo a un generatore di corrente, i suoi elettroni liberi si mettono in movimento ordinatamente formando una corrente elettrica; se scaldiamo la parte estrema di un pezzo di metallo, i suoi elettroni acquistano energia cinetica e la trasportano verso le zone con minore energia, in modo che tutto il pezzo di metallo diventi presto omogeneamente caldo.

La duttilità e la malleabilità dei metalli, inoltre, sono spiegabili con la repulsione tra gli ioni positivi, che crea la possibilità, per ogni piano di atomi, di slittare rispetto a quelli contigui (▶12). Ciò non può accadere, invece, nei cristalli ionici, per l'attrazione esistente tra le cariche negative e quelle positive alternate.

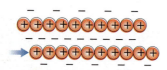

I piani reticolari dei metalli scorrono facilmente l'uno sull'altro per la repulsione reciproca degli ioni positivi.

L'attrazione tra ioni di segno opposto impedisce invece lo scorrimento ai piani reticolari dei cristalli ionici.

Figura 12 Cristallo metallico e cristallo ionico a confronto.

Facciamo il punto

9 Completa la frase.

I metalli sono buoni .... di corrente elettrica e calore poiché gli ioni metallici positivi sono immersi in un mare di .... molto mobili.

5 Geometria molecolare: la forma delle molecole

Ogni molecola poliatomica possiede una forma che dipende dalla disposizione spaziale degli atomi che la costituiscono e ne determina, almeno in parte, le proprietà chimiche e fisiche (polarità, densità, volatilità ecc).

5.1 La teoria VSEPR

Nonostante lo studio sperimentale delle strutture molecolari richieda tecniche complesse, come la cristallografia a raggi X, esiste un metodo semplice ma efficace per predire quale sia la forma di una molecola, noto con l'acronimo VSEPR (da *Valence Shell Electron Pair Repulsion*, "repulsione delle coppie di elettroni nel livello di valenza"). La teoria VSEPR è stata perfezionata da Ronald J. Gillespie e Ronald S. Nyholm negli anni Sessanta del secolo scorso.

In ogni molecola poliatomica esiste un atomo centrale che si lega a un certo numero di atomi circostanti secondo precise direzioni; in altri termini, i legami tra l'atomo centrale e gli altri atomi sono orientati nello spazio e tra di essi vi sono delle distanze angolari, dette **angoli di legame**.

> La **teoria VSEPR** asserisce che le coppie di elettroni di valenza disposte intorno all'atomo centrale, avendo carica uguale, si respingono a vicenda e tendono a collocarsi alla massima distanza angolare possibile tra loro.

Occorre però tenere conto del fatto che l'effetto repulsivo degli elettroni impegnati nei legami (**elettroni di legame** o **leganti**) è minore di quello dei doppietti elettronici non impegnati nei legami (**elettroni liberi** o **non leganti**). Per questo motivo distinguiamo due tipi di molecole (**TABELLA 3**):

TABELLA 3 Geometrie molecolari

Tipo di molecola	Composto	Rappresentazione della molecola secondo Lewis	N° di coppie di elettroni di legame	N° di doppietti liberi	Ampiezza dell'angolo di legame	Struttura della molecola	Modello a sferette e bastoncini
AX_2	BeF_2	F–Be–F	2	0	180°	lineare	
AX_3	BF_3		3	0	120°	triangolare	
AX_4	CH_4		4	0	109,5°	tetraedrica	
AX_3E	NH_3		3	1	107°	piramide a base triangolare	
AX_2E_2	H_2O		2	2	104,5°	a V o angolare	

- quelle in cui l'atomo centrale impegna nei legami tutti i suoi elettroni di valenza, che chiamiamo **molecole AX$_n$**, dove A sta per il simbolo chimico dell'atomo centrale e X per il simbolo degli n atomi che lo circondano;

- quelle in cui l'atomo centrale possiede anche elettroni liberi, che chiamiamo **molecole AX$_n$E$_m$**, dove A e X stanno, rispettivamente, per il simbolo dell'atomo centrale e per il simbolo degli n atomi che lo circondano, ed E$_m$ indica che ci sono m coppie di elettroni non leganti.

videotutorial
La struttura delle molecole

5.2 Molecole AX$_n$

Con il sussidio dei disegni della **TABELLA 3**, alla pagina precedente, consideriamo alcuni casi particolari.

→ **Modello AX$_2$**
Ne è un esempio la molecola BeF$_2$ (difluoruro di berillio), in cui l'atomo centrale, il berillio, possiede solo due elettroni di valenza e li utilizza legandosi a due atomi di fluoro, che mettono a disposizione un elettrone ciascuno. Le due coppie di elettroni di legame si dispongono alla massima distanza angolare possibile, che corrisponde a 180°. I due legami tra Be ed F, di conseguenza, si formano in direzioni opposte, per cui la molecola BeF$_2$ è simmetrica e con **struttura lineare**.

→ **Modello AX$_3$**
In BF$_3$ (trifluoruro di boro) l'atomo centrale B ha tre elettroni di valenza, con cui si lega a tre atomi F, ciascuno dei quali mette a disposizione un elettrone. La massima distanza angolare possibile tra le coppie elettroniche è di 120° su di un piano. La molecola che si forma è simmetrica e possiede una **struttura triangolare planare**, o **trigonale piana**.

→ **Modello AX$_4$**
Nella molecola CH$_4$ (metano) l'atomo centrale C possiede quattro elettroni di valenza con i quali forma quattro legami con altrettanti atomi H, ognuno dei quali mette in compartecipazione un elettrone. La massima distanza angolare possibile tra le coppie di elettroni di legame è di 109,5° nello spazio. La molecola che si forma è simmetrica e ha **struttura tetraedrica**.

5.3 Molecole AX$_n$E$_m$

Facendo riferimento alla stessa tabella esaminiamo altri due modelli molecolari.

→ **Modello AX$_3$E**
Nella molecola NH$_3$ (ammoniaca) l'atomo centrale N possiede cinque elettroni di valenza. Con tre di essi forma tre legami con altrettanti atomi H, mentre un doppietto rimane libero: i quattro doppietti elettronici risultanti si dispongono a tetraedro, ma la molecola assume una **struttura piramidale** (a base triangolare), poiché vi sono tre soli atomi di idrogeno. L'angolo di legame tra gli atomi di idrogeno risulta di 107°, inferiore ai 109,5° del metano, poiché la coppia di elettroni non leganti esercita un'azione repulsiva più intensa sugli altri doppietti, costringendoli ad avvicinarsi tra loro.

→ **Modello AX$_2$E$_2$**
Nella molecola H$_2$O l'atomo centrale di ossigeno possiede sei elettroni di valenza. Con due di essi forma legami con i due atomi di idrogeno, mentre altre due coppie di elettroni rimangono libere. Anche in questo

caso i quattro doppietti elettronici risultanti si dispongono a tetraedro, ma la presenza di due soli atomi di idrogeno porta alla formazione di una molecola a **struttura angolare** (forma a V). La presenza di due doppietti liberi, che respingono le coppie elettroniche leganti, riduce l'angolo di legame tra i due atomi di idrogeno a 104,5°.

La presenza di legami multipli (doppi o tripli) non influenza la geometria delle molecole: per questo motivo una molecola come SO_3, che possiede un doppio legame, è triangolare planare.

5.4 Legami polari, molecole non polari

In tutte le molecole esaminate i legami presenti sono covalenti polari: eppure molecole come BeF_2, BF_3 e CH_4 (ma anche CO_2, CF_4 ecc.) non sono polari, mentre NH_3, H_2O e molte altre lo sono. A causare questo diverso comportamento è la forma delle molecole: BeF_2, BF_3 e CH_4 sono molecole perfettamente simmetriche, e quindi le polarità dei singoli legami si compensano rendendo nullo il momento dipolare complessivo della molecola (▶13).

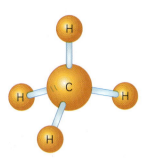

non polare

Per la sua simmetria, la molecola CH_4 non è polare, nonostante la polarità dei legami C — H.

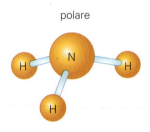

polare

Al contrario, la molecola NH_3 è asimmetrica e quindi polare.

Figura 13 La geometria della molecola determina la presenza o l'assenza di polarità.

▮ Facciamo il punto

10 Che cosa afferma la teoria VSEPR?

11 Completa le frasi:
   a. Le molecole come del tipo di BeF_2 sono dette ....
   b. Le molecole del tipo di CH_4 sono dette ....

▮ Risolviamo insieme

Come prevedere la forma delle molecole

In base alla teoria VSEPR e rilevando dalla tavola periodica il numero degli elettroni di valenza degli elementi, determiniamo la forma delle molecole AlF_3 e H_2S e dello ione poliatomico H_3O^+.

■ **Dati e incognite**

Elemento	Numero di elettroni di valenza
F	7
O	6
S	6
Al	3
H	1

Quali sono le forme di AlF_3, H_2S e H_3O^+?

■ **Soluzione**
• AlF_3
L'alluminio possiede tre elettroni di valenza, che nella molecola AlF_3 impegna nei legami con tre atomi di fluoro:

La massima distanza angolare possibile tra le coppie di elettroni di legame è di 120° su un piano e quindi la molecola è trigonale piana.

• H_2S
Gli elettroni di valenza dello zolfo sono sei. Due di questi, nella molecola H_2S, vengono utilizzati nei legami con gli atomi di idrogeno, mentre due coppie sono libere:

Vi sono quindi, intorno all'atomo di zolfo, quattro coppie di elettroni che si dovrebbero disporre ai vertici di un tetraedro regolare (a 109,5° nello spazio), ma la repulsione dei due doppietti liberi riduce l'angolo di legame a 104,5°, proprio come nella molecola dell'acqua.

• H_3O^+
L'ossigeno possiede sei elettroni di valenza, di cui, nello ione poliatomico H_3O^+, quattro sono impegnati nei legami con gli atomi di idrogeno (due covalenti e un dativo) e una coppia è libera:

Le quattro coppie di elettroni tendono a disporsi alla massima distanza angolare possibile, di 109,5°, ma la repulsione del doppietto libero riduce l'angolo di legame a 107° e lo ione ha struttura piramidale.

■ **Prosegui tu**
L'azoto ha cinque elettroni di valenza: qual è, secondo la teoria VSEPR, la forma dello ione poliatomico NH_4^+?

animazione

La teoria del legame di valenza
Il legame σ e π

6 La teoria del legame di valenza

Esistono molecole che disattendono la regola dell'ottetto perché in esse l'atomo centrale è circondato da un numero di elettroni inferiore a otto. Per esempio BeF_2:

$$:\!\ddot{F}\!:Be\!:\!\ddot{F}\!: \qquad F—Be—F$$

in cui l'atomo di berillio non raggiunge l'ottetto, ma "si accontenta" di due coppie di elettroni di legame.

Analogamente, in BF_3 il boro si circonda solo di tre coppie di elettroni di legame:

Esistono invece molecole in cui l'atomo centrale possiede più di quattro coppie di elettroni. Per esempio PCl_5:

in cui le coppie di elettroni di legame che circondano l'atomo di fosforo sono cinque.

6.1 Legami e orbitali

Le molecole in cui tutti gli atomi raggiungono l'ottetto elettronico sono particolarmente stabili. Tuttavia è evidente che la regola dell'ottetto non è sempre valida.

Per questo motivo Linus Pauling elaborò, negli anni Trenta del secolo scorso, la **teoria del legame di valenza** (o **teoria VB,** da *Valence Bond*), che offre una valida spiegazione della formazione dei legami basandosi sul concetto di orbitale.

In sintesi, la teoria asserisce che:

→ un legame covalente si forma grazie alla sovrapposizione parziale degli orbitali degli atomi contraenti, che provoca l'aumento della densità elettronica nella zona interposta tra i due nuclei, con conseguente riduzione della loro reciproca repulsione;
→ a formare i legami sono gli **orbitali semicompleti,** che contengono un **elettrone spaiato** (o **singoletto**), al fine di saturarsi (riempirsi) con una coppia di elettroni condivisi, con spin antiparallelo;
→ esistono due tipi fondamentali di sovrapposizione, detti σ e π;
→ la forza del legame è tanto maggiore quanto più ampia è la sovrapposizione degli orbitali.

Non è quindi necessario, perché una molecola si formi, che gli atomi raggiungano l'ottetto di stabilità, ma è sufficiente che si saturino uno o più orbitali di ogni atomo.

6.2 La formazione dei legami

Possiamo spiegare la formazione dei legami rappresentando gli orbitali del livello esterno degli atomi mediante un diagramma a caselle, come negli esempi che seguono.

Linus Carl Pauling

(Portland, 1901 - Big Sur, 1994)
Il chimico statunitense Linus Pauling è considerato il padre del legame chimico, per i suoi studi sulla struttura delle molecole e la natura dei legami. Ha introdotto i concetti di affinità elettronica, elettronegatività e risonanza. Per quasi quarant'anni è stato ricercatore e poi direttore del California Institute of Technology (Caltech). Ha ricevuto due premi Nobel, il primo per la chimica nel 1954 e il secondo per la pace nel 1962 per il suo grande impegno pacifista.

→ **Molecola H₂**

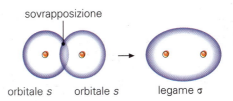

Figura 14 Formazione di un legame σ per sovrapposizione di due orbitali s.

Il legame H — H, covalente puro, si forma per sovrapposizione di orbitali sferici $1s$ semicompleti. Da tale sovrapposizione risulta una distribuzione della nuvola elettronica concentrata lungo la linea congiungente i nuclei dei due atomi: in questo caso si parla di **legame σ** (▶14).

→ **Molecola F₂**

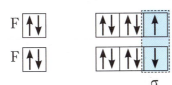

Poiché il fluoro ha configurazione elettronica $1s^2\,2s^2\,2p^5$, il legame F — F (covalente puro) si forma per sovrapposizione frontale di due orbitali p semicompleti. Nonostante gli orbitali sovrapposti siano diversi, anche in questo caso la nuvola elettronica si distribuisce lungo la linea congiungente i due nuclei e si forma un legame σ (▶15).

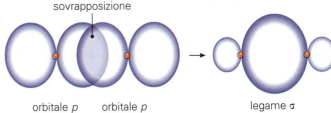

Figura 15 Formazione di un legame σ per sovrapposizione frontale di due orbitali p.

→ **Molecola HF**

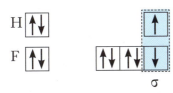

Il legame H — F, covalente polare, si forma per sovrapposizione di un orbitale semicompleto $1s$ dell'idrogeno e uno semicompleto p del fluoro. La nuvola elettronica giace, ancora una volta, sulla congiungente i due nuclei e quindi si tratta di un legame σ (▶16).

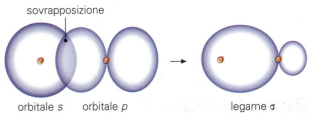

Figura 16 Formazione di un legame σ per sovrapposizione di un orbitale s e un orbitale p.

→ **Molecola O₂**

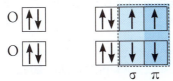

Il doppio legame O = O si forma per sovrapposizione frontale di due orbitali p semicompleti (ad esempio p_y) a formare un legame σ e per sovrapposizione laterale di due orbitali p semicompleti (ad esempio p_z) a formare un **legame π**, in cui la nuvola elettronica si dispone al di sopra e al di sotto della linea congiungente i due nuclei (▶17, ▶18).

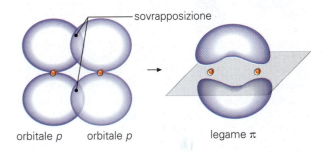

Figura 17 Formazione di un legame π per sovrapposizione laterale di due orbitali p.

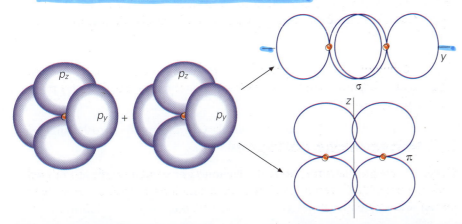

Figura 18 Nella molecola di ossigeno i due orbitali p semicompleti che si sovrappongono frontalmente danno luogo a un legame σ e i due che si sovrappongono lateralmente danno luogo a un legame π.

→ **Molecola N$_2$**

Il triplo legame N ≡ N si forma per sovrapposizione frontale di due orbitali p_x semicompleti a formare un legame σ e per sovrapposizione laterale di due orbitali p_y e di due orbitali p_z a formare due legami π disposti perpendicolarmente tra loro (▶19).

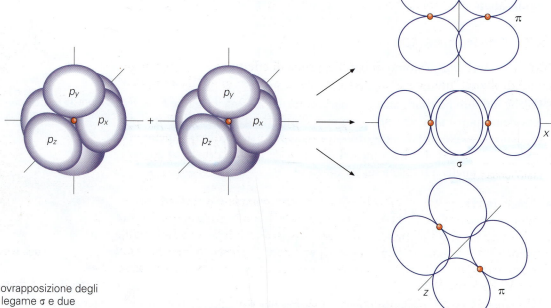

Figura 19 Nella molecola di azoto la sovrapposizione degli orbitali *p* semicompleti dà luogo a un legame σ e due legami π.

Tenendo conto del fatto che la sovrapposizione laterale degli orbitali *p* è minore e più difficoltosa di quella frontale, possiamo affermare che:
→ se un legame è singolo è sempre di tipo σ;
→ il legame π si forma solo in un doppio o triplo legame;
→ il legame π è meno forte del legame σ;
→ il legame π si forma solo con atomi di piccole dimensioni, poiché con atomi più voluminosi la sovrapposizione laterale degli orbitali *p* non si verifica.

6.3 Limiti di validità della teoria VB

La teoria VB, così come l'abbiamo formulata, spiega la conformazione di molecole semplici come quelle degli esempi precedenti, ma fallisce nel tentativo di giustificare la forma e gli angoli di legame di molecole appena più complesse, come CH$_4$ o H$_2$O.

Non spiega, inoltre, il comportamento di atomi come il berillio, il boro e il carbonio:
→ il berillio ($1s^2\ 2s^2$), nella molecola BeF$_2$, forma due legami covalenti pur avendo l'orbitale 2s completo;
→ il boro ($1s^2\ 2s^2\ 2p^1$), nella molecola BF$_3$, forma tre legami pur possedendo un solo elettrone spaiato;
→ il carbonio ($1s^2\ 2s^2\ 2p^2$), nella molecola CH$_4$, forma quattro legami pur possedendo due soli elettroni spaiati.

Questi problemi hanno trovato soluzione grazie all'ipotesi che gli elettroni e gli orbitali, in molti casi, possano modificare le loro caratteristiche prima di formare i legami, secondo il cosiddetto fenomeno dell'ibridazione.

Facciamo il punto

12 La teoria VB asserisce che:
- **a** i legami chimici si formano per sovrapposizione di orbitali di atomi diversi.
- **b** i legami si formano tra orbitali completi e non tra orbitali semicompleti.
- **c** possono verificarsi tre tipi di sovrapposizione: σ, π e γ.
- **d** il legame σ si forma per sovrapposizione laterale di orbitali *p*.

13 In quali casi si formano un legame σ e in quali uno π?

7 L'ibridazione degli orbitali

Sino ad ora abbiamo descritto legami chimici che si formano tra atomi nello stato fondamentale, i cui elettroni occupano gli stati quantici a minore energia possibile.

Tuttavia gli atomi possono modificare la loro configurazione elettronica, cioè passare dallo stato fondamentale a uno stato eccitato acquistando energia dall'esterno. In alcuni casi, i doppietti si separano e qualche elettrone va a occupare singolarmente un orbitale di energia più elevata.

A questa modificazione dell'energia posseduta dagli elettroni si aggiunge una modificazione degli orbitali, la vera e propria **ibridazione**.

I più importanti tipi di ibridazione sono la sp, la sp^2 e la sp^3.

7.1 L'ibridazione sp

Nella molecola BeF_2 l'atomo di berillio, prima di effettuare i legami con gli atomi di fluoro, "promuove" un elettrone da $2s$ a $2p$, in modo da avere due elettroni spaiati:

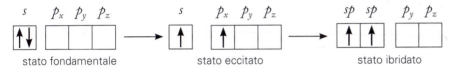

Contemporaneamente, gli orbitali s e p_x semicompleti si "mescolano" e producono due orbitali ibridi sp degeneri: questi hanno forma intermedia tra s e p, si dispongono alla massima distanza angolare possibile, uguale a 180°, e formano due legami σ identici (come verificato sperimentalmente) con due atomi di fluoro. Si origina così una molecola lineare, come prevista dalla teoria VSEPR (▶20).

Rimangono esclusi dall'ibridazione i due orbitali vuoti p_y e p_z.

Figura 20 I due orbitali ibridi sp.

7.2 L'ibridazione sp²

Nella molecola BF_3 l'atomo di boro, prima di effettuare i legami con il fluoro, porta un elettrone da $2s$ a $2p$, in modo da essere provvisto di tre elettroni spaiati:

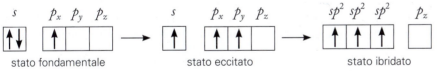

Intanto gli orbitali s, p_x e p_y semicompleti, mescolandosi, producono tre orbitali ibridi sp^2 degeneri: questi hanno forma intermedia tra s e p (ma più vicina a quella di p), si dispongono alla massima distanza angolare possibile, uguale a 120° su di un piano, e formano tre legami σ identici con tre atomi di fluoro. Si origina una molecola triangolare planare, come previsto dalla teoria VSEPR (▶21).

Rimane escluso dall'ibridazione l'orbitale vuoto p_z.

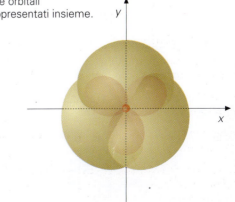

7.3 L'ibridazione sp³

Nella molecola CH_4 l'atomo di carbonio, prima di effettuare i legami con l'idrogeno, sposta un elettrone da $2s$ a $2p$, così da avere quattro elettroni spaiati:

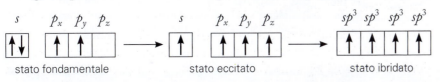

Figura 21 I tre orbitali ibridi sp^2.

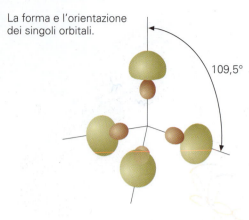

La forma e l'orientazione dei singoli orbitali.

109,5°

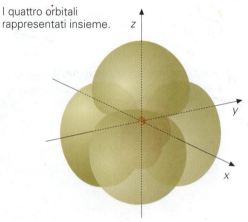

I quattro orbitali rappresentati insieme.

Figura 22 I quattro orbitali ibridi sp^3.

Nel frattempo gli orbitali s, p_x, p_y e p_z semicompleti producono quattro orbitali ibridi sp^3 degeneri: questi hanno forma intermedia tra s e p (ma molto più vicina a quella di p), si dispongono alla massima distanza angolare possibile, cioè a 109,5° nello spazio, e formano quattro legami σ identici con i quattro atomi di idrogeno. La molecola che si origina è tetraedrica, come previsto anche dalla VSEPR (▶22).

7.4 Ibridazioni con orbitali *d* e *f*

Gli elementi del terzo periodo (e dei successivi) possono compiere ibridazioni più complesse, che coinvolgono i sottolivelli *d* e *f* e che giustificano la forma di alcune molecole. Per esempio, in SF_4 lo zolfo ([Ne] $3s^2\ 3p^4$), per poter stabilire quattro legami con il fluoro pur avendo solo due elettroni spaiati, sposta due elettroni dal sottolivello $3p$ al sottolivello $3d$ vuoto, disponendoli singolarmente. L'ibridazione è di tipo sp^3d e la molecola che si forma è piramidale quadrata.

La possibilità che alcuni atomi compiano ibridazioni di questo tipo permette di ipotizzare formule alternative, che prescindano dai legami dativi, per numerose molecole, come H_2SO_4, H_3PO_4 ecc.

Facciamo il punto

14 Che cos'è un orbitale ibridato?

15 Scegli tra le due alternative.
   a. Nella molecola BF_3 il boro effettua un'ibridazione sp^2/sp^3.
   b. Nella molecola CH_4 il carbonio effettua un'ibridazione sp^2/sp^3.

Risolviamo insieme

Usiamo il diagramma a caselle

Conoscendo le formule elettroniche degli elementi H, Be, N e O, indicate nella tavola periodica, rappresentiamo con il sistema del diagramma a caselle i legami presenti nelle molecole BeH_2, NH_3 e H_2O.

■ Dati e incognite

Elemento	Formula elettronica
H	$1s^1$
Be	$1s^2\ 2s^2$
N	$1s^2\ 2s^2\ 2p^3$
O	$1s^2\ 2s^2\ 2p^4$

Quali sono i diagrammi a caselle per i legami di BeH_2, NH_3 e H_2O?

■ Soluzione

• **BeH_2**
Nel livello più esterno il berillio contiene due elettroni e, come nella molecola BeF_2, anche in BeH_2 il suo atomo è ibridato sp. Il diagramma a caselle che rappresenta i due legami in BeH_2, entrambi di tipo σ, è quindi:

• **NH_3**
Il livello più esterno dell'azoto ospita cinque elettroni, due in un orbitale s, che è completo, e tre spaiati in orbitali p. I legami formati dall'atomo di azoto con i tre atomi di idrogeno della molecola NH_3, essendo singoli, sono tutti di tipo σ. Il diagramma a caselle che li rappresenta è quindi:

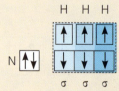

• **H_2O**
L'ossigeno ha sei elettroni nel livello più esterno: quelli spaiati che formano i due legami σ con gli atomi di idrogeno della molecola H_2O si trovano in orbitali p. Il diagramma a caselle dei legami è:

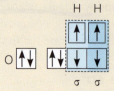

■ Prosegui tu

Sapendo che il carbonio ha quattro elettroni nel livello più esterno e che nella molecola CH_4 effettua un'ibridazione sp^3, traccia il diagramma a caselle dei legami presenti in tale molecola.

8 La teoria dell'orbitale molecolare

La teoria VB, unita all'ibridazione, offre una giustificazione teorica ai dati sperimentali relativi alla forma delle molecole. Non riesce però a dare una spiegazione accettabile al fenomeno del **paramagnetismo**, ossia al fatto che alcune semplici molecole, come O_2, vengono attratte da un campo magnetico, mentre altre assai simili alle prime, come N_2, non subiscono questo effetto (▶23).

8.1 Orbitali molecolari leganti e antileganti

Queste carenze dei modelli preesistenti hanno spinto i chimici Friedrich Hund e Robert S. Mulliken a formulare la **teoria degli orbitali molecolari** (OM), secondo la quale, al momento della formazione di una molecola, gli orbitali atomici (OA) degli atomi contraenti non si limitano a sovrapporsi, ma interagiscono tra loro dando origine a orbitali specifici della molecola, che possono essere di due tipi:

→ **orbitali molecolari di legame** o **leganti**, che favoriscono la formazione di un legame poiché in essi gli elettroni si interpongono tra i nuclei impedendone la reciproca repulsione;
→ **orbitali molecolari di antilegame** o **antileganti**, che impediscono la formazione del legame poiché in essi gli elettroni si dispongono all'esterno della zona compresa tra i due nuclei.

Gli OM possono essere sia di tipo σ che di tipo π a seconda di come si "incontrano" gli orbitali atomici (come afferma la teoria VB).

8.2 I fondamenti della teoria OM

I principi su cui si basa la teoria OM possono essere così schematizzati:
→ il numero degli OM che si producono nella formazione di un legame è uguale al numero degli OA che si combinano;
→ gli OM leganti hanno energia minore degli OA da cui derivano e quindi, se sono occupati da elettroni, favoriscono la formazione del legame, mentre gli OM antileganti possiedono energia maggiore degli OA da cui derivano e, se vengono occupati da elettroni, ostacolano la formazione del legame;
→ gli OM si formano dalla fusione degli OA di tutti i livelli e non solo di quelli del livello più esterno, ma nei livelli interni sia gli orbitali leganti sia gli orbitali antileganti sono completi e quindi non influiscono sulla formazione dei legami;
→ tutti gli elettroni presenti nella molecola vanno assegnati agli OM secondo le regole del riempimento che valgono per gli OA.

8.3 La formazione della molecola di idrogeno

Per chiarire con un esempio, applichiamo la teoria OM alla formazione di una molecola H_2, servendoci del seguente schema:

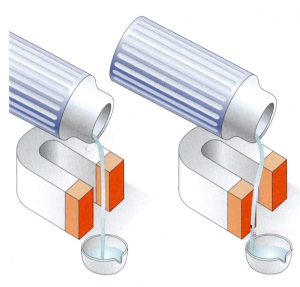

L'azoto liquido non subisce alcuna influenza da parte del campo magnetico.

L'ossigeno liquido risente dell'azione di un campo magnetico.

Figura 23 Il paramagnetismo dell'ossigeno.

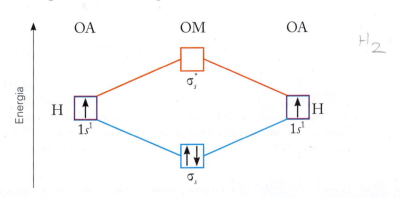

Con σ_s si indica l'orbitale molecolare legante, mentre con σ_s^* quello antilegante. Gli elettroni si sistemano prima in σ_s, perché ha un contenuto energetico minore, poi in σ_s^*. In questo caso, poiché l'orbitale molecolare antilegante rimane vuoto, il legame può formarsi.

La configurazione elettronica della molecola risultante può essere rappresentata con la classica formula, opportunamente modificata: $(1\sigma_s)^2$.

Applicando lo stesso procedimento al caso dell'elio, si ottiene che i quattro elettroni dei due atomi devono distribuirsi sia in σ_s sia in σ_s^*: da ciò si deduce che il legame non può formarsi.

L'ordine di legame è in generale fornito dalla formula:

$$\text{ordine di legame} = \frac{\text{numero di elettroni leganti} - \text{numero di elettroni antileganti}}{2}$$

Applicata al caso dell'idrogeno essa dà $(2 - 0)/2 = 1$, ovvero indica che tra i due atomi della molecola H_2 vi è un legame semplice; applicata al caso dell'elio dà invece $(2 - 2)/2 = 0$, a significare che gli atomi dell'elio non si legano tra loro.

8.4 La formazione della molecola di ossigeno e il suo paramagnetismo

Anche gli orbitali p possono generare OM, sia di tipo σ sia di tipo π. È il caso della molecola O_2, per la quale si utilizza il seguente schema (in cui non vengono considerati gli OM di tipo σ leganti e antileganti che derivano dagli OA s dei primi due livelli, in quanto tali OM sono completi).

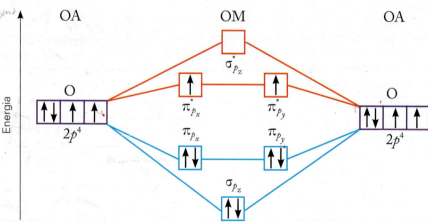

Come si vede si riempiono gli OM leganti π_{px}, π_{py} (degeneri) e σ_{pz}; in base alla regola di Hund, inoltre, due elettroni si dispongono negli OM antileganti π_{px}^* e π_{py}^* rendendoli semicompleti. Questi elettroni antileganti annullano due mezzi legami, per cui nella molecola O_2 i legami sono solo due: un σ e un π.

La formula elettronica è $(1\sigma_s)^2 (1\sigma_s^*)^2 (2\sigma_s)^2 (2\sigma_s^*)^2 (2\pi_p)^4 (2\sigma_p)^2 (2\pi_p^*)^2$ e l'ordine di legame è $(10 - 6)/2 = 2$.

Si nota che nella molecola O_2, vi sono tre elettroni con uno spin e cinque elettroni con lo spin opposto.

Poiché lo spin di ogni elettrone produce un campo magnetico (che interagisce con il campo magnetico esterno in cui eventualmente l'elettrone è immerso), nel caso dell'ossigeno un campo prevale sull'altro e la molecola è paramagnetica. Sono gli elettroni spaiati per lo spin a causare il fenomeno del paramagnetismo. Le molecole che non hanno elettroni spaiati in orbitali molecolari antileganti, come l'azoto, non risentono del campo magnetico e vengono dette **diamagnetiche**.

Facciamo il punto

16 Scegli tra le due alternative.

a. La caratteristica della molecola di ossigeno che viene spiegata solo dalla teoria OM è il *paramagnetismo/diamagnetismo*.

b. La molecola di elio (He_2) ha due elettroni in un orbitale molecolare σ legante e due in uno σ antilegante, pertanto *esiste/non esiste*.

Scheda 4 — Conduttori, semiconduttori e teoria delle bande

Abbiamo detto che il legame metallico si caratterizza per l'estrema mobilità degli elettroni, che possono passare liberamente da un atomo all'altro, ma non abbiamo spiegato come questo possa avvenire.

Un reticolo metallico come una gigantesca molecola

La **teoria delle bande**, che a sua volta si basa sulla teoria OM, ipotizza che gli atomi metallici uniscano i propri orbitali atomici per formare OM leganti e antileganti, non limitatamente a coppie di atomi, come nel legame covalente, ma tra un numero enorme di atomi. In questo modo possiamo immaginare il reticolo metallico come un'unica gigantesca molecola, con legami completamente delocalizzati.

Prendiamo come esempio il litio ($1s^2\ 2s^1$) che possiede un solo elettrone esterno (▶1): due atomi di litio, quando si legano tra loro, formano un orbitale legante (con due elettroni) e uno antilegante (vuoto); se gli atomi sono tre, gli OM risultanti sono tre, contenenti complessivamente 3 elettroni ed estesi a tutta la "molecola" Li_3; con quattro atomi si ottengono quattro OM (due leganti e due antileganti), contenenti quattro elettroni ed estesi a tutta la "molecola" Li_4. Se consideriamo tutti gli n atomi di un cristallo, possiamo concludere che da n OA si ottengono n OM, estesi a n atomi.

Questi OM, però, non possiedono esattamente la stessa energia: vi sono tra di essi lievi differenze, tanto minori, tanto più numerosi sono gli OM che si formano. Possiamo quindi immaginare che gli OM costituiscano, nel loro complesso, due bande sostanzialmente continue, una legante e una antilegante (▶2).

Le bande energetiche dei conduttori metallici

A causa della notevole ampiezza delle bande (che contengono un numero elevato di livelli energetici), la distanza energetica tra le bande leganti, dette **bande di valenza**, e quelle antileganti, dette **bande di conduzione**, in un conduttore metallico è molto piccola. È quindi facile per gli elettroni delle bande di valenza acquisire sufficiente energia per saltare nelle bande di conduzione, nelle quali potranno muoversi liberamente: si spiegano così la conducibilità elettrica e termica dei metalli (▶3).

Poiché le bande energetiche sono costituite da livelli talmente addensati che al loro interno i valori di energia variano con continuità (a differenza degli atomi e delle molecole in cui l'energia è quantizzata, ossia assume valori discreti), i metalli possono assorbire ed emettere radiazioni di qualsiasi lunghezza d'onda, e ciò ne determina la caratteristica lucentezza.

I semiconduttori

Il modello descritto può essere applicato anche ai semiconduttori, come il silicio e il germanio (gruppo IV A), nei quali, come mostra la figura 2, l'intervallo energetico tra le bande di valenza e quelle di conduzione è più elevato. Occorre quindi più energia perché in un semiconduttore si origini una corrente elettrica.

La conducibilità elettrica di un semiconduttore può essere incrementata dall'aggiunta di impurezze, cioè dall'inserimento, nel suo reticolo cristallino, di atomi come quelli di arsenico e fosforo (gruppo V A) dotati di un elettrone di valenza in più. Questo procedimento è detto **drogaggio** (*doping*).

Gli elettroni in più si collocano in una piccola banda (**livello donatore**) intermedia tra quella di valenza e quella di conduzione. A temperature molto basse essi stazionano nella loro banda, ma già a temperatura ambiente passano alla banda di conduzione, aumentando la conducibilità. In questo caso il semiconduttore è detto di tipo *n*.

Esistono anche semiconduttori di tipo *p*, nei quali il drogaggio viene effettuato aggiungendo impurezze costituite da atomi di elementi con un elettrone di valenza in meno rispetto al silicio e al germanio (cioè con alluminio, gallio ecc.): anche in questo caso si forma una banda intermedia, che però è vuota (**livello accettore**).

Al crescere della temperatura gli elettroni delle bande di valenza occupano il livello accettore con maggiore facilità, in quanto questo è più vicino alle bande di valenza di quanto non siano le bande di conduzione, e la conducibilità del semiconduttore aumenta.

Le tecniche di drogaggio dei semiconduttori hanno assunto enorme importanza nell'industria elettronica dei microprocessori.

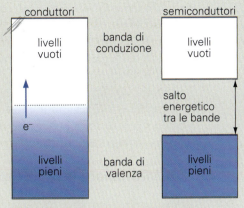

Figura 2 Bande di energia nei conduttori metallici e nei semiconduttori. La banda di valenza è satura di elettroni, mentre la banda di conduzione è di norma vuota. Solo assorbendo energia dall'esterno gli elettroni possono passare dalla banda inferiore a quella superiore. Nei conduttori metallici le due bande sono molto ravvicinate.

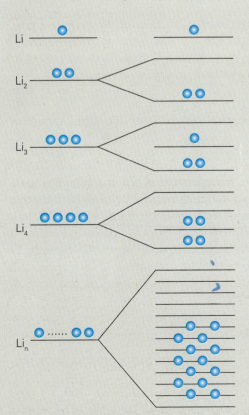

Figura 1 Formazione di una banda di n OM.

Il rame è il metallo più usato nella fabbricazione dei fili elettrici.

L'elevata conducibilità termica rende gli utensili di metallo indispensabili in cucina.

Figura 3 I meccanismi della conduzione elettrica e termica nei metalli sono spiegati dalla teoria delle bande.

9 I legami deboli, o forze intermolecolari

Se consideriamo sostanze molecolari come lo zucchero, l'acqua o l'ammoniaca, scopriamo che tra le molecole che le costituiscono si creano fenomeni di attrazione elettrostatica di diversa intensità, ma tutti riconducibili alla categoria dei **legami deboli**: hanno infatti energia di legame che varia tra 0,1 kJ/mol e 40 kJ/mol (assai minore di quella dei legami primari che varia, di norma, tra 100 kJ/mol e 700 kJ/mol).

Grazie a questi legami le molecole, quando sono sufficientemente vicine, perdono la loro indipendenza e danno origine ad aggregazioni stabili: per questo esistono sulla Terra sostanze molecolari liquide e solide.

9.1 Interazioni dipolo-dipolo tra dipoli permanenti

> Le **interazioni dipolo-dipolo** sono attrazioni di tipo elettrico che si originano tra le parti dotate di un eccesso di carica positiva (δ^+) e le parti dotate di un eccesso di carica negativa (δ^-) di molecole polari contigue.

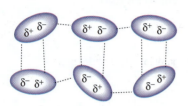

Le interazioni in una sostanza allo stato liquido.

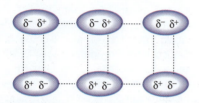

Le interazioni in una sostanza allo stato solido.

Figura 24 Interazioni dipolo-dipolo tra molecole.

Come mostra la figura ▶24, le molecole tendono a orientarsi in modo che le parti δ^- di un dipolo siano vicine alle parti δ^+ del dipolo adiacente: si forma in questo modo una rete di interazioni a corto raggio (perché significative solo tra molecole molto ravvicinate), spesso indicate con il termine generico di **forze di van der Waals**, dal nome del fisico olandese Johannes D. van der Waals (1837-1923).

Le sostanze con molecole polari possiedono, a causa di queste interazioni, punti di fusione e di ebollizione più alti rispetto alle sostanze costituite da molecole non polari: per questo motivo sono spesso solide o liquide a temperatura ambiente, quando l'agitazione termica non è molto elevata.

9.2 Il legame a idrogeno

> Il **legame a idrogeno** può essere considerato come un'interazione dipolo-dipolo particolarmente intensa, che si instaura tra un atomo di idrogeno appartenente a un dipolo H — X (con X simbolo di un generico elemento) e un atomo elettronegativo di un'altra molecola polare.

Rappresentando il legame a idrogeno con una linea di puntini, un esempio è il seguente:

$$\text{H — F} \cdots\cdots \text{H — F} \cdots\cdots \text{H — F}$$

La maggiore forza del legame a idrogeno rispetto a una semplice interazione dipolo-dipolo è dovuta sia all'accentuata polarità delle molecole contenenti un legame H — X, sia alle piccolissime dimensioni dell'atomo H, che provocano una forte concentrazione della carica positiva: i legami a idrogeno più forti sono quelli in cui a X corrisponde un atomo come N, O o F (molto elettronegativi). Le sostanze che presentano le interazioni più intense, come HF, NH_3 e soprattutto H_2O, hanno punti di fusione e di ebollizione particolarmente alti (▶25).

9.3 Proprietà dell'acqua

L'acqua è un liquido dalle proprietà del tutto particolari, proprio per la presenza del legame a idrogeno.

→ Il suo punto di fusione (0 °C) e il suo punto di ebollizione (100 °C) sono molto alti: l'alcol etilico, strutturalmente simile all'acqua ma con legami a idrogeno molto meno intensi al suo interno, fonde a −114,1 °C e bolle a

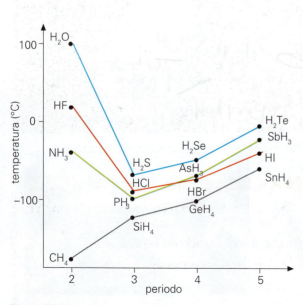

Figura 25 Temperature di ebollizione di alcuni composti contenenti idrogeno. Le temperature sono riportate in funzione del periodo della tavola periodica cui appartiene l'elemento legato all'idrogeno. Le linee spezzate uniscono composti che contengono elementi dello stesso gruppo.

78,3 °C; l'etere dimetilico, privo di legami a idrogeno, fonde a −141,5 °C e bolle a −24,8 °C.

→ La sua densità è minore allo stato solido (ghiaccio) che allo stato liquido. È questo un caso unico, determinato dal fatto che, nel ghiaccio, i legami a idrogeno diventano rigidi e posizionano le molecole a formare strutture esagonali con molto spazio vuoto tra di esse (▶26). Tali strutture non si mantengono al momento della fusione del ghiaccio, e allo stato liquido le molecole si avvicinano maggiormente l'una all'altra. Il fatto che il ghiaccio galleggi sull'acqua ha enorme importanza biologica, poiché impedisce il totale congelamento dei bacini lacustri, che provocherebbe la scomparsa della vita in essi presente.

→ L'acqua ha valori particolarmente alti di calore di fusione e di calore di vaporizzazione; occorre cioè fornire molta energia per fondere completamente una quantità unitaria di ghiaccio portato alla temperatura di fusione o per far vaporizzare completamente una quantità unitaria di acqua portata alla temperatura di ebollizione.

→ Ha, inoltre, un elevato calore specifico; quindi assorbe o cede notevoli quantità di energia senza modificare di molto la sua temperatura.

→ Sono molto elevate, infine, la sua tensione superficiale e la sua viscosità.

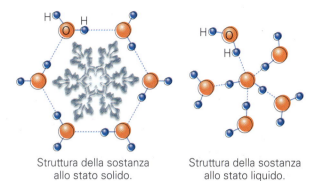

Struttura della sostanza allo stato solido. — Struttura della sostanza allo stato liquido.

Figura 26 Legami idrogeno nell'acqua.

9.4 Interazioni tra molecole non polari, o forze di London

Le **interazioni tra molecole non polari** si verificano quando una molecola apolare assume per un istante le caratteristiche di una molecola polare, ovvero diventa un dipolo temporaneo.

Ciò accade perché il moto degli elettroni è disordinato e casuale, e all'interno della molecola può crearsi un'asimmetria nella distribuzione della nuvola di carica negativa. Nella frazione infinitesima di tempo in cui esiste, il dipolo temporaneo induce la polarizzazione di una molecola contigua (crea un dipolo indotto), poiché respinge o attrae gli elettroni di questa seconda molecola (▶27).

Le interazioni tra molecole non polari, studiate dal fisico Fritz W. London (1900-1954) e in sua memoria chiamate **forze di London**, sono molto deboli e hanno durata brevissima. Tuttavia si formano continuamente tra le molecole e quindi permettono a molti gas, come H_2, O_2, N_2, F_2, CO_2 (▶28) e i gas nobili, di liquefarsi: naturalmente solo a basse temperature, quando l'agitazione termica è minima, oppure a elevate pressioni, quando le molecole sono costrette a stare vicinissime tra loro.

Sia le forze di London sia quelle di van der Waals aumentano al crescere della massa atomica o molecolare delle particelle coinvolte, poiché più numerosi sono gli elettroni in gioco, più intense sono le interazioni di natura elettrica (**TABELLA 4**). Nel caso in cui entrino in contatto sostanze di tipo diverso, possono originarsi interazioni specifiche. Può formarsi, per esempio, il legame ione-dipolo.

dipolo temporaneo — dipolo indotto

Figura 27 La formazione di un dipolo temporaneo induce la polarizzazione di una molecola vicina, che a sua volta influenzerà un'altra molecola contigua e così via.

Figura 28 Il "ghiaccio secco" è CO_2 allo stato solido.

Facciamo il punto

17 In quali casi si forma il legame dipolo-dipolo? E quando quello a idrogeno?

18 Che cosa sono le forze di London?

19 Quale dei seguenti legami è più forte?

a Legame dipolo-dipolo.
b Legame tra molecole non polari.
c Legame idrogeno.
d Sono tutti deboli allo stesso modo.

TABELLA 4	Masse molari e punti di ebollizione	
Elemento	Massa molare (g/mol)	Punto di ebollizione (°C a 1 atm)
He	4	− 268,9
Ne	20	− 246,1
N_2	28	− 195,8
O_2	32	− 183
Cl_2	70,9	− 34,0
Br_2	159,8	58,8

Chimica - Sezione C1 Dall'atomo ai composti inorganici

Ripassa con le flashcard ed esercitati con i test interattivi sul Me•book.

CONOSCENZE

Con un testo articolato tratta i seguenti argomenti

1. Descrivi le differenze esistenti tra i legami covalente (puro e polare), il legame ionico e quello metallico.
2. Enuncia la teoria VSEPR e illustra le principali forme delle molecole.
3. Esponi i principi della teoria del legame di valenza (VB) ed evidenzia i suoi limiti.
4. Descrivi i principali tipi di ibridazione.

Con un testo sintetico rispondi alle seguenti domande

5. Che cos'è l'energia di legame?
6. In quali casi si formano legami covalenti multipli?
7. Quando si formano i legami di coordinazione?
8. A che cosa servono le formule di risonanza?
9. Quando si forma un legame ionico?
10. Che cosa si intende per "mare di elettroni"?
11. Quali sono gli angoli di legame presenti nelle strutture molecolari lineari, trigonali piane e tetraedriche?
12. A quali ibridazioni corrispondono le strutture sopra menzionate (con esempi)?
13. Quali sono le proprietà dell'acqua?

Quesiti

14. Quale dei seguenti legami è di tipo intermolecolare?
    a. Covalente
    b. Metallico
    c. Ionico
    d. Legame a idrogeno

15. Quale dei seguenti è il legame più debole?
    a. Covalente
    b. Metallico
    c. Ionico
    d. Dipolo-dipolo

16. L'energia di legame è la quantità di energia:
    a. che occorre fornire per rompere i legami presenti in una mole di sostanza.
    b. che occorre fornire per costituire i legami presenti in una mole di sostanza.
    c. che si libera quando si rompono i legami presenti in una mole di sostanza.
    d. posseduta dagli atomi prima di formare i legami.

17. La tendenza degli atomi a legarsi in molecole è dovuta al fatto che:
    a. l'energia di una molecola è minore di quella complessiva degli atomi costituenti, isolati l'uno dall'altro.
    b. l'energia di una molecola è maggiore di quella complessiva degli atomi costituenti, isolati l'uno dall'altro.
    c. gli atomi assorbono energia quando formano il legame.
    d. gli atomi non assorbono né liberano energia quando formano il legame.

18. Se al momento della formazione di un legame si liberano 100 kJ/mol, per rompere il medesimo legame l'energia da fornire è:
    a. maggiore di 100 kJ/mol.
    b. minore di 100 kJ/mol.
    c. 100 kJ/mol.
    d. nulla.

19. Secondo Lewis gli atomi tendono:
    a. a raggiungere la configurazione elettronica esterna $s^3 d^5$.
    b. a raggiungere la stabilità cedendo o acquistando elettroni, oppure mettendoli in comune.
    c. sempre a raggiungere la configurazione elettronica del gas nobile che li segue nella tavola periodica.
    d. a circondarsi di sette elettroni di valenza.

20. In un legame covalente puro:
    a. la nuvola elettronica è spostata verso l'atomo più elettronegativo.
    b. la nuvola elettronica è spostata verso l'atomo meno elettronegativo.
    c. la nuvola elettronica è distribuita equamente tra i due atomi.
    d. gli elettroni di valenza vengono ceduti dall'atomo meno elettronegativo a quello più elettronegativo.

21. Un legame covalente polare si forma quando la differenza di elettronegatività tra i due atomi è:
    a. uguale a zero.
    b. compresa tra 0 e 1,9.
    c. maggiore di 1,9.
    d. uguale alla differenza di energia di ionizzazione.

22. Nella molecola H_2 la distanza di legame è la distanza tra:
    a. i nuclei di idrogeno quando la molecola possiede energia potenziale minima.
    b. i nuclei di idrogeno quando la molecola possiede energia potenziale massima.
    c. i nuclei di idrogeno quando la molecola possiede energia cinetica minima.
    d. gli elettroni degli atomi.

23. Quale delle seguenti molecole non ha doppi legami?
    a. N_2
    b. C_2H_4
    c. CO_2
    d. O_2

24. In quale stato fisico sono, di norma, i composti con legami ionici?
    a. Solido.
    b. Liquido.
    c. Aeriforme.
    d. In qualsiasi stato fisico.

25. Il legame ionico si forma tra atomi:
    a. metallici.
    b. con bassa energia di ionizzazione e atomi con elevata affinità elettronica.
    c. non metallici.
    d. con elevata energia di ionizzazione e atomi con elevata affinità elettronica.

26 Gli elettroni liberi dei metalli, che consentono il trasporto della corrente elettrica, si muovono in un reticolo cristallino costituito da:
- a atomi neutri.
- b ioni tutti positivi.
- c ioni tutti negativi.
- d ioni positivi alternati a ioni negativi.

27 Gli elementi che formano il legame metallico:
- a appartengono ai gruppi I A, II A e III A e a quelli contrassegnati con la lettera B.
- b hanno elevata affinità elettronica.
- c hanno elevata energia di ionizzazione.
- d appartengono ai gruppi VI A, VII A e VIII A.

28 In base alla teoria VSEPR:
- a le coppie di elettroni di valenza si dispongono intorno all'atomo centrale alla massima distanza angolare possibile tra loro.
- b le coppie di elettroni di valenza si dispongono intorno all'atomo centrale il più possibile vicine tra loro.
- c le coppie di elettroni di valenza sono tutte leganti.
- d le coppie di elettroni di valenza sono tutte non leganti.

29 Abbina alle seguenti molecole la loro struttura molecolare:
- a CH_4
- b NH_3
- c H_2O
- d BeF_2

1. piramidale
2. tetraedrica
3. lineare
4. angolare

30 La forma della molecola BF_3 è:
- a lineare.
- b piramidale.
- c trigonale piana.
- d tetraedrica.

31 Quale delle seguenti molecole è polare?
- a BeF_2
- b NH_3
- c CH_4
- d BF_3

32 Nella molecola H_2O l'angolo di legame è di 104,5° e non di 109,5° perché:
- a i doppietti liberi dell'ossigeno respingono le coppie elettroniche di legame con meno forza.
- b i doppietti liberi dell'ossigeno respingono le coppie elettroniche di legame con più forza.
- c le piccole dimensioni degli atomi di idrogeno permettono a essi di restare più vicini.
- d l'atomo di ossigeno non ha doppietti liberi.

33 Nella molecola N_2:
- a è presente solo un legame σ.
- b sono presenti un legame σ e uno π.
- c sono presenti un legame σ e due legami π.
- d sono presenti un legame π e due legami σ.

34 Un legame π si forma per sovrapposizione:
- a di due orbitali s.
- b di un orbitale s e uno p.
- c frontale di due orbitali p.
- d laterale di due orbitali p.

35 Vero o falso?
- a. Nella molecola HCl vi è un legame π tra H e Cl. V F
- b. Nella molecola O_2 vi sono due legami σ tra gli atomi di ossigeno. V F
- c. Il legame π è più debole del σ. V F

36 Qual è l'angolo di legame nell'ibridazione sp?
- a 180°
- b 120°
- c 109,5°
- d 107°

37 Qual è l'angolo di legame nell'ibridazione sp^2?
- a 180°
- b 120°
- c 109,5°
- d 107°

38 Quale ibridazione presenta la molecola BeF_2?
- a sp
- b sp^2
- c sp^3
- d spd

39 Secondo la teoria dell'orbitale molecolare, gli OM:
- a antileganti hanno la stessa energia degli OA da cui derivano.
- b leganti hanno la stessa energia degli OA da cui derivano.
- c antileganti hanno energia maggiore rispetto agli OA da cui derivano.
- d leganti hanno energia maggiore rispetto agli OA da cui derivano.

40 Secondo la teoria OM, nella molecola H_2 l'orbitale molecolare legante è:
- a completo, mentre quello antilegante è vuoto.
- b vuoto, mentre quello antilegante è completo.
- c semicompleto, così come quello antilegante.
- d completo, così come quello antilegante.

41 Completa le frasi.
- a. Le interazioni .... sono attrazioni elettrostatiche che si originano tra le parti dotate di un eccesso di .... e le parti dotate di un eccesso di .... di molecole .... contigue.
- b. Il legame .... può essere considerato come un'interazione dipolo-dipolo particolarmente ...., che si instaura tra un atomo di .... appartenente a un dipolo H — X e un atomo .... di un'altra molecola polare. I cristalli di .... sono tenuti insieme da legami di questo tipo.
- c. Le interazioni tra molecole non polari si verificano quando una molecola .... assume per un istante le caratteristiche di una molecola polare, ovvero diventa un dipolo ....

verifiche

42 La presenza di legami a idrogeno tra le sue molecole fa sì che l'acqua
- a abbia un basso punto di ebollizione.
- b abbia un basso punto di fusione.
- c allo stato solido sia meno densa che allo stato liquido.
- d abbia un basso calore specifico.

43 Scegli tra le due alternative.
- a. Il legame *covalente/ionico* consiste nella condivisione di coppie di elettroni.
- b. Il legame covalente *polare/puro* si stabilisce tra atomi con uguale elettronegatività.

44 Vero o falso?
- a. Quando la coppia di elettroni di legame è con maggiore probabilità più vicino a un atomo che all'altro, il legame è covalente polare. V F
- b. Nel legame ionico l'atomo meno elettronegativo cede uno o più elettroni a quello più elettronegativo. V F
- c. Lo ione NH_4^+ ha struttura piramidale. V F
- d. Lo ione H_3O^+ ha struttura piramidale. V F
- e. La molecola PCl_5 ottempera alla regola dell'ottetto. V F
- f. Rispetto a composti come l'alcol o l'etere etilico, l'acqua ha punto di fusione e punto di ebollizione molto bassi V F

45 Abbina termini e definizioni.
- a. Regola dell'ottetto - b. Legame σ
- c. Teoria VB - d. Legame π

1. Afferma che un atomo forma legami covalenti tramite i suoi elettroni spaiati. ....
2. Afferma che gli atomi formano legami per raggiungere la configurazione esterna s^2p^6. ....
3. Secondo la teoria VB si forma per sovrapposizione di orbitali *p* paralleli tra loro. ....
4. Secondo la teoria VB si forma per sovrapposizione frontale di orbitali *s* o *p*. ....

COMPETENZE

Risolvi il problema

46 Completa la tabella.

Atomo	Numero di elettroni di legame	Notazione di Lewis
O	6	
F		:F̈:
N	5	
Be		• Be •
Li	1	

47 Rappresenta in notazione di Lewis i legami presenti nelle molecole HF, CCl_4, BeH_2, BCl_3, $AlCl_3$, $CaCl_2$.

48 Scrivi le formule di risonanza degli ioni poliatomici NO_3^-, CO_3^{2-} e SO_4^{2-}.

49 Servendoti dei diagrammi a caselle rappresenta i legami presenti nelle molecole GaH_3, $SiCl_4$ e $SnCl_2$.

50 In base alla teoria VB e facendo uso dei diagrammi a caselle, giustifica la formazione delle molecole PH_3 e H_2S.

51 In base alla teoria VB e tenendo conto della possibile ibridazione degli orbitali, giustifica mediante diagrammi a caselle la formazione delle molecole CCl_4, $BeCl_2$ e BH_3 e degli ioni poliatomici CO_3^{2-} e SiO_4^{4-}.

52 In base alla teoria OM giustifica l'esistenza o la non esistenza delle specie chimiche He_2^+, Li_2, Be_2, F_2, Ne_2.

53 Individua in quali molecole dell'esercizio 47 non è rispettata, per l'atomo centrale, la regola dell'ottetto.

54 In base ai valori dell'elettronegatività dei singoli atomi, determina la natura dei legami F — F e H — Cl.

Guida alla soluzione Il legame fra i due atomi di fluoro, di uguale elettronegatività, è covalente .... Considerando invece che l'elettronegatività dell'atomo di idrogeno è .... e quella dell'atomo di cloro è ...., e quindi la differenza di elettronegatività è .... – .... = ..., maggiore/minore di 1,9, il legame tra idrogeno e cloro è covalente ....

55 In base ai valori dell'elettronegatività dei singoli atomi, determina la natura dei legami H — I, Na — Cl, C — O, Cu — O, K — F.

56 In relazione agli OM, scrivi le formule elettroniche delle specie chimiche He_2^+, F_2, Ne_2 e O_2^-. Individua inoltre, per ciascuna, l'ordine di legame. [0,5; 1; 0; 1,5]

Formula un'ipotesi

57 In ognuna delle molecole biatomiche rappresentate qui sotto, quale delle due estremità è negativa rispetto all'altra? Inserisci appropriatamente i simboli δ^+ e δ^-.

58 Quale dei seguenti simboli chimici può comparire al posto della X nella formula XO_2, se questa rappresenta una molecola lineare?
- a Li
- b Be
- c C
- d F

59 In base al tipo di ibridazione dell'atomo centrale, prevedi la forma delle molecole CCl_4 e $BeCl_2$.

Guida alla soluzione Il carbonio, la cui configurazione elettronica esterna è ...., per poter formare quattro legami con altrettanti atomi di cloro deve essere ibridato ....; quindi la struttura della molecola CCl_4 è ....
Il berillio, la cui configurazione elettronica esterna è ...., per potersi legare a due atomi di cloro deve essere ibridato ....; quindi la struttura di $BeCl_2$ è ....

60 In base al tipo di ibridazione dell'atomo centrale, prevedi la forma della molecola BH3 e degli ioni poliatomici CO_3^{2-} ed SiO_4^{4-}.

Osserva e rispondi

61 Dopo aver rappresentato in notazione di Lewis la molecola SO_3 e lo ione poliatomico SiO_4^{4-}, in base alla teoria VSEPR stabilisci quale forma hanno.

Guida alla soluzione La molecola SO_3 ha la seguente struttura di Lewis:

Poiché i legami dativi sono del tutto equivalenti ai normali legami covalenti e la presenza di un doppio legame non modifica la forma di una molecola, possiamo concludere che la molecola considerata è del modello AX_3, di forma ....
Lo ione poliatomico SiO_4^{4-} ha la seguente struttura di Lewis:

L'atomo centrale si lega a quattro atomi di ossigeno, per cui il modello è AX_4 e la forma è ....

62 Dopo aver rappresentato in notazione di Lewis le molecole CO_2, $CaCl_2$ e PH_3, in base alla teoria VSEPR stabilisci quale forma hanno.

63 Che forma hanno le molecole CaI_2 e $BaCl_2$? E gli ioni poliatomici PH_4^+ ed SO_3^{2-}?

In English

64 Tick true or false.
a. A double bond involves two pairs of electrons. T F
b. Covalent bonds involve sharing electrons. T F
c. Hydrogen bonding results in high heats of vaporization. T F

Esercizi commentati

65 Rappresenta con la simbologia di Lewis le molecole: CCl_4 H_2O NH_3 $BeCl_2$.
Che cosa accomuna il comportamento del carbonio e del berillio nella disposizione degli elettroni di valenza?

66 Scrivi la formula di Lewis di CH_2CHCH_3.
Quali sono le ibridizzazioni dei tre atomi di carbonio?

67 Rappresenta con il modello MO l'ipotetica molecola di berillio biatomico e spiega perché non può esistere.

Organizza i concetti

68 Completa la mappa concettuale.

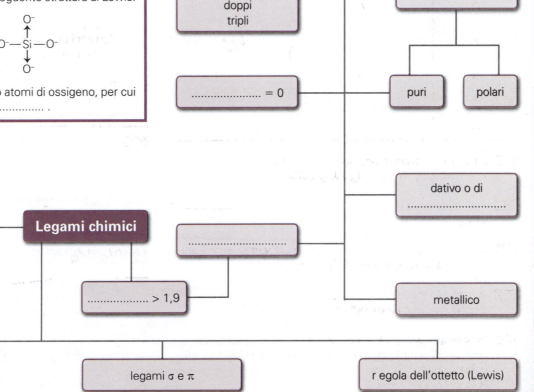

69 Costruisci una mappa in cui siano rappresentate le principali forme geometriche molecolari.

Le classi dei composti inorganici e la loro nomenclatura

unità 5

I composti chimici attualmente conosciuti sono un numero enorme; non è più possibile, perciò, usare per ognuno di essi i fantasiosi nomi usati dagli antichi alchimisti né inventarne di nuovi. Si sono allora introdotte nel tempo diverse regole che permettono di classificare i composti e di correlare il nome alla loro composizione effettiva.

1 Due indici per contare i legami

In chimica si utilizzano due indici per specificare il numero di legami che un elemento è in grado di stabilire: la valenza e il numero di ossidazione.

1.1 La valenza

> La **valenza** di un elemento è il numero di elettroni che esso cede, acquista o mette in comune per formare legami con altri elementi.

Uno stesso elemento può avere più valenze diverse, in base al numero di elettroni che utilizza per formare i legami: il fosforo, per esempio, ha valenza 5 se usa tutti gli elettroni a sua disposizione, ma in alcuni composti ha valenza 3.

Il massimo numero di elettroni che un elemento può utilizzare per formare legami rappresenta la sua **valenza massima** e coincide con il numero degli elettroni del livello più esterno, o elettroni di valenza. Per gli elementi dei gruppi A la valenza massima si ricava direttamente dalla tavola periodica: è il numero del gruppo cui appartiene l'elemento.

1.2 Il numero di ossidazione

> Il **numero di ossidazione** è la carica elettrica formale di un atomo in un composto e si determina attribuendo gli elettroni di legame all'elemento più elettronegativo, come se tutti i legami fossero di tipo ionico.

Quindi il numero di ossidazione, o brevemente n.o., non rappresenta una carica reale eccetto che per gli ioni. Assumendo come unità di carica il valore assoluto della carica posseduta da un elettrone, cioè ponendo la carica

Le classi dei composti inorganici e la loro nomenclatura **Unità 5**

dell'elettrone uguale a −1, il numero di ossidazione può essere un intero positivo, negativo o nullo (▶1). Per ogni elemento, i suoi possibili valori sono riportati nella tavola periodica; a meno del segno, essi coincidono con le possibili valenze e nella **TABELLA 1** sono indicate le regole che permettono di calcolarli.

Figura 1 I numeri di ossidazione degli elementi.

IA	IIA											IIIA	IVA	VA	VIA	VIIA	VIIIA
1 H ±1																	2 He −
3 Li +1	4 Be +2											5 B +3	6 C +4 +2	7 N +5 ±3	8 O −2 −1	9 F −1	10 Ne −
11 Na +1	12 Mg +2	IIIB	IVB	VB	VIB	VIIB	VIIIB			IB	IIB	13 Al +3	14 Si +4	15 P +5 ±3	16 S +6 +4 −2	17 Cl +7 +5 +3 ±1	18 Ar −
19 K +1	20 Ca +2	21 Sc +3	22 Ti +4	23 V +5	24 Cr +6 +3	25 Mn +7 +4 +2	26 Fe +3 +2	27 Co +3 +2	28 Ni +2	29 Cu +2 +1	30 Zn +2	31 Ga +3	32 Ge +4	33 As +5 ±3	34 Se +6 −2	35 Br +5 +3 −1	36 Kr +4 +2
37 Rb +1	38 Sr +2	39 Y +3	40 Zr +4	41 Nb +5 +4	42 Mo +6	43 Tc +7	44 Ru +4 +3	45 Rh +3	46 Pd +2	47 Ag +1	48 Cd +2	49 In +3	50 Sn +4 +2	51 Sb ±3	52 Te +6 −2	53 I +7 +5 ±1	54 Xe +6 +4 +2
55 Cs +1	56 Ba +2	57 La +3	72 Hf +4	73 Ta +5	74 W +6	75 Re +7	76 Os +8 +4	77 Ir +4 +3	78 Pt +4 +2	79 Au +3 +1	80 Hg +2 +1	81 Tl +3 +1	82 Pb +4 +2	83 Bi +3	84 Po +2	85 At +1	86 Rn −

TABELLA 1	Regole per il calcolo dei numeri di ossidazione
Regola	**Esempi**
1. Il n.o. di un atomo allo stato elementare (ossia non combinato con atomi di altri elementi in un composto) è 0, anche per quegli elementi che si trovano in natura come molecole.	Nei solidi cristallini Na, K, Ag, Fe, Cu, gli atomi hanno n.o. = 0. Il n.o. di He è 0. In H_2, O_2, N_2, P_4, il n.o. di ciascun atomo è 0.
2. Gli ioni monoatomici hanno n.o. uguale alla loro carica.	K^+ ha n.o. = +1, Ca^{2+} ha n.o. = +2, Al^{3+} ha n.o. = +3, Cl^- ha n.o. = −1.
3. L'ossigeno ha sempre n.o. = −2, tranne che nei composti detti "perossidi", in cui ha n.o. = −1.	In H_2O, CaO, Al_2O_3, H_2SO_4, $KClO_3$, ogni atomo di ossigeno ha n.o. = −2. Nei perossidi H_2O_2, Li_2O_2, CaO_2, ogni atomo di ossigeno ha n.o. = −1.
4. L'idrogeno ha sempre n.o. = +1, tranne che nei composti detti "idruri", in cui è combinato con un metallo e ha n.o. = −1.	In H_2O, HF, HCl, H_2SO_4, NH_3, ogni atomo di idrogeno ha n.o. = +1. Negli idruri KH, NaH, LiH, CuH, l'idrogeno ha n.o. = −1.
5. In un composto elettricamente neutro (covalente o ionico) la somma algebrica dei numeri di ossidazione dei singoli atomi deve risultare uguale a zero.	In HCl il n.o. di H è +1, il n.o. di Cl è −1. In HClO il n.o. di H è +1, il n.o. di Cl è +1, il n.o. di O è −2.
6. In uno ione poliatomico la somma algebrica dei numeri di ossidazione degli atomi costituenti deve risultare uguale alla carica dello ione stesso.	In OH^- l'ossigeno ha n.o. = −2 e l'idrogeno ha n.o. = +1: la somma è −1. In NH_4^+ il n.o. di N è −3, il n.o. di ogni atomo H è +1: la somma è +1.

Facciamo il punto

1 Completa le frasi.

a. La valenza di un elemento è il numero di elettroni che esso cede, ... o mette in .... per formare .... con altri elementi.

b. Il numero del .... a cui un elemento appartiene, se di tipo A, corrisponde alla valenza .... dell'elemento.

2 Vero o falso?

a. Il numero di ossidazione si determina attribuendo gli elettroni di legame all'elemento meno elettronegativo. V F

b. Il n.o. di un elemento non combinato è 0. V F

c. La somma algebrica dei numeri di ossidazione in un composto neutro è sempre 1. V F

d. Gli ioni monoatomici hanno numero di ossidazione uguale alla loro carica. V F

e. L'ossigeno ha sempre n.o. uguale a −2, tranne che nei composti detti perossidi. V F

Risolviamo insieme

Alla ricerca del numero di ossidazione

Calcoliamo il n.o. del ferro nel composto Fe_2O_3, sapendo che in esso l'ossigeno ha numero di ossidazione uguale a -2. Calcoliamo inoltre il n.o. dell'azoto nel composto HNO_2, sapendo che in esso il n.o. dell'idrogeno è $+1$ e quello dell'ossigeno è -2. Determiniamo, infine, il n.o. dello zolfo nello ione poliatomico SO_3^{2-}, in cui l'ossigeno ha ancora n.o. uguale a -2.

■ **Dati e incognite**

In Fe_2O_3 $\begin{cases} \text{n.o. di O: } -2 \\ \text{n.o. di Fe: ?} \end{cases}$ In HNO_2 $\begin{cases} \text{n.o. di H: } +1 \\ \text{n.o. di O: } -2 \\ \text{n.o. di N: ?} \end{cases}$

In SO_3^{2-} $\begin{cases} \text{n.o. di O: } -2 \\ \text{n.o. di S: ?} \end{cases}$

■ **Soluzione**

- Fe_2O_3

La carica elettrica complessivamente attribuita ai tre atomi di ossigeno presenti nella molecola è il triplo del n.o. dell'ossigeno:

$$3(-2) = -6$$

Di conseguenza, poiché la molecola è neutra, ai suoi due atomi Fe è attribuita una carica complessiva $+6$, equamente ripartita. Il n.o. di Fe nel composto è quindi:

$$(+6) : 2 = +3$$

- HNO_2

Ragionando in modo analogo, e indicando con x il n.o. di N, possiamo scrivere che la somma algebrica di x con il n.o. di H e il doppio del n.o. di O è uguale a 0:

$$x + 1 + 2(-2) = 0$$

da cui

$$x + 1 - 4 = 0 \qquad x = +3$$

- SO_3^{2-}

Indicando ora con x il n.o. di S e ricordando che la somma delle cariche formalmente attribuite ai singoli atomi è uguale alla carica dello ione poliatomico, troviamo:

$$x + 3(-2) = -2 \qquad x - 6 = -2 \qquad x = +4$$

■ **Prosegui tu**

Calcola il n.o. di Cl in Cl_2O_5 e di S in H_2SO_4.

2 La classificazione dei composti inorganici

Classificare l'enorme numero dei composti chimici conosciuti è senza dubbio arduo. Nei paragrafi che seguono studieremo la nomenclatura dei **composti inorganici**, sostanze presenti nella crosta terrestre o ottenute mediante reazioni, non quella dei **composti organici**, alla base della vita, di cui ci occuperemo il prossimo anno.

2.1 Come si è evoluta la nomenclatura dei composti

Già gli alchimisti avevano attribuito un nome a molte sostanze, ma erano nomi di fantasia, come salnitro (KNO_3) o vetriolo (H_2SO_4).

Il primo scienziato a proporre una nomenclatura più rigorosa fu Lavoisier, alla fine del XVIII secolo. Egli stabilì di chiamare "ossidi" i composti contenenti ossigeno e un metallo, e introdusse i suffissi -oso e -ico, ancora oggi in uso. Solo con l'introduzione dei simboli degli elementi da parte di Jöns Jacob Berzelius (1779-1848) si giunse però a stabilire un rapporto biunivoco tra una sostanza e la sua formula.

Al giorno d'oggi esiste ancora una **nomenclatura corrente**, poco utilizzata a livello scientifico, che comprende nomi rimasti nell'uso comune, come acqua, ammoniaca, gesso (▶2), soda caustica, acido muriatico ecc.; noi però studieremo la **nomenclatura sistematica**.

Quest'ultima è di due tipi diversi: la **nomenclatura tradizionale**, basata sulle regole proposte da Lavoisier e sulla distinzione degli elementi in metalli e non metalli, e la **nomenclatura razionale** o **IUPAC**, elaborata per la prima volta nel 1957 dalla International Union of Pure and Applied Chemistry. La nomenclatura IUPAC è continuamente aggiornata (l'ultimo aggiornamento risale al 2005); ha il pregio di rispecchiare fedelmente nel nome la formula della sostanza, cioè la sua composizione chimica. La nomenclatura IUPAC è fortemente raccomandata e si sta diffondendo rapidamente; i due sistemi ancora coesistono nella pratica chimica.

2.2 Criteri di classificazione

I composti inorganici possono essere classificati in base a differenti criteri: il numero di atomi presenti nelle molecole, la presenza o no di ossigeno, il tipo

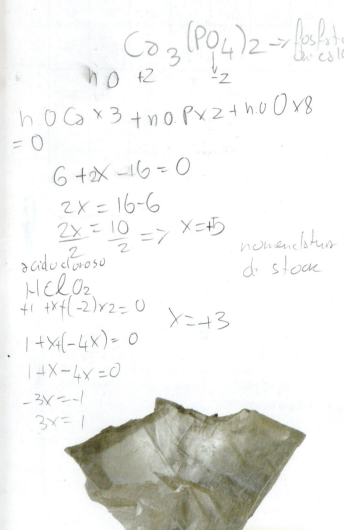

Figura 2 Cristalli di gesso. Nella nomenclatura sistematica tradizionale, questo composto è chiamato solfato di calcio.

di reazioni cui danno origine ecc. La classificazione espressa dalla **TABELLA 2** è utilizzabile sia con la nomenclatura tradizionale sia con quella razionale.

TABELLA 2 Classificazione generale dei composti inorganici

Binari		Non binari (ternari o quaternari)
con ossigeno (ossidi)	senza ossigeno	
ossidi basici	idruri	idrossidi (o basi)
ossidi acidi (o anidridi)	idracidi	ossoacidi
perossidi	sali degli idracidi	sali degli ossoacidi
		idrogenosali

Facciamo il punto

3 Su quale distinzione tra gli elementi si basano le regole della nomenclatura tradizionale?

4 Descrivi in modo schematico la classificazione generale dei composti inorganici.

3 La nomenclatura tradizionale

Distinguendo tra le principali classi indicate nella tabella 2, la nomenclatura tradizionale assegna un nome ai composti inorganici sulla base del numero di ossidazione degli elementi, differenziati in metalli e non metalli.

3.1 I composti binari con ossigeno (ossidi)

Si distingue tra ossidi basici, ossidi acidi e perossidi.

→ Sono detti **ossidi basici** i composti binari formati da un metallo e da ossigeno (con n.o. = −2). Nell'attribuzione del nome si fanno seguire alla parola "ossido" la preposizione "di" e il nome del metallo, se questo ha un unico numero di ossidazione. Se il metallo ha due numeri di ossidazione, il suo nome prende il suffisso **-oso** quando il n.o. è quello minore, e il suffisso **-ico** quando il n.o. è quello maggiore (**TABELLA 3**).

TABELLA 3 Esempi di ossidi basici

Formula	Nome	Numero di ossidazione del metallo
K_2O	ossido di potassio	+1 (unico valore)
MgO	ossido di magnesio	+2 (unico valore)
Cu_2O	ossido rameoso	+1 (il minore tra due valori possibili)
CuO	ossido rameico	+2 (il maggiore tra due valori possibili)

→ Si chiamano **ossidi acidi** o **anidridi** i composti binari formati da un non metallo e da ossigeno (con n.o. = −2). Nell'attribuzione del nome si fa seguire alla parola "anidride" il nome del non metallo con il suffisso **-osa**, quando il n.o. è quello minore fra due possibili, o **-ica**, quando il n.o. è quello maggiore. Alcuni non metalli, come il cloro, hanno più di due numeri di ossidazione e per distinguere i loro composti si devono quindi utilizzare, oltre ai suffissi, anche dei prefissi: si usa il prefisso **ipo-** quando il n.o. è il più basso e il prefisso **per-** quando è il più alto (**TABELLA 4**).

TABELLA 4 Esempi di ossidi acidi

Formula	Nome	Numero di ossidazione del non metallo
SO_2	anidride solforosa	+4 (il minore tra due valori possibili)
SO_3	anidride solforica	+6 (il maggiore tra due valori possibili)
N_2O_3	anidride nitrosa	+3 (il minore tra due valori possibili)
N_2O_5	anidride nitrica	+5 (il maggiore tra due valori possibili)
Cl_2O	anidride ipoclorosa	+1 (il minore tra quattro valori possibili)
Cl_2O_3	anidride clorosa	+3 (il secondo in ordine crescente tra quattro valori possibili)
Cl_2O_5	anidride clorica	+5 (il terzo in ordine crescente tra quattro valori possibili)
Cl_2O_7	anidride perclorica	+7 (il maggiore tra quattro valori possibili)

Facciamo il punto

5 Scegli tra le due alternative.
a. Il composto SO_2 è un *ossido basico/un'anidride*.
b. Nelle anidridi si usa il prefisso *ipo-/per-* quando il n.o. del non metallo è il più basso tra più di due possibili.

→ I **perossidi** contengono due atomi di ossigeno legati tra loro (ciascuno con n.o. = −1); presentano quindi un atomo di ossigeno in più rispetto ai rispettivi ossidi. Per denominarli si usa la parola "perossido" seguita dalla preposizione "di" e dal nome dell'altro elemento: il composto Na_2O_2, per esempio, è chiamato perossido di sodio e il composto H_2O_2, più noto come acqua ossigenata, è denominato perossido di idrogeno.

3.2 I composti binari senza ossigeno

Sono di tre tipi: idruri, idracidi e sali degli idracidi. I primi due contengono idrogeno: se nella serie

metalli, B, Si, C, Sb, As, P, N, **H**, S, I, Br, Cl, F

un elemento precede l'idrogeno, il suo composto con l'idrogeno è un idruro, se invece lo segue, il suo composto è un idracido.

→ Negli **idruri** l'idrogeno ha eccezionalmente n.o. uguale a −1 e il suo simbolo compare dopo il simbolo dell'altro elemento presente (nella maggior parte dei casi un metallo). Il nome degli idruri si ottiene facendo seguire alla parola "idruro" la preposizione "di" e il nome dell'altro elemento: il composto NaH, per esempio, si chiama idruro di sodio e il composto AlH_3 è detto idruro di alluminio. Alcuni idruri molto noti conservano il loro nome tradizionale: come ammoniaca è indicato il composto NH_3, come fosfina il composto PH_3.

→ Negli **idracidi**, invece, l'idrogeno ha n.o. uguale a +1 e il suo simbolo compare prima del simbolo del non metallo con esso combinato, che ha n.o. negativo (spesso −1). Il nome inizia con la parola "acido" seguita dal nome del non metallo con suffisso **-idrico**: per esempio, il nome del composto HF è acido fluoridrico, quello di HCl è acido cloridrico, quello di H_2S acido solfidrico (▶3).

→ I **sali degli idracidi**, o **sali binari**, sono composti in cui l'idrogeno presente nel corrispondente idracido viene sostituito da un metallo: HCl, per esempio, dà origine a NaCl. Nella formula di questi sali si scrive prima il simbolo del metallo seguito da quello del non metallo (zolfo, iodio, bromo, cloro o fluoro). Il nome corrispondente si ottiene apponendo al nome del non metallo il suffisso **-uro**, facendo poi seguire la preposizione "di" e il nome del metallo; se il metallo ha due numeri di ossidazione, si aggiungono i suffissi **-oso**, quando il n.o. è il più basso, e **-ico**, quando il n.o. è il più alto (**TABELLA 5**). In alcuni sali, al posto del metallo è presente il gruppo NH_4, detto **ammonio**, il cui n.o. complessivo è uguale a +1: il composto NH_4Cl è chiamato cloruro di ammonio.

È contenuto in molte acque termali. È uno dei gas che si sprigionano durante le eruzioni vulcaniche.

Figura 3 L'acido solfidrico in natura.

Facciamo il punto

6 Scegli tra le due alternative.
a. I composti binari in cui l'idrogeno ha eccezionalmente n.o. = −1 sono detti *idruri/idracidi*.
b. Per ottenere il nome dei *sali degli idracidi/sali degli idruri* si aggiunge al nome del non metallo il suffisso -uro.

TABELLA 5 Esempi di sali binari

Formula	Nome	Numero di ossidazione del metallo
Al_2S_3	solfuro di alluminio	+3 (unico valore)
CaF_2	fluoruro di calcio	+2 (unico valore)
$FeCl_2$	cloruro ferroso	+2 (il minore tra due valori possibili)
$FeCl_3$	cloruro ferrico	+3 (il maggiore tra due valori possibili)

3.3 I composti ternari

Sono composti costituiti da tre diversi elementi chimici. Si distinguono idrossidi, ossoacidi e sali degli ossoacidi.

→ Gli **idrossidi** sono composti nella cui formula è sempre presente il gruppo OH, chiamato **gruppo ossidrilico**, preceduto dal simbolo di un metallo. Il gruppo ossidrilico ha n.o. = −1 (somma algebrica del n.o. dell'ossigeno e di quello dell'idrogeno). Per denominare questi composti si fa seguire alla parola "idrossido" la preposizione "di" e il nome del metallo; se il metallo ha due numeri di ossidazione si procede, come per gli ossidi, aggiungendo il suffisso **-oso** quando il n.o. è il minore e il suffisso **-ico** quando è il maggiore (**TABELLA 6**). Per alcuni idrossidi sussiste ancora il nome corrente: l'idrossido di sodio, NaOH, è noto come soda caustica (▶4); l'idrossido di calcio o calcio idrato, Ca(OH)$_2$, è chiamato anche calce spenta.

Figura 4 L'idrossido di sodio è utilizzato per liberare le tubature intasate.

TABELLA 6 — Esempi di idrossidi

Formula	Nome	Numero di ossidazione del metallo
Al(OH)$_3$	idrossido di alluminio	+3 (unico valore)
Zn(OH)$_2$	idrossido di zinco	+2 (unico valore)
Sn(OH)$_2$	idrossido stannoso	+2 (il minore tra due valori possibili)
Sn(OH)$_4$	idrossido stannico	+4 (il maggiore tra due valori possibili)

→ Gli **ossoacidi** (o ossiacidi) presentano nella formula prima il simbolo dell'idrogeno (il cui n.o. è uguale a +1), poi quello del non metallo (che ha sempre un n.o. positivo) e infine quello dell'ossigeno (il cui n.o. è uguale a −2). Il nome si ottiene facendo seguire alla parola "acido" la radice del nome del non metallo con il suffisso **-oso** o **-ico** a seconda del n.o. del non metallo. Se il non metallo ha più di due numeri di ossidazione, come per le anidridi, si usano anche i prefissi **ipo-** e **per-** (**TABELLA 7**).

TABELLA 7 — Esempi di ossoacidi

Formula	Nome	Numero di ossidazione del non metallo
HNO$_2$	acido nitroso	+3 (il minore tra due valori possibili)
HNO$_3$	acido nitrico	+5 (il maggiore tra due valori possibili)
HClO	acido ipocloroso	+1 (il minore tra quattro valori possibili)
HClO$_2$	acido cloroso	+3 (il secondo in ordine crescente tra quattro valori possibili)
HClO$_3$	acido clorico	+5 (il terzo in ordine crescente tra quattro valori possibili)
HClO$_4$	acido perclorico	+7 (il maggiore tra quattro valori possibili)

→ Si chiamano **sali degli ossoacidi** o **sali ternari** i composti la cui formula deriva da quella di un ossoacido per sostituzione del simbolo dell'idrogeno con il simbolo di un metallo. Ciò rispecchia il fatto che gli ossoacidi tendono a perdere i loro atomi di idrogeno in forma di ioni H$^+$, trasformandosi in anioni poliatomici, per poi formare uno o più legami ionici con uno o più cationi metallici (**TABELLA 8**, **TABELLA 9**): ad esempio, H$_2$SO$_4$

TABELLA 9 — I principali anioni

−1	−2	−3
H$^-$ idruro	O^{2-} ossido	N^{3-} nitruro
F$^-$ fluoruro	S^{2-} solfuro	PO$_4^{3-}$ fosfato
Cl$^-$ cloruro	O$_2^{2-}$ perossido	
Br$^-$ bromuro	SO$_4^{2-}$ solfato	
I$^-$ ioduro	SO$_3^{2-}$ solfito	
CN$^-$ cianuro	CO$_3^{2-}$ carbonato	
OH$^-$ idrossido	CrO$_4^{2-}$ cromato	
HS$^-$ idrogenosolfuro	Cr$_2$O$_7^{2-}$ dicromato	
ClO$_4^-$ perclorato	HPO$_4^{2-}$ idrogenofosfato	
ClO$_3^-$ clorato	HPO$_3^{2-}$ fosfito	
ClO$_2^-$ clorito	MnO$_4^{2-}$ manganato	
ClO$^-$ ipoclorito		
NO$_3^-$ nitrato		
NO$_2^-$ nitrito		
CH$_3$COO$^-$ acetato		
MnO$_4^-$ permanganato		
HSO$_4^-$ idrogenosolfato (bisolfato)		
HSO$_3^-$ idrogenosolfito (bisolfito)		
HCO$_3^-$ idrogenocarbonato (bicarbonato)		
H$_2$PO$_4^-$ diidrogenofosfato		

TABELLA 8 — I principali cationi (i numeri romani tra parentesi indicano la valenza)

+1	+2	+3	+4
H$^+$ ione idrogeno	Fe^{2+} ione ferro (II)	Fe^{3+} ione ferro (III)	Sn^{4+} ione stagno (IV)
Li$^+$ ione litio	Sn^{2+} ione stagno (II)	Cr^{3+} ione cromo (III)	Pb^{4+} ione piombo (IV)
Na$^+$ ione sodio	Mg^{2+} ione magnesio	Al^{3+} ione alluminio	Ti^{4+} ione titanio
K$^+$ ione potassio	Ca^{2+} ione calcio	Bi^{3+} ione bismuto	
Ag$^+$ ione argento	Sr^{2+} ione stronzio		
Cu$^+$ ione rame (I)	Ba^{2+} ione bario		
NH$_4^+$ ione ammonio	Cu^{2+} ione rame (II)		
	Pb^{2+} ione piombo (II)		
	Hg^{2+} ione mercurio (II)		
	Mn^{2+} ione manganese (II)		
	Co^{2+} ione cobalto (II)		
	Ni^{2+} ione nichel		
	Cd^{2+} ione cadmio		

Figura 5 Le stalattiti e le stalagmiti sono spettacolari depositi di carbonato di calcio, CaCO₃, un sale ternario derivante dall'acido carbonico.

diviene SO_4^{2-} e $HClO_4$ si trasforma in ClO_4^-. Il gruppo atomico che resta dopo aver tolto uno o più atomi di idrogeno è detto **residuo acido**. Nella formula, prima appare il simbolo di un metallo e poi il residuo acido (costituito da non metallo e ossigeno). Il nome si ottiene da quello dell'ossoacido, eliminando la parola "acido" e sostituendo i suffissi del non metallo: -oso con **-ito** e -ico con **-ato**. Se il non metallo ha dei prefissi, questi rimangono. Inoltre, nel caso in cui il metallo abbia due numeri di ossidazione, si aggiungono i suffissi **-oso** e **-ico** al suo nome, secondo la regola consueta (▶5, TABELLA 10). In alcuni sali di ossoacidi, così come abbiamo visto per i sali degli idracidi, al posto del metallo è presente il gruppo ammonio, NH_4: il composto NH_4NO_3, derivante dall'acido nitrico, è chiamato nitrato di ammonio (▶6).

TABELLA 10 Esempi di sali ternari

Formula	Nome	Ossoacido da cui deriva	Numero di ossidazione del metallo
Na₂SO₄	solfato di sodio	acido solforico	+1 (unico valore)
KNO₂	nitrito di potassio	acido nitroso	+1 (unico valore)
FeSO₃	solfito ferroso	acido solforoso	+2 (il minore tra due valori possibili)
CuCO₃	carbonato rameico	acido carbonico	+2 (il maggiore tra due valori possibili)

3.4 I composti quaternari

I composti quaternari più comuni sono ossoacidi in cui non tutti gli atomi di idrogeno sono stati sostituiti con atomi di un metallo: proprio per questo motivo si chiamano **sali acidi** o **idrogenosali**. Da H_2SO_4, ad esempio, può derivare l'anione HSO_4^- invece che SO_4^{2-}. I criteri per formare il nome dei sali acidi sono gli stessi adottati per i sali ternari neutri, ma si inserisce tra il nome del metallo e quello del non metallo una delle espressioni "monoacido di", "biacido di", "triacido di", corrispondenti al numero di atomi di idrogeno rimasti. Qualche volta tali espressioni sono sostituite dai prefissi **mono-**, **bi-**, **tri-** ecc., aggiunti al nome del metallo. Per esempio, Na_2HPO_4 è il fosfato monoacido di sodio o fosfato bisodico, NaH_2PO_4 è il fosfato biacido di sodio o fosfato monosodico, $NaHCO_3$ è il carbonato monoacido di sodio o carbonato monosodico, più noto come bicarbonato di sodio (▶7).

Figura 6 Il nitrato di ammonio è utilizzato come fertilizzante, ma costituisce anche la base per produrre miscele esplosive.

Figura 7 Il bicarbonato di sodio è utilizzato come antiacido, per lenire i bruciori di stomaco, e nel lievito artificiale.

3.5 Dal nome alla formula

Per scrivere la formula di un composto a partire dal nome occorre applicare il seguente procedimento:

→ individuare il tipo di composto e scrivere nell'ordine corretto i simboli degli elementi, cioè per primo l'elemento meno elettronegativo, per ultimo quello più elettronegativo;

→ assegnare agli elementi il numero di ossidazione in base alla tavola periodica e al nome del composto;

→ a fianco del simbolo di ogni elemento scrivere l'indice che esprime il numero di atomi di quell'elemento presenti nel composto, scegliendo i valori più piccoli possibili, in modo che la somma algebrica dei numeri di ossidazione sia zero.

Scriviamo la formula del fluoruro di sodio, la fonte di fluoro più comune nei dentifrici: la desinenza -uro ci dice che è un sale binario tra il metallo sodio e il non metallo fluoro; dalla tavola periodica ricaviamo che il sodio ha numero di ossidazione +1 e il fluoro −1; di conseguenza, perché la somma algebrica dei numeri di ossidazione sia zero, occorre che il rapporto tra i due sia uno a uno perciò la formula è NaF.

Facciamo il punto

7 Scegli tra le due alternative.
a. Gli idrossidi sono composti nella cui formula è sempre presente il gruppo *OH/NH₄*.
b. Gli idracidi sono caratterizzati dal suffisso *-idrico/-uro*.

8 Completa le frasi.
a. Gli ossoacidi presentano nella formula prima il simbolo dell'idrogeno, poi quello del non .... e infine quello dell' ....
b. Nella formula dei sali ternari prima appare il simbolo del metallo e poi la formula del .... acido.
c. Nei sali ternari -oso diventa .... e -ico diventa ....

Risolviamo insieme

Che formula ha la candeggina?

Alcuni prodotti per la pulizia della casa sono composti inorganici. Per esempio, l'acido muriatico (acido cloridrico diluito in acqua), i prodotti per sgorgare i lavandini a base di soda caustica (idrossido di sodio) e la candeggina (ipoclorito di sodio in acqua). Un composto inorganico è anche l'acido solforico, che si trova nelle batterie delle automobili. Scriviamo le formule di queste quattro sostanze.

■ **Dati e incognite**
Nomi dei composti: acido cloridrico, idrossido di sodio, ipoclorito di sodio, acido solforico. Quali sono le rispettive formule?

■ **Soluzione**

- **Acido cloridrico**
Il suffisso -idrico indica che il composto è un idracido. L'acido cloridrico contiene perciò solo idrogeno e cloro.
L'ordine in cui devono susseguirsi i simboli dei due elementi nella formula è prima H, poi Cl.
Sappiamo che negli idracidi il n.o. dell'idrogeno è +1, quindi il cloro deve avere n.o. negativo.
Consultando la tavola periodica troviamo che il cloro ha diversi numeri di ossidazione, ma solo uno di questi è negativo, n.o. = −1. Poiché la somma dei numeri di ossidazione deve essere nulla, la formula è:

$$HCl$$

- **Idrossido di sodio**
Nella formula di ogni idrossido compare il gruppo ossidrilico OH, che ha complessivamente n.o. = −1 e segue il simbolo del metallo con cui è legato: nel caso considerato, Na.
Poiché il n.o. di Na è +1, e la somma dei numeri di ossidazione deve essere uguale a zero, la formula è:

$$NaOH$$

- **Ipoclorito di sodio**
Il termine ipo-clor-ito indica il sale che deriva dall'acido ipo-cloroso, cioè dall'ossoacido contenente idrogeno (con n.o. = +1), cloro (con n.o. positivo) e ossigeno (con n.o. = −2). L'ordine in cui questi elementi compaiono nella formula dell'acido, dal meno elettronegativo al più elettronegativo, è H, Cl, O. Il prefisso ipo- e il suffisso -oso indicano, inoltre, che nel composto il n.o. del cloro assume il valore più basso tra quelli positivi possibili, ovvero +1. La condizione che sia nulla la somma dei numeri di ossidazione conduce quindi alla formula HClO.
Per ricavare la formula del sale da quella del corrispondente ossoacido bisogna eliminare H e, aggiustando eventualmente gli indici affinché il n.o. complessivo sia nullo, scrivere davanti alla formula del residuo acido il simbolo del metallo contenuto nel sale.
Nel nostro caso il metallo è Na (con n.o. = +1) e il residuo acido è ClO (che ha complessivamente n.o. = −1). Pertanto la formula cercata è:

$$NaClO$$

- **Acido solforico**
Dal nome si comprende che il composto è un ossoacido, nella cui formula figurano, nell'ordine, H, S (solfo- è la radice che indica lo zolfo) e O.
Negli ossoacidi i numeri di ossidazione dell'idrogeno e dell'ossigeno sono sempre, rispettivamente, +1 e −2. Nel caso in esame il suffisso -ico indica che quello dello zolfo assume il valore più alto tra due possibili, ovvero +6.
Affinché nella formula la somma dei numeri di ossidazione sia nulla, a ogni simbolo si deve assegnare l'appropriato indice, scegliendo i valori più bassi possibili. Visto che il n.o. di S è un numero pari (+6), occorre la presenza di due atomi di idrogeno (n.o. complessivo uguale a +2) affinché la somma dei numeri di ossidazione positivi sia pari. Per bilanciare tale somma (+8) occorrono quattro atomi di ossigeno. Infatti si ha:

$$2(+1) + 6 + 4(-2) = 0$$

La formula cercata è quindi:

$$H_2SO_4$$

■ **Prosegui tu**
Scrivi le formule di anidride nitrosa, anidride perclorica, acido perclorico, acido carbonico, bromuro di potassio, solfito di calcio e nitrito di sodio.

4 La nomenclatura razionale (IUPAC)

La nomenclatura razionale distingue tra composti binari, con e senza ossigeno, e composti non binari. Se si adottano le sue regole, l'azione di dare il nome a un composto e quella di scriverne la formula diventano sostanzialmente equivalenti.

4.1 I composti binari con ossigeno

Sono chiamati **ossidi** sia i composti binari formati con l'ossigeno dai metalli sia quelli formati dai non metalli. Nella formula, come sappiamo, il simbolo dell'ossigeno segue quello dell'altro elemento.

Per indicare quanti atomi di ossigeno e quanti dell'altro elemento sono presenti, nel nome si fa uso dei seguenti prefissi:

→ **mono-**, che può essere omesso, per indicare un atomo;

→ **di-** o **bi-** per indicare due atomi;

→ **tri-** per indicarne tre;

→ **tetra-** per quattro;

→ **penta-** per cinque;

→ **esa-** per sei;

→ **epta-** o **etta-** per sette.

I prefissi sono apposti tanto al termine "ossido" quanto al nome dell'elemento legato all'ossigeno: FeO è detto monossido di monoferro (o semplicemente ossido di ferro), Fe_2O_3 triossido di diferro, Cl_2O_5 pentaossido di dicloro, Cl_2O_7 eptaossido di dicloro.

Le stesse regole sono valide per i perossidi: Li_2O_2 è detto diossido di dilitio.

4.2 I composti binari senza ossigeno

Le regole della nomenclatura IUPAC non fanno distinzioni tra idruri, idracidi e sali binari: si aggiunge il suffisso **-uro** al nome dell'elemento che nella formula minima si trova scritto a destra, seguito da "di" e dal nome dell'altro elemento, sempre utilizzando i prefissi per indicare quanti atomi sono presenti. Per esempio, CaH_2 è chiamato diidruro di calcio, H_2S solfuro di diidrogeno, PbS solfuro di piombo (▶8), Al_2S_3 trisolfuro di dialluminio.

4.3 I composti non binari

Regole specifiche valgono per i nomi degli idrossidi, degli ossoacidi, dei sali ternari e degli idrogenosali.

→ Per gli **idrossidi** si usano i prefissi già visti, allo scopo di indicare quanti gruppi ossidrilici sono presenti, e la parola "idrossido" è seguita da "di" e dal nome del metallo: KOH è detto (mono)idrossido di potassio, $Pb(OH)_4$ tetraidrossido di piombo.

→ Per denominare gli **ossoacidi** si usa la parola "acido" cui si fa seguire un aggettivo costruito aggiungendo alla radice del nome del non metallo uno dei prefissi **monosso-**, **diosso-**, **triosso-**, o **tetraosso-** (a seconda di quanti atomi di ossigeno sono presenti) e il suffisso **-ico**. Infine, scrivendola in numero romano tra parentesi, si indica la valenza del non metallo, qualora esso ne possieda più di una (TABELLA 11). L'uso di scrivere la valenza tra parentesi in numero romano, proposto dal chimico tedesco Alfred Stock (1876-1946), è chiamato in sua memoria **notazione di Stock**. Tale notazione è accettata e utilizzata dalla IUPAC perché permette di scrivere con maggiore facilità le formule e di semplificare nomi altrimenti piuttosto complessi.

Figura 8 La galena, solfuro di piombo, veniva un tempo utilizzata nella fabbricazione delle radio.

TABELLA 11 Il nome IUPAC di alcuni ossoacidi

Formula	Nome
HNO_2	acido diossonitrico (III)
HNO_3	acido triossonitrico (V)
H_3PO_4	acido tetraossofosforico (V)
H_2CO_3	acido triossocarbonico (IV)

→ Per i **sali ternari**, come i nitrati e i nitriti (▶9), il sistema più comune è proprio quello di utilizzare la notazione di Stock. Si scrive quindi il prefisso **monosso-, diosso-, triosso-, o tetraosso-** per indicare quanti atomi di ossigeno sono presenti; si scrive di seguito la radice del nome del non metallo cui si aggiunge il suffisso **-ato**; tra parentesi si indica la valenza del non metallo in numero romano; poi si scrive "di" con il nome del metallo; questo, se ha più di una valenza, è a sua volta seguito dalla valenza tra parentesi in numero romano (**TABELLA 12**).

Figura 9 Nitrati e nitriti di sodio e potassio vengono aggiunti come conservanti ai salumi; i nitriti, in particolare, vengono addizionati anche a carni precotte, salse e sughi perché ne esaltano l'aroma e accentuano il colore roseo, attraente per il consumatore.

TABELLA 12 Il nome IUPAC di alcuni sali ternari

Formula	Nome	Ossoacido da cui deriva
$NaNO_2$	diossonitrato (III) di sodio	acido diossonitrico (III)
KNO_3	triossonitrato (V) di potassio	acido triossonitrico (V)
$Fe_2(SO_3)_3$	triossosolfato (IV) di ferro (III)	acido triossosolforico (IV)
$Al_2(SO_4)_3$	tetraossosolfato (VI) di alluminio	acido tetraossosolforico (VI)

→ Per gli **idrogenosali** si deve aggiungere, prima del nome assegnato secondo le regole precedenti, l'indicazione di quanti atomi di idrogeno sono presenti; il prefisso mono- è omesso (**TABELLA 13**).

TABELLA 13 Il nome IUPAC di alcuni idrogenosali

Formula	Nome
$NaHCO_3$	idrogenocarbonato (IV) di sodio
$NaHSO_4$	idrogenosolfato (VI) di sodio
K_2HPO_4	idrogenofosfato (V) di potassio
KH_2PO_4	diidrogenofosfato (V) di potassio

Esiste un sistema per scrivere il nome dei sali ternari senza indicare le valenze: consiste nel dire, sempre usando i prefissi, quanti gruppi e quanti atomi di metallo sono presenti nella formula minima.

Per esempio, $Fe_2(SO_3)_3$ si chiama anche tri-triossosolfato di diferro, e Na_2SO_4 è il tetraossosolfato di disodio. In questo libro useremo però la notazione di Stock.

Facciamo il punto

9 Quali prefissi usa la nomenclatura IUPAC per indicare uno, due, tre, quattro, cinque, sei, sette atomi in una formula?

10 Completa le frasi.
a. Per comporre il nome IUPAC di un composto binario senza ossigeno si aggiunge il suffisso .... al nome dell'elemento che si trova scritto a destra nella formula minima.
b. Per comporre il nome IUPAC di un ossoacido si aggiunge il suffisso -ico al nome del .... e si scrive tra parentesi la sua valenza in numero romano, secondo la notazione di ....

Lo sapevi che...

Non più anidride carbonica né acqua
L'anidride carbonica è una delle sostanze inorganiche più comuni, che prende parte ai processi vitali delle piante e degli animali e costituisce il principale dei gas serra presenti nell'atmosfera terrestre. Qual è il nome che la IUPAC assegna a questo composto, che ha anche molti utilizzi pratici, come in certi tipi di estintori che sfruttano la sua proprietà di essere più pesante dell'aria e quindi isolare i focolai d'incendio?
L'anidride carbonica, la cui nota formula chimica è CO_2, è un ossido in cui sono presenti due atomi di ossigeno combinati con un atomo di carbonio. Pertanto il suo nome IUPAC è diossido di carbonio.
Anche l'acqua (H_2O), d'altra parte, è un ossido: un composto binario in cui un atomo di ossigeno si lega a due atomi di idrogeno. Il suo nome scientifico, in base alla nomenclatura IUPAC, è ossido di diidrogeno.
Vogliamo dare anche un nuovo nome all'ammoniaca (NH_3)? Si tratta di un composto binario senza ossigeno, con l'idrogeno scritto a destra. Quindi è un idruro: triidruro di azoto.

Risolviamo insieme

Chimica... esplosiva

Alcuni sali sono utilizzati per la preparazione di esplosivi, come il triossonitrato (V) di potassio (in passato detto salnitro), che deriva dall'acido triossonitrico (V). Scriviamo le formule di entrambi i composti.

■ Dati e incognite
Nomi dei composti: acido triossonitrico (V), triossonitrato (V) di potassio. Quali sono le rispettive formule?

■ Soluzione

- **Acido triossonitrico (V)**
Si tratta di un ossoacido nella cui formula figurano, nell'ordine dal meno elettronegativo al più elettronegativo, gli elementi H, N (nitro- è la radice che indica l'azoto), e O. Il prefisso triosso- significa che il simbolo O compare nella formula con l'indice 3.
Sappiamo che negli ossoacidi il n.o. dell'idrogeno è +1 e il n.o. dell'ossigeno è −2. Inoltre, il nome IUPAC del composto precisa che in esso la valenza dell'azoto è V. Quindi il suo n.o., tra tutti i possibili, è +5. La valenza indica infatti il numero di elettroni impegnati nei legami che, a meno del segno, coincide con il numero di ossidazione.
Si verifica facilmente che, affinché la somma dei numeri di ossidazione sia nulla, la formula deve essere:

$$HNO_3$$

- **Triossonitrato (V) di potassio**
Partendo dalla formula precedente e togliendo l'idrogeno, si ottiene il residuo acido NO_3, il cui n.o. complessivo è −1.
D'altra parte, il n.o. del potassio (K) è +1. Quindi, poiché la somma algebrica dei due numeri di ossidazione è nulla, la formula del sale è:

$$KNO_3$$

■ Prosegui tu
Scrivi le formule di: acido triossoclorico (V), acido diossoclorico (III), tetraossoiodato (VII) di sodio, diossobromato (III) di potassio.

5 Le formule di struttura dei composti

Per i composti molecolari, oltre alla formula minima, è possibile scrivere la formula di struttura. Per scriverla nella maniera corretta è necessario osservare che:

→ ogni atomo effettua un numero di legami pari al suo numero di ossidazione (tranne l'ossigeno nei perossidi);
→ due atomi dello stesso elemento non si legano mai tra loro (eccetto che nei perossidi);
→ ogni legame è simboleggiato da una lineetta che indica i due elettroni condivisi;
→ si scrive come atomo centrale quello con n.o. maggiore;
→ si applica la regola dell'ottetto, segnando prima i legami con cui l'atomo centrale completa l'ottetto e poi gli altri come legami covalenti dativi, rappresentati da frecce orientate dall'atomo donatore al recettore;
→ nei composti ternari l'idrogeno è sempre legato direttamente a un atomo di ossigeno a formare un gruppo ossidrilico;
→ negli ossoacidi, al non metallo centrale bisogna legare prima tanti gruppi OH quanti sono gli atomi di idrogeno presenti nella formula.

5.1 Formule di alcuni composti binari

Non per tutte le classi di composti analizzate è possibile scrivere una formula di struttura, che rappresenta una molecola. I sali degli idracidi, buona parte degli ossidi basici e dei perossidi sono infatti composti ionici, e non molecole. Qui di seguito sono riportate le formule di struttura di alcuni composti binari:

→ anidride solforica o triossido di zolfo, SO_3

Risolviamo insieme

I composti dello zolfo e le piogge acide

Il diossido di zolfo (SO_2) è un gas presente nell'atmosfera come inquinante, prodotto dai motori a scoppio degli automezzi e dagli impianti di riscaldamento. Combinandosi con l'acqua (pioggia, umidità) forma acido solforico (H_2SO_4), che rende acide le precipitazioni producendo gravi danni alla vegetazione. Scriviamo le formule di struttura di questi due composti.

■ Dati e incognite
Composti: SO_2, H_2SO_4
Quali sono le rispettive formule di struttura?

■ Soluzione
- **SO_2**

In questa molecola lo zolfo ha n.o. = +4 e quindi effettua quattro legami; l'ossigeno, invece, ha n.o. = −2, e ogni suo atomo effettua due legami (o in alternativa un legame dativo, in veste di accettore).

Rappresentiamo come atomo centrale quello dello zolfo perché ha n.o. maggiore e a fianco poniamo gli atomi di ossigeno:

Poiché lo zolfo ha sei elettroni di valenza, per completare l'ottetto di stabilità basta che ne condivida due con un atomo di ossigeno, che in questo modo completa a sua volta il proprio ottetto.

Tra S e un atomo O si stabilisce quindi un doppio legame:

Dei quattro elettroni di legame disponibili (come abbiamo detto, il numero di elettroni di legame, ovvero il numero di legami, è indicato dal n.o.) lo zolfo a questo punto ne ha utilizzati solo due. I due rimanenti vengono impiegati per stabilire con l'altro atomo di ossigeno un legame dativo. La formula di struttura cercata è quindi:

- **H_2SO_4**

Anche in questa molecola l'atomo centrale è lo zolfo, che possiede il n.o. più elevato, uguale a +6. Per scrivere la formula di struttura, a S si legano dapprima, con legami covalenti singoli, tanti gruppi OH quanti sono gli atomi di idrogeno, ossia due:

Poi si legano a S i due rimanenti atomi O. Poiché S ha già completato il suo ottetto, questi legami devono essere covalenti dativi:

→ anidride nitrosa o triossido di diazoto, N$_2$O$_3$, in cui un atomo di ossigeno fa da ponte tra due atomi del non metallo

$$\begin{array}{c} \text{N} = \text{O} \\ | \\ \text{O} \\ | \\ \text{N} = \text{O} \end{array}$$

→ anidride nitrica o pentossido di diazoto, N$_2$O$_5$

$$\begin{array}{c} \text{O} \leftarrow \text{N} = \text{O} \\ | \\ \text{O} \\ | \\ \text{O} \leftarrow \text{N} = \text{O} \end{array}$$

→ ossido rameico o ossido di rame, CuO

$$\text{Cu} = \text{O}$$

→ perossido di idrogeno o diossido di diidrogeno, H$_2$O$_2$, in cui i due atomi di ossigeno si legano tra loro e formano quindi un solo legame a testa con l'idrogeno (per questo motivo hanno eccezionalmente n.o. = −1)

$$\begin{array}{c} \text{H} - \text{O} \\ | \\ \text{H} - \text{O} \end{array}$$

→ acido solfidrico o solfuro di diidrogeno, H$_2$S

$$\text{S} \diagdown_{\text{H}}^{\text{H}}$$

5.2 Formule di alcuni composti ternari

Come ulteriore esempio, ecco infine le formule di struttura di due ossoacidi e un idrossido:
→ acido ipocloroso o acido ossoclorico, HClO

$$\text{Cl} - \text{OH}$$

→ acido fosforico o acido tetraossofosforico (▶10), H$_3$PO$_4$

$$\begin{array}{c} \text{OH} \quad \text{OH} \\ \diagdown \; / \\ \text{P} \\ / \; \searrow \\ \text{OH} \quad \text{O} \end{array}$$

→ idrossido di mercurio o diidrossido di mercurio, Hg(OH)$_2$

$$\text{Hg} \diagdown_{\text{OH}}^{\text{OH}}$$

Figura 10 L'acido fosforico si trova nella composizione di una bevanda gasata di largo consumo. Viene anche utilizzato come antiruggine e anticalcare.

Facciamo il punto

11 Completa le frasi.
  a. I legami covalenti dativi sono rappresentati da frecce orientate dall'atomo .... all'atomo ....
  b. Negli .... , al non metallo centrale bisogna legare prima tanti gruppi OH quanti sono gli atomi di .... presenti nella formula.

Ripassa con le flashcard ed esercitati con i test interattivi sul Me•book.

CONOSCENZE

Con un testo articolato tratta i seguenti argomenti

1. Illustra i differenti criteri che si utilizzano per dare i nomi ai composti inorganici nella nomenclatura tradizionale e in quella IUPAC.

2. Spiega come si deve operare per scrivere correttamente le formule di struttura.

Con un testo sintetico rispondi alle seguenti domande

3. Qual è la differenza tra valenza e numero di ossidazione?

4. Come si dà il nome a un'anidride nella nomenclatura tradizionale?

5. Come si dà il nome a un ossoacido nella nomenclatura tradizionale?

6. Come si dà il nome a un sale di un ossoacido nella nomenclatura tradizionale?

7. Come si dà il nome a un ossoacido nella nomenclatura IUPAC?

8. Come si dà il nome a un sale di un ossoacido nella nomenclatura IUPAC?

Quesiti

9. La valenza massima di un elemento:
   a. si deve calcolare di volta in volta.
   b. è uguale a 7.
   c. si ricava dalla tavola periodica e coincide con il numero del gruppo, se questo è contrassegnato con A.
   d. è uguale a 0.

10. Il numero di ossidazione è:
    a. la carica formale di ogni elemento in un composto.
    b. la carica reale di ogni elemento in un composto.
    c. il numero degli elettroni esterni di un elemento.
    d. il numero dei protoni di ogni elemento.

11. Quanto vale la somma algebrica dei numeri di ossidazione di un composto?
    a. 7
    b. 1
    c. È uguale al numero di ossidazione del catione presente.
    d. 0

12. Qual è il numero di ossidazione dello zolfo nello ione poliatomico SO_4^{2-}?
    a. $+2$
    b. 0
    c. -6
    d. $+6$

13. La nomenclatura IUPAC è detta:
    a. tradizionale.
    b. razionale.
    c. corrente.
    d. pratica.

14. Gli idruri sono composti:
    a. binari con ossigeno.
    b. binari senza ossigeno.
    c. ternari.
    d. quaternari.

15. Quale scienziato introdusse i simboli che conosciamo per scrivere le formule chimiche?

a. Berzelius

c. Stock

b. Lavoisier

d. Volta

16. Quale tra i seguenti composti binari è un ossido?
    a. KCl
    b. NH_3
    c. MgO
    d. Na_2O_2

17. Quale tra i seguenti composti binari è un perossido?
    a. KCl
    b. NH_3
    c. MgO
    d. Na_2O_2

18. Quale tra i seguenti composti binari è un idruro?
    a. KCl
    b. NH_3
    c. MgO
    d. Na_2O_2

19. Nella nomenclatura tradizionale un composto tra idrogeno e sodio è un:
    a. ossido.
    b. idruro.
    c. idracido.
    d. sale binario.

20. Nella nomenclatura tradizionale il composto $CuNO_3$ si chiama:
    a. nitrito di rame.
    b. nitrato di rame.
    c. nitrato rameico.
    d. nitrato rameoso.

verifiche

21 Vero o falso?
a. Nella nomenclatura tradizionale si usano i suffissi -ito e -ato per gli ossoacidi. V/F
b. I composti binari formati da un metallo e da ossigeno, con n.o. = −2, sono detti ossoacidi. V/F
c. I perossidi contengono due atomi di ossigeno legati tra loro, ciascuno con n.o. = −1. V/F

22 Quale tra i seguenti composti è un idrossido? Con quale nome?
a $KHCO_3$
b HNO_2
c $CaSO_4$
d $Al(OH)_3$ — idrossido di alluminio

23 Quale tra i seguenti composti è un ossoacido? Con quale nome?
a $KHCO_3$
b HNO_2 — acido nitroso
c $CaSO_4$
d $Al(OH)_3$

24 Quale tra i seguenti composti è un idrogenosale? Con quale nome?
a $KHCO_3$
b HNO_2
c $CaSO_4$
d $Al(OH)_3$

25 Nella nomenclatura razionale il composto H_2SO_4 si chiama
a acido solforoso.
b acido tetraossosolforico (VI).
c acido solforico.
d acido solfidrico.

26 Qual è la formula del composto il cui nome IUPAC è tetrafluoruro di zolfo?
a SF_4
b HSF
c FS_4
d $S(FO)_4$

27 Qual è la formula del composto il cui nome tradizionale è ipoclorito di sodio?
a $NaCL$
b $NaClO_2$
c $NaClO$
d $NaClO_4$

28 Qual è la formula del composto il cui nome IUPAC è tetraossofosfato(V) di potassio?
a KF
b KPO_4
c K_3PO_4
d K_3FO_4

29 Vero o falso?
a. La nomenclatura razionale non distingue tra ossidi e anidridi. V/F
b. Nella nomenclatura razionale sussiste la distinzione tra idruri e idracidi. V/F
c. I composti ternari con il gruppo OH sono detti idrossidi sia nella nomenclatura tradizionale sia in quella IUPAC. V/F

30 Quale delle seguenti è la corretta formula di struttura del composto H_2S?
a H–H–S
b H–S–H
c S=H, H (double bond)
d H–H→S

31 Vero o falso?
a. In un composto, due atomi dello stesso elemento quasi mai si legano tra loro. V/F
b. Ogni legame è simboleggiato da una lineetta che indica un elettrone condiviso. V/F
c. Si scrive come atomo centrale quello con n.o. minore. V/F
d. Nei composti ternari l'idrogeno è sempre legato direttamente a un atomo di ossigeno a formare un gruppo ossidrilico. V/F

COMPETENZE

Risolvi il problema

32 Determina il numero di ossidazione di ogni elemento nei seguenti composti binari: LiH, NH_3, Au_2O, I_2O_5, N_2O_3.

33 Qual è il nome di $NaBr$ secondo la nomenclatura tradizionale? E il nome di $HClO_4$ secondo la nomenclatura razionale?

Guida alla soluzione Poiché $NaBr$ è un sale di un idracido, nella nomenclatura tradizionale si aggiunge il suffisso -uro alla radice del nome del non metallo. Quindi la denominazione del composto è: bromuro di ....
Poiché $HClO_4$ è un ossoacido che presenta quattro atomi di ossigeno, nella nomenclatura razionale si appongono alla radice del nome del non metallo il prefisso tetraosso- e il suffisso .... Quindi il nome del composto è: acido tetraossoclor............. .

34 Determina il numero di ossidazione di ogni elemento nei seguenti composti ternari: $Zn(OH)_2$, $AgOH$, HNO_3, $CaSO_4$, $NaClO_2$.

35 Scrivi i nomi degli idrossidi elencati in tabella secondo la nomenclatura tradizionale e IUPAC.

Formula	Nome tradizionale	IUPAC
$Cu(OH)_2$		
$Sn(OH)_4$		
$Fe(OH)_3$		
$Ba(OH)_2$		
KOH		

36 Scrivi i nomi degli acidi elencati in tabella secondo la nomenclatura tradizionale e IUPAC.

Formula	Nome tradizionale	Nome IUPAC
HBr	acido bromidrico	bromuro di idrogeno
H_2S	acido solfidrico	solfuro di diidrogeno
HNO_2	acido nitroso	
H_2SO_3	" solforoso	
$HClO_4$	" perclorico	

37 Scrivi i nomi dei sali ternari elencati in tabella secondo la nomenclatura tradizionale e IUPAC.

Formula	Nome tradizionale	Nome IUPAC
$CaSO_4$	solfato di calcio	
$CuNO_3$	nitrato ramico	sale di rame (II)
$NaClO$	clorato di sodio	ipoclorito di sodio
$FeCO_3$	carbonato di ferro	carbonato ferroso
$Fe_2(SO_3)_3$		

38 Scrivi i nomi dei composti elencati in tabella secondo la nomenclatura tradizionale e IUPAC.

Formula	Nome tradizionale	Nome IUPAC
Na_2O	ossido di sodio	ossido di disodio
N_2O_3		triossido di azoto
P_2O_5	anidride fosforica	pentossido di difosforo
HCl	acido cloridrico	cloruro di sodio
KCl	cloruro di potassio	=
PbI_2	ioduro piomboso	diioduro di piombo
FeS	solfuro di ferro	=
$HClO$	acido ipocloroso	ione ipoclorito
H_2SO_4	" solforico	ione solfato

39 Scrivi la formula dell'ossido di alluminio.

Guida alla soluzione In ordine di elettronegatività crescente, gli elementi che compaiono nella formula sono prima l'alluminio, poi l'ossigeno.

Sappiamo che negli ossidi il n.o. di O è −2. Nella tavola periodica leggiamo che il n.o. di Al è +3

Affinché la somma algebrica dei numeri di ossidazione sia nulla, nella formula del composto bisogna inserire gli indici, scegliendo i valori più bassi possibili.
Essendo

$$2(+3) + \ldots (-2) = 0$$

l'indice da apporre al simbolo Al è 2, mentre quello da apporre al simbolo O è ....
La formula cercata è quindi:

....

40 Scrivi le formule dei seguenti composti, denominati secondo la nomenclatura tradizionale: ossido di bario, ossido ferroso, ossido ferrico, anidride clorica, anidride periodica, idrossido di calcio, idrossido di alluminio.

41 Scrivi la formula dell'acido nitrico.

Guida alla soluzione Questo composto è un ossoacido, che contiene, in ordine di elettronegatività crescente, H, N e O. Nella classe degli ossoacidi il n.o. di H è +1, quello del non metallo è sempre positivo e quello di O è −2.

L'n.o. di N può avere due valori positivi: il suffisso -ico indica che il valore assunto nel caso considerato è il maggiore, cioè

$$n.o. = +5$$

Non resta ora che assegnare a ogni simbolo l'appropriato indice, scegliendo i valori più bassi possibili, per rendere nulla la somma dei numeri di ossidazione nella formula.

Visto che il n.o. di N è un numero dispari, occorre la presenza di un solo atomo di idrogeno affinché la somma dei numeri di ossidazione positivi sia pari. Per bilanciare tale somma (+6) occorrono .... atomi di ossigeno. Infatti si ha:

$$+1 + 5 + \ldots (-2) = 0$$

La formula cercata è quindi:

....

42 Scrivi le formule dei seguenti ossoacidi, denominati secondo la nomenclatura tradizionale: acido ipocloroso, acido periodico, acido solforoso, acido carbonico, acido nitroso.

43 Scrivi la formula del solfuro ferroso.

Guida alla soluzione È il sale di un idracido, che contiene solamente i due elementi Fe ed S, il primo con elettronegatività minore e il secondo con elettronegatività maggiore. L'n.o. dello zolfo in questo composto ha lo stesso valore che nel corrispondente idracido: l'unico valore negativo, n.o. = −2.
Il ferro, d'altra parte, possiede due numeri di ossidazione: il suffisso -oso indica che nel caso in esame il valore è il più basso, ovvero +2.
Poiché il n.o. di Fe e il n.o. di S sono opposti, non occorre effettuare alcuna operazione aggiuntiva, e si può scrivere la formula senza inserire indici:

....

44 Scrivi le formule dei seguenti sali binari, denominati secondo la nomenclatura tradizionale: solfuro di potassio, bromuro di sodio, cloruro ferroso.

45 Scrivi la formula del nitrato ferroso e quella del nitrito di calcio.

Guida alla soluzione Il suffisso -ato indica che il primo composto è un sale ternario derivante dall'acido nitrico. Per ricavare la sua formula si parte da quella dell'acido nitrico, HNO_3, e si sostituisce ad H il simbolo del metallo contenuto nel

sale, aggiustando eventualmente gli indici affinché il n.o. complessivo sia nullo. Nel caso considerato il metallo è Fe, il cui n.o., come specificato dal suffisso -oso, è il più piccolo dei due valori possibili, cioè +2.
Considerando che il residuo acido NO_3 ha complessivamente n.o. = −1, esso deve comparire nella formula con indice due:

$$Fe(NO_3)_2$$

(Leggi "effe-e enne-o-tre preso due volte".)
In modo analogo, il suffisso -ito indica che il secondo composto è un sale ternario derivante dall'acido ....
La formula di questo acido è HNO_2. Togliendo H resta il residuo acido NO_2, il cui n.o. complessivo è ....
L'n.o. di Ca, il metallo contenuto nel sale, è +2. Affinché la somma algebrica dei numeri di ossidazione sia nulla, il residuo acido deve comparire nella formula con indice ....
La formula è quindi:

....

46 Scrivi le formule dei seguenti sali ternari, denominati secondo la nomenclatura tradizionale: ipoclorito di potassio, carbonato di calcio, solfato di alluminio, nitrito di magnesio, solfito di berillio.

47 Scrivi la formula dell'acido tetraossoclorico (VII).

Guida alla soluzione È un ossoacido, nella cui formula figurano nell'ordine, dal meno elettronegativo al più elettronegativo, gli elementi H, Cl, e O.
Il prefisso tetraosso- significa che il simbolo O compare nella formula con l'indice ....
Negli ossoacidi il n.o. dell'idrogeno è +1 e il n.o. dell'ossigeno è −2. Il nome IUPAC del composto precisa, inoltre, che in esso la valenza del cloro è VII. Quindi il suo n.o è ....
Affinché la somma dei numeri di ossidazione sia nulla, occorre la presenza di un solo atomo H. Si ha, infatti,

+1 + ... + ... (−2) = 0

La formula è quindi:

....

48 Scrivi le formule dei seguenti composti, denominati secondo la nomenclatura IUPAC: pentossido di difosforo, tetrossido di diazoto, ossido di dirame, triossido di dialluminio, ossido di nichel, eptaossido di disodio, triidrossido di alluminio, diidrossido di ferro, acido triossocarbonico (IV), acido ossoiodico (I).

49 Scrivi la formula del triossonitrato (V) di calcio.

Guida alla soluzione È un sale ternario, nella cui formula compaiono, in ordine di elettronegatività crescente, gli elementi Ca, N e O. Esso deriva dall'acido triosso .... (V), il cui residuo acido, come indica il prefisso triosso-, consiste nel gruppo atomico NO_3.
Poiché il n.o. di O è −2 e quello di N, essendo V la sua valenza, è +5, il n.o. complessivo del residuo acido è ....
Nella formula del sale, per bilanciare il n.o. del calcio, uguale a +2, bisogna quindi assegnare al residuo acido l'indice ....
Si ottiene:

....

48 Scrivi le formule dei seguenti sali, denominati secondo la nomenclatura IUPAC: solfuro di disodio, dibromuro di calcio, tricloruro di ferro, diossoclorato (III) di potassio, triossocarbonato (IV) di calcio, triossolfato (IV) di potassio, tetraossosolfato (VI) di alluminio, diossonitrato (III) di bario, triossofosfato (III) di ferro (III), triossocarbonato (IV) di ferro (II).

Fai un'indagine

49 L'acqua ossigenata
Il perossido di idrogeno, noto anche come acqua ossigenata, è il più semplice dei perossidi. La sua formula è H_2O_2. A temperatura ambiente è un liquido incolore, viscoso e poco stabile, che può esplodere spontaneamente. Per questo motivo non viene utilizzato puro, ma in soluzione acquosa in percentuali mai superiori al 60%. Trova in internet ulteriori informazioni sull'acqua ossigenata, cercando in particolare di rispondere alle seguenti domande:

- Come viene prodotta industrialmente?
- Quali sono i suoi usi?
- A causa di quale reazione l'H_2O_2 pura tende a esplodere?

Fai la tua scelta

50 L'ammoniaca
L'ammoniaca è un composto dell'azoto di formula chimica NH_3. Si presenta come un gas incolore, tossico, dall'odore caratteristico. Fai una ricerca sulla produzione industriale di ammoniaca e sui suoi molteplici usi.

51 Lo sviluppo si misura anche dall'acido
Due importanti prodotti industriali sono l'acido solforico, H_2SO_4, e l'acido nitrico, HNO_3. La quantità annuale di acido solforico prodotto è addirittura considerata un indice dello sviluppo di una società. Fai una ricerca sulla produzione industriale e sugli utilizzi di questi due acidi. In base alle informazioni raccolte ritieni che la considerazione sopra esposta sia appropriata?

In English

52 The written notation used to represent the number of atoms of each element in a compound is called the:

a periodic table.
b chemical formula.
c electron configuration.
d valence number.

53 Try to name the following compounds.

1. Sodium Fluoride – 2. Calcium Sulfite – 3. Barium Sulfate – 4. Lithium Oxide

a NaF ....
b $CaSO_3$ ....
c $BaSO_4$ ....
d Li_2O ....

Esercizi commentati

54 Indica quale, fra le seguenti formule di composti binari è ERRATA e spiega perché.
- a) PbO_2
- b) BF_2
- c) SiO_2
- d) Fe_2Br_3
- e) H_2Cu

55 Lo ione nitrato (NO_3^-) si può rappresentare con la risonanza nel modo seguente:

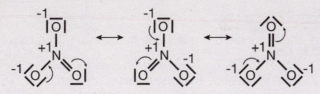

Quale delle seguenti affermazioni ad essa relative è ERRATA?
- a) Mediamente tutti i legami azoto-ossigeno hanno la stessa lunghezza.
- b) La carica formale posta sull'azoto dovrebbe essere +2.
- c) Le cariche negative poste sugli atomi di ossigeno sono corrette.
- d) Il passaggio di elettroni da una forma limite all'altra è corretto.

56 La formula chimica di una sostanza, oltre a dare indicazioni sul numero e sul tipo di atomi presenti nella sua molecola, ne permette la classificazione. Denomina secondo la nomenclatura tradizionale e classifica i composti descritti dalle seguenti formule:
- a) MgO
- b) SO_2
- c) HBr
- d) NH_3
- e) CuH_2
- f) $BaCl_2$

Organizza i concetti

57 Completa la mappa concettuale.

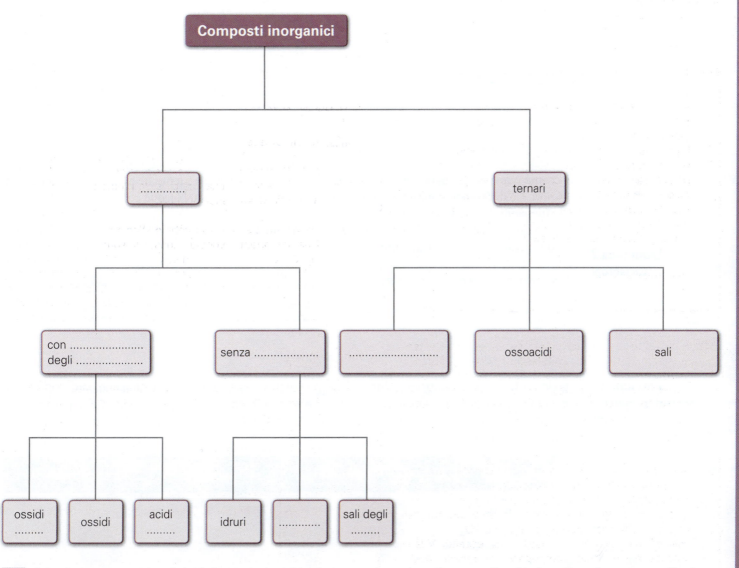

58 Costruisci una mappa in cui si chiariscono i criteri da utilizzare per determinare il numero di ossidazione di un elemento metallico in un composto ternario.

Verso le competenze

A. I corpuscoli di Thomson

Nel 1907, in *The Corpuscolar Theory of Matter*, Joseph J. Thomson scrive:

"Per ogni legame di valenza che esiste tra due atomi ha avuto luogo il trasferimento di un corpuscolo da un atomo all'altro, l'atomo che riceve il corpuscolo acquistando un'unità di carica negativa, l'altro per la perdita di un corpuscolo acquistando un'unità di carica positiva."

Domanda 1
Che cosa è un "corpuscolo?"

a. Alla luce delle tue conoscenze sulle particelle subatomiche, a quale particella si riferisce Thomson con il termine "corpuscolo"?

....

....

b. Come vengono chiamati ora gli atomi che acquistano e quelli che perdono un "corpuscolo" di Thompson?

....

....

c. Descrivi come e quando si forma un legame ionico.

....

....

....

B. Gli isotopi

In *Caos e vita. Storia della Fisica moderna e contemporanea* (1990), Enrico Bellone riassume così la genesi della nozione di isotopo:

"L'esplorazione della fenomenologia della radioattività aveva messo in evidenza una insospettabile ricchezza di prodotti di decadimento che, sotto diversi punti di vista, sembravano comportarsi come nuovi *elementi*, pur avendo proprietà chimiche analoghe o identiche a quelle di elementi già noti. Le differenze sembravano essere di natura solamente fisica. Nacque così, grazie soprattutto a riflessioni di Soddy, la nozione di *isotopo*. Il termine isotopo, coniato *ex novo* a partire dai termini greci *isos e topos*, indicava quegli elementi che occupavano lo stesso posto nella tavola periodica ma differivano tra loro fisicamente".

Domanda 2
Gli isotopi

Secondo le attuali conoscenze sulla struttura atomica, in che cosa differiscono gli isotopi?

....

....

....

Domanda 3
Gli isotopi sintetici in medicina

Lo iodio-127, con 74 neutroni, è l'unico isotopo naturale dello iodio; in medicina nucleare si usano gli isotopi sintetici, ottenuti per fissione del tecnezio e dell'uranio, iodio-131 e iodio-123, il primo come radioterapico, il secondo in radiodiagnostica. Completa la tabella il numero di protoni, neutroni ed elettroni di ogni nuclide dello iodio.

	protoni	neutroni	elettroni
iodio-127	....	....	....
iodio-131	....	....	....
iodio-123	....	....	....

Domanda 4
L'emivita dello iodio-123

Lo iodio-123 ha tempo di emivita di circa 13 ore, cioè la sua massa si dimezza ogni 13 ore. In quanto tempo la dose assunta di 130 mg sarà ridotta a 1 mg?

....
....
....

[78 ore]

C. Il gadolinio

In *Favole periodiche* (2011), Hugh Alderson-Williams racconta, a proposito del gadolinio e del samario:

"Il minerale da cui Gadolin aveva ottenuto la sua ittria, chiamato all'inizio itterbite, venne presto ribattezzato gadolinite in suo onore, ma non sarebbe stata questa l'unica o la principale ragione per cui oggi il professore finlandese viene ricordato negli annali della scienza: in seguito, infatti, il gadolinio sarebbe diventato, assieme al samario, il primo elemento a prendere il nome non da una figura mitologica, o da qualche neologismo greco basato sul suo comportamento chimico, o dal posto del suo rinvenimento, bensì da una persona reale. [...] Anche se magari non avete mai sentito parlare di questi due metalli, essi sono comunque più abbondanti dello stagno e sono presenti in ogni casa moderna: il gadolinio è usato nella registrazione di dischi e nastri magnetici, mentre i piccoli altoparlanti degli stereo portatili sfruttano leghe di samario fortemente magnetiche."

Domanda 5
Il gadolinio e la tavola periodica

Con l'ausilio della tavola periodica rispondi alle seguenti domande.

a. A quale serie di elementi appartiene il gadolinio?

....
....
....

b. Quanti sono i suoi elettroni più esterni e quali orbitali stanno riempiendo?

....
....
....

c. Scrivi nome e simbolo di almeno 3 elementi il cui nome deriva da quello di grandi scienziati.

....
....
....

d. I complessi dello ione Gd^{3+} sono utilizzati come mezzo di contrasto nella risonanza magnetica per immagini (IRM) perché lo ione Gd^{3+} è paramagnetico. Quale elemento, piuttosto comune in natura, ha comportamento paramagnetico? Spiega questo comportamento attraverso lo schema utilizzato dalla teoria degli orbitali molecolari (OM).

....
....
....
....

Laboratorio

Saggi alla fiamma

Scopo
Riconoscere alcuni elementi dalla colorazione che impartiscono alla fiamma ossidante di un bruciatore Bunsen.

Materiale occorrente
- Provette e portaprovette
- Piastra in porcellana a sei incavi (o vetri di orologio)
- Bacchetta in vetro con filo di nichel-cromo
- Vetrini al cobalto
- Spatola metallica
- Bruciatore Bunsen
- Cloruro di idrogeno in soluzione concentrata
- Cloruro di litio (LiCl), di sodio (NaCl), di potassio (KCl), di stronzio ($SrCl_2$) e di bario ($BaCl_2$)

Procedimento
- Accendere il bruciatore Bunsen e aprire la ghiera per ottenere la fiamma ossidante (quella incolore).
- In una provetta versare qualche millilitro di cloruro di idrogeno in soluzione concentrata.
- Pulire il filo di nichel-cromo immergendolo nella soluzione di cloruro di idrogeno e poi passandolo sulla fiamma ossidante.
- Ripetere più volte l'operazione fino a quando la fiamma non assume più alcuna colorazione.
- In ognuno degli incavi della piastra di porcellana mettere una punta di spatola dei cloruri da testare, avendo cura di segnare con un pennarello i diversi elementi presenti.
- Immergere il filo di nichel-cromo nella soluzione di cloruro d'idrogeno e raccogliere uno o due granelli del primo composto (per esempio cloruro di litio).
- Portare il filo sulla fiamma dal basso verso l'alto, cioè dalla parte meno calda a quella più calda della fiamma.
- Osservare il colore che la fiamma assume.
- Pulire bene il filo nel cloruro di idrogeno.
- Ripetere le operazioni per gli altri composti (tenere per ultimo il cloruro di sodio perché dà una colorazione alla fiamma molto persistente).
- Osservare la colorazione della fiamma del cloruro di potassio anche attraverso due vetrini al cobalto.

videolaboratorio

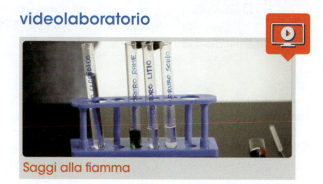

Saggi alla fiamma

Osservazioni
Riportare le osservazioni in tabella.

Elemento	Colore della fiamma
litio	rosso carminio
potassio	viola (rosso attraverso i vetri al cobalto)
stronzio	....
bario	....
sodio	....

Conclusioni
Ciascun elemento presente nei composti esaminati assorbe energia dalla fiamma e poi la rilascia sotto forma di luce colorata. Ogni elemento emette luce dal colore diverso, perciò questa tecnica è utile per riconoscere elementi contenuti in sostanze sconosciute o in miscele.

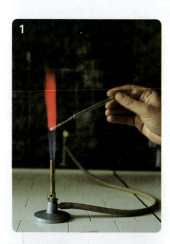

Colorazioni impartite alla fiamma
dal litio (1),
dal potassio (2),
dallo stronzio (3),
dal bario (4)
e dal sodio (5).

Laboratorio

Il simile scioglie il simile

Scopo
Prevedere in quale solvente si scioglieranno alcuni soluti e verificare l'ipotesi.

Materiale occorrente
- Una provetta grande da 50 mL con pinza e stativo
- Contagocce
- Cilindro da 10 mL
- Spatola
- Spruzzetta con acqua distillata
- Iodio (solido)
- Cromato di potassio (solido)
- n-esano (liquido)
- Tetracloruro di carbonio (liquido)

Procedimento
- Considerando che lo iodio è un solido non polare, mentre il cromato di potassio è un sale ionizzabile, e che l'acqua è un solvente polare, mentre gli altri due liquidi non lo sono, prevedere in quale solvente si dissolveranno i due solidi, prima di procedere alla verifica dell'ipotesi.
- Prelevare, con contagocce e cilindro, 10 mL di tetracloruro di carbonio e versarli nella provetta grande ben asciutta.
- Prelevare 10 mL di acqua distillata e versarli lentamente nella stessa provetta.
- Ripetere l'operazione con 10 mL di n-esano: si formeranno così tre strati di liquidi incolori trasparenti (in ordine di densità decrescente, tetracloruro di carbonio, acqua ed n-esano).
- Prelevare con la spatola parecchi cristalli di iodio e, con un colpo secco, lasciarli cadere nella provetta.
- Prelevare con la spatola poco cromato di potassio e lasciarlo cadere nella provetta.

Osservazioni
Si formano tre strati ben distinti i cui colori sono, nell'ordine, viola, giallo e viola.
Lo iodio, infatti, che è un solido covalente non polare, si solubilizza solo nei solventi non polari (tetracloruro di carbonio ed n-esano), formando una soluzione viola. Il cromato di potassio, invece, si scioglie solo nell'acqua perché polare, formando una soluzione gialla.

Laboratorio

Miscibilità e solubilità di una sostanza in relazione ai legami che la caratterizzano

Premessa
Una sostanza, qualunque sia il suo stato di aggregazione, si scioglie in un certo solvente se esso possiede una struttura simile alla sua, oppure se essa interagisce con il solvente. Per esempio l'acqua, che è un composto polare, è un buon solvente per i composti ionici e covalenti polari; questi, invece, sono insolubili in n-esano, che è un solvente apolare.

Obiettivo
Le esperienze permettono di verificare la miscibilità tra composti liquidi e la solubilità di composti solidi in liquidi e classificare le sostanze solide esaminate in base al tipo di legame in esse presente.

Strumenti e materiali
- provette
- porta provette
- spatole
- cilindro da 10 mL
- bacchetta di vetro per agitare

Reagenti
- liquidi: acqua distillata, alcol etilico, toluene, n-esano
- solidi: zucchero, cloruro di sodio (NaCl), iodio (I_2), solfato rameico pentaidrato ($CuSO_4 \cdot 5H_2O$), naftalina.

Attività I: miscibilità tra liquidi

1. Riempi fino a metà 3 provette con il primo liquido a disposizione.
2. Aggiungi la stessa quantità degli altri tre solventi, uno per ciascuna provetta.
3. Agita con la bacchetta e osserva che cosa succede.
4. Ripeti le precedenti operazioni per ogni liquido.

Osservazioni
5. Riporta i dati nella tabella, indicando se il liquido è miscibile (M), parzialmente miscibile (PM), immiscibile (NM).

	acqua	alcol etilico	toluene	n-esano
acqua				
alcol etilico				
toluene				
n-esano				

Conclusioni
Sapendo che l'acqua è un composto polare, classifica gli altri solventi in polari e apolari.

Attività II: solubilità di composti solidi

6. Riempi fino a metà 5 provette con il primo solvente scelto.
7. Aggiungi a ogni provetta una punta di spatola dei diversi composti solidi a disposizione, uno per ogni provetta.
8. Agita con la bacchetta e osserva.
9. Ripeti le operazioni precedenti con gli altri tre solventi.

Osservazioni
10. Riporta i dati nella tabella indicando se il solido è solubile (S), parzialmente solubile (PS), insolubile (NS).

	zucchero	NaCl	I_2	$CuSO_4 \cdot 5H_2O$
naftalina				
acqua				
alcol etilico				
toluene				
n-esano				

Conclusioni
Sapendo dall'esperienza precedente quali sono i solventi polari e quali non lo sono, classifica i solidi utilizzati, in base alla natura dei legami presenti, in composti covalenti, composti covalenti polari, composti ionici.

Biologia

sezione B1
I meccanismi dell'ereditarietà e dell'evoluzione

Unità
1. Geni, cromosomi, uomo
2. Il DNA e l'espressione genica
3. La sintesi evoluzionistica
4. La storia della biodiversità
5. L'evoluzione dell'uomo

Obiettivi

Conoscenze

Dopo aver studiato questa Sezione sarai in grado di:

→ spiegare il significato della teoria cromosomica, delineandone conseguenze e applicazioni (determinazione del sesso, caratteri legati al sesso, associazione di geni, mappatura di cromosomi);

→ descrivere le caratteristiche delle principali patologie genetiche nell'uomo (malattie ereditarie e anomalie cromosomiche);

→ illustrare attraverso quali meccanismi si compiono la duplicazione del DNA e la sintesi delle proteine;

→ descrivere i processi di regolazione dell'espressione genica nei procarioti e negli eucarioti;

→ spiegare il ruolo delle mutazioni nei processi evolutivi;

→ esporre i princìpi della teoria sintetica;

→ evidenziare la stretta correlazione esistente tra genetica ed evoluzione;

→ illustrare le fasi attraverso le quali è comparsa e si è evoluta la vita sulla Terra;

→ delineare le principali tappe dell'evoluzione dell'uomo.

Competenze

Dopo aver studiato questa Sezione e aver eseguito le Verifiche sarai in grado di:

→ saper utilizzare la terminologia e il simbolismo formale specifici della genetica moderna e della teoria sintetica;

→ ricostruire il percorso sperimentale che ha portato alla scoperta del materiale genetico e dei meccanismi attraverso i quali si realizza l'espressione genica;

→ rappresentare con schemi gli aspetti caratterizzanti dei meccanismi ereditari e le fasi dell'evoluzione degli animali e dell'uomo sulla Terra;

→ ricercare, raccogliere e selezionare informazioni sulla genetica e l'evoluzione da fonti attendibili (testi, siti web, riviste scientifiche ecc.), interpretandole nei modi in cui si presentano (testi, diagrammi, grafici, tabelle, immagini ecc.).

unità 1

Geni, cromosomi, uomo

biologia

L'albinismo è una condizione in cui l'assenza o la riduzione di pigmentazione può riguardare la pelle, i peli, gli occhi, ed è abbastanza frequente nel mondo animale. Ma quali sono le cause di questa patologia? Ed essa è trasmissibile alla progenie?

1. La teoria cromosomica dell'ereditarietà

In questa Unità riprendiamo il discorso sulla genetica classica, per descrivere gli straordinari sviluppi che essa ebbe agli inizi del secolo scorso.

All'epoca di Mendel non si sapeva nulla del nucleo delle cellule, della divisione cellulare e dei cromosomi, ma quando il suo lavoro venne riscoperto la biologia aveva fatto passi da gigante: negli ultimi anni dell'Ottocento, infatti, erano state effettuate nel campo della citologia scoperte che avrebbero facilitato il compito ai primi genetisti.

Già nel 1882 il biologo tedesco Walther Flemming (1843-1905) aveva osservato al microscopio la mitosi di cellule della cornea e aveva individuato, grazie a una particolare tecnica di colorazione, la presenza della *cromatina* nel nucleo delle cellule durante l'interfase e dei *cromosomi* durante la divisione.

Negli anni successivi si studiò il processo di produzione degli spermatozoi e delle cellule uovo: poiché negli spermatozoi andavano persi quasi tutti gli organuli cellulari ad eccezione del nucleo, si intuì che il vettore dell'informazione genetica era contenuto nel nucleo cellulare. Si studiò inoltre il comportamento dei cromosomi durante la meiosi: dapprima formano coppie di omologhi (le *tetradi*), poi si separano per andare ciascuno in un gamete.

Il singolare parallelismo tra la separazione dei cromosomi omologhi in meiosi e la segregazione degli alleli mendeliani non poteva passare inosservato. Nel 1903 il biologo statunitense Walter Sutton (1877-1916; ▶1), dopo aver studiato a lungo la produzione di spermatozoi nella cavalletta, propose una delle più importanti teorie della biologia: la **teoria cromosomica dell'ereditarietà**, secondo la quale i geni responsabili dell'ereditarietà dei caratteri si trovano nei cromosomi e, in particolare, gli alleli alternativi di un medesimo gene sono localizzati su due cromosomi omologhi. Il luogo "fisico" in cui si trova ognuno di essi è detto *locus* (al plurale *loci*).

Per meglio comprendere quali considerazioni portarono Sutton ad elaborare la sua teoria, analizziamo nel dettaglio le analogie tra il comportamento degli alleli mendeliani e quello dei cromosomi in meiosi:

→ negli organismi diploidi i cromosomi sono presenti in coppie di omologhi, uno di origine materna e uno di origine paterna; nel genotipo di ogni individuo sono presenti coppie di alleli, uno di origine materna e uno di origine paterna;

→ i cromosomi omologhi si separano in meiosi e di conseguenza i gameti (che sono aploidi) ne contengono uno solo per ogni coppia; anche gli alleli sono presenti nei gameti in forma singola (uno solo di ogni coppia);

→ i cromosomi omologhi formano nuove coppie

Figura 1 Studiando la meiosi, Walter Sutton scoprì che erano i cromosomi il mezzo attraverso il quale i caratteri ereditari venivano trasmessi di generazione in generazione.

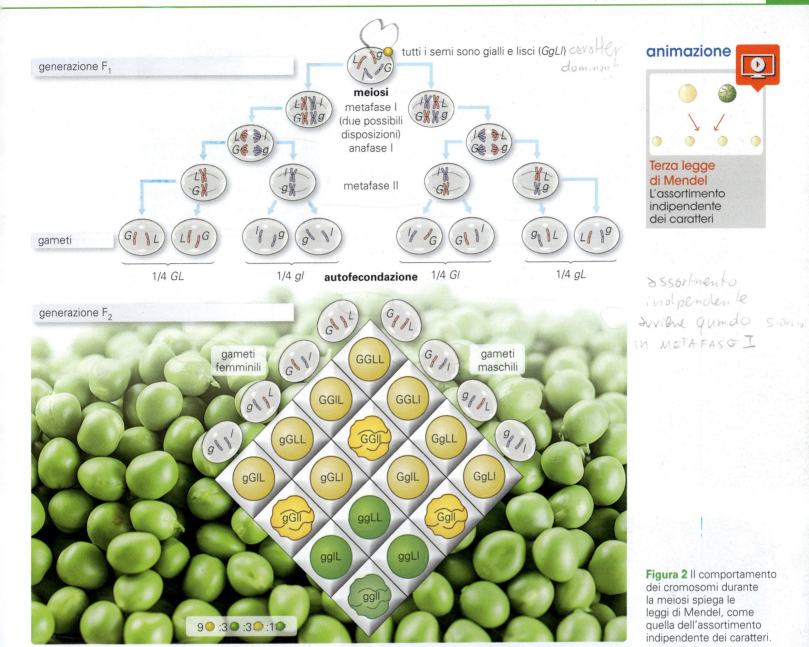

Figura 2 Il comportamento dei cromosomi durante la meiosi spiega le leggi di Mendel, come quella dell'assortimento indipendente dei caratteri.

(materno-paterno) al momento della fecondazione. Anche gli alleli formano nuove coppie (materno-paterno) nella prole;
→ gli alleli responsabili di caratteri diversi assortiscono in modo indipendente (terza legge di Mendel), ma anche i cromosomi si comportano in meiosi in modo indipendente. Prendiamo ad esempio l'incrocio effettuato da Mendel con le piantine di *Pisum sativum*: semi gialli-lisci (*GGLL*) con semi verdi-rugosi (*ggll*). Poiché la disposizione dei cromosomi durante la metafase della meiosi è del tutto casuale, se la coppia *G/g* e la coppia *L/l* si trovano su due diversi cromosomi, la probabilità che il cromosoma contenente *G* si venga a trovare nel medesimo gamete con quello contenente *L* è uguale alla probabilità che lo stesso cromosoma con *G* si trovi abbinato al cromosoma con *l*. Lo stesso vale per il cromosoma con *g*, che può trovarsi abbinato sia con *L* sia con *l*. Si spiega così l'esistenza dei quattro diversi tipi di gameti previsti da Mendel (*GL, Gl, gL, gl*) e il rapporto 9:3:3:1 che si ottiene in F$_2$ (▶2).

Per quanto oggi possa sembrare strano, la teoria cromosomica dell'ereditarietà non fu accolta con favore dai genetisti dell'epoca, anche perché molti addirittura dubitavano del fatto che il gene fosse una reale entità fisica. Essa poté affermarsi solo grazie a nuove scoperte, come l'esistenza dei cromosomi sessuali, dei caratteri legati al sesso e dell'associazione tra geni.

Facciamo il punto

1. Che cosa afferma la teoria cromosomica?
2. Su quali somiglianze nel comportamento di alleli e cromosomi si basa?
3. Scegli tra le due alternative.
   Nell'incrocio semi *gialli/lisci* con semi *verdi/rugosi* Mendel ottiene in F$_2$ il rapporto fenotipico *9:3:3:1/3:1*. Questo risultato è la conseguenza della disposizione casuale dei cromosomi durante la *mitosi/meiosi*, che causa la formazione di *2/4* tipi diversi di gameti.

2 La determinazione del sesso

Gli studi di citologia avevano evidenziato la presenza, negli organismi diploidi, di coppie di cromosomi omologhi, gli **autosomi**, sia nei maschi sia nelle femmine. Si scoprì però che esisteva, nella grandissima maggioranza degli organismi, una coppia di cromosomi differente dalle altre, implicata nella determinazione del sesso. La scoperta dei **cromosomi sessuali** (o eterosomi) fu la prima conferma dell'esistenza di un legame tra un carattere ereditario (il sesso) e una coppia di cromosomi (▶3).

Nella nostra specie i cromosomi sessuali si indicano con le lettere X e Y: le femmine possiedono due cromosomi X uguali (XX), sono cioè *omogametiche*, mentre i maschi possiedono due cromosomi diversi, un cromosoma X e un piccolo cromosoma Y (XY) e sono perciò detti *eterogametici*. È la presenza di Y a stabilire il sesso: alcuni geni posizionati solo sul cromosoma Y provocano lo sviluppo dei testicoli a partire dal terzo mese di sviluppo embrionale; in assenza di Y si sviluppano le ovaie.

Vi è un'altra differenza tra X e Y (▶4): il primo è un cromosoma di discrete dimensioni che contiene centinaia di geni, il secondo è di dimensioni molto ridotte e contiene solo poche decine di geni. Di conseguenza le femmine possiedono coppie di alleli per tutti i loro caratteri, mentre i maschi per un certo numero di geni possiedono un solo allele (posizionato su X, perché non c'è l'allele corrispondente su Y): sono quindi *emizigoti* per quei geni. È un fatto importante, poiché coinvolge le modalità di trasmissione ereditaria di alcune malattie genetiche.

Ma come si determina il sesso di un figlio? Lo possiamo spiegare utilizzando il quadrato di Punnett, come dimostra la figura ▶5. La madre XX può produrre solo gameti contenenti un cromosoma X, mentre il padre produce metà degli spermatozoi con il cromosoma X e metà con il cromosoma Y. Con la fecondazione, se il figlio riceve dal padre il cromosoma Y è un maschio, se riceve il cromosoma X è una femmina. Possiamo quindi concludere che è il padre a determinare il sesso del figlio.

Sebbene la probabilità di nascere maschio o femmina sia del 50%, per motivi ignoti nasce un'eccedenza di maschi (105 maschi contro 100 femmine). Questa eccedenza di maschi si riduce ben presto a causa della più elevata mortalità maschile tra i 15 e i 20 anni, che porta a una sostanziale parità numerica a quell'età. Come è noto a tutti, infine, in età avanzata prevalgono nettamente le donne, che vivono più a lungo (in media 6 anni).

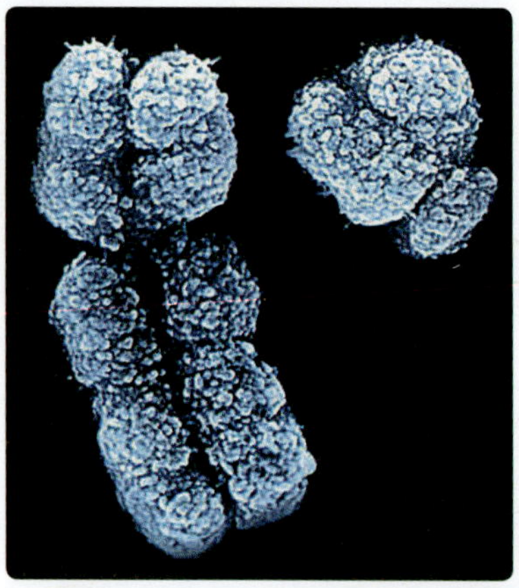

Figura 4 Fotografia ingrandita, ottenuta al microscopio elettronico a scansione, del cromosoma X (a sinistra) e del cromosoma Y (a destra) umani.

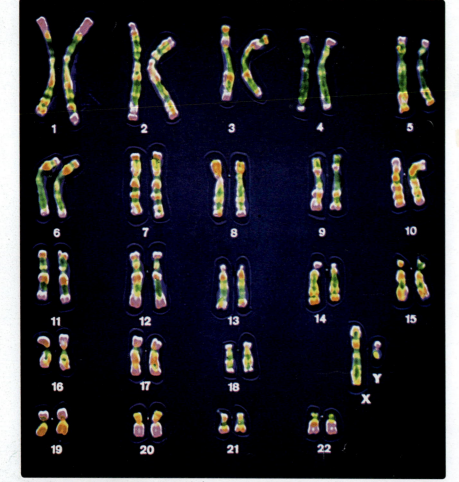

Figura 3 Cariotipo umano maschile in cui si notano le 22 coppie di autosomi e la coppia di cromosomi sessuali XY. Il cariotipo è la fotografia dei cromosomi di un individuo abbinati a coppie di omologhi e ordinati in base alla grandezza.

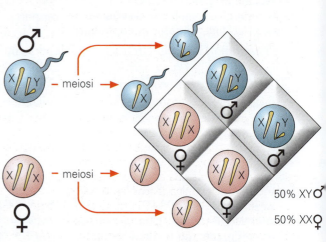

Figura 5 Modalità di trasmissione dei cromosomi sessuali.

2.1 I caratteri legati al sesso: dalla *Drosophila*... all'uomo

La scoperta dell'esistenza di un legame tra il sesso e una coppia di cromosomi stimolò i genetisti dei primi del Novecento nella ricerca di altri caratteri associati a specifici cromosomi. Protagonisti di questa nuova fase della genetica furono il biologo americano Thomas Hunt Morgan e il suo gruppo di collaboratori della Columbia University, ma forse sarebbe meglio dire che il vero protagonista fu... il moscerino della frutta, il cui nome scientifico è *Drosophila melanogaster* (▶6). Una svolta epocale negli studi di genetica si ebbe infatti quando Morgan (▶7) abbandonò gli esperimenti su ratti e topi, troppo costosi e con tempi di attesa di ogni nuova generazione eccessivamente lunghi, per dedicarsi agli incroci tra moscerini.

La *Drosophila* ha alcune caratteristiche che la rendono particolarmente apprezzata dai genetisti: è semplice da allevare (basta un piccolo contenitore) e da nutrire (bastano frutta e zucchero), ha un ciclo vitale di circa due settimane e produce centinaia di discendenti ogni volta; inoltre i due sessi sono facilmente distinguibili, con la femmina omogametica (XX) e il maschio eterogametico (XY) come nella nostra specie.

Figura 6 *Drosophila melanogaster* vista al microscopio elettronico a scansione (a sinistra) e mutante di *D. melanogaster* con fenotipo "occhi bianchi" (a destra).

Morgan voleva indurre mutazioni nei moscerini, esponendo le loro colture a raggi X e a vari agenti chimici mutageni (cioè induttori di mutazioni): per molto tempo non ottenne alcun risultato, ma a un certo punto comparve un moscerino maschio "mutante" con gli occhi bianchi, un carattere recessivo piuttosto raro dal quale riuscì a ottenere una linea pura di maschi con occhi bianchi.

Incrociando maschi "mutanti" con occhi bianchi con femmine di tipo "selvatico" con occhi rossi, Morgan ottenne nella F_1 moscerini maschi e femmine tutti con occhi rossi. Nulla di strano: lo prevede, infatti, la legge di dominanza. Quando però, incrociando gli individui F_1, ottenne la generazione F_2, notò una stranezza: sebbene il rapporto tra individui con occhi rossi e individui con occhi bianchi si avvicinasse al 3:1 mendeliano, tutti i moscerini con gli occhi bianchi erano maschi, nessuna femmina

Figura 7 Thomas Hunt Morgan (1866-1945), premio Nobel per la medicina nel 1933 per "le sue scoperte sulla funzione dei cromosomi come portatori dell'eredità".

QUALCOSA IN PIÙ

Scheda 1 — Come si determina il sesso negli animali?

La determinazione del sesso nelle varie specie animali può avvenire tramite molteplici meccanismi, sia di natura genetica (GSD, *Genetic Sex Determination*) sia di natura ambientale (ESD, *Environmental Sex Determination*).
La determinazione genetica del sesso comporta la presenza di una coppia di cromosomi sessuali omologhi, ma diversi per forma e dimensioni.
Nei mammiferi è come nell'uomo: il maschio è XY e la femmina XX.
Negli uccelli, nei serpenti e in vari invertebrati, tra cui i lepidotteri, il sesso eterogametico è quello femminile. Per distinguere questa situazione da quella dei mammiferi (XX - XY), negli uccelli i cromosomi sessuali vengono indicati con le lettere Z e W, con le femmine ZW e i maschi ZZ.
Nella maggior parte degli insetti la situazione è apparentemente come nei mammiferi, con femmine XX e maschi XY: tuttavia il sesso è determinato dal numero di X e non dalla Y, per cui chi ha una sola X è maschio, chi ha due X è femmina (anche se è XXY) e in alcuni casi la Y non c'è. Esistono altre specie in cui il sesso è legato unicamente al numero di X presenti: in alcuni vermi con una X si è maschi, con due X ermafroditi,

Figura 1 Il sesso di questo piccolo di tartaruga dipende dalla temperatura cui sono state incubate le uova.

con tre X femmine. Vi sono specie in cui il sesso è invece determinato dall'ambiente: è il caso delle tartarughe, nelle quali le uova incubate a bassa temperatura producono maschi, quelle tenute a temperatura più alta femmine (▶1). In alcune specie l'individuo può comportarsi prima da femmina e poi da maschio: il sesso fenotipico varia con l'età, in base alla produzione di ormoni, a prescindere dal sesso genotipico.
Infine esistono organismi vegetali e animali in cui non vi è separazione tra i sessi: tutti gli individui presentano lo stesso corredo cromosomico e producono sia i gameti maschili sia i gameti femminili. Le piante di questo tipo sono dette monoiche e gli animali ermafroditi (▶2).

Figura 2 La chiocciola è un animale ermafrodita (**a**); il larice è invece una pianta monoica: uno stesso individuo porta sia le infiorescenze maschili (gialle) sia quelle femminili (giallo-rosate) (**b**).

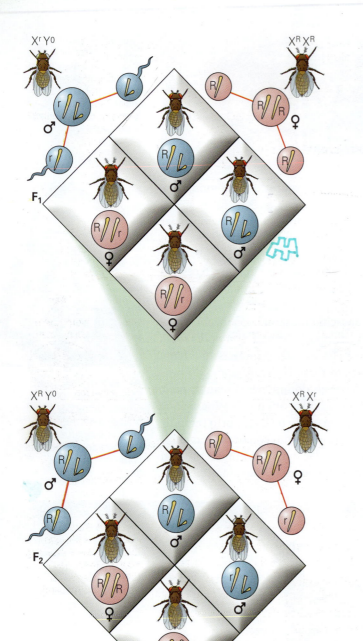

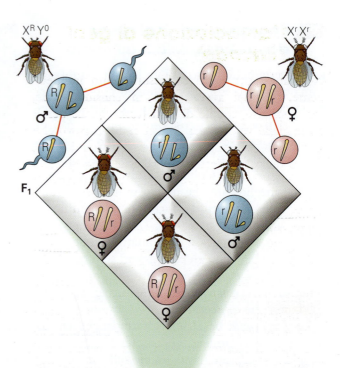

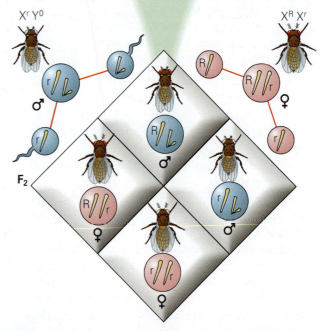

Figura 8 L'allele per gli occhi rossi (dominante) è indicato con R, quello per gli occhi bianchi (recessivo) con r. Le femmine della generazione P hanno genotipo $X^R X^R$, i maschi genotipo $X^r Y^0$. In F_1 i moscerini hanno tutti gli occhi rossi perché le femmine sono $X^R X^r$ e i maschi $X^R Y^0$. In F_2 solo i maschi hanno gli occhi bianchi poiché tutte le femmine possiedono almeno un cromosoma X^R.

Figura 9 Le femmine della generazione P hanno genotipo $X^r X^r$, i maschi $X^R Y^0$. In F_1 le femmine sono $X^R X^r$ e hanno gli occhi rossi, mentre i maschi sono $X^r Y^0$ e hanno gli occhi bianchi. In F_2 sia i maschi sia le femmine presentano occhi rossi e bianchi.

aveva gli occhi bianchi! Questo fatto contrastava con le leggi di Mendel, che consideravano i caratteri genetici indipendenti dal sesso (i moscerini con occhi bianchi avrebbero dovuto essere metà maschi e metà femmine). Messo in allerta da questa osservazione, incrociò maschi con occhi rossi e femmine con occhi bianchi (ottenute a loro volta con un particolare incrocio): nella F_1 i figli non risultarono tutti con gli occhi rossi, come pretenderebbe il principio di dominanza, ma tutti i maschi avevano gli occhi bianchi e tutte le femmine gli occhi rossi.

A questo punto Morgan ipotizzò che il gene per il colore degli occhi fosse posizionato nei cromosomi sessuali, ma solo nel cromosoma X, non nel cromosoma Y: era l'idea giusta, come evidenziano le figure ▶8 e ▶9.

Facciamo il punto

4 Come si determina il sesso nella specie umana? E nelle altre specie?

5 Come vennero scoperti i caratteri legati al sesso?

3 L'associazione di geni (linkage)

Nei suoi esperimenti sull'assortimento indipendente, Mendel aveva preso in considerazione, senza saperlo, coppie di geni (come quelle per il seme giallo-verde e per il seme liscio-rugoso) che si trovano su cromosomi diversi (rivedi la ▶2). Aveva quindi dedotto che gli alleli segregavano indipendentemente l'uno dall'altro. Ma questo si rivelò non essere sempre vero. I genetisti inglesi William Bateson (1861-1926) e Reginald Punnett (1875-1967) presero in considerazione un'altra coppia di caratteri di *Pisum sativum*, incrociando tra loro piante con fiori viola e granulo pollinico allungato (*VVAA*) e piante con fiori rossi e granulo pollinico arrotondato (*vvaa*): in F_2 ottennero risultati incompatibili con il rapporto 9:3:3:1 previsto dalla terza legge di Mendel (▶10) e notarono che le coppie di caratteri presenti nella generazione P ("parentali") prevalevano sulle nuove combinazioni ("ricombinanti"). Non furono però in grado di spiegarne il motivo.

Il problema fu quindi affrontato da Morgan, che utilizzò ancora moscerini di *Drosophila melanogaster*. Incrociando individui con corpo grigio e ali normali (*CCAA*) con individui con corpo nero e ali ridotte (*ccaa*), ottenne in F_1 individui con corpo grigio e ali normali (come prevede la legge di dominanza). In F_2, invece, il rapporto fenotipico ottenuto, come già accaduto a Bateson, non fu il 9:3:3:1 previsto dalla legge dell'assortimento indipendente: gli individui con i caratteri parentali erano più del previsto, quelli con i fenotipi ricombinanti di meno.

Morgan ebbe a questo punto la corretta intuizione: ipotizzò che i due geni relativi ai caratteri da lui considerati fossero situati sullo stesso cromosoma, mentre quelli considerati da Mendel fossero su cromosomi diversi. Nasceva però un problema: due geni situati sul medesimo cromosoma formano un **gruppo di associazione** e dovrebbero essere eredita-

ti sempre insieme; come si spiegava allora l'esistenza in F_2 di "individui ricombinanti"? Morgan suppose che, in meiosi, i due geni a volte si separassero grazie al *crossing over* che, scambiando la posizione degli alleli *C* e *c* (o *A* e *a*) nella coppia di cromosomi omologhi, creava un certo numero di nuove combinazioni (processo di *ricombinazione genetica*).

Per dimostrare la correttezza della sua ipotesi Morgan effettuò un *test-cross* tra individui della F_1 (*CcAa*) e individui omozigoti recessivi (*ccaa*): ottenne quattro fenotipi diversi, a riprova che gli individui *CcAa* producevano quattro tipi di gameti, ma non nel rapporto 1:1:1:1 previsto dalla terza legge di Mendel (▶11). La percentuale di individui

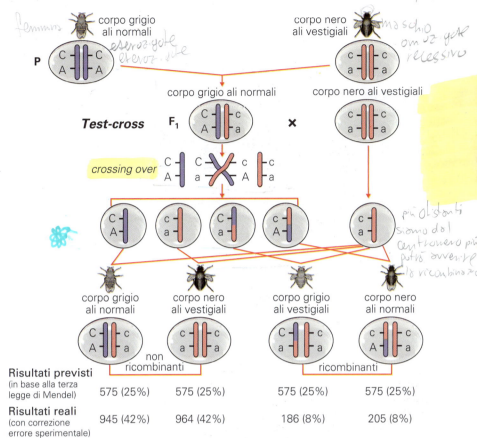

Figura 11 Attraverso il *test-cross* Morgan dimostrò che il *crossing over* era responsabile della comparsa dei fenotipi ricombinanti.

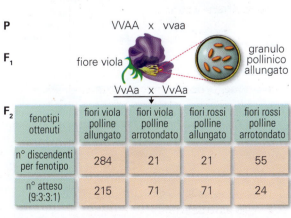

Figura 10 Esperimento di Bateson e Punnett. In F_2 i fenotipi parentali sono più del previsto, quelli ricombinanti meno.

F_2 fenotipi ottenuti	fiori viola polline allungato	fiori viola polline arrotondato	fiori rossi polline allungato	fiori rossi polline arrotondato
n° discendenti per fenotipo	284	21	21	55
n° atteso (9:3:3:1)	215	71	71	24

Lo sapevi che...

Cromosomi... giganti!

Il moscerino della frutta si è dimostrato fondamentale in genetica. Nel 1933 vennero scoperti nelle ghiandole salivari di larve di *Drosophila* dei cromosomi giganti, ben visibili al microscopio ottico e caratterizzati dall'alternanza di bande chiare e scure. L'assenza di un gene produce la scomparsa di determinate bande, un'ulteriore conferma della validità della teoria cromosomica.

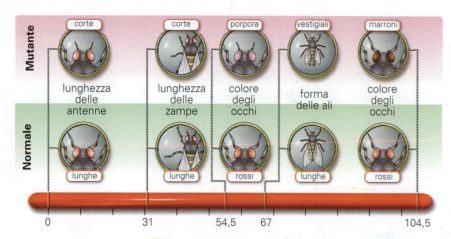

Figura 12 Una porzione di mappa cromosomica di *Drosophila*, relativa al cromosoma 2, che evidenzia alcuni geni e i caratteri da essi controllati. I numeri indicano la distanza di ogni gene in cM rispetto a un gene di riferimento (punto 0).

Alfred H. Sturtevant (1891-1970), un giovane allievo di Morgan, a intuirne il motivo. Gli alleli sono disposti in sequenza lineare lungo il cromosoma e il *crossing over*, che produce i ricombinanti, si verifica con frequenza diversa a seconda della distanza "fisica" tra i *loci* dei due alleli associati: più sono distanti, più spesso avviene il *crossing over* e più numerosi sono gli individui ricombinanti; più sono vicini, meno frequente è il *crossing over* e meno numerosi sono i ricombinanti.

Si aprì così la strada alla **mappatura** dei cromosomi, cioè alla determinazione della sequenza dei geni lungo il cromosoma e della distanza relativa tra di essi. Compiendo esperimenti con numerose coppie di caratteri associati e determinando la *frequenza di ricombinazione* tra i medesimi, Sturtevant riuscì a determinare la posizione di ogni allele su ognuna delle 4 coppie di cromosomi di *Drosophila*, costruendo la prima mappa cromosomica di un essere vivente (▶12). Per indicare la distanza tra i geni si assunse arbitrariamente come unità di misura quella che produceva l'1% di ricombinanti: venne chiamata centiMorgan (1 cM = 1% di ricombinazione).

ricombinanti sul totale degli individui rappresenta la *frequenza di ricombinazione* (ossia la frequenza con cui avviene il *crossing over*).

3.1 Le mappe cromosomiche

Gli esperimenti condotti dai collaboratori di Morgan fornivano risultati diversi a seconda della coppia dei caratteri associati che veniva presa in considerazione. In alcuni casi i ricombinanti erano pochissimi, in altri erano più numerosi. Perché? Fu

Facciamo il punto

6 In che cosa consiste e come venne scoperta l'associazione tra geni?

7 Come si spiega la comparsa di ricombinanti nella seconda generazione figliale?

8 Come si costruisce una mappa cromosomica?

4 La genetica e l'uomo

Le leggi di Mendel sono universalmente valide e quindi applicabili anche a organismi complessi come l'uomo. Non mancano infatti nella nostra specie caratteri determinati da un unico gene che si manifesta in due forme alternative, una dominante e una recessiva, come la forma del lobo dell'orecchio, la presenza di lentiggini, il tipo di attaccatura dei capelli, la capacità di piegare la lingua a U (**TABELLA 1**). Tuttavia, la maggior parte dei nostri caratteri è poligenica (o multifattoriale) e quindi non si presenta in forme alternative, ma con una variazione continua, come nel caso dell'altezza e del colore della pelle, oppure con sintomi di varia intensità nel caso di malattie genetiche.

La poligenia di certo complica lo studio della genetica nell'uomo, ma ciò che rende diverso questo ramo della genetica è l'impossibilità, per evidenti motivi etici, di fare sperimentazione (incroci selezionati, induzione di mutazioni con raggi X ecc.) sugli esseri umani; e sarebbe anche poco utile farlo, dati i lunghi tempi di riproduzione. Ci si basa allora sugli alberi genealogici: usati soprattutto in passato dalle famiglie nobili per ricostruire il proprio "pedigree", sono oggi utilizzati in genetica per lo studio

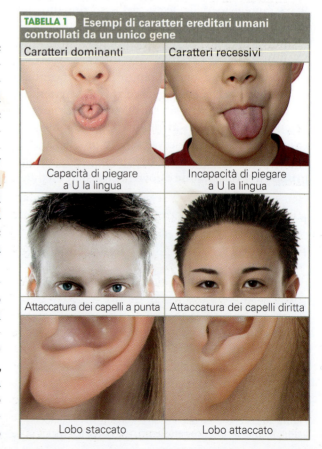

TABELLA 1 Esempi di caratteri ereditari umani controllati da un unico gene

Caratteri dominanti	Caratteri recessivi
Capacità di piegare a U la lingua	Incapacità di piegare a U la lingua
Attaccatura dei capelli a punta	Attaccatura dei capelli diritta
Lobo staccato	Lobo attaccato

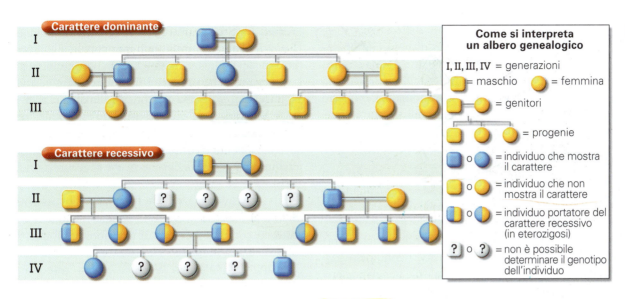

Figura 13 Esempi di alberi genealogici relativi alla trasmissione di un carattere ereditario dominante e di uno recessivo.

dei fenotipi familiari nel maggior numero possibile di generazioni (▶13). Gli alberi genealogici risultano particolarmente utili anche nello studio delle malattie di origine genetica.

Le **malattie genetiche** si originano in conseguenza di **mutazioni**, errori che si verificano durante il processo di formazione dei gameti di un genitore: l'effetto compare nel fenotipo del figlio. Esistono tre tipi di mutazioni:

→ le **mutazioni geniche** (o *puntiformi*), che interessano un solo gene;
→ le **mutazioni cromosomiche**, che modificano la struttura di un cromosoma per eliminazione o duplicazione o spostamento di parti del cromosoma stesso;
→ le **mutazioni genomiche**, che alterano il numero di cromosomi aumentandolo di una o più unità (*aneuploidia*) oppure raddoppiando o triplicando l'intero patrimonio cromosomico (*poliploidia*).

Le mutazioni geniche provocano il malfunzionamento di un singolo gene e di conseguenza (per motivi che verranno chiariti nell'Unità 2) la produzione di un enzima o, più in generale, di una proteina non funzionanti: si originano così le **malattie genetiche monofattoriali**, comunemente dette **malattie ereditarie**, poiché chi possiede il gene difettoso lo trasmette ai discendenti secondo le regole della genetica mendeliana.

In base alle caratteristiche del gene non funzionante possiamo distinguere tre tipi di malattie ereditarie: **recessive autosomiche**, **recessive eterosomiche** (o **legate al sesso**) e **dominanti**. Tra le circa 8000 malattie ereditarie conosciute, alcune molto rare, descriveremo quelle più frequenti e di maggior impatto sociale.

Anche le **malattie genetiche multifattoriali** sono dovute a mutazioni geniche, ma in questo caso si eredita, in modo non mendeliano, solo la predisposizione alla malattia: si tratta di patologie, come l'epilessia o il diabete, le cui cause sono sia genetiche sia ambientali.

Le mutazioni cromosomiche e quelle genomiche di tipo aneuploide provocano invece **anomalie** (o **aberrazioni**) **cromosomiche**, come la sindrome di Down, che non si ereditano in base alle leggi di Mendel. Le mutazioni genomiche che moltiplicano l'intero patrimonio genetico non sono invece compatibili con la vita negli animali, per cui in questa sede non ce ne occupiamo, ma possono accadere ed essere persino positive nei vegetali.

4.1 Malattie recessive autosomiche: l'allele difettoso è recessivo

Sono le malattie ereditarie più comuni, provocate da un allele recessivo malfunzionante, che indichiamo genericamente con a, posizionato su di un cromosoma non sessuale. L'individuo che lo possiede è malato solo se è omozigote (*aa*), mentre se è eterozigote (*Aa*) non evidenzia i sintomi della malattia grazie alla presenza di un allele che funziona normalmente; tuttavia, poiché possiede comunque un allele malfunzionante che potrà trasmettere ai discendenti, è un **portatore sano** di quella malattia (▶14).

Ed è proprio la presenza, nella popolazione, dei portatori sani a causare la quasi totalità delle nascite dei malati. Due genitori non imparentati molto

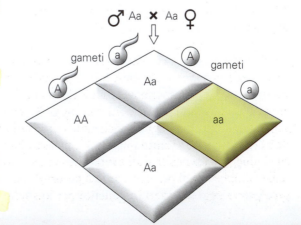

Figura 14 Nel caso di malattie recessive autosomiche, per produrre un figlio malato i genitori devono essere almeno entrambi portatori, come evidenzia il quadrato di Punnett. In colore è indicata la progenie che mostra la malattia.

difficilmente saranno portatori dello stesso allele difettoso, dato il gran numero di geni che possediamo. Al contrario, un uomo e una donna strettamente imparentati hanno una maggiore probabilità di possedere il medesimo allele anomalo. Per questo motivo sono sconsigliati matrimoni tra consanguinei (come i cugini di primo grado).

Albinismo

È provocato da mutazioni che inattivano uno dei geni responsabili della produzione di *melanina*, il pigmento che scurisce la pelle, i capelli, l'iride degli occhi e protegge dalla luce solare.

L'albinismo è frequente negli animali ma più raro nell'uomo. I malati di albinismo hanno pelle pallidissima (non devono esporsi al sole per evitare eritemi), capelli bianchi o giallo paglierino e occhi con iride trasparente, che appare rossa perché la mancanza di melanina permette di vedere i capillari sanguigni (▶15). La trasparenza dell'iride rende i loro occhi molto sensibili alla luce (fotofobia) e un difetto della retina procura loro problemi di vista.

La frequenza della malattia è di un malato ogni 20 000 nati.

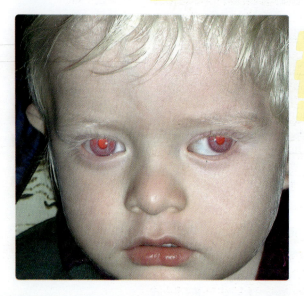

Figura 15 Nelle persone affette da albinismo è evidente la mancanza di melanina nei peli e la trasparenza dell'iride.

Fenilchetonuria (PKU)

È una malattia genetica piuttosto comune, soprattutto nelle popolazioni dell'Europa settentrionale. La mutazione di un gene presente nel cromosoma 12 impedisce al fegato di produrre l'enzima che degrada la fenilalanina, un amminoacido essenziale che assumiamo con il cibo. In assenza dell'enzima, o se questo è carente o malfunzionante, la fenilalanina si trasforma in acido fenilpiruvico, che si accumula nel sangue e nelle urine del bambino ed è tossico per le cellule del sistema nervoso in formazione. In assenza di cure la malattia provoca un ritardo mentale irreversibile, con una speranza di vita ridotta: gli effetti sono diversi a seconda della gravità della malattia, che varia da una forma "benigna" a una "severa" in base ai livelli di fenilalanina nel sangue.

Da alcuni anni sono stati elaborati metodi diagnostici (*Test di Guthrie* e, più recentemente, analisi cromatografiche degli amminoacidi presenti nel sangue) che permettono di individuare la malattia nel neonato. Se gli esami risultano positivi, si sottopone il bambino, sino all'età di 6 anni, a una dieta povera di fenilalanina in modo che non si producano accumuli tossici; non è invece possibile somministrare l'enzima carente al malato, perché viene eliminato dagli anticorpi.

Esiste anche un test di diagnosi prenatale per individuare la malattia nel feto: in questo modo si possono prevenire gli effetti precoci della PKU sottoponendo la madre alla dieta carente di fenilalanina durante la gravidanza.

La malattia ha effetti pleiotropici, perché la man-

Scheda 2 SCID: i bambini-bolla

BIOLOGIA & SALUTE

Nasce così un bambino su 60-70000: sono i *Bubble boys* (bambini-bolla), dal nome dato negli anni '70 del secolo scorso al più famoso malato di SCID, l'americano David Vetter. David passò i 12 anni della sua breve vita a casa, in una «bolla» sterile di plastica, isolato da tutti e da tutto (▶1). Tutto ciò che entrava nella bolla, dagli alimenti, ai giochi, ai vestiti era sottoposto a un'accurata procedura di disinfezione. Da questa prigione David uscì poche volte grazie a una tuta costruita dalla Nasa: gli venne infine trapiantato il midollo osseo (che produce le cellule del sangue e quelle immunitarie) della sorella, ma il trapianto non riuscì e il ragazzo morì nel 1984.

Le immunodeficienze combinate gravi (SCID, *S*evere *C*ombined *I*mmuno *D*eficiencies) sono un gruppo di malattie ereditarie, spesso letali, provocate dalla carenza di cellule del sistema immunitario (i linfociti). La forma più comune di SCID si trasmette come malattia recessiva legata al sesso (SCID X-recessiva). Esiste anche una forma di tipo recessivo autosomico (25-30% dei casi): è l'ADA-SCID, dovuta alla mancanza, determinata da un gene difettoso, dell'enzima adenosindeaminasi (ADA); ne consegue un accumulo intracellulare di metaboliti tossici che alterano gravemente la funzione dei linfociti.

Privi di difese immunitarie, i bambini affetti da queste patologie contraggono ripetutamente gravi infezioni prodotte da batteri, virus e funghi che nell'individuo sano sarebbero innocui. La terapia tradizionale di trapianto del midollo di un donatore si scontra con la difficoltà di reperire donatori di midollo compatibili. Per questo motivo negli ultimi anni, per l'ADA-SCID, si è intrapresa la strada della terapia genica: si prelevano cellule staminali midollari dal paziente, vi si inserisce il gene sano con le tecniche di manipolazione del DNA e infine si ritrapiantano le cellule nel paziente. I risultati sono più che incoraggianti.

Figura 1 David Vetter dentro la "bolla" sterile in cui era costretto a vivere.

canza dell'enzima blocca la produzione di melanina, di cui la fenilalanina è un precursore: i malati hanno infatti pelle pallida e occhi chiari.

La frequenza della PKU è di un malato ogni 10 000 nati.

Fibrosi cistica (mucoviscidosi)

Si origina in seguito alla mutazione del gene CFTR (**C**ystic **F**ibrosis **T**ransmembrane **C**onductance **R**egulator), situato nel cromosoma 7, necessario per la sintesi di una proteina di trasporto degli ioni presente sulla membrana delle cellule epiteliali. La malattia coinvolge numerosi organi e apparati: l'apparato respiratorio (bronchi e polmoni), il cuore, il pancreas, il fegato, l'intestino e l'apparato riproduttivo, soprattutto nei maschi. In questi organi le secrezioni mucose, molto dense e vischiose a causa di uno squilibrio salino, determinano un'ostruzione dei dotti principali, provocando l'insorgenza di gran parte delle manifestazioni cliniche tipiche della malattia: infezioni polmonari ricorrenti, insufficienza pancreatica ed epatica, malnutrizione, ostruzione intestinale, sterilità.

La malattia di norma si manifesta precocemente, nelle prime settimane o mesi di vita, con gravità diversa; più raramente può evidenziarsi nell'età adolescenziale o adulta con quadri clinici meno gravi. I sintomi si alleviano con strumenti per la rimozione del muco dalle vie aeree, aerosol (▶ 16), antibiotici e farmaci antinfiammatori. In casi estremi si ricorre al trapianto dei polmoni.

La fibrosi cistica è la malattia genetica più comune tra gli europei e gli americani di origine europea. La frequenza infatti è di circa un malato su 3000 nati tra i caucasici, uno su 12 500 tra gli africani e uno su 30 000 tra gli asiatici. È oggi possibile effettuare una diagnosi prenatale della malattia.

Figura 16 Terapia sintomatica su un bambino affetto da fibrosi cistica.

Anemia falciforme e anemia mediterranea

Questi due tipi di anemia sono provocati dalla presenza di emoglobine "anomale" che non svolgono la loro funzione di trasporto dell'ossigeno ai tessuti.

L'**anemia falciforme**, tipica delle popolazioni africane o afroamericane, prende questo nome

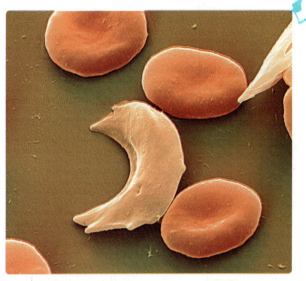

Figura 17 Un globulo rosso a forma di falce (al centro) tra globuli rossi normali.

poiché i globuli rossi assumono una forma a falce (▶ 17) e tendono per questo a occludere i vasi sanguigni. È causata dalla modificazione di un singolo amminoacido nella catena polipeptidica dell'emoglobina. Gli effetti pleiotropici della malattia negli omozigoti sono molto gravi, mentre negli eterozigoti si presentano in forma molto lieve, evidenziandosi solo in caso di sforzi particolarmente intensi, quando è richiesto un forte apporto di ossigeno. I sintomi si combattono prevalentemente con trasfusioni e farmaci vasodilatatori.

La frequenza dell'anemia falciforme è di 1 malato ogni 600 nati nelle popolazioni di origine africana.

L'**anemia mediterranea** (o **talassemia**) è tipica delle popolazioni del bacino del Mediterraneo (in Italia è diffusa in Sardegna, Sicilia e Calabria) e consiste nell'alterazione delle catene beta (o più raramente alfa) dell'emoglobina, provocata da una mutazione nel cromosoma 11 (o 16). Nei malati i globuli rossi sono piccoli (*microcitemia*) e hanno una vita breve, per cui devono essere di continuo distrutti dalla milza e rimpiazzati dal midollo osseo. Di conseguenza la milza si ingrossa, nel fegato si accumula ferro (che lo intossica) e lo sviluppo delle ossa è ritardato. Nella forma omozigote (*talassemia maior* o *morbo di Cooley*) la malattia è mortale: l'unica cura sono le trasfusioni periodiche di sangue e la somministrazione di farmaci che catturano il ferro.

La frequenza della *talassemia maior* è di 1 malato ogni 10 000 nati.

Nella forma eterozigote la malattia è quasi asintomatica, ma rilevabile mediante esami del sangue. Grazie a ciò è possibile effettuare un'azione di prevenzione, che si basa sull'identificazione dei "portatori".

Sebbene l'anemia falciforme e la mediterranea siano in pratica da considerare recessive, sarebbe più corretto in questi casi parlare di dominanza incompleta.

Morbo di Tay-Sachs

È provocato dall'accumulo di un particolare lipide nelle cellule cerebrali, per la mancanza in esse dell'enzima in grado di degradarlo. Compare di norma in età infantile: il bambino appare normale alla nascita, ma in breve le sue cellule nervose cominciano a morire causando cecità, ritardo fisico e mentale e riducendo la speranza di vita a pochi anni: non esiste terapia.

La malattia è rarissima nella popolazione complessiva (un malato ogni 300 000 nati), ma relativamente frequente nelle popolazioni ebraiche originarie dell'Europa orientale: un malato ogni 3500 nati. Poiché però è oggi possibile individuare i portatori con un test diagnostico, negli ultimi anni l'incidenza della malattia in quelle popolazioni si è ridotta notevolmente.

4.2 Malattie recessive eterosomiche (o legate al sesso)

Gli alleli recessivi che causano questo tipo di malattie si trovano sul cromosoma sessuale X, ma non su Y. Di conseguenza le malattie recessive eterosomiche si manifestano in modo differente nei maschi e nelle femmine.

In teoria le femmine possono essere sane ($X^A X^A$), portatrici sane ($X^A X^a$) o malate ($X^a X^a$), mentre i maschi possono essere solo sani ($X^A Y$) o malati ($X^a Y$). In pratica queste malattie si manifestano quasi esclusivamente nei maschi: come evidenzia il quadrato di Punnett in figura ▶18a, perché nasca un maschio malato, con ¼ di probabilità, è sufficiente che la madre sia portatrice, una situazione relativamente comune, poiché i portatori di una qualsiasi malattia genetica sono molto più numerosi dei malati. Perché nasca una femmina malata, occorre invece che il padre sia malato e la madre almeno portatrice, un'eventualità molto meno probabile (▶18b). I maschi malati ereditano l'allele "difettoso" dalla madre portatrice: sono quindi quasi sempre le femmine portatrici a trasmettere l'allele di generazione in generazione.

Daltonismo

Il termine daltonismo deve la sua origine al chimico inglese John Dalton, che era affetto da questa malattia e ne studiò per primo le caratteristiche. Si tratta di una **discromatopsia**, ossia di una cecità parziale ai colori provocata dal malfunzionamento di uno dei tre tipi di coni presenti nella retina dell'occhio (sensibili al blu, al verde o al rosso). Il malato non distingue quindi tra alcuni colori, per esempio il verde dal rosso (▶19). Il daltonismo interessa il 7-8% della popolazione maschile.

Molto più rara è l'**acromatopsia**, ossia la cecità totale ai colori, che vengono percepiti tutti come sfumature di grigio. È una malattia che provoca riduzione dell'acuità visiva e fotofobia, è prodotta dal malfunzionamento di tutti i tipi di coni e colpisce indifferentemente maschi e femmine.

Emofilia

Si tratta di un gruppo di malattie in cui il sangue non coagula normalmente. Questo perché i malati non producono una delle 15 proteine enzimatiche (*i fattori della coagulazione*) grazie alle quali avviene la coagulazione del sangue (il fattore VIII per l'emofilia A, il fattore IX per l'emofilia B, più rara).

A causa di questo deficit, gli emofiliaci subiscono facilmente emorragie esterne e interne, anche mortali. Tradizionalmente si curava con trasfusioni, con i conseguenti rischi di trasmissione di malattie infettive come l'epatite o l'AIDS; grazie alle tecniche d'ingegneria genetica oggi è disponibile il fattore VIII puro.

L'emofilia ha afflitto alcune famiglie reali europee per lungo tempo, a causa dell'abitudine di effettuare matrimoni tra consanguinei (vedi "Immagini per riflettere" alla pagina seguente).

La frequenza della malattia è di 1-5 nati ogni 10 000 maschi per l'emofilia A e di 1-5 nati ogni 100 000 maschi per l'emofilia B.

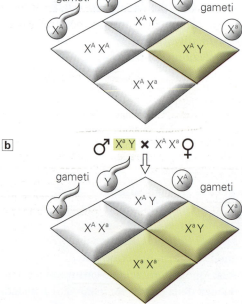

Figura 18 Progenie derivante dall'incrocio tra un maschio sano e una femmina portatrice (**a**) o tra un maschio malato e una femmina portatrice (**b**), nel caso di malattie recessive eterosomiche. In colore sono indicati gli individui che mostrano la malattia.

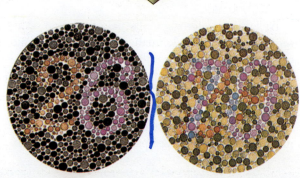

Figura 19 I soggetti affetti da daltonismo non distinguono il numero scritto al centro delle figure.

Geni, cromosomi, uomo Unità 1

Distrofia muscolare di Duchenne

È la più importante tra le distrofie, malattie che colpiscono i muscoli. Determina la degenerazione progressiva delle fibre muscolari a partire da un'età compresa tra i 2 e i 4 anni. Ne deriva la perdita della deambulazione autonoma (ossia della capacità di camminare) entro i 10-12 anni di età. Con il passare degli anni la degenerazione muscolare interessa anche la muscolatura della gabbia toracica e del cuore, con conseguenti gravi problemi respiratori e cardiaci che riducono notevolmente l'aspettativa di vita del malato (che nel passato era di circa 20 anni, ma oggi si è elevata oltre i 30 anni). Tutto ciò accade perché nei malati è assente o difettosa una proteina fondamentale per la funzionalità del muscolo, la distrofina: la conseguenza è la morte delle cellule muscolari (che non si rigenerano).

Ad oggi non esiste una vera e propria cura, ma si fa uso di farmaci steroidei (cortisone) che prolungano la capacità motoria e rallentano la comparsa di problemi respiratori e cardiaci. Si stanno sperimentando nuovi farmaci e l'utilizzo di cellule staminali.

La frequenza della distrofia di Duchenne è di 1 nato ogni 3000-4000 maschi.

Sindrome dell'X fragile (o di Martin-Bell)

È causata dalla mutazione di un gene situato sul cromosoma X e deve il suo nome al restringimento che si osserva nel braccio lungo del cromosoma. Contende alla sindrome di Down il primato come causa genetica più comune di ritardo mentale nei maschi. Si tratta di una malattia legata al sesso; poiché però non è del tutto recessiva, colpisce anche circa il 30% delle femmine eterozigoti.

Il favismo

Il favismo è una forma acuta di anemia che si manifesta, inizialmente con nausea e febbre, in risposta all'ingestione di fave (crude o secche, ▶20) o all'aspirazione del polline della pianta o all'assunzione di determinati farmaci (sulfamidici, salicilati ecc.). È la conseguenza di una carenza congenita, nei globuli rossi, di un particolare enzima (G6PD, glucosio-6-fosfato deidrogenasi) che regola il metabolismo degli zuccheri. La carenza di G6PD non impedice una vita normale, purché l'individuo malato non ingerisca delle fave: queste contengono infatti una sostanza tossica che inibisce l'attività dell'enzima e provoca la distruzione dei globuli rossi (*crisi emolitica*). L'unico modo per evitare rischi è la prevenzione, grazie al fatto che il disturbo è diagnosticabile con uno specifico test.

Il favismo è particolarmente diffuso in Africa, ma anche nel bacino del Mediterraneo, forse perché la carenza di G6PD aumenta la resistenza alla malaria (tuttora presente in Africa e un tempo endemica sulle coste del Mediterraneo). In Italia è diffuso maggiormente in Sardegna, nell'Italia Meridionale e sul Delta del Po.

Figura 20 L'ingestione di fave è una delle principali cause del favismo.

Immagini per riflettere

Un famoso albero genealogico

Gli alberi genealogici, nei casi in cui si sono potuti ricostruire, si sono rivelati strumenti molto utili per ricostruire la trasmissione ereditaria di una malattia nel corso delle generazioni. Un caso molto noto riguarda le dinastie europee, tutte imparentate tra loro per l'antica consuetudine di suggellare alleanze tra Stati con matrimoni tra membri delle famiglie reali. Nell'Ottocento l'emofilia colpì molti membri delle famiglie reali di Inghilterra, Spagna, Germania e Russia. Tutti i soggetti colpiti erano discendenti diretti della regina Vittoria. Attraverso l'albero genealogico possiamo comprendere le modalità di trasmissione della malattia.

Osserva attentamente e rispondi.
Chi fu la prima persona in cui comparve l'allele "difettoso"? Vi sono femmine malate nelle famiglie reali? Perché? Qual è la causa iniziale della presenza della malattia tra i reali? Da quale dato intuisci che le figlie della regina Vittoria, Alice e Beatrice, fossero portatrici di emofilia? Perché delle altre figlie non è possibile avere la certezza che fossero portatrici, ma comunque è possibile lo fossero?

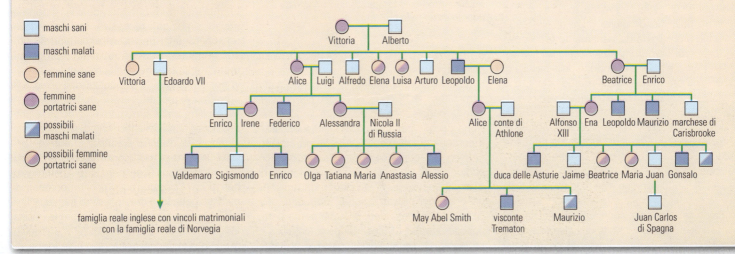

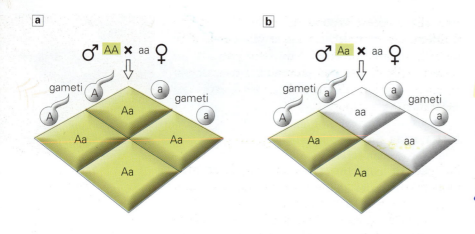

Figura 21 Progenie derivante dell'incrocio tra un genitore sano e uno malato (in questo esempio il maschio) omozigote (**a**) o eterozigote (**b**) per l'allele difettoso, nel caso di malattie dominanti. In colore sono indicati gli individui che mostrano la malattia.

4.3 Malattie dominanti: o sani o malati

Sono malattie provocate da un allele dominante "difettoso". Sono malati sia gli individui omozigoti *AA* sia gli individui eterozigoti *Aa*. Se uno dei due genitori è malato, vi sono due possibilità: se è omozigote (AA) i figli saranno tutti malati (▶21a), se è eterozigote (Aa) il 50% dei figli sarà malato (▶21b).

Nanismo (acondroplasia)

In questa patologia, oltre alla statura inferiore alla norma, si manifestano una disarmonia fra tronco e arti, molto corti, e particolari caratteristiche del viso, come la fronte sporgente.

La malattia, letale allo stato omozigote, è dovuta a una mutazione del gene FGFR3, situato nel

---

STORIE DI IERI

Scheda 3 Eugenetica: un'idea pericolosa

Certo sarebbe bello se l'umanità si potesse liberare delle malattie genetiche, degli handicap, delle malformazioni e tutti gli uomini potessero nascere sani! L'eugenetica (dal greco "buona nascita") nacque alla fine del XIX secolo come scienza per il miglioramento della specie umana. Il termine fu coniato nel 1883 da Sir Francis Galton (cugino di Darwin), che definì tale nuova disciplina come lo studio dei fattori che possono migliorare la qualità delle generazioni future sia dal punto di vista fisico sia da quello psichico. Si trattava di un adattamento della teoria della selezione naturale alla società umana, che perseguiva la finalità di favorire la diffusione dei caratteri ereditari favorevoli e di limitare quella dei caratteri sfavorevoli. Migliorare la specie... ma come? Purtroppo nella realtà le dottrine eugenetiche hanno prodotto efferate politiche di sterilizzazione e di eutanasia coatta (ossia di sterminio) dei soggetti ritenuti "degenerati", "improduttivi", "anormali", come accadde in Germania durante il nazismo. Subito dopo l'ascesa al potere di Hitler, il regime mise in atto le prime politiche di igiene razziale. Nel 1933 venne promulgata dal parlamento tedesco la *Gesetz zur Verhütung erbkranken Nachwuchses* ("Legge sulla prevenzione della nascita di persone affette da malattie ereditarie"), che stabiliva la sterilizzazione forzata di persone affette da una serie di malattie ereditarie, o supposte tali, tra le quali schizofrenia, epilessia, cecità, sordità, Còrea di Huntington e tutte le forme di "ritardo mentale". Grazie a questa legge tra il 1933 e il 1939 furono sterilizzate circa 300 000 persone. Ma fu lo scoppio della guerra a far precipitare la situazione: i malati, anche se sterilizzati, continuavano a essere ricoverati in appositi istituti, occupando spazi e consumando risorse che avrebbero potuto es-

Figura 1 Il manifesto recita "60 000 marchi è ciò che questa persona che soffre di una malattia ereditaria costa alla comunità del popolo durante la sua vita".

sere utilizzate per i soldati feriti e per gli sfollati delle città bombardate.

Iniziò così una martellante propaganda, fatta di manifesti (▶1), opuscoli e film, per convincere la popolazione ad accettare la soppressione delle "vite indegne di essere vissute" e contemporaneamente prese avvio il piano "Aktion T4" con a capo Karl Brandt, medico personale di Hitler (T4 è l'abbreviazione di "Tiergartenstrasse 4", l'indirizzo del quartiere generale dell'organizzazione). Sebbene ufficialmente sospesa nel 1941, sia per la netta opposizione della Chiesa tedesca (cattolica e protestante), sia per alcuni episodi di protesta popolare, sia per la strenua resistenza dei genitori a consegnare i figli alle autorità, la campagna di sterminio proseguì per tutta la guerra, eliminando circa 100 000 bambini e adulti disabili, inviati alle camere a gas o uccisi con iniezioni letali. Senza raggiungere le follie del nazismo, politiche eugenetiche furono intraprese anche nei Paesi democratici. A partire dagli anni '20 del secolo scorso furono varate campagne di sterilizzazione negli Stati Uniti, in Danimarca, Svezia, Norvegia e Finlandia, con l'obiettivo di non far riprodurre gli individui ritenuti mentalmente o moralmente incapaci di assicurare ai propri figli un'educazione appropriata. In alcuni Paesi le leggi eugenetiche furono abolite solo negli anni '70. Oggi le politiche eugenetiche di Stato sono state completamente abbandonate sia per la loro immoralità sia perché inefficaci. In primo luogo non tutte le disabilità sono ereditarie; inoltre nelle malattie genetiche recessive (le più comuni) l'assoluta maggioranza dei malati nasce da portatori sani (eterozigoti), quasi sempre non individuabili, e non da malati (omozigoti recessivi). Nel caso della fenilchetonuria, per esempio, ci vorrebbero 100 generazioni (circa 2500 anni) di programmata sterilizzazione degli omozigoti recessivi per dimezzare la frequenza dell'allele e il numero dei malati!

Negli ultimi anni è sorto però un problema: grazie allo sviluppo delle tecniche di *fecondazione in vitro* e di *diagnosi preimpianto* oggi è possibile impiantare nell'utero materno embrioni di cui si conosce almeno in parte il patrimonio genetico. In questo modo genitori portatori di malattie genetiche gravi possono generare figli sani. Ma in futuro potremo scegliere le qualità fisiche e intellettuali dei nostri figli? Vi è il rischio reale che l'eugenetica rinasca in altre forme.

cromosoma 4, che provoca la mancata crescita in lunghezza delle ossa. Nella maggioranza dei casi le persone affette da questa patologia nascono in famiglie dove non si riscontrano casi precedenti: sono quindi il risultato di mutazioni spontanee, forse collegate all'aumento dell'età paterna. La frequenza della malattia è di 1 caso ogni 20 000 nati.

Còrea o malattia di Huntington

È una malattia neurodegenerativa progressiva che si manifesta con tic involontari, contrazioni incontrollabili degli arti (il nome deriva dal greco *choros*, cioè "danza") e disturbi nel linguaggio: alla fine porta alla paralisi, a gravi disturbi della personalità e alla demenza. La morte arriva entro 10-20 anni dalla comparsa dei primi sintomi, che di norma si manifestano dopo i 30-40 anni di età.

Questo fatto rende più subdola la malattia, perché a quell'età una persona che non sa di possedere il gene difettoso può avere già procreato dei figli. Attualmente è però disponibile un test che permette di sapere se si possiede il gene difettoso (situato nel cromosoma 4) prima che la malattia compaia; applicato alla diagnosi prenatale permette anche di sapere se il figlio è malato: in base a ciò una persona può decidere se avere dei figli o, nel caso di gravidanza iniziata, abortire. La frequenza della Còrea è di un caso ogni 20 000-30 000 nati tra gli europei; è molto più rara tra africani ed asiatici.

4.4 Malattie genetiche multifattoriali

Si tratta di un nutrito gruppo di malattie, forse il più numeroso, connesso all'**eredità poligenica**. Sono patologie con una componente genetica e una ambientale, poiché nella comparsa della malattia il ruolo dell'ambiente esterno è fondamentale e a volte predominante.

I geni alla base di queste malattie sono ereditati in modo "sommativo": più geni difettosi un individuo riceve dai genitori, più è probabile che sviluppi la malattia, la cui comparsa e la cui entità saranno però determinate da fattori ambientali; ciò che si eredita è solo la predisposizione ad ammalarsi.

Sono di tipo multifattoriale alcune malattie che si presentano alla nascita, come la *lussazione congenita dell'anca*, la *labiopalatoschisi* (o labbro leporino, ▶22), e il *criptorchidismo* (ritenzione dei testicoli nel ventre) e altre che compaiono nel corso della vita, come il diabete, l'epilessia, la schizofrenia e il morbo di Alzheimer. Anche i tumori e le malattie cardiache hanno una componente genetica e una ambientale.

Ciò che caratterizza le malattie multifattoriali è un'estrema diversificazione dei sintomi: il labbro leporino, per esempio, può presentarsi in numerose forme, dal semplice taglietto del labbro superiore sino alla totale scomparsa del palato (un tempo il difetto era mortale). Lo stesso vale per le altre malattie multifattoriali ed è un fatto positivo: un corretto stile di vita può prevenire la comparsa o attenuare i sintomi di una malattia a cui siamo geneticamente predisposti.

4.5 L'ereditabilità dei caratteri

Nel passato i genetisti ritenevano che le malattie monofattoriali (o ereditarie) dipendessero soltanto da fattori genetici (di norma la mutazione di un gene) e venissero ereditate in base alle leggi di Mendel, e che quelle multifattoriali dipendessero sia da fattori genetici sia da fattori ambientali e non si ereditassero in base alle leggi di Mendel.

Ma molti dati, tratti dagli studi sulla genetica dell'uomo, contraddicono ormai questa tesi. Quasi tutte le malattie ereditarie, dalla PKU all'albinismo, dal daltonismo alla distrofia muscolare, possono palesarsi in forme diverse: individui che possiedono lo stesso genotipo spesso presentano fenotipi differenti, dall'assoluta mancanza di sintomi alla malattia conclamata.

Per questo motivo si sono introdotti in genetica due nuovi concetti: quello di **penetranza del gene**, che definiamo come la frequenza con cui un determinato genotipo produce il fenotipo atteso, e quello di **espressività del gene**, che definiamo come la diversa intensità con cui il fenotipo si manifesta.

Se un gene ha una penetranza del 100% (*completa*), tutti coloro che hanno quel genotipo evidenziano il fenotipo atteso (per esempio una malattia); se ha invece una penetranza del 50% (*incompleta*), solo la metà di coloro che hanno quel genotipo paleserà il fenotipo corrispondente. Una diversa espressività del gene spiega invece perché individui che possiedono lo stesso gene malfunzionante sviluppano disturbi di intensità molto diversa.

Ogni carattere ha quindi una componente genetica, che chiamiamo **ereditabilità**, e una ambientale. L'ipertensione arteriosa, per esempio, ha un coefficiente di ereditabilità del 50%, ed è quindi per metà determinata da fattori ambientali, mentre le impronte digitali hanno un'ereditabilità molto elevata, intorno al 96%.

Per valutare l'ereditabilità di un carattere si sono dimostrati utili gli studi sui gemelli monozigotici: poiché essi possiedono un identico patrimonio genetico, se un carattere concorda in percentuale minore del 100% si può affermare che esiste una componente ambientale nel suo manifestarsi. Analizzando inoltre le caratteristiche di gemelli separati alla nascita e vissuti in ambienti familiari e sociali diversi, si è potuta studiare l'ereditabilità di malattie mentali come la schizofrenia (45%) e le psicosi maniaco-depressive (75%) e si è tentato di valutare l'eredita-

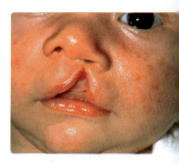

Figura 22 Un neonato che presenta labiopalatoschisi.

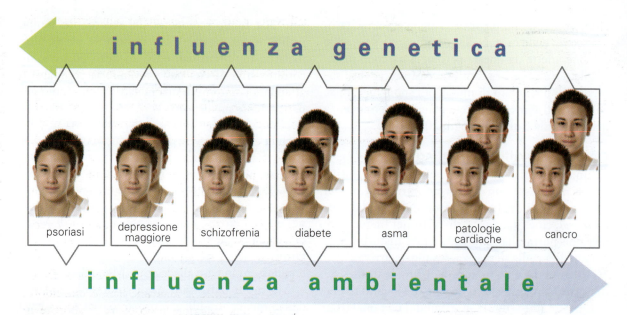

Figura 23 L'influenza genetica e quella ambientale relative a diverse condizioni studiate in gemelli monozigotici. Per una certa condizione, più è forte la componente genetica, più i gemelli manifesteranno lo stesso fenotipo per quella condizione; le differenze tra i due aumentano invece per quelle condizioni in cui la componente genetica risulta più debole.

bilità delle predisposizioni (artistiche, scientifiche, sportive ecc.) e del quoziente intellettivo. Non vi sono dati certi, ma presumibilmente la componente genetica dell'intelligenza non supera il 60% (▶23).

A quali conclusioni portano queste argomentazioni? Ad affermare che "genetico" non è sinonimo di "ineluttabile"! Il nostro destino non è scritto soltanto nei geni: ciò che siamo è il frutto dell'interazione tra il nostro patrimonio genetico e l'ambiente in cui viviamo fin dall'infanzia (con in più un pizzico di casualità). Si tratta di considerazioni importanti anche per la nostra salute: un corretto stile di vita può impedire a malattie come il diabete senile e le malattie cardiocircolatorie di produrre i loro effetti. Il futuro di ognuno è nelle proprie mani.

Facciamo il punto

9 Nell'uomo, di che tipo è la maggior parte dei caratteri?

10 Che cosa rende complesso lo studio della genetica umana?

11 Come hanno origine le malattie genetiche?

12 Quali sono le caratteristiche delle principali malattie recessive autosomiche? E di quelle recessive eterosomiche? E di quelle dominanti?

13 Che cosa caratterizza le malattie multifattoriali?

14 Che cosa si intende per ereditabilità di un carattere?

5 Anomalie cromosomiche

Le anomalie cromosomiche sono errori che si verificano nel processo di meiosi e che coinvolgono interi cromosomi o parti rilevanti di essi, causando aborti o patologie anche gravi. Si possono scoprire con l'analisi del **cariotipo**, che di norma è effettuata sull'embrione durante i primi mesi di gravidanza (vedi **SCHEDA 4**).

Le anomalie cromosomiche sono prodotte da mutazioni cromosomiche e possono essere di due tipi: **anomalie del numero** dei cromosomi e **anomalie della struttura** dei cromosomi.

5.1 Anomalie del numero dei cromosomi

Si verificano quando, nella meiosi, i cromosomi omologhi di una tetrade, che di norma si separano distribuendosi nelle due cellule figlie, rimangono uniti: il fenomeno è detto **non-disgiunzione degli omologhi**. Uno dei due gameti che derivano da questa meiosi possiederà entrambi i cromosomi omologhi, l'altro non conterrà alcun cromosoma di quella coppia (▶24). In entrambi i casi il numero dei cromosomi che il figlio erediterà dai genitori sarà anomalo (**aneuploidia**): un cromosoma in più se la fecondazione coinvolge il primo gamete, uno in meno se coinvolge il secondo gamete. Nella maggior parte dei casi i feti con queste anomalie vengono abortiti oppure, se nascono, vivono pochi mesi (sindromi di Edwards e di Patau).

Vi sono però alcune eccezioni: la più importante è la **trisomia 21**, meglio nota come **sindrome di Down** (dal nome del medico che per primo la descrisse, nel 1866); è causata dalla presenza nell'individuo di tre cromosomi 21 omologhi. Nel 95% dei casi la sindrome è prodotta dalla non-disgiunzione dei cromosomi omologhi durante la formazione

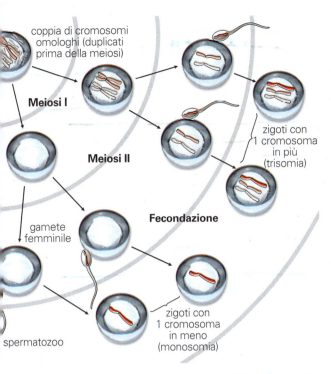

Figura 24 La non-disgiunzione di una coppia di cromosomi omologhi durante la meiosi I del processo di formazione dei gameti femminili dà origine, in seguito alla fecondazione con uno spermatozoo normale, a una trisomia e a una monosomia (non vitale).

dell'ovulo materno. Il fenomeno può verificarsi sia durante la prima divisione meiotica sia durante la seconda divisione meiotica.

Gli individui con sindrome di Down (▶25) presentano caratteristiche fisiche particolari: corpo basso e tozzo, collo largo, viso tondo, naso appiattito, denti irregolari, occhi "orientali" e un ritardo mentale che può essere di entità molto diversa. La speranza di vita è minore rispetto a un individuo normale, per la presenza di disfunzioni cardiache, una maggiore sensibilità alle infezioni dell'apparato respiratorio e una certa predisposizione a sviluppare la leucemia. Nonostante ciò, le moderne terapie mediche hanno allungato la durata media della vita dei Down fino a 55-60 anni.

Di norma i maschi affetti da sindrome di Down sono sterili, mentre le femmine hanno una ridotta fertilità e una maggiore probabilità di abortire in un'eventuale gravidanza. I figli di una persona Down hanno il 50% di probabilità di ereditare la sindrome.

La frequenza della malattia è mediamente di 1 malato ogni 700-800 nati, ma la probabilità che nasca un bambino affetto da sindrome di Down aumenta con l'età della madre. Si passa da una frequenza inferiore a 1 su 1000 per madri al di sotto

Figura 25 Una bambina con sindrome di Down.

Scheda 4 Il cariotipo

Il cariotipo è la fotografia dei cromosomi di un individuo, abbinati a coppie di omologhi e messi in ordine di grandezza, dai più grandi ai più piccoli. Il primo cariotipo umano venne ottenuto nel 1956 e in base a esso si riuscì finalmente a conoscere il numero esatto dei cromosomi nell'uomo. Negli anni successivi si scoprì che gli individui con sindrome di Down possedevano un cromosoma in più.

Da allora questa analisi viene effettuata per individuare anomalie cromosomiche nei nascituri, in particolare nei casi di gravidanze "tardive" (per donne con più di 35 anni, vedi Tabella 2 alla pagina seguente).
Si procede in questo modo: vengono prelevate cellule somatiche dell'embrione tramite amniocentesi, si individuano le cellule in mitosi, che vengono bloccate in metafase

per mezzo della colchicina (una sostanza che interrompe la mitosi interferendo con la formazione del fuso mitotico). Si estraggono quindi i cromosomi dalle cellule, si colorano e infine si fotografano e si ingrandiscono (▶1).
La fase più delicata è poi quella di formare le coppie di omologhi, disponendole in ordine di grandezza.

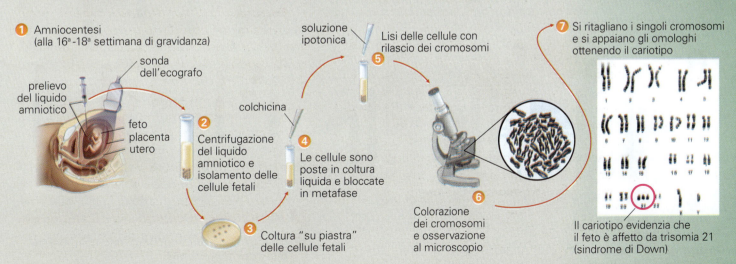

Figura 1 L'ottenimento del cariotipo di un feto serve ad escludere la presenza di anomalie cromosomiche. Mentre le anomalie numeriche sono evidenziabili facilmente, alcune anomalie strutturali, ad esempio le microdelezioni, possono essere di più difficile identificazione e richiedono metodiche di analisi più sofisticate.

TABELLA 2	Relazione tra età della madre e frequenza dei nati con sindrome di Down
Età materna	Incidenza
inferiore a 30 anni	1 su 1500
30 - 34 anni	1 su 580
35 - 39 anni	1 su 280
40 - 44 anni	1 su 70
oltre 45 anni	1 su 38

dei trent'anni a una frequenza vicina a 3 su 100 per madri oltre i 45 anni (TABELLA 2). I motivi non sono chiari: forse nelle donne giovani gli embrioni anomali vengono più facilmente abortiti.

Esistono anche anomalie del numero dei cromosomi sessuali. Le donne affette dalla **sindrome di Turner** possiedono un solo cromosoma X (X0): sono piccole di statura, con faccia e collo larghi, spesso con un lieve ritardo mentale, ovaie e seno poco sviluppati. Di norma sono sterili. Ne nasce una ogni 2000 femmine, sebbene un notevole numero di embrioni con questa anomalia venga abortito. I maschi affetti dalla **sindrome di Klinefelter** possiedono un cromosoma X di troppo (XXY) e a volte anche più di due (XXXY, XXXXY): mancano di alcune caratteristiche maschili (hanno poca barba, testicoli poco sviluppati, voce poco profonda ecc.), mentre possiedono alcuni caratteri femminili (come un certo sviluppo del seno) e di norma sono sterili. In alcuni casi la sindrome è invece asintomatica, eccetto che per la sterilità. Ne nasce uno ogni 1000 maschi (▶26).

Esistono poi femmine XXX, che presentano a volte un lieve ritardo mentale e problemi psichici, e maschi XYY, che sono più alti della norma; negli anni '60 si è ipotizzato che una Y in più producesse una tendenza a compiere crimini violenti, poiché tra i carcerati era stata riscontrata un'elevata frequenza di questa anomalia. Dati più recenti sembrano invece dimostrare che tale sindrome è in realtà diffusa in maniera omogenea in tutta la popolazione maschile.

Figura 26 Sindrome di Turner e sindrome di Klinefelter.

5.2 Anomalie della struttura dei cromosomi

Di norma sono errori che si verificano durante il *crossing over* a dare origine a diversi tipi di modificazioni della struttura dei cromosomi: la delezione, la duplicazione, la traslocazione e l'inversione (▶27). Spesso gli embrioni con questi difetti genetici non sono vitali e sono perciò destinati ad essere abortiti (circa un terzo delle gravidanze si conclude con un aborto, spesso a pochi giorni dal concepimento, per cui la donna non se ne accorge); a volte invece completano lo sviluppo, ma portano alla nascita di individui affetti da gravi malattie.

→ **Delezione**: si verifica quando un frammento di un cromosoma va perduto. La delezione di una parte del cromosoma 5 provoca la malattia nota come *cri du chat* (pianto del gatto). Il bambino malato ha un grave ritardo mentale e una deformazione della gola per cui da piccolo sembra che miagoli.

→ **Duplicazione**: avviene quando un pezzo di cromosoma è presente due volte nel cromosoma stesso.

→ **Traslocazione**: si verifica quando due cromosomi non omologhi si scambiano dei frammenti. Una piccola percentuale di sindromi di Down è provocata dalla traslocazione di un pezzo o di tutto il cromosoma 21 su di un altro cromosoma (spesso il 14).

→ **Inversione**: si verifica quando un pezzo di cromosoma prima si stacca poi si riattacca al cromosoma, ma rovesciato.

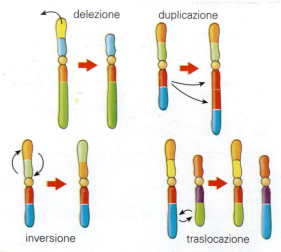

Figura 27 Le principali anomalie della struttura dei cromosomi.

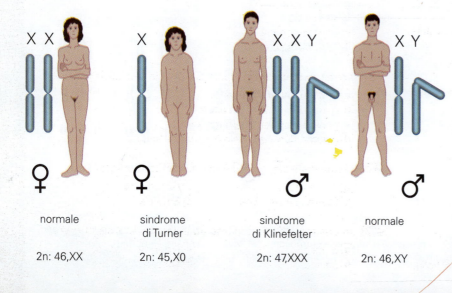

X X	X	X X Y	X Y
♀	♀	♂	♂
normale	sindrome di Turner	sindrome di Klinefelter	normale
2n: 46,XX	2n: 45,X0	2n: 47,XXX	2n: 46,XY

Facciamo il punto

15 Quali sono le più importanti anomalie del numero dei cromosomi?

16 Quali sono le principali cause di anomalia della struttura dei cromosomi?

Geni, cromosomi, uomo Unità 1

 Ripassa con le flashcard ed esercitati con i test interattivi sul Me•book.

CONOSCENZE

Con un testo articolato tratta i seguenti argomenti

1. A partire dalla teoria cromosomica dell'ereditarietà, ricostruisci il percorso che ha portato alla mappatura dei geni.
2. Descrivi le caratteristiche e le differenti modalità di trasmissione delle principali malattie ereditarie recessive autosomiche ed eterosomiche.
3. Descrivi le possibili anomalie nel numero e nella struttura dei cromosomi.

Con un testo sintetico rispondi alle seguenti domande

4. In base a quali considerazioni W. Sutton propose la teoria cromosomica dell'ereditarietà?
5. In quale modo si determina il sesso nell'uomo e in altri animali?
6. Come venne scoperta l'esistenza dei caratteri legati al sesso?
7. Che cos'è l'associazione di geni e come venne scoperta?
8. Come venne effettuata la mappatura dei cromosomi?
9. Quali sono le principali malattie eterosomiche e in che modo si trasmettono?
10. Quali sono le principali malattie dominanti e in che modo si trasmettono?
11. Quali sono le principali malattie autosomiche recessive e in che modo si trasmettono?
12. Che cosa caratterizza le malattie genetiche multifattoriali?
13. Quali conseguenze ha la non-disgiunzione dei cromosomi omologhi?
14. Quali sono le principali anomalie della struttura dei cromosomi?

Quesiti

15. Vero o falso?
    a. Secondo la teoria cromosomica dell'ereditarietà, i geni sono situati sui cromosomi. **V** F
    b. La segregazione delle coppie di alleli teorizzata da Mendel trova la sua giustificazione nella separazione degli omologhi in meiosi. V F
    c. L'assortimento indipendente dei caratteri è dovuto al fatto che la disposizione dei cromosomi in metafase I non è casuale. V F

16. Nella nostra specie i maschi possiedono i cromosomi sessuali:
    a XX b YY **c XY** d XXX

17. Nella nostra specie le femmine possiedono i cromosomi sessuali:
    a XX b YY c XY d XXX

18. La nostra specie possiede:
    a 22 coppie di cromosomi sessuali.
    b una coppia di autosomi.
    c 22 coppie di autosomi.
    d 46 coppie di autosomi.

19. Nella nostra specie il sesso:
    a dipende dalla madre, che fornisce il cromosoma X al figlio.
    b dipende dal padre, che fornisce o il cromosoma X o il cromosoma Y al figlio.
    c dipende da entrambi i genitori, che forniscono sia il cromosoma X sia il cromosoma Y al figlio.
    d nessuna delle precedenti risposte è corretta.

20. Gli alleli relativi ai caratteri legati al sesso sono situati:
    a su entrambi i cromosomi sessuali X e Y.
    b solo sul cromosoma X.
    c solo sul cromosoma Y.
    d sugli autosomi.

21. Quando due geni si trovano sul medesimo cromosoma sono detti:
    a abbinati. **c associati.**
    b concentrati. d assortiti.

22. In un incrocio in cui si considerano contemporaneamente due geni associati, il rapporto fenotipico risultante in F_2:
    a è il 9:3:3:1 mendeliano.
    b vede l'aumento degli individui ricombinanti rispetto ai parentali.
    c vede l'aumento degli individui parentali rispetto ai ricombinanti.
    d è sempre 3:1 come se si trattasse di un carattere solo.

23. La presenza di fenotipi ricombinanti nell'associazione di geni è dovuta al fenomeno:
    a del *crossing over*.
    b dell'assortimento indipendente.
    c della delezione.
    d dell'inversione.

24. Nelle malattie recessive un individuo eterozigote (Aa):
    a è malato.
    b è portatore sano.
    c è sano.
    d può essere sano o malato in base a fattori esterni.

25. Quale delle seguenti malattie non è recessiva autosomica?
    a Daltonismo
    b Albinismo
    c Fenilchetonuria
    d Anemia falciforme

26. La maggior parte dei malati di malattie recessive nasce da:
    a genitori entrambi malati.
    b genitori di cui almeno uno è malato.
    c genitori entrambi portatori sani.
    d genitori di cui uno solo è portatore sano.

27. Quale delle seguenti è una malattia dominante?
    a Còrea di Huntington c Daltonismo
    b Distrofia muscolare d Emofilia

28. In una malattia dominante un individuo eterozigote (Aa):
    a è malato. c è portatore sano.
    b è sano. d nessuno di questi.

verifiche

29 Si verifica quando un frammento di un cromosoma va perduto:
- **a** delezione.
- **b** duplicazione.
- **c** inversione.
- **d** traslocazione.

30 Abbina termini e definizioni.
a. Anemia falciforme; b. Albinismo; c. Fibrosi cistica; d. Morbo di Tay-Sachs; e. Fenilchetonuria

1. È provocato dall'incapacità di produrre melanina. albinismo
2. È provocata dall'incapacità di produrre un enzima che degrada la fenilalanina. fenilchetonuria
3. È provocata da un'eccessiva secrezione di muco principalmente da parte delle cellule dei bronchi e dei polmoni. fibrosi cistica
4. È provocata dalla presenza di emoglobina anomala che non svolge la sua funzione di trasporto dell'ossigeno ai tessuti. anemia
5. È provocato dall'accumulo di un lipide (o grasso) nelle cellule cerebrali. Tay-Sachs

31 Abbina termini e definizioni.
a. Distrofia; b. Daltonismo; c. Emofilia; d. SCID

1. È un difetto della vista che compromette la capacità di distinguere i colori. Daltonismo
2. Si tratta di una malattia in cui il sangue non coagula normalmente. Emofilia
3. È una malattia che determina la degenerazione progressiva delle fibre muscolari. distrofia
4. Malattia genetica che compromette gravemente la funzione del sistema immunitario. SCID

32 Cancella il termine errato.
a. Il *cariotipo*/*fenotipo* è la fotografia dei cromosomi di un individuo, abbinati a coppie di omologhi.
b. La *trisomia 12*/*trisomia 21* è meglio nota come sindrome di Down.
c. Le anomalie *del numero*/*della struttura* dei cromosomi sono causate dal fenomeno della non-disgiunzione degli omologhi in meiosi.
d. I malati di sindrome di Turner sono *XXY*/*X0*.

COMPETENZE

Leggi e interpreta

33 La prevenzione della PKU

La fenilchetonuria (PKU) è una malattia genetica che può essere enormemente alleviata da una dieta capace di prevenire l'accumulo di sostanze tossiche nocive nel cervello, perché priva dell'amminoacido fenilalanina. Si è riscontrato infatti che neonati portatori di questo grave difetto genetico si sviluppano in adulti normali se vengono nutriti per un po' di anni con una dieta appropriata, che in età adulta può venire interrotta (poiché la malattia nell'adulto scompare). Se si potesse sapere fin dalla nascita che un individuo è affetto da questa malattia, sarebbe sufficiente fornirgli la dieta adatta per salvargli la mente. Fortunatamente questo è possibile. Nel 1934 un medico norvegese si accorse che l'urina di questi neonati, in cui si accumula una sostanza tossica derivante dalla fenilalanina, produce una caratteristica colorazione verde a contatto con il cloruro di ferro. Da questa osservazione prese il via la messa a punto di un test che permette di diagnosticare precocemente la malattia. [...]
La storia della comprensione e della prevenzione della fenilchetonuria è esemplare per dissipare una convinzione piuttosto diffusa secondo la quale "genetico" è sinonimo di ineluttabile.

Liberamente tratto da I nostri geni *di Edoardo Boncinelli, Einaudi*

a. Individua nel brano i termini che hai incontrato nello studio di questa Unità.
b. Rispondi alle seguenti domande.
  1. Come si alleviano i sintomi della PKU?
  2. La dieta deve durare tutta la vita?
  3. Come si può scoprire che un neonato è malato di PKU?
  4. Che cosa dimostra la storia della PKU?

Risolvi il problema

34 In un laboratorio di genetica si è effettuato un incrocio tra esemplari di Drosophila con zampe lunghe e occhi rossi (caratteri dominanti) ed esemplari con zampe corte e occhi porpora (caratteri recessivi).

I risultati sono stati i seguenti:
- zampe lunghe-occhi rossi: 748;
- zampe corte-occhi porpora: 752;
- zampe lunghe-occhi porpora: 246;
- zampe corte-occhi rossi: 254.

Qual è la distanza tra i due geni sul cromosoma?
- **a** 15 cM
- **b** 25 cM
- **c** 35 cM
- **d** 45 cM

35 È possibile che due genitori con fenotipo normale abbiano un figlio albino? Se sì, evidenzia con il quadrato di Punnett in quale caso e con quale probabilità.

36 Una donna portatrice di daltonismo si sposa con un uomo sano. Determina qual è la probabilità che il loro figlio sia daltonico, completando il seguente quadrato di Punnett.

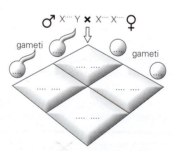

37 La capacità di piegare a U la lingua è dominante. È possibile che marito e moglie con questa capacità generino un figlio che non l'ha? Se sì, evidenzia con il quadrato di Punnett in quale caso e con quale probabilità.

38 Un uomo daltonico sposa una donna con vista normale. Essi hanno un figlio daltonico, una figlia normale e una figlia daltonica. Stabilisci il genotipo dei due genitori e le probabilità nella discendenza per il daltonismo.

39 Una donna sana sposa un malato di Còrea di Huntington. È possibile che abbiano figli sani? In quale caso? Con che probabilità?

40 Nella *Drosophila* il carattere colore degli occhi rosso "R" (dominante) e bianco "r" (recessivo) è legato al sesso. Se una femmina ad occhi bianchi è incrociata con un maschio ad occhi rossi, e se una femmina F_1 di questo incrocio è accoppiata con il padre, e un maschio F_1 con la madre, quale sarà il fenotipo dei discendenti di questi due ultimi incroci per quanto riguarda il colore degli occhi?

Formula un'ipotesi

41 Nelle piante di mais l'albinismo, determinato da un allele recessivo, impedisce la fotosintesi e quindi provoca la morte precoce della pianta. Malgrado ciò gli albini continuano ad apparire tra le piante di mais perché:
- a incrociando due albini, tutta la loro prole è costituita da albini
- b incrociando albini e piante verdi omozigoti, parte della prole è albina
- c incrociando due piante verdi eterozigoti, tutta la prole è albina
- d incrociando due piante verdi eterozigoti, un quarto della prole è albino

Osserva e rispondi

42 Il seguente grafico mette in relazione la frequenza dei nati con sindrome di Down sul totale dei nati e l'età delle madri. Che cosa puoi dedurre dall'osservazione del grafico?

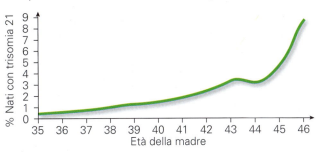

Risolvi il problema

43 Effettuando incroci tra drosofile con antenne lunghe/corte e zampe lunghe/corte dove antenne e zampe lunghe sono dominanti si sono ottenuti in F_2:
- 99 individui con antenne lunghe e zampe lunghe;
- 30 individui con antenne lunghe e zampe corte;
- 32 individui con antenne corte e zampe lunghe;
- 101 Individui con antenne corte e zampe corte;

Calcola la distanza in centiMorgan tra i due geni sul cromosoma.

Fai un'indagine

44 Fai una ricerca in Internet su una malattia genetica rara a tua scelta, non descritta nel libro. Elabora quindi una presentazione in Power Point di quanto hai scoperto da mostrare alla classe.

Fai la tua scelta

45 Hai un fratello malato di fibrosi cistica e ti propongono di effettuare un test per scoprire se sei portatore di questa malattia. Lo faresti?
O preferiresti non saperlo?
Argomenta la tua scelta.

In English

46 In *Drosophila* the gene for eye color in on the X chromosome. Red eye color is dominant over white eye color. What is the result on the progeny when red-eyed females are mated with white-eyed males?

47 Describe the following kinds of mutations:
- a chromosomal mutations;
- b point mutations.

What are their typical effects?

Organizza i concetti

48 Completa la mappa.

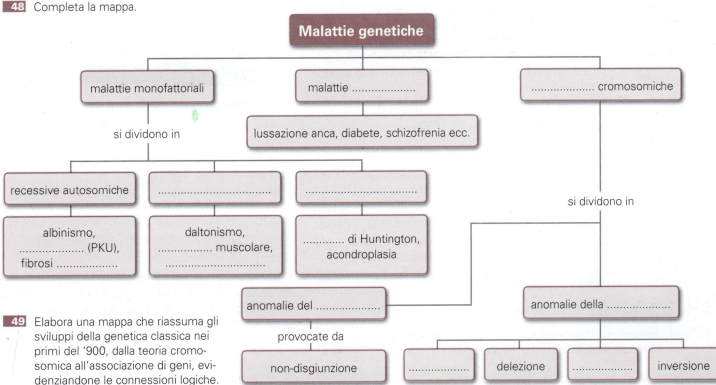

49 Elabora una mappa che riassuma gli sviluppi della genetica classica nei primi del '900, dalla teoria cromosomica all'associazione di geni, evidenziandone le connessioni logiche.

unità 2
Il DNA e l'espressione genica

Sentiamo spesso parlare della comparsa di nuovi ceppi di virus tipici di alcune specie animali, che acquisiscono in modo piuttosto improvviso la capacità di "attaccare" l'essere umano, causando malattie molto gravi che portano anche alla morte. Questi virus risultano così pericolosi anche perché sono sconosciuti per il nostro organismo, che non possiede anticorpi contro di essi. Ricordiamo, per esempio, le epidemie causate in diverse parti del mondo dal virus dell'HIV, oppure dal coronavirus responsabile della grave sindrome respiratoria detta SARS, o ancora dal virus Ebola. Ma come fanno a comparire, in tempi relativamente brevi, questi nuovi ceppi di virus?

1 La natura molecolare del gene

Nei primi decenni del '900 era ormai un dato acquisito che l'informazione genetica fosse costituita da unità discrete, i geni, distribuite lungo i cromosomi (teoria cromosomica, vedi Unità 1 § 1). Si ignorava però quale fosse la natura chimica dei cromosomi e, quindi, da che tipo di molecola fossero costituiti i geni.

Già nel 1869 il medico svizzero Johann Friedrich Miescher aveva isolato, nel nucleo di globuli bianchi umani, una sostanza bianca, zuccherina, ricca di azoto e fosforo, che chiamò "nucleina": il suo nome venne presto modificato in *acido nucleico*, perché era leggermente acida. Negli anni successivi furono isolati due distinti tipi di acidi nucleici: l'acido desossiribonucleico (DNA), presente solo nel nucleo delle cellule, e l'acido ribonucleico (RNA), presente anche nel citoplasma. L'importanza di questa scoperta fu però compresa solo a partire dagli anni Venti del secolo scorso, quando una serie di esperimenti dimostrò che i cromosomi sono composti di DNA e proteine. A questo punto restava da chiarire quale ruolo avessero queste due classi di molecole biologiche nella conservazione e trasmissione dell'informazione genetica. A quell'epoca la maggior parte dei genetisti era propensa a credere che le proteine, in virtù della loro varietà di strutture e di funzioni e per la loro abbondanza in ogni comparto della cellula, fossero la base materiale dell'informazione genetica. Furono gli esperimenti di Frederick Griffith e di Oswald T. Avery e, successivamente, quello di Alfred D. Hershey e Martha C. Chase, a dimostrare che era invece il DNA la molecola su cui si basava la trasmissione dei caratteri ereditari.

1.1 Griffith, Avery e la scoperta del "fattore di trasformazione"

Nel 1928, Griffith compì alcune importanti osservazioni mentre cercava di produrre un vaccino contro la polmonite umana, causata dal batterio pneumococco (*Streptococcus pneumoniae*, ▶1).
Egli lavorava con due ceppi del batterio, uno virulento e uno non virulento, che differivano per il tipo di superficie esterna osservabile al microscopio. Le colonie del ceppo virulento S (dall'inglese *smooth*, "liscio") sono caratterizzate da una superficie liscia e i batteri che le formano sono rivestiti da una capsula polisaccaridica: quando vengono iniettati in un topo provocano l'infezione polmonare determinando la morte dell'animale. Le colonie del ceppo non virulento R (dall'inglese *rough*, "ruvido") hanno invece superficie ruvida e i batteri sono privi di capsula: iniettati in un topo non sono in grado di trasmettergli la polmonite e di provocarne la morte.

Figura 1 Cellule batteriche di *Streptococcus pneumoniae* osservate al microscopio elettronico a trasmissione. Questi batteri si trovano in genere raggruppati in colonie o associati a formare corte catene; essi possono secernere all'esterno una capsula protettiva che determina la loro patogenicità.

Griffith verificò che i topi sopravvivevano sia all'iniezione di batteri del ceppo S uccisi con il calore, sia a quella di batteri vivi non virulenti; notò però che una miscela di colonie S inattivate con il calore e colonie R di batteri vivi era in grado di provocarne la morte; dal sangue dei topi era inoltre possibile estrarre batteri vivi di ceppo S in grado di riprodursi e originare nuovi batteri virulenti (▶2). Come si poteva spiegare un simile risultato? Griffith ipotizzò che i batteri non virulenti di ceppo R si trasformassero in batteri S virulenti in seguito al passaggio di una qualche sostanza dai batteri S inattivati a quelli R (un fenomeno oggi definito **trasformazione batterica**). La natura chimica di questa sostanza, detta "fattore di trasformazione", fu determinata con certezza solo nel 1944, grazie al lavoro di Avery, Colin MacLeod e Maclyn MacCarty. Essi dimostrarono che si trattava non di proteine o polisaccaridi, ma di DNA: lo fecero aggiungendo a batteri R vivi un estratto di batteri S uccisi, trattato con enzimi che degradano proteine e polisaccaridi ma lasciano invece intatto il DNA batterico. In questo caso si aveva la trasformazione dei batteri R nella forma virulenta, mentre nel caso di trattamenti con enzimi che degradano il DNA la trasformazione non si verificava (▶3). In seguito, Avery e i suoi collaboratori riuscirono a isolare il DNA quasi puro da pneumococchi S uccisi, e lo usarono per provocare la trasformazione batterica in pneumococchi R. Era quindi il DNA la molecola in grado di determinare la sintesi della capsula polisaccaridica e la conseguente virulenza del ceppo batterico.

Inizialmente, tale conclusione fu respinta dalla maggioranza degli scienziati, soprattutto perché gli acidi nucleici apparivano troppo semplici in confronto all'elevata complessità delle proteine. La conferma decisiva delle tesi di Griffith e di Avery arrivò pochi anni dopo, nel 1952, con la pubblicazione dei lavori sperimentali di Hershey e Chase.

1.2 L'esperimento di Hershey e Chase con i batteriofagi

I due biologi americani Alfred Hershey e Martha Chase utilizzarono per i loro studi un virus che è in grado di infettare i batteri, ed è perciò detto **batteriofago** (o semplicemente fago). I fagi sono costituiti solo da DNA e proteine, che a quell'epoca erano i principali candidati al ruolo di molecola dell'ereditarietà. Hanno una struttura costituita da una "testa" (capside) di natura proteica, al cui interno si trova il DNA, da un corpo centrale e da una "coda" di fibre proteiche, tramite la quale aderiscono ai batteri. Una volta avvenuto l'attacco sulla superficie esterna di un batterio, il fago è in grado di iniettare il suo DNA all'interno della cellula ospite (▶4).

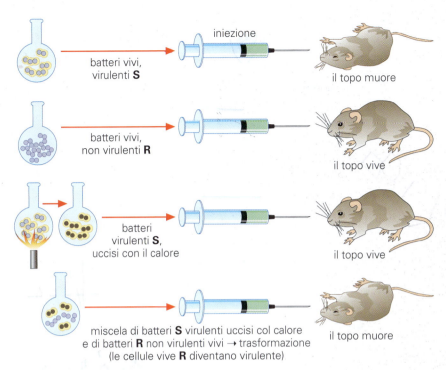

Figura 2 L'esperimento di Griffith.

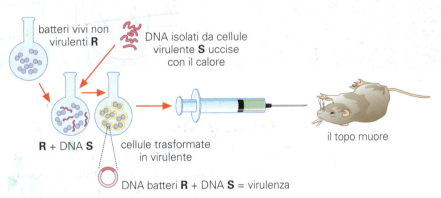

Figura 3 L'esperimento di Avery e collaboratori.

Il DNA fagico può poi seguire due strade: quella del *ciclo litico*, in cui la cellula ospite batterica viene distrutta dai virus che si formano al suo interno, o quella del *ciclo lisogenico*, in cui i batteri possono sopravvivere a lungo e replicarsi per molte gene-

Figura 4 Struttura schematica di un fago (**a**); fotografia al microscopio elettronico a trasmissione di fagi che aderiscono a una cellula batterica, iniettandovi il loro DNA (**b**).

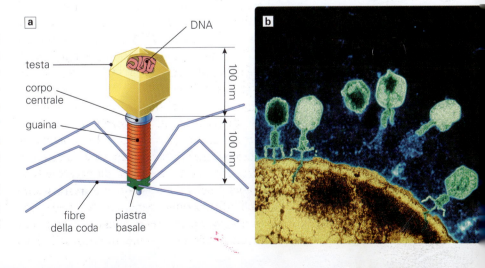

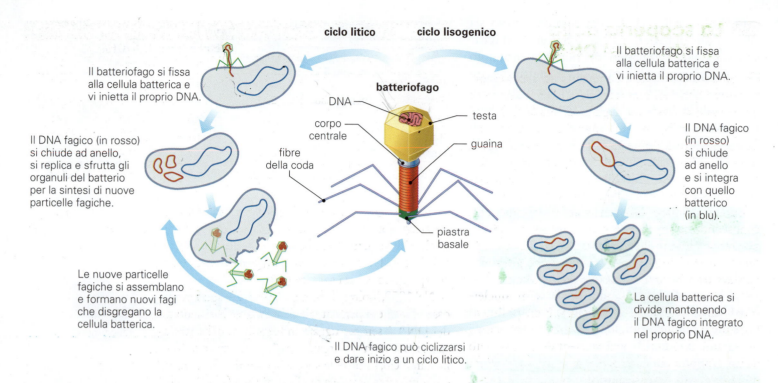

Figura 5 Il ciclo litico e quello lisogenico dei batteriofagi.

Figura 6 L'esperimento di Hershey e Chase.

razioni mantenendo il DNA fagico integrato nel loro cromosoma batterico (▶5).

Nel loro esperimento Hershey e Chase sfruttarono una differenza nella composizione chimica di proteine e DNA: entrambe le molecole contengono carbonio, idrogeno, ossigeno e azoto, ma differiscono poiché le proteine contengono anche zolfo, mentre nel DNA è presente il fosforo. Essi coltivarono due popolazioni di fagi T2, una in presenza di un isotopo radioattivo del fosforo (^{32}P) e l'altra di un isotopo radioattivo dello zolfo (^{35}S). In tal modo, la prima popolazione presentava un DNA radioattivo, mentre nella seconda erano radioattive le proteine. Queste due preparazioni furono usate per infettare separatamente due colture batteriche del batterio *Escherichia coli*. Dopo aver aspettato il tempo necessario per il completamento del ciclo litico del fago, le due colture furono sottoposte a centrifugazione per separare i batteri, più pesanti, dai virus, più leggeri, rimasti all'esterno dei batteri. Si individuò quindi, nei due casi, dove si localizzava la radioattività.

Come si può osservare nella figura ▶6, solo quando l'infezione è causata dai fagi marcati con ^{32}P, ossia con DNA radioattivo, si riscontra radioattività all'interno delle cellule batteriche, mentre quando i fagi sono marcati con ^{35}S la radioattività rimane confinata all'esterno dei batteri: se ne deduce che il DNA penetra nelle cellule batteriche, mentre le proteine rimangono all'esterno.

Nel primo caso inoltre i due scienziati riscontrarono la presenza di radioattività anche nel DNA dei fagi liberati dalle cellule batteriche in seguito alla lisi, prova del fatto che il DNA iniettato era in grado sia di indurre le cellule batteriche a sintetizzare altro DNA sia di dirigere la sintesi delle proteine con cui il DNA forma i nuovi fagi completi.

Questo ed altri esperimenti dimostrarono inequivocabilmente che è il DNA, e non le proteine, a costituire il **materiale genetico** dei viventi, con la sola eccezione di alcuni virus che contengono RNA (i *retrovirus*, vedi **SCHEDA 3**).

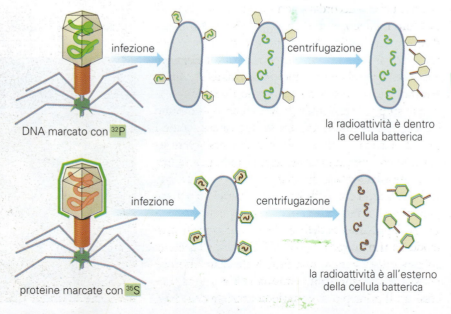

Facciamo il punto

1 Quali osservazioni fece Griffith grazie ai suoi esperimenti? E in che modo tali osservazioni furono sviluppate da Avery e collaboratori?

2 Quale organismo e che tipo di strategia sperimentale adottarono invece Hershey e Chase?

2 La scoperta della struttura del DNA

Tra gli anni Quaranta e Cinquanta del secolo scorso furono fatti molti tentativi per cercare di scoprire quale fosse la struttura degli acidi nucleici. Difatti, una volta stabilito che il materiale ereditario è il DNA, occorreva capire in che modo esso svolge il suo ruolo di depositario dell'informazione genetica e come questa informazione può essere trasmessa esattamente alle cellule figlie durante i processi di divisione cellulare. Gli scienziati ritenevano che, conoscendo la struttura tridimensionale del DNA, si sarebbe chiarito il suo meccanismo di funzionamento, per analogia con la relazione che già si conosceva tra struttura e funzione delle proteine.

La composizione chimica degli acidi nucleici era nota: il DNA, come l'RNA, è un polimero formato da lunghe catene i cui monomeri sono i nucleotidi. Nel DNA ogni nucleotide è composto da un gruppo fosfato, uno zucchero a cinque atomi di carbonio (il desossiribosio) e una base azotata, che può essere una purina (adenina o guanina) o una pirimidina (citosina o timina). Nelle **catene polinucleotidiche**, i singoli monomeri sono uniti tra loro dai gruppi fosfato che, per mezzo di legami covalenti, formano dei "ponti" tra lo zucchero di un nucleotide e quello del nucleotide successivo: nasce così il cosiddetto scheletro "zucchero-fosfato", da cui sporgono le basi azotate (▶7).

Nel 1950, inoltre, il chimico Erwin Chargaff aveva osservato che la percentuale delle singole basi azotate del DNA è sempre uguale in organismi della stessa specie, ma varia tra organismi di specie diverse. Nonostante ciò, in tutte le specie la quantità di adenina è sempre circa uguale a quella di timina (A = T), e lo stesso vale per le quantità di guanina e citosina (G = C). In tal modo la quantità totale di purine (A + G) equivale a quella di pirimidine (T + C; **TABELLA 1**). Il significato di questi importanti dati sperimentali fu compreso pienamente solo tre anni dopo, quando l'inglese Francis Crick e il collega americano James D. Watson presentarono il loro **modello a doppia elica** per la struttura del DNA. I due scienziati, che lavoravano in quel periodo al Cavendish Laboratory di Cambridge (Gran Bretagna), costruirono un modello tridimensionale della molecola di DNA che era in accordo con i dati di Chargaff.

TABELLA 1 Percentuale di basi azotate nel DNA di organismi di diverse specie

Specie	Composizione in basi (%)			
	A	T	G	C
Escherichia coli	26	23,9	24,9	25,2
Streptococcus pneumoniae	29,8	31,6	20,5	18
lievito	31,3	32,9	18,7	17,1
riccio di mare	32,8	32,1	17,7	18,4
ratto	28,6	28,4	21,4	21,5
uomo	30,9	29,4	19,9	19,8

Figura 8 Watson e Crick con il loro modello originale del DNA a doppia elica (**a**) e un modello molecolare del DNA, in cui gli atomi sono rappresentati come delle sfere, ottenuto con le moderne tecniche di bioinformatica (**b**).

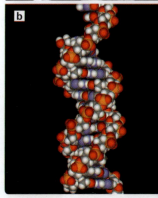

2.1 Il modello a doppia elica del DNA

In un articolo pubblicato su *Nature* nell'aprile del 1953, Watson e Crick proposero per il DNA una struttura che si accordava con tutti i dati disponibili. Nel loro modello, la molecola del DNA era formata da due catene polinucleotidiche avvolte una con l'altra a formare una doppia elica dotata di un diametro costante. Lo scheletro "zucchero-fosfato" risultava esterno, mentre le basi azotate erano rivolte internamente su piani trasversali (▶8). Le basi costituivano i collegamenti orizzontali tra le due catene, come i pioli di una scala a chiocciola: ciascuna base di un filamento era appaiata tramite legami a idrogeno a una base **complementare** del filamento opposto. Infatti, sebbene la sequenza delle basi in un filamento potesse presentare infinite variazioni nelle diverse molecole di DNA, l'appaiamento delle basi era molto specifico, in modo da rispettare la regola di Chargaff: all'adenina corrispondeva sempre una timina sul filamento opposto, e alla guanina una citosina (▶9 a pagina successiva). Il principio di **complementarietà** delle basi,

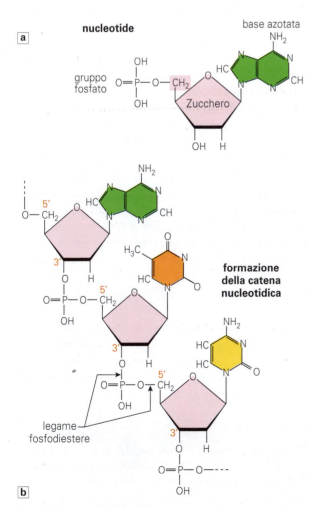

Figura 7 La struttura di un nucleotide (**a**) e la formazione di una catena nucleotidica (**b**).

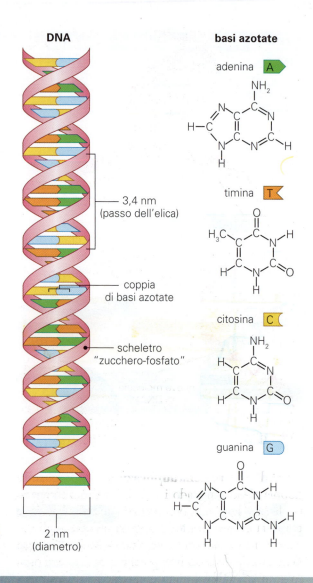

Figura 9
Rappresentazione schematica della doppia elica del DNA. Un giro completo (detto "passo") dell'elica è lungo 3,4 nm e comprende 10 coppie di nucleotidi; il diametro dell'elica è di 2 nm. Tra adenina e timina si formano due legami a idrogeno, mentre fra guanina e citosina se ne formano tre.

introdotto dai due scienziati, permetteva di spiegare anche la costanza del diametro dell'elica, poiché a una purina (avente struttura a doppio anello) era sempre abbinata sull'altro filamento una pirimidina (avente struttura ad anello singolo), in modo da mantenere un ingombro spaziale costante. Un altro aspetto importante messo in risalto dal modello sottolineava come i due filamenti fossero orientati secondo due direzioni opposte: per questo motivo essi vengono definiti **antiparalleli**. Entrambi i filamenti hanno infatti un orientamento che va dall'estremità 5' (dove è presente un gruppo fosfato legato al carbonio 5' del desossiribosio) all'estremità 3' (dove è presente il gruppo ossidrile –OH legato al carbonio 3' del desossiribosio), e l'estremità 5' di un filamento si appaia sempre con l'estremità 3' del filamento complementare.

Questa struttura risultava in accordo con i dati fisico-chimici ottenuti in quegli anni grazie agli studi di cristallografia ai raggi X compiuti dalla biofisica inglese Rosalind Franklin (vedi **SCHEDA 1**). Tali dati sperimentali, di cui Watson e Crick erano venuti a conoscenza, costituirono indubbiamente uno stimolo e un aiuto rilevante per la formulazione del loro modello, come essi stessi riconobbero.

Facciamo il punto

3 Su quali informazioni già disponibili riguardo al DNA si sono basati Watson e Crick per la formulazione del loro modello strutturale?

4 Quali sono le principali caratteristiche della struttura a doppia elica del DNA?

Scheda 1 — Rosalind Franklin e la scoperta della doppia elica

Negli anni Cinquanta la tecnica della **cristallografia ai raggi X** era già stata applicata alle proteine, permettendo tra l'altro la determinazione della struttura secondaria ad α-elica o di quella tridimensionale della mioglobina, una proteina presente nei muscoli degli animali. Questa tecnica è utilizzata difatti per analizzare la struttura tridimensionale di macromolecole con una risoluzione a livello dei singoli atomi. Essa richiede la preparazione di campioni della macromolecola in esame sotto forma di cristallo, cioè con una struttura interna regolare e ripetuta nello spazio (il "reticolo"), e si basa sul fenomeno della diffrazione di un fascio di raggi X da parte degli atomi che compongono il reticolo cristallino. Come risultato si ottiene uno "spettro di diffrazione" caratteristico per ogni molecola e da questo si ricava, tramite complessi calcoli matematici, un modello strutturale che evidenzia la forma della molecola e la disposizione dei suoi atomi nello spazio.

Oltre che alle proteine, si cercò di applicare questa tecnica anche allo studio degli acidi nucleici: il contributo più importante in questo ambito fu il lavoro di Rosalind Franklin presso il laboratorio di Biofisica del King's College di Londra. Nello stesso istituto lavorava lo scienziato Maurice Wilkins, anch'egli impegnato in studi di cristallografia, ma solo quest'ultimo vinse il premio Nobel assieme a Watson e Crick nel 1962. Il mancato riconoscimento del lavoro della Franklin, morta prematuramente di cancro, suscitò varie polemiche, e solo dopo molto tempo le fu attribuito un ruolo fondamentale nella scoperta della doppia elica del DNA da parte di Watson e Crick. La scienziata era riuscita infatti a ottenere, con una qualità mai raggiunta prima, uno **spettro di diffrazione del DNA** (▶ 1) che suggeriva una struttura a elica, con un diametro costante e formata da due filamenti. La Franklin dedusse inoltre che i gruppi fosfato si trovavano all'esterno della molecola e le basi azotate erano rivolte verso l'interno. I suoi risultati apparvero nello stesso numero di *Nature* in cui fu pubblicato il lavoro di Watson e Crick, in un articolo firmato da lei e dal suo collaboratore Raymond Gosling: è in esso che sono fornite le evidenze sperimentali necessarie a supportare il modello della doppia elica.

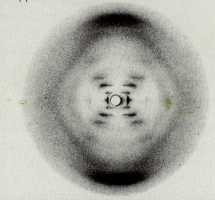

Figura 1 Lo spettro di diffrazione del DNA ottenuto dalla Franklin e noto come "fotografia 51" evidenziava gli aspetti caratteristici di una struttura a elica.

3. La duplicazione del DNA: come si trasmette il patrimonio genetico

Ancor prima che fosse scoperta la struttura del DNA, i genetisti ritenevano che una caratteristica fondamentale del materiale genetico dovesse essere la capacità di produrre copie esatte di se stesso, per poter trasmettere l'informazione genetica da una generazione all'altra.

Il modello a doppia elica, con l'accoppiamento specifico delle basi azotate, suggeriva un possibile meccanismo di "copiatura" del DNA, come dichiararono gli stessi Watson e Crick. I due filamenti della doppia elica sono infatti complementari, si possono cioè considerare l'uno il "negativo" dell'altro: ogni filamento, di conseguenza, può funzionare da "stampo" per la duplicazione dell'altro.

La **duplicazione**, o **replicazione**, del DNA è il processo mediante il quale da una molecola di DNA si ottengono due nuove molecole identiche a quella di partenza. Si verifica ogni volta che una cellula si divide, poiché essa deve raddoppiare il proprio patrimonio genetico per fornire alle cellule figlie un "corredo genetico" completo.

Il meccanismo della duplicazione venne svelato grazie a due serie di esperimenti.

Nel 1956 il biochimico americano Arthur Kornberg riuscì a isolare un gruppo di enzimi capace di sintetizzare un nuovo DNA a partire da un DNA che fungeva da "stampo" (in inglese *template*), in presenza di una miscela dei quattro nucleotidi trifosfati (ATP, GTP, CTP, TTP); questo gruppo di enzimi fu chiamato **DNA polimerasi** e per la sua scoperta Kornberg ricevette il premio Nobel.

Nel 1958 gli americani Matthew S. Meselson e Franklin W. Stahl, utilizzando due diversi isotopi dell'azoto per marcare le basi azotate e una particolare tecnica per separare le molecole di DNA diversamente marcate, dimostrarono che la duplicazione di una doppia elica porta alla formazione di due doppie eliche con un meccanismo di tipo **semiconservativo**: ognuna delle due eliche neo-formate contiene un filamento "vecchio" (proveniente dal DNA originario) e un filamento "nuovo" complementare (▶ 10).

Figura 10 La duplicazione semiconservativa del DNA.

estremità in crescita dei nuovi filamenti di DNA

nuove molecole di DNA

punti di origine della duplicazione, despiralizza la doppia elica rompendo i deboli legami a idrogeno tra le basi appaiate. Nei procarioti la duplicazione parte da un solo punto di origine, mentre negli eucarioti inizia contemporaneamente in 20-25 punti della catena nucleotidica: poiché infatti in essi ogni molecola di DNA è molto lunga, se l'apertura avvenisse solo ad un'estremità la duplicazione richiederebbe un tempo eccessivo.

Nella **seconda fase** la duplicazione procede in due direzioni opposte, a partire da ogni punto di origine, formando delle **bolle di duplicazione** (▶ 11).
Il complesso enzimatico delle DNA polimerasi catalizza l'aggiunta di nucleotidi liberi, in accordo con le regole della complementarietà, ai due filamenti in formazione; questo avviene a livello della *forcella di duplicazione*, una biforcazione a Y mantenuta aperta dal legame che si forma tra i filamenti nucleotidici separati e specifiche **proteine**, dette **SSB** (*Single-S*

video
La duplicazione del DNA
Come fa l'organismo a distribuire il materiale genetico?

3.1 La duplicazione del DNA richiede l'azione di diversi enzimi

Il processo di duplicazione comprende due fasi principali, in cui sono coinvolti specifici enzimi.

Nella **prima fase** la molecola di DNA deve aprirsi come una "cerniera" in modo che i due filamenti parentali siano liberi di fungere entrambi da stampo per la sintesi di due nuovi filamenti. Questo avviene grazie all'azione dell'enzima **DNA elicasi** che, legandosi a specifiche sequenze nucleotidiche dette

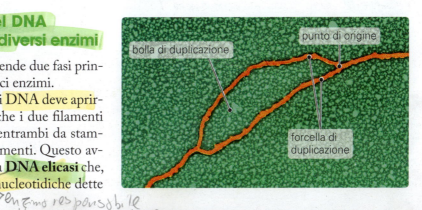

Figura 11 Una bolla di duplicazione osservata al microscopio elettronico.

bolla di duplicazione
punto di origine
forcella di duplicazione

trand Binding, "che legano il singolo filamento").

Per avviare la sintesi di un nuovo filamento, la polimerasi necessita tuttavia di un "innesco", poiché può aggiungere nucleotidi solamente ad altri nucleotidi già appaiati al filamento stampo. Tale innesco, detto *primer*, consiste in una decina di nucleotidi di RNA e viene sintetizzato dall'enzima **primasi**, che è in grado di copiare brevi tratti di DNA in sequenze complementari di RNA; una volta completata la duplicazione di tutto il filamento, il primer viene eliminato per azione della polimerasi stessa e sostituito con DNA (▶12).

Oltre a ciò, la sintesi del nuovo filamento avviene solo ed esclusivamente in direzione 5'-3', perché ogni nucleotide è aggiunto all'estremità 3'-OH libera del desossiribosio, come evidenzia la figura ▶13.

Dato che i due filamenti stampo sono antiparalleli, solo la catena polinucleotidica che ha l'estremità 3' libera a livello della forcella (detta *filamento guida*) è duplicata in modo continuo, mentre l'altra (detta *filamento in ritardo*) è duplicata in modo discontinuo, formando sequenze di nucleotidi che prendono il nome di **frammenti di Okazaki** (della lunghezza di 100-200 nucleotidi nelle cellule eucariotiche e di 1000-2000 nucleotidi in quelle procariotiche). Ogni frammento di Okazaki è sintetizzato a partire da un proprio primer, e la sintesi si arresta quando la polimerasi raggiunge il primer del frammento precedente. A questo punto, il primer viene eliminato e i singoli frammenti sono riuniti tra loro dall'enzima **DNA ligasi**, che si muove in direzione opposta a quella di apertura della forcella (rivedi la figura ▶12; vedi **SCHEDA 2**).

Nei procarioti, come i batteri, il processo di duplicazione procede alla notevolissima velocità di circa 800 nucleotidi al secondo e si conclude di norma in 20-30 minuti, quando nel DNA (che è circolare) le due forcelle originatesi nel punto di origine si incontrano; negli animali superiori, in cui il DNA da duplicare è costituito da miliardi di basi azotate, la replicazione procede a circa 50 nucleotidi al secondo e si completa in alcune ore, quando le tutte le bolle di duplicazione entrano in contatto tra loro.

Nonostante la complessità del meccanismo di replicazione, il livello di accuratezza è molto elevato: è stato calcolato che solo una base ogni 10^9 basi duplicate risulta alla fine appaiata in modo errato. Il complesso enzimatico della DNA polimerasi è dotato infatti di un'attività di "correzione della lettura" (dall'inglese *proofreading*): quando avviene un errore di accoppiamento tra le basi azotate, le DNA polimerasi si bloccano, retrocedono fino a incontrare una coppia di nucleotidi appaiata correttamente, e ricominciano poi a muoversi in avanti sostituendo i nucleotidi sbagliati con quelli corretti. In alcuni tipi di virus non è presente questa attività di correzione: ciò determina un maggior numero di errori e quindi la comparsa di mutazioni (ne parleremo nel § 6) sono strettamente connesse alla capacità dei virus di "evolvere" rapidamente dando origine a nuovi ceppi (cioè varianti di uno stesso tipo di virus).

Oltre a ciò, esiste un'ulteriore attività di controllo, operata da alcuni enzimi che sono in grado di riparare errori di appaiamento e danneggiamenti del DNA prodotti da radiazioni o sostanze chimiche.

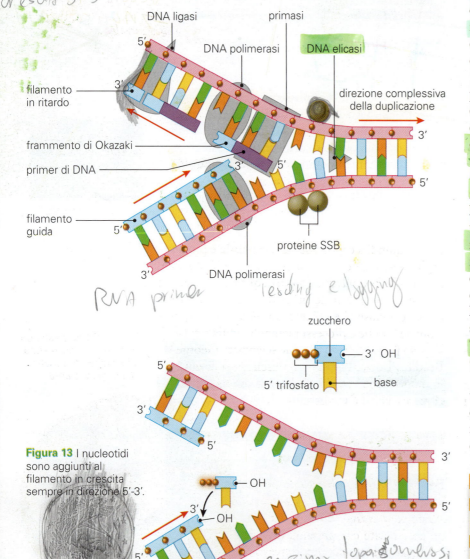

Figura 12 Il meccanismo di duplicazione del DNA. La sintesi del filamento in ritardo avviene in modo discontinuo tramite la formazione dei frammenti di Okazaki.

Figura 13 I nucleotidi sono aggiunti al filamento in crescita sempre in direzione 5'-3'.

Facciamo il punto

5 Quale relazione esiste tra le caratteristiche della struttura del DNA e la sua capacità di duplicarsi?

6 In che senso la duplicazione del DNA è semiconservativa?

7 Quali sono i principali passaggi e gli enzimi coinvolti nella duplicazione del DNA?

Scheda 2 I telomeri e l'invecchiamento cellulare

I cromosomi lineari degli eucarioti subiscono un accorciamento a ogni ciclo di divisione cellulare, poiché nel caso del filamento *in ritardo* la parte complementare all'estremità 3' non può essere duplicata. Difatti, in questa regione terminale dei cromosomi, dopo la rimozione dell'innesco di RNA non può più avvenire la sintesi di DNA che lo sostituisca, e il tratto che resta a filamento singolo viene degradato da appositi enzimi. Nella maggior parte degli eucarioti, le estremità dei cromosomi sono costituite da sequenze di DNA ripetute migliaia di volte, chiamate **telomeri**. La perdita di un tratto di DNA all'estremità 3' determina quindi l'accorciamento delle regioni telomeriche: nei cromosomi umani, ad esempio, vengono perse dalle 50 alle 200 coppie di basi in ogni duplicazione, per cui nel giro di circa trenta divisioni cellulari tutta la regione telomerica viene a mancare.

L'accorciamento progressivo dei telomeri è ormai considerato strettamente connesso con l'**invecchiamento** e la **morte cellulare**. Queste sequenze infatti non codificano per proteine, ma hanno un ruolo di protezione dei cromosomi prevenendo la perdita di regioni codificanti. Si è osservato che nelle cellule che mantengono per tutta la vita la capacità di dividersi, come quelle del midollo osseo che danno origine agli elementi del sangue, i telomeri sono conservati. Questo è possibile grazie a un particolare enzima, la *telomerasi*, che permette la sintesi del tratto di DNA all'estremità 3', ristabilendo la lunghezza originaria del filamento. La telomerasi contiene una breve sequenza di RNA, che funziona in questo caso come stampo su cui l'enzima può sintetizzare la sequenza telomerica di DNA. La telomerasi poi si distacca e la DNA polimerasi può sintetizzare il filamento di DNA complementare (▶1). La telomerasi è presente anche nella maggioranza delle cellule tumorali, dove gioca probabilmente un ruolo nel favorire la loro immortalità. Questo enzima è divenuto quindi oggetto di studio, oltre che nella ricerca sui processi di invecchiamento cellulare, anche nella ricerca di strategie antitumorali.

Figura 1 Il meccanismo d'azione della telomerasi.

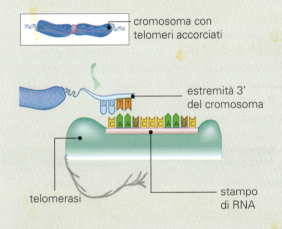
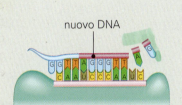
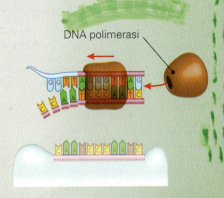

4 I geni si esprimono per mezzo delle proteine

Agli inizi del Novecento, molti anni prima che si scoprisse la struttura del DNA, il medico scozzese Archibald Garrod ebbe un'intuizione decisamente in anticipo sui tempi. Comprese che alcune malattie erano provocate da "carenze biochimiche", ossia da errori presenti nei processi chimici cellulari. In particolare notò che l'*alcaptonuria*, una **disfunzione metabolica** causata da un'alterazione nei processi chimici che coinvolgono l'amminoacido fenilalanina, si trasmetteva dai genitori ai figli con le caratteristiche di una malattia ereditaria recessiva (non dimentichiamo che pochi anni prima erano state "riscoperte" le leggi di Mendel). Ipotizzando perciò un'origine genetica delle *malattie metaboliche* parlò di "errori *innati* del metabolismo".

Egli era inoltre a conoscenza dell'esistenza degli **enzimi**, particolari proteine in grado di incrementare considerevolmente la velocità dei processi chimici, regolando così l'attività metabolica cellulare.

Arrivò quindi a capire che l'alcaptonuria è provocata dall'assenza dell'enzima che negli individui sani degrada l'*alcaptone*, una sostanza di colore rosso che invece è presente nelle urine dei malati. A questo punto concluse che esisteva un **nesso tra le alterazioni genetiche e processi metabolici difettosi** (§ 6). Fu solo però nel 1940 che due scienziati, George W. Beadle e Edward L. Tatum, riuscirono a dimostrare in modo inequivocabile l'esistenza di una correlazione tra geni ed enzimi.

4.1 Gli esperimenti di Beadle e Tatum

Beadle e Tatum utilizzarono per il loro esperimento la muffa del pane *Neurospora crassa* (▶14), un fungo ascomicete che presenta diversi vantaggi rispetto ad altri organismi utilizzati in precedenza negli studi di genetica (*Pisum sativum*, *Drosophila*). Essendo aploide per la maggior parte del

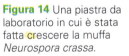

Figura 14 Una piastra da laboratorio in cui è stata fatta crescere la muffa *Neurospora crassa*.

suo ciclo vitale, in esso gli alleli recessivi si esprimono sempre nel fenotipo e quindi l'analisi dei risultati diventa più semplice. Questo fungo, inoltre, è coltivabile in laboratorio in tempi rapidi e su un mezzo di coltura semplice, detto "terreno minimo", contenente solo saccarosio (come fonte di carbonio organico), alcuni sali minerali e una vitamina. A partire da questi pochi elementi, *Neurospora* può sintetizzare tutti i composti organici di cui necessita per accrescersi e moltiplicarsi.

Nei loro esperimenti, Beadle e Tatum sottoposero le colture di *Neurospora* a trattamenti con i raggi X, che agiscono come *agenti mutageni*, ottenendo una serie di ceppi di *Neurospora* detti **mutanti nutrizionali**, poiché incapaci di produrre alcune sostanze fondamentali (per esempio un amminoacido) normalmente prodotte dal ceppo originario non trattato. Tutti i ceppi mutanti ottenuti non erano perciò capaci di crescere in terreno minimo: analizzandoli singolarmente, i due scienziati identificarono per ognuno di essi il composto specifico che, aggiunto al terreno di coltura, ripristinava una normale crescita (▶ 15). In particolare, essi identificarono ceppi mutanti *auxotrofi* per l'arginina (cioè che richiedono l'aggiunta di tale amminoacido nel terreno), diversi tra loro geneticamente, e ipotizzarono la presenza in ciascun ceppo di una mutazione che causava un difetto in uno specifico enzima della via metabolica dell'arginina (cioè della serie di reazioni che la produce), bloccandone la sintesi. Essi aggiunsero al terreno di coltura dei diversi ceppi mutanti i composti che servono per la sintesi dell'amminoacido, uno per volta, riuscendo a identificare qual era in ciascun ceppo l'enzima difettoso.

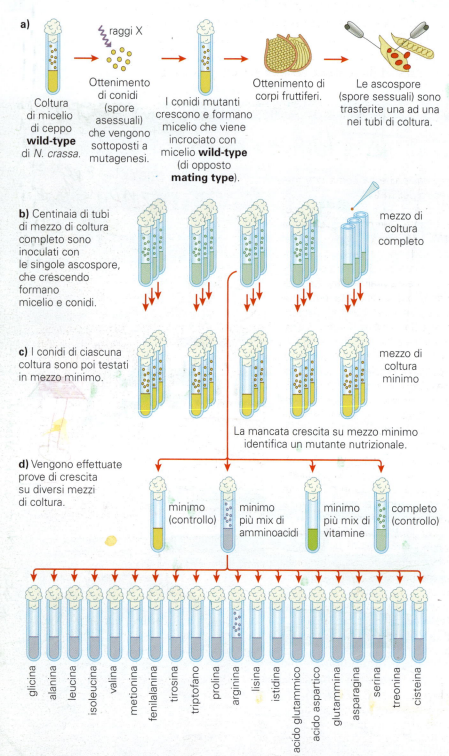

Figura 15 Schema di un esperimento di Beadle e Tatum su ceppi mutanti di *Neurospora crassa*.

Conclusione: l'aggiunta di arginina al mezzo minimo è necessaria e sufficiente per ristabilire la crescita.

4.2 L'ipotesi "un gene, un enzima"

In base a questi esperimenti, Beadle e Tatum dedussero che ogni mutazione interessava un gene responsabile della produzione di un determinato enzima, arrivando a formulare l'ipotesi ancora oggi famosa come "un gene, un enzima" (che ha valso loro il premio Nobel per la medicina nel 1958).

In seguito alle successive scoperte di *biologia molecolare*, questa ipotesi ha poi subito negli anni alcune modifiche, fino a trasformarsi in "un gene, un polipeptide". Questo perché non tutte le proteine sono enzimi e, inoltre, molte proteine (come l'emoglobina) sono formate da più catene polipeptidiche e ogni catena polipeptidica è prodotta da un singolo gene.

Come vedremo più avanti, oggi è noto che nemmeno quest'ultima versione della teoria è del tutto corretta: un gene, infatti, può produrre più di un polipeptide, grazie a modificazioni che si verificano nell'RNA che da esso deriva. Nonostante ciò, la teoria mantiene ancora tutto il suo valore, perché spiega in che modo specifiche sequenze nucleotidiche danno origine a *diversi fenotipi*.

Facciamo il punto

8 Quali elementi facevano ipotizzare una relazione tra la presenza di una disfunzione metabolica in un individuo e il suo genotipo?

9 A quale conclusione portarono gli esperimenti di Beadle e Tatum?

5. Il flusso dell'informazione genetica dal DNA alle proteine

Dirigendo la produzione delle proteine strutturali, enzimatiche, di trasporto e regolative, il DNA controlla quindi l'intera attività metabolica cellulare. Il processo mediante il quale le "istruzioni" contenute nel DNA "codificano" specifiche proteine (ossia ne dirigono la sintesi) prende il nome di **espressione genica**. Come vedremo in seguito, ogni cellula sceglie di volta in volta quali geni devono essere "espressi", per produrre le proteine necessarie, tramite accurati processi di *regolazione genica*.

Francis Crick, dopo aver risolto il problema della struttura tridimensionale del DNA, propose quello che ancora oggi conosciamo come il **dogma centrale della biologia**: l'informazione genetica fluisce dal DNA alle proteine, ma non può farlo in senso contrario e nemmeno "orizzontalmente", perché una proteina non contiene l'informazione né per la sintesi di acidi nucleici né per quella di altre proteine (vedi **SCHEDA 3**).

I biologi iniziarono allora a considerare le questioni irrisolte legate a questo dogma. Innanzitutto il DNA si trova (nel caso delle cellule eucariotiche) dentro al nucleo, da cui non può uscire a causa delle sue dimensioni, mentre era noto che la sintesi delle proteine ha sede nel citoplasma in

Scheda 3 — Le eccezioni al dogma centrale: retrovirus e prioni

Nella prima metà degli anni Sessanta del secolo scorso, gli esperimenti di Nirenberg e Matthaei, oltre a dare l'avvio alla decifrazione del codice genetico, rappresentarono una conferma del dogma centrale della biologia proposto da Crick. Il loro lavoro dimostrava, infatti, che il flusso di informazione dal DNA alle proteine era possibile: la sequenza dei nucleotidi nel DNA stabilisce quella degli amminoacidi nelle proteine, secondo un flusso unidirezionale che ha come intermediario la molecola dell'mRNA.

In quegli stessi anni vennero tuttavia scoperti dei virus contenenti come unico acido nucleico l'RNA, a filamento singolo o più raramente doppio, che rappresentava il materiale genetico a partire dal quale era possibile la sintesi delle proteine virali. Inoltre, fu isolato anche un gruppo di virus contenenti RNA come materiale genetico, ma che producevano un intermedio di DNA durante il loro ciclo di replicazione dentro le cellule ospiti. La sintesi della molecola di DNA a partire da RNA era possibile grazie a un particolare enzima, la *trascrittasi inversa* o *retrotrascrittasi*: essa agisce come una DNA polimerasi, ma utilizza uno "stampo" di RNA invece del DNA. Si osservò che durante il ciclo di infezione di questi virus, chiamati **retrovirus** (▶1), il DNA prodotto si integrava nel genoma della cellula ospite, sfruttando l'apparato cellulare per essere trascritto in mRNA utilizzato per la sintesi delle proteine virali. La trascrittasi inversa è stata trovata anche in alcuni *virus oncògeni*, capaci di infettare le cellule e alterare il loro ciclo vitale, inducendone la trasformazione in cellule tumorali. Questi studi, che hanno valso il premio Nobel per la medicina a Howard Temin, David Baltimore e Renato Dulbecco nel 1975, invalidavano quindi il concetto di unidirezionalità del flusso di informazione, che in alcuni casi può muoversi in entrambi i sensi tra DNA e RNA.

All'inizio degli anni Settanta, l'universale validità del dogma centrale fu messa ulteriormente in discussione dalle ricerche di Stanley Prusiner, che si occupava delle "neuropatie spongiformi". Egli isolò dai tessuti di animali malati una proteina, chiamata **prione**, con una sequenza di amminoacidi molto simile a quella di una proteina presente normalmente nel tessuto cerebrale sano, ma con una diversa struttura tridimensionale (▶2). Prusiner osservò che nel tessuto malato non erano presenti agenti infettivi contenenti acidi nucleici: la proteina prionica costituiva essa stessa l'agente infettivo, in grado di trasmettere la propria anomalia alle proteine analoghe normali, inducendo la loro trasformazione in proteine prioniche. In questo caso, quindi, si assiste a un flusso di informazione da proteina a proteina, senza l'intervento di DNA o RNA.

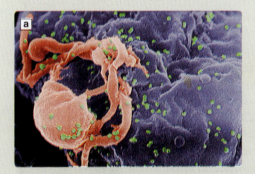
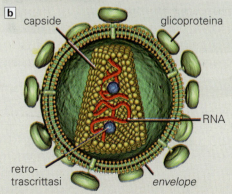

Figura 1 Fotografia al microscopio a scansione di particelle virali del retrovirus dell'immunodeficienza umana (HIV), colorate qui in verde, che si replicano infettando i linfociti, cellule preposte alla difesa del nostro organismo (**a**). Rappresentazione schematica di una particella di HIV (**b**).

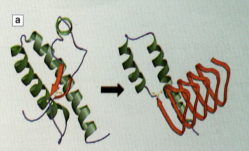
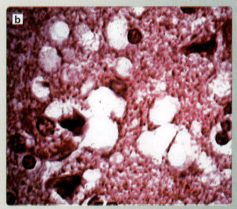

Figura 2 Struttura della proteina prionica normale e alterata (**a**); sezione di tessuto cerebrale colpito da encefalopatia spongiforme, in cui sono visibili caratteristici "buchi" nel tessuto (**b**).

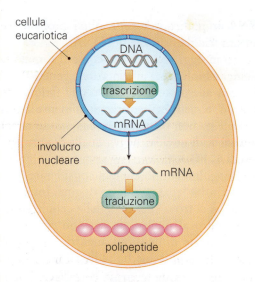

Figura 16 L'informazione genetica contenuta nel DNA è trasportata nel citoplasma da un "intermediario", l'RNA messaggero, che viene tradotto in proteine.

ro (o **mRNA**), sintetizzata nel nucleo tramite un processo di **trascrizione**. L'mRNA si trasferisce poi nel citoplasma dove funziona come stampo per la sintesi della catena polipeptidica a livello dei ribosomi, grazie a un altro processo, quello di **traduzione** (▶16).

5.1 Il codice genetico: il linguaggio del DNA

A questo punto gli scienziati si trovarono di fronte a un problema di difficile soluzione. Gli acidi nucleici e le proteine utilizzano "linguaggi chimici" molto diversi: i geni sono scritti, infatti, in un "alfabeto" di quattro lettere corrispondenti alle quattro basi azotate, mentre i polipeptidi sono scritti con venti possibili lettere, che corrispondono ai venti amminoacidi di cui possono essere costituiti. Come poteva l'informazione espressa nel linguaggio del DNA venire "tradotta" in quello delle proteine, visto che non può esistere una corrispondenza "uno a uno" tra le basi e gli amminoacidi?

corrispondenza dei ribosomi. Occorreva dunque un "intermediario" capace di prelevare l'informazione dal DNA, nel nucleo, e di trasportarla nel citoplasma. Si scoprì che questo ruolo è svolto da una molecola di RNA, chiamata **RNA messagge-**

Il problema venne risolto grazie a una delle più importanti scoperte della biologia del XX secolo, la decifrazione del **codice genetico**. In generale un codice è un sistema di segnali o simboli in grado di trasmettere un messaggio (vedi **SCHEDA 4**). Il codice genetico prevede che la sequenza di "lettere" del DNA (le basi A, T, G, C), e analogamente quelle dell'mRNA (A, U, G, C), venga letta a gruppi di tre "lettere" per volta (presenti in sequenza sulla molecola di DNA). Ognuna delle possibili "parole" formate da tre lettere rappresenta un'unità di codice, detta **codone** (o **tripletta**), a cui corrisponde un preciso amminoacido. In questo modo il linguaggio del DNA viene convertito in quello delle proteine.

Oltre alle triplette che codificano gli amminoacidi, esistono tre triplette dell'mRNA (UAA, UGA, UAG) dette **codoni di stop** o **non senso**: non codificano per alcun amminoacido, ma rappresentano dei segnali che arrestano la sintesi della proteina. La tripletta AUG rappresenta invece il **codone di inizio** per la traduzione della proteina (▶17).

Il codice genetico ha due importanti caratteristiche:

→ è **ridondante**, difatti se prendiamo quattro basi azotate e le uniamo a gruppi di tre otteniamo 4^3 combinazioni, ossia 64 diverse triplette che codificano per i 20 possibili amminoacidi. Questo significa che uno stesso amminoacido può essere codificato da più triplette. Tuttavia, il codice non è ambiguo, perché ogni singola tripletta codifica sempre un solo amminoacido. La ridondanza inoltre è vantaggiosa perché riduce la probabilità che si verifichino errori nella traduzione dal linguaggio del DNA a quello delle proteine;

→ è **universale**, difatti la stessa tripletta codifica sempre per lo stesso amminoacido in tutti gli es-

		seconda base				
		U	C	A	G	
prima base	U	UUU Phe UUC Phe UUA Leu UUG Leu	UCU UCC Ser UCA UCG	UAU Tyr UAC Tyr UAA Stop UAG Stop	UGU Cys UGC Cys UGA Stop UGG Trp	U C A G	**terza base**
	C	CUU CUC Leu CUA CUG	CCU CCC Pro CCA CCG	CAU His CAC His CAA Gln CAG Gln	CGU CGC Arg CGA CGG	U C A G	
	A	AUU AUC Ile AUA AUG Met	ACU ACC Thr ACA ACG	AAU Asn AAC Asn AAA Lys AAG Lys	AGU Ser AGC Ser AGA Arg AGG Arg	U C A G	
	G	GUU GUC Val GUA GUG	GCU GCC Ala GCA GCG	GAU Asp GAC Asp GAA Glu GAG Glu	GGU GGC Gly GGA GGG	U C A G	

Phe = fenilalanina
Leu = leucina
Ile = isoleucina
Met = metionina
Val = valina
Ser = serina
Pro = prolina
Thr = treonina
Ala = alanina
Tyr = tirosina
His = istidina
Gln = glutammina
Asn = asparagina
Lys = lisina
Asp = acido aspartico
Glu = acido glutammico
Cys = cisteina
Trp = triptofano
Arg = arginina
Gly = glicina

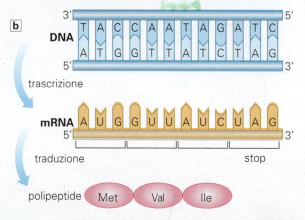

Figura 17 Corrispondenza tra i codoni di mRNA e gli amminoacidi in base al codice genetico (**a**). La conversione del linguaggio del DNA in quello delle proteine: il DNA viene trascritto in mRNA, che a sua volta è tradotto in amminoacidi (**b**).

seri viventi, dai batteri agli esseri umani, con rarissime eccezioni che riguardano il DNA contenuto nei mitocondri e nei cloroplasti. L'universalità del codice è importante perché ci dice che il "linguaggio della vita" è unico: grazie a ciò si sono potute sviluppare *biotecnologie* basate sulla tecnica del "DNA ricombinante", che prevede il trasferimento di frammenti di DNA da una specie all'altra.

5.2 La sintesi delle proteine: il processo di trascrizione

Abbiamo detto che la sintesi proteica comprende due fasi: la trascrizione, in cui si forma l'RNA messaggero sullo stampo di DNA, e la traduzione, in cui l'mRNA viene decodificato per formare una catena polipeptidica.

Il processo di trascrizione avviene nel nucleo delle cellule eucariotiche (o direttamente nel citoplasma in quelle procariotiche) grazie all'azione dell'enzima **RNA polimerasi**, che copia nell'RNA messaggero l'informazione contenuta in un gene: l'mRNA, in pratica, è la copia di un gene trascritta su un singolo filamento.

La trascrizione prevede tre fasi: una di inizio, una di allungamento e una di terminazione (▶18).

Per avviare il processo, la RNA polimerasi deve legarsi al DNA in corrispondenza di una particolare sequenza, il *sito di inizio*, che fa parte di una regione, situata "a monte" del gene da trascrivere, detta **promotore**. Il promotore rappresenta un'importante sequenza di regolazione: indica alla polimerasi il punto in cui deve partire la trascrizione e qual è il filamento di DNA da trascrivere, detto **filamento stampo** o **antisenso** (perché orientato in direzione 3'-5', mentre quello in direzione 5'-3' è detto **filamento codificante** o **senso**). Nei procarioti di norma uno stesso promotore può controllare l'espressione di più geni, associati in unità funzionali dette *operoni*. Si tratta quasi sempre di geni che codificano per proteine con funzioni correlate, come nel caso dei geni dell'operone *lac* coinvolti nel metabolismo del lattosio (vedi § 7.1).

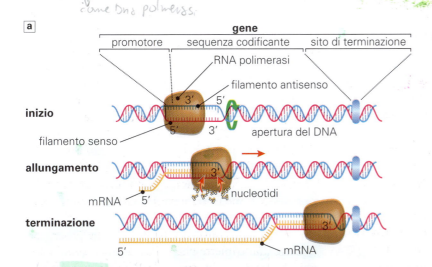
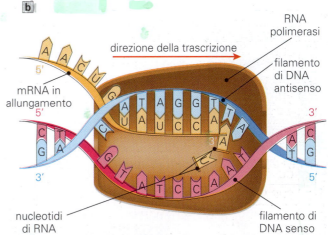

Figura 18 Le tre fasi del processo di trascrizione (**a**); dettaglio della fase di allungamento (**b**).

Scheda 4 La decifrazione del codice genetico

Il primo codone fu decifrato nel 1961 dal biochimico statunitense Marshall W. Nirenberg e dal collega Heinrich Matthaei, impegnati come molti altri scienziati in quegli anni nel tentativo di decifrare l'intero codice genetico.
I due ricercatori ebbero l'idea di sintetizzare una molecola di mRNA artificiale composta da nucleotidi contenenti tutti unicamente uracile come base (detta poli U), in modo che fosse presente un solo tipo di codone (UUU). Al poli U aggiunsero un estratto cellulare (in cui erano presenti ribosomi, enzimi e altre sostanze necessarie alla sintesi) e tutti i venti amminoacidi, dei quali uno solo era "marcato" con un isotopo radioattivo (▶1).

Prepararono perciò venti diverse provette, in modo che in ognuna fosse marcato un diverso amminoacido: solo nella provetta contenente fenilalanina radioattiva era possibile rilevare la presenza di una catena polipeptidica marcata.
Questo esperimento dimostrò quindi che il codone UUU codifica per l'amminoacido fenilalanina; in modo analogo negli anni successivi fu dimostrato che AAA corrisponde alla lisina e CCC alla prolina.
Per i codoni costituiti da basi diverse furono necessari ulteriori esperimenti, ma alla fine l'intero codice genetico fu svelato.

Figura 1 Esperimento di Nirenberg e Matthaei: la traduzione *in vitro* di un mRNA (poli U) artificiale portò alla sintesi di un polipeptide costituito da amminoacidi di un unico tipo, la fenilalanina (Phe).

Figura 19 Trascrizione di un gene eucariotico (il sottile filamento orizzontale al centro) da parte di più RNA polimerasi contemporaneamente. I filamenti di mRNA (le numerose catene che partono dal filamento centrale) hanno lunghezza crescente mano a mano che ci si allontana dal punto di inizio della trascrizione, la cui direzione è indicata dalla freccia.

Figura 20 Modello tridimensionale di un tRNA (**a**); struttura schematica di un tRNA specifico per l'amminoacido fenilalanina (**b**).

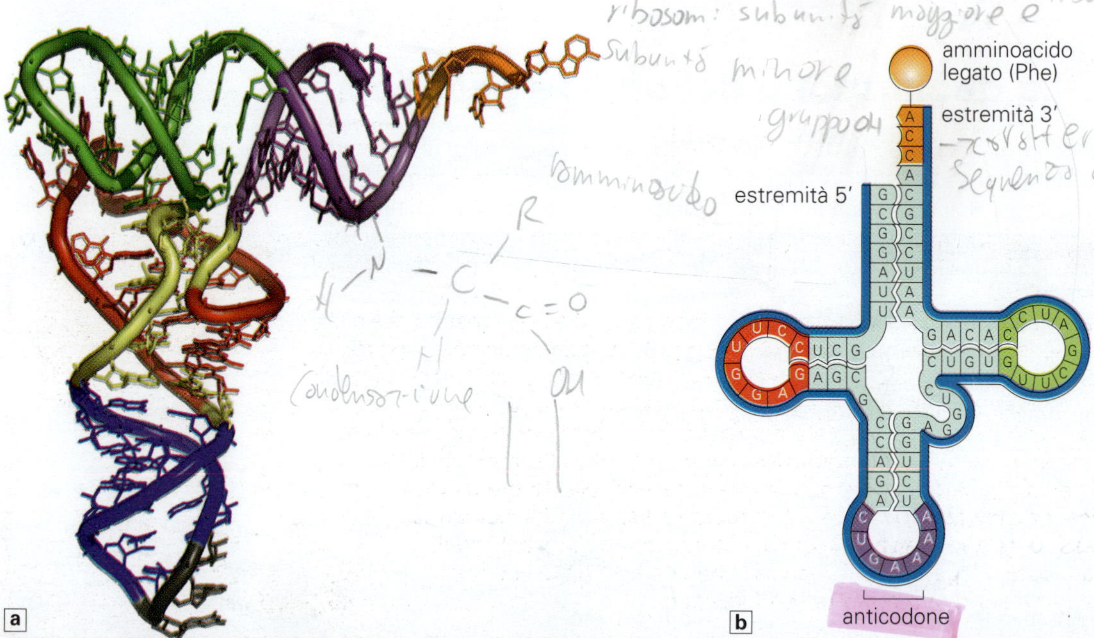

Negli eucarioti, invece, un promotore controlla tipicamente l'espressione di un unico gene. Inoltre, a differenza dei procarioti, negli eucarioti deve prima legarsi al promotore un complesso di proteine regolatrici, dette **fattori di trascrizione**, che permettono poi il corretto posizionamento della RNA polimerasi sul promotore stesso. Una volta legata al promotore del gene da trascrivere, la RNA polimerasi inizia ad aprire la doppia elica rompendo i legami a idrogeno tra i nucleotidi.

Nella fase di allungamento, la RNA polimerasi scorre lungo il DNA, svolgendolo e abbinando ai desossiribonucleotidi esposti sul filamento stampo dei ribonucleotidi liberi complementari. La catena di RNA si accresce per aggiunta dei ribonucleotidi alla sua estremità 3' (come avveniva per la sintesi dei filamenti di DNA) e, a mano a mano che la sintesi procede, essa inizia a staccarsi dal DNA consentendogli di riavvolgersi e riformare la doppia elica originaria. Negli eucarioti un gene viene trascritto contemporaneamente da più polimerasi, come mostra la figura ▶19.

La trascrizione si blocca quando la polimerasi raggiunge il **sito di terminazione**, che indica la fine del gene. A questo punto la polimerasi si stacca dal DNA e rilascia il filamento di RNA sintetizzato. Nei procarioti la trascrizione di un gene produce un mRNA che può entrare direttamente nel processo di traduzione; negli eucarioti si ottiene un trascritto, detto *primario*, che subirà alcune modifiche prima di passare dal nucleo al citoplasma attraverso i pori della membrana nucleare (vedi § 7.3).

Il processo di trascrizione permette di trascrivere anche geni che non codificano per proteine. Con la trascrizione si formano infatti, oltre agli mRNA, gli altri due tipi di RNA coinvolti nella sintesi proteica: l'**RNA di trasporto** o *transfer* (tRNA) e l'**RNA ribosomiale** (rRNA).

5.3 Il tRNA: un "adattatore" molecolare

L'RNA di trasporto svolge un ruolo fondamentale nel processo di sintesi proteica: può leggere il messaggio contenuto nell'mRNA e al tempo stesso legare a sé in modo specifico un amminoacido, trasportandolo quindi ai ribosomi come una specie di "navetta". Per ognuno dei venti amminoacidi si conosce almeno un diverso tRNA specifico in grado di legarlo. Queste diverse funzioni sono rese possibili dalla particolare struttura tridimensionale che caratterizza la molecola del tRNA (▶20). Essa è costituita da un singolo filamento, formato da circa 80 nucleotidi, che si ripiega in una struttura "a trifoglio" in seguito alla formazione di legami a idrogeno intramolecolari tra basi complementari. All'estremità 3' di ogni molecola di tRNA è presente il sito di legame per il suo specifico amminoacido, mentre al centro della molecola si trova una particolare sequenza di tre basi, detta **anticodone**, responsabile del riconoscimento e del legame specifico con il codone complementare presente sull'RNA messaggero. Ogni diverso tRNA possiede infatti un anticodone complementare al codone che codifica l'amminoacido da lui trasportato: per esempio, il tRNA che trasporta l'amminoacido metionina ha come anticodone la tripletta UAC, corrispondente al codone AUG sull'mRNA.

Un amminoacido si lega al proprio tRNA con un meccanismo molto accurato, grazie a una famiglia di enzimi detti **amminoacil-tRNA sintetasi**: esiste una sintetasi specifica per ogni amminoacido e per il corrispondente tRNA. L'enzima utilizza l'energia fornita da una molecola di ATP per catalizzare il legame dell'amminoacido, formando il complesso **amminoacil-tRNA**.

5.4 I ribosomi: rRNA e proteine

I ribosomi sono la sede fisica in cui avviene la traduzione dell'mRNA in proteine. Nelle cellule procariotiche i ribosomi si trovano liberi nel citoplasma, mentre in quelle eucariotiche essi sono principalmente associati al reticolo endoplasmatico ruvido. I ribosomi presentano una struttura complessa: sono composti da due subunità, una più piccola e una più grande, ciascuna costituita da varie proteine associate a RNA ribosomiale. Negli eucarioti entrambe le subunità hanno dimensioni maggiori rispetto a quelle dei procarioti, poiché differiscono per quantità e tipo di proteine e di rRNA contenuti (▶21). Proprio su questa diversità si basa l'azione di alcuni antibiotici: essi sono capaci di legarsi a specifiche sequenze di rRNA presenti nei ribosomi procariotici ma assenti in quelli eucariotici, bloccando quindi la sintesi proteica solo nelle cellule batteriche.

La subunità minore contiene un sito di legame per l'mRNA, mentre quella maggiore contiene tre siti (E, P, A) che possono alloggiare i tRNA. Ognuno dei tre siti ha un ruolo preciso nel processo di traduzione e da esso dipende il loro nome: il sito A (cioè amminoacidico) è quello di entrata dell'amminoacil-tRNA corrispondente a un determinato codone; il sito P (ossia peptidico) è quello in cui si colloca il tRNA che porta la catena polipeptidica in formazione; il sito E (di uscita, dall'inglese *exit*) è quello in cui trasloca il tRNA che ha già scaricato il proprio amminoacido, prima di essere rilasciato dal ribosoma e tornare nel citoplasma per caricare nuovamente un amminoacido (▶22). Le due subunità si uniscono solo durante il processo di traduzione, in modo che mRNA e tRNA possano interagire, e gli amminoacidi portati dai tRNA possano legarsi tra loro a formare la catena polipeptidica.

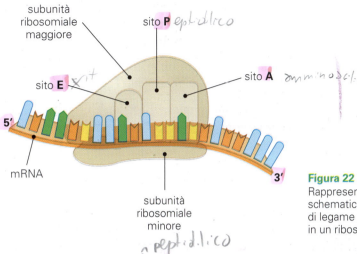

Figura 22
Rappresentazione schematica dei siti di legame presenti in un ribosoma.

video

Il codice genetico
L'alfabeto universale del mondo biologico

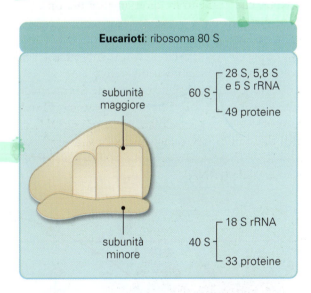

Figura 21
Rappresentazione schematica di un ribosoma procariotico e di uno eucariotico, costituiti da tipi diversi di rRNA (distinti in base al loro coefficiente di sedimentazione, S) e diverso numero di proteine.

Lo sapevi che...

Funghi pericolosi!

L'importanza del processo di trascrizione è dimostrata dall'azione tossica di alcuni funghi, come quelli del genere *Amanita* che producono le amanitine. Queste sostanze, di natura polipeptidica, impediscono la trascrizione, poiché sono in grado di legarsi alla RNA polimerasi bloccandone il funzionamento. Di conseguenza, si interrompe tutto il processo di sintesi proteica e il contenuto di proteine nelle cellule di diversi tessuti cala progressivamente, portando alla morte cellulare. Dopo un periodo di latenza, che dura in media dalle 6 alle 15 ore, compaiono i primi sintomi come vomito e forti dolori addominali. A ciò segue un progressivo indebolimento, dovuto al deterioramento irreversibile di organi vitali quali il fegato, i reni, il cuore, che conduce poi a uno stato di coma e quasi sempre alla morte dell'individuo.

Amanita muscaria.

animazione

La sintesi proteica
La trascrizione e la traduzione

5.5 La sintesi delle proteine: il processo di traduzione

Come nel processo di trascrizione, anche in quello di traduzione si possono riconoscere tre fasi: inizio, allungamento e terminazione. Tutte e tre si verificano nel citoplasma e coinvolgono ribosomi, mRNA e amminoacil-tRNA, ma anche una serie di enzimi e altre proteine regolative, oltre a molecole di GTP (il nucleotide guanosina trifosfato) che forniscono energia al processo.

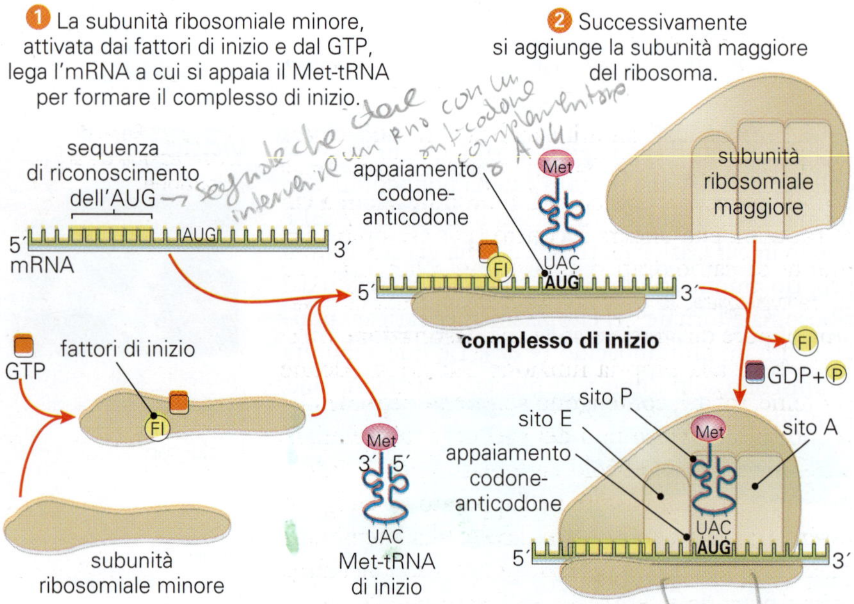

Nella fase di inizio (▶23), la subunità minore di un ribosoma si lega all'estremità 5' dell'mRNA. Nei procarioti il legame avviene a livello di particolari sequenze di riconoscimento, situate sull'mRNA prima del codone di inizio AUG e complementari a una sequenza nucleotidica presente sull'rRNA della subunità ribosomiale minore. Negli eucarioti la sequenza di riconoscimento è rappresentata dal "cappuccio" (detto 5' cap), un nucleotide contenente una guanina modificata situato all'estremità 5' dell'mRNA e che viene aggiunto durante il processo di maturazione del trascritto primario (vedi § 7.3). Al codone di inizio, che è sempre lo stesso in tutti gli mRNA, si lega un tRNA che presenta l'anticodone complementare (ossia UAC) e trasporta specificamente l'amminoacido metionina. Si forma così il complesso di inizio della traduzione, costituito dalla subunità minore del ribosoma, dall'mRNA e dal tRNA che trasporta la metionina (Met-tRNA). A questo complesso si unisce poi la subunità maggiore del ribosoma, in modo che il Met-tRNA vada ad occupare il sito P, mentre il sito A risulta posizionato in corrispondenza del secondo codone dell'mRNA e si prepara ad accogliere un tRNA con l'anticodone complementare. Il corretto svolgimento di questa prima fase richiede l'intervento di proteine dette *fattori di inizio* e il GTP (guanosina trifosfato) come fonte di energia.

Nella fase di allungamento (▶24), l'amminoacil-tRNA con l'anticodone complementare al secondo

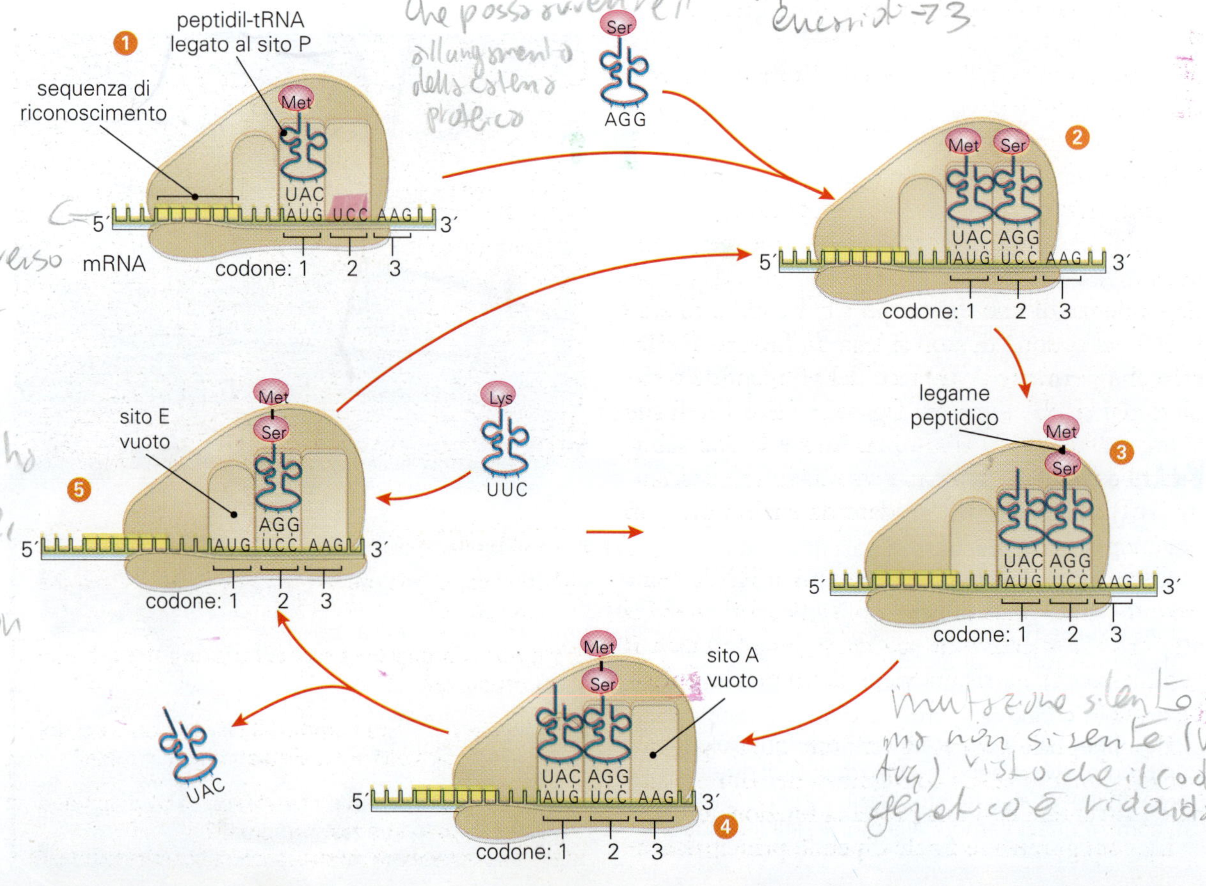

Figura 23 Fase di inizio della traduzione.

Figura 24 Fase di allungamento della traduzione.

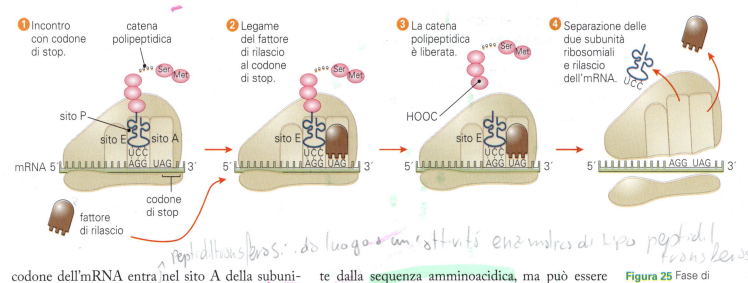

Figura 25 Fase di terminazione della traduzione.

codone dell'mRNA entra nel sito A della subunità ribosomiale maggiore. Essa possiede un'**attività enzimatica di tipo** *peptidil transferasico*: diversi studi hanno dimostrato come questa attività sia dovuta non alle proteine ma agli **rRNA**, che agiscono perciò come **ribozimi** (vedi Unità 4 § 1.4). La subunità maggiore catalizza quindi la formazione di un legame peptidico tra il primo amminoacido (la metionina), che si stacca dal tRNA nel sito P, e l'amminoacido attaccato al tRNA che si trova nel sito A. Inizia così a formarsi la catena polipeptidica che resta legata al tRNA nel sito A, mentre il tRNA "scarico" trasloca dal sito P al sito E distaccandosi poi dal ribosoma. A questo punto il ribosoma scorre in avanti di un codone lungo l'mRNA, cosicché il tRNA con legato il dipeptide (formato cioè dai primi due amminoacidi) si posiziona nel sito P e il sito A risulta nuovamente libero per accogliere un terzo amminoacil-tRNA con l'anticodone corrispondente al nuovo codone. Queste tappe, che richiedono l'intervento di proteine dette *fattori di allungamento*, si ripetono in sequenza permettendo la formazione di una catena polipeptidica.

I cicli di allungamento della catena terminano quando il sito A del ribosoma viene a trovarsi in corrispondenza di uno dei tre possibili codoni di stop (▶25). Al codone di stop si lega un **fattore di rilascio** che permette il distacco del polipeptide completo dal tRNA a cui era legato nel sito P e il suo allontanamento dal ribosoma. Anche le due subunità ribosomiali si separano nuovamente, rilasciando l'mRNA che sarà degradato da enzimi presenti nel citoplasma.

Generalmente, ogni molecola di mRNA viene tradotta simultaneamente da più ribosomi che vi si attaccano in successione scorrendo lungo di essa: il complesso che ne risulta viene detto perciò **poliribosoma** (▶26).

Il polipeptide appena sintetizzato deve ripiegarsi per raggiungere la sua configurazione tridimensionale e diventare così una proteina funzionale.

La configurazione finale dipende principalmente dalla sequenza amminoacidica, ma può essere influenzata anche da **fattori ambientali**, come la temperatura, e da diversi tipi di modificazioni a cui la proteina può andare incontro (per esempio l'aggiunta di carboidrati o altri gruppi chimici). Una volta ripiegata, la proteina può restare nel citoplasma oppure dirigersi verso la sua destinazione finale, in base alla propria funzione biologica. Alcune proteine, infatti, contengono **sequenze segnale** che le indirizzano verso uno dei vari organuli cellulari; altre entrano nel reticolo endoplasmatico ruvido e da lì possono poi passare nell'apparato di Golgi ed essere trasferite, tramite vescicole, alla membrana plasmatica, entrando nella sua composizione; altre, infine, possono essere secrete all'esterno della cellula tramite processi di esocitosi.

Figura 26 Foto al microscopio elettronico di un poliribosoma: i singoli ribosomi (in azzurro) appaiono come le perle di una collana il cui filo è rappresentato dall'mRNA (in rosso). Sono visibili anche le catene polipeptidiche (in verde) che vengono via via sintetizzate.

Facciamo il punto

10 Che cosa si intende per "codice genetico" e a che cosa serve?

11 In quale processo è coinvolto e che ruolo ha un promotore?

12 Quali sono e che caratteristiche hanno i tre tipi di RNA coinvolti nella sintesi delle proteine?

13 In che cosa consiste il processo di traduzione e quali sono le sue fasi principali?

6 Le mutazioni: il DNA non è infallibile

Nel corso dei processi di divisione cellulare, possono verificarsi errori che producono modificazioni del patrimonio genetico: tali modificazioni sono dette **mutazioni**. Come abbiamo visto nell'Unità 1, esistono tre grandi gruppi di mutazioni: quelle **genomiche**, che alterano il numero totale di cromosomi; quelle **cromosomiche**, che modificano la struttura di un intero cromosoma; quelle **geniche**, che coinvolgono uno o pochi nucleotidi e per questo sono dette anche **puntiformi**.

Inoltre, si distinguono mutazioni che interessano le cellule germinali (specializzate nella produzione dei gameti) e quelle a carico delle cellule somatiche (tutte le altre cellule dell'organismo). Nel primo caso, la mutazione presente nei gameti di un genitore può essere trasmessa alla prole e presentarsi nelle successive generazioni, come avviene per le malattie genetiche ereditarie. Le mutazioni nelle cellule somatiche, invece, hanno conseguenze solo sull'individuo in cui si verificano, perché saranno trasmesse a tutte le cellule che derivano per mitosi da quella mutata: è il caso, per esempio, dei tumori.

Le mutazioni rappresentano una delle fonti di variabilità genetica alla base dell'evoluzione delle specie. Difatti, sebbene le mutazioni risultino in genere svantaggiose per chi le possiede e per i suoi discendenti, possono raramente dare origine a modificazioni vantaggiose del fenotipo ed essere quindi selezionate nei processi di evoluzione delle specie (come vedremo nell'Unità 3).

6.1 Le mutazioni geniche (o puntiformi)

Le mutazioni geniche possono verificarsi con modalità ed effetti diversi (vedi **SCHEDA 5**). In base al modo in cui avvengono, si distinguono:

→ **mutazioni per delezione**, quando viene perso un nucleotide;

Figura 27
Rappresentazione schematica di diversi tipi di mutazioni puntiformi.

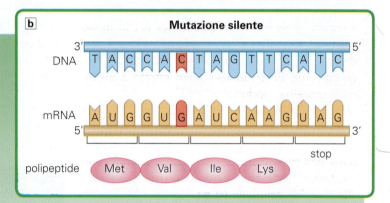
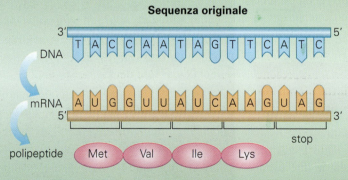
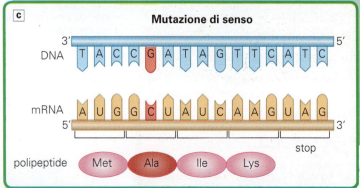
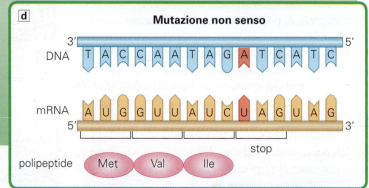

- **mutazioni per inserzione**, quando viene aggiunto un nucleotide;
- **mutazioni per sostituzione**, quando un nucleotide del DNA originario viene sostituito da un nucleotide "errato".

La delezione e l'inserzione di nucleotidi danno origine a proteine alterate e in genere non funzionali. La perdita o l'aggiunta di un nucleotide nel DNA causa, infatti, lo "slittamento" della trascrizione e genera un mRNA completamente sfalsato. Per questo motivo, si parla anche di **mutazioni *frameshift*** ovvero per "scivolamento del modulo di lettura" (▶27a): dal punto in cui avviene la mutazione in avanti, tutte le triplette saranno tradotte in una sequenza amminoacidica radicalmente diversa dall'originale.

La sostituzione di un nucleotide può avere invece effetti diversi, che vanno dall'assenza di conseguenze visibili fino alla formazione di proteine non funzionali. A seconda degli effetti sulla proteina prodotta e quindi sul fenotipo, si distinguono:

- **mutazioni silenti**, in cui la tripletta che si forma a seguito della sostituzione codifica per lo stesso amminoacido di prima, grazie alla ridondanza del codice. Queste mutazioni, abbastanza frequenti, non determinano alcun effetto a livello della proteina prodotta (▶27b);
- **mutazioni di senso**, in cui la tripletta che si forma dopo la mutazione codifica per un amminoacido diverso da quello originale. In questo caso la proteina avrà caratteristiche più o meno alterate: può risultare equivalente dal punto di vista funzionale alla proteina originale (si parla in questo caso di mutazioni **neutre**), oppure presentare un'attività meno efficiente pur restando funzionale, o, più raramente, perdere la sua funzionalità (▶27c);
- **mutazioni non senso**, in cui la tripletta che si forma a seguito della mutazione rappresenta un codone di stop. Viene prodotta quindi una proteina incompleta e, in genere, non funzionale (▶27d).

6.2 Mutazioni spontanee e indotte

Le **mutazioni spontanee**, ossia non determinate da fattori esterni, possono avere diverse cause.

- **Errori durante la meiosi**: la non-disgiunzione dei cromosomi omologhi produce alterazioni del numero dei cromosomi (*aneuploidia*), mentre anomale rotture e ricongiunzioni dei cromosomi durante il *crossing over* determinano modificazioni strutturali degli stessi (Unità 1 § 5).
- **Errori commessi dalla DNA polimerasi**: durante il processo di duplicazione del DNA l'enzima può inserire erroneamente nel "nuovo" DNA un nucleotide non complementare al filamento stampo.
- **Instabilità delle basi azotate**: una base può talvolta convertirsi dalla forma "frequente" a una "rara", incapace di appaiarsi correttamente in fase di duplicazione con la propria base complementare.

Le mutazioni spontanee sono comunque estremamente rare: a seconda dell'organismo e del gene interessato, nel corso della duplicazione possono verificarsi con una frequenza compresa tra una mutazione ogni 10^4 e una ogni 10^9 coppie di basi. Tali frequenze di mutazione possono essere aumentate da agenti esterni, detti *mutageni*, di natura chimica o fisica: si parla in questo caso di **mutazioni indotte**.

Le diverse sostanze chimiche che hanno azione mutagena vengono di norma suddivise in tre gruppi principali:

- **agenti che modificano le basi**, ossia sostanze che determinano modificazioni della struttura chimica e delle proprietà di appaiamento specifico delle basi azotate;
- **analoghi di basi**, che hanno una struttura molecolare molto simile a quella delle normali basi e vengono quindi incorporati nel DNA;
- **agenti intercalanti**, ossia sostanze capaci di inserirsi, più o meno stabilmente, tra due coppie di basi in uno o entrambi i filamenti del DNA.

Questi composti possono quindi determinare l'insorgenza di mutazioni puntiformi per sostituzione o inserzione di basi.

Anche le radiazioni elettromagnetiche ad alta frequenza, come i raggi ultravioletti (UV, presenti nella radiazione solare), i raggi X e i raggi gamma (emessi da elementi radioattivi) sono potenzialmente molto pericolosi: essi possono penetrare nelle cellule e causare alterazioni strutturali delle basi azotate, che, se non riparate dai sistemi cellulari, portano a rotture nei filamenti di DNA (▶28).

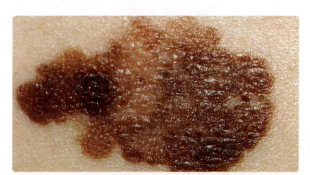

Figura 28 Tra i fattori di rischio nell'insorgenza del melanoma, un tumore maligno della pelle, vi sono le lunghe esposizioni ai raggi UV che danneggiano il DNA e alterano i meccanismi di riparazione.

Facciamo il punto

14 Quali sono i principali tipi di mutazioni puntiformi e i loro effetti?

15 Che cos'è un agente mutageno e come agisce?

Scheda 5 — Le malattie genetiche: cause e possibili terapie

Molte malattie genetiche ereditarie sono causate da mutazioni puntiformi, in cui la modifica di un singolo nucleotide, o di pochi nucleotidi, in un gene determina alterazioni rilevanti nella proteina codificata. In molti casi si tratta di malattie (o disfunzioni) metaboliche, perché l'alterata o mancata produzione di proteine, spesso enzimi, determina blocchi a carico di vie metaboliche necessarie al normale funzionamento dell'organismo.

Consideriamo alcune malattie autosomiche recessive, di cui abbiamo trattato i sintomi nell'Unità B1, analizzandole ora dal punto di vista molecolare.

L'**anemia falciforme** è una malattia dovuta alla presenza di un'emoglobina alterata (detta HbS) che, per le sue caratteristiche chimiche, tende a precipitare conferendo ai globuli rossi una forma a falce. La produzione dell'emoglobina HbS dipende da una mutazione puntiforme nel gene che codifica la catena beta, uno dei due tipi di catene che compongono la proteina (▶1): la causa risiede in una sostituzione nell'mRNA, per cui la tripletta GAG, codificante per l'acido glutammico, diventa GUG, che codifica invece per la valina. In questo caso, la sostituzione di un solo amminoacido idrofilo con uno idrofobo determina la minore solubilità della proteina, che perde così parte della sua funzionalità nel trasporto di ossigeno. Negli individui eterozigoti, i cosiddetti portatori del *trait falcemico*, è presente un allele mutato e uno normale: questi individui perciò producono sia HbS sia emoglobina normale, e la concentrazione di HbS nei globuli rossi non è sufficiente a provocare una precipitazione significativa (solo un numero limitato di globuli rossi, circa l'1%, avrà forma a falce). Negli eterozigoti i sintomi sono quindi limitati o assenti, e aumentano solo in particolari condizioni come la carenza di ossigeno o l'assunzione di farmaci. In tal senso, l'anemia falciforme, di norma classificata come malattia recessiva, andrebbe considerata un caso di *dominanza incompleta* poiché l'eterozigote presenta sia globuli normali sia a falce (seppure in numero molto inferiore).

Nel caso della **fenilchetonuria** (PKU) sono note molte differenti mutazioni, prevalentemente per sostituzione o per delezione, nel gene che codifica per l'enzima fenilalanina idrossilasi, che converte la fenilalanina in tirosina. Tali mutazioni determinano la mancata sintesi dell'enzima, con un accumulo di fenilalanina e dei suoi derivati, tossici per il sistema nervoso (per esempio l'acido fenilpiruvico e quello fenilacetico), nel sangue e nelle urine. Allo stesso tempo si avranno bassi livelli di tirosina, fondamentale per la produzione dei neurotrasmettitori adrenalina, noradrenalina, dopamina e del precursore della melanina. Da ciò derivano i sintomi di minore o maggiore gravità che si manifestano negli omozigoti per l'allele recessivo, in particolare con ritardo mentale e d'accrescimento, fino alla morte precoce. I portatori eterozigoti, pur non mostrando sintomi, presentano concentrazioni di fenilalanina nel sangue leggermente aumentate.

Come la PKU, anche la **fibrosi cistica** si manifesta con tipici sintomi clinici (infezioni polmonari ricorrenti, insufficienza pancreatica) negli omozigoti per l'allele recessivo ma non dà sintomi negli eterozigoti. Anche per la fibrosi cistica si conoscono centinaia di diverse mutazioni possibili a carico del gene *CFTR*, che codifica una proteina di membrana che permette il passaggio del cloro a livello delle cellule epiteliali. La mutazione più frequente è una delezione di tre nucleotidi che provoca la perdita nella proteina di un amminoacido (fenilalanina). Questa proteina difettosa non è funzionale, e viene distrutta nel reticolo endoplasmatico. Un altro tipo di fibrosi cistica è prodotto dalla comparsa di un codone di stop a metà della sequenza codificante: la proteina non viene sintetizzata determinando una forma molto severa della malattia.

Una speranza promettente per il trattamento di queste patologie di origine genetica, attualmente curate con farmaci (o con rigide restrizioni dietetiche per la fenilchetonuria), viene dalla **terapia genica**, una tecnica che rientra nell'ambito delle biotecnologie. Con con questo tipo di terapia si cerca di ripristinare la corretta espressione di una proteina funzionale inserendo nelle cellule copie del gene normale, tramite un processo di *transfezione* basato su tecniche di ingegneria genetica. Ogni malattia richiede, oltre all'isolamento del gene specifico, la messa a punto di procedure mirate anche in base al bersaglio su cui devono agire: nel caso della fibrosi cistica, il principale bersaglio sono le cellule epiteliali dell'apparato respiratorio. Le grandi potenzialità della terapia genica si scontrano però ancora con la difficoltà di ottenere un'espressione stabile e duratura del gene inserito nelle cellule, evitando una risposta immunitaria da parte dell'organismo ospite.

Un altro approccio attualmente sperimentato per diverse patologie è quello della **terapia enzimatica sostitutiva**, che consiste nella somministrazione dell'enzima difettoso o mancante per impedire lo sviluppo dei sintomi. Le moderne tecniche di biologia molecolare hanno reso più semplice l'ottenimento degli enzimi in quantità elevate, sostituendo l'impiego di enzimi estratti da esseri umani o da altre specie animali. Tuttavia questa metodica presenta dei limiti (in particolare la possibilità da parte degli enzimi di raggiungere specifici organi bersaglio quali il cervello) che non la rendono ancora applicabile nel caso di una malattia come la PKU, per la quale una terapia enzimatica sarebbe invece una soluzione auspicabile.

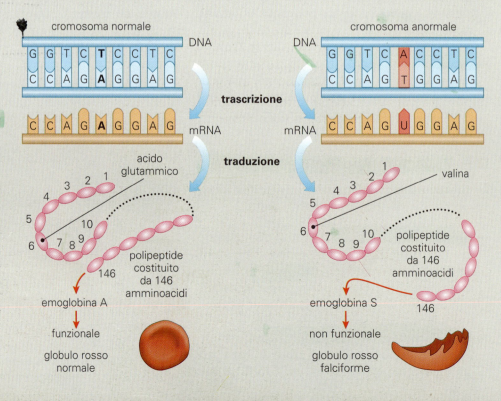

Figura 1 Il meccanismo genetico alla base dell'anemia falciforme.

7 Il controllo dell'espressione genica

Un gene viene espresso in una cellula quando si rende necessaria la sintesi della proteina corrispondente. Per esempio, una parte dei geni presenti nel nostro genoma (l'intero patrimonio genetico) o in quello di altri mammiferi sono "attivati" in tutti tipi di cellule, si dice cioè che essi sono espressi in modo costitutivo. Tali geni, chiamati in inglese *housekeeping genes*, codificano difatti per proteine con funzioni fondamentali per la vita della cellula. Altri geni più specifici sono soggetti, invece, a una regolazione *spaziale* e *temporale*: essi vengono cioè attivati solo in determinati tipi di cellule o di tessuti (specializzati per svolgere una certa funzione) o in determinati momenti (per esempio in risposta a uno stimolo ambientale o in diversi momenti dello sviluppo di un embrione). L'insieme degli accurati meccanismi che determinano quali geni devono essere effettivamente espressi in una cellula è detto **regolazione genica** (▶29).

La regolazione risulta fondamentale sia nei procarioti sia negli eucarioti. In particolare, negli eucarioti pluricellulari la regolazione genica permette i processi di **differenziamento** (o specializzazione) **cellulare** e il corretto **sviluppo** dell'intero organismo.

La regolazione implica anche una differenziazione dei "ruoli" tra diversi geni: oltre ai *geni strutturali*, che codificano per proteine che entrano nella composizione di diverse strutture cellulari o servono alla cellula per svolgere tutte le sue funzioni, esistono *geni regolatori* che codificano per **proteine regolatrici**. Queste proteine svolgono un ruolo fondamentale nel regolare il processo di trascrizione, che è il principale punto di controllo dell'espressione genica in tutti gli organismi, e quello di traduzione.

Molti geni, inoltre, non codificano per proteine, ma vengono trascritti in RNA necessari per la sintesi proteica (gli rRNA, i tRNA) oppure altri RNA che hanno funzioni di regolazione (vedi § 7.4). Questi aspetti generali riguardano sia le cellule procariotiche sia quelle eucariotiche, ma esistono alcune differenze fondamentali nei meccanismi di controllo dell'espressione, come vedremo di seguito.

7.1 La regolazione genica nei procarioti: gli operoni

Nei procarioti i geni sono *continui*, ossia formati da tratti di DNA interamente attivi, e sono organizzati in gruppi chiamati **operoni**. Ogni operone contiene una serie di geni strutturali adiacenti, che codificano per proteine (spesso enzimi) coinvolte in un determinato processo metabolico, e una regione di regolazione comune, composta da: un **promotore**, che indica all'RNA polimerasi dove iniziare la trascrizione; un gene regolatore, che codifica per una proteina detta **repressore** in grado di controllare la trascrizione dei geni dell'operone; un **operatore** che controlla l'accesso dell'RNA polimerasi al promotore grazie alla sua capacità di legare il repressore.

Oltre agli operoni coinvolti nella sintesi di amminoacidi, che sono espressi in modo quasi continuo, esistono operoni attivati solo in particolari condizioni, come quelli che codificano per enzimi necessari al catabolismo (ossia alla demolizione) di determinate sostanze che il batterio assume dall'ambiente circostante. L'esempio più noto di ciò è l'**operone** *lac* (ossia del lattosio, ▶30a alla pagina seguente), studiato in *Escherichia coli* e descritto per la prima volta dai biologi francesi François Jacob e Jacques Monod nel 1961.

L'attivazione dell'operone *lac* permette al batterio di sintetizzare tre enzimi necessari alla digestione del lattosio, il principale zucchero presente nel latte. In assenza di lattosio nell'ambiente in cui si trova il batterio, il gene regolatore è trascritto e tradotto nella proteina repressore, che si lega all'operatore impedendo alla RNA polimerasi di trascrivere i tre geni strutturali. Quando il batterio si trova in presenza di lattosio, ad esempio nell'intestino umano che rappresenta un habitat tipico di *E. coli*, l'operone viene invece attivato portando alla sintesi dei tre enzimi necessari alla demoli-

Figura 29 Nelle farfalle del genere *Heliconius*, come quella della foto, le tante varianti nelle decorazioni e macchie di colore rosso presenti sulle ali sembrano non dipendere dall'azione di diversi geni nelle varie specie, ma dalla diversa regolazione di un unico gene (*optix*) nelle singole specie.

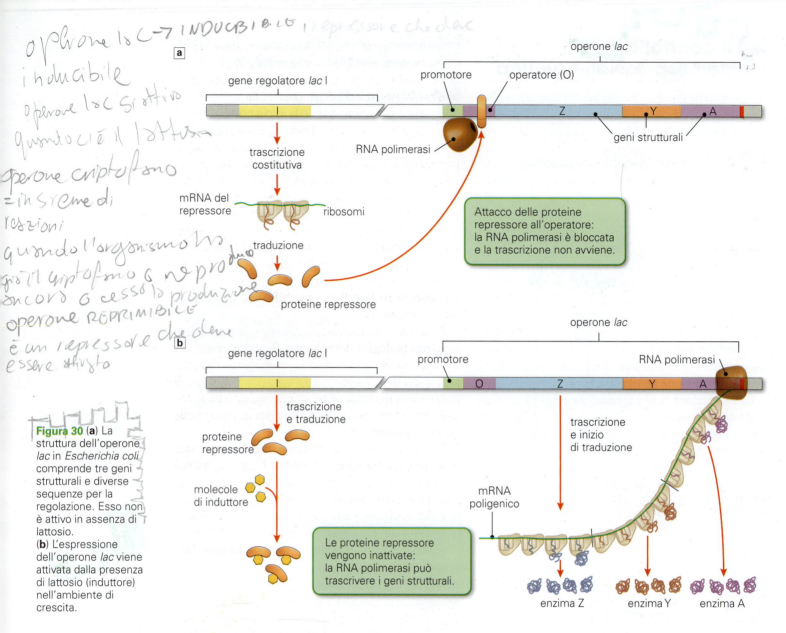

Figura 30 (**a**) La struttura dell'operone *lac* in *Escherichia coli* comprende tre geni strutturali e diverse sequenze per la regolazione. Esso non è attivo in assenza di lattosio. (**b**) L'espressione dell'operone *lac* viene attivata dalla presenza di lattosio (induttore) nell'ambiente di crescita.

zione dello zucchero (▶30b). Il lattosio può infatti legarsi al repressore, impedendone il legame all'operatore: si dice perciò che il lattosio agisce come un *induttore* della sintesi proteica.

7.2 La struttura del cromosoma eucariotico e la regolazione genica

Prima di considerare i meccanismi di regolazione genica nelle cellule eucariotiche, è importante ricordare la complessa organizzazione del DNA eucariotico a formare i cromosomi. Per poter essere "impacchettato" nel nucleo, il DNA degli eucarioti che è formato da un numero molto elevato di coppie di nucleotidi (dell'ordine di 10^7-10^{11}) deve essere strettamente avvolto attorno a proteine strutturali, dette **istoni**. Oltre agli istoni, sono presenti anche proteine regolatrici che assistono l'assemblaggio di DNA e istoni a formare i **nucleosomi**, e la loro organizzazione nei singoli cromosomi.

I successivi livelli di impacchettamento di DNA e proteine portano alla formazione della cromatina, che quando la cellula è in interfase ha l'aspetto di un ammasso granuloso. Quando la cellula è inizia il processo di mitosi (oppure di meiosi), la cromatina si compatta ulteriormente e diventa visibile la struttura tipica dei cromosomi (▶31). È possibile distinguere due stati di cromatina, uno meno condensato detto **eucromatina**, e uno più condensato detto **eterocromatina**. Quest'ultima si trova principalmente nelle regioni dei centromeri e delle estremità dei cromosomi, e si ritiene sia formata da geni inattivi. La struttura così spiralizzata dell'eterocromatina, a differenza di quella dell'eucromatina, non permette infatti la trascrizione in mRNA e quindi la sintesi di proteine (▶32).

Questa caratteristica dell'eterocromatina è proprio alla base di un fenomeno molto importante che interessa uno dei due cromosomi X presenti nelle cellule di tutte le femmine di mammifero. Si tratta dell'**inattivazione del cromosoma X**, detto anche effetto Lyon dal nome della scienziata in-

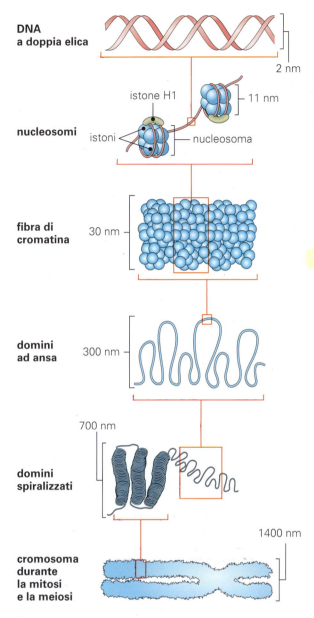

Figura 31 I successivi livelli di compattazione del DNA nel nucleo delle cellule eucariotiche.

glese Mary Lyon che lo descrisse, assieme ad altri ricercatori, nel 1961: nelle cellule degli individui femminili, uno dei due cromosomi sessuali X risulta disattivato. Essi giunsero alla conclusione che nelle prime fasi dello sviluppo embrionale di una femmina avvenisse l'impacchettamento di un cromosoma X in un'unità densa di eterocromatina, impedendo in tal modo la trascrizione dei geni di tale cromosoma. Questa ipotesi era in accordo con le osservazioni del medico canadese Murray Barr, che alla fine degli anni Quaranta aveva individuato al microscopio ottico un particolare corpo condensato e colorabile, denominato **corpo di Barr** (▶33): esso era presente nel nucleo delle cellule di femmine umane (che possiedono due cromosomi X), ma assente nelle cellule maschili (che possiedono un solo cromosoma X).

Possiamo comprendere facilmente la grande importanza biologica del processo di inattivazione del cromosoma X: impedendo la trascrizione dei geni su uno dei due cromosomi X, evita la produzione di un'eccessiva quantità di proteine e quindi dei fenotipi correlati ad esse (caratteri legati al sesso) nelle cellule femminili.

Tranne poche eccezioni, la scelta del cromosoma da disattivare tra i due disponibili è casuale, quindi cellule embrionali diverse di uno stesso organismo potranno avere attivo il cromosoma X derivante dalla madre oppure quello derivante dal padre; di conseguenza, in cellule diverse si potrà avere l'espressione di alleli diversi per un certo gene (nel caso di eterozigosi).

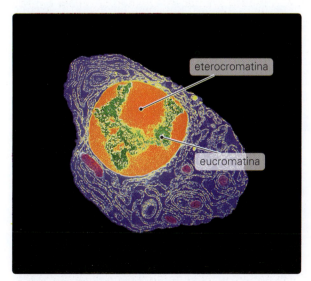

Figura 32 Nella fotografia sono visibili i due tipi di cromatina nucleare: l'eterocromatina si colora più intensamente e in modo diverso rispetto all'eucromatina.

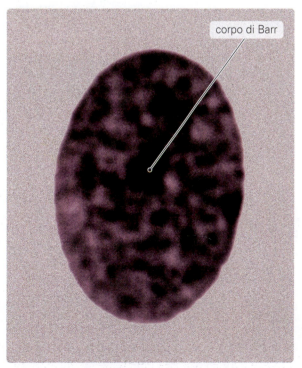

Figura 33 La fotografia mostra il nucleo di una cellula femminile umana in cui il corpo di Barr appare come una massa più compatta rispetto agli altri cromosomi.

7.3 La regolazione della trascrizione negli eucarioti e lo *splicing*

Come nei procarioti, anche negli eucarioti la trascrizione di un determinato gene è regolata in base alla richiesta della proteina codificata da quel gene. Tuttavia, la maggiore complessità che caratterizza gli organismi eucariotici richiede una regolazione più complessa e un più delicato coordinamento tra le funzioni dei geni, in funzione oltre che degli stimoli ambientali, anche del tipo di organismo, del tipo di cellula e del suo stadio di sviluppo. Difatti, in particolare negli eucarioti pluricellulari, gran parte delle cellule non si trova a diretto contatto con l'esterno ma risente dell'interazione con le cellule che appartengono allo stesso tessuto: prevale, insomma, la necessità di *integrare* diverse parti dell'organismo, più che adeguarsi ai mutamenti imposti dall'ambiente.

Le diversità rispetto ai procarioti sono dovute poi a rilevanti differenze nell'organizzazione dei geni, che negli eucarioti non sono raggruppati in operoni: ogni gene ha un proprio sito di inizio e di terminazione della trascrizione, e la sua trascrizione è regolata in modo individuale e altamente specifico. A monte del sito di inizio si trova la sequenza del promotore e altre sequenze regolatrici, dette **enhancer** (intensificatori) che a seconda dei geni possono essere adiacenti oppure anche molto distanti dal promotore stesso. Queste sequenze regolatrici sono riconosciute e legate da specifiche proteine dette **fattori di trascrizione**, necessarie per permettere l'attacco dell'RNA polimerasi a livello del promotore e, quindi, l'inizio della trascrizione (▶34).

Una tipica sequenza regolatrice presente nel promotore di molti geni eucariotici, vicino al sito di inizio della trascrizione, è chiamata **TATA** *box* (perché presenta ripetizioni delle basi T e A).

Oltre che a livello di singoli geni, negli eucarioti esiste un meccanismo di regolazione trascrizionale a livello di intere regioni cromosomiche. Si è visto che tratti di DNA in uno stato troppo condensato (eterocromatina) non permettono l'accesso all'RNA polimerasi: ciò è tipico di porzioni cromosomiche in cui non sono presenti sequenze geniche codificanti, o in cui sono presenti geni la cui trascrizione non è richiesta in quel momento. Quando il prodotto di tali geni diventa necessario, il tratto di DNA diviene meno condensato (eucromatina) permettendo l'avvio della trascrizione.

Negli eucarioti, il numero di geni che codificano per proteine rappresenta tuttavia solo una piccola frazione dell'intero genoma, mentre la grande maggioranza è costituita da tratti di **DNA non codificante**. Esso comprende, come abbiamo visto, regioni con funzione regolatrice come i promotori, i terminatori e gli *enhancer*, e altre particolari sequenze, tra cui gli **introni**. I geni degli eucarioti, a differenza di quelli procariotici, sono infatti *discontinui*: i tratti di **DNA codificante**, detti **esoni**, sono intervallati da tratti di DNA che non viene tradotto, detti introni. La maggior parte dei geni eucariotici contiene introni, anche in numero molto elevato (fino a quasi 80 nel gene per la distrofina).

La trascrizione produce filamenti di RNA lunghi, chiamati **trascritti primari** (o pre-mRNA, dall'inglese *precursor* mRNA), che devono essere "processati" attraverso diversi passaggi (▶35).

→ Vengono aggiunti un cappuccio (5' cap) all'estremità 5' dell'mRNA, costituito da un nucleotide contenente una guanina modificata, e una coda di poli A al 3', formata da circa 200 nucleotidi contenenti adenina. Entrambi sono importanti per proteggere l'mRNA dalla degradazione e per permetterne la traduzione, favorendo il legame dell'mRNA al ribosoma.

→ Vengono rimossi gli introni ricongiungendo tra loro gli esoni a formare l'**mRNA maturo**, che può spostarsi nel citoplasma per essere tradotto. Questo processo di "taglia e cuci" molecolare è detto ***splicing***; esso può portare anche alla formazione di diversi mRNA maturi a partire da uno stesso trascritto primario, ricombinando tra loro in modi diversi gli esoni, per cui si parla di splicing "alternativo". In altre parole, lo splicing permette l'ottenimento di diversi polipeptidi a partire da una stessa sequenza genica. Per questo motivo, la teoria "un gene, un polipeptide" può essere ridefinita come "un gene, uno o più polipeptidi", spiegando anche la presenza nel genoma umano di circa 25 000-30 000 geni a fronte di circa 250 000 proteine attive nelle cellule.

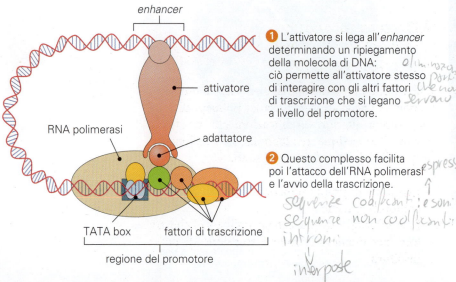

Figura 34 L'attivazione di un gene eucariotico richiede l'azione combinata di più fattori di trascrizione, come attivatori, adattatori e altre proteine.

1 L'attivatore si lega all'*enhancer* determinando un ripiegamento della molecola di DNA: ciò permette all'attivatore stesso di interagire con gli altri fattori di trascrizione che si legano a livello del promotore.

2 Questo complesso facilita poi l'attacco dell'RNA polimerasi e l'avvio della trascrizione.

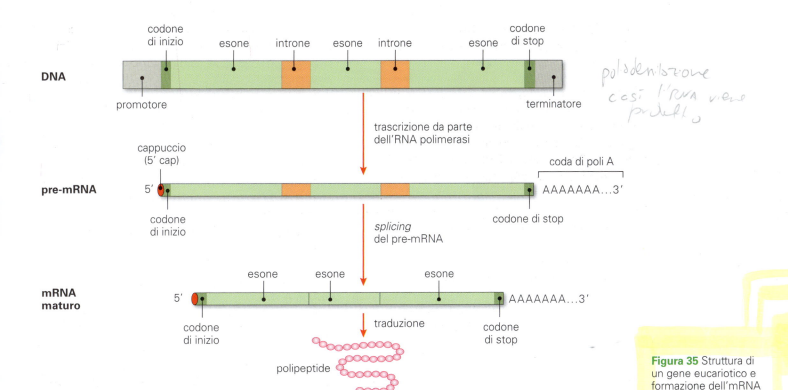

Figura 35 Struttura di un gene eucariotico e formazione dell'mRNA maturo.

7.4 La regolazione della traduzione negli eucarioti

Dopo i processi di maturazione, l'mRNA passa nel citoplasma dove è pronto per essere tradotto. Anche questa fase prevede dei meccanismi di controllo: spesso, ad esempio, viene regolata la velocità di degradazione di determinati mRNA, per opera di enzimi detti **ribonucleasi**. In questo modo si blocca la traduzione quando la proteina codificata da quell'mRNA non è più necessaria alla cellula.

Recentemente, si è scoperto che le modalità di controllo della degradazione possono coinvolgere non solo proteine regolatrici, ma anche corte molecole di RNA (chiamate micro-RNA). Questi RNA "regolatori" non codificanti per proteine possono interferire con la traduzione degli mRNA tramite diversi meccanismi, definiti nel complesso **RNA** *interference* (▶36).

In alcuni casi, essi possono appaiarsi a tratti complementari su un mRNA, impedendone la traduzione; in altri casi essi possono legarsi a enzimi che degradano i tratti di mRNA complementari a quel particolare microRNA. Diversi studi hanno evidenziato come i meccanismi di RNA *interference* abbiano un ruolo nei processi di sviluppo di determinati organi nei mammiferi, ma anche nella difesa dall'attacco di virus nel caso delle piante. Essi sono quindi studiati per possibili applicazioni nella cura di patologie umane: per esempio, sono state messe a punto tecniche che riproducono in laboratorio il fenomeno dell'RNA *interference* per ottenere il **silenziamento genico**, ossia inattivare in modo specifico l'espressione di geni coinvolti nell'insorgenza di patologie.

7.5 La regolazione post-trasduzionale negli eucarioti

Esiste poi una regolazione di tipo post-traduzionale, poiché una volta sintetizzati i polipeptidi possono subire ulteriori modificazioni che ne determinano l'**attivazione**, rendendoli così funzionali. I principali tipi di modificazioni sono:

→ l'aggiunta di gruppi funzionali, quali il fosfato o composti glucidici;
→ l'assemblaggio di più catene polipeptidiche tra loro, per esempio tramite formazione di ponti disolfuro;

Figura 36 Le striature bianche nei petali della petunia sono costituite da cellule in cui è interrotta la produzione di pigmento color porpora: in alcuni casi, ciò è dovuto a meccanismi di RNA *interference*, che bloccano la sintesi dell'enzima necessario a produrre il pigmento.

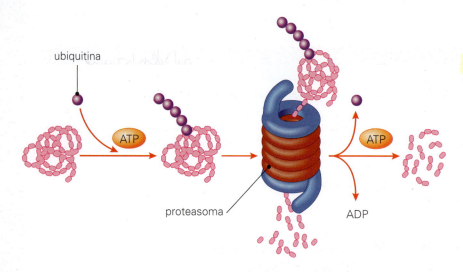

Figura 37
Rappresentazione schematica della degradazione delle proteine tramite il sistema "ubiquitina-proteasoma".

Uno dei principali meccanismi che attiva la degradazione delle proteine è il sistema "ubiquitina-proteasoma". Il processo inizia con la *poli-ubiquitinazione*, che coinvolge la proteina **ubiquitina**. Essa è presente in tutte le cellule eucariotiche e può legarsi con legami covalenti agli amminoacidi lisina delle proteine bersaglio.

A una prima catena di ubiquitina, se ne legano almeno altre quattro: questo complesso di poli-ubiquitina rappresenta una sorta di "etichetta" che indirizza la cellula verso la demolizione.

La proteina bersaglio legata alla poli-ubiquitina viene, infatti, riconosciuta dal **proteasoma**, un grande complesso proteico con funzione enzimatica e con una forma a cilindro cavo. La proteina bersaglio viene spinta dentro la cavità del proteasoma e lì demolita tramite varie reazioni, che consumano ATP, in singoli amminoacidi o in frammenti di pochi amminoacidi; l'ubiquitina viene invece rilasciata nel citoplasma, ritornando così disponibile per legarsi ad altre proteine (▶ 37).

→ la rimozione di alcuni amminoacidi all'estremità N-terminale.

Inoltre, le cellule possono regolare il *turn-over* dei polipeptidi, ritardandone o promuovendone la **degradazione**, in modo da mantenerne il giusto quantitativo o anche eliminare rapidamente proteine "difettose".

La figura ▶ 38 riassume i principali meccanismi di regolazione dell'espressione genica che abbiamo esaminato per le cellule eucariotiche.

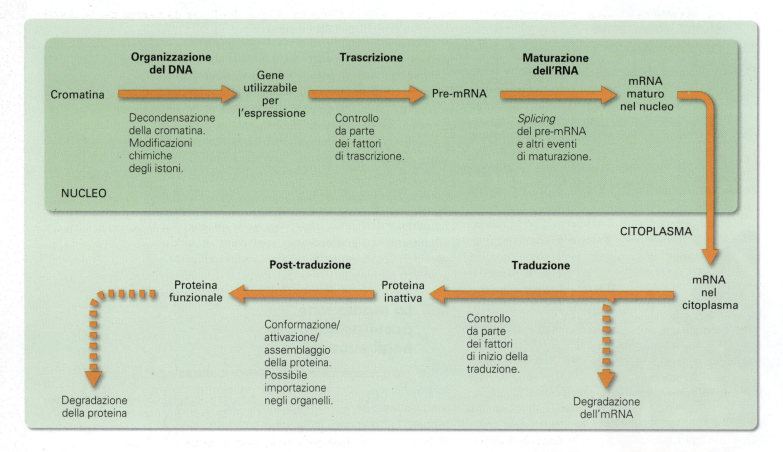

Figura 37 Visione complessiva della regolazione dell'espressione genica in una cellula eucariotica.

Facciamo il punto

16 Che cos'è un operone e come funziona la sua regolazione?

17 Quali sono i principali meccanismi di regolazione della trascrizione negli eucarioti?

18 In che cosa consiste lo *splicing*?

19 Come avviene la regolazione della traduzione e della post-traduzione negli eucarioti?

CONOSCENZE

Con un testo articolato tratta i seguenti argomenti

1 Illustra l'esperimento di Griffith e quello di Avery, evidenziando le analogie e le differenze tra i due esperimenti.

2 Descrivi le fasi del processo di duplicazione del DNA e gli enzimi coinvolti.

3 Illustra le diverse fasi del processo di traduzione.

4 Descrivi la struttura e il meccanismo di regolazione dell'operone *lac* in *Escherichia coli*.

Con un testo sintetico rispondi alle seguenti domande

5 Che cosa intendeva Griffith con il termine "fattore di trasformazione"?

6 Che cosa sono i batteriofagi e in che modo sono stati utilizzati negli studi sulla natura molecolare dei geni?

7 Quali sono le caratteristiche fondamentali della struttura a doppia elica del DNA?

8 Che cosa sono i frammenti di Okazaki e come si formano?

9 Quali esperimenti hanno portato alla formulazione dell'ipotesi "un gene, un enzima" e che significato essa assume alla luce delle scoperte più recenti?

10 Che cosa afferma il dogma centrale della biologia? Esistono delle eccezioni a esso?

11 In che cosa consiste il codice genetico e quali sono le sue caratteristiche fondamentali?

12 Attraverso quali fasi principali avviene il processo di trascrizione?

13 Che cos'è un anticodone e in quale tipo di molecola è presente?

14 Quali sono le differenze tra una mutazione di senso e una mutazione non senso?

15 Quali sono le principali cause di mutazioni spontanee?

16 Come si ottiene un mRNA maturo a partire da un pre-mRNA?

Quesiti

17 La duplicazione del DNA è di tipo:
- a conservativo.
- b semiconservativo.
- c restrittivo.
- d dispersivo.

18 L'enzima che sintetizza i nuovi filamenti di DNA è la:
- a primasi.
- b DNA elicasi.
- c DNA replicasi.
- d DNA polimerasi.

19 Il codice genetico si basa su:
- a 4 amminoacidi.
- b 2 basi azotate.
- c 6 basi azotate.
- d 4 basi azotate.

20 Un codone corrisponde a:
- a una tripletta di nucleotidi.
- b un solo nucleotide.
- c una coppia di amminoacidi.
- d una coppia di nucleotidi.

21 Il codice genetico è ridondante perché:
- a i codoni sono infiniti.
- b codoni e amminoacidi sono nello stesso numero.
- c i codoni sono 20 e gli amminoacidi 64.
- d i codoni sono 64 e gli amminoacidi 20.

22 Tra i seguenti, l'unico codone di stop è:
- a GAU
- b ACC
- c AUG
- d UAA

23 La trascrizione avviene grazie all'enzima:
- a trascrittasi inversa.
- b RNA polimerasi.
- c DNA polimerasi.
- d DNA elicasi.

24 I fattori di trascrizione sono:
- a lipidi.
- b proteine.
- c carboidrati.
- d acidi nucleici.

25 Il filamento di DNA che funge da stampo per la sintesi dell'RNA è detto:
- a senso.
- b antisenso.
- c codone.
- d anticodone.

26 Completa le frasi

a. La molecola che trasporta gli amminoacidi ai ribosomi è l'RNA ....

b. Il tRNA è una molecola che trasporta gli .... ai ribosomi.

c. I ribosomi sono costituiti da diversi tipi di RNA .... e di ....

d. In genere, ogni molecola di mRNA è tradotta simultaneamente da più ribosomi, che costituiscono un complesso detto ....

27 Il codone di inizio della traduzione è sempre:
- a AUC
- b UAC
- c AUU
- d AUG

28 Completa il brano.

La molecola di tRNA ha un punto di aggancio per gli amminoacidi e un ...., ossia una tripletta complementare a un codone presente sull'RNA messaggero. Quando la subunità minore di un ribosoma aggancia una molecola di .... e la tripletta AUG viene esposta, ad essa si appaia il tRNA con l' .... complementare, che trasporta l'amminoacido .... A questo complesso si unisce la subunità .... del .... Infine, un tRNA che possiede l'anticodone complementare al codone successivo dell'mRNA si situa di fianco al primo in modo che possa stabilirsi il legame .... tra i due amminoacidi.

verifiche

29 Le mutazioni che coinvolgono uno o pochi nucleotidi sono dette:
- **a** genomiche.
- **b** cromosomiche.
- **c** indotte.
- **d** puntiformi.

30 Una mutazione in cui si ha la perdita di un nucleotide della sequenza è detta:
- **a** per delezione.
- **b** per sostituzione.
- **c** per inserzione.
- **d** neutra.

31 Una mutazione per sostituzione che causa l'interruzione della sintesi della proteina è detta:
- **a** silente.
- **b** di senso.
- **c** neutra.
- **d** non senso.

32 Vero o falso?
- a. I geni degli eucarioti sono continui. V F
- b. I geni dei procarioti sono organizzati in operoni. V F
- c. L'eucromatina è in uno stato più condensato rispetto all'eterocromatina V F
- d. Nei procarioti il principale punto di controllo dell'espressione genica è a livello della traduzione. V F
- e. L'mRNA che contiene gli introni è detto mRNA maturo. V F

33 La regolazione genica negli eucarioti si basa su:
- **a** attività di geni regolatori.
- **b** presenza di eucromatina ed eterocromatina.
- **c** maturazione dell'RNA.
- **d** tutte le risposte precedenti.

34 Gli esoni sono regioni:
- **a** non codificanti.
- **b** codificanti.
- **c** regolatrici.
- **d** interne al promotore.

35 Un enhancer è una sequenza:
- **a** interna al promotore.
- **b** a cui si legano fattori di trascrizione.
- **c** codificante.
- **d** tutte le risposte precedenti.

COMPETENZE

Leggi e interpreta

36 La traduzione e il dogma centrale della biologia

Si può paragonare il processo di traduzione a una catena di montaggio di un'officina meccanica: le interazioni successive dei diversi componenti intervengono in ciascuna fase per dar luogo a un polipeptide che si forma, residuo dopo residuo, alla superficie di un costituente (il ribosoma), in modo simile a una macchina utensile che fa avanzare scatto per scatto un pezzo da modellare.

In un organismo normale si tratta di un meccanismo "di precisione": senza dubbio si verificano alcuni errori, ma essi sono così rari che non è possibile determinare statisticamente la loro frequenza media normale. Poiché il codice non presenta ambiguità, la sequenza dei nucleotidi in un segmento di DNA definisce completamente la sequenza di amminoacidi nel polipeptide corrispondente.

Si può sottolineare poi come il meccanismo della traduzione sia assolutamente irreversibile: non si è mai constatato un trasferimento d'informazione in senso inverso, dalla proteina al DNA. Ne consegue che l'unico meccanismo possibile attraverso il quale la struttura e le funzioni di una proteina potrebbero venire modificate e tali modificazioni trasmesse, anche parzialmente, alla discendenza, è quello che deriva da un'alterazione delle istruzioni contenute in un segmento della sequenza del DNA.

Liberamente tratto da Il caso e la necessità *di Jacques Monod, Edizioni scientifiche e tecniche Mondadori*

a. Individua nel brano i termini che hai incontrato nello studio di questa Unità.

b. Rispondi alle seguenti domande.
1. A tuo parere, la metafora che l'autore applica al processo di traduzione può essere utilizzata anche per descrivere altri processi che hai studiato in questa Unità? Se sì, spiega i motivi e le eventuali differenze.
2. Che cosa significa che il codice genetico non è ambiguo? E qual è un'importante conseguenza della non ambiguità?
3. Nel pezzo finale del testo, viene ripreso il dogma centrale della biologia. Conosci delle eccezioni che possono contrastare in parte quanto affermato qui? E se sì, perché?

Fai la tua scelta

37 Rintraccia in questa Unità le fondamentali tappe storiche che hanno caratterizzato lo sviluppo della biologia molecolare (dalla scoperta del DNA come costituente del materiale genetico, alla struttura del DNA, alla comprensione del flusso dell'informazione genetica e così via). Riportale poi in una "linea del tempo" e confronta, in classe, il tuo lavoro con quello dei tuoi compagni.

Osserva e rispondi

38 Un tratto di DNA (filamento antisenso) presenta la seguente sequenza:

CGCTGACCCGAAACAATAAGCCTATTCCGC

Individua il tratto di mRNA corrispondente e la sequenza di amminoacidi presente nel polipeptide che ne deriva.

mRNA: ....
polipeptide: ....

39 In un gene avviene un'inserzione nella seguente sequenza:

TTACTAACCCATCGGGACAAATACGGG

che diventa la seguente:

TTACTAACACCATCGGGACAAATACGGG

Ricavando la sequenza nucleotidica corrispondente nell'mRNA e utilizzando la Figura 18a, determina la modificazione che si verifica nella sequenza degli amminoacidi nel polipeptide codificato da quel gene.

Fai un'indagine

40 Abbiamo visto che la frequenza delle mutazioni può essere aumentata da agenti detti mutageni. Effettua una ricerca, servendoti di altri testi o di Internet, sui principali agenti mutageni di tipo chimico o fisico, e individua quelli a cui hai più probabilità di essere esposto in base alle tue abitudini o stile di vita. Poi esponi il risultato della tua ricerca alla classe, preparando una presentazione.

Risolvi il problema

41 Sappiamo che il codice genetico si basa su codoni composti ciascuno da tre nucleotidi, ossia tre "lettere" corrispondenti alle tre basi azotate di tali nucleotidi, per un totale di 64 possibili combinazioni ($4^3 = 64$).

a. Perché, secondo te, un codone non può essere costituito solo da due nucleotidi? Prova a riflettere sul numero di combinazioni totali che si potrebbero avere in questo caso, rispetto al numero totale di amminoacidi.

b. E se esistessero invece cinque diversi tipi di basi azotate nel DNA, e un codone fosse costituito sempre da gruppi di tre nucleotidi, quante sarebbero le possibili combinazioni?

In English

42 The transcription process:
a takes place on the ribosomes.
b produces RNA.
c produces only mRNA.
d produces proteins.

43 Write one sentence containing all the following terms:

genetic code - amminoacids - four nitrogenous bases - DNA - proteins

....
....
....
....

Organizza i concetti

44 Completa la mappa.

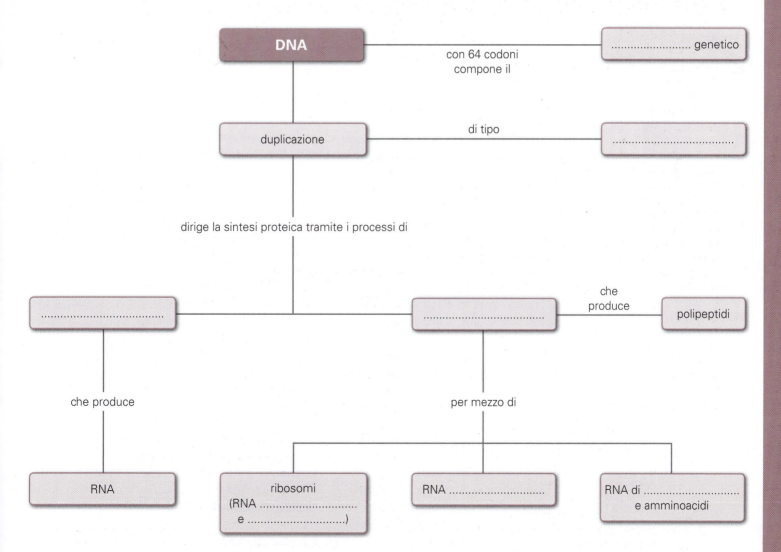

45 Costruisci una mappa in cui sono evidenziati tutti i possibili tipi di mutazioni.

unità 3
La sintesi evoluzionistica

Il ghepardo è uno degli animali considerati a rischio di estinzione. Le popolazioni attuali di ghepardi vivono infatti in un areale geografico ristretto, perché presentano una capacità di adattamento all'ambiente molto ridotta, a causa della loro scarsa variabilità genetica. Ma che rapporto c'è tra genetica ed evoluzione?

1 Da Darwin alla moderna teoria sintetica

La teoria dell'evoluzione elaborata da Darwin e Wallace è stata definita da Ernst Mayr la più grande rivoluzione scientifica mai avvenuta, perché "ha richiesto un ripensamento della concezione che l'uomo aveva di se stesso e del mondo intero". L'idea che i viventi si modificassero nel tempo e discendessero tutti da poche forme di vita primordiali mise in crisi due concezioni ancora fortemente radicate a metà dell'Ottocento: il creazionismo-fissismo, che postulava l'immutabilità del mondo vivente, e l'antropocentrismo, che considerava l'uomo al centro del creato, intrinsecamente diverso dal resto dei viventi.

Per questo motivo, nonostante la grande risonanza che ebbero gli scritti di Darwin, le sue idee non vennero facilmente accettate. Anzi, la resistenza degli antievoluzionisti fu strenua e a vari livelli. Ci fu chi rifiutò del tutto le idee evoluzioniste e chi, soprattutto tra gli studiosi, non contestò l'idea di evoluzione in sé (anche perché testimoniata dai fossili), ma non accettò quella che oggi consideriamo la più geniale intuizione del naturalista inglese: la *selezione naturale*. Questo perché con essa Darwin spiegava la "perfezione della natura" (in altri termini, l'adattamento all'ambiente degli organismi), con un meccanismo materialistico, la lotta per la sopravvivenza e, a differenza di Lamarck, negava l'esistenza di un fine ultimo nei processi evoluzionistici. Alcuni, infine, contestarono la scientificità della teoria, perché non si basava su prove sperimentali ma solo su osservazioni e deduzioni logiche. Gli avversari della teoria dell'evoluzione furono facilitati, nella loro opposizione, dall'esistenza di alcuni punti deboli nelle argomentazioni del naturalista inglese. La sua teoria non spiegava come si originasse la varietà dei caratteri su cui agisce la selezione naturale e nemmeno il motivo per cui alcuni caratteri venissero trasmessi ai figli e altri no (Darwin, erroneamente, non negava la possibilità che anche i caratteri acquisiti venissero ereditati). Mancava alla teoria il supporto della genetica! Sappiamo infatti che, nonostante fosse contemporaneo di Mendel, Darwin non conosceva le fondamentali scoperte del monaco boemo. Nel corso del Novecento, lentamente e non senza contrasti, le due scuole di pensiero, quella degli evoluzionisti e quella dei genetisti, si incontrarono: tra il 1936 e il 1947 venne elaborata, dal tedesco **Ernst Mayr** (1904-2005, ▶1), dall'ucraino **Theodosius Dobzhansky** (1900-1975), dall'inglese **Julian Huxley** (1887-1975), dall'americano **George G. Simpson** e da altri, la moderna **sintesi evoluzionistica** (o **teoria sintetica**), che esporremo in questa Unità a partire dalle sue basi genetiche.

Figura 1 Ernst Mayr (1904–2005), biologo, genetista e storico della scienza tedesco naturalizzato statunitense.

Facciamo il punto
1 Quali critiche vennero mosse alla teoria di Darwin?

2. La genetica delle popolazioni

Oggi sappiamo che la varietà delle caratteristiche fisiche e comportamentali presenti nelle popolazioni ha un'origine genetica: a differenza di quel che credeva Lamarck, i caratteri acquisiti non possono essere ereditati e quindi non influiscono sull'evoluzione di una specie. A questa certezza si è giunti grazie ad alcuni genetisti, come l'inglese J.B.S. Haldane (1892-1964), che nei primi anni del '900 iniziarono a studiare, oltre all'assetto genetico dei singoli individui, anche quello delle popolazioni (insiemi di individui che vivono nello stesso spazio e nello stesso tempo e si riproducono insieme). Nacque così la **genetica delle popolazioni** (o **di popolazione**), una disciplina che studia il pool genico delle popolazioni, ossia *l'insieme di tutti i geni (e relativi alleli) presenti in tutti gli individui di una popolazione in un determinato periodo*.

La genetica di popolazione ha avuto un grande sviluppo nel corso del XX secolo e, grazie ai recenti studi di genetica molecolare, è riuscita a dare risposte esaurienti a tre interrogativi di fondamentale importanza nella moderna sintesi evoluzionistica.

→ Quanto è ampia la **variabilità genetica** delle popolazioni?
→ Come si origina?
→ Come si mantiene nel tempo?

2.1 L'ampiezza della variabilità genetica e la sua quantificazione

Quando i genetisti hanno cominciato a quantificare l'ampiezza della variabilità genetica si sono resi conto che essa è decisamente maggiore di quella osservabile.

Una prima prova dell'esistenza di una variabilità "nascosta" è fornita dalla *selezione artificiale* operata da allevatori e agricoltori: come spiegare le eccezionali caratteristiche delle mucche da latte, delle galline ovaiole, delle pannocchie di mais (▶2) e di

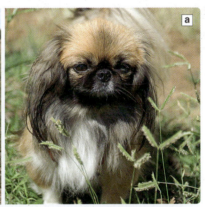

Figura 2 La sottospecie *Canis lupus familiaris* (**a**) comprende una moltitudine di razze, dai cani da pastore a quelli da riporto, e, ancora, ai cani da compagnia. La *teosinte* (**b**) è la pianta centroamericana da cui si è ottenuta una grande varietà di specie di mais.

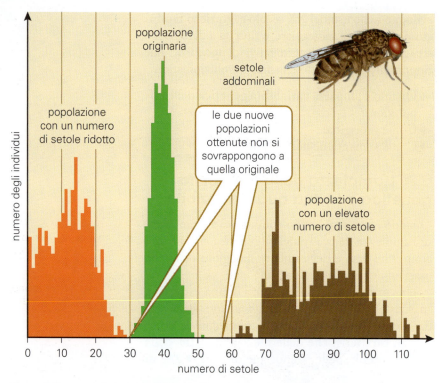

Figura 3 Da una popolazione di *Drosophila* con un numero medio di 36 setole e una variabilità piuttosto ristretta, attraverso incroci selezionati si sono ottenute due popolazioni con un numero di setole molto diverso.

samente superiore a quella della popolazione originaria (▶3).

Un'ulteriore stima della variabilità si è ottenuta con l'*elettroforesi*, una tecnica che separa proteine anche molto simili in base al comportamento in un campo elettrico. J.L. Hubby e R.C. Lewontin analizzarono 18 enzimi diversi estratti da esemplari di una popolazione naturale di *Drosophila*. Nella metà di essi riscontrarono la presenza di due o più forme con sequenze di amminoacidi differenti; poiché ogni enzima è codificato da un singolo gene, conclusero che nella popolazione erano presenti, per la metà dei geni considerati, due o più alleli diversi (in un caso addirittura 6 alleli) (▶4).

Negli ultimi anni, infine, l'analisi del DNA ha permesso di rilevare una variabilità ancora maggiore (questo perché non tutte le modificazioni del DNA danno luogo a cambiamenti delle sequenze di amminoacidi nelle proteine). Nelle popolazioni di *Drosophila* il 50% dei geni esiste in due forme e ogni individuo è eterozigote per circa il 12% dei suoi geni. Studi analoghi su altri organismi hanno portato alle medesime conclusioni. Nelle popolazioni di quasi tutte le specie mediamente il 25% dei geni è presente in due o più forme alleliche: la presenza di due o più varianti per un gene è detta **polimorfismo**. Nei singoli individui inoltre il **grado di eterozigosi** è elevato (tra il 7 e il 17%, nell'uomo il 7%): gli alleli recessivi si conservano nella popolazione senza "mostrarsi" nel fenotipo degli individui.

Questa "variabilità nascosta" è un vantaggio per la popolazione: una riserva di potenziali variazioni che la rende più adattabile ai cambiamenti ambientali. Le popolazioni che hanno un basso grado di eterozigosi e di variabilità, di norma dovuto all'esiguo numero di individui e all'accoppiamento tra consanguinei, non solo evidenziano una frequenza più elevata di difetti genetici nella prole (dovuta all'emergere di caratteri sfavorevoli negli omozigoti recessivi), ma sono molto vulnerabili in caso di cambiamenti ambientali. Un esempio di ciò sono i ghepardi citati nell'introduzione.

Queste considerazioni rappresentano una evidente condanna scientifica delle teorie sulla "razza pura" che ancora oggi a volte emergono nella società. Quanto più una razza è "pura", tanto più è composta da individui geneticamente affini: dispone quindi di un basso tasso di variabilità ed è geneticamente "debole".

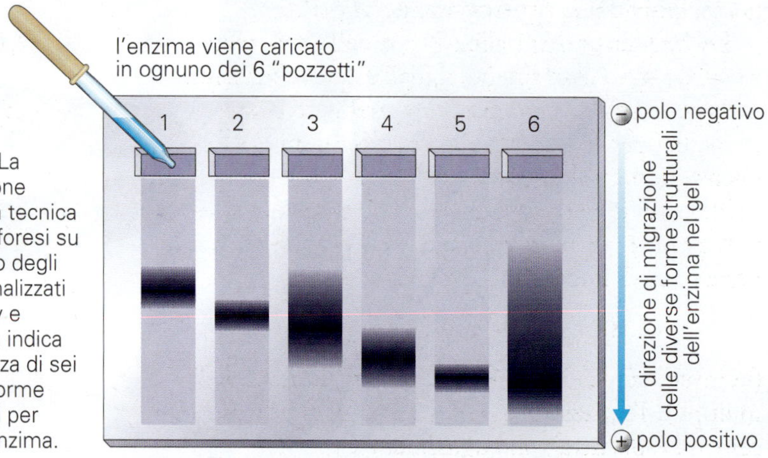

tante altre specie animali e vegetali ottenute dai selezionatori, se non ammettendo che la popolazione originaria, pur non evidenziando alcuna "eccezionalità", dispone di una grandissima variabilità genetica per le caratteristiche selezionate? Gli incroci permettono ad alcuni caratteri latenti, o scarsamente espressi, di emergere al massimo della loro potenzialità.

Esperimenti di laboratorio effettuati con *Drosophila melanogaster* (il moscerino della frutta) hanno permesso di effettuare una prima stima della variabilità genetica. Questo insetto presenta sul corpo un numero variabile di setole. Partendo da un ceppo con un numero medio di 36 setole, gli sperimentatori sono riusciti a ottenere, dopo varie generazioni di incroci selezionati, ceppi con 56 setole e ceppi con 24 setole: una variazione deci-

animazione

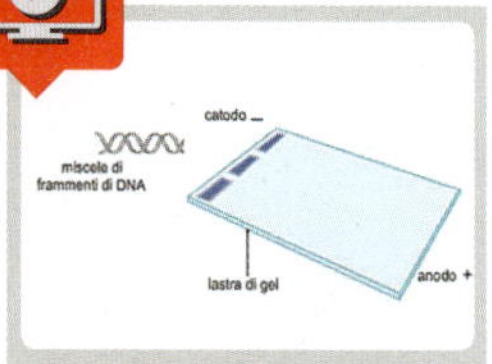

Elettroforesi su gel
Una tecnica per separare proteine o tratti di DNA

Figura 4 La separazione tramite la tecnica di elettroforesi su gel di uno degli enzimi analizzati da Hubby e Lewontin indica la presenza di sei diverse forme strutturali per questo enzima.

Facciamo il punto

2 Quali sono le prove dell'esistenza della variabilità genetica nelle popolazioni?

3 E come viene quantificata?

3 L'equilibrio di Hardy-Weinberg

Per comprendere in che modo si origina la variabilità genetica nelle popolazioni occorre introdurre un principio esposto nel 1908 dal matematico inglese G. Godfrey H. Hardy e dal medico tedesco Wilhelm Weinberg, indipendentemente l'uno dall'altro, e noto come **legge** (o **equilibrio**) **di Hardy-Weinberg**. Entrambi cercavano una risposta al quesito espresso dal genetista inglese R. C. Punnett: come mai gli abitanti dell'Inghilterra avevano le dita di lunghezza normale anche se il gene per le dita corte e tozze (difetto genetico noto come brachidattilia) era dominante? In termini più generali, perché nelle popolazioni gli alleli dominanti non soppiantano nel tempo quelli recessivi? Lo si potrebbe supporre, visto che, se si parte da genitori omozigoti, uno con il carattere dominante e l'altro con il carattere recessivo, in F_2 i 3/4 degli individui presentano il carattere dominante e solo 1/4 il carattere recessivo: a lungo andare il recessivo dovrebbe ridursi sino quasi a scomparire!

Hardy e Weinberg dimostrarono matematicamente che questo non accade perché nelle popolazioni, se non intervengono fattori di perturbazione, le **frequenze alleliche** (ossia la frequenza dei singoli alleli) si mantengono costanti nel corso delle generazioni, nonostante i processi di ricombinazione genetica (responsabili del rimescolamento dei geni) che intervengono nel processo riproduttivo.

La legge di Hardy-Weinberg descrive una situazione di **equilibrio stabile**, in cui la composizione del pool genico non si modifica nel tempo.

L'equilibrio di Hardy-Weinberg si instaura solo in una popolazione ideale in cui valgono le seguenti cinque condizioni:

→ la popolazione è sufficientemente grande perché in essa si possano applicare le leggi della probabilità;
→ non si verificano mutazioni, quindi i geni non si modificano;
→ la popolazione è isolata, e quindi non vi è alcun movimento di individui o di geni in entrata (immigrazioni) o in uscita (emigrazioni);
→ gli accoppiamenti sono del tutto casuali;
→ non vi è selezione naturale e quindi tutti gli individui hanno la stessa probabilità di riprodursi e i loro alleli di passare alla generazione successiva.

Ma come si può dimostrare che questa condizione di equilibrio può sussistere veramente? Consideriamo un caso molto semplice, quello di una popolazione di 1000 individui in cui il gene responsabile di un certo carattere (per esempio il colore rosso o bianco del fiore di una pianta) è presente nelle due classiche forme dominante (A, rosso) e recessiva (a, bianco). Indichiamo con p la frequenza dell'allele A e supponiamo che sia del 60% (in decimali 0,6) e con q la frequenza dell'allele a e supponiamo che sia del 40% (in decimali 0,4). Verifichiamo che $p + q = 0,6 + 0,4 = 1$ (100%).

Immaginiamo ora di incrociare tutti gli individui della popolazione (e quindi tutti gli alleli presenti nel pool genico) utilizzando il classico quadrato di Punnett, in cui però inseriamo le frequenze alleliche (▶5).

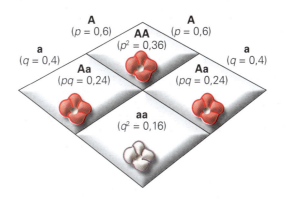

Figura 5 Calcolo, a partire dalle frequenze alleliche, delle frequenze genotipiche degli individui ottenuti da incroci nella popolazione, considerando un gene che presenta due alleli.

Abbiamo così ricavato le frequenze degli individui (figli) ottenuti dagli incroci rappresentati:

frequenza degli individui AA =

$p \times p = p^2 = 0,36 = 36\%$

frequenza degli individui Aa =

$2(p \times q) = 0,24 + 0,24 = 0,48 = 48\%$

frequenza degli individui aa =

$q \times q = q^2 = 0,16 = 16\%$

Se ora calcoliamo quali sono le frequenze alleliche in questa nuova generazione otteniamo:

$p(A) = 0,36 + 0,12 + 0,12 = 0,6 = 60\%$

$q(a) = 0,16 + 0,12 + 0,12 = 0,4 = 40\%$

(In entrambi i casi abbiamo dimezzato il secondo e il terzo valore perché solo la metà degli alleli in questi individui è, rispettivamente, A o a).

Le frequenze degli alleli A e a nella generazione filiale sono esattamente uguali a quelle presenti nella generazione parentale! Si potrebbero effettuare incroci per innumerevoli generazioni, ma le frequenze non cambierebbero.

Nel caso di geni costituiti da una coppia di alleli, l'equilibrio di Hardy-Weinberg si può descrivere per mezzo di una semplice equazione:

$$(p + q)^2 = p^2 + 2pq + q^2 = 1$$

Se invece gli alleli in gioco sono più di due (alleli multipli), l'equazione diventa più complessa ma i principi esposti valgono ugualmente.

3.1 Il significato dell'equilibrio di Hardy-Weinberg

È assai improbabile che in una popolazione naturale le condizioni sopra elencate si verifichino tutte, anzi è quasi certo che una o più di queste non sia presente. Ma allora a che serve una legge che non vale quasi mai? Per comprenderlo prendiamo esempio dalla fisica: la prima legge di Newton afferma che "un corpo non sottoposto a forze esterne o è in quiete o si muove di moto rettilineo uniforme", ma quale corpo sulla Terra non è sottoposto, per lo meno, alla forza di gravità? Eppure, sebbene la condizione posta da Newton non si verifichi mai, la sua legge è la premessa fondamentale per poter studiare i moti dei corpi e le forze che li producono. Allo stesso modo la legge di Hardy-Weinberg costituisce un modello che permette di studiare come le frequenze alleliche si modifichino, di generazione in generazione, nelle popolazioni naturali e di individuare le cause di questi cambiamenti. Se la frequenza degli alleli A e a nel caso appena analizzato si modificasse nel corso di alcune generazioni e diventasse $p = 0,7$ e $q = 0,3$, potremmo affermare che il pool genico della popolazione sta cambiando in una certa direzione (aumento della frequenza dell'allele dominante) e con una certa velocità (che dipende dal numero di generazioni considerate).

Il verificarsi di cambiamenti nelle frequenze alleliche di una popolazione *indica in modo inequivocabile che essa sta evolvendo*.

Facciamo il punto

4 Di che cosa si occupa la genetica di popolazione e che cos'è un pool genico?

5 Che cosa afferma la legge di Hardy-Weinberg e in quali casi vale? Con quale formula matematica può essere espressa?

6 Con quale formula matematica può essere espressa la legge di Hardy-Weinberg?

7 Verifica la validità della legge di Hardy-Weinberg in una popolazione in cui le frequenze di due alleli A ed a sono rispettivamente $p = 0,5$ e $q = 0,5$.

BIOLOGIA & SALUTE

Scheda 1 — La legge di Hardy-Weinberg e gli studi sulla frequenza delle malattie genetiche

L'equazione di Hardy-Weinberg viene applicata anche in ambiti diversi da quello evoluzionistico. Può essere utilizzata per studiare, nel pool genico di una popolazione, le variazioni nel tempo delle frequenze degli alleli che causano malattie genetiche. Consideriamo il caso della *talassemia maior*, malattia recessiva che in Italia ha una frequenza di un malato ogni 10 000 nati e determina una riduzione e anche alterazioni strutturali dei globuli rossi in circolo, e di conseguenza un forte calo dei valori ematici di emoglobina (▶1).

Possiamo in primo luogo determinare la frequenza q^2 dei malati (omozigoti recessivi aa):

$$q^2 = 1/10\,000 = 0,0001$$

Da questo valore ricaviamo q, ossia la frequenza dell'allele recessivo:

$$q = \sqrt{0,0001} = 0,01 \;(1\%)$$

La frequenza dell'allele dominante è:

$$p = 1 - 0,01 = 0,99 \;(99\%)$$

Possiamo ora ricavare la frequenza dei portatori sani (eterozigoti) $2pq$:

$$2pq = 2 \times 0,001 \times 0,99 = 0,0198 \;(1,98\%)$$

Che cosa possiamo dedurre da questo risultato? Che circa il 2% della popolazione è portatore dell'allele malfunzionante: un numero di individui molto più elevato di quello dei malati. Per questo motivo la quasi totalità delle persone affette da malattie genetiche recessive nasce da portatori sani, non dai malati. Questo fatto renderebbe inutile, al di là dell'aspetto etico, qualsiasi intervento eugenetico di sterilizzazione dei malati.

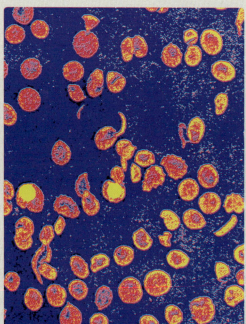

Figura 1 Globuli rossi anomali nel sangue di una persona affetta da talassemia.

4 I fattori del cambiamento (microevoluzione)

In accordo con le idee di Darwin, la teoria sintetica individua nella selezione naturale la principale "forza" in grado di modificare i pool genici. In questo paragrafo ci occupiamo però di altri fattori in grado di dar origine a modificazioni significative del pool genico: sono le **mutazioni**, la **deriva genetica**, il **flusso genico** e gli **accoppiamenti non casuali**.

Si tratta di fattori che spesso agiscono in maniera congiunta, producendo nelle popolazioni cambiamenti che gli studiosi definiscono nel loro complesso con il termine di **microevoluzione**. A differenza della selezione naturale, essi però non producono necessariamente un adattamento all'ambiente.

4.1 Le mutazioni: quando si verificano "errori di copiatura"

Le mutazioni sono cambiamenti ereditari del genotipo, provocati da errori che avvengono durante i processi di produzione dei gameti. Possono interessare geni strutturali, che codificano per specifiche proteine, e geni regolatori, responsabili dell'attivazione o della disattivazione di altri geni nel corso dello sviluppo embrionale. Esse rappresentano l'unico fattore che può introdurre un carattere del tutto nuovo in un individuo, modificando le frequenze alleliche nella popolazione. Poiché si tratta di modificazioni casuali del pool genico, le mutazioni sono considerate il "materiale grezzo" su cui agisce la selezione naturale: contribuiscono a creare la variabilità necessaria perché i fattori selettivi possano operare la loro scelta, ma non determinano la direzione del cambiamento evolutivo, poiché la probabilità che una mutazione si manifesti non dipende dal vantaggio o dallo svantaggio evolutivo che essa comporta (▶6).

Le mutazioni possono essere causate da agenti mutageni esterni (come i raggi UV, i raggi X, la radioattività e alcune sostanze chimiche), ma possono anche avvenire spontaneamente.

Le mutazioni spontanee sono un fenomeno raro. Tuttavia, il gran numero di basi azotate presenti nel DNA degli organismi e l'elevato numero di organismi presenti nelle popolazioni sono sufficienti a creare una notevole variabilità genetica. Se per esempio nei gameti umani, che contengono circa $3 \cdot 10^9$ coppie di basi azotate, si verificasse una mutazione puntiforme ogni 10^9 coppie di basi (un tasso molto basso), in ogni nuovo nato ci sarebbero in media 6 (3+3) nuove mutazioni e nella popolazione mondiale circa 40 miliardi a ogni generazione!

Le mutazioni a volte sono *svantaggiose*, spesso *neutre* (prive di effetti sul fenotipo o con effetti ininfluenti dal punto di vista evolutivo), raramente *vantaggiose*. In ogni caso il fatto che una mutazione sia favorevole, neutra o sfavorevole dipende dalle condizioni ambientali: una mutazione può essere svantaggiosa in un certo contesto e vantaggiosa in un altro (vedi "Lo sapevi che..."). E non è neanche detto che una mutazione neutra... lo rimanga per sempre.

Le mutazioni favorevoli non sono eventi miracolosi: per poter offrire un reale vantaggio evolutivo devono inserirsi in un fenotipo complessivo "compatibile" (per esempio, un paio d'ali in un individuo con uno scheletro pesante come il nostro non servono a nulla); inoltre, non basta certo una singola mutazione per produrre strutture complesse come l'occhio degli organismi superiori, che è il risultato dell'accumulo nel tempo di mutazioni nel pool genico della popolazione.

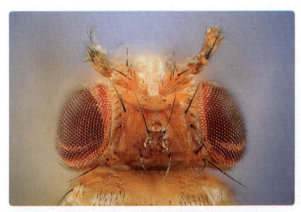

Figura 6 In *Drosophila*, la mutazione in un gene che controlla lo sviluppo determina la presenza di zampe al posto delle antenne (mutazione *antennapedia*).

Lo sapevi che...
L'allele per l'anemia falciforme e la malaria

L'anemia falciforme è una malattia genetica recessiva (Unità 1 § 4) molto diffusa in Africa. Si è scoperto che gli individui eterozigoti, portatori sani dell'allele mutato, sono particolarmente resistenti alla malaria. Tale malattia è causata da un parassita (un protozoo del genere *Plasmodium*) che viene trasmesso dalla puntura della zanzara *Anopheles* e che, una volta entrato nei vasi sanguigni, invade e distrugge i globuli rossi. Rispetto a quelli normali, i globuli a falce hanno una emivita ridotta, e non forniscono quindi un habitat ideale per il plasmodio. Nelle zone maggiormente colpite dalla malaria, la presenza del gene mutato per l'anemia falciforme è molto elevata, perché produce un vantaggio evolutivo: i soggetti eterozigoti riescono a sopravvivere meglio degli altri e a riprodursi. Questo **vantaggio dell'eterozigote** ha tuttavia un risvolto negativo: la nascita di numerosi bambini omozigoti malati da genitori portatori del gene in eterozigosi.

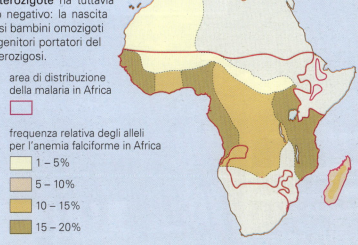

area di distribuzione della malaria in Africa

frequenza relativa degli alleli per l'anemia falciforme in Africa
- 1 – 5%
- 5 – 10%
- 10 – 15%
- 15 – 20%

animazione

La deriva genetica
La modificazione casuale del pool genico

animazione

Il collo di bottiglia
Come una crisi demografica può modificare il pool genico

4.2 La deriva genetica: quando il caso modifica il pool genico

Abbiamo detto in precedenza che la legge di Hardy-Weinberg è valida se la popolazione è numerosa, e quindi se in essa si possono applicare le leggi della probabilità. In caso contrario possono verificarsi fenomeni di **deriva genetica**, una modificazione casuale delle frequenze alleliche in popolazioni di piccole dimensioni. Se ne può capire il meccanismo considerando il seguente esempio. Alcuni secoli fa, un gruppo di protestanti perseguitati in Europa si trasferì in America e fondò una comunità religiosa in Pennsylvania e in altri Stati degli Usa. Gli Amish (così si chiamano i membri di questa comunità) vivono seguendo alla lettera le parole della Bibbia, rifiutano l'utilizzo di tecnologie moderne e ammettono i matrimoni solo all'interno della comunità. Quest'ultima caratteristica li rende un interessante esempio di deriva genetica per quello che viene chiamato "**effetto**

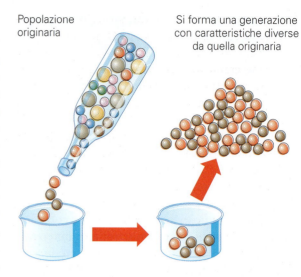

Figura 8 Rappresentazione schematica dell'effetto "collo di bottiglia".

del fondatore". Tra gli Amish è molto frequente una malattia genetica recessiva, la sindrome di Creveld, che si manifesta con nanismo e polidattilia (più di cinque dita per mano, ▶7) ed è molto rara nel resto del mondo. Negli ultimi 250 anni si sono verificati 61 casi della malattia nella comunità Amish della Pennsylvania (che conta oggi circa 20 000 individui), tanti quanti ne sono comparsi nel resto del mondo nello stesso periodo. Come si spiega questa stranezza? Si è scoperto che nel gruppetto di fondatori della comunità americana c'era un portatore di questa malattia. A causa delle ridotte dimensioni della popolazione iniziale (circa 200 individui), in quel pool genico la frequenza dell'allele "malato" era altissima e così è rimasta nel corso delle generazioni, in mancanza di un flusso genico dall'esterno: l'elevata probabilità che si incrocino due portatori della malattia spiega il gran numero di nascite di malati.

Un altro esempio di deriva genetica è quello che prende il nome di "**collo di bottiglia**": avviene quando una popolazione naturale viene ridotta drasticamente di numero per motivi vari (un'epidemia, un incendio, un'alluvione ecc.). Tra i pochi sopravvissuti potrebbe capitare, per puro effetto del caso, che uno o più alleli si trovino ad avere una frequenza diversa da quella che avevano nella popolazione originale o addirittura che un allele sia scomparso del tutto: la popolazione avrà quindi un pool genico differente da quello che aveva la popolazione da cui ha avuto origine (▶8). Una notevole riduzione della variabilità genetica si è verificata in popolazioni animali andate vicine all'estinzione a causa della caccia indiscriminata o della quasi totale scomparsa del loro habitat.

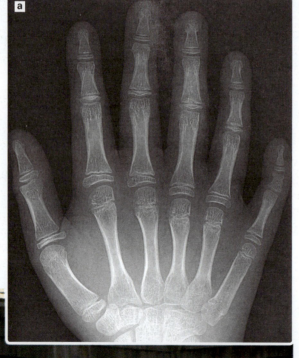
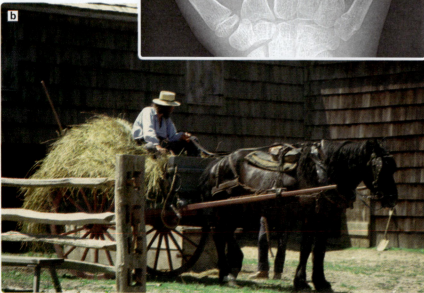

Figura 7 Radiografia della mano di un bambino affetto da polidattilia (**a**); un contadino Amish, comunità che vive ancora secondo rigide usanze (**b**).

Uno studio effettuato in California prelevando il sangue di un centinaio di elefanti marini del Nordamerica (*Mirounga angustirostris*, ▶9) ha evidenziato che erano tutti omozigoti in 24 loci genici, una percentuale di omozigosi molto elevata, soprattutto se paragonata a quella degli elefanti marini del Sudamerica (*M. leonina*). Il motivo risiede nella caccia selvaggia a cui gli elefanti marini del Nordamerica furono sottoposti nel XVIII e nel XIX secolo, che ne ha quasi causato l'estinzione riducendone il numero fino a una ventina di esemplari: solo dopo che, nel 1884, la caccia fu interrotta da Messico e Stati Uniti, il numero di esemplari tornò ad aumentare sino ad alcune decine di migliaia: ma sono tutti discendenti di quel piccolo gruppo iniziale.

Esistono casi di collo di bottiglia anche nella nostra specie. L'elevata frequenza di alcune malattie genetiche (come la malattia di Tay-Sachs) tra gli ebrei Ashkenaziti e i casi descritti nella **SCHEDA 2** ne sono la prova.

Figura 9 Due esemplari di elefante marino (*Mirounga angustirostris*), il cui nome è dovuto alla proboscide presente nei maschi adulti.

Scheda 2 L'isola dei senza colore e quella dei senza rumore

STORIE DI IERI

Nell'atollo di Pingelap (Micronesia, ▶1) una persona su dieci è affetta da una malattia ereditaria, l'**acromatopsia**, che impedisce del tutto la visione dei colori. Nel resto del mondo i malati sono solo uno su 30 000. Il motivo di una così elevata frequenza della malattia a Pingelap risale a una tragedia avvenuta nel 1775, quando sull'isola si abbatté un tifone di straordinaria violenza. Sopravvissero solo una ventina di persone (tra cui di certo un portatore della malattia), che si riprodussero negli anni successivi in condizione di totale isolamento. Ora il 30% della popolazione è portatore dell'allele difettoso e questo spiega l'elevata frequenza della malattia. La storia dell'isola di Pingelap e del collo di bottiglia evolutivo che ha determinato le condizioni attuali dei suoi abitanti è stata raccontata negli anni '70 del secolo scorso dal neurologo Oliver Sacks nel libro *L'isola dei senza colore*. Una trentina di anni dopo, Olof Sundin e i suoi colleghi della Johns Hopkins University hanno scoperto nel cromosoma 21 la mutazione che causa la disfunzione.

Nel Massachusetts esiste invece un'isola, Martha's Vineyard (▶2), in cui a metà del diciannovesimo secolo un quarto o più degli abitanti era sordo. Si fa risalire questo fatto inconsueto a quando un capitano di mare e suo fratello, originari del Kent, si stabilirono nell'isola quasi disabitata, alla fine del Seicento; avevano un udito normale, ma erano portatori di un gene recessivo per la sordità. Con il passare del tempo, a causa dell'isolamento di Vineyard e dei matrimoni fra consanguinei, la maggior parte dei loro discendenti finì per essere portatrice di tale gene. Si tratta di un esempio di "effetto del fondatore". Nel Novecento, con la fine dell'isolamento riproduttivo degli abitanti, la frequenza dei sordi si è fortemente ridotta.

Figura 1 Fotografia dall'alto dell'atollo di Pingelap.

Figura 2 Le coste dell'isola Martha's Vineyard.

4.3 Il flusso genico: quando i pool genici si mescolano

Il **flusso genico** è un movimento di alleli da una popolazione all'altra, prodotto da immigrazioni o emigrazioni di individui o di gameti. Negli animali avviene quando popolazioni in precedenza separate si vengono a trovare nello stesso territorio e si riproducono tra loro. Tra le piante può avvenire per semplice trasferimento di polline (che contiene i gameti maschili) da un territorio all'altro. Il flusso genico può modificare il pool di una popolazione, sia introducendo in essa alleli che prima non erano presenti, sia mescolando pool genici con frequenze alleliche diverse (▶10). Il flusso genico riduce le differenze tra le popolazioni coinvolte: agisce quindi in contrapposizione alla selezione naturale, che invece tende a incrementare le differenze tra popolazioni che si adattano ad ambienti diversi. Per questo motivo la mancanza di flusso genico, ovvero l'isolamento delle popolazioni, favorisce la formazione di nuove specie (come vedremo nel § 5).

4.4 Quando gli accoppiamenti non sono casuali

Se gli accoppiamenti non sono casuali l'equilibrio di Hardy-Weinberg si modifica. Può accadere spesso, e per due diversi motivi: l'**accoppiamento assortativo** e l'**inincrocio**.

L'accoppiamento assortativo è correlato alla *selezione sessuale* (§ 6.3): il pavone maschio con la coda più vistosa ha una maggiore probabilità di accoppiarsi con una femmina e di conseguenza la frequenza dei suoi alleli nel pool genico della generazione successiva aumenterà.

Questo tipo di accoppiamento preferenziale non sempre provoca una modificazione delle frequenze alleliche: a volte, per esempio, le femmine preferiscono accoppiarsi con maschi fenotipicamente simili, come si è osservato nel caso delle oche delle nevi (▶11), che "scelgono" maschi con la stessa loro colorazione (o bianca o azzurra-grigiastra); in questo caso le frequenze alleliche non si modificano, ma diminuiscono gli eterozigoti nella popolazione: si modificano quindi le *frequenze genotipiche*.

L'inincrocio (in inglese *imbreeding*) è una forma di accoppiamento selettivo "estremo" perché avviene tra consanguinei. È connesso alla dispersione della popolazione sul territorio: è più probabile infatti che un individuo si riproduca con chi si trova "nelle vicinanze", con il quale spesso è "imparentato" perché fanno parte dello stesso gruppo familiare, piuttosto che con "estranei" che vivono a una certa distanza. L'inincrocio è piuttosto frequente perché capita spesso che una popolazione sia frammentata in numerose sottopopolazioni locali (i **demi**) tra le

Figura 10
Il mescolamento di pool genetici con frequenze alleliche diverse porta alla formazione di una popolazione con pool genico omogeneo ma più vario.

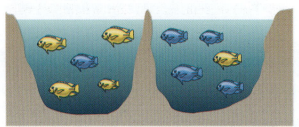

a) Una barriera naturale provoca la formazione di due popolazioni con frequenze alleliche diverse.

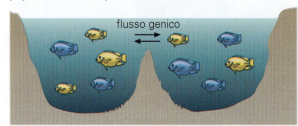

b) Scomparsa la barriera, i pesci possono di nuovo incrociarsi liberamente.

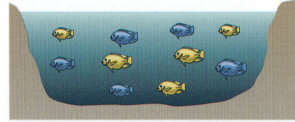

c) Si forma una popolazione più omogenea e più varia.

Lo sapevi che...

Inincrocio: un pericolo per l'uomo
Nonostante il detto "mogli e buoi dei paesi tuoi", l'inincrocio produce effetti deleteri nella nostra specie, da una più alta incidenza di malattie genetiche recessive a una maggiore mortalità. Per comprendere il motivo occorre sapere che ognuno di noi è, per esempio, portatore di almeno 3-4 alleli recessivi di malattie mortali. Quando la riproduzione avviene tra due "estranei", è estremamente improbabile, per il gran numero di geni di cui disponiamo, che entrambi questi genitori siano portatori dei medesimi alleli letali; ma se ci si riproduce all'interno del medesimo gruppo familiare (come è accaduto per centinaia di anni nelle famiglie reali) la probabilità cresce di molto. Per questo motivo l'incesto è penalmente perseguibile in tutte le legislazioni, e il matrimonio tra consanguinei stretti proibito.

Figura 11 Nelle oche delle nevi (*Anser caerulescens*) la selezione sessuale causa l'incremento degli omozigoti sia dominanti sia recessivi.

quali vi è un ridotto flusso genico. Gli esempi di effetto del fondatore e collo di bottiglia citati in precedenza non si sarebbero verificati senza isolamento riproduttivo (assenza di flusso genico) e inincrocio.

Sebbene non produca variazione delle frequenze alleliche nella popolazione complessiva, l'inincrocio ha un duplice effetto: riduce la variabilità all'interno di un deme, ma incrementa la diversità tra i demi.

Facciamo il punto

8 Quali fattori provocano la modificazione delle frequenze alleliche nei pool genici?

9 Quali sono gli effetti delle mutazioni? E del flusso genico?

10 In quali modi si possono verificare i processi di deriva genetica?

11 In che cosa consistono l'accoppiamento e l'inincrocio?

5 Il mantenimento e l'incremento della variabilità: riproduzione sessuale e altri meccanismi

Se i fattori in precedenza descritti introducono nei pool genici elementi di "novità", la **riproduzione sessuale** è il principale meccanismo per mezzo del quale si mantiene e si incrementa la variabilità nelle popolazioni: questo però accade senza cambiamenti nelle frequenze alleliche (quindi senza intaccare l'equilibrio di Hardy-Weinberg e senza produrre microevoluzione). La riproduzione sessuale agisce infatti producendo nuove combinazioni di alleli nella prole, incrementando quindi la *variabilità genotipica* delle popolazioni (e non quella allelica); lo fa in tre modi diversi:

→ per mezzo dell'assortimento indipendente dei cromosomi durante la meiosi, che produce combinazioni diverse dei cromosomi nei gameti;

→ per mezzo della ricombinazione genetica prodotta dal *crossing over*, che rimescola i geni dei genitori;

→ per mezzo dell'unione dei patrimoni genetici dei genitori al momento della fecondazione.

Figura 12 Le lumache sono animali ermafroditi: durante l'accoppiamento gli organi sessuali vengono estroflessi e ognuno dei due individui riceve e dona sperma contemporaneamente.

Si tratta di un'*azione di rimescolamento* dei geni, che ottiene il suo massimo effetto se a riprodursi tra loro sono individui con patrimoni genetici differenti. Per questo motivo esistono in natura meccanismi che sfavoriscono l'autofecondazione (che fa aumentare gli omozigoti a scapito degli eterozigoti). Tra i vegetali, spesso i fiori maschili e i fiori femminili sono su due piante diverse; se invece la pianta possiede fiori sia maschili sia femminili, esistono strutture anatomiche che impediscono l'autoimpollinazione. In alcuni casi le piante sono *autosterili* (non si possono autofecondare). Tra gli animali, vari automatismi comportamentali favoriscono accoppiamenti tra esemplari non imparentati (*esoincroci*) rispetto a quelli tra consanguinei (gli inincroci). Persino gli ermafroditi (che possiedono entrambi gli apparati sessuali, come il lombrico o la lumaca) non si autofecondano ma si accoppiano (▶12).

Altri fattori in grado di mantenere e incrementare la variabilità delle popolazioni sono la **diploidia** e l'**eterozigosi**: in un organismo diploide le mutazioni non compaiono sempre immediatamente nel fenotipo, con il rischio di essere "eliminate" dalla selezione naturale, ma si possono conservare allo stato recessivo negli eterozigoti. In questo modo vanno a costituire una riserva di variabilità che potrebbe rivelarsi utile nel caso si verifichino dei rapidi cambiamenti ambientali. In alcuni casi, inoltre, esiste una **superiorità dell'eterozigote**, come evidenzia il caso dei portatori dell'anemia falciforme (Unità 1).

Anche la selezione naturale, nonostante il suo ruolo "selezionatore", spesso incrementa la variabilità genetica, come vedremo nel prossimo paragrafo.

Facciamo il punto

12 Come influisce sulla variabilità la riproduzione sessuale?

13 Qual è il ruolo della diploidia e dell'eterozigosi nel mantenimento della variabilità nei pool genici?

6 La selezione naturale

La selezione naturale si differenzia nettamente dai fattori di cambiamento descritti in precedenza. Le mutazioni e la deriva genetica, in particolare, agiscono direttamente sui pool genici e lo fanno in modo casuale; *la selezione invece agisce sui fenotipi* (e solo indirettamente sui genotipi e sui pool genici); lo fa inoltre in modo non casuale, determinando la direzione del percorso evolutivo di ogni specie.

Qui occorre fare un passo indietro: nei primi anni del '900, con la riscoperta del lavoro di Mendel, i primi genetisti (detti all'epoca "mendelisti"), come W. Bateson e H.M. de Vries, ritennero che si dovesse ridurre l'importanza della selezione naturale a favore delle mutazioni genetiche: essi pensavano che fossero le mutazioni a determinare la direzione dei processi evolutivi, mentre la selezione naturale aveva solo il compito di eliminare le mutazioni più sfavorevoli. In questa ipotesi l'evoluzione per selezione naturale immaginata da Darwin (e dai suoi sostenitori "naturalisti") veniva sostituita dall'idea che a ogni mutazione favorevole corrispondesse un "balzo in avanti" del processo evolutivo.

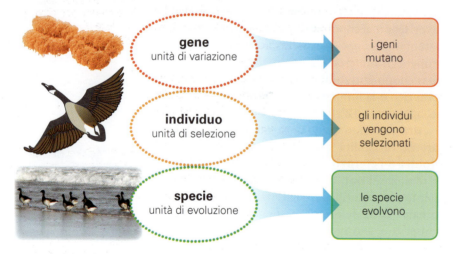

Figura 13 I livelli del processo evolutivo secondo la teoria sintetica.

La moderna teoria sintetica ha risolto la diatriba: è la selezione a definire il percorso evolutivo di una specie, producendo nel tempo organismi adatti all'ambiente in cui vivono. A differenza delle mutazioni, la selezione naturale *ha sempre valore adattativo*. Per questo è definita, nella genetica di popolazione, come "tasso differenziale di sopravvivenza e di riproduzione di genotipi diversi in una popolazione". Ogni individuo è sottoposto a una **pressione selettiva** orientata che ne determina la **fitness**, ossia il **successo riproduttivo**. La fitness di un organismo dipende sia dalla sua capacità di sopravvivere sia dalla sua prolificità; se, per esempio, un animale è portatore di geni letali o produce figli sterili la sua fitness è nulla, se invece possiede caratteristiche favorevoli e produce molti figli la sua fitness è elevata, perché lo è il contributo dei suoi geni al pool genico della generazione successiva. In una popolazione, la fitness di tutti gli individui con un determinato fenotipo può essere definita come la probabilità che tali individui sopravvivano e si riproducano moltiplicata per il numero di figli che producono.

6.1 Che cosa viene selezionato?

Secondo i fautori della teoria sintetica, detti anche *neodarwiniani*, è l'individuo, o meglio il suo *fenotipo complessivo*, a essere selezionato (▶13). Attualmente per fenotipo non si intende solo l'aspetto fisico dell'individuo, ma l'insieme degli aspetti fisici, fisiologici e comportamentali presenti in un organismo ed è, secondo la moderna genetica, l'espressione di molti geni che agiscono simultaneamente e in collaborazione: difficilmente un singolo gene può determinare un fenotipo favorevole. Agendo sui fenotipi la selezione naturale modifica, di generazione in generazione, il pool genico della popolazione, spingendola a evolversi.

A questa visione "classica" si sono contrapposti due nuovi punti di vista, quello della **selezione di gruppo** e quello del **gene egoista**.

L'ipotesi della selezione di gruppo, proposta dal biologo scozzese C. Wynne-Edwards, sostiene che a essere selezionato non è l'individuo, ma la popolazione. In questo modo si spiegherebbero i **comportamenti altruistici** presenti in molte specie: una marmotta mette a rischio la propria vita per avvisare le altre dell'arrivo di un predatore, ma così facendo migliora la probabilità di sopravvivenza della popolazione nel suo complesso. Un classico comportamento altruistico è quello dei genitori nei riguardi dei figli, per i quali sono disposti a sacrificare la propria vita.

Varie ricerche hanno però evidenziato che, nella quasi totalità dei casi, a beneficiare del sacrificio di un individuo sono i suoi consanguinei, perché in un branco o in uno stormo gli individui sono spesso uniti da vincoli di parentela. Per questo motivo ora molti evoluzionisti preferiscono considerare l'altruismo come una prova dell'esistenza della **kin selection** (o **selezione di parentela**), un meccanismo selettivo che favorisce genotipi affini a quello di chi si "sacrifica" e spiega molto bene l'esistenza delle cure parentali: un figlio ha il 50% dei geni in comune con un genitore e una potenzialità riproduttiva maggiore, quindi la selezione lo favorisce. In questa visione, l'altruismo riduce la fitness del singolo individuo per aumentare la **fitness complessiva** (o *inclusive fitness*) della popolazione.

Da queste considerazioni e dai più recenti studi di genetica delle popolazioni, è nata l'ipotesi del "gene egoista", proposta nel 1976 dal naturalista inglese Richard Dawkins (▶14). Secondo Dawkins gli esseri viventi non sono altro che "macchine per la

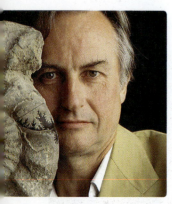

Figura 14 Richard Dawkins, autore del libro *Il gene egoista*.

sopravvivenza dei geni". Sono i geni, non le popolazioni e nemmeno gli individui, a competere tra loro per "inviare" nella generazione successiva il massimo numero possibile di loro "copie", modificando così le frequenze alleliche nel pool genico. Per questo motivo gli individui sono pronti a sacrificarsi per favorire consanguinei portatori di genotipi molto simili: è paradossale, ma l'egoismo dei geni produce l'altruismo degli organismi. Nonostante si tratti di un'ipotesi affascinante, si scontra con il fatto che i geni non sono "visibili" alla selezione, mentre lo sono i loro effetti sul fenotipo: come spiegare allora la persistenza, per molte generazioni, di alleli sfavorevoli nei genotipi, se non con il fatto che è il fenotipo complessivo (cioè l'individuo) e non il singolo gene a essere selezionato? Per questo motivo la maggior parte degli evoluzionisti ritiene che il successo riproduttivo sia dell'intero organismo, cioè della "squadra dei geni" e non del singolo giocatore: ma il dibattito è ancora aperto.

6.2 Tre tipi di selezione naturale

Abbiamo detto che la selezione naturale esercita un effetto orientante sull'evoluzione delle popolazioni. Per comprendere come ciò possa accadere occorre tenere presente che la maggior parte dei caratteri è di tipo poligenico: varia quindi nelle popolazioni in *modo quantitativo* distribuendosi secondo curve a campana. In questo caso la selezione può agire in tre modi diversi (▶ 15):

→ la **selezione direzionale** favorisce gli individui con una caratteristica fenotipica estrema, incrementandone la presenza nella popolazione nel corso delle generazioni. Contemporaneamente, nel pool genico la frequenza degli alleli responsabili di quella caratteristica aumenta. Si comprende quindi perché si parla di selezione direzionale: grazie ad essa si manifesta nella popolazione una precisa tendenza evolutiva. Un esempio spesso citato è quello della lunghezza del collo delle giraffe, ma ci sembra più utile il seguente. Supponiamo che in una popolazione di pesci-prede vi sia una variazione continua (grazie a un carattere poligenico) delle dimensioni corporee e che la maggior parte dei predatori prediliga gli esemplari più piccoli di quella specie. Si origina una pressione selettiva di tipo direzionale che, eliminando gli esemplari di piccole dimensioni, "spinge" la popolazione di pesci-prede a evolvere verso dimensioni medie maggiori. La selezione direzionale si verifica spesso quando l'ambiente si modifica o quando una popolazione migra in un ambiente diverso da quello di origine. Esempi assai noti di selezione direzionale sono il melanismo industriale (lo scurirsi della *Biston betularia*, ▶ 16) e lo sviluppo della resistenza agli insetticidi da parte di molte specie di insetti e agli antibiotici da parte di molti batteri;

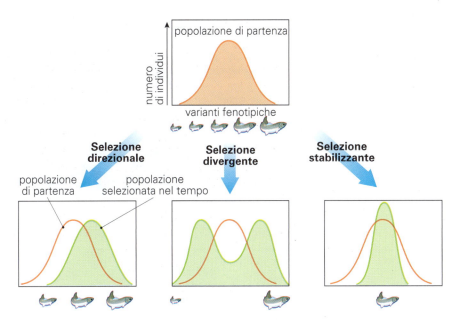

→ la **selezione divergente** favorisce gli individui che si trovano a entrambi gli estremi della distribuzione quantitativa del carattere (nell'esempio precedente, i pesci più piccoli e quelli più grandi). Se le due varietà che si originano in questo modo coesistono stabilmente nella popolazione, si viene a creare una situazione di **polimorfismo bilanciato** e la **selezione** è detta **bilanciante** (vedi SCHEDA 3, alla pagina seguente);

→ la **selezione stabilizzante** favorisce la sopravvivenza di individui con caratteristiche intermedie, eliminando i fenotipi estremi. La selezione stabilizzante è l'unica a ridurre nel tempo la variabilità (o dispersione) di un carattere (senza cambiarne però il valore medio): si verifica quando le condizioni ambientali rimangono stabili per lungo tempo. Una volta che una specie ha raggiunto il suo **picco adattativo**, ossia la situazione in cui le caratteristiche degli individui sono le più vantaggiose possibili nell'ambiente in cui vivono, tutte le variazioni dovute a mutazioni o flusso genico o ricombinazione genetica che dovessero verificarsi vengono eliminate perché farebbero allontanare la specie dalla condizione ottimale raggiunta. Ne è un esempio la *Latimeria* (unico genere sopravvissuto dell'ordine

Figura 15 I tre tipi di selezione naturale: nel primo caso le dimensioni medie dei pesci aumentano, nel secondo scompaiono i pesci di dimensioni intermedie, nel terzo si riduce la variabilità intorno alle dimensioni medie.

Figura 16 Due esemplari della farfalla notturna *Biston betularia*. La varietà di colore scuro è stata favorita rispetto a quella di colore chiaro da una forte pressione selettiva nelle aree a sviluppo industriale, perché è in grado di mimetizzarsi sui tronchi anneriti dall'inquinamento, sfuggendo così ai predatori.

QUALCOSA IN PIÙ

Scheda 3 Il polimorfismo bilanciato

Nelle popolazioni alcuni caratteri sono presenti nella gran parte degli individui, altri solo in una piccolissima minoranza: i primi sono l'espressione di alleli definiti "selvatici" dai genetisti, i secondi di alleli "mutanti". Il fatto che un allele sia dominante non significa che sia obbligatoriamente più frequente di uno recessivo (l'assenza di lentiggini, per esempio, è un carattere recessivo, ma è di gran lunga più frequente del suo contrario). Un pool genico caratterizzato dalla presenza di alleli selvatici nella maggior parte dei loci genici è abbastanza omogeneo, vista la rarità delle mutazioni. Esistono però casi in cui nella popolazione sono presenti contemporaneamente due o tre fenotipi, ciascuno con una frequenza superiore all'1%: in questo caso si parla di **polimorfismo**. Se la presenza di più fenotipi distinti è temporanea, come nel caso della farfalla *Biston betularia* (§ 6.2), il polimorfismo è detto *di transizione*, ma se

Figura 1 Gusci con diverse colorazioni delle chiocciole *Cepaea hortensis*.

è stabile nel tempo è detto **polimorfismo bilanciato**.

Un esempio molto noto di polimorfismo bilanciato è quello delle chiocciole *Cepaea nemoralis* (di origine europea) e *Cepaea hortensis* (di origine americana, ▶1), che coesistono da migliaia di anni. Entrambe possono avere il guscio di colore uniforme, il cui colore giallo o marrone è controllato da un gene, o a bande longitudinali, il cui numero è controllato da un altro gene. Le chiocciole con la conchiglia uniforme occupano ambienti aperti (prati e siepi), quelle con la conchiglia a strisce ambienti più protetti (come i boschi). Il motivo sembra essere di tipo mimetico.
Un esempio di polimorfismo bilanciato nell'uomo è quello dei gruppi sanguigni A, B e 0 (vedi Unità 5).

Figura 17 Esemplare di *Latimeria*.

dei Celacanti, ▶17), un pesce che vive nelle profondità dell'Oceano Indiano: è stato definito un fossile vivente perché ha lo stesso aspetto dei pesci di 400 milioni di anni fa. Questo non vuol dire che i Celacanti non vadano incontro a mutazioni casuali, ma le loro caratteristiche rappresentano il picco adattativo per quel particolare ambiente e tutte le variazioni vengono scartate dalla selezione naturale. Se le condizioni dovessero cambiare, probabilmente inizierebbero a emergere nuovi caratteri. Nel caso in cui siano presenti stabilmente nella popolazione due o più caratteri, anche questo tipo di selezione è considerato bilanciante.

6.3 La selezione naturale non riduce la variabilità

Per quanto possa apparire strano, data la sua funzione "selezionatrice", di norma la selezione naturale non riduce la variabilità genetica nelle popolazioni. Questo perché nella maggior parte dei casi è, dal punto di vista ecologico, un *fattore limitante densità-dipendente*, e quindi agisce con maggiore intensità sugli individui con le caratteristiche fenotipiche più comuni.
Prendiamo a esempio la *predazione*, che è un importante agente selettivo: se in una popolazione di prede diventa prevalente, per un qualsiasi motivo, un certo colore del mantello o del piumaggio, i predatori inevitabilmente cacceranno più spesso le prede di quel colore, sino a che si ristabilirà un equilibrio tra i fenotipi. La selezione quindi spesso agisce preservando la varietà fenotipica nella popolazione.

6.4 Un caso particolare: la selezione sessuale

La maggior parte degli studiosi ritiene che la selezione sessuale sia un particolare tipo di selezione naturale che non ha come scopo ultimo la sopravvivenza dell'individuo, ma unicamente il suo successo riproduttivo. La selezione sessuale è la causa dell'esistenza del **dimorfismo sessuale**, ossia il fatto che i maschi e le femmine della medesima specie presentino caratteristiche diverse. Sono spesso i maschi ad essere più appariscenti, anche a costo di mantenere nel fenotipo caratteristiche fisiche e comportamentali apparentemente inutili o addirittura pericolose per le possibilità di sopravvivenza, come colorazioni sgargianti, code lunghe e vistose, complessi rituali di corteggiamento, pesanti palchi di corna. Lo scopo è quello di apparire attraenti per le femmine (*selezione intersessuale*) oppure di essere competitivi negli scontri tra maschi per la conquista e il mantenimento dell'harem (*selezione intrasessuale*).

Facciamo il punto

14 Come viene definita e quali sono le caratteristiche della selezione naturale?

15 Qual è l'oggetto su cui agisce la selezione nelle varie ipotesi proposte?

7 L'adattamento all'ambiente

È sicuramente stato uno dei maggiori meriti di Darwin quello di avere compreso che la selezione produce adattamento all'ambiente. Ma che cosa si intende esattamente per adattamento? In realtà si possono dare a questo termine significati diversi.

In primo luogo per adattamento si intende una particolare caratteristica anatomica, fisiologica o comportamentale che migliora la fitness di un organismo. Si usa però lo stesso termine per indicare un processo evolutivo che nel corso delle generazioni produce organismi sempre più "in sintonia" o "ben inseriti" nell'ambiente. Gli individui che meglio si sono adattati all'ambiente sopravvivono e si riproducono più facilmente, quindi trasmettono i loro adattamenti alle generazioni successive.

Esempi di adattamenti fisici sono le spine di certe piante, la coda delle scimmie, il becco del picchio, la lingua appiccicosa delle rane. Esempi di adattamenti fisiologici sono la capacità di alcune piante (come quelle del genere *Taxus*) di produrre sostanze tossiche ed esempi di adattamenti comportamentali sono la fedeltà del cane, l'abilità canora degli uccelli, il "lavoro" del pesce pilota. Per quanto riguarda l'uomo, tra gli innumerevoli adattamenti come non citare le nostre mani, capaci di movimenti rapidi e precisi che ci rendono così abili nel manipolare oggetti?

Un tipo di adattamento molto diffuso tra gli animali è il **mimetismo**. Lo possiamo definire come la capacità dell'animale di confondersi con l'ambiente e può riguardare l'aspetto o il comportamento. Interessa sia le prede sia i predatori e se ne possono fare innumerevoli esempi: la forma e il colore dell'insetto stecco e di quello foglia, le macchie del leopardo, il dorso azzurro del tonno, il colore verde delle rane e tanti altri (▶18).

7.1 Adattamento all'ambiente fisico: clini ed ecotipi

La variabilità fenotipica esistente nelle popolazioni a volte assume una distribuzione territoriale. Accade quando popolazioni di grandi dimensioni si suddividono in *sottopopolazioni* più piccole (i demi) che vivono in zone geografiche contigue. Se tra una zona e l'altra vi sono cambiamenti graduali di alcune caratteristiche ambientali (temperatura, umidità, piovosità ecc.), anche una o più caratteristiche fenotipiche possono variare gradualmente nella popolazione: questo perché le sottopopolazioni sono sottoposte a differenti pressioni selettive e spesso tra di esse vi è un ridotto flusso genico. La distribuzione di un carattere o di un insieme di caratteri di tipo quantitativo (multifattoriali) secondo un *gradiente di variazione* è detta **cline**. Ne è un esempio la taglia corporea, che in molti uccelli e mammiferi aumenta gradualmente tanto più ci si sposta verso Nord (nel nostro emisfero), perché l'aumento delle dimensioni corporee produce una riduzione del rapporto superficie/volume e favorisce il mantenimento del calore interno nei climi freddi.

Anche nelle piante esiste una distribuzione geografica graduale delle caratteristiche fisiche e fisiologiche: il *Trifolium repens*, per esempio, riduce la produzione di cianuro al crescere della latitudine, perché il cianuro (usato come difesa contro gli erbi-

Figura 18 Diversi esempi di mimetismo nel mondo animale: un cavalluccio marino (**a**), un camaleonte (**b**) e un insetto foglia (**c**).

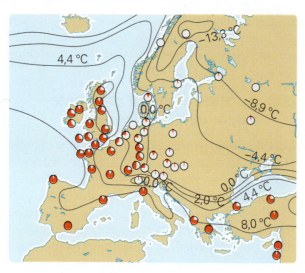

Figura 19 Distribuzione delle popolazioni di *Trifolium repens* in diverse aree dell'Europa, in base alle temperature medie nel mese di gennaio (indicate dalle linee nere, isoterme). La forma che produce cianuro (rappresentata dalla parte rossa nei cerchi) è più frequente nelle regioni con temperature più elevate.

Figura 20 Esistono due ecotipi di delfini tursiopi (*Tursiops truncatus*), noti come delfini dal naso "a bottiglia": l'ecotipo costiero vive in acque poco profonde molto vicino alla costa, mentre l'ecotipo pelagico (o *off-shore*) vive in mare aperto. Essi si differenziano tra l'altro per morfologia (quelli pelagici hanno dimensioni maggiori rispetto ai costieri) e per comportamento (quelli costieri compiono migrazioni, mentre i pelagici sono in genere stanziali).

vori) danneggia la pianta se il gelo lesiona le membrane cellulari (▶19).

Gli esempi citati evidenziano come la variabilità genetica di una popolazione si sia trasformata in una variabilità geografica, diretta conseguenza dell'adattamento ai diversi ambienti fisici.

Questa affermazione è confermata anche da un'altra osservazione. A volte le grandi popolazioni sono suddivise in demi fenotipicamente distinti, gli **ecotipi**, che si distribuiscono "a macchia di leopardo" sul territorio: a ogni habitat corrisponde un dato ecotipo, perfettamente adattato alle caratteristiche di quell'ambiente specifico (▶20).

7.2 Adattamento all'ambiente biologico: la coevoluzione

Quando i biologi parlano di ambiente non intendono solo il luogo fisico in cui vive un organismo, ma anche l'insieme di tutti gli altri viventi con cui esso condivide l'habitat: è l'**ambiente biologico**. Se due popolazioni di specie diverse presenti nella medesima comunità biologica interagiscono così strettamente da costituire ognuna un fattore selettivo per l'altra, le due specie evolvono insieme, perché gli adattamenti di una inducono adattamenti nell'altra: il processo è detto **coevoluzione**. Il caso più noto è quello delle piante con fiori e degli insetti impollinatori: le piante hanno sviluppato adattamenti per richiamare gli insetti (forma, colore, odore dei fiori) e questi ultimi hanno acquisito adattamenti per trasferire con efficienza il polline, con reciproco vantaggio. Un altro caso è quello delle *asclepiadi* (piante che producono una linfa tossica) e di quegli insetti (come la farfalla monarca) che non solo sono diventati resistenti alla sostanza tossica, ma ne traggono vantaggio per evitare di essere predati.

Un importante esempio di coevoluzione sono anche i parassiti e i loro ospiti: con il tempo il parassita diventa meno virulento (per evitare la subitanea morte dell'ospite, che non gli darebbe il tempo di infettare un altro ospite) e gli ospiti più resistenti all'infezione. Ne è un esempio il virus del mixoma, che alcune decine di anni fa provocava una malattia sempre letale nei conigli: oggi solo un terzo dei conigli infettati muore.

7.3 Preadattamento (o exattamento)

Una domanda che si sono posti gli evoluzionisti è la seguente: poiché negli organismi gli adattamenti non compaiono già perfezionati e funzionanti nel corso di una sola generazione, ma sono il frutto di modificazioni graduali, che cosa ha spinto la selezione a mantenerli nel genotipo? Le piume degli uccelli e l'occhio dei vertebrati, per esempio, sono strutture molto complesse, i cui primi abbozzi non potevano certo svolgere le funzioni (volo e visione dettagliata) che svolgono ora. Perché quindi non sono scomparsi, come spesso accade per strutture inutili (come la coda o il manto peloso nell'uomo)? La selezione non poteva certo prevedere che sarebbero diventate strutture utili!

A questa domanda si è risposto sostanzialmente in due modi. Immaginiamo che in organismi primitivi sia comparso un occhio estremamente primitivo (tipo la macchia oculare di alcuni vermi) che permetteva di vedere solo luci e ombre. Vi sembra poco? Meglio luci e ombre del buio assoluto: un occhio primitivo è comunque un vantaggio evolutivo e come tale viene premiato dalla selezione naturale (▶21).

Scheda 4 Nessuno è perfetto

La selezione naturale non produce organismi perfetti, poiché esistono dei limiti a ciò che essa può fare.
In primo luogo la selezione può solamente scegliere l'individuo migliore tra quelli "a disposizione": se in una popolazione isolata non sono avvenute certe mutazioni (in Australia, per esempio, non si sono mai verificate quelle che hanno portato alla formazione della placenta nei mammiferi), la selezione naturale non può scegliere quel carattere, anche se molto favorevole.
In secondo luogo la selezione è sottoposta a vincoli imposti dai processi di sviluppo: può quindi adattare a nuove situazioni forme anatomiche preesistenti, ma non crearne "ex-novo". Poiché ogni vivente ha una storia evolutiva che lo ha portato ad avere certe caratteristiche, la selezione è costretta a effettuare una sorta di "bricolage" evolutivo, rimaneggiando strutture preesistenti: è il caso delle "pinne" dei pinguini, che derivano dalla modificazione delle ali, e delle pinne delle balene, che derivano dalla trasformazione delle zampe di un tetrapode ancestrale. Ciò accade perché in termini evolutivi è più "semplice" modificare strutture "antiche" che crearne di nuove: le mutazioni sono rare e casuali, per cui difficilmente forniscono nuove strutture evolutivamente utili (attenzione però: "difficilmente" non significa "mai"). Il paleontologo americano S. J. Gould ha reso famoso il caso del pollice del panda (▶1): questo animale è l'unico mammifero a possedere un sesto "dito", assai utile per sfogliare il bambù di cui si nutre. In realtà non è un

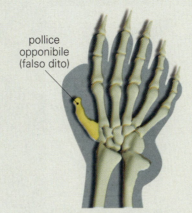

Figura 1 Il pollice opponibile del panda (*Ailuropoda melanoleuca*) rappresenta un adattamento evolutivo di una struttura preesistente.

dito aggiuntivo, ma il prolungamento di un osso del polso (il sesamoide): è più facile che si modifichi un osso già esistente, piuttosto che se ne formi uno ex-novo.
Aggiungiamo inoltre che *gli adattamenti sono spesso il risultato di un compromesso* tra le diverse necessità dell'organismo. Le foche e i trichechi si muovono con grande agilità in acqua, ma sulla terraferma sono molto impacciati. L'adattamento alla vita acquatica ha reso il loro corpo poco adatto alla vita al suolo, ma non è arrivato a renderli del tutto incapaci di muoversi sulla terraferma.
Infine anche *il caso interferisce con l'evoluzione*: catastrofi di tutti i tipi, dalle eruzioni vulcaniche agli impatti con meteoriti, possono modificare il corso dell'evoluzione e probabilmente lo hanno fatto, se si ritiene valida la spiegazione che viene data dell'estinzione dei dinosauri, a cui si deve tra l'altro il successo evolutivo dei mammiferi (vedi § 9).
Ma a ben vedere è proprio l'imperfezione degli adattamenti, più che la loro compiutezza, ad essere la prova più convincente dell'evoluzione. Colui che per primo ha progettato un aeroplano o un sottomarino è partito da zero, non da un progetto preesistente di un'automobile. Invece l'evoluzione fa proprio così: da un tetrapode terrestre ancestrale ha prodotto infatti delfini e uccelli, balene e pipistrelli.
Si conferma così quanto pensava Darwin (in contrapposizione a Lamarck): i processi evolutivi non seguono un progetto orientato verso la "perfezione", di cui l'uomo sarebbe il prodotto finale.
È indubbio che nel corso dell'evoluzione sono comparse prima forme di vita più semplici e che da queste si sono evoluti organismi più complessi, ma sono numerosi gli esempi di percorsi "al contrario", in cui gli organismi sono diventati più semplici: i parassiti, per esempio, spesso perdono strutture importanti come gli arti, perché non si muovono, o l'apparato digerente, perché assorbono sostanze nutritive già digerite.
E che dire del grande successo evolutivo, in termini numerici, di batteri e insetti, organismi di certo più semplici dei mammiferi? Dobbiamo quindi concludere che non esiste una tendenza evolutiva unica, ma tanti percorsi evolutivi che hanno un unico obiettivo: l'adattamento all'ambiente.

Questo però non può essere vero in tutti i casi. Esiste un'altra spiegazione, che possiamo fornire nel caso delle piume degli uccelli. Il loro primo abbozzo nei rettili, prodotto da una modificazione delle squame, non poteva servire per il volo, ma aveva un'altra funzione, molto probabilmente quella della termoregolazione (e forse anche quella mimetica). In questo caso si parla di **preadattamento** o **exattamento** (dall'inglese *exaptation*): si tratta di un carattere (anatomico o comportamen-

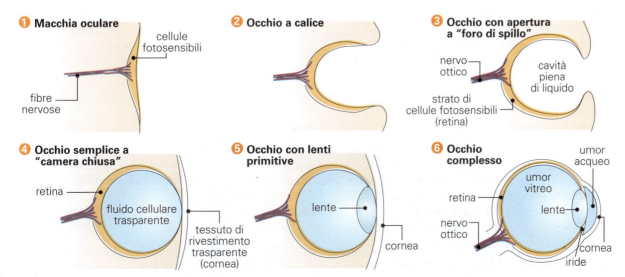

Figura 21 Tappe dell'evoluzione dell'occhio dalla forma più semplice (macchia oculare) all'occhio complesso (come quello umano).

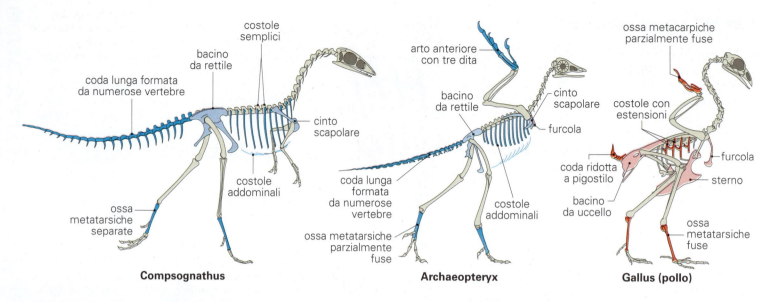

Compsognathus   **Archaeopteryx**   **Gallus (pollo)**

Figura 22 L'evoluzione delle strutture ossee passando dai rettili (come il piccolo dinosauro *Compsognathus*) al primo uccello fossile (*Archaeopteryx*) fino agli uccelli attuali.

tale) che nella forma ancora "abbozzata" ha una funzione differente da quella che svolgerà quando avrà assunto la sua forma definitiva. Sia il preadattamento sia l'adattamento definitivo offrono un vantaggio evolutivo, ma sono vantaggi diversi e indipendenti. Un altro esempio riguarda ancora rettili e uccelli. Alcuni fossili di piccoli dinosauri hanno evidenziato la presenza di ossa cave molto leggere: negli uccelli si sono dimostrate fondamentali per il volo, ma nei rettili terrestri non potevano svolgere questa funzione; probabilmente però rendevano l'animale più agile e per questo si sono mantenute nel corso delle generazioni (▶22). Nei mammiferi un preadattamento sono le ghiandole mammarie, che inizialmente avevano la stessa funzione delle sebacee, da cui derivano. Per i sostenitori della teoria sintetica il preadattamento ha avuto un ruolo determinante nell'evoluzione degli organismi. Secondo Mayr, infatti, gli organismi che hanno avuto un grande successo, come insetti, uccelli e tetrapodi, hanno seguito percorsi evolutivi di questo tipo: ma, come vedremo nel § 9, alcuni evoluzionisti non sono di questa opinione.

Facciamo il punto

16 Che tipi di distribuzione sono i clini e gli ecotipi?

17 Che cosa si intende per coevoluzione?

18 Che cos'è un adattamento? E un preadattamento?

Immagini per riflettere

Le testuggini delle Galápagos

La testuggine gigante delle Galápagos (*Geochelone elephantopus*) è, probabilmente, l'animale più famoso di queste isole. Ne sono state descritte 14 sottospecie, di cui solo 11 ancora esistenti, alcune con solo pochi individui. Nonostante gli scienziati ritengano che derivino tutte da un unico antenato, le tartarughe si sono evolute diversamente sulle varie isole, assumendo aspetti diversi soprattutto per quel che riguarda la forma del carapace (la "corazza"), che in alcuni casi è "a cupola" (figura a sinistra) e in altri "a sella" (figura a destra), e la lunghezza del collo. Le testuggini del primo tipo si trovano in isole dove i cactus crescono a livello del suolo, quelle del secondo tipo vivono in isole dove i cactus hanno sviluppato un tronco che li eleva dal suolo.

Sapresti ipotizzare qual è la causa della diversa anatomia dei due tipi di testuggini? Che rapporto potrebbe esserci tra la loro evoluzione e quella dei cactus?

8 La speciazione

Il nucleo centrale della teoria dell'evoluzione è la nascita di nuove specie, ossia il processo di **speciazione**. Ma che cos'è una specie? Ormai da decenni le specie non vengono più definite solo in base all'aspetto fisico. In campo evolutivo, la definizione più utile è quella che è stata data nel 1942 da Ernst Mayr: le specie "sono gruppi di popolazioni naturali che, concretamente o potenzialmente, sono in grado di incrociarsi tra loro e di produrre una prole a sua volta fertile". Per esempio, il collie e il cane lupo, pur fisicamente diversi, appartengono alla stessa specie perché sono in grado di produrre prole fertile (sono quindi potenzialmente interfecondi), mentre il cavallo e l'asino, anche se sono fisicamente piuttosto simili, appartengono a due specie diverse perché, se si accoppiano, producono prole sterile (mulo o bardotto). La specie è quindi un **gruppo riproduttivamente isolato** dalle altre specie ed è l'unica categoria tassonomica reale, perché verificabile sperimentalmente.

8.1 Le barriere riproduttive mantengono geneticamente isolate le specie

L'isolamento riproduttivo è fondamentale per conservare l'identità di una specie nel tempo, impedendo la formazione di ibridi con caratteristiche intermedie. Ma come si mantiene? I fattori che in natura operano per mantenere geneticamente isolate le specie sono detti **barriere riproduttive** (o **meccanismi di isolamento riproduttivo**) e possono essere di due tipi: barriere *prezigotiche* e barriere *postzigotiche* (riassunte in ▶23).

Le barriere riproduttive prezigotiche
Sono barriere di questo tipo tutte quelle che impediscono la fecondazione; esistono diversi meccanismi di isolamento prezigotico.

→ **Isolamento comportamentale**: le specie utilizzano richiami sonori, segnali visivi, messaggi chimici (feromoni) e rituali di corteggiamento differenti. Tra i casi più studiati citiamo la danza del maschio dello spinarello (▶24), un pesce che esegue complessi rituali di corteggiamento riconosciuti solo dalle femmine della sua specie; sono richiami specifici anche la diversa frequenza di lampeggiamento delle varie specie di lucciole, le svariate modulazioni canore degli uccelli, i diversi tipi di gracidio delle rane, di stridio di grilli e cicale e così via.

→ **Isolamento temporale**: le specie hanno diversi periodi riproduttivi. Negli animali può essere diversa la stagione degli accoppiamenti. La deposizione e la fecondazione delle uova nei pe-

Meccanismi prezigotici

Isolamento comportamentale
richiami, segnali e rituali di corteggiamento differenti

Isolamento temporale
diversi periodi di accoppiamento

Isolamento ambientale
diversi habitat o nicchie ecologiche

Isolamento meccanico/anatomico
differenze anatomiche ostacolano la fecondazione o l'impollinazione

Isolamento gametico
i gameti maschili non sopravvivono nel canale riproduttivo femminile o non avviene la fusione tra gameti

Meccanismi postzigotici

Non vitalità degli ibridi
l'uovo fecondato non si sviluppa o l'embrione viene abortito

Immaturità sessuale degli ibridi
l'ibrido è poco vitale e non raggiunge la maturità sessuale

Sterilità degli ibridi
l'ibrido raggiunge la maturità ma non produce una discendenza

Figura 23 Schema delle principali barriere riproduttive.

Figura 24 Il complesso rituale di corteggiamento del pesce spinarello.

1. Il maschio assume una colorazione più vistosa (rosso), costruisce il nido e corteggia la femmina.

2. Il maschio guida la femmina verso il nido, dove questa deposita le uova.

3. La femmina si allontana dal nido e il maschio vi entra per fecondare le uova, poi rimane a prendersi cura di esse.

sci di acqua dolce, per esempio, viene regolata dalla temperatura e le stagioni di deposizione di specie affini possono essere separate nel tempo, per il loro adattamento a diverse temperature di deposizione. Nel caso di vegetali, a variare è il periodo di fioritura: il *Pinus muricata* (▶25a), per esempio, convive nello stesso habitat con il *Pinus radiata* (▶25b), ma il primo produce il polline in febbraio, il secondo in aprile. Esistono sfasamenti temporali di poche ore (nelle piante, per esempio, quando i fiori si schiudono in periodi diversi della giornata), oppure di anni (per le specie che si riproducono una sola volta nella vita).

→ **Isolamento ambientale** (o **ecologico**): le specie occupano habitat diversi o nicchie ecologiche differenti. Lo si è osservato nelle zanzare del genere *Anopheles*, responsabili della trasmissione della malaria. Alcune specie (come *A. atrioparvus*) vivono in acque salmastre, altre (come *A. messeae*) in acque dolci. Meccanismi dello stesso tipo intervengono anche nei vegetali, in quanto alcune piante possono svilupparsi solamente in certi tipi di suolo.

→ **Isolamento meccanico/anatomico**: le specie hanno differenze anatomiche negli organi riproduttivi che rendono difficoltoso o impossibile l'accoppiamento o l'impollinazione. Nelle piante il meccanismo di isolamento coinvolge gli insetti impollinatori: fiori di specie diverse vengono impollinati da insetti di specie differenti; in questo modo è impossibile l'impollinazione tra piante che non sono della stessa specie.

→ **Isolamento gametico**: le specie riescono ad accoppiarsi ma la fecondazione non avviene, perché gli spermatozoi non sopravvivono nel canale riproduttivo femminile o non si fondono con la cellula uovo (nel secondo caso il meccanismo funziona anche negli animali a fecondazione esterna e nelle piante).

Le barriere riproduttive postzigotiche

I meccanismi di isolamento postzigotico, più comuni tra specie affini, agiscono dopo che la fecondazione è avvenuta. Sono anch'essi di tipo diverso.

→ **Non vitalità degli ibridi**: l'uovo viene fecondato, ma lo zigote che ne deriva non inizia uno sviluppo regolare e pertanto abortisce precocemente. In altri casi lo zigote riesce ad intraprendere lo sviluppo, ma questo può interrompersi a diversi livelli. Nel caso di fecondazione tra pecore e capre, gli embrioni ibridi muoiono precocemente nei primi stadi dello sviluppo; nel caso di ibridazione tra alcune specie di rane, lo sviluppo può arrestarsi in uno stadio anche avanzato.

→ **Scarsa vitalità degli ibridi**: in alcuni casi gli ibridi nascono ma sono poco vitali e non raggiungono la maturità sessuale.

→ **Sterilità degli ibridi**: lo zigote produce un ibrido parzialmente o completamente sterile. È il caso dell'incrocio tra una cavalla e un asino, che produce il mulo (▶26), animale di sana e robusta costituzione, ma assolutamente sterile (dall'incrocio tra asina e cavallo nasce invece il bardotto, sterile anch'esso e piuttosto raro, per il fatto che non possiede le doti di forza e resistenza del mulo).

Figura 25 Un esemplare di *Pinus muricata* (**a**) e uno di *Pinus radiata* (**b**).

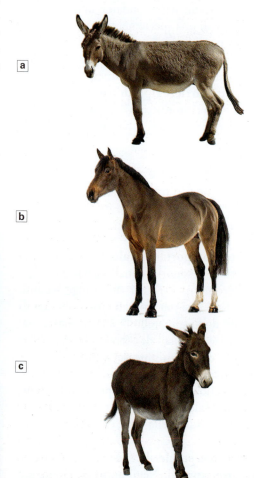

Figura 26 Dall'incrocio interspecifico tra un asino (**a**) e una cavalla (**b**) nasce il mulo (**c**), che è sterile.

8.2 I meccanismi di speciazione

Sebbene il titolo del più importante libro di Darwin fosse *L'origine delle specie*, egli non riuscì a spiegare con chiarezza come si formasse una nuova specie. In realtà oggi sappiamo che esistono diversi meccanismi di speciazione: la speciazione *allopatrica*, la speciazione *parapatrica*, la speciazione *simpatrica*.

Speciazione allopatrica

La **speciazione allopatrica** (cioè "con patria differente") è il caso di gran lunga più frequente. Si tratta di un meccanismo di formazione di nuove specie, che si verifica lentamente nel tempo, quando popolazioni che vivono in territori limitrofi vengono separate da una barriera geografica. Le cause possono essere molteplici: la formazione di gole e canyon (▶27) o di una catena montuosa che suddivide un territorio, un clima arido che frammenta una foresta, l'abbassamento delle acque di un lago che viene così suddiviso in più laghi isolando diversi gruppi di pesci, la formazione di un istmo (come quello di Panama) che separa due mari.

Non è necessario che le barriere siano di enormi dimensioni: se gli animali coinvolti sono poco mobili o di ridotte dimensioni sono sufficienti piccoli impedimenti, da quello creato da un torrentello a quello prodotto da una frana.

L'isolamento geografico favorisce la speciazione perché provoca l'interruzione del flusso genico, in assenza del quale qualsiasi modificazione genetica (come una mutazione) che compare in una popolazione non "passerà" alle altre. Inoltre, se le popolazioni vivono in ambienti diversi, su di esse agiscono differenti pressioni selettive, che le spingono in direzioni evolutive differenti. Infine, nelle popolazioni isolate di scarsa consistenza numerica possono intervenire fenomeni di deriva genetica, che modificano "a caso" i pool genici. Quando il percorso evolutivo porta le due popolazioni a essere abbastanza diverse dal punto di vista comportamentale o anatomico da non riuscire più a incrociarsi, sarà avvenuta la speciazione.

Si possono fare numerosi esempi di speciazione allopatrica, a partire da quella realizzatasi su grande scala al momento della frammentazione della Pangea: avvenuta circa 150 milioni di anni fa, essa diede origine ai continenti attuali e alterò profondamente il corso dell'evoluzione in Australia, dove sono sopravvissuti all'estinzione i marsupiali e i monotremi.

La speciazione allopatrica è molto frequente nelle isole: ne sono stati trovati esempi a Samoa, Tahiti, Marchesi, Hawaii e alle Galápagos. Un'altra interessante area di speciazione allopatrica è l'istmo di Panama, ripetutamente sommerso ed emerso in seguito a variazioni cicliche del livello degli oceani. A ogni emersione dell'istmo, il Pacifico e l'Atlantico si separavano e la fauna marina dei due oceani andava incontro a processi di speciazione allopatrica; quando gli oceani comunicavano tra loro, erano i continenti nordamericano e sudamericano a separarsi e a diventare a loro volta zone di speciazione.

Non sempre l'isolamento geografico porta alla formazione di nuove specie: piccole popolazioni isolate spesso finiscono per estinguersi oppure, se le barriere cadono, vengono riassorbite da quelle più grandi.

Figura 27 Rappresentazione schematica di un processo di speciazione allopatrica: la formazione di una gola in cui scorre un fiume favorisce l'insorgenza di due specie vegetali diverse sui suoi due lati.

animazione

La separazione geografica
Il processo di speciazione allopatrica

Speciazione parapatrica

Non è necessaria la presenza di barriere fisiche perché si crei un impedimento parziale al flusso genico (▶28). Nel § 7 abbiamo visto che una grande popolazione può distribuirsi su vasti territori formando distribuzioni graduate o a macchia di leopardo.

Figura 28 Distribuzione delle cornacchie nere (*C. corone*) e bianco-nere (*C. cornix*) in Europa. La zona di confine, detta anche *zona ibrida*, si può formare e mantenere nel tempo solo se durante il processo di speciazione si formano ibridi con una fitness di poco inferiore a quella delle due nuove specie contigue. Infatti, se gli ibridi hanno una fitness elevata si diffondono nel territorio interrompendo il processo di speciazione; se hanno invece una fitness molto bassa scompaiono entro un certo periodo di tempo.

Gli organismi che si trovano agli estremi opposti di un cline o che appartengono ad ecotipi diversi sono spesso soggetti a pressioni selettive differenziate. Sebbene le popolazioni mantengano un certo contatto riproduttivo nelle zone "di confine" (dove possono essere presenti organismi ibridi), il flusso genico complessivo è ridotto, soprattutto nel caso di specie sedentarie, e quindi può avvenire la speciazione. Non tutti gli studiosi concordano però nel considerare la **speciazione parapatrica** (con "patria accanto") come un modello a sé: poiché si è in presenza di una riduzione del flusso genico per cause geografiche, essi ritengono che si tratti di un caso particolare di speciazione allopatrica.

Speciazione simpatrica

La **speciazione simpatrica** ("nella stessa patria") si verifica quando due popolazioni non isolate geograficamente evolvono in specie distinte. Sono stati ipotizzati vari meccanismi in grado di produrre un isolamento riproduttivo in assenza di barriere geografiche. Un meccanismo di tipo ecologico si basa sull'adattamento di due sottopopolazioni a nicchie ecologiche diverse, che riduce la possibilità di incontro tra gli individui dei due gruppi e può anche indurre ad accoppiamenti selettivi: alcuni studi hanno infatti evidenziato che popolazioni di *Drosophila* alimentate in modo diverso (amido o maltosio) tendono ad isolarsi riproduttivamente in modo sempre più marcato nel corso delle generazioni, probabilmente perché producono segnali olfattivi differenti. All'interno di popolazioni in cui vi è un forte polimorfismo si possono originare scelte preferenziali del partner e accoppiamenti non casuali, che portano alla formazione di gruppi isolati riproduttivamente: è il caso dei pesci ciclidi del Lago Vittoria, in cui le femmine, scegliendo i maschi in base alla loro colorazione, hanno favorito la formazione di numerose specie, ancora affini ma già distinte (▶29).

Non vi è accordo tra gli studiosi sulla reale importanza dei processi di speciazione simpatrica descritti, ritenuti da molti poco probabili, mentre tutti gli evoluzionisti concordano nel ritenere che nei vegetali abbia un ruolo significativo la **speciazione simpatrica istantanea** (*quantum speciation*), che avviene in tempi brevi e senza passaggi graduali grazie a due distinti fenomeni, l'**ibridazione** (l'incrocio tra individui di specie diverse) e la **poliploidia** (un assetto cromosomico superiore al corredo diploide *2n*).

Sappiamo dalla genetica che l'incrocio tra individui appartenenti a specie diverse può, in alcuni casi, generare degli *ibridi interspecifici*: di norma questi organismi sono sterili poiché nel corso della meiosi i loro cromosomi "omologhi" non possono abbinarsi e, di conseguenza, i gameti non si formano. Negli animali la sterilità degli ibridi impedisce la speciazione, ma nelle piante gli ibridi possono riprodursi asessualmente e divenire a tutti gli effetti una nuova specie.

Anche la poliploidia, quasi inesistente tra gli animali, può nei vegetali dar luogo a una speciazione simpatrica istantanea: accade se una pianta produce *gameti diploidi* in seguito alla non-disgiunzione dei cromosomi omologhi durante la meiosi o all'assenza di citodieresi; nelle piante che si riproducono per autofecondazione, l'unione di due gameti diploidi (*autopoliploidia*) dà origine a una nuova specie tetraploide: il tutto in una sola generazione.

Spesso i due fenomeni si verificano spontaneamente in sequenza: dapprima da un incrocio interspecifico si forma un ibrido sterile, successivamente questo diventa poliploide (*allopoliploidia*) e quindi fertile, poiché possiede cromosomi omologhi (▶30).

Le piante poliploidi, e in particolare quelle allopoliploidi, sono più resistenti e hanno dimensioni maggiori rispetto a quelle diploidi da cui derivano; per questo motivo sono utilizzate in floricoltura e in agricoltura: il 40% delle piante con fiori è poliploi-

Figura 29 Sino a pochi anni fa si riteneva che le numerose specie di ciclidi del Lago Vittoria si fossero generate per speciazione allopatrica, a causa della suddivisione del lago in bacini d'acqua minori. Oggi si ritiene che siano invece il risultato di un processo di speciazione avvenuto in assenza di isolamento geografico.
a) *Thorichthys meeki*;
b) *Haplochromis nyereri*;
c) *Haplochromis livingstonii*.

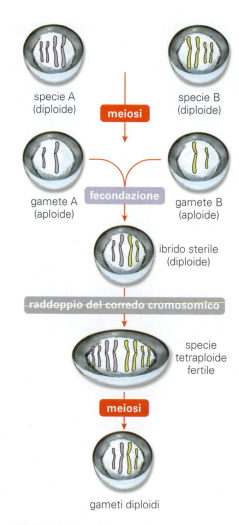

Figura 30 Gli ibridi che si formano in seguito all'incrocio tra due individui di specie diverse sono sterili, ma se avviene una duplicazione del loro patrimonio genetico si origina un organismo poliploide in grado di produrre gameti e quindi fertile.

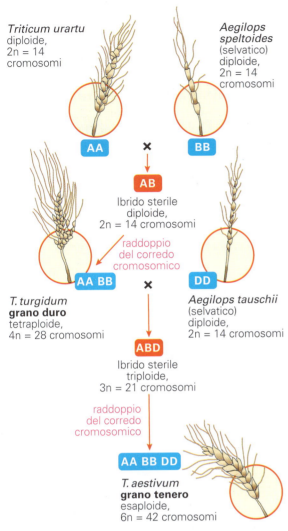

Figura 31 L'evoluzione delle specie di frumento oggi più diffuse, *Triticum aestivum* e *Triticum turgidum*, a partire da specie di frumento diploidi.

Figura 32 Le banane che troviamo in commercio sono il frutto di una pianta ibrida triploide (**a**). Le varietà selvatiche non sono invece commestibili a causa della presenza di numerosi semi, che riducono notevolmente la parte di polpa (**b**).

de e sono poliploidi anche numerose piante di uso alimentare (grano, patate, avena, banano, arachide, melo, canna da zucchero, caffè e altre). Il grano, in particolare, esiste in forma tetraploide (*Triticum turgidum* o grano duro, 28 cromosomi) e in forma esaploide (*Triticum aestivum* o grano tenero, 42 cromosomi), entrambe comparse spontaneamente da specie diploidi (▶31). Oggi nelle piante la poliploidia viene a volte indotta artificialmente con la somministrazione di **colchicina**, con l'obiettivo di migliorare la qualità dei raccolti.

Un altro vantaggio commerciale degli ibridi è l'assenza di semi in piante triploidi (▶32), ottenute incrociando una pianta tetraploide con una diploide. Nei triploidi, infatti, i cromosomi omologhi sono presenti in numero dispari e ciò impedisce un corretto appaiamento durante la meiosi, con formazione di gameti non vitali e conseguente sterilità.

Facciamo il punto

19 Come possiamo definire una specie?

20 Quali sono i meccanismi di isolamento genetico prezigotici? E quelli postzigotici?

21 Quali sono le differenze fondamentali fra i tre meccanismi di speciazione descritti nel testo?

9 Modelli evolutivi: i possibili percorsi dell'evoluzione

I processi evolutivi avvenuti nel corso delle ere geologiche costituiscono uno specifico settore della biologia evoluzionistica, la **macroevoluzione**, che possiamo definire come l'evoluzione dei principali gruppi sistematici (specie, famiglie, o addirittura *phyla*) o l'evoluzione su grande scala. A differenza dei processi microevolutivi, che avvengono all'interno della specie e sono osservabili anche in tempi relativamente brevi (come nel caso del melanismo industriale della *Biston betularia*), i processi macroevolutivi non sono direttamente osservabili perché avvengono in tempi lunghi. Oggigiorno abbiamo però a nostra disposizione un'ampia documentazione fossile, in base alla quale sono stati ricostruiti alcuni **modelli evolutivi**.

Cambiamento filetico (o anagenesi): graduale e lento

L'anagenesi consiste in un cambiamento graduale delle caratteristiche di una specie. In presenza di una selezione direzionale e di mutazioni, la specie originaria si modifica lentamente sino a trasformarsi in una specie nuova. Le due specie non coesistono, ma la nuova sostituisce l'originaria. Il modello riprende la visione darwiniana dell'evoluzione, che avverrebbe sempre per mezzo di cambiamenti lenti e graduali a causa della particolare pressione selettiva.

Cladogenesi e radiazione adattativa

La **cladogenesi** ("ramificazione") si verifica quando una specie si suddivide in due o più specie, che coesistono e danno origine a più linee evolutive. Secondo E. Mayr è il meccanismo evolutivo più frequente, basato sulla speciazione allopatrica e la deriva genetica.

Se le specie derivate dalla ramificazione sono più di due, il processo prende il nome di **radiazione adattativa**, descritta da Darwin per i fringuelli delle Galápagos (vedi **SCHEDA 5**). Accade quando una specie si viene a trovare in un ambiente vergine, privo di competitori, e lo colonizza rapidamente (si parla comunque di tempi geologici) occupando tutte le nicchie ecologiche disponibili. La linea evolutiva si ramifica dando origine simultaneamente a numerose specie.

Radiazioni adattative importanti sono avvenute negli ambienti insulari, come alle Galapagos (**SCHEDA 5**) e alle Hawaii, in cui vi sono, tra l'altro, 1000 specie di piante con fiori (angiosperme) e 10 000 di insetti, oltre a ben 100 specie di uccelli derivanti da solo 7 specie ancestrali immigrate.

Secondo George G. Simpson la radiazione adattativa è stata la causa delle principali "rivoluzioni" evolutive avvenute sulla Terra, come la conquista

QUALCOSA IN PIÙ

Scheda 5 — I fringuelli delle Galápagos: un esempio di radiazione adattativa

Gli arcipelaghi costituiti da isole dotate di habitat diversificati sono stati spesso interessati da processi di radiazione adattativa, che si verificano quando vengono colonizzati da specie provenienti dal continente. Alle Galápagos Darwin rimase colpito dalla varietà di fringuelli presenti su quelle isole, lontane circa 900 km dalle coste dell'Ecuador. All'epoca pensò che si trattasse di varianti della stessa specie, ma negli anni successivi, grazie agli esemplari raccolti e all'aiuto di specialisti in ornitologia, comprese che si trattava di 13 specie diverse per grandezza e comportamento, con becchi di forma e dimensioni differenti come conseguenza di abitudini alimentari diversificate: alcune si nutrono di insetti, altre di semi, altre di frutti e foglie (▶1). Darwin ipotizzò che le 13 specie si fossero formate sulle diverse isole dell'arcipelago (che sono 14) per isolamento geografico (i fringuelli non sono grandi volatori), a partire da una specie progenitrice giunta casualmente dal Sudamerica (▶2).

Un chiaro esempio di radiazione adattativa, favorita dalla mancanza di competitori. Ne è una riprova il fringuello picchio, che picchietta i tronchi ed estrae da essi gli insetti con un rametto: se alle Galápagos ci fossero stati i picchi, meglio adattati a questo modo di alimentarsi, il fringuello picchio non avrebbe potuto imitarne lo stile di vita e occuparne la nicchia ecologica. Le ipotesi di Darwin sono state confermate recentemente dagli studi sul DNA (vedi **SCHEDA 6**).

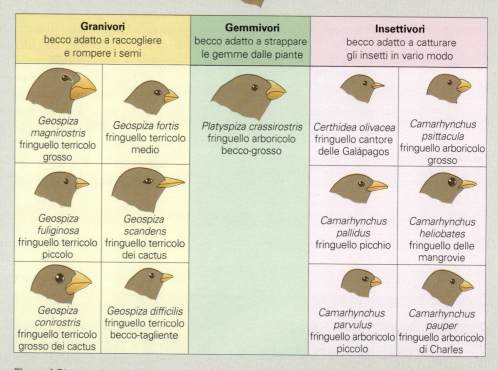

Figura 1 Ricostruzione dell'evoluzione dei fringuelli delle Galápagos a partire da un antenato comune di origine continentale.

Figura 2 I fringuelli continentali giunsero su una prima isola delle Galápagos e la colonizzarono. Quindi alcuni esemplari si trasferirono (per cause eccezionali, come una tempesta di vento) su un'altra isola e vi si insediarono. Da questa passarono in un'altra e così via. Quando casualmente tornarono nella prima, erano diventati una specie diversa e quindi non si incrociarono con gli esemplari rimasti lì. Il fenomeno si è ripetuto nel tempo e per questo motivo più specie di fringuelli convivono sulla medesima isola.

della terraferma da parte degli animali e lo strepitoso successo evolutivo dei mammiferi: dopo l'estinzione dei dinosauri, i primitivi mammiferi, prima costretti a una vita notturna e a cibarsi di insetti, invasero tutti gli ambienti, terrestri, acquatici e aerei, precedentemente occupati dai rettili (▶33).

Evoluzione convergente: i diversi diventano simili

Gli squali e i delfini, a un'osservazione superficiale, sembrano assomigliarsi molto: la forma allungata, le pinne nelle medesime posizioni, la coda, il colore.

Un'analisi più attenta rivela però sostanziali differenze: i delfini hanno uno scheletro osseo, salgono in superficie per respirare l'aria con i polmoni, partoriscono e allattano i figli; in breve, sono dei mammiferi. Gli squali hanno uno scheletro cartilagineo, ricavano l'ossigeno direttamente dall'acqua per mezzo di branchie e non allattano i figli: sono dei pesci. Squali e delfini si sono però trovati a vivere nello stesso ambiente, sottoposti a pressioni selettive analoghe, e perciò hanno sviluppato adattamenti simili (▶34).

Questo tipo di evoluzione, che crea analogie fisiche e comportamentali in specie anche distanti geograficamente ed evolutivamente, prende il nome di **evoluzione convergente** ed è caratteristica di tutte le specie che si trovano a vivere in ambienti similari. Gli esempi sono numerosi: in Australia, in particolare, esistono talpe, scoiattoli, topi, marmotte... ma tutti marsupiali!

Tra le piante, un esempio noto di evoluzione convergente è quello dei cactus e di alcune specie di euforbia (▶35): vivono entrambi in ambienti aridi e per questo evidenziano

Figura 33 La radiazione adattativa può spiegare la colonizzazione di habitat così diversi da parte dei mammiferi.

Figura 34 Squali e delfini appartengono a classi diverse (rispettivamente dei pesci cartilaginei e dei mammiferi), ma presentano adattamenti simili, come risultato di un'evoluzione convergente.

Figura 35 L'*Euphorbia enopia* ha caratteristiche simili a quelle dei cactus.

Figura 36 L'orso polare deriva dall'orso bruno tramite un processo di evoluzione divergente.

analogie strutturali (fusti carnosi pieni d'acqua, spine per proteggersi dai predatori e per non disperdere troppo vapore acqueo), ma le caratteristiche dei loro fiori dimostrano che si tratta di piante appartenenti a categorie sistematiche diverse.

Evoluzione divergente: i simili diventano diversi

L'evoluzione divergente si verifica in seguito a una speciazione di tipo allopatrico: una popolazione si separa dalle altre e si adatta a un ambiente particolare. Il processo è tanto più rapido quanto più la popolazione che si isola è di piccole dimensioni, a causa della deriva genetica.

Ne è un esempio l'orso polare (*Ursus maritimus*), che ha sviluppato caratteristiche differenti dall'orso bruno (*Ursus arctos*) da cui deriva. Ma come è avvenuta la separazione dei percorsi evolutivi?

L'orso bruno, animale prevalentemente vegetariano e di colore scuro, è distribuito su una vasta area dell'emisfero boreale, che va dalle foreste di latifoglie alle foreste di conifere, sino alla tundra. Le sue popolazioni sono inoltre suddivise in vari ecotipi. Aveva questa diffusione anche 1-2 milioni di anni fa, quando l'emisfero boreale era in una fase glaciale. Una popolazione di orsi bruni dislocata molto a Nord rimase geograficamente isolata dalle altre per un tempo sufficiente a dare origine a una nuova specie, che assunse caratteristiche differenti da quelle originarie a causa della pressione selettiva dell'ambiente glaciale. L'orso polare infatti è carnivoro, bianco, di grosse dimensioni, non va in letargo e ha sulle zampe setole che gli permettono di camminare sul ghiaccio (▶36).

Estinzione: una scomparsa definitiva

Nel corso delle ere geologiche, l'estinzione di singole specie, ossia la loro totale e definitiva scomparsa, è sempre avvenuta. Infatti, le specie attualmente esistenti sono solo una piccola frazione di tutte quelle comparse sulla Terra.

In alcuni casi però le estinzioni hanno coinvolto la quasi totalità dei viventi e sono state per questo definite **estinzioni di massa**. La più nota tra queste avvenne 65 milioni di anni fa, alla fine del periodo Cretaceo, e portò alla scomparsa di molte forme vegetali e dei grandi rettili (▶37), come vedremo nella prossima Unità.

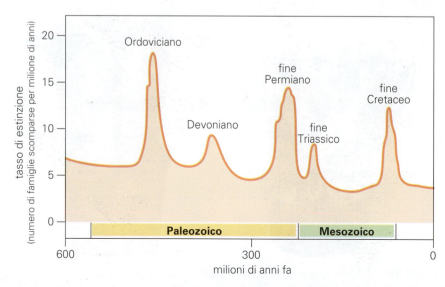

Figura 37 Le principali estinzioni di massa, tra cui quella che ha portato alla scomparsa dei dinosauri.

Facciamo il punto

22 Qual è la differenza tra anagenesi e cladogenesi?

23 In quali casi si può verificare la radiazione adattativa?

24 In che cosa consiste l'evoluzione divergente?

10 I tempi dell'evoluzione: gradualismo o intermittenza?

Sappiamo che i processi macroevolutivi avvengono in tempi geologici. Il fatto che non siano direttamente osservabili ha fatto nascere numerosi interrogativi: l'evoluzione procede a velocità costante o variabile? Quali fattori possono influenzare la velocità di un processo evolutivo? I grandi gruppi tassonomici (come rettili, uccelli, mammiferi) si sono diversificati gradualmente o si sono avuti momenti di accelerazione?

Per valutare la velocità di un percorso evolutivo il metodo migliore è quello di misurare, con la datazione dei fossili, i **tassi di speciazione**, ossia il numero di specie comparse lungo quella linea evolutiva in un certo periodo di tempo. Si è così scoperto che la velocità dei processi evolutivi non è uniforme, ma varia in base a diversi fattori. In primo luogo in base alle caratteristiche degli organismi coinvolti: le specie sedentarie, per esempio, tendono ad avere tassi più elevati di quelle mobili, perché sono sufficienti piccole barriere per determinare un isolamento geografico, e così pure le specie con un'elevata specializzazione, in particolare nella dieta, e quelle implicate in processi coevolutivi.

Altrettanto importanti sono le caratteristiche dell'ambiente fisico e biologico: un ambiente in rapida modificazione stimola il cambiamento evolutivo, mentre un ambiente stabile dà origine a specie che non si modificano per centinaia di milioni di anni (i cosiddetti "fossili viventi") come la già citata *Latimeria* tra gli animali, o il *Ginkgo biloba* tra le piante (▶38).

La scoperta che i tassi di speciazione possono variare nel tempo lungo la stessa linea evolutiva ha aperto un infuocato dibattito. Vediamo quale.

10.1 Gradualismo o intermittenza?

Abbiamo detto che Darwin era convinto del fatto che l'evoluzione fosse un processo lento, graduale e sostanzialmente lineare (di tipo filetico). Questa visione dei processi evolutivi fa però nascere un problema: se le specie evolvono gradualmente una nell'altra, come mai mancano quasi completamente le testimonianze fossili di queste lente trasformazioni (quelli che impropriamente furono chiamati "anelli di congiunzione" tra le specie)?

Il problema assillò Darwin, che addebitò questa mancanza all'incompletezza della documentazione fossile: la fossilizzazione è un processo che si verifica molto raramente e quindi è logico che si possano creare dei "vuoti" nella ricostruzione paleontologica dei processi evolutivi. Questa spiegazione viene adottata ancora oggi, nonostante il gran numero di fossili scoperto negli ultimi 100 anni: ha sicuramente un fondamento di verità, ma non convince del tutto. Perché i fossili di molte specie compaiono quasi improvvisamente e altrettanto bruscamente scompaiono, dopo essere rimasti immutati anche per decine di milioni di anni? A questa domanda gli statunitensi **Stephen Jay Gould** e **Niels Eldredge** hanno dato una risposta che ha fatto molto discutere: gli **equilibri punteggiati** (o **intermittenti**, ▶39). Secondo questa ipotesi l'evoluzione non è un processo continuo, ma è caratterizzata da lunghi periodi di "stasi", durante i quali la specie non si modifica sensibilmente, alternati a brevi periodi di rapido cambiamento (rapido in senso geologico, poche centinaia o migliaia di anni) che si verificano in

Figura 38 Il Ginkgo biloba è un fossile vivente.

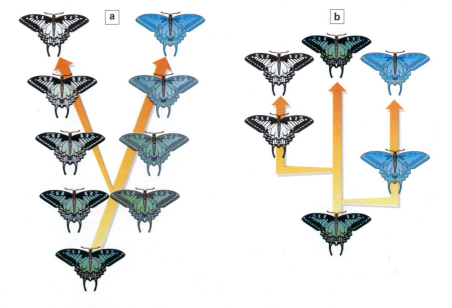

Figura 39 Confronto tra l'ipotesi del gradualismo filetico (**a**) e quella degli equilibri punteggiati (**b**).

piccole *popolazioni periferiche*. Poiché i fossili che noi troviamo appartengono in assoluta prevalenza alle popolazioni centrali, ampie e stabili, sarebbe un caso molto fortunato se incappassimo nei fossili formatisi in piccole regioni e in tempi molto brevi: si spiega così la carenza di fossili delle forme di passaggio.

L'idea di un'evoluzione incentrata su popolazioni periferiche, soggette a intense pressioni selettive e a deriva genetica, è ripresa in realtà dalla teoria sintetica (in particolare da Mayr) ed è quindi condivisa dall'assoluta maggioranza degli evoluzionisti. Non c'è invece accordo sulla convinzione di Eldredge e Gould che la formazione di nuove specie, di nuove famiglie e persino di nuovi *phyla*, non sia un processo "graduale e continuo" ma avvenga in modo "improvviso e discontinuo".

I due paleontologi americani ritengono che i *preadattamenti* (le caratteristiche solo "abbozzate" ritenute fondamentali dai gradualisti come Mayr, § 7.3) in molti casi non forniscano alcun vantaggio evolutivo e quindi non possano spiegare la comparsa di una struttura complessa; sostengono invece che una piccola modificazione genetica (una mutazione o una ricombinazione) può in certi casi produrre un **adattamento chiave**, ossia una caratteristica che modifica in modo sostanziale le abitudini di vita e la fitness di chi la possiede, senza isolarlo riproduttivamente dal resto della popolazione.

La comparsa, anche in un solo individuo, di un adattamento "completamente formato" e la sua rapida diffusione in una piccola popolazione periferica potrebbero dare origine a una nuova specie che, in poche centinaia o migliaia di anni, soppianterebbe completamente quella da cui è derivata.

Eldredge e Gould rigettano il gradualismo e propongono il modello di un'evoluzione "a scatti", in cui i processi macroevolutivi non avvengono per mezzo di lunghe fasi di transizione di tipo microevolutivo ma quasi improvvisamente, in seguito alla comparsa di "mostri di belle speranze".

Ma come possono piccole modificazioni genetiche produrre risultati così eclatanti? La risposta è venuta recentemente dalla genetica: una mutazione può produrre effetti notevoli sul fenotipo di un individuo se coinvolge i geni che controllano lo sviluppo (vedi **SCHEDA 6**).

L'ipotesi degli equilibri intermittenti è stata ampliata da **Steven M. Stanley**: basandosi sull'assunto che la cladogenesi è il principale modello evolutivo, egli afferma che la selezione naturale può agire anche a livello di specie. Se più specie discendenti da progenitori comuni coesistono (▶40), la selezione naturale sceglie quelle più adatte ed elimina le altre. Secondo Stanley, quindi, anche le specie nascono (con la speciazione) e muoiono (con l'estinzione), lottando tra loro per la "sopravvivenza".

Nell'attuale dibattito interno alla biologia evoluzionistica si scontrano quindi due visioni della macroevoluzione: secondo l'ipotesi gradualistica, i meccanismi che producono microevoluzione (mutazioni, deriva genetica, selezione ecc.) sono sufficienti a spiegare anche i processi macroevolutivi e se a volte sembra che l'evoluzione effettui dei "salti", è perché i fossili ce ne danno una visione "approssimativa". Le nuove ipotesi invece danno risposte diverse, che contraddicono alcuni punti della teoria sintetica (come il gradualismo o la selezione individuale), ma *rimangono sempre nell'ambito della biologia evoluzionistica*.

Nonostante esistano infatti tra gli studiosi divergenze relative ai meccanismi con cui l'evoluzione agisce, *queste controversie non mettono assolutamente in dubbio l'effettivo verificarsi dei processi evolutivi*, di cui nessuno oggi può mettere seriamente in discussione l'esistenza: l'evoluzione non è un'ipotesi e nemmeno una teoria, è un fatto accertato.

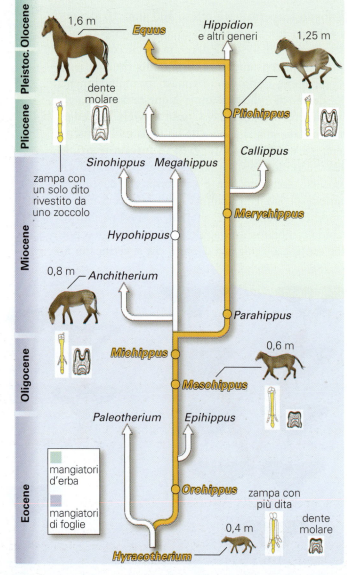

Figura 40
I fossili dei progenitori del cavallo comprendono molte specie derivate da *Hyracotherium*. In colore è rappresentata la sequenza che ha portato all'attuale *Equus*, in bianco le linee evolutive che si sono estinte.

Facciamo il punto

25 In che cosa la teoria degli equilibri intermittenti differisce dal gradualismo filetico?

Scheda 6 — Le nuove frontiere dell'evoluzionismo: Evo-Devo ed epigenetica

Il termine Evo-Devo sta per biologia evolutiva dello sviluppo (*evolutionary developmental biology*), una nuova disciplina che studia la relazione esistente tra l'evoluzione degli organismi e i loro meccanismi di sviluppo. Tutto ebbe inizio negli anni '80 del secolo scorso, quando si incominciò a sequenziare il DNA. Si scoprì che tra i genomi di organismi anche molto diversi predominano le somiglianze, non le differenze: in altre parole, ciò che fa di una rana una rana o di un uomo un uomo non è tanto la presenza di geni specifici, come si credeva sino a non molti anni fa, ma il modo in cui è regolata l'espressione dei geni. In quegli stessi anni furono individuati i **geni omeotici**, che hanno la funzione di coordinare il lavoro dei geni preposti alla formazione di strutture complesse come gli arti o gli occhi. Ne sono un esempio i *geni Hox*, scoperti nel moscerino della frutta, che attivano lo sviluppo dei diversi "segmenti" del corpo decidendo dove, nell'embrione, si devono posizionare il capo, gli arti, l'addome e così via (▶1). Questi geni sono molto simili in tutti i viventi: un'identica sequenza di 180 nucleotidi (detta *homeobox*) è presente in tutti gli animali (▶2).

I genetisti spesso usano la metafora della "cassetta degli attrezzi genetica" (*genetic toolkit*): un idraulico e un meccanico fanno riparazioni di tipo diverso ma utilizzano spesso i medesimi attrezzi (cacciaviti, pinze, martello ecc.) e se li potrebbero scambiare senza problemi; allo stesso modo, il gene *Hox* di un uomo può sostituire senza alcun danno quello corrispondente nella *Drosophila* o in un altro organismo.

Si è quindi compreso che i geni omeotici sono antichissimi e che il loro funzionamento si basa su meccanismi che si sono conservati inalterati nel corso dell'evoluzione: un'ulteriore prova dell'origine comune di tutti i viventi.

Intorno agli anni '90 la fusione dei due indirizzi di studio, quello dei meccanismi dell'evoluzione e quello dei geni che controllano lo sviluppo embrionale, ha dato luogo alla nascita di Evo-Devo. Secondo questa nuova disciplina i geni omeotici, per la loro azione di regolazione e coordinamento dell'espressione genica, giocano un ruolo "chiave" nei processi evolutivi: le mutazioni che avvengono in essi possono infatti originare rapidamente nuovi fenotipi, poiché "riprogrammano" lo sviluppo embrionale in nuove direzioni. *Piccole modificazioni genetiche danno quindi luogo a sostanziali differenze morfologiche!* Alcuni ricercatori, per esempio, hanno dimostrato che le diverse forme dei becchi dei fringuelli delle Galápagos si originarono in conseguenza di cambiamenti dell'espressione d'un unico gene omeotico, il **Bmp4**. Sono riusciti persino a manipolare nel pollo lo stesso gene *Bmp4*, così da portare alla formazione nel pollo di un tipo di becco specifico di una specie di fringuello!

L'**epigenetica** è il nuovo settore della biologia che studia i cambiamenti dell'espressione genica nel fenotipo non dovuti a mutazioni dei geni (cioè a cambiamenti nelle sequenze nucleotidiche), ma a cambiamenti chimici delle basi azotate (come la *metilazione*, nella quale alla base viene associato un gruppo metilico) o a modificazioni strutturali della cromatina. Vari esperimenti sembrano confermare l'ipotesi che alcune variazioni epigenetiche possano trasmettersi, con meccanismi ancora ignoti, alla progenie.

Si è inoltre osservato che i cambiamenti epigenetici possono anche verificarsi in risposta a stimoli ambientali: si potrebbe a questo punto ipotizzare la possibilità che alcune "esperienze di vita" dei genitori (alimentari, olfattive, acustiche ecc.) possano "marcare" i geni ed essere trasmesse ai figli. Sarebbe quindi possibile che l'ambiente induca direttamente modificazioni fisiche o comportamentali ereditabili, senza il "filtro" della selezione naturale.

Non si tratta però di una tardiva riabilitazione di Lamarck e dell'ereditarietà dei caratteri acquisiti, poiché tali modificazioni sembrano permanere solo per alcune generazioni: potrebbero comunque svolgere un ruolo in processi rapidi ma reversibili di adattamento.

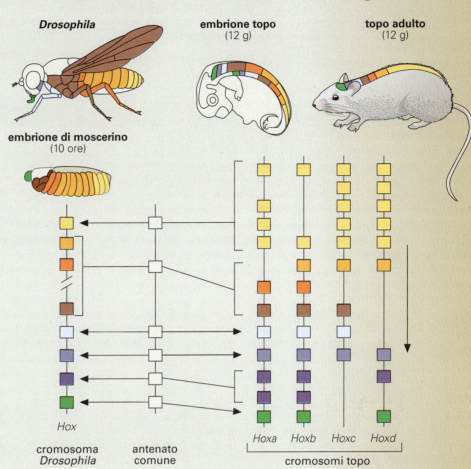

Figura 2 I geni della famiglia *Hox* sono collocati su un unico cromosoma nella *Drosophila* e su quattro cromosomi diversi nel topo. Nonostante ciò i geni sono disposti nello stesso ordine, che rispecchia quello dei segmenti corporei da essi controllati. Si può dedurre che l'organismo ancestrale che ha dato origine sia alla *Drosophila* sia al topo possedeva già quel complesso di geni.

Figura 1 Le mutazioni a carico dei geni regolatori determinano anomalie nello sviluppo dell'individuo, come la presenza di due segmenti toracici e quattro ali.

QUALCOSA IN PIÙ

Scheda 7 — Il colpo di coda del creazionismo: il disegno intelligente

Il **disegno intelligente** (dall'inglese *intelligent design*, letteralmente "progetto intelligente") è la corrente di pensiero secondo la quale la grande complessità dei viventi non può essere che il frutto dell'opera di un "progettista". Non è un'idea nuova. Per molto tempo i filosofi hanno sostenuto che la complessità della natura indica l'esistenza di un creatore: è l'argomento teleologico dell'esistenza di Dio.

Il disegno intelligente non nega l'evoluzione come "fatto", ma contesta le teorie evoluzioniste, che spiegano lo sviluppo delle diverse forme di vita con processi (osservabili e verificabili) come la mutazione, la deriva genetica e la selezione naturale. Nel libro *Darwin's Black Box* (*La scatola nera di Darwin*), Michael Behe ha introdotto il concetto di *complessità irriducibile* per dimostrare l'impossibilità, da parte della teoria dell'evoluzione, di spiegare l'emergere di complessi processi biochimici, come la coagulazione del sangue o il funzionamento del sistema immunitario, affermando che tali meccanismi, in quanto dotati di complessità irriducibile, non possono essersi evoluti grazie a fenomeni casuali come le mutazioni e la deriva genetica, ma devono essere stati progettati da una forma di intelligenza. Secondo i promotori del disegno intelligente inoltre la selezione naturale non può far evolvere i sistemi complessi attraverso piccole modifiche successive, perché la funzionalità del sistema è presente solo quando tutte le parti che lo compongono sono assemblate.

La comunità scientifica ha contestato queste ipotesi sia nel metodo sia nel merito. In primo luogo il disegno intelligente non possiede le proprietà di una teoria scientifica: è infatti basato sul presupposto, non dimostrato e non dimostrabile, che complessità e improbabilità implichino l'esistenza di un progettista intelligente; inoltre, a differenza di una vera teoria scientifica, l'idea del disegno intelligente non ha capacità predittiva (non consente di predire il verificarsi di un fenomeno), non è falsificabile (perché l'ipotesi dell'esistenza di un progettista non può essere avallata né confutata dall'osservazione) e non è provvisoria (perché nessuna nuova scoperta potrebbe modificarne i contenuti). Per quanto riguarda il merito, gli evoluzionisti evidenziano come i sostenitori del "disegno", oltre a ignorare volutamente i processi selettivi in atto (prodotti anche dall'uomo con l'uso di insetticidi e antibiotici), non siano in grado di giustificare le innumerevoli imperfezioni anatomiche presenti negli organismi, l'esistenza degli organi rudimentali (*strutture vestigiali*, ▶1) e il fenomeno delle estinzioni, come afferma il biologo americano Jerry Coyne: "Perché il progettista ha dato ali piccole e non funzionali ai kiwi? O occhi inutili agli animali che vivono nelle grotte? [...]" o ancora "Perché un progettista intelligente creerebbe milioni di specie per farle estinguere, rimpiazzandole con altre e ripetendo il processo varie volte? [...]"

Richard Dawkins afferma che "un progettista non avrebbe fatto nulla di così pasticciato come il groviglio di arterie, vene, nervi, intestini, fasci di grasso e muscoli" che troviamo in ogni vivente. Inoltre, un progettista capace di creare complessità irriducibili deve essere anch'esso irriducibilmente complesso, quindi creato da un altro progettista, e così all'infinito. Se alla domanda "chi ha progettato il progettista?" si risponde con argomenti teologici, il disegno intelligente si riduce a puro e semplice creazionismo.

La Chiesa cattolica non ha "sposato" l'idea del disegno intelligente. Così si esprime Monsignor Fiorenzo Facchini sull'"Osservatore Romano":

"Con il ricorso a interventi esterni suppletivi o correttivi rispetto alle cause naturali viene introdotta negli eventi della natura una causa superiore per spiegare cose che ancora non conosciamo, ma che potremmo conoscere. Ma così ci portiamo su un piano diverso da quello scientifico. Se il modello proposto da Darwin viene ritenuto non sufficiente, se ne cerchi un altro, ma non è corretto dal punto di vista metodologico portarsi fuori dal campo della scienza pretendendo di fare scienza."

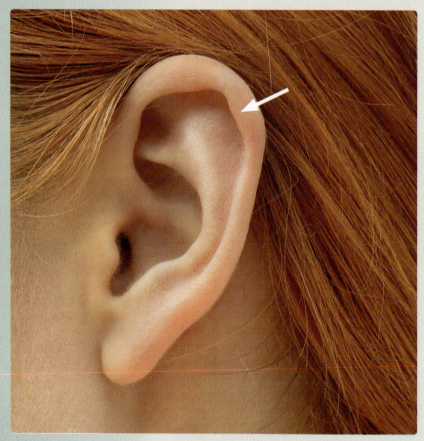

Figura 1 Un esempio di struttura vestigiale nell'uomo è il tubercolo di Darwin, una piccola sporgenza del padiglione auricolare dovuta a ispessimento della cartilagine. Il tubercolo corrisponde all'apice dell'orecchio di altri primati e sembra essere il residuo dell'articolazione presente nei nostri progenitori ancestrali e che permetteva loro di muovere e orientare le orecchie.

CONOSCENZE

Con un testo articolato tratta i seguenti argomenti

1. Illustra i fattori non adattativi che possono modificare l'equilibrio di Hardy-Weinberg.
2. Evidenzia le caratteristiche dei processi di selezione naturale e illustra le diverse forme di adattamento.
3. Descrivi i possibili meccanismi di speciazione e di isolamento genetico.
4. Illustra i principali modelli evolutivi.

Con un testo sintetico rispondi alle seguenti domande

5. Che cosa afferma la legge di Hardy-Weinberg? In quali casi è valida?
6. Quali sono le caratteristiche delle mutazioni importanti per l'evoluzione?
7. In quali situazioni si verificano processi di deriva genetica?
8. Che cosa differenzia la selezione naturale dagli altri fattori di variabilità?
9. Che cosa viene selezionato secondo i fautori della teoria sintetica? E secondo Wynne-Edwards? E secondo R. Dawkins?
10. Quali sono i tre principali tipi di selezione naturale?
11. Sapresti definire che cos'è un adattamento e fare alcuni esempi di adattamenti all'ambiente fisico e biologico?
12. In che cosa si differenziano i meccanismi d'isolamento prezigotico da quelli di isolamento postzigotico?
13. In che cosa le idee di S. J. Gould si differenziano da quelle dei sostenitori della teoria sintetica?

Quesiti

14. Vero o falso?
    a. La teoria elaborata da Darwin si basa sulla genetica di Mendel. V F
    b. La moderna teoria dell'evoluzione è detta teoria sintetica. V F
    c. La variabilità di caratteri presente nelle popolazioni è dovuta alle mutazioni e ai processi di ricombinazione genica. V F
    d. La genetica delle popolazioni studia i pool genici. V F
    e. Il pool genico delle popolazioni è l'insieme di tutti gli alleli presenti in un individuo. V F
    f. La legge di Hardy-Weinberg afferma che le frequenze alleliche nei pool si mantengono costanti di generazione in generazione. V F

15. L'ampiezza della variabilità all'interno delle popolazioni è stata quantificata:
    a. con esperimenti su un fenotipo di *Drosophila*.
    b. con l'analisi elettroforetica di enzimi estratti da *Drosophila*.
    c. con l'analisi del DNA in varie specie.
    d. con tutti i metodi elencati.

16. La legge di Hardy-Weinberg è valida se:
    a. la popolazione è grande e isolata.
    b. non si verificano mutazioni e gli accoppiamenti sono casuali.
    c. non vi è selezione naturale.
    d. tutte le precedenti risposte sono corrette.

17. Quale dei seguenti è un fattore che produce sempre adattamento?
    a. Le mutazioni
    b. Il flusso genico
    c. La selezione naturale
    d. Gli accoppiamenti non casuali

18. Cancella il termine errato.
    a. Le mutazioni *possono/non possono* introdurre un nuovo carattere in una popolazione.
    b. Le mutazioni sono errori nella duplicazione del *DNA/RNA*.
    c. Le mutazioni sono *molto frequenti/molto rare*.
    d. Le mutazioni sono *casuali/non casuali*.
    e. Le mutazioni possono essere *solo svantaggiose/anche vantaggiose*.
    f. Il flusso *genico/allelico* è un movimento di alleli verso l'interno o verso l'esterno di una popolazione.
    g. Il flusso genico incrementa la variabilità *tra le popolazioni/nelle popolazioni*.
    h. La deriva genetica è una modificazione *casuale/non casuale* del pool genico in piccole popolazioni.
    i. Quando una popolazione subisce un drastico ridimensionamento numerico si parla di *effetto del fondatore/collo di bottiglia*.
    l. La popolazione degli Amish è un esempio di *effetto del fondatore/collo di bottiglia*.

19. La riproduzione sessuale:
    a. fa sì che i fratelli siano geneticamente uguali.
    b. agisce tramite *crossing over* e ricombinazione di geni.
    c. non rimescola i geni dei genitori.
    d. modifica il pool genico di una popolazione.

20. La selezione naturale:
    a. è operata dagli allevatori.
    b. è il tasso differenziale di sopravvivenza e di riproduzione di genotipi diversi in una popolazione.
    c. riduce la variabilità nelle popolazioni.
    d. non modifica il pool genico delle popolazioni.

21. Nel caso di polimorfismo bilanciato ogni allele ha una frequenza:
    a. superiore all'1%.
    b. superiore al 2%.
    c. superiore al 5%.
    d. superiore al 10%.

22. I comportamenti altruistici sono dovuti quasi sempre a:
    a. *kin selection*.
    b. *inclusive fitness*.
    c. *exaptation*.
    d. nessuna di queste.

23. La selezione naturale agisce:
    a. sui geni.
    b. direttamente sui genotipi.
    c. sui fenotipi complessivi.
    d. sulle popolazioni.

24 Una particolare caratteristica anatomica, fisiologica o comportamentale che migliora la fitness di un organismo è detta:
- a selezione.
- b adattamento.
- c speciazione.
- d preadattamento.

25 Consiste nell'utilizzo, in mutate condizioni ambientali, di una struttura o di un comportamento per funzioni diverse rispetto a quelle originarie:
- a selezione.
- b adattamento.
- c speciazione.
- d preadattamento.

26 È un tipo di distribuzione graduale di caratteristiche adattative sul territorio:
- a ecotipo.
- b preadattamento.
- c coevoluzione.
- d cline.

27 Evidenzia un adattamento all'ambiente biologico:
- a ecotipo.
- b preadattamento.
- c coevoluzione.
- d cline.

28 Le piante con fiori e degli insetti impollinatori sono un esempio di:
- a ecotipo.
- b preadattamento.
- c coevoluzione.
- d cline.

29 Completa le frasi
- a. Una .... è un insieme di popolazioni in grado potenzialmente di produrre prole fertile.
- b. L'impossibilità di produrre prole fertile tra specie diverse, ovvero il loro .... riproduttivo, è assicurata da .... riproduttive che possono essere prezigotiche o ....

30 Indica per ognuno dei seguenti fenomeni se si tratta di una barriera prezigotica (1) o postzigotica (2):
- a. isolamento ambientale ....
- b. non vitalità dell'ibrido ....
- c. sterilità dell'ibrido ....
- d. isolamento temporale ....
- e. isolamento comportamentale ....
- f. isolamento meccanico ....

31 Completa i seguenti brani.
- a. La speciazione .... avviene per mezzo di barriere geografiche; la speciazione .... avviene in assenza di barriere geografiche. La speciazione .... avviene tra popolazioni contigue in presenza di ridotto flusso genico e la speciazione .... è prodotta dall'ibridazione e spesso dalla poliploidia.
- b. L'isolamento geografico favorisce la speciazione perché provoca l'interruzione del .... genico, in assenza del quale qualsiasi modificazione genetica che compare in una popolazione non "passerà" alle altre. Inoltre, se le popolazioni vivono in ambienti diversi, su di esse agiscono differenti .... selettive, che le spingono in direzioni evolutive differenti. Infine, nelle popolazioni isolate di scarsa consistenza numerica possono intervenire fenomeni di .... genetica, che modificano " a caso" i pool genici (effetto del ....).

32 Cancella il termine errato.
- a. L'evoluzione dei principali gruppi sistematici (specie, famiglie, o addirittura *phyla*) è detta *macroevoluzione/microevoluzione*.
- b. Quando due specie diverse diventano simili perché si adattano ad ambienti analoghi si parla di evoluzione *convergente/divergente*.
- c. Quando una popolazione si differenzia dal resto delle popolazioni della stessa specie perché si adatta a un ambiente particolare si parla di *evoluzione divergente/coevoluzione*.

33 Completa le frasi.
- a. Quando una linea evolutiva si ramifica dando origine simultaneamente e rapidamente a numerose specie in un ambiente privo di competitori si parla di ....
- b. Un'evoluzione lenta e graduale è detta cambiamento ....
- c. La scomparsa dei grandi rettili e di molte altre forme di vita è stata un'estinzione .... ed è avvenuta .... milioni di anni fa.
- d. Un'evoluzione in cui a lunghi periodi di stasi seguono brevi periodi di intense modificazioni è detta ....
- e. Secondo S. Stanley la selezione naturale agisce sulle ....

COMPETENZE

Leggi e interpreta

34 **Le critiche di Darwin al creazionismo**

In primo luogo il darwinismo rifiuta ogni fenomeno e causa soprannaturale. La teoria dell'evoluzione per selezione naturale spiega l'adattamento e la varietà del mondo biologico esclusivamente in termini materialistici [...]. Darwin dimostrò che la creazione, così come viene descritta dalla Bibbia, era smentita pressoché da qualsiasi elemento del mondo naturale. Ogni aspetto del "meraviglioso progetto" tanto ammirato dai teologi poteva essere spiegato ammettendo la selezione naturale [...]. In terzo luogo, la teoria di Darwin fece cadere ogni finalismo. Era sempre esistita l'universale convinzione dell'esistenza di una forza che guidava il mondo verso una sempre maggiore perfezione. Il darwinismo spazzò via questa convinzione [...].
In quinto luogo, di tutte le idee di Darwin quella che i contemporanei trovarono più difficile da accettare fu la teoria della discendenza comune applicata all'uomo. Per i teologi l'uomo era una creatura al di sopra degli altri esseri viventi e ben distinta da essi [...]. Gli evoluzionisti dimostrarono, tramite rigorosi studi di anatomia comparata, che gli esseri umani e le attuali scimmie antropomorfe hanno chiaramente origini comuni.

Liberamente tratto da Come Darwin ha cambiato la visione del mondo *di Ernst Mayr*

a. Individua nel brano i termini della biologia che hai incontrato nello studio di questa Unità.
b. Rispondi alle seguenti domande.
   1. Quale giudizio dà il Darwinismo della creazione descritta dalla Bibbia?
   2. Darwin accetta il finalismo?
   3. La teoria della discendenza comune dell'uomo fu facilmente accettata dai contemporanei di Darwin? Perché?

Fai la tua scelta

35 Determina la frequenza dei portatori sani di una malattia recessiva la cui frequenza è di 1 individuo malato ogni 20 000 nati. Ipotizza quindi che vengano sterilizzati i malati per 3 generazioni. Se tu fossi un genetista consiglieresti la sterilizzazione dei malati per debellare la malattia?

Risolvi il problema

36 Supponiamo che in una popolazione il 30% degli individui abbia gli occhi chiari. Per semplificare immaginiamo che il carattere "colore degli occhi" esista solo in due forme (occhi chiari e occhi scuri) e che l'allele per gli occhi scuri sia dominante. Calcola la frequenza dell'allele recessivo. Ti aspettavi che la frequenza dell'allele recessivo fosse così alta? Perché invece il carattere occhi chiari è minoritario?

Fai un'indagine

37 Effettua una ricerca su alcuni esempi a tua scelta di selezione artificiale operata dagli allevatori e prepara una presentazione in Power Point per la classe.

Osserva e rispondi

38 Il grafico sottostante simula la variazione della frequenza di un carattere neutro (non favorevole né sfavorevole) nel corso di alcune generazioni in tre popolazioni numericamente diverse: 25, 250 e 2500 individui. All'inizio della simulazione il carattere occhi azzurri è presente nel 50% degli individui in tutte e tre le popolazioni: che cosa accade di diverso nelle tre popolazioni?

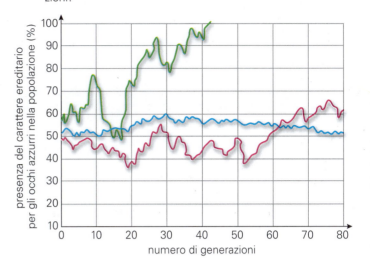

Formula un'ipotesi

39 Quale potrebbe essere la causa di quanto è accaduto nel caso dell'esercizio precedente?

In English

40 In a given population of 800 individuals, the gene frequency of the *A* and *a* alleles were found to be 0.65 and 0.35 respectively. Use the Hardy Weinberg law to calculate the number of individuals with *AA*, *aa* and *Aa* genotypes.

41 Define the following mechanisms of reproductive isolation and suggest an example for each of them:
a. ethological isolation.
b. seasonal isolation.
c. hybrid sterility.

Organizza i concetti

42 Completa la mappa.

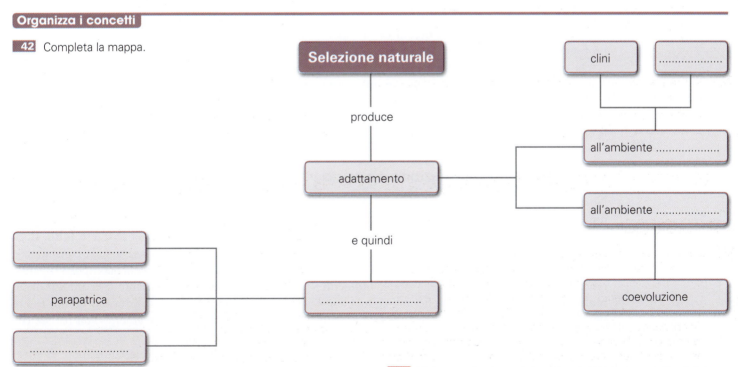

43 Elabora una mappa che evidenzi cause e meccanismi dei processi microevolutivi.

unità 4

La storia della biodiversità

Il fossile nella figura è un esemplare di *Ctenochasma* (o *Pterodactylus*) *elegans*, rettile vissuto nell'era mesozoica (250-65 milioni di anni fa): era in grado di volare grazie a una membrana di pelle che si estendeva dalle zampe posteriori sino al quarto dito, notevolmente allungato, degli arti anteriori. È considerato un precursore degli uccelli poiché possedeva ossa cave e sterno sviluppato (adattamenti per il volo). Ma come possono i suoi resti essere giunti sino a noi?

1 La comparsa dei primi viventi

Le prime forme di vita comparvero sulla Terra molto probabilmente intorno a 3,8 miliardi di anni fa, quando sul nostro pianeta esisteva un'atmosfera completamente diversa da quella attuale e la superficie terrestre era ricoperta da oceani caldi e poco profondi.

Da quei microrganismi primordiali derivarono tutti i viventi comparsi successivamente sulla Terra, compresi quelli esistenti oggi. Di conseguenza, la prima domanda che dobbiamo porci è: come è nata la vita sulla Terra?

1.1 L'ipotesi dell'evoluzione chimica

Non è semplice il tentativo di ricostruire gli avvenimenti che hanno portato alla nascita della vita, poiché non è rimasta alcuna traccia delle condizioni ambientali esistenti sulla Terra oltre 3 miliardi di anni fa. Si possono però fare delle ipotesi, considerando ciò che oggi è alla base della vita: le **molecole biologiche**. Sappiamo infatti che una cellula contiene macromolecole di diverso tipo: proteine, acidi nucleici, lipidi e polisaccaridi, e che a loro volta le macromolecole sono costituite da entità più piccole come gli *amminoacidi*, i *monosaccaridi* e i *nucleotidi*. Dobbiamo quindi supporre che il primo passo verso la nascita della vita sul pianeta sia consistito nella formazione di composti organici di questo tipo, per la cui sintesi occorrono ben pochi elementi: l'idrogeno, il carbonio, l'ossigeno, l'azoto, il fosforo e lo zolfo. Dobbiamo quindi supporre che questi elementi fossero presenti sulla Terra primordiale, ma in quale forma?

Tra i primi a formulare un'ipotesi credibile ci fu Charles Darwin, che immaginò "un piccolo stagno caldo pieno di ammoniaca, sali fosforici, luce e calore" dove, nel corso di migliaia di anni, si sarebbe formato il primo composto organico.

Proseguendo sulla strada tracciata dal "padre" dell'evoluzione, nel 1922 il biologo russo **Aleksandr I. Oparin** (1894-1980) suggerì che l'atmosfera primordiale, a differenza dell'attuale, fosse priva di ossigeno libero ma ricca di idrogeno e di altri gas come anidride carbonica, ammoniaca e metano (dal punto di vista chimico, un'atmosfera *riducente*). L'ipotesi, ripresa dal genetista scozzese **John. B. S. Haldane** (1892-1964), si basava sulla constatazione che, in presenza di ossigeno, i composti organici vengono degradati rapidamente (per mezzo di un processo di *ossidazione*): si dovevano quindi essere formati prima che questo elemento comparisse come tale nell'atmosfera.

Occorreva inoltre individuare una fonte di energia grazie alla quale i processi chimici immaginati avrebbero potuto avvenire. Oparin pensò che l'energia necessaria potesse derivare dai raggi ultravioletti (che raggiungevano la superficie terrestre perché era assente la fascia di ozono nell'atmosfera), dai fulmini associati ai frequenti temporali e dalla lava e i gas incandescenti eruttati dai numerosi vulcani attivi a quei tempi. Le prime molecole organiche si sarebbero poi condensate negli oceani e nei laghi in formazione, dando origine a un **brodo primordiale**.

Le idee di Oparin e Haldane non furono favorevolmente accolte dagli scienziati dell'epoca, anche perché sembrava che riformulassero in un certo senso l'antica teoria della *generazione spontanea*, abbandonata non molti anni prima grazie agli esperimenti di Pasteur.

L'opinione della maggior parte degli studiosi cambiò radicalmente quando, nel 1953, un giovane studente statunitense, **Stanley Miller** (1930-2007), con la supervisione del premio Nobel **Harold Urey** (1893-1981), dimostrò che Oparin aveva ragione. Miller effettuò infatti un esperimento, divenuto famoso, in cui simulò le caratteristiche dell'atmosfera primordiale: all'interno di un sistema chiuso contenente una "atmosfera gassosa" di idrogeno, ammoniaca (NH_3) e metano (CH_4), fece bollire per una settimana un piccolo "oceano" d'acqua e produsse delle scariche elettriche per simulare l'effetto dei fulmini. Il vapore passava poi per un sistema di raffreddamento e tornava liquido: ne risultò una brodaglia contenente alcuni amminoacidi e altri composti organici (▶1).

Ulteriori esperimenti, in cui come fonte di energia si usarono raggi ultravioletti e ceneri vulcaniche incandescenti e si variò la composizione dell'atmosfera, diedero risultati simili. Nel 1958 lo stesso Miller ripeté l'esperimento, aggiungendo alla prima miscela utilizzata anche idrogeno solforato (o solfuro di idrogeno, H_2S), e conservò alcuni campioni. Nel 2008 il ricercatore Jeffrey Bada, che era stato studente di Miller, ha analizzato quei campioni con tecniche molto più sensibili rispetto a quelle disponibili cinquant'anni fa. Da queste nuove analisi sono emerse una quantità di amminoacidi e una varietà di composti organici maggiori di quanto si credesse, ma soprattutto si è individuata la presenza di due amminoacidi contenenti zolfo, fondamentali per i processi biologici: la cisteina e la metionina. Secondo Bada, tali risultati rafforzano l'ipotesi che sulla Terra primordiale la forte attività vulcanica (attualmente una delle maggiori fonti di solfuro di idrogeno nell'atmosfera, ▶2), in combinazione con i fulmini, abbia dato origine a un "brodo primordiale".

È evidente che gli esperimenti non possono darci la certezza che le cose siano andate così, ma solo dirci che avrebbero potuto andare così, e sono inoltre stati criticati per vari motivi. Tuttavia, la

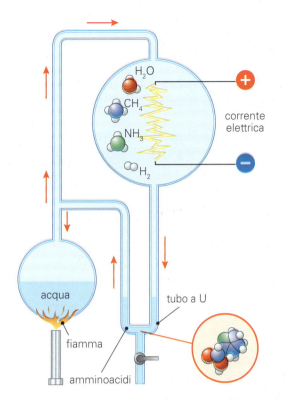

Figura 1 Stanley Miller con l'apparato sperimentale da lui utilizzato e, a sinistra, lo schema del suo esperimento, in cui ricostruendo l'atmosfera primordiale ottenne delle molecole organiche come gli amminoacidi.

Figura 2 Un'intensa attività vulcanica fornì all'ambiente primordiale energia e solfuro di idrogeno.

maggior parte degli esperti ritiene che sulla Terra si siano veramente verificati processi di **evoluzione chimica** grazie ai quali si formarono i "mattoni" di costruzione dei viventi. Esiste però un'ipotesi alternativa: l'origine extraterrestre.

1.2 L'ipotesi dell'origine extraterrestre o panspermia

Secondo l'astronomo Fred Hoyle e altri scienziati le molecole alla base della vita si sarebbero formate al di fuori della Terra, probabilmente nello spazio interstellare. A sostegno di questa ipotesi vi è la scoperta dell'esistenza di molecole organiche, non dovute a contaminazione con l'atmosfera terrestre, all'interno di meteoriti caduti sul nostro pianeta: è il caso del meteorite **Murchison** (▶3), caduto in Australia nel 1969, che contiene oltre 100 differenti amminoacidi, simili per struttura a quelli prodotti nell'esperimento di Miller con l'idrogeno solforato. Diverse molecole organiche, tra cui l'importante amminoacido glicina, sono state inoltre trovate in campioni della cometa *Wild 2* prelevati nel 2004 dalla navetta spaziale Stardust della NASA. Alcuni si sono spinti a immaginare che sulla Terra siano giunte primitive forme di vita, simili agli attuali archeobatteri.

1.3 L'evoluzione prebiotica: coacervati e microsfere

Poiché nelle cellule sono presenti proteine, lipidi, acidi nucleici e polisaccaridi, dobbiamo supporre che a un certo punto dell'evoluzione chimica si siano verificate reazioni di sintesi e di polimerizzazione che hanno portato alla formazione di queste macromolecole.

Alcuni esperimenti hanno suggerito un possibile ruolo delle **argille** nei processi di polimerizzazione. La struttura a lamine sottili, infatti, conferisce alle argille la capacità di concentrare le molecole organiche in un piccolo spazio (▶4) e di svolgere una primitiva azione di tipo catalitico: avrebbero quindi accelerato i processi di sintesi delle macromolecole. A questo punto, secondo la ricostruzione di Oparin, in alcune zone dei caldi oceani terrestri si sarebbero concentrate ingenti quantità di macromolecole che si sarebbero aggregate in piccoli "sistemi chimici", ambienti chiusi in cui le reazioni procedevano in modo più efficiente rispetto all'ambiente esterno. Questi sistemi erano formati da *microscopiche gocce* delimitate da un doppio strato protettivo assai simile alle attuali membrane cellulari, che con il tempo diventarono capaci di scambiare materia ed energia con l'esterno: Oparin chiamò **coacervati** questi primitivi sistemi che, a suo parere, avevano anche la capacità di riprodursi per gemmazione uno dall'altro. Prendendo spunto dalle teorie evolutive, immaginò che si fosse creata una competizione tra i diversi coacervati, in base alla loro efficienza chimica e alla loro capacità di riprodursi; parlò infatti di **protoselezione naturale** e di **evoluzione prebiotica**. Queste ipotesi trovarono conferma negli esperimenti dello statunitense **Sidney W. Fox**, che riuscì a produrre microscopiche gocce ricoperte da membrane *proteinoidi* (ossia costituite da catene polipeptidiche simili alle attuali proteine) all'interno delle quali avvenivano specifici processi chimici. Non erano di certo cellule viventi, in quanto prive della capacità di trasmettere un vero progetto genetico, ma erano comunque entità stabili, delimitate fisicamente rispetto all'ambiente ma capaci di effettuare con esso primitivi "scambi metabolici": furono chiamate **microsfere di Fox** (▶5).

Sappiamo però che le membrane cellulari, pur contenendo proteine, sono costituite principalmente da fosfolipidi, e numerosi esperimenti hanno dimo-

Figura 3 Un frammento del meteorite Murchison, caduto il 28 settembre 1969 nello stato di Victoria, nel Sudest dell'Australia.

Figura 4 La struttura a lamine sottili delle argille garantisce la presenza di spazi interlaminari in cui si concentrano i composti organici.

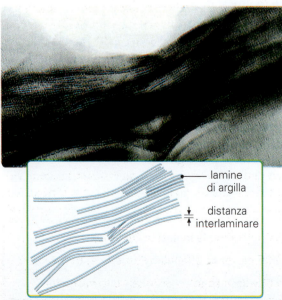

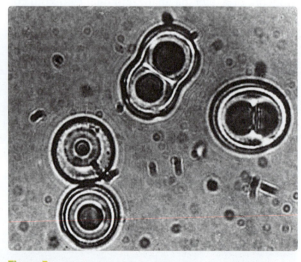

Figura 5 Le microsfere di Fox si accrescono assorbendo materiali proteinoidi dall'ambiente circostante, e dividendosi per fissione producono nuove microsfere.

da fosfolipidi, e numerosi esperimenti hanno dimostrato che i fosfolipidi in ambiente acquoso tendono a disporsi in doppio strato formando spesso piccole sfere. Si deve quindi ipotizzare che in un secondo tempo sia avvenuto il passaggio evolutivo dalle membrane proteiche a quelle fosfolipidiche. Ma perché potesse nascere una forma di vita, era necessario che le macromolecole si specializzassero in due funzioni fondamentali: una **funzione catalitica**, essenziale per rendere più rapidi i processi chimici interni, e una **funzione "informazionale"**, che si basa sulla capacità di *autoreplicarsi* per trasmettere un'informazione.

1.4 I ribozimi: un mondo a RNA

Le microscopiche forme pre-viventi ipotizzate da Oparin dovevano quindi contenere sia un sistema catalitico sia un sistema di trasmissione dell'informazione "genetica". Ma, a questo punto, nasceva un problema di non facile soluzione. Noi sappiamo che oggi la funzione catalitica è svolta dalle proteine enzimatiche e che la funzione informazionale è svolta dal DNA: quale delle due molecole è comparsa per prima? È un po' come chiedersi se sia nato prima l'uovo o la gallina, perché nelle cellule le proteine vengono sintetizzate in base all'informazione contenuta nel DNA, ma il DNA per duplicarsi ha bisogno di diversi enzimi. Ed è certamente poco plausibile che entrambi si siano formati contemporaneamente. Ma allora, come sono andate le cose? Una possibile risposta è giunta negli anni '80 del secolo scorso con la scoperta, da parte di Thomas R. Cech e Sidney Altman, dei **ribozimi** (termine composto da acido **ribo**nucleico ed en**zimi**) o **RNA catalitici**, molecole di RNA in grado di catalizzare una reazione chimica grazie alla loro struttura a filamento singolo, che permette loro di ripiegarsi in corrispondenza di basi complementari formando configurazioni tridimensionali simili a quelle delle proteine ( ).

Nel corso di ricerche sull'origine della vita sono stati prodotti ribozimi in grado di autocatalizzare, in condizioni specifiche, la loro stessa sintesi, cioè di autoreplicarsi: questa scoperta ha indotto lo statunitense premio Nobel per la chimica **Walter Gilbert** a ipotizzare, nel 1986, che le cellule primordiali si servissero di RNA sia come materiale genetico sia come molecola strutturale e catalitica: questa idea è nota come **ipotesi del mondo a RNA** ( ). Si trattò comunque di una fase transitoria, perché i fossili più antichi di forme viventi già contengono DNA e proteine. Probabilmente il DNA è derivato dall'RNA, di cui infatti è una versione modificata: con la sua struttura a doppia elica, è una molecola più stabile e meno reattiva dell'RNA ed è quindi adatto a conservare le informazioni, ma non a svolgere una funzione dinamica come la catalisi. Solo quando le molecole di DNA e le proteine iniziarono a collaborare e in particolare quando gli acidi nucleici diventarono capaci di dirigere l'attività dei microscopici sistemi catalitici si realizzarono le condizioni per la formazione

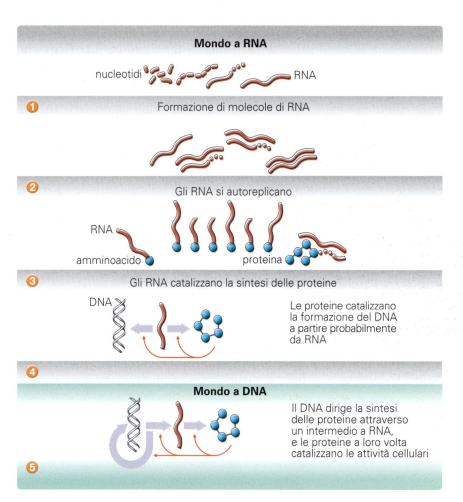

Figura 7 L'ipotesi del mondo a DNA.

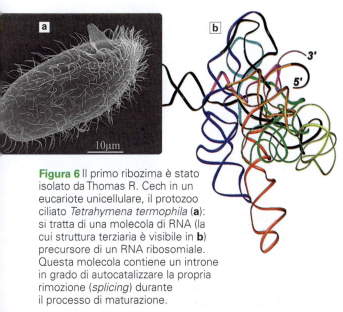

Figura 6 Il primo ribozima è stato isolato da Thomas R. Cech in un eucariote unicellulare, il protozoo ciliato *Tetrahymena termophila* (**a**): si tratta di una molecola di RNA (la cui struttura terziaria è visibile in **b**) precursore di un RNA ribosomiale. Questa molecola contiene un introne in grado di autocatalizzare la propria rimozione (*splicing*) durante il processo di maturazione.

Facciamo il punto

1. Quali erano le ipotesi di Oparin?
2. Come venne effettuato l'esperimento di Miller?
3. Che cosa sono i coacervati? E le microsfere?

QUALCOSA IN PIÙ

Scheda 1 Molecole autoreplicanti e protoselezione

Alcuni critici dell'evoluzionismo in generale, e di quello chimico-prebiotico in particolare, osservano che la probabilità che si formi casualmente una molecola in grado di produrre copie di se stessa (autoreplicante), come potevano essere i ribozimi, è estremamente bassa, anzi troppo bassa perché si possa accettare l'idea che la vita si sia formata in questo modo. Ma, come fa notare Richard Dawkins, questa obiezione non tiene conto del fattore tempo. Un avvenimento estremamente improbabile (come vincere al superenalotto) può essere tale se consideriamo il tempo della vita di un uomo, ma non così improbabile se consideriamo un tempo di miliardi di anni! Inoltre, proprio il fatto che si tratti di una molecola autoreplicante fa sì che è sufficiente che sia comparsa una sola volta nella storia della Terra, per poi diffondersi in tutto il pianeta.

Solo la comparsa di molecole autoreplicanti, inoltre, può aver dato inizio all'evoluzione prebiotica. Infatti, per quanto possa essere preciso, il processo di "copiatura" sarà comunque soggetto a errori. Da una singola molecola autoreplicante quindi si potrebbe essere formata nel tempo un'enorme quantità di molecole diverse, in competizione tra loro per produrre a loro volta un numero più alto possibile di copie di se stesse: in altri termini, per riprodursi. Una forma di evoluzione darwiniana, ma tra sistemi chimici e non tra esseri viventi, esattamente come aveva ipotizzato Oparin.

2 L'evoluzione biologica

Nonostante gli indubbi progressi avvenuti negli studi sull'evoluzione prebiotica, nessuno è riuscito ancora oggi a spiegare come dei *sistemi chimici autoreplicanti* a base di RNA siano potuti diventare delle vere e proprie cellule, seppur primitive. Effettuiamo quindi un "salto" in avanti.

Le prime forme di vita, dette **LUCA** (*Last Universal Cellular Ancestor*), sarebbero comparse circa 3,8 miliardi di anni fa, ma di esse non abbiamo testimonianze fossili. Si trattava di cellule procariotiche (simili agli archeobatteri attuali), anaerobie ed eterotrofe, che si cibavano del materiale organico presente negli oceani primordiali (▶8). Il successo di questi primi viventi avrebbe dovuto provocare l'esaurimento, entro breve tempo, della materia organica disponibile: ciò non accadde, perché comparvero i primi organismi autotrofi (▶9). Fu un avvenimento fondamentale nella storia biologica della Terra, per due distinti motivi: sfruttando una sorgente di energia illimitata come il Sole, la fotosintesi sintetizza composti organici ricchi di energia a partire da semplici composti inorganici (l'anidride carbonica e l'acqua); produce inoltre come scarto l'ossigeno, che circa 3 miliardi di anni fa iniziò ad accumularsi nell'atmosfera: non vi è dubbio che, senza la presenza degli organismi autotrofi, la vita sarebbe ben presto scomparsa.

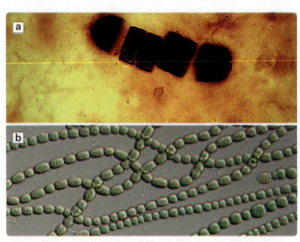

Figura 9 Fotografia (ingrandita 200 volte) di un fossile dei primi microrganismi produttori di ossigeno sulla Terra, ritrovato all'interno delle stromatoliti, strutture calcaree fossili risalenti al Precambriano (**a**). Questi batteri autotrofi erano probabilmente simili agli attuali cianobatteri, come *Anabaena* (**b**), che si organizzano a formare lunghi filamenti.

2.1 Compaiono le cellule aerobie

Gli organismi fotosintetici ebbero un gran successo, grazie alla loro capacità di "fabbricarsi il cibo da sé", e di conseguenza la presenza di ossigeno nell'atmosfera continuò ad aumentare.

Le cellule anaerobie in gran parte si estinsero, perché non erano in grado di sopravvivere nel nuovo ambiente; alcune sopravvissero in ambienti particolari (sono gli attuali batteri anaerobi), altre si adattarono alle nuove condizioni e, grazie a una mutazione nel loro genoma, "impararono" a utilizzare l'ossigeno per estrarre energia dagli alimenti (aerobiosi). Il prodotto di scarto degli autotrofi, l'ossigeno, diventò perciò una risorsa fondamentale per gli eterotrofi: infatti nel loro metabolismo il processo di *fermentazione* (anaerobio, ma poco produttivo in termini energetici) venne sostituito da quello aerobio di *respirazione cellulare*, molto più efficiente.

Figura 8 Le prime forme di vita potrebbero essersi sviluppate attorno alle fumarole (*black smokers*) nei fondali oceanici, da cui fuoriescono gas a elevate temperature e composti contenenti zolfo. Qui si trovano oggi numerosi archeobatteri termofili che si nutrono di zolfo e minerali ferrosi, come il *Pyrolobus fumarii*, che sopravvive a temperature superiori ai 100 °C.

2.2 Compaiono le cellule eucariotiche

Sebbene non vi siano testimonianze fossili, si suppone che le cellule eucariotiche si siano formate da quelle procariotiche attraverso diverse fasi e in tempi molto lunghi, tant'è vero che si fa risalire la loro comparsa a "solo" 1,5 miliardi di anni fa.

L'avvenimento che probabilmente diede inizio alla "lunga marcia" verso la cellula eucariotica fu la perdita della parete cellulare, che era presente nelle cellule primordiali ma si rivelò un ostacolo per la fagocitosi, che produce estroflessioni citoplasmatiche. La mancanza di una parete rigida rese necessario lo sviluppo di una struttura che desse maggiore consistenza alla cellula, ossia di un *citoscheletro* di filamenti e microtubuli.

Si formarono poi gli organuli cellulari, a partire da invaginazioni della membrana cellulare: i primi a comparire probabilmente furono i lisosomi e i vacuoli alimentari, connessi alla fagocitosi, poi si formò il reticolo endoplasmatico. L'ambiente interno della cellula si divise in "compartimenti" specializzati in diverse funzioni. Anche il materiale genetico venne "isolato" da una membrana e si formò così il nucleo.

Tuttavia, nonostante i progressi strutturali, le cellule eucariotiche rimanevano ancora, a questo punto, eterotrofe e fagocitarie. Come si formarono le prime cellule eucariotiche autotrofe?

Secondo la **teoria dell'endosimbiosi**, formulata verso la fine degli anni '80 del secolo scorso dalla genetista statunitense **Lynn Margulis** (1938-2011), le cellule eucariotiche ancestrali, di dimensioni nettamente superiori a quelle delle cellule procariotiche, entrarono in simbiosi con due tipi di procarioti, quelli aerobi, che diventeranno i mitocondri, e quelli autotrofi, che si trasformeranno nei cloroplasti (▶ 10). I procarioti trovarono nella cellula eucariotica un ambiente protetto e nutrimento, e la cellula eucariotica li utilizzò a sua volta per effettuare la respirazione cellulare, e in alcuni casi, la fotosintesi.

Nonostante abbiano trasferito gran parte del loro DNA nel nucleo cellulare, perdendo la capacità di avere vita autonoma, i mitocondri e i cloroplasti hanno mantenuto una piccola parte del loro DNA originario: è di tipo procariotico, prova della loro origine "esogena".

L'endosimbiosi fu un avvenimento di fondamentale importanza per la successiva evoluzione della vita. Si originarono infatti due distinte linee evolutive: le cellule che possedevano solo i mitocondri diventarono i precursori di tutti gli organismi animali, le cellule che possedevano sia i mitocondri sia i cloroplasti dettero origine ai vegetali. Erano occorsi oltre 3 miliardi di anni per arrivare alla prima cellula, ma bastarono poche centinaia di milioni di anni per produrre tutta la biodiversità passata e attuale.

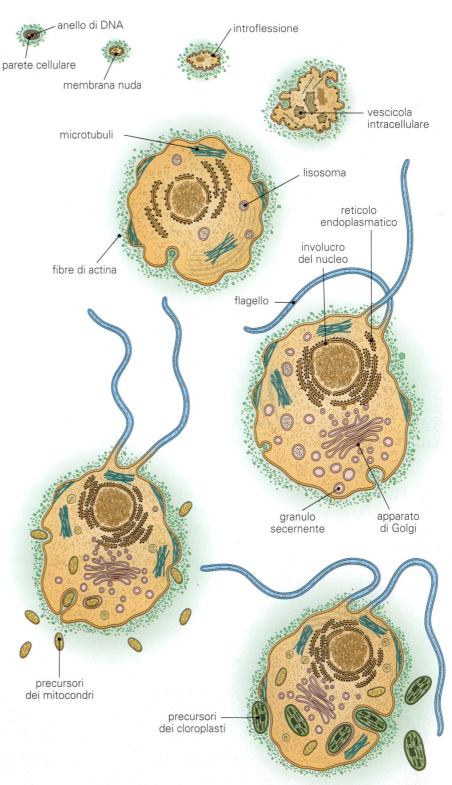

Figura 10 Le tappe fondamentali del passaggio dalla cellula procariotica a quella eucariotica.

Facciamo il punto

4. Quali erano le caratteristiche delle prime cellule?
5. Quando e come si formarono le prime cellule eucariotiche?
6. Che cos'è l'endosimbiosi?

animazione

La teoria dell'endosimbiosi
Come si formarono le attuali cellule eucariotiche

animazione

La formazione dei fossili
Le fasi del processo di fossilizzazione

3 Fossili e fossilizzazione

Si definisce **fossile** (dal latino *fòdere* = scavare) qualsiasi resto o traccia di organismo vegetale o animale vissuto in epoche anteriori all'attuale e conservato nelle rocce della crosta terrestre. Ma come si forma un fossile? Mentre nella grande maggioranza dei casi il corpo di un organismo morto subisce, in tempi più o meno lunghi, un processo di decomposizione che non lascia alcuna traccia dell'organismo stesso, in casi eccezionali accade invece che, grazie alla **fossilizzazione**, si conservino resti di organismi vissuti in epoche remote.

La fossilizzazione è un processo che si verifica raramente ed è ancora più raro che i fossili possano affiorare in superficie. Per questo motivo, a fronte di alcuni milioni di specie attuali e di un numero imprecisato di specie esistite nel passato, si conoscono solo 130 000 specie fossili che quindi, da sole, non possono rappresentare con completezza la storia evolutiva dei viventi sul nostro pianeta (▶11).

Perché abbia luogo un processo di fossilizzazione è necessario che si verifichino due condizioni:

→ l'organismo morto deve essere *rapidamente sepolto* da sedimenti o da qualche altro materiale che esplichi una funzione protettiva. Se ciò non avvenisse, le sue spoglie verrebbero distrutte per l'azione meccanica e chimica degli agenti atmosferici (pioggia, vento, variazioni di temperatura ecc.) e per quella, altrettanto distruttrice, degli animali necrofagi (che si nutrono cioè di carcasse);

→ l'organismo deve essere dotato di *parti dure* interne o esterne (endoscheletro osseo, esoscheletro di chitina, conchiglia). Le parti molli (muscoli e visceri) infatti sono soggette a un rapido processo di putrefazione a opera degli agenti decompositori (in particolare batteri e funghi), e quindi molto difficilmente si possono conservare (anche se esistono eccezioni, come vedremo); gli apparati tegumentari (pelle, pelliccia, piume e penne) si degradano in un secondo tempo, ma sempre piuttosto rapidamente; le parti scheletriche e i denti, più resistenti perché parzialmente mineralizzati, hanno invece maggiori probabilità di superare il periodo critico che intercorre tra la morte dell'organismo e la "sepoltura" nei sedimenti.

La possibilità che un organismo diventi un fossile dipende molto dall'ambiente in cui è morto. Un ambiente favorevole alla fossilizzazione è quello delle acque marine e lacustri poco profonde, che contengono sabbie e argille in sospensione: se non vi sono intensi moti ondosi, tali sedimenti depositano a strati sul fondo, inglobando più o meno rapidamente spoglie di organismi che, così protetti, subiranno un notevole rallentamento dei processi di decomposizione (▶12, alla pagina seguente). Solo se i fondali sono molto profondi, gusci e scheletri calcarei si dissolvono in tempi relativamente brevi.

In ambiente terrestre, invece, i fenomeni di erosione prevalgono su quelli di sedimentazione e la fossilizzazione è un evento rarissimo: non mancano tuttavia eventi eccezionali in grado di seppellire i resti degli organismi, come il rapido accumulo di materiale piroclastico durante un'eruzione vulcanica o una colata di fango. La maggior parte dei fossili è comunque costituita da resti di animali marini e si trova in rocce sedimentarie che si sono depositate in un ambiente di acque poco profonde. Poiché i sedimenti marini più antichi attualmente fanno parte di alcune importanti catene montuose, non deve stupire il ritrovamento di conchiglie fossili in alta montagna.

Figura 11 Fossili di trilobite (**a**) e di foglie di felce (**b**).

Figura 12 La sequenza tipica degli eventi che portano alla formazione di fossili:
a) un pesce nuota indisturbato in un antico lago;
b) il pesce muore e si adagia sul fondo argilloso; le parti molli si decompongono rapidamente a causa dell'azione di batteri, mentre le parti dure, più resistenti, vengono conservate;
c) lo scheletro del pesce viene ricoperto da ulteriori sedimenti; si verifica una sostituzione graduale dei minerali costituenti lo scheletro da parte dei minerali disciolti nell'acqua che impregna i sedimenti e che circola liberamente negli strati accumulati. I resti subiscono inoltre una compressione dovuta al peso degli strati sovrastanti;
d) i resti del pesce si fossilizzano e vengono deformati quando gli strati sedimentari si sollevano e si piegano a causa dei movimenti della crosta terrestre;
e) il sollevamento della crosta prosegue, il lago scompare e la roccia che costituisce il fondale emerge e viene erosa; lo scheletro fossile viene ritrovato.

3.1 Processi di fossilizzazione

Possiamo individuare alcuni differenti processi di fossilizzazione, cui corrispondono diversi livelli di conservazione.

→ **Mineralizzazione**: è il caso più frequente. Dopo la degradazione delle parti molli dell'organismo, impalcature scheletriche e gusci vengono gradualmente sostituiti (a volte molecola per molecola, con grande precisione) da sostanze inorganiche provenienti da soluzioni acquose sature. I minerali che si sostituiscono più frequentemente alla componente organica dei resti animali o vegetali sono il carbonato di calcio (o calcare, $CaCO_3$), la silice (SiO_2) e la pirite (FeS_2). In questi fossili non rimane nulla dei costituenti originari degli organismi, ma solo la riproduzione precisa della loro struttura da parte del minerale deposito (▶13). Un caso particolare di mineralizzazione è la **silicizzazione** del legno delle piante, ossia la sua trasformazione in minerale di silice.

→ **Impregnazione**: nelle impalcature scheletriche porose si infiltrano, per precipitazione da soluzioni sature, sostanze minerali. Il risultato è meno preciso del precedente nella riproduzione della struttura.

→ **Modelli o calchi**: si tratta di "impronte" di organismi che risultano da vari possibili processi (▶14). Può accadere, per esempio, che la cavità interna di una conchiglia, una volta scomparso l'organismo che la occupava, venga riempita da sali minerali o da sedimenti entrati attraverso aperture o pori: la conchiglia successivamente si degraderà scomparendo, ma rimarrà un suo calco all'interno (*modello interno*). In altri casi un organismo lascia, nel sedimento che lo contiene, un'impronta che si manterrà anche dopo la scomparsa dell'organismo stesso (*modello esterno*). Un caso particolare è la *carbonizzazione*, un processo che trasforma in carbonio puro i composti organici presenti negli organismi (più spesso i vegetali): avviene in ambiente anaerobio e lascia un'impronta di carbonio atomico.

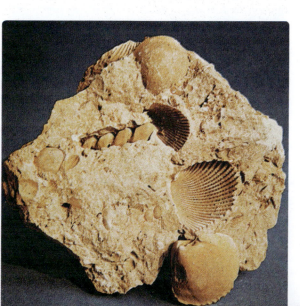

Figura 13 A sinistra, ossa mineralizzate di *Ursus spelaeus*.

Figura 14 Qui a fianco, il modelli esterni e interni di molluschi bivalvi e gasteropodi.

Figura 15 Insetti intrappolati nell'ambra, perfettamente conservati.

Figura 16 Orme fossili di dinosauro.

- **Mummificazione**: consiste in una completa disidratazione dell'organismo e avviene in ambiente arido, ben ventilato e sostanzialmente asettico (dove cioè i batteri sono assenti o non agiscono per mancanza d'acqua). Può avvenire nei deserti ed è più conservativa dei precedenti processi, in quanto mantiene inalterate le ossa e l'apparato tegumentario (disidratato).
- **Inclusione**: relativamente frequente è il caso in cui un intero organismo, spesso un insetto o una foglia, viene incluso nell'ambra (una resina fossile) e conservato quasi perfettamente anche nelle sue parti molli (▶15). Molto più raro è invece il ritrovamento di organismi congelati nel ghiaccio, come nel caso dei mammuth siberiani. Il ritrovamento più noto risale al 1977 e riguarda un piccolo di sette mesi di età, la cui morte risale a circa 40 000 anni fa.

Ricordiamo infine le **tracce fossili**, costituite da orme, piste, tane e altri segni lasciati da animali vivi, conservate sino a oggi perché protette da strati sedimentari (▶16). Non sono rari infine i ritrovamenti di uova fossilizzate e di *coproliti* (escrementi fossili).

Facciamo il punto

7 Che cos'è un fossile?

8 Quali sono i principali processi di fossilizzazione?

BIOLOGIA & TECNOLOGIA

Scheda 2 Da *Jurassic Park* al… "pollosauro"

Nel 2007 alcuni paleontologi hanno ritrovato nel Montana (USA) un femore molto ben conservato di un dinosauro a becco d'anatra, il *Brachylophosaurus canadiensis* (▶1). L'esame microscopico ha rivelato la presenza di strutture non viventi simili agli osteociti, le cellule delle ossa, e di un materiale proteico simile al collagene. Le analisi successive, di tipo immunologico, hanno dimostrato incontrovertibilmente che si trattava di materiale organico appartenente al dinosauro stesso e non a batteri contaminanti. Queste scoperte hanno indotto molti a pensare che fosse possibile attuare nella realtà ciò che la fantasia ha reso possibile nel film *Jurassic Park*: riportare in vita un dinosauro per mezzo della clonazione. Sebbene la clonazione sia stata più volte attuata (si pensi alla pecora Dolly), la creazione di un organismo vivente a partire da DNA "fossile" è un obiettivo forse irraggiungibile. In primo luogo è molto improbabile riuscire a trovare materiale genetico in resti fossili (ossa o denti) di milioni di anni: si ritiene infatti che il DNA si degradi spontaneamente entro 50 000 anni. Anche l'idea di utilizzare sangue di dinosauro estratto da una zanzara si scontra con la difficoltà di individuare una zanzara che prima di morire abbia punto un dinosauro (ma le zanzare pungevano i dinosauri?). Ammesso che ciò sia possibile quasi certamente si riuscirebbero a estrarre solo piccoli frammenti di DNA, non un intero genoma.

Ma anche ammettendo che riuscissimo a ricostruire il genoma di un tirannosauro, dove inserirlo? Si potrebbe introdurre il DNA nell'uovo di un grande uccello, come lo struzzo, ma si tratta comunque di un uovo ben diverso (come dimensioni e come ambiente interno) da quello di un dinosauro.

Dobbiamo quindi abbandonare l'idea di far rivivere i dinosauri? Non del tutto. Secondo il paleontologo Jack Horner, consulente di Steven Spielberg in *Jurassc Park*, si potrebbero riattivare alcuni geni ancestrali in un embrione di gallina e far nascere un pollo con alcune caratteristiche rettiliane come i denti, la coda, le zampe anteriori con tre dita e altro.

Nascerebbe così un… pollosauro!

Figura 1 Ricostruzione di un esemplare di *Brachylophosaurus*.

4 Breve storia biologica della Terra

Lo studio dei fossili, oltre a fornire una prova evidente della teoria dell'evoluzione, permette di ricostruire gli eventi biologici avvenuti sul nostro pianeta e di ordinarli cronologicamente. Per fare ciò è essenziale che venga effettuata la **datazione** dei reperti, che consiste nel determinare a quando risale la loro formazione. Per una descrizione dei metodi di datazione dei fossili e una ricostruzione esaustiva degli avvenimenti geologici, climatici e biologici succedutisi nel corso della storia del pianeta, rimandiamo al testo di Scienze della Terra. I geologi hanno suddiviso i 4,6 miliardi di anni della storia della Terra in intervalli, le unità geocronologiche, che sono di diversa entità: le unità maggiori sono gli **eoni**, che si suddividono in **ere**, che a loro volta si dividono in **periodi** e infine in **epoche** (▶ 17). Sono stati individuati 4 eoni: *Adeano*, *Archeano*, *Proterozoico* e *Fanerozoico*, ma spesso i primi tre eoni vengono raggruppati in un supereone, il **Precambriano** (o **Criptozoico**, "età della vita nascosta").

In questa sede ci limiteremo a schematizzare il percorso evolutivo che, a partire dalle prime forme di vita, ha portato alla grande varietà di organismi viventi presenti oggi sulla Terra (▶ 18, alla pagina seguente).

animazione

Mutamenti e popolazioni nel corso delle ere
La storia della vita sulla Terra in sintesi.

Figura 17 Scala geocronologica.

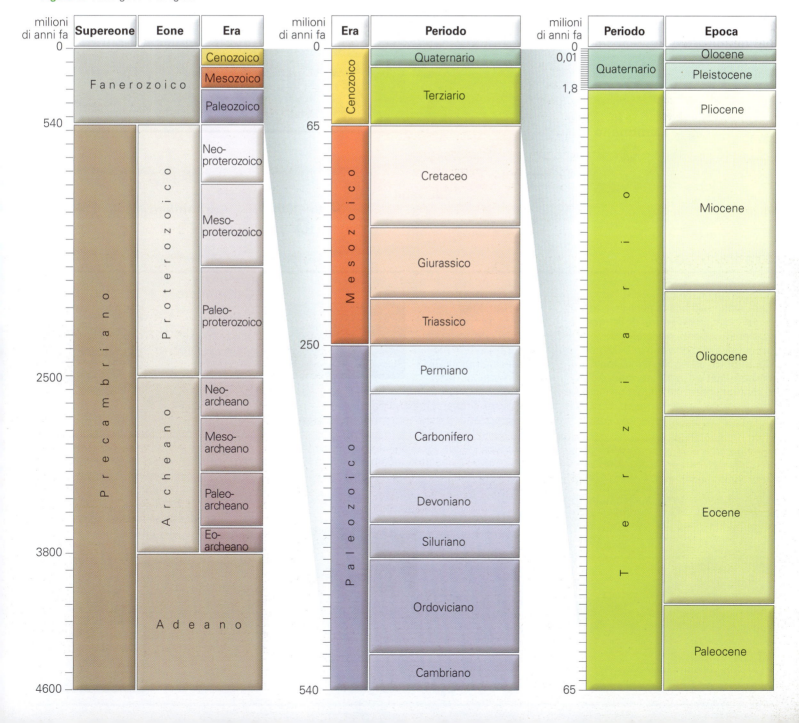

Figura 18 I principali eventi biologici nella storia della Terra.

Supereone Precambriano

❶ Adeano
Evoluzione chimica e prebiotica.

❷ Archeano
Prime testimonianze dirette dell'esistenza della vita, le **stromatoliti**, strutture calcaree prodotte da procarioti del tipo degli attuali cianobatteri presenti nella *formazione di Fig Tree* (3,2 miliardi di anni fa) in Sudafrica, e nella *formazione di Gunflint* (2 miliardi di anni fa) in Canada. *Nella foto: stromatoliti di Shark Bay, in Australia.*

❸ Proterozoico
1,5 miliardi di anni fa compaiono gli **eucarioti**. Il ritrovamento più antico di cellule eucariotiche è a *Bitter Spring* (Australia): fossili di alghe verdi e funghi che risalgono a circa 900 milioni di anni fa. 670 milioni di anni fa compaiono gli organismi pluricellulari, come testimoniato dalla **Fauna di Ediacara**, costituita da fossili di organismi pluricellulari, alcuni simili a meduse, con simmetria radiale e raggio di pochi centimetri, altri ad anellidi e artropodi primordiali, ma la maggior parte non somigliante a nessun gruppo sistematico esistente oggi. *Nelle foto: ricostruzione della fauna di Ediacara e fossile di Dickinsonia costata (a destra), organismo della fauna di Ediacara.*

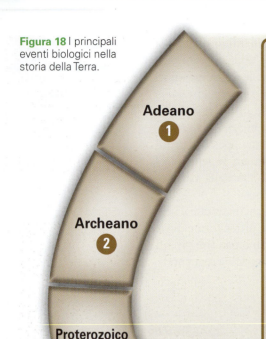

Era Paleozoica

❹ Cambriano
Esplosione cambriana degli invertebrati, testimoniata dalla **Fauna di Burgess** (Canada): spugne, cnidari, vermi, molluschi, artropodi e vari *phyla* estinti. Diffusione dei **trilobiti**, artropodi marini con il corpo suddiviso in tre lobi longitudinali e caratteristiche intermedie tra insetti e crostacei. *Nelle foto: ricostruzione della fauna di Burgess e fossili di trilobite.*

❺ Ordoviciano
Compaiono i primi **vertebrati**, gli *ostracodermi* (pesci privi di mascelle).

❻ Siluriano
All'inizio del periodo compaiono i *placodermi*, pesci corazzati con mascella e mandibola. A metà periodo i **pesci** si differenziano in cartilaginei e ossei. A fine periodo inizia la colonizzazione delle terre emerse da parte delle alghe verdi (che formano piante simili ai muschi attuali) e di alcuni invertebrati (comparsa di insetti e ragni). *Nella foto: ricostruzione di un placoderma in base ai reperti fossili.*

❼ Devoniano
Espansione dei pesci cartilaginei e ossei. Alla fine del periodo compaiono gli **anfibi**, che derivano da alcuni pesci ossei del gruppo dei *Sarcopterigi* dotati di pinne simili ad arti e di polmoni (come gli attuali pesci *dipnoi*). *Nella foto:* Neoceratodus forsteri, *specie diffusa in Australia, praticamente identico ai Sarcopterigi del Devoniano.*

❽ Carbonifero
Si formano estese foreste di piante primitive, equiseti giganti e felci arboree (*Glossopteris*). *Nelle foto: fossile di* Equisetum.

❾ Permiano
Declino degli anfibi e comparsa dei **rettili**: tra essi predominano i *terapsidi*, rettili omeotermi precursori dei mammiferi. Compaiono le piante **gimnosperme** (piante con semi ma senza fiori, come le conifere). Alla fine del periodo si verifica un'estinzione di massa (quasi l'85% di tutte le forme di vita) provocata da un inaridimento del clima che sfavorisce anfibi e felci, legati all'acqua per la riproduzione. Scompaiono anche placodermi e trilobiti. *Nella foto: le piante dell'ordine* Cycadales *costituiscono quello che rimane oggi delle prime gimnosperme.*

Era Mesozoica

⑩ Triassico
Radiazione adattativa dei rettili, grazie a un sistema riproduttivo non più dipendente dall'acqua (uovo amniotico e fecondazione interna); essi occupano tutti gli ambienti (acquatici, terrestri e aerei) e alcuni raggiungono grandi dimensioni (**dinosauri**).
Diffusione delle conifere.
Nella foto: fossile di dinosauro terrestre.

⑪ Giurassico
Comparsa di forme più evolute di insetti (ditteri e imenotteri). Culmine dell'espansione dei rettili e comparsa degli **uccelli**, che da essi derivano (*Archaeopteryx*).
Nella foto: fossile di Archaeopteryx.

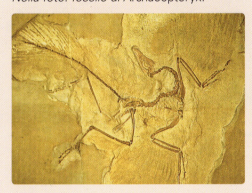

Alla fine del periodo compaiono i **mammiferi**, omeotermi e con sviluppo interno dell'embrione. Sono relegati in nicchie ecologiche "periferiche" (insettivori con vita prevalentemente notturna) perché non in grado di competere con i rettili.

⑫ Cretaceo
Tra gli invertebrati si espandono i molluschi (**ammoniti** e belemniti). Tra le piante compaiono le **angiosperme** (con fiori e frutti). Alla fine del periodo si verifica un'estinzione di massa, forse provocata dall'impatto di un meteorite. Scompare il 75% delle forme di vita, tra cui le ammoniti e in particolare i grandi rettili.
Nella foto: fossili di ammoniti, molluschi cefalopodi.

 Triassico 10
 Giurassico 11
 **Cretaceo 12**

Paleocene 13
Eocene 14
Oligocene 15
Miocene 16
Pliocene 17
Pleistocene 18
Olocene 19

Era Cenozoica

Albero filogenetico dei primati

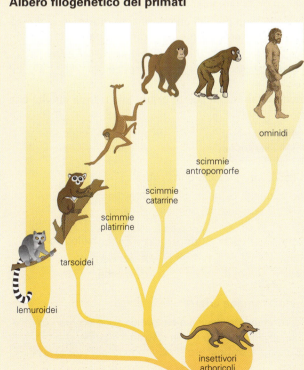

⑬ Paleocene
Radiazione adattativa dei mammiferi e degli uccelli, che invadono tutti gli ambienti precedentemente occupati dai grandi rettili. Espansione delle angiosperme (piante con fiori e frutti).

⑭ Eocene
Compaiono i **primati**, mammiferi adattati alla vita arboricola.

⑰ Pliocene
All'inizio di questa epoca compaiono i primi **ominidi**, le scimmie australopitecine, con stazione eretta.
Alla fine compare *Homo habilis*.

⑱ Pleistocene
All'inizio di questa epoca compaiono *Homo ergaster* e *Homo erectus*.
Alla fine compare *Homo sapiens*.

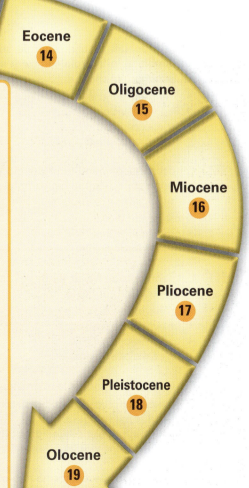

Biologia - Sezione B1 I meccanismi dell'ereditarietà e dell'evoluzione

Ripassa con le flashcard ed esercitati con i test interattivi sul Me•book.

CONOSCENZE

Con un testo articolato tratta i seguenti argomenti

1 Metti a confronto l'ipotesi dell'evoluzione chimica e prebiotica con quella dell'origine extraterrestre della vita.

2 Descrivi le caratteristiche generali dei fossili e i diversi processi di fossilizzazione.

3 Raffigura il modo in cui è stato suddiviso il tempo geologico.

Con un testo sintetico rispondi alle seguenti domande

4 Come operò Miller nel suo esperimento e quali risultati ottenne?

5 Che cosa sono coacervati e microsfere?

6 Che cosa sono i ribozimi? Perché sono considerati importanti?

7 Che cosa afferma la teoria dell'endosimbiosi?

8 In quali condizioni si può verificare un processo di fossilizzazione?

9 Quali sono le ere geologiche?

Quesiti

10 Secondo Oparin che cosa conteneva l'atmosfera primordiale?
- a Azoto, ossigeno e anidride carbonica
- b Gas inerti come elio e neon
- c Gas riducenti come idrogeno, metano, ammoniaca e anidride carbonica
- d Ossigeno e ozono

11 Quali probabili fonti di energia sono state individuate nell'ambiente primordiale in cui si sono formate le prime molecole organiche?
- a Scariche elettriche come i fulmini
- b Raggi ultravioletti
- c Lave incandescenti
- d Tutti i precedenti fattori

12 Gli oceani contenenti le prime piccole molecole biologiche sono stati chiamati nel complesso:
- a brodo oceanico.
- b paludi primordiali.
- c brodo primordiale.
- d minestra primigenia.

13 L'esperimento di Miller ha dimostrato che sulla Terra potrebbe essersi verificata:
- a un'evoluzione biologica.
- b un'evoluzione prebiotica.
- c un'evoluzione chimica.
- d un'evoluzione umana.

14 I coacervati di Oparin e le microsfere di Fox sono:
- a sistemi chimici delimitati e catalitici.
- b cellule primitive.
- c microrganismi pluricellulari primitivi.
- d cellule contenenti RNA.

15 Quale tipo di molecola forma i ribozimi?
- a DNA
- b Proteine
- c RNA
- d ATP

16 Quali funzioni svolsero i ribozimi nel brodo primordiale?
- a Catalitica
- b Replicante
- c Entrambe le precedenti
- d Nessuna delle precedenti

17 Le ancestrali forme di vita sono state chiamate:
- a Luisa.
- b Lina.
- c Luca.
- d Paolo.

18 Le prime cellule erano:
- a eterotrofe, procariotiche e anaerobie.
- b autotrofe, procariotiche e anaerobie.
- c eterotrofe, eucariotiche e aerobie.
- d autotrofe, eucariotiche e aerobie.

19 Le cellule eucariotiche comparvero:
- a 3,5 miliardi di anni fa.
- b 2,5 milioni di anni fa.
- c 1,5 miliardi di anni fa.
- d 1 milione di anni fa.

20 Secondo la teoria dell'endosimbiosi si installarono nelle cellule procariotiche dei parassiti che diedero origine:
- a al reticolo endoplasmatico.
- b al nucleo.
- c a mitocondri e cloroplasti.
- d a lisosomi e vacuoli.

21 I fossili:
- a si formano quando l'organismo morto è rapidamente sepolto da sedimenti.
- b si formano quando l'organismo morto non possiede parti dure.
- c si formano prevalentemente in ambiente terrestre.
- d si formano quasi sempre.

22 Quando le parti dure di un organismo morto vengono sostituite da minerali atomo per atomo si parla di:
- a inclusione.
- b mineralizzazione.
- c mummificazione.
- d calco.

23 Avviene in ambienti secchi grazie alla ridotta attività batterica:
- a inclusione.
- b mineralizzazione.
- c mummificazione.
- d calco.

24 Può essere in ghiaccio o in ambra:
- a inclusione.
- b mineralizzazione.
- c mummificazione.
- d calco.

25 Adeano, Archeano, Proterozoico e Fanerozoico sono:
- a eoni.
- b ere.
- c periodi.
- d epoche.

26 Elimina il termine errato.
- a. Paleozoico, mesozoico e cenozoico sono *ere/periodi*.
- b. Giurassico, triassico e cretaceo sono *ere/periodi*.
- c. Siluriano e carbonifero appartengono al *Paleozoico/Cenozoico*.
- d. Olocene e pleistocene appartengono al *Cenozoico/Mesozoico*.

COMPETENZE

Leggi e interpreta

27 L'origine della vita

Non sappiamo quali materiali chimici grezzi fossero abbondanti sulla Terra prima dell'avvento della vita, ma fra quelli possibili vi sono acqua, anidride carbonica, metano e ammoniaca [...] I chimici hanno cercato di imitare le condizioni chimiche della Terra primordiale, mettendo queste semplici sostanze in una fiasca e fornendo una fonte di energia come la luce ultravioletta o scariche elettriche, una simulazione dei lampi e dei fulmini primordiali. Dopo qualche settimana in genere si trova qualcosa di interessante nella fiasca: un brodo marroncino che contiene un gran numero di molecole più complesse di quelle introdotte in origine. [...]

Processi analoghi devono aver dato origine al brodo primordiale che i biologi ritengono costituisse i mari da 3 a 4 miliardi di anni fa. Le sostanze organiche diventarono qua e là concentrate, forse in pozze che asciugavano lungo le rive o in minuscole gocce in sospensione e si combinarono in molecole più grandi. Oggi queste molecole organiche non durerebbero abbastanza a lungo: sarebbero assorbite e distrutte da batteri e altri viventi. Ma i batteri sono arrivati molto dopo e quindi le grandi molecole organiche sopravvissero. A un certo punto per caso si è formata una molecola particolare, che chiameremo *replicatore*: aveva la straordinaria proprietà di essere capace di creare copie di se stessa. [...]

Ora però dobbiamo parlare di una proprietà importante di ogni processo di copiatura, il fatto che non è mai perfetto, ma soggetto a errori. Man mano che le copie sbagliate venivano prodotte e propagate il brodo primordiale si riempiva di una popolazione composta non di repliche identiche, ma di parecchie varietà di molecole che si replicavano. Quasi certamente alcune erano più numerose di altre perché più resistenti [...]

Liberamente tratto da Il gene egoista di R. Dawkins, Oscar Mondadori

a. Individua nel brano i termini che hai incontrato nello studio di questa Unità.
b. Rispondi alle seguenti domande.
   1. A quali esperimenti si riferisce l'autore?
   2. Quali fonti di energia ritiene fondamentali per la formazione dei composti organici?
   3. Che cosa caratterizza un replicatore?

Osserva e rispondi

28 Distingui i diversi tipi di fossilizzazione rappresentati in queste fotografie.

Fai un'indagine

29 Esegui una ricerca sulla fauna di Ediacara e su quella di Burgess, mettendo in evidenza le diverse interpretazioni date a questi ritrovamenti nel corso degli anni. Prepara una presentazione in Power Point da proporre in classe.

30 *Scipionyx samniticus* è stato il primo dinosauro ritrovato in Italia. Il solo esemplare conosciuto, rinvenuto a Pietraroja (BN) negli anni '70 del secolo scorso, è noto al grande pubblico con il nome di Ciro. Fai un'indagine per scoprirne le caratteristiche.

In English

31 Search the web for significant pictures of fossils, then create an album to hang in the classroom.

32 Describe the main fossilization processes.

33 Explain the endosymbiotic theory.

Organizza i concetti

34 Completa la mappa.

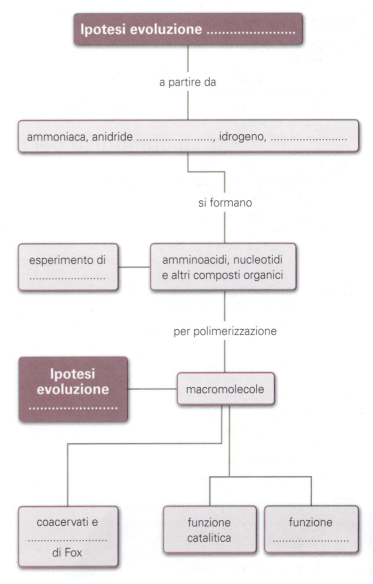

35 Costruisci una mappa in cui siano evidenziate le tappe della formazione delle cellule eucariotiche.

unità 5
L'evoluzione dell'uomo

Secondo il biologo evoluzionista Julian Huxley "la specie umana è l'evoluzione che prende coscienza di se stessa". Qual è il significato profondo di questa affermazione?

1 La comparsa dei primati

Derivati da un ceppo primitivo di rettili, i mammiferi comparvero sulla Terra circa 200 milioni di anni fa, nel Mesozoico. Erano animali di piccole dimensioni, che si nutrivano prevalentemente di insetti e vermi e conducevano vita notturna per evitare sia di essere predati sia di competere con i rettili, che occupavano tutti gli habitat ma erano prevalentemente diurni, perché eterotermi. I mammiferi erano invece omeotermi, cioè in grado di mantenere costante la temperatura corporea indipendentemente dalle condizioni esterne. Animali di questo tipo esistono ancora oggi: sono gli insettivori, come il toporagno (▶1). Per circa 130 milioni di anni i primitivi mammiferi vissero "nascosti" in un territorio dominato dai dinosauri, ma la situazione cambiò radicalmente 65 milioni di anni fa, in seguito all'estinzione di massa che travolse anche i grandi rettili e liberò numerosissime nicchie ecologiche: i mammiferi diedero origine a un'imponente radiazione adattativa e occuparono ogni tipo di ambiente. Nel corso di questo processo di diffusione planetaria, circa 40 milioni di anni fa un gruppo di piccoli mammiferi quadrupedi si adattò alla vita arboricola acquisendo caratteristiche inedite nel regno animale: ebbe così origine l'ordine dei **primati**.

Figura 1 Un esemplare di toporagno comune.

1.1 Le caratteristiche dei primati

I primati svilupparono in alcuni milioni di anni numerosi adattamenti alla vita arboricola, che ne trasformarono la struttura corporea e i comportamenti. Analizziamone i risultati nei primati attuali.

Con poche eccezioni, i primati possiedono **cinque dita separate** in "mani" e "piedi", e un **pollice opponibile** al palmo e alle altre dita nella mano (o in mani e piedi). Sono perciò in grado di afferrare saldamente gli oggetti con la *mano prensile*, capacità assai utile per appendersi con sicurezza ai rami degli alberi. Altre caratteristiche distintive dei primati sono la possibilità di muovere l'avambraccio in modo da far ruotare la mano (come quando si avvita una lampadina) e la mancanza di artigli, che sarebbero d'impaccio nella manipolazione degli oggetti, sostituiti da unghie piatte. Per incrementare la capacità di muoversi sugli alberi, alcuni primati hanno sviluppato anche una coda prensile (▶2, alla pagina successiva).

Alcuni adattamenti hanno interessato le **capacità sensoriali**: nella vita arboricola assume maggiore importanza la vista, mentre il senso dell'olfatto, assai

Figura 2 Alcuni primati come queste scimmie del genere *Ateles*, chiamate comunemente scimmie ragno e diffuse nell'America Centro-Meridionale, utilizzano mani e coda prensili per spostarsi agilmente tra i rami.

■ campi visivi non sovrapposti
■ campi visivi sovrapposti

Figura 3 Nel piccione la sovrapposizione dei campi visivi è molto ridotta, mentre nei primati è decisamente maggiore e permette loro di percepire il senso della profondità. Poiché infatti gli occhi di un primate si trovano a qualche centimetro di distanza l'uno dall'altro, un medesimo oggetto viene visto da due punti di vista differenti: il cervello è in grado di leggere questa lieve disparità come un'immagine unica a tre dimensioni.

sviluppato negli animali che vivono al suolo, regredisce (si tratta dello stesso tipo di evoluzione che si è verificato negli uccelli). Grazie a un'elevata concentrazione di fotorecettori nella retina, i primati possiedono una vista nitida e quasi sempre a colori; oltre a ciò, più o meno tutti hanno gli occhi in posizione frontale: in questo modo sovrappongono notevolmente i due campi visivi e la loro **vista** diventa **stereoscopica** (in tre dimensioni o 3D), caratteristica assai utile per valutare la distanza degli oggetti. Si tratta di un adattamento presumibilmente connesso sia alla capacità di passare da un ramo all'altro nella foresta, sia a quella di cacciare insetti. Per ottenere questo risultato hanno rinunciato all'ampiezza del campo visivo, che si riduce a circa 180°: decisamente poco, se si pensa che in alcuni animali (quelli con gli occhi laterali) può raggiungere i 360° (▶3). Evidentemente la vita arboricola rendeva meno necessario il "guardarsi alle spalle".

Dal punto di vista comportamentale, una caratteristica dei primati (ma anche di altri animali, come gli uccelli) è rappresentata dalle **cure parentali**: i piccoli devono essere accuditi a lungo, perché maturano lentamente e hanno quindi un prolungato periodo di dipendenza dalla madre (▶4). Questa necessità di dedicarsi alla prole, spesso portandosela appresso, ha prodotto la riduzione del numero di figli per parto e della frequenza dei parti, quindi della fertilità delle femmine nel suo complesso (anche per questo motivo alcune scimmie sono oggi a rischio di estinzione).

Un altro adattamento importante è la **postura eretta**, che consiste nello stare seduti con la schiena e la testa diritte: in questo modo l'animale seduto può guardare dritto davanti a sé anche a grande distanza e utilizzare le mani per varie attività. Si tratta tra l'altro di un preadattamento alla *stazione eretta*, caratteristica tipica degli esseri umani.

A queste caratteristiche occorre aggiungere un progressivo **sviluppo del cervello**, probabilmente connesso a quello delle capacità manipolatorie.

Figura 4 Negli scimpanzé e in generale nei primati, il periodo di cura parentale è prolungato.

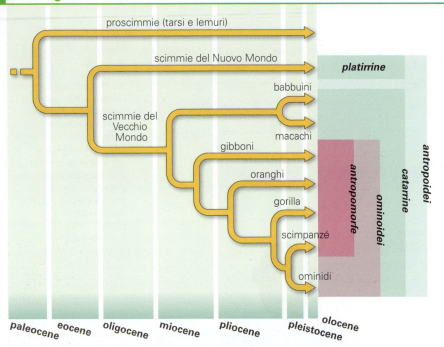

Figura 7 I gibboni (**a**) sono le scimmie antropomorfe più leggere e si spostano prevalentemente mediante brachiazione. I gorilla maschi (**b**), come l'esemplare nella foto, possono superare i 200 kg di peso e si spostano appoggiandosi sulle nocche, ma possono anche sollevarsi sulle zampe posteriori per tempi brevi.

Figura 5 I principali gruppi di primati esistenti attualmente, secondo la suddivisione tradizionale.

1.2 I principali tipi di primati

I primati comprendono circa 400 specie e vengono tradizionalmente suddivisi in due grandi gruppi (▶ 5): le **proscimmie**, piccole e primitive (come il tarso del Borneo e il lemure del Madagascar), e i più evoluti **antropoidei**, comunemente detti scimmie, che sono di due tipi: le **scimmie platirrine** (o "del Nuovo mondo") e le **scimmie catarrine** (o "del Vecchio mondo"). Segnaliamo però che recentemente si è introdotta una suddivisione diversa dei primati, più corretta scientificamente, tra *stepsirrine* (lemuri, lori e galagoni) e *aplorrine* (tutte le altre). Al di là dei dettagli tecnici, rimane comunque valida la distinzione tra scimmie platirrine ("con naso piatto", ▶ **6a**) e catarrine ("con naso verso il basso", ▶**6b**), la cui separazione evolutiva risale agli inizi della formazione dell'Oceano Atlantico (circa 250 milioni di anni fa). Le prime vivono prevalentemente in Sudamerica, conducono vita arboricola e hanno naso schiacciato (con narici rivolte verso i lati), timpano uditivo "a vista", 36 denti, coda robusta e spesso prensile. Le seconde sono diffuse in Africa, Asia ed Europa e hanno naso prominente (con le narici rivolte verso il basso), timpano interno (in fondo al canale uditivo), 32 denti, visione a colori, coda piccola o assente; inoltre, pur vivendo prevalentemente nelle foreste, hanno occupato anche habitat diversi (come la savana).

Le scimmie catarrine sono a loro volta suddivise in due gruppi: i *cercopitechi* (macachi e babbuini), di piccole dimensioni, e gli **ominoidei** (superfamiglia *Hominoidea*), di dimensioni maggiori. A questi ultimi appartengono, secondo la classificazione tradizionale, gli **Ilobatidi** (gibboni), le **scimmie antropomorfe** (di tre tipi: *gorilla*, *Pan*, che sono gli scimpanzé, e *Pongo*, che sono gli oranghi) e gli **ominidi** (l'uomo e i suoi predecessori).

Gli Ilobatidi vivono nelle foreste asiatiche e sono relativamente piccoli: hanno bacino stretto, braccia lunghe e si muovono prevalentemente per **brachiazione** (▶**7a**), appendendosi verticalmente ai rami degli alberi; scimpanzé e gorilla, di taglia maggiore, vivono nelle foreste africane: si muovono sul terreno stando inclinati in avanti (*posizione clinograda*) e appoggiandosi sulle nocche delle mani (*knuckle-walking*, ▶**7b**). Gli oranghi (Borneo, Indonesia) alternano la brachiazione a una camminata al suolo simile a quella dei Pongo (camminano "sui pugni").

Occorre però fare una precisazione: oggi si ritiene che uomini e scimpanzé siano evolutivamente più vicini tra loro di quanto lo siano con gorilla e oranghi, per cui vengono riuniti nella "tribù" degli *Hominini*; insieme a gorilla e oranghi formano la famiglia *Hominidae*. Tuttavia, secondo la tradizione, in questo libro continueremo a chiamare ominidi esclusivamente l'uomo e i suoi precursori.

Figura 6 Le platirrine (**a**), come le scimmie urlatrici, sono caratterizzate dal naso piatto.
Le catarrine (**b**), come i babbuini, hanno il naso rivolto verso il basso.

Facciamo il punto

1. Quali sono le caratteristiche peculiari dei primati?
2. Quali sono i principali tipi di primati?

2 Le differenze anatomiche tra uomo e scimmie antropomorfe

Nonostante la notevole vicinanza evolutiva, tra le scimmie antropomorfe e gli uomini esistono differenze significative nella struttura corporea (tronco e arti) e nel cranio (scatola cranica e viso), che esamineremo ora nel dettaglio (▶8).

Le differenze anatomiche presenti nella struttura del corpo sono correlate alla **stazione eretta** (o **bipedia**), che si è sviluppata appieno solo nell'uomo. La stazione eretta ha due componenti fondamentali: la **verticalità del tronco** e l'**andatura bipede**. Si è già detto che molte scimmie (e anche altri animali) sono in grado di star sedute con il tronco eretto e che le scimmie antropomorfe possono camminare su due zampe, ma solo l'uomo è in grado di restare eretto per molto tempo con l'articolazione delle

Figura 8 Le principali differenze anatomiche tra una scimmia antropomorfa e un essere umano.

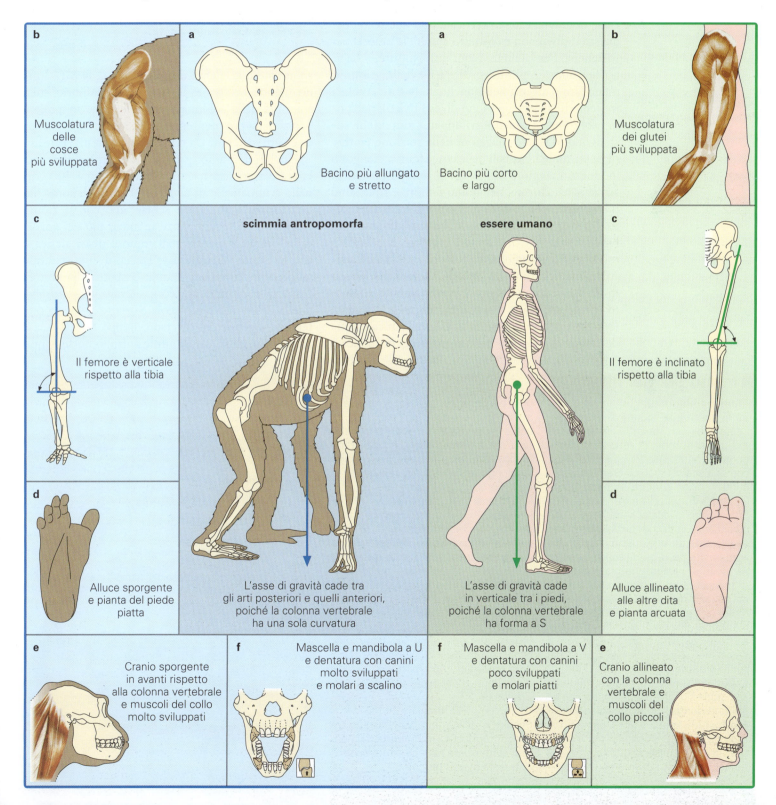

ginocchia in estensione completa, con un dispendio minimo di energia muscolare, e di camminare a grandi passi (la "falcata"). Per poter fare ciò il nostro corpo ha subito modificazioni molto significative in tutte le sue parti, dai piedi alla testa. In primo luogo la colonna vertebrale dell'uomo ha una forma a S, con due curvature, mentre quella delle scimmie antropomorfe ha una sola curvatura: di conseguenza, mentre nelle scimmie, quando sono "in piedi", l'asse di gravità cade tra gli arti posteriori e anteriori, costringendole ad appoggiarsi sulle nocche, nell'uomo l'asse di gravità cade in verticale tra i due piedi: per questo motivo non è costretto a usare le braccia per sostenersi. Per facilitare l'equilibrio, inoltre, il bacino dell'uomo è più largo di quello delle scimmie, meno alto e diversamente inclinato (▶8a). Anche i muscoli di questa zona sono diversi (▶8b): nell'uomo sono maggiormente sviluppati i glutei (che sostengono lo sforzo maggiore nella stazione eretta), nelle scimmie i muscoli delle cosce (che sostengono lo sforzo maggiore nel tenere le zampe posteriori semiflesse). Ancora, nell'uomo femore e tibia sono più robusti, per sostenere il peso del corpo; inoltre, la maggiore larghezza del bacino allontana tra loro le teste dei due femori (sinistro e destro) e modifica l'angolazione tra femore e tibia nell'articolazione del ginocchio (▶8c). Anche i piedi sono diversi: nell'uomo l'alluce è perfettamente allineato con le altre dita, e la pianta del piede è arcuata (con tre punti di appoggio su tallone, alluce e zona del mignolo), mentre nelle antropomorfe l'alluce è sporgente e la pianta del piede piatta (▶8d). Infine, mentre nell'uomo la testa è "in equilibrio" sulla sommità della colonna vertebrale, nelle scimmie è posizionata prevalentemente "in avanti", per cui deve essere sostenuta da muscoli più potenti (▶8e).

Anche il cranio presenta evidenti differenze: la scatola cranica ha un volume di circa 400 cm^3 nello scimpanzé e di circa 1400 cm^3 nell'uomo; ha una forma "allungata e schiacciata" con la fronte sfuggente nello scimpanzé (e ancor più nel gorilla e nell'orango), mentre nell'uomo è quasi sferica e con la fronte verticale. La "faccia" di una scimmia antropomorfa appare grande (rispetto alla scatola cranica) e prominente (con elevato *prognatismo*), quella dell'uomo più piccola e "piatta". Questa differenza dipende dal diverso sviluppo di mascella e mandibola, che nelle scimmie antropomorfe hanno

Lo sapevi che...

Come siamo immaturi!
Il fatto che gli esseri umani abbiano il cervello più sviluppato del regno animale è un problema al momento della nascita, anche perché la stazione eretta ha provocato nella femmina un restringimento del canale del parto. Non potendo quindi le donne partorire un neonato con una testa troppo grossa, la soluzione evolutiva è stata quella di far continuare la crescita cerebrale del bambino anche dopo la nascita, grazie alla presenza tra le ossa del cranio di "fontanelle" non ossificate: questo non accade nelle scimmie antropomorfe, che nascono con un grado di maturità che l'essere umano raggiunge dopo un anno di vita.

Immagini per riflettere

Eterni bambini?
Se si osserva la figura ▶1 appare evidente che i crani di un neonato umano e di uno di scimpanzé sono assai simili: entrambi hanno una forma arrotondata, con una scatola cranica preponderante per dimensioni rispetto alla parte facciale, dotata di mascelle e mandibole poco pronunciate. Questa somiglianza, che dipende dal fatto che i piccoli di entrambe le specie devono riuscire a succhiare il latte materno, si perde con la crescita: se infatti si paragonano crani umani e di scimpanzé adulti si nota che, mentre nei secondi mandibola e mascella sono molto sviluppate (*prognatismo*) e il cranio appare allungato, nei primi lo sviluppo delle due parti è più omogeneo e il cranio nel suo complesso appare più simile a quello del feto.
Queste osservazioni hanno suggerito agli studiosi l'idea che la nostra specie sia un esempio di **neotenia** o **pedomorfosi** (dal greco *paidos*, bambino, e *morphé*, forma), fenomeno per il quale tratti tipici della fase infantile permangono nell'adulto. Vi sono numerosi esempi di pedomorfosi nel mondo animale: molto noto è il caso dell'*axolotl* (▶2), una salamandra che mantiene per tutta la vita le caratteristiche larvali (come le branchie esterne), anche quando raggiunge le dimensioni dell'adulto e l'età riproduttiva. Nell'essere umano, la permanenza di caratteristiche infantili nell'adulto deriva dalla modificazione dei ritmi di crescita delle diverse parti del cranio: nel corso dell'evoluzione dai primi ominidi all'uomo moderno la "faccia" (in particolare mascelle e mandibole) ha ridotto progressivamente le sue dimensioni rispetto alla scatola cranica, differenziandoci sempre più dalle scimmie. In questo cammino della nostra specie verso la neotenia hanno avuto un ruolo fondamentale i **geni omeotici**, che regolano i processi di sviluppo embrionale (vedi Unità 3, Scheda 6).

Pensi che esista una connessione tra la pedomorfosi e l'immaturità dei neonati evidenziata nel "Lo sapevi che..." di questa stessa pagina?

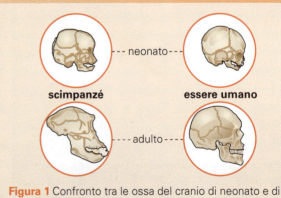

Figura 1 Confronto tra le ossa del cranio di neonato e di adulto, nell'uomo e nello scimpanzé.

Figura 2
Un esemplare di axolotl (*Ambystoma mexicanum*).

forma a U, nell'uomo forma a V (o, meglio, parabolica). Anche la dentatura è diversa: le scimmie antropomorfe hanno incisivi sviluppati, canini grossi e sporgenti, molari ridotti e con forma a scalino, mentre gli uomini hanno incisivi e canini ridotti e molari sviluppati e "piatti" (▶8f). Queste differenze anatomiche hanno permesso di collocare i fossili di ominidi ritrovati nei decenni scorsi all'interno del percorso evolutivo della nostra specie.

Lo sapevi che...

Canini e... sesso

I canini molto sviluppati sono una prerogativa dei predatori carnivori, che li utilizzano per uccidere le prede e sbranarle. Le scimmie antropomorfe hanno una dieta prevalentemente vegetariana, che cosa se ne fanno di quei grossi canini? Il fatto che nei maschi questi denti sono più sviluppati rispetto alle femmine ha fatto pensare che abbiano una funzione intimidatoria, nel periodo degli accoppiamenti, nei riguardi dei... rivali in amore.

Facciamo il punto

3 Quali sono le principali differenze anatomiche tra uomo e scimmie antropomorfe?

4 A che cosa sono correlate?

3 Dai primi ominidi all'uomo moderno

Gli ominoidei si sono originati circa 20 milioni di anni fa in Africa, a partire da scimmie del genere *Dryopithecus*, in possesso di caratteri che le fanno ritenere ominoidei in formazione (▶9). Dalla linea evolutiva che ha portato agli ominidi si sono separati prima gli oranghi (14 milioni di anni fa), poi i gorilla (7-8 milioni di anni fa) e infine gli scimpanzé (circa 5-6 milioni di anni fa).

Uno dei primi ominidi fu probabilmente *Ardipithecus ramidus*, una scimmia arboricola con una tendenza al bipedismo di cui sono stati trovati in Etiopia resti risalenti a circa 4,5 milioni di anni fa. Da esso sarebbero discesi i primi ominidi definibili con certezza come nostri antenati: sono gli **australopiteci** (o *australopitecine*, "scimmie australi"), vissuti in Africa orientale e meridionale (Tanzania, Kenia, Etiopia, Sudafrica) tra 4,2 e 1,2 milioni di anni fa (▶10).

Il più antico australopiteco di cui si hanno reperti è l'*Australopithecus anamensis*, che evolvette nel più noto *A. afarensis*, il quale a sua volta diede origine a due diverse linee evolutive: quella delle "australopitecine robuste" (*A. robustus*, *A. aethiopicus* e *A. boisei*), attualmente considerate appartenenti al genere *Paranthropus* (la definizione di "robuste" non è riferita alle dimensioni corporee ma all'apparato masticatorio) e quella delle "australopitecine gracili" (*A. africanus* e *A. sediba*) da cui si ritiene si sia originato il genere *Homo* (▶11, alla pagina successiva).

Il primo fossile di australopiteco fu rinvenuto nel 1924, nella cava di Taung in Tanzania: era quello di un bambino, il **bambino di Taung**.

Altri fossili furono rinvenuti nei decenni successivi dai coniugi Leakey nella Gola di Olduvai (Tanzania) e dal figlio Richard in Kenya. Indubbiamente però il ritrovamento più significativo fu quello di Lucy, un fossile di *Australopithecus afarensis* rinvenuto da Donald Johanson nel 1974 nella regione

Figura 10 I principali siti di ritrovamenti di fossili di ominidi.

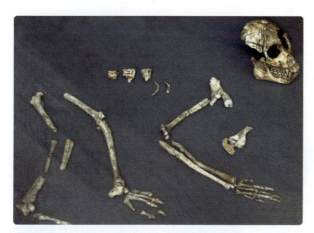

Figura 9 Il fossile di *Dryopithecus* (o *Proconsul*) da molti considerato un precursore degli ominoidei.

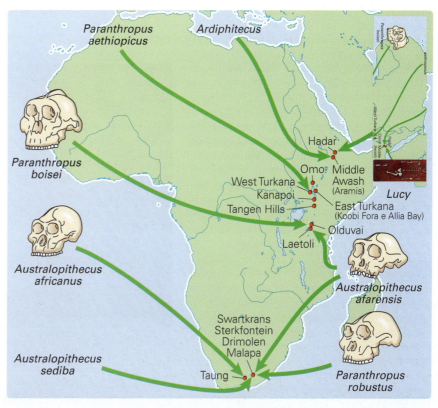

Biologia - Sezione B1 I meccanismi dell'ereditarietà e dell'evoluzione

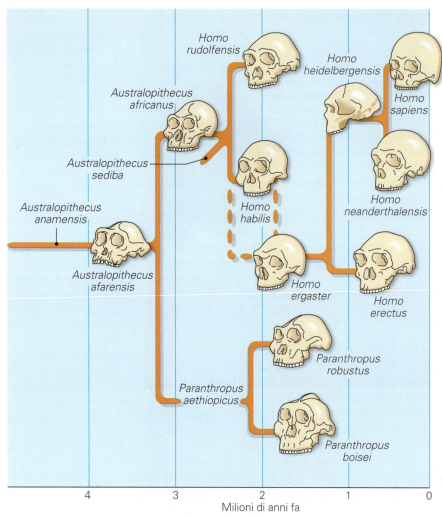

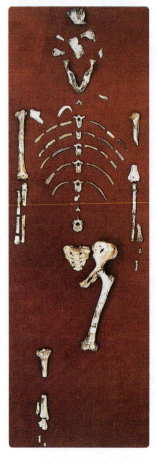

di Afar in Etiopia: è uno dei reperti preumani più completi mai ritrovati (▶12).

Ma perché si dà tanta importanza a questi reperti? Perché dimostrano senza ombra di dubbio che gli australopiteci, scimmie alte tra 1,1 e 1,5 m e con un peso di 30-50 kg (con un notevole dimorfismo sessuale), possedevano uno scheletro quasi perfettamente adattato alla stazione eretta e all'andatura bipede (la curvatura della colonna vertebrale, la forma del bacino, l'articolazione del ginocchio, la forma del

Figura 11 Ricostruzione della possibile filogenesi degli ominidi.

Figura 12 Lucy deve il nome al fatto che D. Johanson stava ascoltando la canzone dei Beatles "Lucy in the sky with diamonds" al momento del ritrovamento. Era una femmina di australopiteco risalente a 3,7 milioni di anni fa, alta 110 cm, del peso di circa 30 kg, con il bacino largo e il cranio in asse con la colonna vertebrale, come gli uomini attuali.

STORIE DI IERI

Scheda 1 Laetoli: impronte nel fango

Nella piana di Laetoli, nel Serengeti (Nord-Est della Tanzania), 3,6 milioni di anni fa due adulti (maschio e femmina) e un bambino di australopiteco camminavano su uno strato di ceneri di circa 1,5 cm, prodotto dall'eruzione del vulcano Sadiman (all'epoca attivo), situato a 20 km di distanza. Le ceneri erano state rese umide e pastose da un acquazzone immediatamente successivo all'eruzione. Nei giorni successivi la cenere asciugò al caldo sole equatoriale e si cementò. Lo strato venne poi ricoperto da altre ceneri vulcaniche e da sedimenti sabbiosi, che preservarono l'integrità delle orme. Milioni di anni dopo, i processi erosivi riportarono in superficie lo strato di ceneri e le impronte su di esso "incise". Le scoprirono, nel 1976, alcuni paleontologi al seguito di una spedizione di Mary Leakey. Le impronte fossili (▶1a) evidenziano che quegli ominidi camminavano in posizione eretta, poiché non vi sono segni lasciati dall'appoggio delle nocche delle mani. I piedi inoltre hanno l'alluce allineato con le altre dita e presentano

l'arco sottoplantare arcuato come nell'uomo moderno (▶1b). Negli anni successivi sono state ritrovate nella stessa zona molte altre impronte dello stesso tipo, che confermano la bipedia degli australopiteci.

Figura 1 Impronte fossili di australopiteci ritrovate a Laetoli; sulla destra sono visibili delle impronte attribuibili a un cavallo (**a**). Dettaglio di un'orma (**b**), che evidenzia come l'alluce sia allineato con le altre dita.

piede sono quasi come le nostre). Le orme fossili di australopiteci rinvenute a Laetoli (Tanzania) e molti altri ritrovamenti fossili hanno confermato questo dato (vedi SCHEDA 1).

La comparsa della bipedia fu una svolta fondamentale per l'evoluzione degli ominidi e precedette di molto lo sviluppo del cervello e delle capacità manipolatorie: gli australopiteci infatti avevano un cervello di circa 400 cm^3 (come gli attuali scimpanzé) e non erano in grado di costruire nessun tipo di utensile (i primi reperti di manufatti risalgono infatti a oltre un milione di anni dopo). La bipedia degli australopiteci era "facoltativa": si affianca alla locomozione sugli alberi, ma non la sostituisce.

Ma quale fu la causa dell'affermazione della bipedia in questi ominidi? Secondo molti paleoantropologi (studiosi dell'evoluzione dell'uomo) la bipedia fu la conseguenza evolutiva del passaggio dalla vita arboricola nelle foreste alla vita nella savana, causato dal processo di frammentazione delle foreste in atto a partire da 10 milioni di anni fa nella zona del grande rift africano (Africa orientale). Questo fenomeno ebbe un'accelerazione circa 6 milioni di anni fa e portò alla quasi totale scomparsa delle grandi foreste a favore della savana con erbe alte. Molti animali furono costretti a cambiare habitat: alcuni si estinsero, altri ebbero successo. Si sono elaborate varie ipotesi su quale immediato vantaggio evolutivo abbia rappresentato la bipedia nel nuovo ambiente, anche perché vivere su due zampe presenta evidenti svantaggi (in particolare la totale immobilità nel caso una zampa sia fratturata).

Sono state fatte molte ipotesi: la possibilità di vedere in lontananza negli spazi aperti stando eretti, la capacità di camminare a lungo grazie a un piede non più prensile, la possibilità da parte dei maschi cacciatori di trasportare il cibo alle femmine e ai piccoli, la possibilità di attraversare le acque basse di laghi e fiumi senza dover nuotare. Tuttavia, nessuna di queste ipotesi è del tutto convincente.

Ciò che invece appare evidente è la conseguenza a lungo termine dell'acquisizione della bipedia: il totale disimpegno delle mani dalla funzione locomotoria. Le mani vengono così rese disponibili per altre attività, come le cure parentali e la fabbricazione di utensili, abilità, quest'ultima, che fu acquisita molto dopo, con lo sviluppo del cervello.

3.1 Il genere *Homo*

Nel percorso evolutivo degli ominidi successivo al trasferimento nella savana si creò probabilmente una divergenza nel tipo di alimentazione: i parantropi (o "australopiteci robusti") divennero grandi masticatori di semi e radici (i frutti erano rari nella savana), mentre gli antenati dell'uomo diventarono parzialmente carnivori, prima rubando il cibo ai predatori e infine diventando essi stessi abili cacciatori. Fu forse la necessità di cacciare a migliorare nel tempo le capacità manuali e cerebrali degli uomini, così come la caccia in gruppo potrebbe aver favorito forme di comunicazione verbale (vedi § 4).

Questa ricostruzione degli avvenimenti si basa sulla documentazione fossile, che evidenzia il progressivo incremento della capacità cranica e dell'abilità manuale dei rappresentanti di quello che ora chiameremo genere *Homo*.

Un primo importante ritrovamento fu opera, ancora una volta, di Mary Leakey. Nella gola di Olduvai, un avvallamento lungo 40 km nella pianura di Serengeti (Tanzania), furono ritrovati i resti di un ominide risalente a 2 milioni di anni fa: venne chiamato **Homo habilis** (▶13). Era più evoluto degli australopiteci poiché possedeva un cranio più sviluppato (circa 700 cm^3) e utilizzava primitivi utensili in pietra lavorata, ciottoli taglienti scheggiati solo da un lato detti **chopper**: questo primo esempio di tecnologia di lavorazione della pietra venne chiamato *cultura olduvaiana*.

H. abilis visse in Africa tra 2,5 e 1,5 milioni di anni fa, condividendo il suo habitat con australopiteci, parantropi e, forse, con un altro rappresentante del genere *Homo*, *H. rudolfensis*, poi estinto. Prima di estinguersi egli stesso dovette convivere anche con un altro importante appartenente allo stesso genere: **Homo ergaster** ("lavoratore").

Non è chiaro se *H. ergaster* sia un discendente di *H. habilis* o delle australopitecine gracili: è certo invece che visse in Africa (il fossile più noto è il "Ragazzo di Turkana") in piccole comunità di

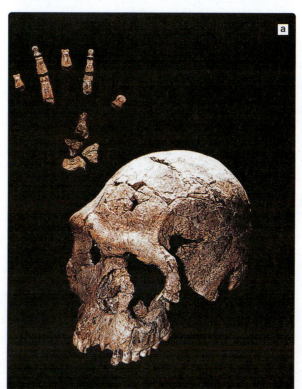

Figura 13 Cranio e ossa della mano di *Homo habilis* (**a**) e *chopper* (**b**) ritrovati a Olduvai.

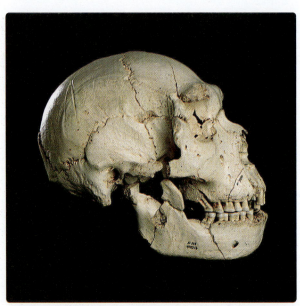

Figura 16 Cranio di *Homo heidelbergensis*.

Figura 14 Cranio di *Homo ergaster* (**a**); esempi di amigdale (**b**).

cacciatori-raccoglitori tra 2 milioni e 900 000 anni fa e che diede ben presto origine a una prima diffusione al di fuori del continente, sia verso l'Asia (come dimostrano i ritrovamenti di Dmanisi, nel Caucaso) sia verso l'Europa (come evidenziato dai ritrovamenti di Atapuerca, in Spagna). *H. ergaster* aveva una capacità cranica tra gli 800 e i 900 cm^3, era capace di lavorare la pietra su due lati producendo utensili detti **amigdale** o **bifacciali** (*cultura acheuleana*, ▶14) e forse aveva il dominio del fuoco.

La diffusione delle prime forme di *H. ergaster* al di fuori dell'Africa (processo detto "*Out of Africa-1*") diede origine a due nuove specie: in Europa a *Homo antecessor*, un europeo arcaico poi estinto, e in Asia **Homo erectus** (▶15), che ebbe ampia diffusione tra 1,5 milioni e 250 000 anni fa e di cui abbiamo numerosi reperti fossili. Il primo fu ritrovato nel 1896 a Giava (da cui il nome di "Uomo di Giava"), un altro venne ritrovato a Pechino ("Uomo di Pechino"),

altri ancora in varie parti dell'Asia e in India. Aveva un cervello più sviluppato di *H. Ergaster* (tra 900 e 1150 cm^3) ed era in grado di utilizzare il fuoco per cuocere i cibi.

Dai discendenti africani di *H. ergaster* ebbe origine **Homo heidelbergensis** (▶16), detto così perché i più importanti fossili sono stati ritrovati presso Heidelberg, nel Baden-Wurttemberg (Germania). Vissuto tra 700 e 200 000 anni fa, fu la prima specie umana ad avere diffusione planetaria, poiché se ne sono trovati i resti in tutti i continenti ("*Out of Africa-2*"). Alto e massiccio, aveva una capacità cranica tra i 1100 e i 1400 cm^3 (non lontana dalla nostra): fu forse il primo ominide in grado di produrre suoni complessi creando una cultura più avanzata delle precedenti.

In Asia convisse con *H. erectus* e in Europa soppiantò, circa 600 000 anni fa, i più primitivi *antecessor*, ma non ebbe vita facile, rischiando più volte l'estinzione e andando incontro a fenomeni del tipo "collo di bottiglia", che ne ridussero la variabilità genetica. Ma sopravvisse, e diede origine, circa 250 000 anni fa, a **Homo neanderthalensis** (detto anche "uomo di Neanderthal"), che si diffuse in Europa e nel vicino oriente (Siria, Iraq ecc.). Di aspetto piuttosto "arcaico" (tarchiato e muscoloso, con faccia prominente, mento e fronte sfuggenti, grosse arcate sopraccigliari e grande apertura nasale, ▶17), aveva una scatola cranica sviluppata come la nostra (circa 1400 cm^3), ma meno ampia nella regione frontale (*platicefalia*, cranio piatto).

Gli uomini di Neanderthal svilupparono la capacità di costruire molti tipi di strumenti di lavoro (punte triangolari, raschiatoi per le pelli degli animali con cui si vestivano) e forse seppellivano i morti (*cultura musteriana*). Si estinsero definitivamente circa 30 000 anni fa.

Figura 15 Cranio di *Homo erectus*.

Figura 17 Cranio di *Homo neanderthalensis*.

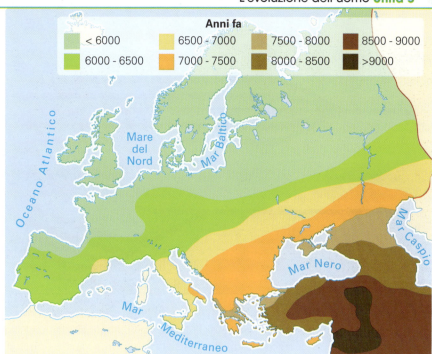

Figura 19 La diffusione dell'agricoltura in Europa. Le analisi genetiche hanno evidenziato una migrazione di popolazioni dal Medio Oriente verso l'Europa in relazione con la diffusione dell'uso di tecniche agricole.

3.2 La nostra specie: *Homo sapiens*

Secondo la teoria oggi maggiormente accreditata (§ 3.3), **Homo sapiens** (detto anche "Uomo di Cro-Magnon" dal sito francese in cui avvennero i primi ritrovamenti) comparve in Africa circa 200 000 anni fa. Discendente dell'*H. heidelbergensis* africano, era dotato di caratteristiche "moderne" (volume cranico intorno a 1400 cm^3, fronte ampia e verticale, faccia non prominente, ridotte arcate sopraccigliari ecc. ▶ 18). Si diffuse in tutto il mondo (*Out of Africa-3*): dapprima nel Vicino Oriente, poi in Asia e infine in Europa, dove giunse circa 40 000 anni fa. In poche migliaia di anni soppiantò i neandertaliani, probabilmente perché aveva sviluppato una tecnologia molto più avanzata: produceva manufatti di materiali vari (pietra, avorio, osso, corno), di forme diverse (raschietti, coltelli, punte per lance, arpioni, aghi, collane ecc.) e con funzioni differenti (strumenti di lavoro e oggetti ornamentali): aveva inoltre una capacità di comunicazione, e forse di concettualizzazione, superiori (linguaggio orale, pittura rupestre, riti funerari ecc.).

Non vi fu comunque nessun "genocidio" dei neandertaliani, ma una competizione nello stesso ambiente. Nonostante vi siano prove di una "contaminazione" culturale e, in piccola parte, anche genetica tra i *Neanderthal* e i *sapiens* europei, i primi non furono in grado di competere con l'uomo moderno e si estinsero.

Al termine dell'ultima glaciazione (*Würm*), circa 10 000 anni fa, fu *H. sapiens* a trasformarsi, nelle oasi del vicino oriente e in altre parti del mondo, da cacciatore-raccoglitore ad agricoltore-allevatore: diventò sedentario e creò le prime strutture sociali complesse, dando inizio alla civiltà (▶ 19).

3.3 Due teorie sull'origine dell'uomo moderno

Da quanto si è detto sinora appare evidente che l'evoluzione dell'uomo non è stata di tipo *monofiletico*, ma *cladistico*: non una serie di specie che si sono evolute una nell'altra, ma un albero con tante linee evolutive (alcune oggi note, altre probabilmente no) che spesso hanno convissuto.

In base a queste considerazioni, sino a una ventina di anni fa l'ipotesi prevalente sulla comparsa dell'uomo moderno (ossia di *H. sapiens*) era quella di un'**origine multiregionale**, rappresentata con il cosiddetto **modello a candelabro**. Secondo questa ipotesi le diverse popolazioni di *H. sapiens* si sarebbero originate in modo indipendente una dall'al-

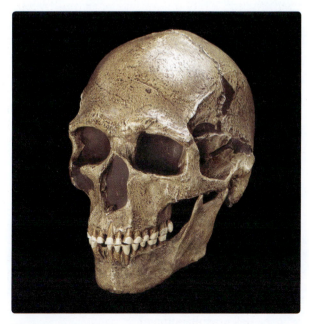

Figura 18 Cranio di *Homo sapiens*.

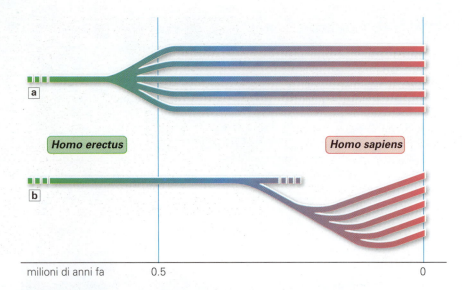

Figura 20 Modello a candelabro (a) e modello arca di Noè (b) per spiegare l'origine dell'uomo moderno.

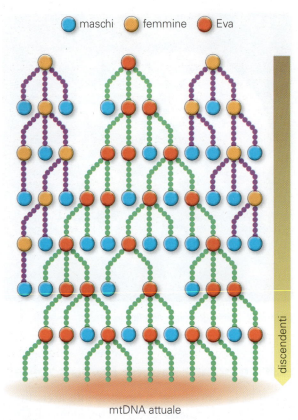

Figura 21 Schema che raffigura la teoria dell'Eva mitocondriale.

tra nelle diverse parti del mondo a partire, circa 1 milione di anni fa, da forme del genere *Homo* preesistenti (come *H. erectus* in Asia e *H. ergaster* in Africa), per poi evolversi nelle diverse "razze" attuali (▶20a). Un notevole flusso genico, dovuto a fenomeni migratori o incroci tra popolazioni contigue, avrebbe evitato la formazione di specie diverse.

Negli ultimi anni a questo modello si è contrapposta, e ha finito per prevalere, l'ipotesi dell'**origine africana** (**modello arca di Noè**, ▶20b) di tutte le popolazioni umane moderne. A sostegno di questa idea vi sono diverse considerazioni:

→ un flusso genico tra territori molto distanti così consistente da evitare la formazione di specie diverse richiederebbe un'elevata densità di popolazione (che nel passato non esisteva);

→ i resti più antichi di *H. sapiens* sono stati ritrovati tutti in Africa, mentre quelli ritrovati in Europa hanno tutti un'età inferiore ai 40 000 anni;

→ alcune caratteristiche fisiche, come il corpo slanciato e gli arti piuttosto lunghi, presenti in quasi tutti gli uomini (con poche eccezioni, come gli esquimesi), sono tipiche di una specie "nata" in climi caldi (i Neanderthal erano infatti più tarchiati, perché adattati ai climi freddi);

→ i ritrovamenti fossili evidenziano che vi sono più differenze anatomiche tra le popolazioni arcaiche africane che tra le moderne popolazioni umane: in altri termini, se le popolazioni moderne si fossero evolute separatamente sarebbero meno simili tra loro.

Tuttavia, a convincere la maggior parte degli esperti sono stati gli studi di **antropologia molecolare**, effettuati analizzando il *DNA mitocondriale* (mtDNA) di vari gruppi etnici. Il DNA mitocondriale, che si eredita solo dalla madre, presenta un *tasso di mutazione* molto alto (stimato 10 volte maggiore del DNA nucleare) e può quindi essere utilizzato come **orologio molecolare**, per valutare il momento della separazione tra le popolazioni: quanto più in due popolazioni i DNA mitocondriali sono simili, tanto più è recente il loro comune antenato femminile.

I dati raccolti da Allan Wilson, dell'Università di Berkeley, in individui di continenti diversi, hanno evidenziato che la divergenza tra i DNA mitocondriali delle popolazioni umane dovrebbe essere avvenuta non prima di 200 000 anni fa: questo dato ha reso poco plausibile l'ipotesi di un'origine multiregionale e in più ha dato origine all'idea, inizialmente molto contestata, che l'intera umanità discenda per via materna da una donna vissuta in Africa circa 150 000 anni fa, l'**Eva mitocondriale**.

A differenza di quella biblica, l'Eva mitocondriale non era certo l'unica femmina del suo tempo, ma sarebbe la sola ad avere prodotto una discendenza che esiste ancora oggi (▶21).

Facciamo il punto

5 Quali sono le caratteristiche degli australopitechi?

6 Quali furono i principali passaggi dell'evoluzione del genere *Homo*?

7 Su quali prove si basa l'ipotesi dell'origine africana dell'umanità attuale?

Scheda 2 L'*Homo floresiensis*: una specie o un malato?

Sino a pochi anni fa si riteneva che da almeno 30 000 anni l'*Homo sapiens* fosse l'unico rappresentante del genere *Homo* presente sulla Terra. Nel 2003, però, un gruppo di paleontologi ha scoperto, nell'isola indonesiana di Flores, lo scheletro quasi completo di un ominide (di 18 000 anni fa) alto poco più di un metro e con una capacità cranica di 400 cm³ (come quella di uno scimpanzé), ma con caratteristiche umane nella faccia e nei denti (▶1) e in grado di produrre manufatti litici. Alcuni ricercatori lo hanno considerato un rappresentante di una specie insediatasi nell'isola ai tempi della prima diffusione del genere *Homo* fuori dall'Africa e sopravvissuta sino a 12 000 anni fa. Lo hanno chiamato *Homo floresiensis*. Le sue piccole dimensioni sarebbero un esempio di *nanismo insulare*: gli animali che abitano spazi ristretti e con risorse limitate, come le isole, hanno la tendenza ad evolversi in forme di dimensioni molto ridotte. Secondo altri paleontologi si tratta invece di un esemplare di *Homo sapiens* affetto da una malattia genetica.

Figura 1 Cranio dell'*Homo floresiensis* (a sinistra) a confronto con un cranio di *Homo sapiens* (a destra).

4 Una sola origine, una sola razza

A partire dagli anni '60 del secolo scorso, il genetista italiano Luigi Luca Cavalli Sforza e i suoi collaboratori hanno effettuato ricerche genetiche su grandi numeri di individui appartenenti ad aree geografiche diverse. Inizialmente furono analizzati classici *markers genetici*, come i gruppi sanguigni (▶22) e le varianti di alcune proteine del sistema immunitario (esempi di polimorfismo umano).

I dati raccolti hanno evidenziato che la diversità genetica è maggiore tra la popolazione africana da un lato e tutte le altre dall'altro: un'ulteriore conferma dell'origine africana dell'uomo moderno, perché presuppone che la separazione più antica sia stata quella tra chi è rimasto in Africa e chi è migrato negli altri continenti. Confrontando infine i dati genetici con quelli archeologici e con quelli linguistici, Cavalli Sforza ha ricostruito a grandi linee la storia delle popolazioni umane e dei loro antichi movimenti demografici. Sono stati identificati sette gruppi etnici principali (Africani, Caucasici, Nord-Asiatici, Amerindi, Asiatici del Sud-Est e insulari, Australiani e Oceaniani) e numerosi sottogruppi, che corrispondono sostanzialmente alle principali famiglie linguistiche. Si è infine ricostruito il lungo "percorso" dell'uomo moderno sul nostro pianeta. Dall'Africa le popolazioni di *sapiens* si trasferirono dapprima in Medio Oriente (circa 100 000 anni fa), quindi proseguirono per l'Asia e da qui raggiunsero l'Europa (circa 40 000 anni fa). Alcuni gruppi asiatici si trasferirono invece in Oceania e in Australia (50 000 anni fa), mentre altri, dislocati più a Nord, arrivarono nelle Americhe attraverso lo stretto di Bering (che

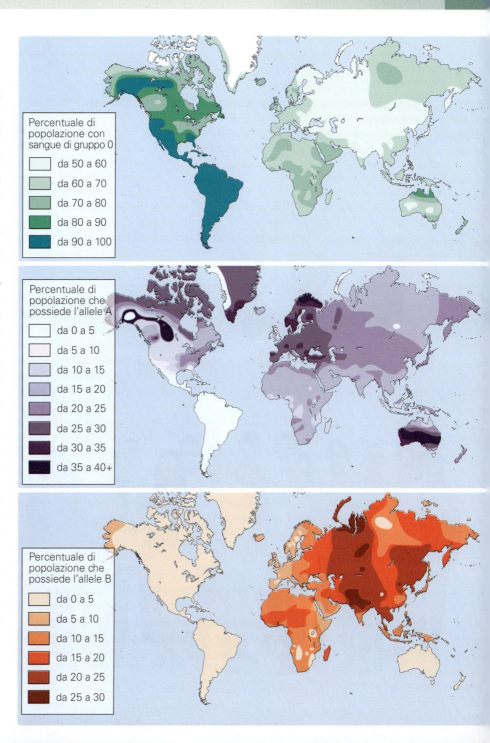

Figura 22 La distribuzione dei gruppi sanguigni nelle diverse zone del mondo. In Europa e Nord America dominano i gruppi A e 0, mentre nell'Asia centrale è molto frequente il gruppo B. Nei nativi americani si riscontra il 100% di sangue di gruppo 0.

Figura 23 Ipotetico modello delle migrazioni di *Homo sapiens* a partire dall'Africa.

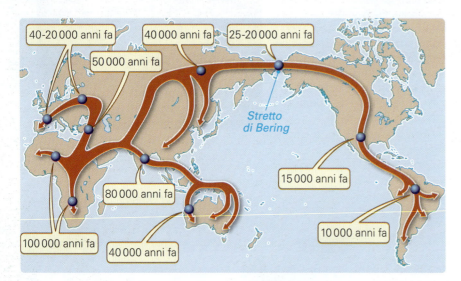

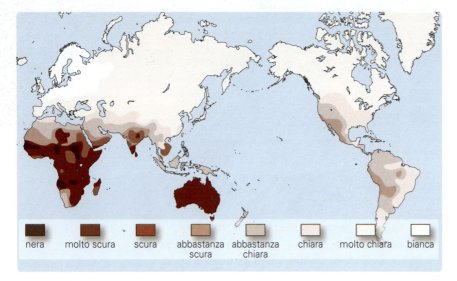

all'epoca era asciutto per l'abbassamento del livello marino provocato da una glaciazione, ▶23).

I grandi gruppi etnici sono alla base del concetto di "razza". In zoologia la razza è una *sottospecie*, ossia un gruppo di animali con caratteristiche che lo differenziano dalle altre sottospecie, ma non impediscono la riproduzione comune. In realtà è molto difficile che in natura si formino sottospecie: di norma si formano popolazioni con caratteristiche fenotipiche lievemente diverse, che spesso si distribuiscono sul territorio in *clini*. Ebbene, dagli studi sulla genetica delle popolazioni umane (in particolare quelli di Richard Lewontin), emergono due fatti. In primo luogo, le differenze genetiche tra i grandi gruppi etnici (le "razze") sono minime, come prevede l'ipotesi di una loro origine unica e relativamente recente, e inferiori alla variabilità genetica presente all'interno di ciascuna "razza". In secondo luogo, la distribuzione geografica delle caratteristiche fenotipiche non è discontinua, ma continua: per rendersene conto basta osservare su una carta della superficie terrestre come varia in modo graduale il colore della pelle dell'uomo (▶24).

Questi dati scientifici si scontrano però con convinzioni tanto ostinate quanto foriere di tragedie (il cosiddetto "pregiudizio della razza"), che si basano sulle innegabili differenze esistenti nell'aspetto esteriore tra asiatici, africani, europei ecc. (▶25).

Ma è evidente che queste differenze dipendono da un numero limitatissimo di geni: non giustificano la suddivisione della nostra specie in sottospecie né tanto meno giustificano assurde pretese di superiorità di una "razza" rispetto a un'altra, né dal punto di vista fisico né da quello intellettivo!

Fece dunque bene Einstein quando, sul foglio di immigrazione negli Stati Uniti, alla voce "razza" scrisse: umana.

Figura 24 Distribuzione su scala mondiale del colore della pelle nella popolazione umana.

Figura 25 Una panoramica della variabilità umana.

Facciamo il punto

8 Perché il concetto di "razza" non è applicabile all'uomo?

9 Quali sono i sette gruppi etnici?

Scheda 3 Intolleranza al lattosio e popolazioni umane

Per chiarire con un esempio semplice come le caratteristiche genetiche possano fornire informazioni utili per lo studio delle popolazioni umane, consideriamo il caso dell'intolleranza al lattosio. È un disturbo alimentare provocato dalla carenza della *lattasi*, un enzima in grado di degradare il lattosio, il disaccaride presente nel latte, in glucosio e galattosio. Molte persone in età adulta non digeriscono il latte perché sono prive o carenti di questo enzima: se ne bevono, hanno disturbi intestinali.
Nei primi mesi di vita in realtà tutti gli esseri umani producono lattasi e digeriscono il latte (prima materno, poi di altro tipo) senza difficoltà. Successivamente, però, il gene che forma la lattasi smette di funzionare in molte persone.
A livello geografico si è rilevato che la tolleranza al lattosio è comune tra gli europei (soprattutto del Nord) e i loro discendenti americani, mentre l'intolleranza al lattosio è predominante nelle popolazioni asiatiche e africane. Questa particolare distribuzione del carattere è probabilmente la conseguenza di diverse abitudini alimentari: nelle zone dove da migliaia di anni si è sviluppato l'allevamento di animali da latte (bovini e ovini), l'abitudine di nutrirsi di questo alimento anche dopo lo svezzamento ha favorito il diffondersi di una mutazione che rendeva tolleranti al lattosio. Nelle zone dove le popolazioni erano costituite solo da cacciatori e raccoglitori, l'intolleranza al lattosio favoriva lo svezzamento e quindi il recupero della fertilità da parte della madre (che fin quando allatta spesso non è fecondabile): era quindi una caratteristica vantaggiosa.

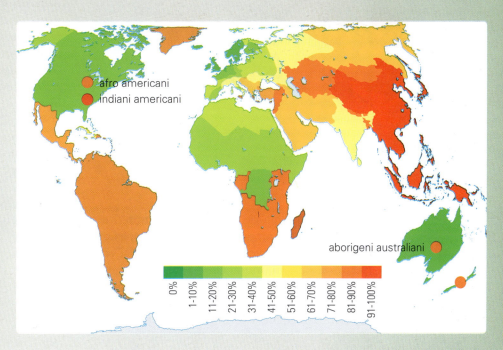

Figura 1 Intolleranza al lattosio nel mondo.

5 Lo sviluppo del linguaggio umano

Una delle caratteristiche che più distinguono l'uomo dalle scimmie antropomorfe è l'uso del linguaggio articolato, che richiede da un lato la capacità di esprimersi con parole e dall'altro quella di comprendere quanto gli altri dicono. Ma in che modo e per quali cause si è sviluppato l'uso del linguaggio?

L'acquisizione del linguaggio parlato è il risultato di due processi evolutivi verificatisi solo nell'uomo: quello che ha interessato le strutture anatomiche della fonazione e quello che ha coinvolto il cervello. Analizziamo il primo aspetto, concentrandoci sull'anatomia della laringe. Purtroppo la laringe è formata da tessuti molli, che non lasciano fossili, quindi non abbiamo "documenti" delle fasi della sua evoluzione: possiamo però paragonare la laringe dell'uomo a quella degli altri mammiferi. In questi ultimi è posizionata in alto nel collo e grazie a ciò può chiudere l'accesso alle cavità nasali mentre l'animale beve (permettendogli di respirare e bere contemporaneamente); inoltre la posizione della laringe restringe lo spazio a disposizione della faringe, che è la cassa di risonanza dei suoni: per questo motivo i mammiferi possono emettere una gamma limitata di suoni. Nell'uomo, viceversa, la posizione della laringe è più bassa, per cui non può bere e respirare contemporaneamente, ma può in compenso produrre una vasta gamma di suoni (▶26). I bambini piccoli hanno invece caratteristiche simili a quelle degli altri mammiferi, perché devono poter succhiare il latte materno e respirare contemporaneamente: solo con la crescita la laringe si sposta più in basso.

La posizione della laringe dipende a sua volta dalla forma della base del cranio che fa da tetto alle

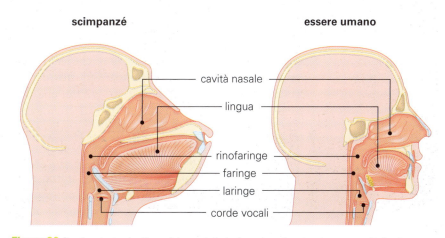

Figura 26 Confronto tra la disposizione della laringe in scimpanzé e uomo. Nel primo caso, la base del cranio piatta fa sì che la laringe sia posizionata più in alto, nel secondo caso la base curva determina il posizionamento più in basso.

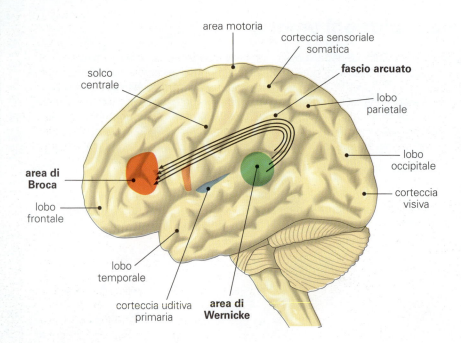

Figura 27 Schema della posizione nella corteccia cerebrale delle aree coinvolte nello sviluppo del linguaggio umano.

prime vie respiratorie, *piatta* nei mammiferi e *arcuata* nell'uomo, proprio per lasciare più spazio alla laringe e alla faringe. Le caratteristiche del cranio però sono importanti anche da un altro punto di vista. Non è sufficiente infatti avere un organo di fonazione adeguato, per sviluppare un linguaggio *convenzionale* (che associa arbitrariamente insiemi di suoni, le parole, a precisi significati) e *articolato* (che costruisce frasi per comunicare idee, sensazioni, stati d'animo ecc.); occorre anche un cervello che ci renda capaci di controllare la produzione di suoni, di comprenderne il significato e di formulare concetti. Questo nell'uomo è possibile poiché nell'emisfero cerebrale sinistro sono presenti due distinti centri nervosi, l'**area di Broca**, che permette di produrre suoni articolati controllando i muscoli della bocca e delle corde vocali, e l'**area di Wernicke**, che permette di comprendere il significato delle parole. Lo sviluppo di queste regioni cerebrali sembra dipendere da un gene, denominato FOXP2, che appare correlato allo sviluppo delle abilità linguistiche.

La capacità di pensiero è invece correlata allo sviluppo delle aree frontali del cervello (▶27).

I paleontologi hanno osservato che la forma arcuata della base cranica compare piuttosto precocemente (è già abbozzata in *H. erectus*, che doveva essere in grado di emettere una discreta gamma di suoni) anche se stranamente regredisce nel Neanderthal (un'altra possibile causa della sua estinzione). Lo sviluppo della corteccia frontale è invece tardivo e riguarda unicamente l'uomo moderno. Possiamo quindi concludere che, nonostante la capacità di emettere suoni sia comparsa già nei primi stadi dell'evoluzione umana, non abbiamo dati sufficienti per stabilire a che punto della nostra evoluzione siamo diventati capaci di utilizzare proficuamente un linguaggio articolato e nemmeno se questa capacità è comparsa in modo improvviso o molto gradualmente, anche se i reperti a nostra disposizione ci dicono che l'abilità nel produrre manufatti ed espressioni artistiche (monili, pitture, statuette, ▶28) aumenta nettamente circa 40 000 anni fa: una conseguenza della trasmissione orale di conoscenze?

Ma perché l'uomo moderno ha sviluppato un linguaggio? Probabilmente come conseguenza della sua socialità: per individui che cacciano e vivono in gruppo è essenziale poter pianificare azioni comuni. Alcuni però sostengono che il linguaggio sia comparso come strumento per creare concetti: un "bisogno di chiarezza interiore" che ha dato origine al più potente strumento di comunicazione mai creato dalla natura.

Figura 28 La Venere di Willendorf, uno dei più celebri manufatti del Paleolitico, risale a un periodo compreso tra i 23 e i 25 000 anni fa.

Facciamo il punto

10 Quali fattori hanno influito sullo sviluppo del linguaggio nell'uomo?

11 Quali funzioni hanno l'area di Broca e quella di Wernicke?

Scheda 4 L'evoluzione culturale

Vari animali sono capaci di utilizzare e persino di costruire utensili per i loro scopi: le scimmie sono particolarmente abili nell'usare rametti per stanare le termiti dai termitai (▶1) o foglie accartocciate come spugne per assorbire acqua da bere. È anche dimostrato che molti animali sono in grado di apprendere dall'osservazione del comportamento dei loro "vicini", esattamente come facciamo noi.
Due particolarità però distinguono l'uomo dagli animali: innanzitutto l'uomo conserva i suoi utensili e cerca nel tempo di migliorarli, mentre gli animali dopo l'uso se ne disinteressano; inoltre l'uomo non si limita ad acquisire comportamenti con l'osservazione, ma comunica le sue scoperte agli altri.
E non solo comunica informazioni: con messaggi orali, parole scritte, immagini pittoriche e in altri modi, esprime anche concetti, sentimenti e stati d'animo (▶2). Così nascono la prosa e la poesia, il teatro e il cinema, il canto e la pittura: in termini generali, la cultura. Grazie alla cultura le idee, le scoperte, le intuizioni di alcuni vengono trasmesse a tutti gli altri esseri umani.
Ma come funziona la trasmissione della cultura?
Il biologo evolutivo Richard Dawkins ha individuato interessanti analogie fra la trasmissione culturale e quella genetica: in primo luogo entrambe si basano su unità informazionali, il *gene* per l'ereditarietà, il **meme** per l'unità di trasmissione culturale (parole, frasi, immagini ecc.); il gene e il meme si replicano, il primo utilizzando il linguaggio delle basi azotate, il secondo il linguaggio delle parole e delle immagini. I geni inoltre si propagano nel pool genico tramite il trasferimento di cellule della riproduzione, i memi si propaga-

Figura 1 Uno scimpanzé si ciba delle termiti catturate con un bacchetto.

no passando da un cervello all'altro per "imitazione" (studiando un testo, anche se non lo si impara a memoria, si "imita" il suo contenuto). Ma ecco l'analogia più interessante: sia i geni sia i memi sono in competizione tra loro per propagarsi nella popolazione e questo produce l'evoluzione degli organismi nel primo caso e della cultura nell'altro.
I memi però, sebbene si trasmettano di generazione in generazione, sono caratteri acquisiti: a differenza di quella biologica, l'evoluzione culturale è, per così dire, "lamarckiana". Inoltre procede "a salti", per improvvise "mutazioni" (invenzioni, teorie rivoluzionarie, idee innovatrici). È quindi molto più veloce di quella biologica, forse troppo! Lo zoologo David P. Barash ha paragonato l'evoluzione biologica a una tartaruga e l'evoluzione culturale a una lepre. Intercorrono circa 100 000 generazioni tra noi e i primi esemplari del genere *Homo* capaci di costruire utensili: un intervallo di tempo lunghissimo, durante il quale l'evoluzione biologica dell'uomo non ha fatto significativi passi in avanti. Al contrario, sono passate solo 500 generazioni dalla nascita dell'agricoltura, una decina dalla rivoluzione industriale, un paio dall'invenzione della radio e nemmeno una dall'invenzione dei computer e dallo sviluppo dell'ingegneria genetica! Ma il nostro cervello, lo stesso di quando cacciavamo mammut e raccoglievamo bacche, era pronto per tutto ciò?

Figura 2 Esempi di pittura e incisioni rupestri da Tassili N'Ajjer (Algeria, **a**), dallo Utah (USA, **b**), da Twyfelfontein (Namibia, **c**) e dal deserto di Atacama (Cile, **d**).

CONOSCENZE

Con un testo articolato tratta i seguenti argomenti

1. Descrivi le caratteristiche generali dei primati.
2. Descrivi le caratteristiche distintive della specie umana.
3. Delinea i principali passaggi evolutivi dai primi ominidi sino all'*Homo sapiens*, secondo le conoscenze attuali.

Con un testo sintetico rispondi alle seguenti domande

4. Quali sono i principali tipi di primati esistenti?
5. Che cosa differenzia la stazione eretta dell'uomo dalla brachiazione delle scimmie antropomorfe?
6. Quali sono le differenze principali tra i diversi membri del genere *Homo*?
7. Che cosa afferma la teoria dell'Eva mitocondriale?
8. Come si è sviluppato il linguaggio umano?
9. Perché il concetto di razza è inapplicabile all'uomo?
10. In che cosa geni e memi sono simili e in che cosa diversi?

Quesiti

11. Quale delle seguenti caratteristiche non è posseduta da tutti i primati?
    a Dita separate nelle mani
    b Pollice opponibile al palmo e alle altre dita della mano
    c Visione stereoscopica (3D)
    d Stazione eretta

12. Gli ominoidei si suddividono in:
    a proscimmie e ominidi.
    b scimmie del Nuovo mondo e scimmie del Vecchio mondo.
    c ilobatidi (gibboni), scimmie antropomorfe e ominidi.
    d proscimmie e scimmie antropomorfe.

13. Il muoversi appendendosi in verticale ai rami è detto:
    a ominazione.   c brachiazione.
    b postura eretta. d antropomorfia.

14. Elimina il termine errato.
    a. La colonna vertebrale dell'uomo ha *due curvature/una curvatura*.
    b. Il bacino dell'uomo è più *largo/stretto* di quello delle scimmie.
    c. Nell'uomo l'alluce è *divergente/allineato* rispetto alle altre dita.
    d. Nell'uomo sono più sviluppati *i glutei/i muscoli delle cosce* rispetto alle scimmie antropomorfe.
    e. Durante la masticazione l'uomo muove la mandibola *solo verticalmente/sia verticalmente che lateralmente*.

15. Il noto fossile detto Lucy è un:
    a *Australopithecus africanus*.
    b *Australopithecus afarensis*.
    c *Australopithecus robustus*.
    d *Australopithecus boisei*.

16. Gli australopiteci:
    a erano quadrupedi.   c avevano un cervello molto sviluppato.
    b erano bipedi.   d sapevano costruire utensili.

17. Gli australopiteci sono vissuti:
    a in Asia.
    b tra i 3 e 2 milioni di anni fa.
    c in Africa.
    d tra i 300 000 e i 100 000 anni fa.

18. Utilizzava utensili in pietra lavorata taglienti scheggiati solo da un lato:
    a *Homo habilis*.   c *Homo erectus*.
    b *Homo ergaster*.   d *Homo neanderthalensis*.

19. Diede origine alla cultura acheuleana dei bifacciali:
    a *Homo habilis*.   c *Homo heidelbergensis*.
    b *Homo ergaster*.   d *Homo neanderthalensis*.

20. L'uomo di Giava è un esempio di:
    a *Homo ergaster*.   c *Homo heidelbergensis*.
    b *Homo erectus*.   d *Homo neanderthalensis*.

21. Si estinse circa 30 000 anni fa:
    a *Homo ergaster*.   c *Homo heidelbergensis*.
    b *Homo erectus*.   d *Homo neanderthalensis*.

22. Le amigdale sono:
    a lavorate solo da un lato   c il risultato della cultura olduvaiana
    b lavorate su due lati   d sempre a forma di raschiatoio

23. Si diffuse in tutto il mondo e imparò a cuocere il cibo:
    a *Homo habilis*.   c *Homo erectus*.
    b *Homo ergaster*.   d *Homo sapiens*.

24. Secondo il modello dell'arca di Noè si è originato in Africa circa 200 000 anni fa:
    a *Homo habilis*.   c *Homo erectus*.
    b *Homo ergaster*.   d *Homo sapiens*.

25. L'ipotesi dell'Eva mitocondriale sembra confermata dagli studi:
    a sul metabolismo mitocondriale.
    b sul DNA mitocondriale.
    c sull'RNA mitocondriale.
    d sulle proteine mitocondriali.

26. Completa il brano.
    Le differenze anatomiche presenti nella struttura del corpo sono correlate alla .... eretta, che ha due componenti fondamentali: la .... del tronco e l'.................. .... bipede. Solo l'uomo è in grado di stare eretto per molto tempo con l'articolazione delle ginocchia in .... completa, con un dispendio minimo di .... muscolare, e di camminare a grandi ....

27. Elimina il termine errato.
    a. Nell'uomo moderno la laringe è posizionata *in alto/in basso* nel collo.
    b. Gli *H. sapiens* raggiunsero l'Europa *40 000/100 000* anni fa.
    c. L'area cerebrale di Broca e quella di Wernicke sono coinvolte nello sviluppo *del linguaggio/delle capacità manipolatorie*.

COMPETENZE

Leggi e interpreta

28 **Un salto di qualità**

La comparsa di *Homo sapiens* rappresenta un passaggio evolutivo diverso da tutti i precedenti nel corso dell'evoluzione degli ominidi. In *Homo sapiens* improvvisamente il cranio si accorcia e si innalza notevolmente, perdendo i caratteri arcaici che per milioni di anni avevano caratterizzato il cranio dei rappresentanti del genere Homo (da *H. habilis* a *H. neanderthalensis*).

In particolare, sebbene le dimensioni del cervello fossero sostanzialmente uguali nei neanderthaliani e negli uomini moderni, il cranio dei primi aveva mantenuto una struttura arcaica, sviluppata in larghezza e in lunghezza, mentre in quello dei secondi l'intera struttura appare come ridisegnata, sviluppata prevalentemente in altezza, con la fronte verticale, la scomparsa di arcate sopraccigliari prominenti e la riduzione di mandibola e mascella (cioè del prognatismo). Alla base di queste sostanziali modificazioni vi fu molto probabilmente un cambiamento genetico che coinvolse i geni regolatori dello sviluppo (i geni *omeotici*). Il drastico mutamento dei tempi e delle modalità di accrescimento ebbe ricadute anche sulla durata della gestazione (breve, nasciamo prematuri) e sulle prime fasi di vita (il nostro cervello continua a crescere a ritmi elevati per tutto il primo anno).

a. Individua nel brano i termini che hai incontrato nello studio di questa unità.

b. Rispondi alle seguenti domande.
1. Quali novità anatomiche compaiono nel cranio di *H. sapiens*?
2. Quale si ritiene sia stata la causa di queste innovazioni evolutive?
3. Quali altre conseguenze hanno avuto i mutamenti delle modalità di sviluppo?

Fai un'indagine

29 Secondo il biologo evoluzionista J. Gould l'uomo è un animale *neotenico*, perché mantiene per molto tempo caratteristiche infantili (in parte anche da adulto).
Cerca informazioni sulla neotenia nel regno animale e su quella umana.

30 Ricerca in Internet informazioni su Argil, detto anche l'uomo di Ceprano, e scrivi una breve relazione in Word.

31 Effettua una ricerca sui ritrovamenti fossili di Atapuerca (Spagna).

Osserva e rispondi

32 In base alle caratteristiche che puoi osservare nella foto, questo cranio appartiene a:
a. *Australopithecus afarensis*.
b. *H. ergaster*.
c. *H. erectus*.
d. *H. neanderthalensis*.

33 Si tratta di un reperto risalente a 450 000 anni fa. Sapendo che è stato ritrovato in Cina e osservandone le caratteristiche, decidi se si tratta di un australopiteco, di un *H. abilis* o di un *H. erectus*.

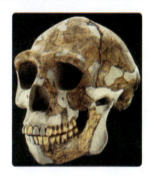

34 Osserva la fotografia: si tratta di *chopper* o di *amigdale*?

In English

35 Read the following text and answer the questions.

In his book *The Selfish Gene*, the ethologist Richard Dawkins (1976) invented the term "meme" to describe a unit of human cultural evolution analogous to the gene. Memes are to cultural inheritance what genes are to biological heredity and can be considered the unit of cultural evolution. To use the felicitous phrase of William Burroughs, memes are "viruses of the mind". Ideas can evolve in a way analogous to biological evolution. Some ideas survive better than others; ideas can mutate through, for example, misunderstandings; and two ideas can combine to produce a new idea involving elements of each parent idea. Human evolution, Dawkins postulates, is a function of a co-evolution between genes and memes.

1. What is a meme?
2. Who is Richard Dawkins?
3. How memes can evolve?

Organizza i concetti

36 Completa la mappa.

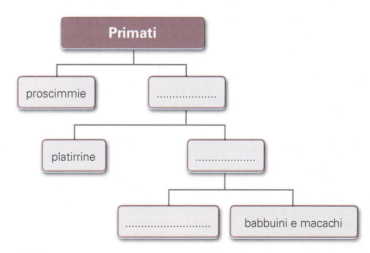

37 Costruisci una mappa in cui si riassume l'evoluzione degli ominidi.

Verso le competenze

Una "mappa" tridimensionale del genoma umano

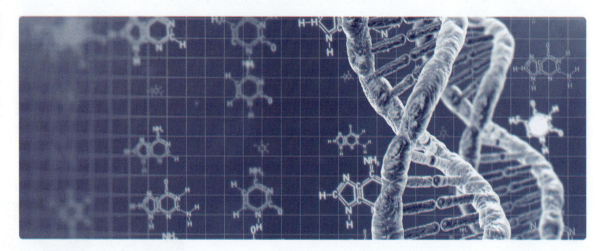

Le molecole di DNA che compongono il nostro genoma occupano nel nucleo uno spazio un milione di volte inferiore rispetto a quello che occuperebbero se non fossero nella forma compattata e spiralizzata di cromatina.
Se immaginiamo di "svolgerle", esse risulterebbero infatti lunghe più di un metro. Recenti studi hanno evidenziato che il compattamento delle molecole del DNA avviene in modo costantemente regolato. Vediamo qual è un importante significato biologico di ciò.

Sappiamo che molti dei geni (specifici tratti di DNA) presenti nel nostro genoma e codificanti ciascuno per una determinata proteina non sono sempre attivi, ma vengono attivati solo in cellule opportune e al momento opportuno, avviando la sintesi della corrispondente proteina. Questa attivazione specifica e regolata nel tempo e nello spazio è dovuta all'interazione del DNA con proteine presenti nel nucleo, chiamate fattori di trascrizione (o fattori di controllo *in trans*), che determinano se un certo gene deve essere attivo oppure no in quel momento e in quella sede. Tali fattori *in trans* si legano a punti specifici del genoma, detti regioni di controllo *in cis*; il riconoscimento fra proteina attivatrice e regione di controllo può essere mediato anche dall'RNA, soprattutto dalle molecole dei microRNA (lunghi circa 20-22 nucleotidi).

L'attivazione di uno specifico gene in una cellula può verificarsi in risposta a un'improvvisa necessità, ma in molti casi, per esempio durante lo sviluppo dell'embrione umano, segue un programma temporale "prestabilito" nella cellula stessa. Il genoma contiene quindi non solo una successione di geni necessari per costruire tutte le proteine che servono alla cellula, ma anche il programma temporale di questa produzione ordinata: informazione spaziale e temporale.
Ciò può essere spiegato dal fatto che il DNA sembra essere ripiegato su se stesso e raggomitolato in maniera non casuale nel nucleo, ma in modo da mettere vicine tra loro certe regioni e lontane certe altre: in pratica, nella cellula vivente il DNA assume una forma tridimensionale specifica necessaria per assicurare l'accensione programmata nel tempo e nello spazio delle sue diverse regioni. In tal modo regioni che vengono a trovarsi fisicamente vicine nel ripiegamento, anche se sono lontanissime tra loro nello svolgimento lineare del genoma, saranno probabilmente coinvolte in qualche forma di interazione: regioni vicine saranno quindi regioni di probabile massima interazione regolativa.
Tramite una serie di importanti esperimenti si è ottenuta una "mappa" tridimensionale del genoma di fibroblasti umani[1], utilizzando una complessa tecnica, e i risultati si sono dimostrati riproducibili. Si è evidenziata così la presenza di non meno di un milione di regioni regolative lunghe da 5000 a 10 000 nucleotidi: alcune di queste mostrano un'associazione tridimensionale quasi stabile.
In particolare, si è studiato l'effetto del *TNF-alfa*[2]: questo induce il rafforzamento delle stesse associazioni tridimensionali già esistenti anche prima del trattamento. Ciò conferma il fatto che la vicinanza tridimensionale di due regioni è un segnale affidabile che induce l'interazione molecolare tra esse, in opportune condizioni. Per ogni tipo di cellula, quindi, il panorama dei ripiegamenti ordinati del genoma è già stabilito e aspetta solo qualche segnale specifico per entrare in azione, in tutto o in parte.

Liberamente tratto da E. Boncinelli, *Le Scienze, n. 545, gennaio 2014*

---

1. **Fibroblasti umani**: cellule del tessuto connettivo che producono le componenti della matrice extracellulare.

2. **TNF-alfa**: il fattore di necrosi tumorale alfa.

I meccanismi dell'ereditarietà e dell'evoluzione **Biologia - Sezione B1**

Domanda 1
Elementi in cis e in trans

Abbina i termini alle rispettive definizioni.

.... 1. Proteine nucleari specifiche che agiscono come fattori di trascrizione.
.... 2. Regioni di controllo nel genoma a cui si legano i fattori di trascrizione.

a. elementi in cis
b. elementi in trans

Domanda 2
La regolazione genica

Riguarda il paragrafo 7 dell'Unità 2 e sottolinea nel testo qui a fianco tutti gli elementi che hanno a che fare con aspetti della regolazione genica. Poi, riportali qui di seguito e indica, quando possibile, a quale livello della via di regolazione fanno riferimento, facendo riferimento alla figura.

1. ....
2. ....
3. ....
4. ....

Domanda 4
L'interazione regolativa

In base a quanto hai letto nel testo qui sopra e studiato in questa Sezione, scrivi in breve che cosa si intende con "regolazione dell'attivazione genica nel tempo e nello spazio".

....
....
....

Domanda 3
La regolazione spaziale e temporale

Scegli tra le due alternative.
Le regioni del DNA che vengono a trovarsi vicine nel ripiegamento sono quelle in cui c'è la *minima/massima* interazione regolativa. **Motiva la tua risposta.**

....
....
....

Domanda 5
La mappa tridimensionale del genoma

È possibile dire che la mappa tridimensionale del genoma contiene un'informazione di tipo sia spaziale sia temporale? **Motiva la tua risposta.**

....
....

Laboratorio

Costruiamo un modello di DNA

Premessa

Sebbene esistano in commercio diversi kit di montaggio della molecola di DNA, può essere più economico e stimolante costruire da sé un modello tridimensionale con materiale di uso comune. Questo lavoro di costruzione è anche un'occasione per comprendere meglio la complessa struttura della molecola.

Strumenti e materiali

- 50 mollette di plastica lunghe 7 cm e larghe 1 cm, di 4 colori diversi.
- Cannucce di plastica con foro da 0,5 cm (da tagliare in 46 pezzi di 4,5 cm ciascuno).
- Cordoncino animato da tagliare in 10 pezzi lunghi circa 30 cm (il cordoncino animato è una sorta di filo di ferro rivestito di plastica che si acquista nei negozi di attrezzature per il giardinaggio).
- 25 cartoncini rettangolari 5 cm x 2 cm di due diversi colori.
- 5 fogli numerati con sopra riportata la sequenza delle basi da costruire.

Procedimento di costruzione

1. Fare un'asola a una delle due estremità di ogni tratto di filo.
2. Prendere quindi il **filamento a** e inserire una molletta di plastica (base azotata) attraverso il foro della molla metallica fino a farla incastrare nell'asola.

3. Inserire un pezzo di cannuccia da 4,5 cm (zucchero + fosfato) e quindi un'altra molletta.

4. Procedere in questo modo fino a infilare tutte le mollette e le cannucce a disposizione.
5. Il cordoncino animato deve essere avvolto due volte attorno all'ultima cannuccia in modo da impedire la fuoriuscita dei pezzi inseriti.
6. Lo stesso procedimento deve essere ripetuto per il **filamento b**, facendo però attenzione ad inserire le mollette con la sequenza "complementare" a quella del **filamento a**. Se, per esempio, i colori delle mollette sono rosso (Guanina), giallo (Citosina), verde (Adenina) e blu (Timina), a ogni molletta rossa del **filamento a** deve corrispondere una molletta gialla del **filamento b** e viceversa. Lo stesso vale per le mollette verdi e per quelle blu.

Attività di gruppo

7. La classe si divide in gruppi (sono previsti 5 gruppi di 4/5 persone ciascuno).
8. Ogni gruppo deve disporre del seguente materiale:
   - un foglio riportante la sequenza delle basi da realizzare e la posizione in cui inserire il proprio frammento di DNA nel DNA complessivo (prima, seconda, terza ecc.);
   - 2 tratti di cordoncino lunghi un trentina di centimetri in cui è stata già realizzata una piccola asola a una delle due estremità;
   - 10 pezzetti di cannuccia lunghi 4,5 cm:
   - 10 mollette di colori corrispondenti alle lettere (basi azotate) indicate sul foglio.
9. Ogni gruppo deve costruire due pezzi complementari di DNA della lunghezza di cinque basi azotate (senza unirli). Questi due pezzi andranno inseriti nel DNA complessivo nella posizione indicata nelle istruzioni.

Attività di classe

Dopo che ogni gruppo ha prodotto due filamenti di DNA complementari (per ora separati), la classe costruisce il DNA.

10. Infilare l'estremo libero del **filamento 1°** nell'asola del **2a** e fissarlo attorcigliandolo su se stesso un paio di volte; continuare in questo modo fino a collegare il pezzo **5a**.
11. Ripetere l'operazione per il **filamento b**.
12. Collegare le mollette (basi azotate) di uno dei due filamenti ottenuti con i cartoncini rettangolari che simulano i legami idrogeno tra le basi azotate (un colore per i due legami a idrogeno tra A e T e l'altro per i tre legami a idrogeno tra C e G).

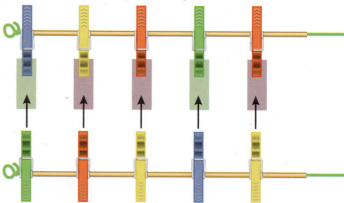

13. Collegare le mollette "complementari" del secondo filamento con i cartoncini rettangolari del filamento complementare.

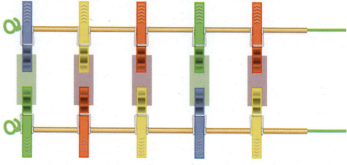

14. Una volta che i due filamenti di DNA complementari sono pronti, si può procedere alla costruzione del DNA.
15. Reggendo il DNA per i due estremi e arrotolandolo è possibile ottenere la struttura tridimensionale a doppia elica della molecola.

Biologia

sezione B2
Forme e funzioni delle piante

Unità
6 La struttura delle piante superiori
7 Le funzioni vitali delle piante superiori

Obiettivi

Conoscenze
Dopo aver studiato questa Sezione sarai in grado di:

→ descrivere le caratteristiche anatomiche delle piante superiori: tessuti, radice, fusto, foglie, fiori e frutti;

→ illustrare le fasi della germinazione del seme e dello sviluppo della pianta;

→ descrivere i sistemi di regolazione della crescita e dello sviluppo;

→ esporre i meccanismi di risposta delle piante agli stimoli ambientali;

→ descrivere i processi di assorbimento dei nutrienti e le modalità di trasporto della linfa;

→ illustrare i meccanismi di risposta alle situazioni di "stress ambientale";

→ descrivere i processi riproduttivi asessuali e sessuali.

Competenze
Dopo aver studiato questa Sezione e aver eseguito le Verifiche sarai in grado di:

→ saper utilizzare la terminologia specifica della botanica;

→ preparare sezioni di fusto, radici e foglie da osservare al microscopio;

→ riconoscere le strutture e i tessuti presenti in sezioni di fusto, radice e foglie osservate al microscopio ottico;

→ riconoscere i diversi tipi di foglie, fiori e frutti con l'osservazione diretta di campioni;

→ ricercare, raccogliere e selezionare informazioni sulla struttura e sulle funzioni delle piante superiori da fonti attendibili (testi, siti web, riviste scientifiche ecc.), interpretandole nei modi in cui si presentano (testi, diagrammi, grafici, tabelle, immagini ecc.).

unità 6

La struttura delle piante superiori

Le foglie delle conifere, come pini, abeti e larici, sono ridotte a sottili aghi. Si tratta di un adattamento evolutivo che ha l'obiettivo di ridurre la traspirazione, ossia la perdita d'acqua, da parte della pianta. Eppure gran parte delle conifere vive in climi freddi e nevosi, non in luoghi aridi. Come si spiega questa stranezza?

1 Le piante superiori: fusto, radici e foglie

Quello delle piante è un regno molto eterogeneo, che comprende organismi fotosintetici di tutti i tipi, dal muschio alla sequoia gigante. In questa Unità ci occuperemo però solo delle caratteristiche anatomiche delle cosiddette "piante superiori", o *tracheofite*, dotate di radici, fusto e foglie.

In particolare descriveremo l'anatomia delle **angiosperme**, le piante più evolute e più diffuse sulla Terra da ormai 100 milioni di anni grazie alla loro capacità di produrre fiori e frutti. Attualmente presenti con circa 235 000 specie (sulle 350 000 totali di piante), sono le più importanti per l'uomo: le coltiviamo a scopo ornamentale in case e giardini, le utilizziamo nell'edilizia per produrre mobili e numerosi altri manufatti ma, soprattutto, ne abbiamo fatto la nostra principale fonte alimentare (▶1). Di esse infatti, a seconda dei casi, mangiamo tutto: radici (barbabietole, carote), semi (riso, mais, grano, fagioli, piselli, fave, noci, mandorle, cacao, caffè ecc.), frutti (pesche, pere, fragole, pomodori, peperoni ecc.), fusti sotterranei (patate, topinambur), foglie e germogli (cicoria, lattuga, cavolo, broccolo, verza, cipolla, aglio ecc.).

Figura 1 La lanugine (detta bambagia) che avvolge i semi nelle piante di cotone (genere *Gossypium*, famiglia *Malvaceae*), fornisce fibre vegetali che sono materia prima per l'industria tessile (**a**). La specie *Hevea brasiliensis* (famiglia *Euphorbiaceae*), o albero della gomma, fornisce il lattice, da cui si ricava la gomma naturale (**b**). Pianta di caffè della specie *Coffea arabica* (famiglia delle *Rubiaceae*), in cui sono visibili i frutti in maturazione, contenenti i semi dalla cui tostatura e macinazione si ricava la nota bevanda (**c**).

Le angiosperme si dividono in *monocotiledoni*, circa 65 000 specie, che comprendono cereali, orchidee, palme, gigli e molte piante erbacee, e *dicotiledoni*, circa 170 000 specie, che comprendono la maggior parte degli arbusti e degli alberi. Nel corso della descrizione anatomica delle piante evidenzieremo le differenze tra i due gruppi.

Facciamo il punto
1. Che cosa caratterizza le tracheofite? E le angiosperme?
2. Come si dividono le angiosperme?

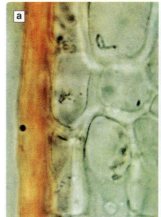
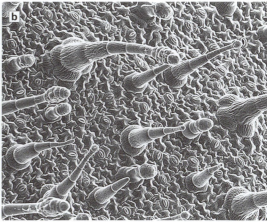

Figura 2 Sezione di epidermide di foglia rivestita da cuticola (in arancione), osservata al microscopio ottico (**a**). Sezione di epidermide di radice osservata al microscopio elettronico a scansione: sono visibili i peli radicali (**b**).

2 I tessuti vegetali

È utile ricordare che la maggior parte delle cellule vegetali possiede alcune caratteristiche uniche tra le cellule eucariotiche: una *parete cellulare* esterna di cellulosa, la presenza nel citoplasma dei *cloroplasti*, in cui avviene la fotosintesi, un grande *vacuolo centrale* ripieno di una soluzione acquosa che, premendo contro la parete, contribuisce a mantenere il *turgore cellulare*.

All'interno di un tessuto vegetale, inoltre, le cellule vegetali adiacenti possono mettere in contatto i rispettivi citoplasmi per mezzo di *plasmodesmi*, canali di comunicazione che attraversano le pareti cellulari. Esistono due grandi categorie di tessuti vegetali: i **tessuti adulti** e i **tessuti di accrescimento** (o **meristemi**).

2.1 I tessuti adulti

I tessuti adulti formano la maggior parte del corpo della pianta; sono disposti in modo sostanzialmente concentrico (in particolare nel fusto e nella radice) e sono di tre tipi: di rivestimento, fondamentali e conduttori.

Tessuti di rivestimento
I tessuti di rivestimento ricoprono tutta la pianta (fusto, foglie e radice) e hanno la funzione di proteggerla contro i danni ad essa arrecati dall'azione degli agenti atmosferici, dei parassiti e degli animali. Il fusto e le foglie di una pianta giovane, o erbacea, sono ricoperti da una sottile **epidermide**, formata da un solo strato o da pochi strati di cellule appiattite, strettamente connesse una all'altra e quasi trasparenti (per permettere il passaggio della luce solare). L'epidermide è rivestita da uno strato protettivo impermeabile, la **cuticola**, che ha anche la funzione di limitare la traspirazione e la conseguente disidratazione della pianta (▶2). È infatti costituita da sostanze idrofobe, come la *cutina* e le *cere*.

Nella radice invece l'epidermide (detta **rizoderma**) è priva di cuticola e ricca di piccole estroflessioni, i **peli** (o *tricomi*) **radicali**, che servono per incrementare l'assorbimento di acqua e sali minerali. Con una funzione diversa, i tricomi sono presenti anche sulla superficie delle foglie (vedi § 6.2).

Nelle piante con tronco legnoso l'epidermide è sostituita dal **sughero**, formato da cellule morte, appiattite e impermeabili, grazie alla parete impregnata di *suberina*.

Tessuti fondamentali
Sono la parte maggioritaria della pianta e si dividono in parenchimatici e meccanici (o di sostegno).

Il **tessuto parenchimatico**, o **parenchima** (▶3), è costituito da cellule arrotondate, dotate di grandi vacuoli e di parete cellulare sottile. Presente in ogni parte della pianta, svolge in generale funzioni di riempimento, di riserva di zuccheri (come il *parenchima amilifero*) o d'acqua (come il *parenchima acquifero* delle piante grasse) e di respirazione aerobica (come il parenchima *aerifero*, che si riempie d'aria nelle piante che vivono in ambienti poveri d'ossigeno); nelle foglie e nel fusto verdi assume anche il compito di effettuare la fotosintesi e le sue cellule sono ricche di cloroplasti (**parenchima clorofilliano**). Le cellule del parenchima sono inoltre in grado di dividersi e differenziarsi in altri tipi di cellule per riparare i tessuti danneggiati.

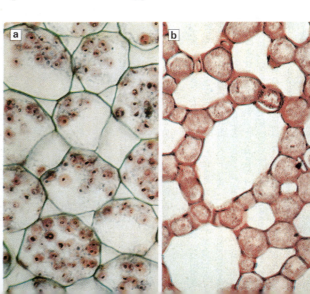
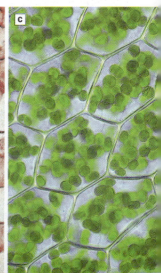

Figura 3 I diversi tipi di tessuti parenchimatici: sezioni di parenchima amilifero (**a**), aerifero (**b**) e clorofilliano (**c**).

Figura 4 Sezioni di collenchima (**a**) e sclerenchima (**b**).

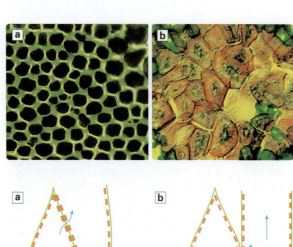

Figura 5 Rappresentazione schematica di tracheidi (**a**) e trachee (**b**), attraverso cui si ha il passaggio della linfa grezza (indicata dalle frecce); sezione trasversale dello xilema, in cui sono visibili i vasi conduttori (**c**).

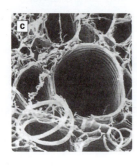

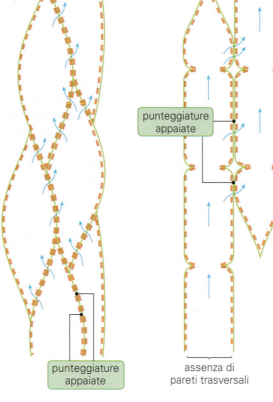

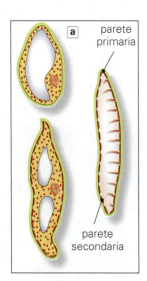

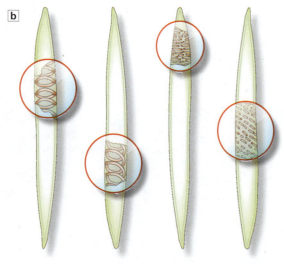

Figura 6 Differenziamento di una cellula meristematica in elemento tracheale (**a**): una volta che la cellula ha cessato l'accrescimento per distensione, si deposita una *parete secondaria* lignificata all'interno della *parete primaria*. Diversi tipi di ispessimento della parete secondaria (**b**): da sinistra a destra, ispessimenti ad anello, a spirale, a rete e con punteggiature; in questa sequenza, la robustezza dell'elemento tracheale è crescente, quella della velocità di conduzione della linfa è decrescente.

I **tessuti meccanici** sono di due tipi: collenchima e sclerenchima (▶4). Il **collenchima** è costituito da cellule vive con la parete cellulare ispessita solo in alcuni punti (spesso gli "angoli") da strati alternati di cellulosa e pectina. Poiché le sue cellule sono in grado di riprodursi, è localizzato soprattutto nelle zone in crescita della pianta. Nelle piante erbacee forma fibre come quelle che possiamo osservare in un gambo di sedano, ma non è in grado da solo di mantenere eretto un giovane fusto, che infatti si affloscia quando viene meno il turgore cellulare (*appassimento*).

Lo **sclerenchima** è formato da cellule con una parete cellulare molto ispessita e impregnata di una sostanza dura, la **lignina**, che spesso occupa l'intero volume della cellula, uccidendola. La parete è perforata da **punteggiature**, che nelle cellule vive sono attraversate dai plasmodesmi per permettere la comunicazione con le altre cellule. Lo sclerenchima si trova un po' ovunque nelle parti adulte della pianta, ma per le sue caratteristiche è inadatto alle zone in crescita. Esistono due tipi di cellule sclerenchimatiche: le **fibre**, lunghe e sottili, sostengono i vasi conduttori del fusto fornendo a esso robustezza e flessibilità (le fibre di canapa, iuta, lino e rafia vengono usate per fabbricare corde e stoffe resistenti); le **sclereidi**, più corte e con una parete durissima, si trovano nel guscio o nel nocciolo di vari frutti (noci, pesche, ciliegie, albicocche) ma anche nella polpa delle pere, a cui conferiscono la tipica consistenza granulare.

Tessuti conduttori

Hanno la funzione di trasportare *linfa grezza* (acqua e sali minerali) dalla radice verso le foglie o *linfa elaborata* (ricca di zuccheri come il saccarosio) dalle foglie al resto della pianta e, in particolare, ai tessuti parenchimatici di riserva.

Nel primo caso il tessuto conduttore, detto **xilema** o **legno**, è costituito da cellule morte, cave e lignificate, che prendono il nome di *elementi tracheali* e sono sovrapposte una all'altra a formare lunghi *vasi conduttori*.

Nelle angiosperme gli elementi tracheali sono di due tipi: le **tracheidi**, più piccole e affusolate, in cui le *pareti trasversali* lignificate (e quindi impermeabili) sono perforate da punteggiature che permettono il passaggio dell'acqua tra le cellule incolonnate, e le **trachee**, più grandi e cilindriche, impilate una sull'altra a formare vasi conduttori in cui le pareti trasversali sono completamente scomparse, consentendo un trasporto più efficiente (▶5). Nelle gimnosperme sono presenti solo le tracheidi.

Per permettere il passaggio dell'acqua con gli elementi affiancati e con il parenchima, le *pareti laterali* lignificate degli elementi tracheali non ricoprono completamente la cellula ma formano ispessimenti discontinui ad anello, a spirale o a rete oppure uno strato continuo ma costellato di punteggiature (▶6).

Nel secondo caso il tessuto, detto **floema** o **libro**, è costituito da cellule vive sovrapposte una all'altra a formare i **tubi cribrosi**, così chiamati per la presenza nelle sottili pareti trasversali di zone dotate di pori (le *placche cribrose*) che permettono il passaggio della linfa elaborata. A ogni cellula del libro è associata, per mezzo di plasmodesmi, una **cellula compagna** che provvede alla sintesi delle proteine necessarie alla cellula cribrosa, che ha perso la capacità di produrle poiché priva di nucleo e ribosomi (▶7).

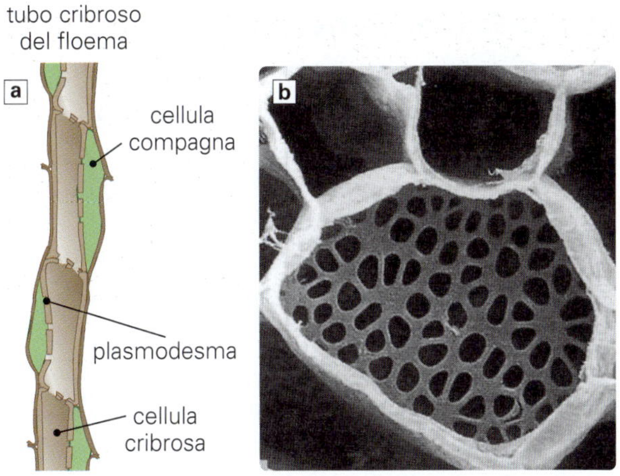

2.2 I tessuti di accrescimento (o meristemi)

Le piante, a differenza degli animali, *crescono per tutta la vita*, producendo rami, foglie, radici e fiori, grazie alla presenza di cellule meristematiche capaci di dividersi incessantemente. I tessuti meristematici sono costituiti da piccole cellule con vacuoli ridotti, grossi nuclei e pareti sottili, e sono di due tipi: primari e secondari.

I **meristemi primari** (o **apicali**) si trovano alle estremità della pianta (punta delle radici e gemme sui rami) e ne permettono l'**accrescimento primario**, ossia la crescita "in lunghezza"; i **meristemi secondari** (o **laterali**) sono posizionati lungo il fusto e la radice e ne permettono l'**accrescimento secondario**, ossia la crescita "in spessore" nelle piante che sviluppano un tronco e una radice legnosi (gimnosperme e angiosperme arboree). Come vedremo in seguito, lo fanno producendo ogni anno nuovi vasi conduttori, che sostituiscono i vecchi, e nuovo sughero.

Figura 7 Rappresentazione schematica di un tubo cribroso (**a**) e una sua sezione trasversale (**b**).

Facciamo il punto

3 Quali sono le caratteristiche delle cellule dell'epidermide?

4 Quali sono le funzioni dei tessuti parenchimatici?

5 Quali sono le principali differenze tra collenchima e sclerenchima?

3 Dal seme alla pianta: germinazione e sviluppo

Lo sviluppo di una pianta superiore avviene a partire dal seme, al cui interno è presente l'embrione del nuovo sporofito, formato da una piccola pianticella quiescente dotata di fusticino, radichetta, foglioline primordiali e di una o due foglie embrionali modificate (i *cotiledoni*); gran parte del seme è però occupato da materiale di riserva che permette all'embrione di sopravvivere nelle prime fasi della germinazione, quando la pianta non è ancora in grado di effettuare la fotosintesi (▶8).
I materiali nutritivi, costituiti da proteine, carboidrati e olii vegetali in proporzioni variabili a seconda delle specie, sono contenuti nei cotiledoni (nel caso dei legumi e altre dicotiledoni) o in uno speciale tessuto, l'**endosperma** (nelle monocotiledoni); i semi molto ricchi di endosperma, come quelli dei cereali, svolgono un ruolo essenziale nell'alimentazione umana.

Il seme, infine, è racchiuso in un *tegumento* impermeabile che vi mantiene uno stato di forte disidratazione (in media un seme contiene meno del 10% di acqua).

Il seme di norma non rimane in prossimità della pianta "madre" perché la competizione per le sostanze nutritive e la luce vedrebbe soccombere la giovane piantina, meno abile nello sfruttare le risorse. La **disseminazione**, ossia la dispersione del seme nell'ambiente, assicura inoltre la diffusione della popolazione in ampi spazi e può avvenire in vari modi (vedi § 8).

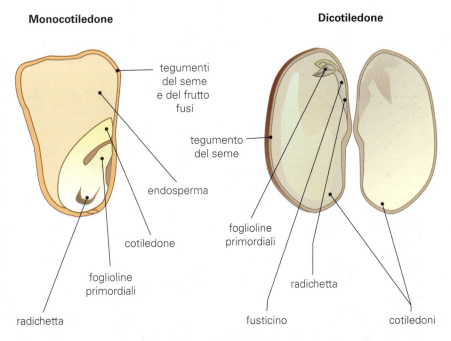

Figura 8 Struttura del seme in una pianta monocotiledone come il mais (*Zea mais*) e in una dicotiledone come il fagiolo (*Phaseolus vulgaris*).

3.1 Germinazione

La **germinazione** è il processo mediante il quale la pianta passa dallo stadio embrionale alla fase di accrescimento e sviluppo. Termina quando il seme non ha più nutrimento da offrire e la pianta diventa capace di produrlo mediante la fotosintesi.

Molto raramente un seme liberato nell'ambiente germina subito: di norma attraversa una fase di **dormienza**, o **quiescenza**, prima della germinazione, in modo che questa avvenga nelle condizioni ambientali più favorevoli (disponibilità d'acqua, temperatura oltre i 25 °C, luminosità adeguata ecc.). La dormienza può durare, nei semi più "duri", anche alcuni anni ed è favorita dalla forte disidratazione e da un metabolismo molto ridotto, con un conseguente basso consumo di nutrienti e ossigeno.

Quando le condizioni ambientali finalmente lo permettono (in particolare, se vi è *disponibilità d'acqua*), i semi presenti nel terreno germinano ma non tutti contemporaneamente, per evitare un eccesso di competizione e per permettere alla pianta di avere una seconda possibilità, nel caso le prime germinazioni non andassero a buon fine (*germinazione scalare*). A favorire la germinazione possono intervenire lesioni nel tegumento del seme, prodotte da fattori esterni come gli incendi e la parziale digestione da parte di animali. La germinazione inizia con una rapida fase di imbibizione: il seme assorbe acqua e si "gonfia", aumentando di volume, mentre i tegumenti protettivi subiscono un disfacimento o una rottura nei punti di minore resistenza. Raggiunta una determinata soglia di idratazione, il contenuto idrico del seme rimane stabile per un breve periodo di tempo, durante il quale si realizza la germinazione vera e propria: dai tegumenti del seme emergono prima la radichetta e poi il fusticino e si forma il **germoglio**. Questo avviene poiché con la reidratazione si attiva il metabolismo cellulare, e gli enzimi contenuti nel seme cominciano a digerire le sostanze di riserva. Subito dopo riprende con vigore l'assorbimento dell'acqua e inizia la fase di accrescimento.

3.2 Accrescimento primario e differenziamento

Si possono individuare nel germoglio due distinte zone, già presenti in abbozzo nel seme (▶9): l'**ipocotile**, ossia la parte di fusticino compresa tra la radichetta e i cotiledoni da cui deriverà la radice vera e propria, e l'**epicotile**, compreso tra i cotiledoni e le prime foglioline, da cui deriverà la "parte aerea" della pianta (fusto, rami e foglie). La radichetta, nella sua crescita, si indirizza verso il terreno, il fusto invece verso l'alto, in base a differenti stimoli ormonali (vedi Unità 7 § 2).

La trasformazione del germoglio in pianta adulta è dovuta all'accrescimento primario, che è assicurato sia dall'*aumento del numero* sia dall'*aumento delle dimensioni* delle cellule meristematiche primarie. I meristemi apicali sono formati da cellule in continua riproduzione: a ogni mitosi una delle due cellule figlie proseguirà a dividersi, mentre l'altra inizierà a differenziarsi. Le cellule che iniziano a differenziarsi, inizialmente di piccole dimensioni, cominciano a crescere, ma solo in lunghezza: in questo modo producono un aumento delle dimensioni della pianta in una sola direzione. Questo tipo di crescita è detto **crescita per distensione** ed è causato dall'incremento delle dimensioni del vacuolo centrale, conseguenza di un maggiore assorbimento di acqua da parte della cellula. Grazie a una minore resistenza della parete cellulare, che diventa più elastica in seguito alla rottura di una parte dei legami interni alla cellulosa, le cellule riescono a decuplicare in breve tempo la loro lunghezza. La crescita per distensione può essere molto rapida (nel grano, per un breve periodo, può arrivare sino a 2 mm al minuto!) ed è ritenuta la principale causa della crescita della pianta. Terminata la crescita per distensione,

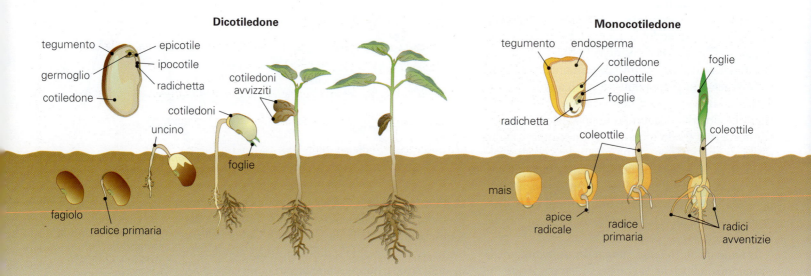

Figura 9 Germinazione e accrescimento iniziale di una dicotiledone (fagiolo) e di una monocotiledone (mais). Nel caso del fagiolo il germoglio, per proteggere il proprio apice, emerge dal terreno piegato a uncino; nel mais l'apice del germoglio è protetto da una guaina fogliare detta coleottile, ed emerge diritto.

> **Lo sapevi che...**
>
> **La scarificazione**
> In agricoltura, per indurre un seme a germinare si utilizza la scarificazione meccanica, che consiste nel pungere con aghi o nel trattare con carta vetrata il tegumento del seme prima di metterlo nel terreno. Alcuni semi particolarmente resistenti vengono addirittura immersi, per un breve lasso di tempo, in acido solforico concentrato: in questo caso si tratta di scarificazione chimica.

la parete cellulare si ispessisce e la cellula si differenzia in una cellula adulta.

Il *differenziamento cellulare* si indirizza verso la formazione di cellule specializzate nello svolgere le diverse funzioni vitali della pianta: l'assorbimento di acqua e sali minerali, la fotosintesi clorofilliana, il trasporto della linfa grezza o elaborata e, non ultima, la riproduzione.

3.3 Durata di vita

Come sappiamo, una delle principali differenze tra animali e piante consiste nel fatto che, in queste ultime, la crescita non ha mai termine (**crescita indeterminata**). Con questo tipo di crescita le piante suppliscono all'impossibilità di muoversi che le caratterizza: mentre gli animali vagano per il territorio alla ricerca di cibo, le piante conquistano nuovi ambienti sotterranei e aerei semplicemente crescendo. In questo modo riescono a competere per le risorse del suolo (acqua e sali minerali) e la luce solare.

Alla crescita indeterminata non corrisponde una vita senza fine. Molte piante infatti completano il ciclo vitale (nascita, sviluppo riproduttivo e morte) in un anno, sono cioè **annuali**. Le principali piante coltivate per uso alimentare, dai cereali ai legumi, dai pomodori alle melanzane (▶10), sono di questo tipo: per questo motivo il contadino le deve seminare ogni anno!

Altre piante completano il ciclo vitale in due anni, sono cioè **biennali** e fioriscono al secondo anno. Le barbabietole e le carote sono biennali, ma vengono raccolte al termine del primo anno di vita, quando la radice di cui ci cibiamo si è già formata ma non è ancora avvenuta la fioritura (che corrisponde alla fase riproduttiva).

Le piante che vivono più di due anni sono dette **perenni**. Alcune di queste, in particolare sequoie, pini, ulivi e querce, sono tra gli esseri viventi più longevi esistenti sulla Terra, potendo vivere per centinaia e persino migliaia di anni (▶11).

Figura 11 L'Árbol del Tule è un esemplare di cipresso di Montezuma (*Taxodium mucronatum*). Si trova nei pressi di Oaxaca, in Messico, ed è famoso perché, con i suoi 35 metri di diametro e 30 di altezza, è considerato uno degli alberi più grandi al mondo. Si ritiene che la sua età sia compresa tra i 1300 e i 2000 anni.

Figura 10 Il pomodoro (*Solanum lycopersicum*) è una pianta annuale.

Facciamo il punto

6 Dove si trova il materiale di riserva all'interno del seme, nelle monocotiledoni? E nelle dicotiledoni?

7 Quali fattori possono determinare la fine della quiescenza del seme?

8 Quali parti si possono individuare nel germoglio?

9 Quali sono le cause della crescita del germoglio?

10 Perché per le piante si parla di crescita indeterminata?

11 Come avviene la crescita per distensione?

12 Come è detta la crescita delle piante? Perché?

13 Quali possono essere le diverse durate del ciclo vitale delle piante?

4 La radice: assorbimento, trasporto e ancoraggio al suolo

L'apparato radicale di una pianta ha il compito di assorbire acqua e sali minerali, trasportandoli sino al fusto, e di permettere l'ancoraggio della pianta al terreno. Produce inoltre alcuni ormoni, come le gibberelline e le citochine (vedi Unità 7 § 2).

Le radici sono più sviluppate nelle piante che vivono nelle regioni aride, raggiungendo un'estensione complessiva sino a 100 volte maggiore di quella dell'apparato fogliare. Nelle zone del pianeta in cui l'acqua è abbondante, al contrario, la parte aerea della pianta (fusto e foglie) è sino a 10 volte più sviluppata della parte sotterranea.

In alcuni casi le radici si espandono soprattutto superficialmente: negli ambienti aridi questo tipo di crescita permette alla pianta di assorbire rapidamente l'acqua delle rare piogge prima che penetri in profondità, mentre in quelli freddi è determinato dal fatto che il suolo a una certa profondità è sempre ghiacciato. In altri casi invece l'apparato radicale penetra nel suolo molto in profondità per attingere alle falde acquifere, come accade per le palme nelle oasi.

La superficie di assorbimento delle radici viene ulteriormente aumentata dalla presenza dei *peli radicali*, escrescenze delle cellule epidermiche.

4.1 Sviluppo e struttura primaria della radice

La crescita primaria della radice è determinata dall'attività del meristema apicale e dal successivo processo di differenziamento delle cellule da esso prodotte. Per questo motivo la **struttura primaria** di una radice può essere longitudinalmente suddivisa in più parti, che tuttavia non sono chiaramente separate ma sfumano una nell'altra (▶12).

→ La brevissima **porzione apicale** contiene cellule meristematiche in continua riproduzione che provocano l'accrescimento in lunghezza della radice. È ricoperta da una **cuffia** (o *caliptra*) che ha il compito di proteggere le cellule neoformate dall'attrito con il terreno e di rilasciare sostanze mucillaginose che agiscono come lubrificanti e permettono alla radice di avanzare meglio nel suolo. La cuffia è costituita da cellule soggette a notevole usura, che vengono continuamente sostituite da nuove cellule prodotte dal meristema apicale.

→ La **zona di distensione**, della lunghezza di circa 5 mm, è costituita da cellule che si allungano sino a raggiungere dimensioni 10-15 volte maggiori di quelle iniziali. Questa crescita favorisce la penetrazione della radice nel suolo.

→ La **zona di differenziamento**, detta anche **zona pilifera** perché presenta i **peli radicali**, contiene tre diversi tipi di meristemi primari: il *protoderma*, il *meristema fondamentale* e il *procambio*. Essi daranno origine rispettivamente all'epidermide, alla corteccia e ai tessuti conduttori. I peli radicali (lunghi da 100 a 300 micrometri) sono fondamentali nella radice, poiché triplicano la superficie di assorbimento, ma hanno breve durata e devono essere continuamente sostituiti da quelli prodotti dalla parte più "giovane" della zona di differenziamento. La funzione assorbente perciò rimane "confinata" nella zona terminale della radice in crescita, con il vantaggio di sfruttare sempre nuove zone del terreno.

Se consideriamo la sezione trasversale di una radice nella zona di differenziamento, possiamo individuare, dall'esterno verso l'interno, quattro fasce concentriche (▶12):

→ l'**epidermide radicale** (o **rizoderma**), costituita da cellule tegumentarie appiattite e prive di cuticola;
→ la **corteccia**, predominante dal punto di vista quantitativo, che contiene tessuto parenchimatico ricco di materiale di riserva (come nelle carote);
→ l'**endoderma**, uno strato di cellule fortemente adese una all'altra che controlla l'ingresso delle sostanze nella parte più interna della radice grazie alla **banda del Caspary**: è uno strato continuo

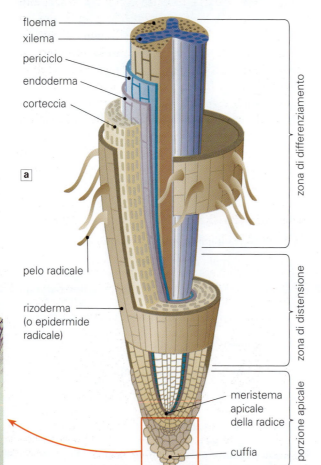

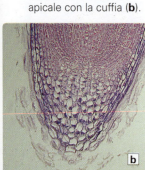

Figura 12 Zone di accrescimento primario e struttura dell'apice radicale (**a**). Nella fotografia al microscopio ottico è visibile il meristema apicale con la cuffia (**b**).

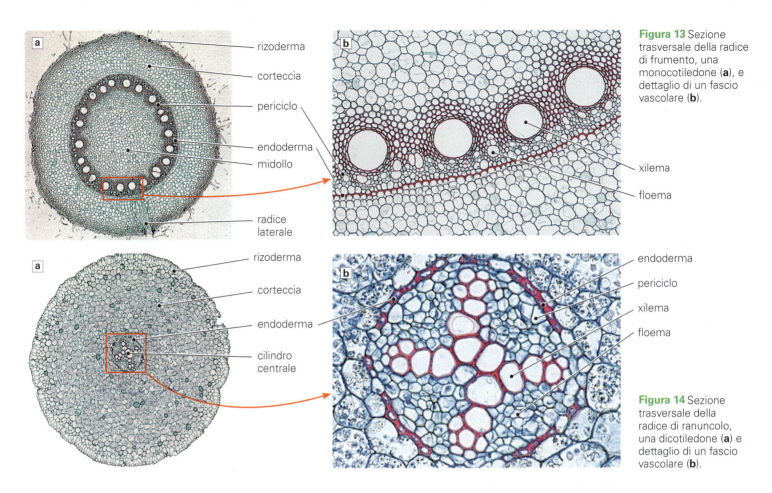

Figura 13 Sezione trasversale della radice di frumento, una monocotiledone (a), e dettaglio di un fascio vascolare (b).

Figura 14 Sezione trasversale della radice di ranuncolo, una dicotiledone (a) e dettaglio di un fascio vascolare (b).

di materiale impermeabile (di lignina e suberina) che impregna le pareti cellulari delle cellule dell'endoderma su tre lati (ispessimento "a U") o su quattro (ispessimento "a O");

→ il **cilindro centrale**, o **stele**, di diametro assai minore di quello della corteccia, è delimitato esternamente dal **periciclo**, che è responsabile della formazione delle **radici laterali**.

Nelle monocotiledoni al centro c'è il **midollo**, costituito da tessuto parenchimatico, e intorno ad esso numerosi fasci alternati di vasi conduttori e di tubi cribrosi, chiamati *arche*, distribuiti ad anello (▶13).

Nelle gimnosperme e nelle dicotiledoni le arche sono in numero ridotto (al massimo sette) e quelle di xilema si saldano tra loro al centro formando una specie di stella tra i cui "bracci" si trovano i fasci di floema. Manca un vero e proprio midollo, ma è presente del parenchima incuneato tra le arche (▶14).

4.2 La struttura secondaria della radice

Mentre le radici delle monocotiledoni si limitano alla crescita primaria, quelle delle dicotiledoni e delle gimnosperme danno luogo a una successiva fase di accrescimento secondario. Si origina così la **zona di struttura secondaria**, di gran lunga maggioritaria, che perde la funzione assorbente ma mantiene quella di trasporto e di ancoraggio al suolo.

La crescita secondaria è stimolata da specifici ormoni (Unità 7 § 2) e produce la crescita in spessore della radice, che aumenta notevolmente il proprio diametro (▶15). È il risultato dell'azione di due tipi di meristemi secondari, il **cambio vascolare** (o **cribro-legnoso**), e il **cambio del sughero** (o **fellogeno**). Il primo è interposto, con andamento sinusoidale, tra il legno e il libro primari: ogni anno la sua attività produce, nel periodo primaverile-estivo, nuovo xilema verso l'interno e nuovo floema verso l'esterno. Il secondo si forma da cellule corticali in corrispondenza del periciclo e dà origine ogni anno a uno strato di **sughero** verso l'esterno; il nuovo sughero isola dai fasci conduttori gli strati più esterni della corteccia che, non più alimentati dalla linfa, muoiono e si staccano dalla radice.

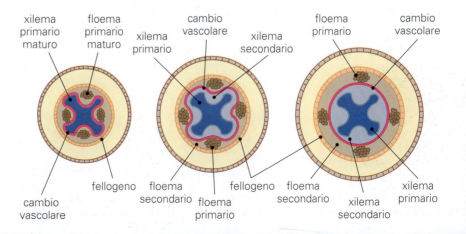

Figura 15 Accrescimento secondario in una radice di dicotiledone.

4.3 Tipi di radici

Esistono tre tipi principali di radici: a fittone, fascicolate, avventizie (▶16).

→ Le **radici a fittone**, comuni tra le dicotiledoni, sono costituite da una grossa *radice principale*, che deriva dalla radichetta embrionale ed è disposta sul medesimo asse del fusto, e da varie radici laterali molto più piccole. Questo apparato spesso immagazzina acqua e sostanze di riserva, in particolare nelle carote, nelle rape, nei rapanelli, nella manioca e in altre piante di importanza alimentare: in questo caso si parla di *radici tuberizzate*.

→ Le **radici fascicolate** non derivano dalla radichetta (che scompare durante la germinazione), ma da primordi radicali presenti nel fusto. Non si distingue un asse principale, ma tutte le ramificazioni partono da un medesimo punto e si espandono sia in verticale sia in orizzontale. Rispetto al fittone hanno un miglior potere assorbente e ancorano meglio la pianta al terreno, ma non contengono di norma materiali di riserva. Sono tipiche delle monocotiledoni, ma si possono formare anche nelle dicotiledoni durante l'accrescimento secondario o la riproduzione vegetativa per talea.

→ Le **radici avventizie** spuntano dal fusto o dai rami, aumentando la capacità assorbente e la stabilità della pianta. Sebbene anche le radici fascicolate siano da considerare avventizie, l'esempio più evidente è quello delle *radici aeree* (o *pneumatofori*), che crescono al di fuori del suolo: nelle mangrovie delle paludi hanno la funzione di contribuire alla respirazione emergendo dall'acqua, mentre nelle piante rampicanti, come l'edera, ancorano la pianta al muro.

Esistono altri esempi di radici con funzioni particolari: nelle piante *epifite* delle foreste equatoriali, che vivono sui rami degli alberi, le radici svolgono la fotosintesi; in alcune piante parassite si sono trasformate in *austori* aghiformi con cui la pianta succhia il nutrimento dal suo ospite (▶17); in alcune piante acquatiche, come il giacinto d'acqua (*Eicchornia crassipes*, ▶18) e la lenticchia d'acqua comune (*Lemna minor*), si riempiono d'aria per favorire il galleggiamento.

Figura 17 La *Rafflesia* è una pianta parassita, di cui è visibile solo il grosso fiore e che si accresce propagando i propri austori all'interno di altre piante (del genere *Tetrastigma*).

Figura 18 Il giacinto d'acqua (*Eicchornia crassipes*) cresce rapidamente, diventando spesso una pianta infestante degli ambienti acquatici.

Figura 16 Diversi tipi di apparati radicali: radice a fittone (**a**); radici tuberizzate (**b**); radici fascicolate (**c**); radici avventizie aeree (**d**).

Facciamo il punto

14 Quali zone, in senso longitudinale, si possono individuare nella struttura primaria della radice?

15 Che cos'è e a che cosa serve la cuffia?

16 Quali zone si individuano nella sezione trasversale di una radice primaria?

17 A che cosa serve il periciclo?

18 Quali sono i meristemi che producono la crescita secondaria della radice?

19 Quali sono i principali tipi di radici?

5 Il fusto: sostegno, conduzione e fotosintesi

Il fusto (o *caule*) sostiene l'apparato fogliare esponendolo alla luce e permette il trasporto della linfa grezza dalle radici alle foglie e della linfa elaborata dalle foglie al resto della pianta. Nei fusti delle piante giovani o annuali, che non hanno avuto una crescita secondaria, ha anche il compito di effettuare la fotosintesi e per questo motivo è verde e dotato di stomi (aperture per gli scambi gassosi che descriveremo nel § 6).

5.1 L'accrescimento primario del fusto

Il fusto primario (o *fusto verde*) si accresce grazie al *meristema apicale*, che forma una specie di cupola al vertice della parte "aerea" del germoglio ed è protetto da alcuni *abbozzi* (o *primordi*) *fogliari* ripiegati su di esso (▶19). Le cellule apicali si dividono incessantemente per mitosi, ma quelle ai margini del meristema in parte rimangono meristematiche e in parte iniziano a differenziarsi. La prima fase del differenziamento è la crescita per distensione delle cellule, che provoca un rapido allungamento del germoglio. Durante questo "stiramento" gli abbozzi fogliari si distanziano tra loro e iniziano a trasformarsi in vere foglie, sviluppando un sistema vascolare collegato a quello in formazione nel fusto. Successivamente, nei punti in cui gli abbozzi fogliari si inseriscono nel fusto (le *ascelle fogliari*), si formano le **gemme ascellari**: all'inizio rimangono quiescenti ma, nel momento in cui gli abbozzi fogliari cominciano a trasformarsi in foglie, si attivano e danno origine agli abbozzi dei rami. In molte piante, in particolare nelle conifere, si verifica il fenomeno della **dominanza apicale** (▶20): la gemma apicale limita lo sviluppo di gemme ascellari e fa sì che il fusto centrale della pianta abbia un accrescimento dominante su quello dei rami laterali; in questo caso solo la potatura, eliminando la gemma apicale, permette alla pianta di ramificarsi maggiormente.

Il differenziamento delle cellule meristematiche dà origine a quattro meristemi primari, il *protoderma*, il *meristema fondamentale corticale*, il *procambio* e il *meristema fondamentale midollare*, che diventeranno rispettivamente epidermide, corteccia, vasi conduttori e midollo (▶21).

È soprattutto la crescita per distensione a distanziare tra loro i punti in cui le foglie si inseriscono nel fusto (i *nodi*), producendo l'allungamento dei tratti di fusto compresi tra un nodo e il successivo (gli *internodi*). Se la crescita per distensione è mol-

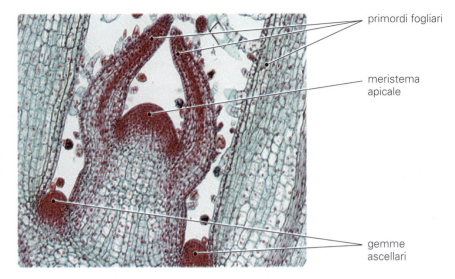

Figura 19 Sezione longitudinale di un apice di germoglio.

Figura 20 Dominanza apicale in piante di pino.

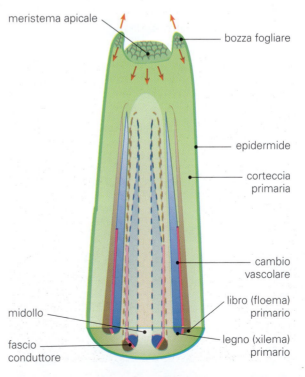

Figura 21 Schema della struttura primaria di un fusto di dicotiledone, visto in sezione.

Figura 22 L'agave, una tipica pianta a rosetta.

Figura 23 Canne di bambù in cui appaiono evidenti nodi e internodi.

to ridotta la pianta presenta foglie ammassate una sull'altra, perché i nodi sono vicinissimi tra loro (accade nelle *piante a rosetta*, come la lattuga e molte piante "grasse", ▶22).

Tuttavia di norma è l'attività proliferativa del meristema apicale a produrre la gran parte dell'allungamento del fusto, con l'eccezione delle graminacee, folto gruppo di monocotiledoni a cui appartengono, tra gli altri, i cereali. Nel fusto di queste piante (detto *culmo*) un meristema situato in corrispondenza di ogni nodo permette una *crescita intercalare*, tra un nodo e l'altro. Grazie a ciò, una graminacea come il bambù (▶23) può crescere di oltre 20 m in una stagione.

5.2 La struttura primaria del fusto

In sezione trasversale, il sottile fusto delle piante giovani o erbacee presenta una struttura diversa negli internodi e nei nodi. In un internodo di una dicotiledone è la seguente (▶24a):

→ una porzione esterna, detta **corteccia primaria**, che ha un ruolo di sostegno e di protezione dagli attacchi esterni. È la parte predominante del fusto ed è ricca di *parenchima corticale*, le cui cellule presentano un elevato turgore che contribuisce a mantenere eretto il fusto. Esternamente la corteccia è delimitata da un'epidermide dotata di *stomi*;

→ un **cilindro centrale** (o stele), con al centro un **midollo** ricco di parenchima di riserva e intorno i fasci vascolari disposti ad anello. Di norma ogni fascio contiene sia xilema, più interno, sia floema, più esterno. Tra xilema e floema è presente il cambio cribro-legnoso, un tessuto meristematico che sarà responsabile dell'accrescimento secondario (*fasci aperti*). I tessuti di sostegno (collenchima, fibre di sclerenchima e sclereidi) sono associati ai vasi conduttori e disposti in modo differente a seconda della specie.

Rispetto alla struttura della radice, lo spostamento degli elementi conduttori verso la periferia viene incontro a due esigenze: favorire il collegamento con le foglie, che sono appendici "esterne", e sostenere in modo più efficace il fusto.

Nei nodi la struttura descritta diventa più "disordinata": i fasci conduttori divergono dal cilindro centrale, attraversano la corteccia e penetrano nelle foglie o nei rami.

Nelle monocotiledoni la struttura del fusto è diversa (▶24b): i fasci conduttori, privi di meristema (*fasci chiusi*), sono distribuiti in tutto lo spessore del fusto e non si riconoscono un midollo e una corteccia.

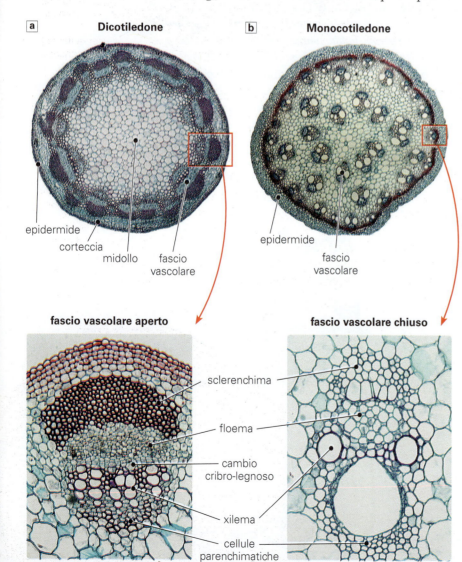

Figura 24 Sezione trasversale del fusto di una dicotiledone e schema di un fascio vascolare aperto (**a**). Sezione trasversale del fusto di una monocotiledone e schema di un fascio vascolare chiuso (**b**).

5.3 Accrescimento e struttura secondari del fusto

Nelle gimnosperme e nelle dicotiledoni all'accrescimento primario segue spesso quello secondario, che provoca la crescita "in larghezza" del fusto sino a trasformarlo nel **tronco legnoso** che vediamo negli alberi e negli arbusti (▶25). In modo analogo a quanto accade nella radice, l'accrescimento secondario è prodotto da due meristemi secondari: il cambio vascolare, o cribro-legnoso e il cambio del sughero, o fellogeno.

Il *cambio cribro-legnoso* si trova nei fasci vascolari, interposto tra le cellule di xilema e di floema, e produce ogni anno, nel periodo primaverile-estivo, nuovo tessuto conduttore che sostituisce quello vecchio non più funzionante (*xilema secondario* verso l'interno del fusto e *floema secondario* verso l'esterno). L'attività del cambio produce molto più xilema che floema, perché le cellule del legno, che sono morte, perdono più rapidamente la loro funzionalità per l'ingresso di aria.

A mano a mano che la pianta invecchia, aumenta di dimensioni la parte centrale del tronco (▶26), detta *durame* o *massello*, costituita da cellule xilematiche e parenchimatiche morte e impregnate di resine e tannini che le rendono resistenti all'azione dei batteri decompositori. Il durame forma un robusto "scheletro", che rende la pianta capace di rimanere eretta anche se raggiunge notevoli altezze. È la parte della pianta che si utilizza in falegnameria per la sua leggerezza, resistenza e lavorabilità. Tra il durame e il cambio vascolare si trova l'*alburno*, di colore più chiaro e formato da cellule più giovani, ancora vive e funzionanti (non in tutte le piante questa distinzione è evidente).

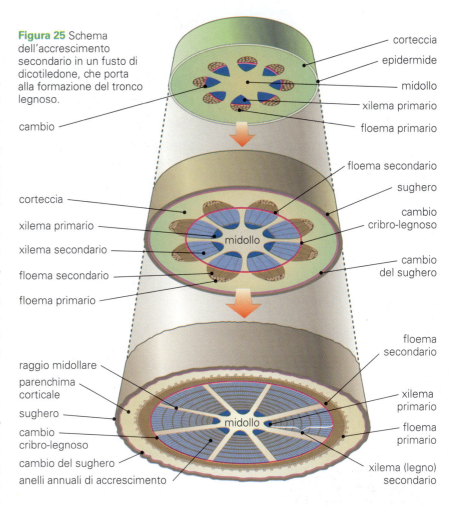

Figura 25 Schema dell'accrescimento secondario in un fusto di dicotiledone, che porta alla formazione del tronco legnoso.

Poiché il legno primaverile è di colore più chiaro per una maggiore presenza di acqua, mentre il *legno estivo* è più scuro per una minore presenza di acqua, l'alternanza dei due tipi di legno dà origine agli **anelli** (o **cerchi**) **annuali**, contando i quali è possibile risalire all'età della pianta (▶27).

Il *fellogeno* si trova all'esterno dei fasci conduttori e produce ogni anno nuovo sughero, che protegge i tessuti più interni dalla disidratazione, dai danni meccanici e dall'attacco di insetti e parassiti. Le cellule più "vecchie" del sughero nel frattempo muoiono e si riempiono d'aria: di conseguenza, la parte più

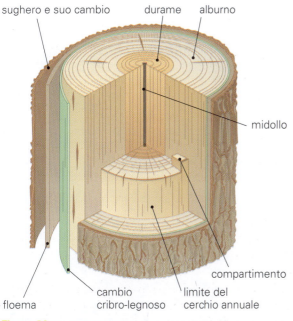

Figura 26 Struttura di un tronco legnoso, in cui si distinguono il durame e l'alburno.

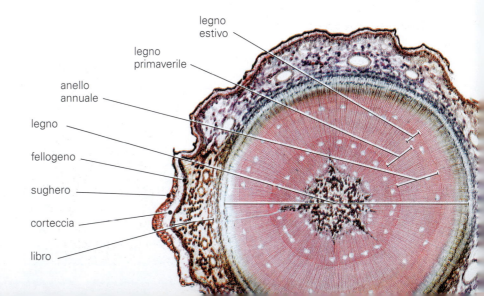

Figura 27 Sezione di un tronco, colorata e osservata al microscopio, in cui sono visibili gli anelli annuali dovuti all'alternanza tra legno primaverile (con vasi conduttori più grossi) e legno estivo-autunnale (con vasi più piccoli).

Figura 28 Quercia da sughero appena privata della corteccia (**a**), cortecce accatastate (**b**) e sottobicchieri in sughero (**c**).

Figura 29 Lenticelle visibili su una pianta di ciliegio (**a**); una lenticella osservata al microscopio, dove è visibile lo strato di sughero in fase di rottura (**b**).

esterna della corteccia, che comprende anche il floema e il fellogeno stesso, si distacca e cade. Per questo motivo la corteccia ha uno spessore ridotto, eccetto che nella quercia da sughero (*Quercus suber*), in cui non si stacca mai, formando uno spesso rivestimento suberoso che viene utilizzato per la sua leggerezza e impermeabilità nella produzione di tappi per vini, nell'edilizia e nell'industria calzaturiera (▶28).

L'impermeabilità del sughero rispetto all'aria e all'acqua rende necessaria la presenza nel tronco di aperture per gli scambi gassosi: sono le **lenticelle** (▶29), che si possono vedere nelle piante con corteccia liscia, mentre nelle altre risultano nascoste nei solchi del sughero. In inverno sono chiuse da uno strato di sughero, che però in primavera si rompe, ripristinando la funzione di scambio.

Facciamo il punto

20 Come avviene l'allungamento della parte aerea del germoglio?

21 Quali sono e che cosa producono i quattro meristemi primari?

22 Che cosa si osserva in una sezione trasversale di fusto primario?

23 Come avviene la crescita secondaria del fusto?

24 Perché nel legno si formano i cerchi annuali?

QUALCOSA IN PIÙ

Scheda 1 Fusti modificati: stoloni e rizomi

Come si è visto per le radici, anche i fusti e i rami a volte assumono funzioni particolari. Gli **stoloni** (▶1) sono rami laterali che si originano dalle gemme ascellari e crescono orizzontalmente sulla superfice del suolo. Permettono alla pianta di riprodursi asessualmente: dall'estremità di ogni stolone infatti può nascere una nuova pianta, che sarà un clone della "pianta madre". Sono di questo tipo la fragola, il ranuncolo e il trifoglio.

I **rizomi** (▶2) sono invece fusti sotterranei a decorso orizzontale che svolgono prevalentemente una funzione di riserva. La pianta di patata (*Solanum tuberosum*), in particolare, possiede dei rizomi che terminano con ingrossamenti, detti **tuberi**, di cui noi ci cibiamo. I cosiddetti "occhi" delle patate sono in realtà gemme ascellari presenti nei nodi del fusto modificato, da cui si possono generare nuove piante. Altri tuberi commestibili sono il topinambur (*Helianthus tuberosus*) e l'oca (*Oxalis tuberosa*).

Figura 2 Patate germinate.

Figura 1 Stoloni di fragola.

6 La foglia: fotosintesi e scambi gassosi

Le foglie sono appendici laterali del fusto come i rami, ma a differenza di essi non sono una presenza permanente nella pianta: nella maggior parte delle angiosperme dei nostri climi, che sono *decidue* (o *caducifoglie*), cadono in autunno e rispuntano in primavera. Solo le piante *sempreverdi* come le conifere, gli olivi, i lecci e gli arbusti della macchia mediterranea (dal rosmarino, al ginepro, al mirto) non le perdono tutte contemporaneamente, ma le sostituiscono un po' alla volta.

6.1 Sviluppo e struttura delle foglie

Le prime foglie di una nuova pianta si sviluppano a partire dagli abbozzi fogliari presenti nella gemma, o germoglio, apicale. Nelle piante perenni adulte derivano dall'apice meristematico di gemme che si formano sulla superficie del fusto o dei rami. Nelle caducifoglie le gemme, dormienti nel periodo invernale, a primavera appaiono come protuberanze prodotte da un'intensa attività proliferativa.

Come nella radice e nel fusto, anche nella foglia la crescita è dovuta sia all'attività mitotica delle cellule meristematiche apicali sia alla crescita per distensione delle medesime all'inizio del processo di differenziamento. Alla *crescita apicale*, che produce lo sviluppo in lunghezza della foglia, segue una *crescita marginale* in larghezza, prodotta da cellule meristematiche disposte sul margine della foglia. A differenza della radice e del fusto, la foglia, una volta raggiunte le dimensioni definitive, smette di crescere: non esiste quindi un accrescimento fogliare secondario.

Da un punto di vista anatomico la foglia ha caratteristiche peculiari, connesse alla sua attività fotosintetica. Di norma è costituita da due parti principali: la **lamina**, o **lembo**, struttura appiattita

Figura 30 Le parti di una foglia.

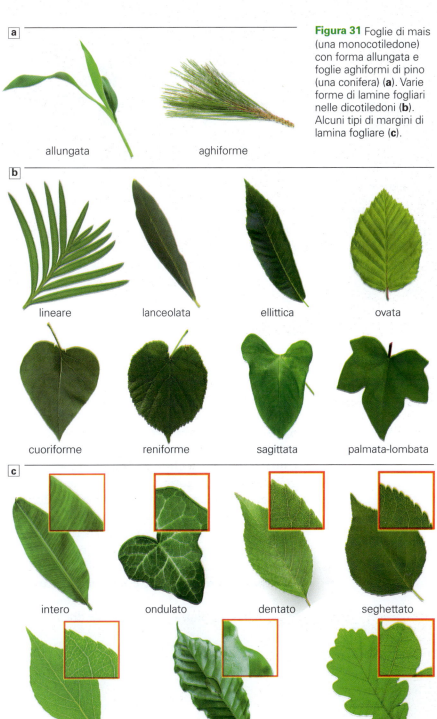

Figura 31 Foglie di mais (una monocotiledone) con forma allungata e foglie aghiformi di pino (una conifera) (**a**). Varie forme di lamine fogliari nelle dicotiledoni (**b**). Alcuni tipi di margini di lamina fogliare (**c**).

e stratificata che contiene il tessuto fotosintetico e tessuti di conduzione, e il **picciolo**, che collega la lamina al fusto per mezzo dei vasi conduttori (il punto in cui il picciolo si connette al fusto è l'*ascella fogliare*, ▶30).

In molte specie di monocotiledoni il picciolo è assente (la foglia circonda il fusto con una *guaina*), mentre in altre al contrario è molto grosso (il "gambo" del sedano, di cui ci cibiamo); la lamina è di norma allungata nelle monocotiledoni e aghiforme nelle conifere (▶31a), mentre assume numerose forme nelle dicotiledoni (▶31b); il *margine* della lamina può essere liscio, seghettato, lobato ecc. (▶31c).

tripartita

imparipennata

paripennata

Figura 32 Diverse tipologie di foglie composte.

Quelle sinora descritte, con una sola lamina, sono **foglie semplici**. Esistono però anche **foglie composte** (▶32), formate da più lamine inserite sullo stesso picciolo in modi diversi a seconda della specie. Quando tre foglioline sono inserite nello stesso punto (come nel trifoglio) si parla di foglia tripartita; quando le foglioline sono disposte in un modo che ricorda una penna di uccello si parla di foglia imparipennata o paripennata (a seconda che il numero di foglioline sia dispari o pari).

Nella maggior parte dei casi, la lamina fogliare presenta una *pagina superiore*, rivolta verso il Sole, e una *pagina inferiore*, rivolta verso il suolo: in questo caso la foglia è **bifacciale**. Nelle monocotiledoni però più spesso la foglia è **equifacciale**, con due pagine uguali rivolte entrambe verso il Sole.

In una sezione trasversale di una foglia bifacciale, passando dalla pagina superiore a quella inferiore possiamo individuare tre zone: l'epidermide superiore, il mesofillo e l'epidermide inferiore (▶33).

→ L'**epidermide superiore** è ricoperta di **cuticola**, il rivestimento che la rende impermeabile. È formata da cellule appiattite, prive di cloroplasti e trasparenti, per permettere il passaggio della luce solare. Può avere anche funzione secretiva, di olii o essenze varie (in particolare nelle piante aromatiche come il basilico o la lavanda) ed è priva di stomi.

→ Il **mesofillo** è un tessuto parenchimatico a sua volta costituito da due strati: sopra il **tessuto a palizzata**, formato da cellule colonnari strettamente addossate una all'altra e ricche di cloroplasti; sotto il **tessuto lacunoso**, con cellule di forma irregolare che in corrispondenza delle aperture degli stomi sono separate da ampi spazi intercellulari; in esso vengono incamerati ossigeno e anidride carbonica, essenziali per la respirazione cellulare e la fotosintesi. Anche le cellule del tessuto lacunoso possiedono cloroplasti ma l'attività fotosintetica è svolta prevalentemente dal tessuto a palizzata. L'interno del tessuto lacunoso è percorso dai vasi conduttori, che formano le **nervature** della foglia (▶34), parallele tra loro nelle monocotiledoni (foglie *parallelinervie*) e ramificate in vari modi nelle dicotiledoni (*palminervie*, *penninervie*, radiate, reticolate ecc.). Oltre ad assicurare uno stretto contatto tra cellule fotosintetiche e sistema vascolare, le nervature fungono anche da struttura di sostegno.

→ L'**epidermide inferiore** possiede di norma una cuticola più sottile ed è ricca di **stomi**, pori regolabili che permettono il passaggio di gas (vedi Unità 7 § 6.4).

Nelle foglie equifacciali le due epidermidi si equivalgono e sono dotate entrambe di stomi; inoltre il tessuto a palizzata è disposto simmetricamente sui due lati della lamina.

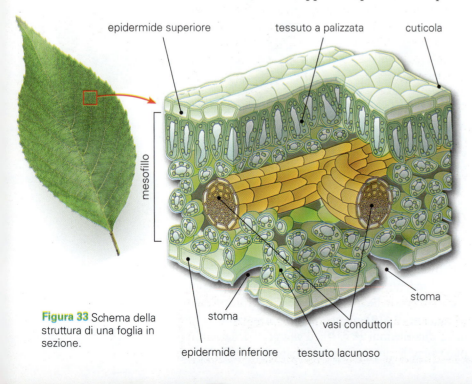

Figura 33 Schema della struttura di una foglia in sezione.

palminervia più nervature principali partono da un solo punto

penninervia una nervatura principale da cui partono più nervature secondarie

parallelinervia più nervature principali quasi parallele tra loro

Figura 34 Diversi tipi di nervature nelle foglie di dicotiledoni.

6.2 Adattamenti particolari delle foglie

Sebbene la struttura interna delle foglie sia simile in tutte le specie vegetali, è evidente la presenza di adattamenti alle diverse condizioni ambientali.

I climi caldi e secchi sono quelli in cui le piante hanno maggiori difficoltà a sopravvivere, dato che l'acqua in esse non circola come il sangue negli animali, ma si muove in una sola direzione e si disperde continuamente in gran quantità nell'ambiente. Le piante adattate a questi ambienti (le *xerofite*) hanno quindi la necessità di aumentare l'assorbimento (con radici molto sviluppate) e di ridurre la traspirazione: per questo motivo le loro foglie sono piccole, con gli stomi infossati e dotate di una fitta peluria di tricomi, che riflette e disperde la luce evitando il surriscaldamento; nei climi più aridi a volte le piante hanno *foglie succulente* che trattengono notevoli quantità d'acqua nel parenchima acquifero: è il caso di alcune Crassulacee, impropriamente dette "piante grasse" (▶35a).

Anche le *foglie aghiformi* delle conifere (▶35b) rappresentano un adattamento alla carenza d'acqua che può comparire sia nelle piante adattate ai climi caldi e secchi (è il caso del pino marittimo) sia in quelle che vivono in climi freddi, perché il suolo è ghiacciato per buona parte dell'anno (è il caso degli abeti della taiga siberiana).

Le piante sempreverdi hanno invece la necessità di mantenere le foglie integre per diversi anni, resistendo alla mancanza d'acqua e ai danni prodotti da agenti esterni. Le loro foglie sono coriacee per l'abbondanza di tessuto meccanico, un adattamento contro la predazione da parte degli erbivori. Ne sono un esempio l'ulivo, il corbezzolo, il leccio, gli agrumi e tutte le specie della macchia mediterranea, definite per questo *sclerofite* (dal greco *sklerós*, "duro").

Un caso estremo di adattamento ai climi aridi, e contemporaneamente di *difesa* contro la voracità degli erbivori, sono le spine dei cactus e di molte piante grasse (▶35c): si tratta di foglie a tal punto modificate da perdere la capacità di effettuare la fotosintesi (in questo caso è il fusto verde e carnoso a effettuarla).

Ma le foglie possono assumere anche altre funzioni. Le **perule** che ricoprono le gemme invernali dormienti e le **brattee** (▶35d) presenti nella pannocchia di mais hanno assunto una funzione di *protezione*, mentre i **viticci** della vite (▶35e), del cetriolo e del pisello permettono alla pianta di agganciarsi a un *sostegno*. In certe specie, inoltre, le foglie assumono colori vivaci simili ai petali dei fiori (▶35f), per attrarre gli insetti impollinatori, mentre nelle *piante carnivore* (vedi Unità 7 **SCHEDA 2**) sono mobili e trasformate in trappole per insetti.

In alcuni casi, infine, i germogli delle foglie diventano carnosi e assumono funzione *di riserva*, come nel **bulbo** della cipolla e dell'aglio, oltre che nei cotiledoni. Oltre a queste, altre foglie hanno importanza alimentare: ne sono un esempio i carciofi, la lattuga, gli spinaci e molti aromi (basilico, salvia, prezzemolo, timo, menta ecc.).

Figura 35 Crassulacea (del genere *Kalanchoe*) con foglie carnose (**a**). Foglie aghiformi di pino (**b**). Spine di cactus (**c**). Pannocchie di mais: le bratee ingialliscono durante la fase di maturazione della pianta (**d**). Viticcio di vite, con cui la pianta si aggancia a un sostegno (**e**). Pianta di buganvillea: il fiore è piccolo e di colore biancastro; la parte viola è formata da foglie modificate che accompagnano i fiori (**f**).

Facciamo il punto

25 Da quali parti è costituita una foglia semplice?

26 Com'è la struttura interna di una foglia bifacciale?

27 Che cosa sono le nervature di una foglia?

7 Il fiore, organo della riproduzione sessuale

Le piante si riproducono sia asessualmente sia sessualmente. Della riproduzione asessuale, che non richiede la presenza nella pianta di organi particolari, ci occuperemo nell'Unità 7. La riproduzione sessuale invece necessita di strutture in grado di produrre i gameti e di permettere la fecondazione, che nelle piante avviene per mezzo dell'impollinazione.

Nelle gimnosperme, che sono prive di fiori, il polline prodotto dai *coni* maschili è trasportato dal vento o dall'acqua sino ai coni femminili, che contengono le cellule uovo (*impollinazione anemofila o idrofila*).

Nelle angiosperme a produrre polline e ovuli sono i fiori, che hanno anche la funzione di favorire l'impollinazione ad opera di insetti e di altri animali impollinatori (piccoli uccelli e pipistrelli), grazie all'azione di richiamo esercitata dai loro colori, dal loro profumo e dalla presenza di nettare zuccherino al loro interno (a seconda dei casi: *impollinazione entomofila, ornitofila, chirotterofila*, ▶36).

A differenza di quanto si può osservare negli animali, gli "organi sessuali" delle angiosperme non sono sempre presenti nella pianta, ma si sviluppano solo nel periodo della riproduzione, che alle nostre latitudini inizia a primavera e rappresenta un momento critico per la pianta.

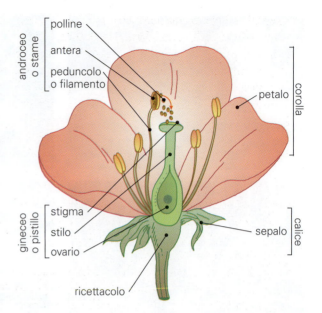

Figura 37 La struttura di un fiore completo.

Sebbene a volte sia molto appariscente, dal punto di vista evolutivo il fiore non è altro che un insieme di foglie modificate a formare le diverse parti florali. Un fiore "classico" è costituito da quattro serie di *verticilli* (termine con cui in botanica si indicano elementi di una pianta inseriti "a cerchio" sullo stesso asse e posti sul medesimo piano) che spuntano da un ingrossamento dello stelo alla base del fiore, il *ricettacolo*: sono i sepali, i petali, gli stami e i carpelli (▶37).

Figura 36 Impollinazione anemofila (**a**), idrofila (**b**), entomofila (**c**), ornitofila (**d**).

→ I **sepali** si inseriscono per primi sull'asse fiorale e sono strutture, di solito verdi, che hanno la funzione di proteggere il fiore dalla disidratazione e dalle infezioni fungine prima che si apra. Nel complesso formano il **calice**, separatamente o fusi insieme. In alcune specie sono ridotti o assenti.

→ I **petali** formano il secondo verticillo, la **corolla**. Sono di norma espansi e vivacemente colorati per attirare gli animali impollinatori. Fiori e impollinatori sono un chiaro esempio di coevoluzione: suggendo il nettare, di cui si cibano, essi vengono a contatto con il polline, che trasporteranno a un altro fiore. Ogni fiore attira un solo tipo di impollinatore: in questo modo la pianta può ridurre la produzione di polline poiché viene favorita l'impollinazione tra fiori della stessa specie. Questa specificità è evidente se si osservano "in parallelo" i fiori e i loro impollinatori: i fiori stretti e allungati, per esempio, sono impollinati da farfalle dotate di un apparato boccale lungo e sottile (che per suggere il nettare in fondo al fiore entrano per forza in contatto con gli stami situati nella parte alta); il colore vivace attrae alcuni impollinatori diurni dotati di ottima vista, mentre quello bianco attrae quelli notturni; l'odore a volte nauseabondo può essere molto gradito a coleotteri e mosche. In generale, inoltre, i fiori più profumati spesso sono poco appariscenti, poiché puntano più sull'olfatto che sulla vista dell'impollinatore.

Petali e sepali insieme formano il **perianzio**, la parte più esterna e non riproduttiva del fiore. Nelle monocotiledoni, spesso sepali e petali sono uguali tra loro: in tal caso si parla genericamente di **tepali** (che uniscono la funzione di protezione a quella di richiamo, ▶38).

→ Gli **stami** sono gli organi maschili della riproduzione, che nel complesso formano l'*androceo*. Possono essere numerosi o ridotti a pochi esemplari. Ogni stame è costituito da un lungo filamento che presenta all'apice l'**antera**, il serbatoio nel quale sono racchiusi i granuli di polline.

→ I **carpelli** sono gli organi femminili della riproduzione, che nel complesso formano il *gineceo*. Sono spesso ridotti a uno solo. Un singolo carpello o più carpelli fusi insieme formano l'**ovario**, in cui vengono prodotti gli *ovuli femminili*, lo **stilo**, una porzione più o meno allungata verso l'alto, e lo **stigma**, l'estremità appiccicosa del carpello, la cui funzione è quella di catturare i granuli di polline portati dagli impollinatori: se lo stilo è allungato, il carpello prende il nome di **pistillo**, per la forma che assume.

Il fiore che abbiamo descritto, dotato sia dell'androceo sia del gineceo, è detto **fiore completo** o **perfetto**; però a volte il fiore possiede solo la parte maschile o solo quella femminile ed è detto **fiore incompleto** o **imperfetto**. I fiori incompleti possono trovarsi sulla stessa pianta (nelle **specie monoiche**), o su piante diverse (nelle **specie dioiche**): nel secondo caso, affinché avvenga l'impollinazione, è necessaria la presenza a distanza ravvicinata di una pianta con i fiori maschili e di una con i fiori femminili (è il caso del kiwi e del salice, ▶39).

Figura 38 Tepali colorati di giglio (*Lilium orientalis*).

Figura 39 I fiori femminili (**a**) e quelli maschili (**b**) si trovano su piante separate nel caso del salice rosso (*Salix purpurea*), una specie dioica.

Sebbene spesso i fiori siano *isolati* e posti all'apice del caule (come la rosa), in alcuni casi singoli piccoli fiori sono raggruppati in **infiorescenze** (TABELLA 1); la disposizione dei singoli fiori nell'infiorescenza è molto varia, dal capolino del tarassaco e della margherita, al racemo del glicine, all'amento del salice, alla spiga del grano.

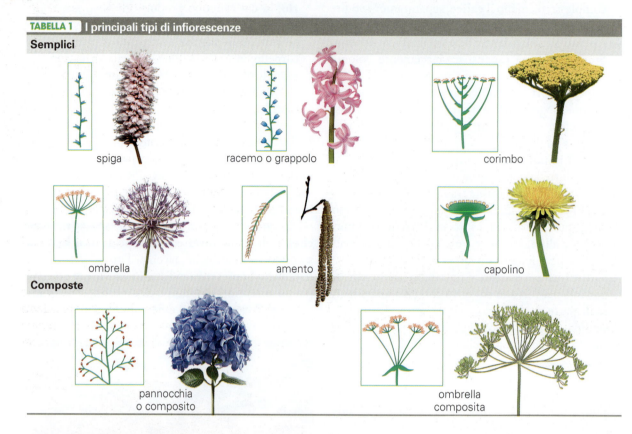

TABELLA 1 I principali tipi di infiorescenze

Semplici: spiga, racemo o grappolo, corimbo, ombrella, amento, capolino

Composte: pannocchia o composito, ombrella composita

Facciamo il punto

28 Da quali parti è costituita la parte non riproduttiva del fiore? E quella riproduttiva?

29 Qual è la differenza tra fiore completo e incompleto? E tra specie monoica e dioica?

8 Il frutto, veicolo della disseminazione

Avvenuta l'impollinazione, nel fiore si verificano grandi cambiamenti: l'ovulo fecondato si trasforma in seme (con all'interno l'embrione della nuova pianta), l'ovario diventa il frutto, la corolla avvizzisce.

La funzione del frutto è duplice: da un lato proteggere il seme, dall'altro favorirne la dispersione nell'ambiente.

I frutti sono di svariate forme e dimensioni e possono essere suddivisi in base a diversi criteri. Tradizionalmente si distingue tra *veri frutti* e *falsi frutti*: i primi derivano unicamente dall'ovario, mentre alla formazione dei secondi concorrono altre parti del fiore, come il calice o il ricettacolo (nella mela e nella pera, per esempio, il frutto vero è solo la parte interna, il "torsolo", mentre il resto deriva dal ricettacolo fiorale, ▶40).

Considerando invece l'origine del frutto, se esso si sviluppa da un unico ovario si forma un **frutto semplice**, che conterrà un solo seme e quindi un solo nocciolo, come la pesca: è il caso più frequente. Se invece deriva da più ovari presenti nello stesso fiore, che durante lo sviluppo si fondono tra loro, si forma un **frutto composto**, come il lampone o la fragola (▶41), in cui i frutti veri sono i singoli *acheni* (duri sotto i denti) mentre la polpa è un falso frutto. Infine, se il frutto deriva da un'infiorescenza è detto **frutto multiplo**, come l'ananas (▶42) o il fico.

Nei veri frutti la parte che deriva dal tegumento dell'ovario è detta **pericarpo** e presenta caratteristiche differenti nei **frutti secchi** e nei **frutti carnosi**. I primi

Figura 40 La mela è un falso frutto.

Figura 41 La fragola è un frutto composto.

Figura 42 Un frutto multiplo: l'ananas.

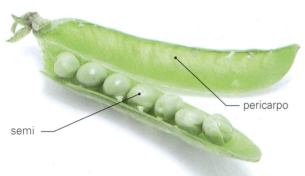

Figura 43 I legumi sono frutti secchi deiscenti.

Figura 44 I frutti secchi indeiscenti dell'acero presentano due ali membranose, le samare, ognuna contenente un seme.

→ nella disseminazione idrocora il frutto è trasportato dall'acqua: è il caso del cocco, la cui noce galleggia nell'acqua anche per mesi, grazie all'aria imprigionata nel rivestimento fibroso, resistendo alla marcescenza (▶45b);

→ nella disseminazione zoocora il frutto è trasportato da un animale: nel caso di frutti secchi la disseminazione è detta epizoocora poiché questi sono dotati di uncini con cui si attaccano al pelo o al piumaggio degli animali che li trasportano (▶45c).

I frutti carnosi hanno un pericarpo ricco d'acqua e di zuccheri, che si suddivide in *esocarpo* (o *epicarpo*), la "buccia", *mesocarpo*, la "polpa", ed *endocarpo*, il tegumento del seme (molto duro nel caso sia il legno del "nocciolo").

Vengono di norma suddivisi in *bacche*, con epicarpo sottile, mesocarpo carnoso e più semi (come uva e pomodori, ▶46), *drupe*, simili alle precedenti ma con endocarpo legnoso e un solo seme (come pesche, ciliegie e albicocche, ▶47), *esperidi*, con

Figura 46 Il pomodoro è una bacca.

hanno un pericarpo duro e secco e si dividono a loro volta in frutti secchi *deiscenti*, che a maturità liberano i semi aprendosi spontaneamente (come il baccello dei legumi, o la capsula del papavero, ▶43), e frutti secchi *indeiscenti*, che a maturità non liberano i semi, come la *cariosside* delle graminacee (grano, orzo, segale ecc.), le *samare* dell'acero (▶44) e tutti i tipi di *noci*. La disseminazione dei frutti secchi può avvenire in tre modi:

→ nella disseminazione anemocora il frutto (che contiene il seme) viene trasportato dal vento: è il caso del tarassaco, il cui "soffione" è costituito da frutti secchi provvisti di un ciuffo di peli bianchi (il "pappo") che li mantiene in sospensione nell'aria (▶45a) e dell'acero i cui frutti, le samare, sono "alati";

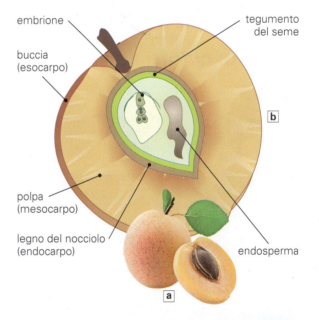

Figura 47 L'albicocca è una drupa, un tipo di frutto carnoso (**a**); rappresentazione schematica della struttura di una drupa (**b**).

Figura 45 Diversi tipi di disseminazione: anemocora, tipica del soffione del tarassaco (**a**); idrocora, come nel caso della noce di cocco (**b**); zoocora, come nel caso delle bacche del tasso (*Taxus baccata*), ingerite dagli uccelli che se ne nutrono (**c**).

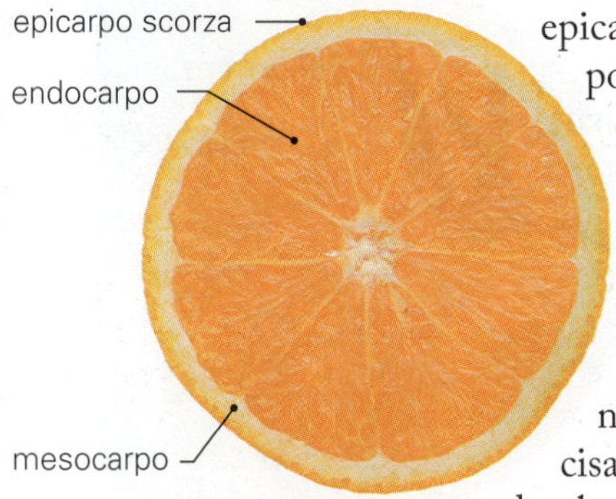

epicarpo scorza
endocarpo
mesocarpo

Figura 48 L'arancia è un esperide.

epicarpo spesso e "butterato", mesocarpo bianco e spugnoso, endocarpo ricco di succo (come gli agrumi, ▶48), *peponidi*, con un epicarpo duro e un endocarpo carnoso e ricco di semi (come il melone e la zucca, ▶49) e i *pomi*, falsi frutti come pere e mele.
La disseminazione dei frutti carnosi di norma è zoocora, e più precisamente endozoocora poiché richiede che un animale ingerisca il frutto (▶50). I semi di questi frutti sono sgradevoli al palato, protetti da un tegumento spesso e duro o ricoperti di materiale gelatinoso: tutto ciò perché possano passare incolumi (o quasi) attraverso l'apparato digerente dell'animale che si nutre del frutto (senza essere schiacciati dai denti né digeriti).

Figura 50 Scoiattolo che mangia della frutta.

Figura 49 La zucca è un peponide.

⚠ Facciamo il punto

30 Qual è la differenza tra vero frutto e falso frutto? E tra frutti semplici, composti e multipli?

31 Che cos'è il pericarpo?

32 Quali sono i principali tipi di frutti carnosi?

BIOLOGIA & SALUTE

Scheda 2 La fitoterapia: curarsi con le piante

Fin dai tempi più remoti i vegetali hanno fornito all'uomo importanti sostanze medicamentose. Ancora oggi in ogni città vi sono erboristerie che vendono preparati a base di erbe, fiori e altro. Anche l'industria farmaceutica utilizza sostanze estratte da *piante officinali* (ossia curative) per produrre farmaci di grande efficacia. Tra le piante medicamentose più importanti citiamo: la digitale (ne esistono diverse specie, tra cui *Digitalis grandiflora* e *D. purpurea*, ▶1), da cui si estrae la **digitalina**, un farmaco per il cuore; il papavero da oppio (*Papaver somniferum*, ▶2), da cui si estrae la **morfina**, un potente antidolorifico; l'albero della china (*Chincona officinalis*), da cui ricaviamo il **chinino**, antidolorifico, antipiretico (contro la febbre) e antimalarico; il salice (genere *Salix*) che fornisce l'**acido acetilsalicilico** (commercialmente aspirina), antidolorifico, antipiretico e antinfiammatorio; il colchico (genere *Colchicum*) da cui si estrae la colchicina, un alcaloide antinfiammatorio che blocca le divisioni cellulari (per questo se ne studia l'utilizzo contro i tumori).
Dalle piante si ricavano inoltre sostanze *battericide*, *lassative* e *psicotrope* (attive sul sistema nervoso). Molte di queste sostanze sono oggi sintetizzate nei laboratori farmaceutici, ma la loro scoperta si deve alle piante: attenzione quindi a distruggere specie vegetali rare, perché potremmo compromettere la possibilità di ottenere in futuro farmaci importanti per la nostra salute.
In ultimo ci sembra opportuno chiarire che l'origine naturale dei medicamenti vegetali non li rende affatto innocui: basti pensare ad alcuni potenti veleni di origine vegetale, come la cicuta o il curaro.

Figura 1 *Digitalis purpurea*.

Figura 2 *Papaver somniferum*.

La struttura delle piante superiori **Unità 6**

Ripassa con le flashcard ed esercitati con i test interattivi sul Me•book.

CONOSCENZE

Con un testo articolato tratta i seguenti argomenti

1. Descrivi i diversi tipi di tessuti vegetali e le loro funzioni.
2. Descrivi la struttura primaria e secondaria della radice.
3. Descrivi la struttura primaria e secondaria del fusto.
4. Descrivi la struttura delle foglie.

Con un testo sintetico rispondi alle seguenti domande

5. Come avvengono la germinazione e l'accrescimento primario del germoglio?
6. In quali zone si può suddividere longitudinalmente una radice?
7. Quali parti si possono individuare in una sezione trasversale della radice?
8. Come si forma il fusto primario?
9. Come avviene la crescita secondaria del fusto?
10. Com'è fatta una foglia?
11. Com'è fatto un fiore perfetto?
12. Quali tipi di frutti conosci?

Quesiti

13. Le piante con i fiori sono:
    - a gimnosperme.
    - b angiosperme.
    - c pteridofite.
    - d tracheofite.

14. Tra i seguenti, è un tessuto di rivestimento:
    - a lo sclerenchima.
    - b il collenchima.
    - c il sughero.
    - d lo xilema.

15. Tra i seguenti, è un tessuto ricoperto di cuticola:
    - a l'epidermide.
    - b il sughero.
    - c il collenchima.
    - d il parenchima.

16. Può essere di riserva, acquifero, aerifero, clorofilliano:
    - a sughero.
    - b collenchima.
    - c xilema.
    - d parenchima.

17. È un tessuto meccanico formato da cellule di norma morte e totalmente lignificate:
    - a xilema.
    - b collenchima.
    - c sclerenchima.
    - d floema.

18. Trasporta linfa elaborata:
    - a xilema.
    - b floema.
    - c sclerenchima.
    - d parenchima.

19. Il processo mediante il quale una pianta passa dallo stadio embrionale alla fase di accrescimento e sviluppo è detto:
    - a disseminazione.
    - b dormienza.
    - c quiescenza.
    - d germinazione.

20. In una sezione longitudinale, la parte di radice con i peli radicali è:
    - a la zona meristematica apicale.
    - b la zona di distensione.
    - c la zona di differenziamento.
    - d nessuna di queste.

21. Completa le frasi
    - a. Nel germoglio si possono individuare due distinte zone: ...., ossia la parte di fusticino compresa tra la radichetta e i cotiledoni, e ...., compreso tra i cotiledoni e le prime foglioline.
    - b. L'allungamento delle cellule meristematiche è detto crescita per ....
    - c. Nella radice la porzione .... contiene cellule meristematiche in riproduzione, ed è ricoperta da una .... che protegge le cellule neoformate dall'attrito con il terreno.

22. Abbina termini e definizioni.
    - a. Rizoderma; b. Periciclo; c. Endoderma
    1. È costituita da cellule tegumentarie appiattite e prive di cuticola.
    2. Le sue cellule sono dotate della banda del Caspary.
    3. Delimita il cilindro centrale e dà origine ai rami laterali.

23. Sono costituite da una grossa radice principale e da radici laterali minori:
    - a radici fascicolate.
    - b radici avventizie.
    - c radici aeree.
    - d radici a fittone.

24. In un fusto i rami si formano:
    - a dal meristema apicale.
    - b da gemme ascellari.
    - c da dominanze apicali.
    - d da primordi fogliari.

25. Vero o falso?
    - a. Nel fusto delle dicotiledoni i fasci vascolari sono disposti ad anello intorno al midollo. V F
    - b. Nelle monocotiledoni i fasci vascolari sono aperti. V F
    - c. Il fellogeno è il meristema responsabile della formazione di nuovo tessuto conduttore. V F
    - d. Le lenticelle si trovano nelle foglie e permettono gli scambi gassosi. V F
    - e. Il durame è formato da sistemi di conduzione ancora funzionanti. V F
    - f. I rizomi sono fusti sotterranei modificati. V F

26. Cancella il termine errato.
    - a. *La lamina/Il picciolo* della foglia può essere bifacciale o equifacciale.
    - b. Nell'epidermide *superiore/inferiore* delle foglie bifacciali vi sono gli stomi.
    - c. La fotosintesi avviene prevalentemente nel tessuto *a palizzata/lacunoso*.
    - d. Le nervature delle foglie sono costituite da *vasi conduttori/tessuti meccanici*.

27. Il fiore favorisce l'impollinazione:
    - a idrofila.
    - b anemofila.
    - c entomofila.
    - d nessuna di queste.

28. Nel fiore il calice è formato:
    - a dai petali.
    - b dai sepali.
    - c dagli stami.
    - d dai carpelli.

29 Le antere fanno parte:
- a dei carpelli.
- b della corolla.
- c del ricettacolo.
- d degli stami.

30 L'ovario è formato:
- a dai carpelli.
- b dagli stami.
- c dai tepali.
- d dagli stigmi.

31 L'ananas è un frutto:
- a semplice.
- b composto.
- c multiplo.
- d falso.

32 Le cariossidi delle graminacee sono:
- a frutti carnosi.
- b frutti secchi deiscenti.
- c frutti secchi indeiscenti.
- d semi.

33 Le pesche sono:
- a drupe.
- b bacche.
- c esperidi.
- d peponidi

COMPETENZE

Leggi e interpreta

34 **Più corpi nella stessa vita**

Le piante legnose possiedono due corpi molto diversi tra loro. Il corpo primario porta nel germoglio foglie, gemme ascellari, fiori, frutti e semi e, nella radice, peli radicali capaci di assorbire acqua e sali minerali. Quando il corpo primario di una pianta legnosa invecchia, al suo interno si genera un cambio vascolare che produce legno e floema secondario - un corpo completamente nuovo - all'interno del corpo preesistente. Esso è costituito solo da legno e sughero, non ha foglie, né gemme, né fiori, in pratica non è altro che un sistema scheletrico vascolarizzato in continua crescita. [...] A mano a mano che il corpo secondario si accresce, esso frantuma il floema primario, il cilindro corticale e l'epidermide del corpo primario e i loro residui vengono eliminati con la prima corteccia della pianta. [...] Sembrerebbe drammatico per un organismo avere due corpi distinti, uno dei quali cresce all'interno dell'altro distruggendolo, eppure nel regno animale avviene qualcosa di simile. [...]

Per esempio i granchi, le aragoste e gli scarafaggi hanno un esoscheletro duro che impedisce loro di crescere e, per fare ciò, devono periodicamente liberarsene. Possono in questo modo produrre un nuovo esoscheletro morbido e aumentare rapidamente di dimensioni, prima che questo indurisca.

Liberamente tratto da Botanica *di James D. Mauseth, Edizioni Idelson Gnocchi*

a. Individua nel brano i termini che hai incontrato nello studio di questa Unità.
b. Rispondi alle seguenti domande.
   1. Da che cosa è costituito il corpo primario di una pianta? E quello secondario?
   2. Esiste qualcosa di simile nel mondo animale?

Fai un'indagine

35 La quantità di legno prodotta ogni anno dal cambio vascolare è massima nei climi caldo-umidi, e minima nelle piante che vivono nelle regioni fredde. Se si studiano perciò gli anelli annuali di piante molto antiche si possono scoprire le variazioni climatiche (di temperatura e piovosità) avvenute durante la vita della pianta. Il settore di studio è la "dendrocronologia": fai una ricerca sui metodi di studio e datazione che questa disciplina utilizza, e le possibili informazioni che da essa possiamo ricavare.

Formula un'ipotesi

36 Perché le piante decidue accumulano amido come riserva energetica per il periodo invernale, mentre gli animali accumulano lipidi quando vanno in letargo e in generale quando si alimentano eccessivamente? Come mai invece molti semi di piante sono oleosi (quindi hanno una riserva lipidica)? Fai un'ipotesi e confrontala con quella dei compagni. Se non trovi una risposta fai una ricerca su di un testo di botanica.

Risolvi il problema

37 Sappiamo che le piante perenni crescono continuamente, incrementando di anno in anno anche il loro apparato fogliare. Ma come fanno a rifornire le parti aeree di quantità crescenti di acqua e sali minerali, tenendo anche conto del fatto che il loro xilema si deteriora e quindi non può essere utilizzato per più di uno o due anni? Scopriamolo con un semplice calcolo. Supponiamo che una pianta in cui la sezione del fusto aveva un raggio di 5 cm abbia prodotto un nuovo strato di xilema dello spessore di 0,5 cm: complessivamente si forma una "corona" di xilema attivo che ha una superficie in sezione uguale a $3,14 \times 5,5^2 - 3,14 \times 5^2 = 95 - 78,5 = 16,5$ cm^2.

L'anno successivo la pianta produce un nuovo strato di 0,5 cm. Calcola tu l'area della nuova superficie di conduzione e trai le opportune conclusioni.

Usa i termini corretti

38 Indica nella figura le parti che formano il fiore.

Osserva e rispondi

39 Riconosci in queste fotografie il parenchima clorofilliano, lo xilema, il floema e lo sclerenchima.

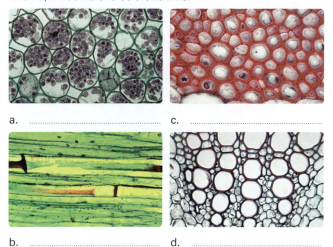

a. .... c. ....

b. .... d. ....

40 Individua in questa sezione di fusto di dicotiledone rizoderma, corteccia, floema e xilema.

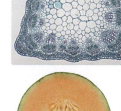

41 Il frutto nell'immagine è:
- a una bacca.
- b una drupa.
- c un esperidio.
- d un peponide.

42 Il fiore nell'immagine è:
- a un racemo.
- b un capolino.
- c un amento.
- d una spiga.

In English

43 Identify in this section of the roots of dicotyledonous: rizoderma, bark, phloem and xylem.

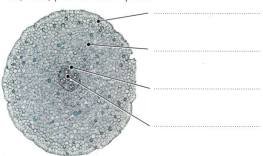

44 Recognize this section of the leaf: cuticle, epidermis, conducting vessels, palisade and spongy tissue.

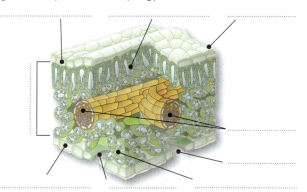

45 Locate in the figure the following elements: cotyledon, epicotyl, hypocotyl, radicle, seed coat, sprout.

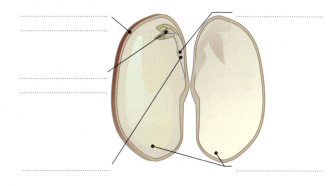

Organizza i concetti

46 Completa la mappa.

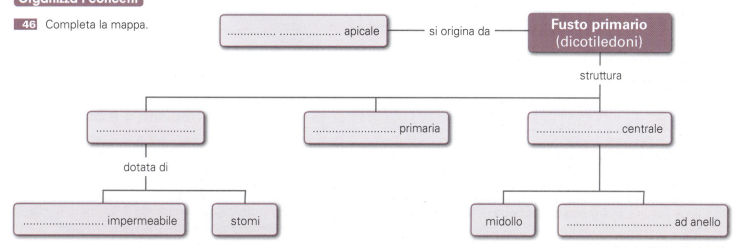

47 Elabora una mappa in cui evidenzi le caratteristiche della struttura primaria di una radice (sezione longitudinale e trasversale).

48 Elabora una mappa in cui evidenzi le caratteristiche della struttura di una foglia.

Le funzioni vitali delle piante superiori

unità 7

Le piante, prive di sistema nervoso e di muscoli, non sono in grado di dare risposte rapide agli stimoli. Eppure il fatto che siano diffuse in ogni ambiente e siano capaci di colonizzarne sempre di nuovi, significa che sono riuscite a sviluppare meccanismi di sopravvivenza molto efficaci e che sono capaci di coordinare le loro numerose funzioni. Ma quali sono le funzioni vitali delle piante?

1 Fisiologia vegetale: come funzionano le piante

La complessa struttura anatomica che abbiamo descritto nell'Unità 6 permette alle piante superiori di svolgere numerose funzioni vitali:

→ la regolazione della crescita e dello sviluppo;
→ le risposte agli stimoli ambientali;
→ l'assorbimento dei nutrienti e il trasporto della linfa;
→ la fotosintesi e la respirazione;
→ la risposta alle situazioni di "stress";
→ la riproduzione asessuale (o vegetativa) e la riproduzione sessuale.

Il settore della botanica che si occupa dello studio dei processi vitali della pianta è la **fisiologia vegetale**: di essa ci occupiamo nei prossimi paragrafi.

2 Crescita e sviluppo: la regolazione ormonale

I processi di crescita delle piante, dal germoglio sino alla pianta adulta, avvengono in modo armonioso. Eppure i vegetali non dispongono del sistema nervoso, che negli animali coordina le attività fisiologiche dell'organismo. Esiste però un altro meccanismo di coordinamento, sia negli animali sia nelle piante, basato sulla comunicazione tra cellule: è la **regolazione ormonale**.

Come quelli presenti negli animali, gli **ormoni vegetali** (o **fitormoni**) sono sostanze che funzionano da "messaggeri chimici", poiché agiscono su specifiche *cellule bersaglio* inducendole a compiere particolari azioni; come via di transito utilizzano il sistema vascolare della pianta. Gli ormoni sono attivi anche in quantità infinitesime e gli effetti che producono dipendono sia dalle loro proprietà chimiche, sia dalla loro concentrazione, sia dalle caratteristiche delle cellule bersaglio, sia dall'interazione con altri ormoni: se varia uno di questi fattori, l'effetto non è più il medesimo, anzi, può essere addirittura opposto.

I fitormoni sono di cinque tipi: auxine, citochinine, gibberelline, acido abscissico, etilene.

2.1 Auxine: tropismi e molto altro

Le auxine sono un gruppo di ormoni che svolge lo stesso tipo di attività; il più importante è l'acido indolacetico (IAA, vedi **SCHEDA 1**), spesso chiamato genericamente auxina.

La principale funzione delle auxine è quella di *promuovere l'allungamento dei germogli in via di sviluppo*. Sono prodotte solo dal meristema apicale del fusto e favoriscono la crescita *per distensione* delle cellule (vedi Unità 6 § 3.2), poiché favoriscono l'as-

Figura 1 Fototropismo del girasole: le giovani piante crescono rivolte verso il sole. Lo stelo poi si irrigidisce e quando il girasole fiorisce si blocca in direzione est. Per questo motivo, a differenza di quanto si crede, i *girasoli* fioriti non si muovono con il sole, ma semplicemente sono rivolti nella direzione in cui sorge.

sorbimento di acqua e producono al contempo un aumento dell'elasticità delle pareti cellulari, spezzando una parte dei legami tra le molecole di cellulosa della parete stessa. Per questo motivo hanno un ruolo importante sia nel **fototropismo**, la crescita della pianta in direzione della luce (▶1), sia nel **geotropismo** positivo delle radici, che crescono verso il suolo, e in quello negativo dell'apice del fusto, che cresce in direzione opposta (vedi § 3). L'auxina, diffondendo dall'apice caulinare verso la radice, e non viceversa, agisce come *ormone polarizzante* e determina così la direzione di crescita delle diverse parti della pianta. Ma questo non è il solo processo vitale influenzato da questi ormoni, che sono prodotti anche dai semi, dai fiori e dai frutti. Nel complesso le auxine (TABELLA 1):

→ promuovono la dominanza apicale, ossia il fenomeno per il quale la gemma apicale inibisce lo sviluppo delle gemme ascellari;

→ favoriscono la ripresa stagionale dell'attività del cambio vascolare nel fusto e nella radice;
→ inducono la formazione delle radici avventizie nelle talee (vedi § 10);
→ inibiscono l'*abscissione* fogliare (ossia la caduta delle foglie);
→ stimolano la trasformazione dell'ovario del fiore in frutto (*fruttificazione*) e la crescita di quest'ultimo.

L'attività delle auxine si modifica in base alla loro concentrazione e all'organo bersaglio: la stessa quantità di IAA induce la crescita del fusto e inibisce quella della radice, che viene invece stimolata da concentrazioni molto più basse (▶2). In quantità molto elevate, inoltre, inibisce lo sviluppo di radici e fusto e può addirittura provocare la degenerazione della clorofilla e la morte della pianta (per questo motivo viene anche utilizzata come diserbante).

2.2 Le citochinine: stimolanti della divisione cellulare

Le citochinine sono ormoni presenti nell'apice delle radici, nei fiori e nei frutti. Chimicamente sono delle purine, e la loro funzione principale è quella di promuovere la divisione cellulare (mitosi e citodieresi). La prima citochinina naturale a essere estratta, negli anni Sessanta, fu la *zeatina* dal mais (*Zea mays*), ma successivamente ne sono state scoperte altre.

Le citochinine agiscono in sinergia con le auxine, nel coordinare lo sviluppo del fusto e della radice. Lo hanno evidenziato importanti esperimenti con colture di cellule di tabacco indifferenziate: in presenza di concentrazioni più o meno uguali dei due ormoni, le cellule rimangono indifferenziate; se si riduce la concentrazione di auxina o aumenta quella delle citochinine si formano gemme, nel caso contrario si forma la radice.

I ricercatori hanno compreso che il rapporto quantitativo tra auxine e citochinine determina il tipo di sviluppo della pianta, anche se gioca un ruolo importante lo ione calcio (Ca^{2+}), che contrasta l'azione dell'auxina impedendo la crescita per distensione delle cellule in differenziamento.

TABELLA 1	Effetti delle auxine
Cellule o organi bersaglio	Effetto
Cellule nei fusti	Crescita per distensione
Parete cellulare nei giovani fusti in via di sviluppo	Aumento dell'estensibilità
Radici e foglie	Formazione radici avventizie e abscissione fogliare
Vari	Regolazione dei tropismi
Gemme laterali	Inibizione della crescita (dominanza apicale)
Frutto in via di sviluppo	Fruttificazione e accrescimento

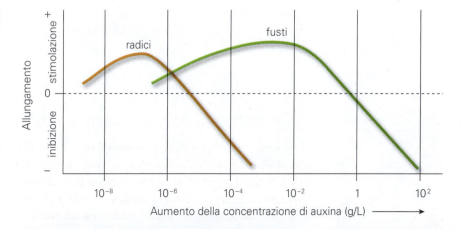

Figura 2 Influenza della concentrazione di auxina sull'allungamento di radici e fusti.

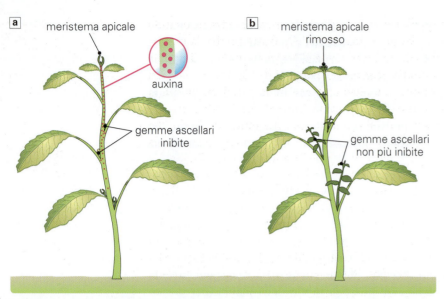

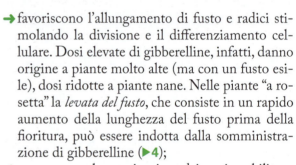

Figura 3 Il meristema apicale, producendo auxina che scende attraverso i vasi lungo il fusto, inibisce lo sviluppo delle gemme ascellari (a); con l'asportazione del meristema apicale e la mancata produzione di auxine, le gemme ascellari possono svilupparsi (b).

Figura 4 Levata del fusto e fioritura in agave, una pianta a rosetta con foglie carnose.

Le citochinine inoltre:

- controbilanciano il fenomeno della *dominanza apicale* indotto dalle auxine prodotte dalle gemme apicali, favorendo lo sviluppo delle gemme laterali. Poiché l'auxina arriva "dall'alto" (l'apice caulinare) e le citochinine "dal basso" (l'apice della radice), nella parte alta della pianta prevale la dominanza apicale, nella parte bassa sono frequenti le ramificazioni (▶3);
- contrastano l'invecchiamento, e quindi l'ingiallimento, delle foglie posizionate nella parte bassa della pianta (le prime ad essersi formate); se vengono somministrate a foglie e fiori recisi, li mantengono "verdi".

2.3 Le gibberelline: crescita in lunghezza e germinazione

Le gibberelline sono prodotte dall'estremità del fusto e delle radici, da cui migrano in ogni parte della pianta e nel seme. Hanno effetti molteplici:

- favoriscono l'allungamento di fusto e radici stimolando la divisione e il differenziamento cellulare. Dosi elevate di gibberelline, infatti, danno origine a piante molto alte (ma con un fusto esile), dosi ridotte a piante nane. Nelle piante "a rosetta" la *levata del fusto*, che consiste in un rapido aumento della lunghezza del fusto prima della fioritura, può essere indotta dalla somministrazione di gibberelline (▶4);
- promuovono la germinazione dei semi, mobilitando le riserve nutritive presenti in essi. Si è osservato che la produzione di gibberelline coincide con la fase di assorbimento dell'acqua, con la quale diffondono nello *strato aleuronico* situato subito al di sotto del tegumento del seme. In esso stimolano la produzione di enzimi che idrolizzano le proteine, l'amido e i grassi presenti nell'endosperma;
- favoriscono la maturazione dei frutti; per questo motivo a volte vengono utilizzate, con le auxine, per produrre alcuni frutti senza che sia avvenuta la fecondazione del fiore femminile (come l'uva senza semi, ▶5).

In ambiente naturale la produzione di gibberelline è probabilmente influenzata dall'esposizione al sole e dalla temperatura, come dimostra il fatto che la levata del fusto e la germinazione avvengono solo dopo la stagione fredda.

Nel complesso le gibberelline agiscono in sinergia con le auxine, potenziandone gli effetti, mentre sono antagoniste dell'acido abscissico.

2.4 L'acido abscissico: l'ormone della quiescenza

Sappiamo che le caducifoglie perdono le foglie in autunno: si tratta solo dell'aspetto più evidente di

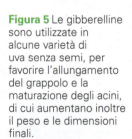

Figura 5 Le gibberelline sono utilizzate in alcune varietà di uva senza semi, per favorire l'allungamento del grappolo e la maturazione degli acini, di cui aumentano inoltre il peso e le dimensioni finali.

Figura 6 Gemma fiorale di papavero in fase di schiusura.

un processo di quiescenza dell'intera pianta, che le permette di affrontare l'inverno senza rischiare il congelamento delle parti più esposte (le foglie), ma anche di abbassare il consumo metabolico in condizioni di illuminazione ridotte per la lunga durata della notte. A determinare il "letargo" della pianta è l'**acido abscissico** (o **ABA**), che deve il suo nome al fatto che venne isolato per la prima volta nei piccioli delle foglie in fase di caduta (fenomeno detto **abscissione**). In realtà l'abscissione fogliare non è l'effetto primario dell'acido abscissico, che invece è il principale responsabile della quiescenza delle gemme fogliari e dei semi nel periodo invernale. L'ABA si forma nelle foglie quando la durata del dì comincia a ridursi e quindi migra nelle gemme e nei semi impedendone la germinazione quando fa freddo o il clima è arido o il frutto è ancora integro.

Nel precedente paragrafo abbiamo però evidenziato che le gibberelline promuovono la germinazione del seme: è quindi evidente l'antagonismo dei due ormoni. Il rapporto quantitativo tra ABA e gibberelline determina il comportamento del seme, delle gemme fogliari e di quelle fiorali, regolando quindi la *fioritura* (▶6).

L'ABA favorisce infine la chiusura degli stomi in condizioni di deficit idrico e la caduta dei fiori quando non servono più.

2.5 L'etilene: il gas della maturazione

L'etilene è l'unico fitormone allo stato gassoso prodotto dalle piante. Dal punto di vista chimico è un idrocarburo con due atomi di carbonio ($CH_2=CH_2$). Viene prodotto a partire dall'amminoacido metionina e la sua presenza nei frutti è il segnale chimico che ne induce la *maturazione*. Questa sua caratteristica viene ampiamente sfruttata dagli agricoltori: molti frutti, dai pomodori alle banane, vengono raccolti ancora acerbi ("verdi") e poi fatti maturare tutti contemporaneamente in magazzini in cui viene immesso etilene. Ma i frutti producono etilene anche autonomamente, come sottolinea il detto "una mela marcia rovina tutte le altre": la presenza infatti di un frutto in marcescenza, che produce molto etilene, induce la maturazione e poi la marcescenza di tutti quelli vicini (per questo motivo, le massaie, quando vogliono far maturare della frutta acerba, la mettono vicino a una mela o una pera mature). L'azione dell'etilene favorisce l'idrolisi dell'amido in zuccheri semplici, la degradazione delle pareti cellulari e la produzione di sostanze aromatiche: il frutto diventa così più dolce, morbido e fragrante, in modo che gli animali siano indotti a cibarsene favorendo la disseminazione (un bell'esempio di coevoluzione).

Nella produzione del frutto intervengono quindi prima l'auxina, che induce l'ingrossamento dell'ovario e la sua trasformazione in frutto, e poi l'etilene, la cui produzione è non a caso indotta da elevate concentrazioni di auxina. A contrastare l'azione dell'etilene è invece l'anidride carbonica (CO_2), che viene infatti usata nei magazzini di stoccaggio della frutta per ritardarne la maturazione.

L'etilene può essere presente anche in altre parti della pianta, con i seguenti effetti:

→ favorisce l'invecchiamento delle foglie e provoca la loro caduta, causando la liberazione dell'enzima *cellulasi* che distrugge le pareti delle cellule parenchimatiche della *zona di abscissione* della foglia (dove il picciolo si connette al fusto). In questo caso agisce da antagonista dell'auxina, che invece inibisce il distacco delle foglie (▶7);
→ contrasta la dominanza apicale, anche in questo caso in antagonismo con l'auxina.

strato protettivo — strato d'abscissione
fusto — **picciolo**

Figura 7 Sezione longitudinale che mostra la zona di abscissione tra il ramo e il picciolo di una foglia. I vasi conduttori che vanno dal fusto alla foglia risultano interrotti e la ferita provocata dal distacco viene sigillata da uno strato protettivo.

Facciamo il punto

1. Quali sono le principali funzioni delle piante?
2. Di che cosa si occupa la fisiologia vegetale?
3. Quali sono le principali funzioni delle auxine?
4. Che cosa sono il fototropismo e il geotropismo?
5. Che effetti hanno le citochinine?
6. Quali funzioni hanno le gibberelline?
7. In quale fase della vita della pianta interviene l'acido abscissico?
8. Quali effetti ha l'etilene su frutti e foglie?

Scheda 1 — La scoperta dei fitormoni

Che le piante si "rivolgano" verso la luce è noto a tutti. Già attorno al 1880, Charles Darwin e il figlio Francis avevano dimostrato sperimentalmente che, nelle giovani graminacee in crescita, a curvarsi verso la fonte di luce è una regione alla base del *coleottile*, la fogliolina che riveste l'apice vegetativo dell'epicotile (▶1). I due scienziati ipotizzarono che il fenomeno fosse dovuto alla produzione di una particolare sostanza chimica da parte dell'apice meristematico, ma le loro intuizioni furono accolte con scetticismo.
A confermare l'ipotesi dei Darwin furono, agli inizi del '900, altri esperimenti: il danese Peter Boysen-Jensen e l'ungherese Arpad Pàal dimostrarono che il fototropismo si verificava anche se l'apice del germoglio veniva tagliato e poi semplicemente appoggiato sul moncone del coleottile (persino se si interponeva tra di essi uno strato di gelatina); era la prova che qualche sostanza attiva diffondeva dall'apice verso il coleottile.
L'esperimento decisivo venne effettuato nel 1926 dal giovane fisiologo olandese Frits Went. Egli asportò alcuni apici di pianticelle di avena e li lasciò per circa un'ora a contatto con blocchetti di agar (sostanza gelatinosa ricavata da alghe marine) perché questi ultimi assorbissero eventuali sostanze presenti negli apici. Successivamente mise i cubetti di agar sui coleottili "decapitati" delle piantine, ma in posizione "eccentrica": in breve tempo i coleottili si curvarono dalla parte opposta a quella dove erano stati posizionati i cubetti (▶2). In un altro esperimento scoprì che una particolare sostanza era presente, sul lato di un coleottile tenuto in ombra, in quantità doppia rispetto al lato esposto alla luce.
La sostanza fu chiamata **auxina**, dal greco *auxein* che significa "far crescere", ma non se ne conosceva la composizione chimica, difficile da identificare per l'estrema scarsità del materiale ormonale presente nel coleottile. Solo dopo la scoperta che la stessa sostanza era presente, in quantità maggiore, nelle urine umane come prodotto del metabolismo, si poté stabilire che si trattava di una semplice molecola di acido indolacetico (IAA, ▶3). Negli anni successivi sono state isolate nelle piante molte altre sostanze con lo stesso tipo di attività, per cui oggi si preferisce parlare di auxine (al plurale). Alcune di esse sono state sintetizzate in laboratorio.
Le gibberelline devono la loro scoperta a un fungo parassita, la *Gibberella fujikuri*, che alla fine dell'Ottocento provocava in Giappone la crescita eccessiva delle piante di riso ("malattia della pianta pazza"). Furono scoperte dal botanico giapponese E. Kurosawa, nel 1926, mentre si stava interessando di questa infezione. Si riuscì a isolare nel fungo la sostanza responsabile del fenomeno, che fu chiamata gibberellina, e si verificò che era presente in dosi massicce nelle piante di riso malate. Oggi si conoscono circa 80 molecole con attività simile, classificate appunto come gibberelline (▶4).
L'etilene venne scoperto grazie all'abitudine dei frutticoltori, agli inizi del '900, di tenere la frutta in magazzini in cui erano in funzione stufe a kerosene. Erano convinti che il calore favorisse una migliore maturazione, in particolare per gli agrumi (arance, pompelmi ecc.). Quando passarono all'utilizzo di stufe più moderne, si accorsero che la maturazione non avveniva ugualmente bene. Studi successivi dimostrarono che non era il calore, ma uno dei prodotti della combustione, l'etilene appunto, a provocare la maturazione. La scoperta risolse anche un altro mistero, quello dell'eccessivo invecchiamento delle piante cresciute in serra: era anch'esso provocato dall'etilene.

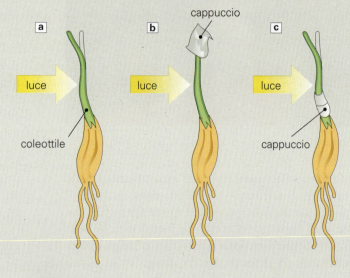

Figura 1 Nell'esperimento di Charles Darwin e del figlio, l'apice di un germoglio di avena si incurva verso una fonte luminosa (**a**), ma se l'apice viene ricoperto con un cappuccio non si curva più (**b**); se si ricopre una zona sottostante l'apice di alcuni centimetri, il germoglio si piega nuovamente verso la luce (**c**).

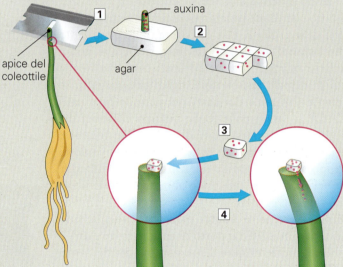

Figura 2 L'esperimento di Went, con il quale egli dimostrò che la curvatura del germoglio è dovuta alle auxine prodotte dall'apice: questi ormoni, inducendo l'allungamento delle cellule in un lato del germoglio, determinano la curvatura verso il lato opposto.

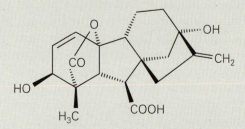

Figura 3 L'acido indolacetico è un acido carbossilico contenente azoto, che le piante di norma producono a partire dall'amminoacido triptofano.

Figura 4 La GA3 o acido gibberellico, il più comune tra le gibberelline.

3. Le risposte agli stimoli ambientali

Le piante che crescono nelle regioni temperate del nostro pianeta hanno la necessità vitale di adeguarsi ai cambiamenti climatici che si verificano nel corso dell'anno poiché, a differenza degli animali, non possono migrare in regioni con un clima più propizio né trovare riparo in luoghi protetti.

Le piante perenni sopravvivono all'inverno spogliandosi dell'apparato fogliare e proteggendo le gemme invernali con le *perule* (vedi Unità 6 § 6.2), mentre i semi attraversano la stagione fredda in fase di dormienza. Per fare ciò è necessario che la pianta sia in grado di "sincronizzare" il proprio ciclo vitale con l'andamento delle stagioni. Ma in che modo?

3.1 Orologio biologico, fotoperiodismo e fitocromo

Alle nostre latitudini la comparsa delle foglie e dei fiori, la crescita secondaria del fusto e della radice e la germinazione dei semi avvengono sempre nello stesso periodo dell'anno. I fisiologi vegetali si sono chiesti se questo dipendesse da fattori interni o da fattori esterni (luce, temperatura, acqua ecc.). I risultati di numerosi esperimenti hanno dimostrato che entrambi i fattori intervengono nella regolazione del ciclo vitale delle piante. Esse infatti combinano due differenti meccanismi fisiologici: il primo si basa su un **orologio biologico** interno che "misura il tempo" e determina il ritmo circadiano (di circa 24 ore) della vita della pianta; il secondo si basa su un pigmento, detto **fitocromo**, che percepisce la durata relativa del dì e della notte, ossia il *fotoperiodo*.

Il **ritmo circadiano** nelle piante (come negli animali) persiste anche in assenza di stimoli ambientali, prova del fatto che è geneticamente programmato. Ne sono un esempio i movimenti delle foglie nel corso della giornata (▶8). Tuttavia l'orologio biologico, per rimanere sincronizzato con il tempo solare, deve avvalersi di stimoli esterni, altrimenti tende a sfasarsi (nelle piante di fagiolo, per esempio, raggiunge le 26 ore). Nelle piante lo stimolo esterno di maggiore importanza è l'alternanza luce-buio, mentre la temperatura non ha un'influenza significativa (a differenza di quanto accade negli animali). L'influenza della luce sui ritmi circadiani è mediata dal fitocromo, che ha la funzione di "resettare" l'orologio interno in base al periodo stagionale.

Grazie al fitocromo le piante avvertono in anticipo l'annuale succedersi degli eventi climatici, dalle gelate invernali, alle piogge primaverili, al caldo-secco estivo, e si comportano di conseguenza: questa capacità di adeguare il ciclo vitale all'andamento delle stagioni è detta **fotoperiodismo**.

Per molto tempo si è ritenuto che a determinare il fotoperiodismo delle piante fosse la durata del tempo di illuminazione giornaliero, ossia la durata del dì. L'effetto è molto evidente sulla fioritura, che può essere indotta da differenze di 2-5 minuti del dì e della notte; in base a ciò le piante sono state suddivise in (▶9):

- **longidiurne**, che fioriscono in estate quando la durata del dì è superiore a un certo valore, diverso da specie a specie (*fotoperiodo critico*). Gli spinaci, per esempio, fioriscono solo se esposti ad almeno 14 ore di luce e per questo motivo non possono vivere nelle regioni equatoriali, dove il dì e la notte hanno sempre la stessa durata (12 ore). Sono longidiurne la lattuga, le patate, il trifoglio e molte graminacee;
- **brevidiurne**, che fioriscono in primavera o in autunno (raramente in inverno) quando la durata del dì è minore del loro fotoperiodo critico. Sono di questo tipo la soia, il tabacco, le fragole, le primule, le stelle di natale, i crisantemi e varie piante erbacee;
- **neutrodiurne**, che fioriscono indipendentemente dalla durata del fotoperiodo. Sono di questo tipo molte piante di origine tropicale. La fioritura delle neutrodiurne dipende unicamente dal loro orologio biologico.

Figura 8 In una piantina di fagiolo (*Phaseolus vulgaris*), alle ore 12 le foglie sono orizzontali, per massimizzare la raccolta della luce e quindi la fotosintesi (**a**); alle ore 22 invece le foglie si trovano in una posizione verticale, anche se la luce è stata lasciata accesa (**b**).

Figura 9 Relazione tra durata delle ore di luce giornaliere e fioritura in piante neutrodiurne, brevidiurne e longidiurne.

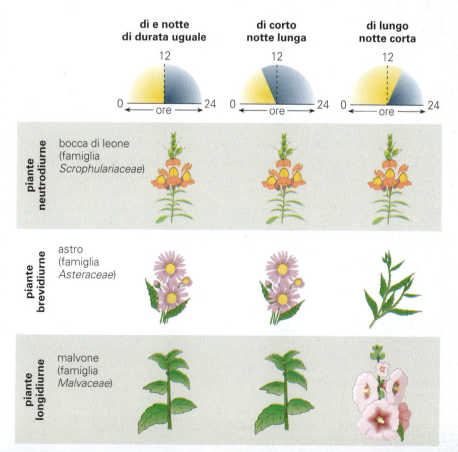

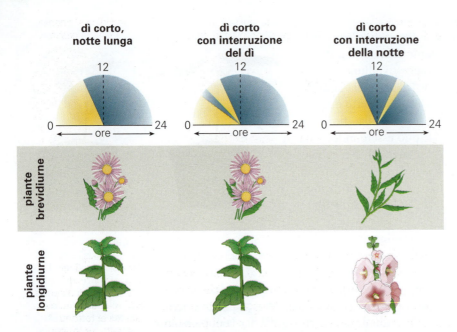

Figura 10 Relazione tra interruzioni del periodo di luce, o di quello di buio, e fioritura in piante brevidiurne e longidiurne.

assorbe la luce del cosiddetto "rosso lontano", poco visibile al nostro occhio perché ha una lunghezza d'onda intorno ai 730 nm. Solo la forma *Pfr* è in grado di promuovere la fioritura nelle piante longidiurne (o, più correttamente, brevinotturne) e inibirla nelle brevidiurne (o, più correttamente, longinotturne) grazie all'azione di controllo che esercita sull'attività di alcuni geni.

Ma come si spiega il "comportamento periodico" del fitocromo? Durante il dì la pianta assorbe prevalentemente luce rossa del primo tipo, e la forma *Pr* del fitocromo si trasforma in quella attiva *Pfr*; durante la notte la pianta non assorbe luce o al massimo assorbe luce del secondo tipo (vicina all'infrarosso termico) e la forma *Pfr* si trasforma in quella inattiva *Pr* (▶ 11).

3.2 Tropismi, nastie e risposte morfogenetiche

La pianta è capace di percepire diversi tipi di stimoli ambientali, come quelli luminosi, gravitazionali, termici e "tattili" (di contatto). A questi stimoli è anche in grado di rispondere con il movimento. Sebbene appaiano sostanzialmente immobili e siano prive di apparato muscolare, le piante sono in grado di effettuare due tipi di movimenti: tropismi e nastie.

Il **tropismo** è un movimento-crescita della pianta orientato rispetto a uno stimolo esterno. È definito *positivo* se il movimento avviene in direzione dello stimolo, *negativo* se avviene nel verso opposto. In base al tipo di stimolo, possiamo parlare di fototropismo se il movimento avviene in base alla direzione della luce, di geotropismo se avviene a causa della forza di gravità e di tigmotropismo se lo stimolo è il contatto diretto con un oggetto.

Il **fototropismo**, indotto dall'auxina, si evidenzia con la curvatura della pianta in crescita verso una fonte luminosa, un adattamento fondamentale per la fotosintesi (▶ 12).

Questo tipo di classificazione, sebbene tuttora in uso, non è del tutto corretto. Esperimenti effettuati negli ultimi anni hanno dimostrato che, nelle piante brevidiurne, interruzioni anche brevissime (come un lampo di luce) della durata del periodo di buio impediscono la fioritura, mentre questo non accade per brevi interruzioni del periodo di luce; nelle longidiurne, al contrario, brevi interruzioni del periodo di buio determinano la fioritura, mentre se si interrompe il periodo di luce questo non avviene (▶ 10). Da tutto ciò si deduce che il *fattore determinante non è la durata del periodo di luce, ma quella del periodo di buio (ossia della notte)*, che non deve subire interruzioni.

Si è detto che responsabile del fotoperiodismo delle piante è il fitocromo. Fu scoperto e isolato, alla fine degli anni Quaranta del secolo scorso, da un gruppo di ricercatori del dipartimento dell'agricoltura americano che lavoravano a Beltsville (Maryland) illuminando le piante con onde elettromagnetiche di diversa lunghezza.

Il fitocromo è un pigmento presente nelle piante in due diverse forme: la forma *Pr* assorbe la luce rossa di lunghezza d'onda intorno a 660 nm, la *Pfr*

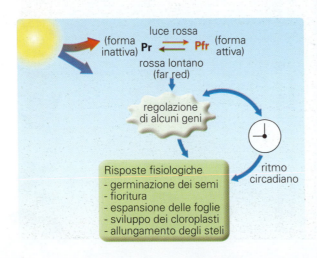

Figura 11 Il fitocromo media l'influenza della luce sul ritmo circadiano, e questa azione combinata regola i processi fisiologici della pianta.

Figura 12 Fototropismo dei germogli, che crescono piegandosi verso la fonte di luce.

Il **geotropismo** permette alla parte aerea del germoglio di crescere verso l'alto e alla radice di penetrare nel terreno. Ma in che modo la pianta percepisce il campo gravitazionale? La risposta è stata trovata nella cuffia che ricopre l'apice della radice. Le cellule più interne della cuffia contengono, nei loro plastidi, particelle solide di amido (*statoliti*) che si spostano in risposta alla forza di gravità. Se la radice cresce e penetra nel terreno più o meno verticalmente (come accade di norma), gli statoliti presenti nelle cellule rimangono ammassati nella parte inferiore del citoplasma; se la radice cambia direzione di crescita e si dispone orizzontalmente, i granuli si vengono a trovare in una posizione "anomala" e quindi si spostano nella parte bassa della cellula: rispondendo a questa migrazione la radice torna a crescere in verticale. Non è ancora chiaro come lo spostamento degli statoliti produca queste conseguenze: si ritiene che modifichi la distribuzione, nella radice, del calcio e dell'auxina (▶13).

I viticci delle piante rampicanti (Unità 6 § 6.2) sono invece un esempio di **tigmotropismo**, provocato dal contatto con il supporto intorno al quale si attorcigliano: le cellule a contatto con il sostegno crescono meno di quelle del lato opposto, probabilmente per una differente distribuzione di fitormoni come l'auxina e l'etilene.

A differenza dei tropismi, le **nastie** sono movimenti non orientati in direzione di uno stimolo. Ne è un esempio il movimento di chiusura e apertura dei fiori, che nelle piante diurne sono aperti durante il dì e chiusi durante la notte, mentre in quelle notturne fanno il contrario. Questo movimento dei calici e delle corolle floreali è un esempio di **fotonastia**, perché è determinato dalla presenza o dall'assenza della luce.

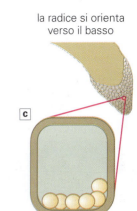

I movimenti nastici sono stati studiati in leguminose come l'*Albizia julibrissin* e la *Samanea saman*: si è scoperto che il movimento delle foglie è originato dalla modificazione del turgore delle cellule presenti in un organo carnoso alla base del picciolo, il *pulvino*, causata dal rilascio o dall'assorbimento di ioni potassio e cloro.

A volte i movimenti nastici sono molto rapidi: è il caso del movimento "a scatto" delle foglie delle piante carnivore, quando catturano un insetto. Lo stimolo a chiudersi è prodotto dal contatto dell'insetto con alcuni peli presenti sulle foglie (*tigmonastia*).

La *Mimosa pudica*, che chiude le foglioline se solo viene sfiorata, ha permesso di capire almeno in parte il meccanismo di questi rapidi movimenti: il contatto con l'agente stimolante determina la comparsa e la propagazione di un impulso elettrico (il *potenziale d'azione*), che provoca la caduta improvvisa del turgore cellulare (▶14).

A questa teoria negli ultimi anni se ne è contrapposta un'altra, che ipotizza che si verifichi una modificazione delle pareti delle cellule coinvolte.

Figura 13 La disposizione degli amiloplasti nelle cellule radicali dipende dall'orientamento della radice nel terreno. A sua volta, variazioni nella distribuzione degli amiloplasti innescano un movimento della radice che coinvolge l'auxina.

Figura 14 *Mimosa pudica* con foglioline aperte (**a**) e foglioline chiuse dopo essere state toccate (**b**).

Le **risposte morfogenetiche** non sono veri e propri movimenti, ma modificazioni strutturali della pianta. Ne è un esempio la formazione del "legno di reazione" primaverile nei tronchi e nei rami cresciuti inclinati per il forte vento: la produzione del legno in questo caso è asimmetrica e potenzia il lato della pianta sottoposto allo "sforzo" maggiore, per aumentarne la resistenza ed eventualmente modificare la direzione di crescita (▶15).

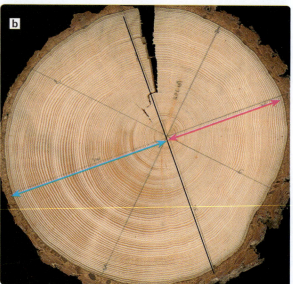

Figura 15 Esempio di risposta morfogenetica in un tronco che ha modificato la sua direzione di crescita a causa del vento costante (**a**); nella sezione si evidenzia il "legno di reazione" (freccia azzurra) (**b**).

Facciamo il punto

9 Che cos'è il ritmo circadiano? E il fotoperiodismo?

10 Come sono state suddivise le piante in base alla fioritura?

11 Qual è la funzione del fitocromo?

12 Che cos'è il tropismo e quali tipi di tropismi esistono?

13 Che cosa sono i movimenti nastici? E le risposte morfogenetiche?

4 Esigenze e strategie nutrizionali delle piante

Sappiamo che le piante sono organismi autotrofi, che si "fabbricano il cibo da sé" grazie alla fotosintesi. In senso stretto quindi non si nutrono, poiché non assumono materiale organico. Questo non significa però che non abbiano bisogno di "materiale grezzo" per sintetizzare le biomolecole di cui si servono per crescere. Utilizzando la metodica delle colture idroponiche (▶16) sono stati infatti individuati diciassette elementi chimici, detti *nutrienti*, essenziali per la vita di tutte le piante (più pochi altri essenziali solo per alcune). Di questi diciassette nutrienti essenziali, nove sono detti **macronutrienti**, perché necessari in quantità significative: carbonio, idrogeno, ossigeno, azoto, fosforo e zolfo, che costituiscono il 98% del peso "secco" di una pianta, sono i principali componenti dei composti organici; calcio, potassio e magnesio ne costituiscono solo l'1,5% e hanno funzioni particolari: il calcio favorisce l'adesione tra le cellule nei tessuti e regola la permeabilità della membrana cellulare, il magnesio è un componente della clorofilla e un cofattore di diversi enzimi, il potassio interviene nella regolazione osmotica e nell'attivazione di alcuni enzimi.

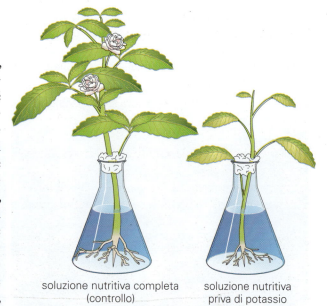

Figura 16 Esperimento con colture idroponiche per determinare se un nutriente è essenziale per la normale crescita della pianta. Nella piantina usata come controllo le radici sono immerse in una soluzione nutritiva contenente tutti i minerali, mentre quelle di un'altra piantina sono immerse in una soluzione priva, in questo caso, di potassio. Tale carenza determina un ridotto sviluppo della pianta e alterazioni nel colore delle foglie. Le radici ricevono l'ossigeno necessario per la respirazione cellulare attraverso dei tubi che insufflano aria.

La pianta infine necessita di piccolissime quantità di **micronutrienti**: cloro, ferro, manganese, boro, zinco, rame, nichel e molibdeno. Si tratta di elementi chimici che svolgono prevalentemente la funzione di coenzimi: poiché non vengono consumati durante l'attività cellulare, sono presenti nella cellula vegetale solo in tracce.

Ma da dove le piante estraggono i nutrienti? Carbonio e ossigeno vengono ricavati direttamente dalla CO_2 dell'aria e l'idrogeno dall'acqua assorbita con le radici; tutti gli altri elementi vengono assorbiti in forma inorganica come anioni (fosfato, nitrato, solfato) o come ioni positivi (Ca^{2+}, K^+, Mg^{2+} ecc.): sono i cosiddetti **sali minerali**.

Se uno o più di questi elementi è presente nel suolo in quantità insufficiente la pianta evidenzia una *carenza nutrizionale* (TABELLA 2).

4.1 Nutrizione e simbiosi: micorrize e batteri azotofissatori

La maggior parte delle piante, per migliorare la funzione di assorbimento da parte delle radici, instaura rapporti simbiotici con alcuni funghi, costituendo con essi un'associazione, detta **micorriza**, dalla quale sia la pianta sia il fungo traggono vantaggio: i funghi ricevono dalle radici zuccheri da cui ricavare energia, le piante aumentano notevolmente la loro capacità di assorbimento di acqua e ioni inorganici, in particolare dei fosfati.

Questa simbiosi mutualistica è molto antica: si è instaurata all'epoca della colonizzazione delle terre emerse da parte delle prime piante e probabilmente ha avuto un ruolo importante nel successo di quel delicato passaggio.

Nelle piante arboree forestali (sia angiosperme sia conifere) le ife avvolgono le radici come un mantello e penetrano solo nello strato superficiale della corteccia (*ectomicorrize*, ▶17a); nelle piante erbacee e in quelle da frutto penetrano in profondità tra le cellule del parenchima corticale, ramificandosi notevolmente (*endomicorrize*, ▶17b). Poiché le ife sono in grado di assorbire ioni inorganici, è come se venisse incrementata la superficie di assorbimento della radice; per

TABELLA 2	Principali sintomi causati dalla carenza di diversi elementi necessari alle piante	
Elemento carente	Sintomi principali	
azoto	– clorosi (ingiallimento) e caduta delle foglie	
fosforo	– sviluppo stentato – formazione di zone necrotiche e perdita delle foglie – accumulo di pigmenti rossastri – aumento dell'apparato radicale	
potassio	– indebolimento dei fusti erbacei – clorosi a chiazze seguita da comparsa di zone necrotiche lungo i margini delle foglie – annerimento di alcune zone delle foglie – maggior sensibilità verso agenti patogeni – alcune piante crescono a rosetta (cioè non sviluppano il fusto)	
magnesio	– clorosi a chiazze (a partire dalle foglie vecchie) – perdita precoce delle foglie più vecchie – chiazze giallognole o violacee sulla lamina fogliare – ripiegamento verso l'alto dei margini fogliari	
calcio	– clorosi delle foglie giovani, seguita da necrosi e caduta – foglie deformate – colore delle foglie opaco – patologie dei frutti (come il marciume del pomodoro)	
ferro	– clorosi molto pronunciata delle foglie giovani a partire dalle nervature – estensione della clorosi a tutta la pianta	
zinco	– crescita stentata – crescita a rosetta (gli apici si presentano come delle rose), tipica di melo e pero – clorosi tra le nervature delle foglie vecchie, soprattutto nel pesco – deformazione del margine fogliare	
rame	– foglie verde scuro, soprattutto quelle giovani – zone necrotiche – arrotolamento delle foglie – lacerazioni nella corteccia e produzione di sostanze gommose (raramente)	

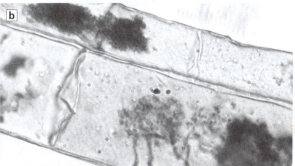

Figura 17 Ectomicorrize formate dal fungo *Amanita muscaria* su radici di *Pinus radiata* (**a**). Sezione di una radice di mais in cui sono visibili endomicorrize: le formazioni ramificate prendono il nome di arbuscoli (**b**).

Figura 18 Alcuni tartufi neri, specie di funghi ascomiceti del genere *Tuber* (**a**), e il fungo basidiomicete *Boletus edulis*, chiamato comunemente porcino (**b**).

questo motivo, in assenza di micorrize, nelle piante si riscontrano spesso sintomi da carenza di fosforo.

Nelle micorrize il fungo svolge anche altre funzioni: protegge le radici dalla disidratazione, produce sostanze che stimolano la crescita delle radici e antibiotici che rendono la pianta più resistente agli organismi patogeni, riduce la presenza di metalli pesanti e altri inquinanti nel suolo, trasferisce sostanze nutritive da piante morte a piante vive.

Una specie vegetale può stabilire un rapporto simbiotico solo con determinate specie di funghi. Alcuni esempi di simbiosi micorriziche specifiche si hanno fra tartufi e querce (▶18a), e tra porcini e castagni (▶18b).

Un altro tipo di simbiosi risolve invece il problema del "rifornimento" di azoto. Nonostante l'azoto molecolare (N_2) sia il costituente principale dell'atmosfera, con una percentuale di circa l'80%, le piante a volte soffrono per la carenza di questo nutriente poiché non sono in grado di utilizzarlo in forma gassosa. Devono perciò assorbirlo dal terreno, dove è presente sotto forma di ioni ammonio (NH_4^+) o anioni nitrato (NO_3^-).

Nelle radici gli ioni ammonio vengono utilizzati direttamente, grazie a un processo detto *assimilazione*, per sintetizzare amminoacidi, nucleotidi, clorofilla e altri composti organici azotati, mentre gli ioni nitrato vengono prima trasformati in ioni ammonio e poi assimilati.

I composti azotati dalle piante passano agli erbivori e poi ai carnivori, lungo la catena alimentare. Quando una pianta o un animale muore, le sostanze organiche azotate tornano al suolo e vengono ritrasformate in ioni ammonio e nitrati, che possono essere assorbiti da altre piante (▶19).

Descritto in questo modo, il ciclo sembrerebbe perfettamente chiuso e autosufficiente, ma non è così, per vari motivi: vi sono nel terreno *batteri denitrificanti* che trasformano i nitrati in azoto gassoso, le piogge asportano dal terreno molti ioni, i processi di erosione del suolo causano una perdita di minerali e gli incendi distruggono il materiale organico. Nei suoli coltivati il problema è ancora più grave: una parte dell'azoto assorbito dalle piante non torna al terreno, ma viene definitivamente persa quando la pianta è rimossa con la mietitura. Nei tempi lunghi, la riduzione dell'azoto presente nel terreno porterebbe alla scomparsa delle piante e di tutte le forme di vita sulla Terra. Se questo non è avvenuto, lo dobbiamo all'azione di due tipi di batteri presenti nel suolo: gli **azotofissatori** e i **nitrificanti**.

I batteri azotofissatori trasformano l'azoto dell'aria in ammoniaca e ioni ammonio (NH_3 e NH_4^+) grazie al processo di **fissazione dell'azoto** (o *ammonificazione*); i batteri nitrificanti trasformano l'ammoniaca e gli ioni ammonio in *nitriti* (anioni NO_2^-) e quindi in *nitrati* (anioni NO_3^-) grazie al processo di **nitrificazione**.

Alcuni batteri azotofissatori (*Azotobacter*, *Klebsiella*, *Clostridium*, alcuni *cianobatteri*) vivono liberi nel terreno e l'azoto che essi fissano si rende disponibile per la

Figura 19 I principali processi e gli organismi coinvolti nel ciclo biogeochimico dell'azoto.

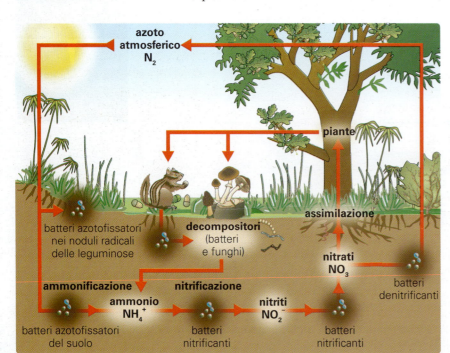

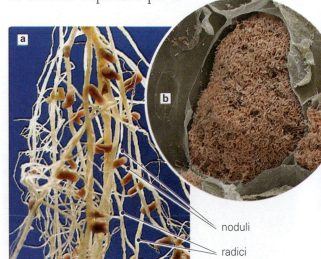

Figura 20 Noduli di *Rhizobium* nelle radici di una leguminosa (**a**). Noduli, in sezione, al cui interno sono visibili i numerosissimi batteri a forma di bastoncino (**b**); il loro colore rossastro è dovuto alla presenza della proteina leghemoglobina, contenente ferro e simile all'emoglobina, necessaria per il funzionamento degli enzimi che fissano l'azoto atmosferico.

pianta solo dopo la loro morte. Altri invece vivono in simbiosi con le piante: l'esempio più noto è quello dei batteri del genere *Rhizobium*, che penetrano nelle radici delle leguminose (soia, fagioli, piselli, trifoglio, erba medica ecc.) formando tipici noduli (▶20). La simbiosi tra leguminosa e batterio è specifica: i batteri che fanno simbiosi con la soia, non la fanno con il trifoglio e viceversa.

La perdita di azoto dal terreno è un grave danno per l'agricoltura. Gli agricoltori sono quindi costretti ad arricchire il suolo di composti azotati sotto forma di fertilizzanti naturali (letame o stallatico) e sintetici. Si utilizza anche la tecnica del **maggese**, che consiste nel lasciare a riposo il campo senza alcuna coltivazione o nel seminarlo con *piante foraggere* come il trifoglio e l'erba medica, che lo arricchiscono di ammonio e nitrati e sono utilizzate per l'alimentazione dei bovini.

Facciamo il punto

14 Quali sono i macronutrienti essenziali? E i principali micronutrienti?

15 Che cosa sono e quali vantaggi offrono alle piante le micorrize?

16 Quale azione espletano i batteri azotofissatori e nitrificanti? Perché è fondamentale la loro presenza?

Scheda 2 Un modo diverso di "nutrirsi": piante parassite e piante carnivore

QUALCOSA IN PIÙ

Le piante ricavano i nutrienti essenziali in forma inorganica dall'aria e dal suolo, e sintetizzano materiale organico per mezzo della fotosintesi. Ma, come accade sempre in natura, non mancano le eccezioni.

Le **piante parassite** vivono alle spese di altre piante: ne è un esempio il *vischio* (▶1) che, sebbene effettui la fotosintesi, preleva con le sue radici aeree sostanze organiche dalla pianta ospite (pioppo, quercia ecc.). Nel caso della *cuscuta* (▶2), l'adattamento al parassitismo è così spinto che la pianta non effettua più la fotosintesi: si avvolge in spire attorno alla pianta ospite e perde il contatto con il terreno, per nutrirsi esclusivamente della linfa dell'ospite, che assorbe tramite gli austori.

Le piante come il vischio, la netta maggioranza, sono dette *emiparassite* perché mantengono la capacità fotosintetica, quelle come la cuscuta sono dette *oloparassite*.

Un altro esempio interessante di modalità alternativa di nutrizione è quello delle **piante carnivore** (o **insettivore**). A differenza di quanto molti credono, queste piante non ricavano materiale organico ("cibo") dagli insetti che catturano, ma solo nutrienti inorganici (soprattutto azoto) di cui hanno bisogno poiché crescono in terreni molto poveri di sali minerali. Digeriscono gli insetti che intrappolano tra le loro foglie grazie agli enzimi digestivi presenti nei vacuoli delle cellule epidermiche.

Nel complesso, si tratta di circa 400 specie, che utilizzano metodi di cattura assai diversificati: nella *Dionaea muscipula* le foglie si chiudono a scatto quando l'insetto urta i peli sensoriali sulla superficie fogliare (▶3), nella *Drosera rotundifolia* le foglie sono dotate di peli appiccicosi, nel genere *Nepenthes* hanno assunto la forma di un lungo bicchiere, l'*ascidio* (▶4), in cui l'insetto rimane intrappolato.

Figura 1 Pianta di vischio cresciuta su una betulla.

Figura 2 Cuscuta (arancione) su una pianta di salvia (verde).

Figura 3 Foglie con peli sensoriali di *Dionaea muscipula*.

Figura 4 Ascidio di *Nepenthes truncata*.

5 L'assorbimento dell'acqua e dei sali minerali

L'assorbimento dell'acqua e dei sali minerali presenti nel terreno è operato prevalentemente dai peli radicali per mezzo dell'*osmosi*, un processo di trasporto passivo che non implica consumo di energia.

Il processo osmotico si verifica attraverso le membrane plasmatiche delle cellule della radice, che sono *selettivamente permeabili*, ossia permeabili all'acqua e solo a determinati soluti. Inoltre le soluzioni saline presenti nel terreno sono più diluite di quelle presenti nel citoplasma cellulare, ricco di sali e sostanze organiche attive dal punto di vista osmotico. Il risultato è un flusso d'acqua (e di alcuni soluti) dal terreno alle cellule dell'epidermide: da qui l'acqua passa alla corteccia e poi all'endoderma grazie ai plasmodesmi che connettono il citoplasma delle cellule contigue attraversando le pareti cellulari. È come se le cellule avessero un unico citoplasma comune, per cui il passaggio dell'acqua attraverso una membrana avviene solo all'inizio, quando penetra nel rizoderma. Non tutta l'acqua però entra nella radice e vi si diffonde attraverso il citoplasma delle cellule, poiché a questa *via intracellulare* si affianca una *via extracellulare* (▶21): parte delle soluzioni saline del terreno penetra e si muove nella radice attraverso gli spazi "vuoti" tra le cellule e lungo le pareti cellulari, che sono permeabili all'acqua. A differenza di quanto accade per la via intracellulare, in questo caso la radice non esercita alcun controllo sul flusso d'acqua e nessuna selezione dei soluti. A questo provvede l'endoderma che, grazie alla banda del Caspary (Unità 6 § 4), impedisce all'acqua e ai soluti di penetrare nello xilema per via extracellulare, obbligandoli a passare attraverso il citoplasma delle cellule: in questo modo riesce a evitare l'ingresso di molte sostanze dannose per la pianta, sebbene il meccanismo non sia perfetto (nella zona di differenziamento della radice, l'endoderma non è ancora maturo e tutti gli ioni possono attraversarlo).

Le soluzioni acquose che penetrano nella radice non contengono però la quantità di ioni salini necessaria alla radice per svolgere la sua funzione assorbente e nemmeno l'apporto di nutrienti di cui la pianta necessita. Al fine di incrementare la presenza di ioni al suo interno, la radice mette in atto alcune strategie per aumentarne l'assorbimento e per trattenerli al suo interno.

→ Il *trasporto attivo*. Grazie a particolari proteine di membrana, le *pompe ioniche*, le cellule dei peli radicali assorbono ioni contro il gradiente di concentrazione, consumando l'energia ottenuta dalla respirazione cellulare.

→ *L'incremento della superficie assorbente*. Grazie alle ramificazioni dell'apparato radicale e ai peli radicali, la pianta sviluppa enormemente la superficie della radice a stretto contatto con le soluzioni saline nel suolo. In questo modo si incrementano sia l'assorbimento dell'acqua sia quello dei sali minerali.

→ Lo *scambio cationico* (▶22). I peli radicali prelevano dal suolo ioni positivi (come Ca^{2+}, K^+ e Mg^{2+}), che sono legati elettrostaticamente all'argilla (di carica negativa), sostituendoli con cationi di idrogeno (H^+); questi ultimi derivano dalla reazione della CO_2, espulsa dalle radici, con l'acqua del suolo secondo la reazione:

$$CO_2 + H_2O = H_2CO_3 = 2H^+ + CO_3^{2-}$$

→ *La simbiosi con funghi e batteri*. Nei terreni poco fertili, le micorrize migliorano la capacità di assorbimento della radice, mentre i batteri azotofissatori producono nitrati (vedi § 4).

→ *La barriera endodermica*. A livello dell'endoderma la maggior parte dei sali minerali viene trattenuta nella radice, favorendo il mantenimento di un'elevata pressione osmotica e il turgore cellulare.

→ *L'immagazzinamento degli ioni nei vacuoli*. Viene operato per evitare un esagerato aumento della pressione osmotica cellulare, che provocherebbe un eccessivo assorbimento di acqua.

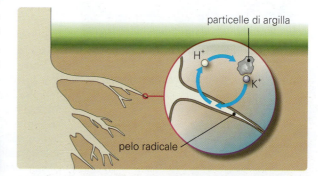

Figura 22 Meccanismo di scambio cationico a livello dei peli radicali.

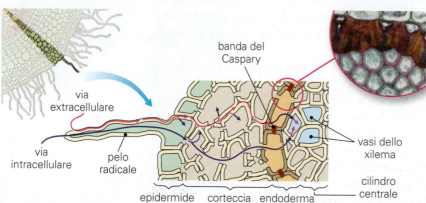

Figura 21 Acqua e soluti assorbiti dai peli radicali possono transitare all'interno delle cellule della radice (*via intracellulare*, in blu), oppure scorrere lungo le pareti (*via extracellulare*, in rosso) fino alla banda del Caspary. Nel riquadro a destra: fotografia al microscopio di cellule dell'endoderma in cui è visibile la banda del Caspary, un ispessimento a U dovuto alla presenza di suberina (colore rosso scuro).

Facciamo il punto

17 Attraverso quali vie l'acqua e i sali minerali penetrano nella radice?

18 Grazie a quali processi la pianta mantiene un'elevata pressione osmotica nelle cellule delle radici?

6 Il trasporto dell'acqua e dei sali minerali

Le soluzioni assorbite dalla radice devono essere trasportate al fusto e alle foglie, perché l'acqua e i sali minerali sono essenziali per la fotosintesi e per molte altre attività metaboliche. Ma attraverso quali meccanismi la linfa grezza riesce a salire, contro la forza di gravità, anche per decine e decine di metri? Gli studiosi di fisiologia vegetale ritengono che questo *flusso ascendente* abbia due distinte cause: la pressione radicale e la traspirazione.

6.1 La pressione radicale: una spinta dal basso

Abbiamo detto che le cellule della corteccia della radice possiedono un'elevata concentrazione di soluti e che questa loro caratteristica spinge l'acqua a entrare nella radice per osmosi. Il continuo afflusso di acqua crea nella radice una pressione idrostatica diretta verso l'alto, detta **pressione radicale**, che spinge l'acqua e i soluti a penetrare nei vasi dello xilema. La forza di gravità tende però a contrastare l'ascesa dell'acqua, e la farebbe rifluire verso il basso: questo non accade poiché l'endoderma funziona come contenitore a "tenuta stagna", impedendo alle soluzioni acquose di abbandonare il cilindro centrale della radice. Nelle piante di piccole dimensioni l'esistenza di una "spinta dal basso" è evidenziata dalla **guttazione**, una perdita d'acqua in forma di goccioline ai margini delle foglie (▶23).

6.2 La traspirazione: una trazione dall'alto

La pressione radicale è in grado di sollevare l'acqua solo di alcuni metri: non può essere perciò il principale "motore" della risalita dell'acqua lungo il tronco di piante come le sequoie, alte anche 120 metri. In questo caso la forza determinante è la **traspirazione**, ossia l'evaporazione dell'acqua at-

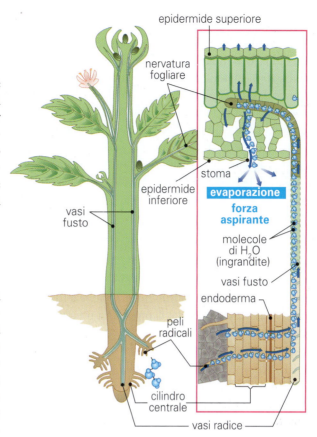

Figura 24
La traspirazione a livello delle foglie origina una forza aspirante che richiama l'acqua dalle radici.

traverso gli stomi delle foglie (▶24). Non si tratta di una spinta dal basso, ma di una trazione dall'alto. Quando l'acqua al vertice di un vaso conduttore abbandona la foglia per evaporazione, si crea all'interno del vaso una *pressione* (o *tensione*) *negativa* che dà origine a una forza aspirante (come quando si aspira una bibita da una cannuccia) che richiama l'acqua dalle radici. Si è calcolato che la tensione minima necessaria per produrre un flusso ascendente sia di 1-2 bar (o atmosfere) per ogni 10 metri di altezza della pianta. L'esistenza di una pressione negativa nei vasi dello xilema è facilmente evidenziabile: se si incide un albero sino al legno non fuoriesce acqua, mentre una goccia d'acqua posta sopra l'incisione viene rapidamente aspirata.

6.3 La teoria della tensione-coesione

Il meccanismo descritto non potrebbe però funzionare se l'acqua non avesse due caratteristiche peculiari: la coesione interna e la capacità di aderire ad altri materiali.

La **coesione** è una forza che tiene unite le molecole dello stesso tipo, ed è particolarmente significativa nell'acqua (per la presenza di legami a idrogeno tra le molecole): grazie alla coesione, nei vasi di xilema le molecole d'acqua formano lunghe e sottilissime catene continue, che si estendono dalle radici alle foglie. La forza di coesione è di un'intensità sorprendente: una colonna d'acqua raggiunge una capacità di trazione di 140 kg/cm^2!

Figura 23 Foglie di fragola in guttazione, che si verifica soprattutto con un'elevata umidità atmosferica, tale da inibire l'evaporazione attraverso gli stomi.

Secondo la **teoria della tensione-coesione**, quando una molecola d'acqua evapora attraverso uno stoma, lascia nel tessuto parenchimatico uno spazio vuoto che viene riempito da una molecola sottostante: nel fare ciò quest'ultima trascina verso l'alto l'intera colonna d'acqua a cui è unita. La trazione sarà tanto più energica e il trasporto tanto più rapido quanto più intensa sarà la traspirazione.

L'acqua tende inoltre, per la sua polarità, ad aderire alle pareti dei vasi legnosi: anche l'**adesione** svolge quindi un ruolo importante, poiché da un lato favorisce il movimento verso l'alto dell'acqua, dall'altro la trattiene all'interno dei vasi, contrastando l'ingresso di bolle d'aria. Il meccanismo descritto, infatti, funziona bene solo se le colonne d'acqua mantengono la loro continuità, che viene a mancare se nei vasi entra dell'aria. E proprio la pressione negativa esistente nei vasi dello xilema può favorire la formazione di bolle. Quando questo accade, la parte superiore della colonna sale rapidamente verso l'alto, la parte sottostante ricade verso il basso. Il fenomeno, noto con il termine di *cavitazione*, rende il vaso incapace di condurre. Ogni anno circa il 10% dei vasi del legno subisce questa sorte (in particolare nei periodi di siccità), e il cambio cribro-legnoso li deve sostituire con nuovi vasi.

Nel suo complesso, la risalita della linfa grezza è un fenomeno imponente (poiché coinvolge grandi quantità d'acqua), piuttosto rapido (da 1 m/ora nel fusto delle conifere a 15 m/ora nelle liane), unidirezionale (e non circolatorio come per il sangue negli animali) e a *costo energetico nullo* per la pianta: l'energia per il flusso ascendente è totalmente fornita dal Sole.

6.4 I fattori che influenzano la traspirazione e i meccanismi che la regolano

L'intensità della traspirazione varia da 300 a 1800 mg di acqua per ogni dm^2 di superficie fogliare e per ogni ora ($mg_{H_2O}/dm^2/ora$) in base alla temperatura, all'umidità ambientale e alla ventilazione. Per ogni 10 °C di incremento della temperatura, la velocità della traspirazione raddoppia, mentre un aumento di umidità ne riduce l'intensità. Il vento favorisce la traspirazione poiché incrementa la velocità di evaporazione sulle superfici fogliari.

La pianta è inoltre in grado di regolare l'intensità della traspirazione grazie agli stomi. La traspirazione avviene infatti prevalentemente attraverso gli stomi delle foglie (in alcuni casi del fusto), e solo in piccola parte attraverso la cuticola. Gli stomi, che sono in grado di aprirsi e di chiudersi, hanno da un lato la funzione di assorbire l'anidride carbonica necessaria per la fotosintesi e dall'altro quella

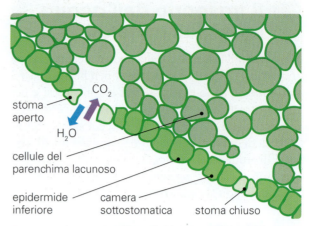

Figura 25 Attraverso gli stomi si ha lo scambio di CO_2 e H_2O tra la pianta e l'ambiente esterno.

di traspirare l'acqua assorbita con la radice (▶25). Poiché la CO_2 è presente solo in piccola percentuale nell'aria (circa lo 0,04%), in linea teorica sarebbe conveniente che durante il dì gli stomi fossero sempre aperti, anche se in questo caso la traspirazione produrrebbe un'elevata perdita d'acqua. Se la disponibilità di acqua nel terreno è ottimale, non è un problema: un'elevata traspirazione è vantaggiosa, poiché accelera il flusso ascendente e, nei periodi caldi, abbassa la temperatura superficiale delle foglie. Se però la disponibilità d'acqua è ridotta, un eccesso di traspirazione può provocare gravi danni: le colonnine d'acqua si possono spezzare e il trasporto ridursi, provocando la perdita del turgore cellulare e quindi l'appassimento delle foglie e dei fusti verdi.

La pianta quindi opera una soluzione di compromesso, aprendo e chiudendo gli stomi in base sia al fattore luce sia al fattore temperatura. La presenza di luce induce infatti l'apertura degli stomi, che di norma sono chiusi di notte e aperti durante il dì (per rifornire le cellule dell'anidride carbonica necessaria alla fotosintesi); tuttavia, nei periodi molto caldi e in condizioni di "stress idrico", un aumento della temperatura favorisce la chiusura totale o parziale degli stomi: tenendo chiusi gli stomi nelle ore più calde, la pianta riduce la traspirazione. In casi eccezionali gli stomi possono rimanere chiusi anche per settimane, con la conseguenza di ridurre di molto l'attività fotosintetica: per questo motivo la siccità provoca un drastico calo nei raccolti.

Ma come fa la pianta a regolare l'apertura degli stomi? Grazie alle "cellule di guardia".

6.5 Le cellule di guardia: i cancelli automatici delle foglie

Le cellule di guardia sono una coppia di cellule curve che delimita l'apertura stomatica. Il loro stato di turgore varia in base alle condizioni di illuminazione e di idratazione della pianta. Quando si inturgidiscono la loro curvatura aumenta poiché la parete ester-

animazione

Il funzionamento degli stomi
Il meccanismo di apertura e chiusura delle cellule di guardia

Le funzioni vitali delle piante superiori Unità 7

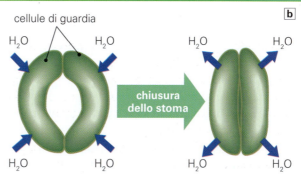

Figura 26 Epidermide fogliare di lavanda osservata al microscopio a scansione: a sinistra è visibile uno stoma aperto, a destra uno chiuso (**a**). Rappresentazione schematica del meccanismo di chiusura di uno stoma (**b**).

na, sottile ed elastica, si distende maggiormente di quella interna, più spessa, che è costretta a curvarsi. L'aumento della curvatura delle cellule di guardia produce l'apertura dello stoma. Al contrario, quando le due cellule perdono turgore, sgonfiandosi, la loro curvatura si riduce e lo stoma si chiude (▶26a).

Ma che cosa determina l'aumento o la perdita del turgore cellulare delle cellule di guardia? Il processo coinvolto è anche in questo caso l'osmosi. In condizioni di stress idrico, la pianta produce **acido abscissico**, che causa il rilascio di ioni potassio (K^+) da parte delle cellule di guardia: l'acqua per osmosi esce dalle cellule e gli stomi si chiudono. Al contrario, in presenza di abbondante acqua nella pianta, la produzione di ormone si riduce e si attiva la pompa ionica che immette potassio nelle cellule di guardia: l'acqua per osmosi penetra nelle cellule e gli stomi si aprono (▶26b).

Facciamo il punto

19 Da che cosa è prodotta la pressione radicale?

20 In che modo la traspirazione produce il flusso ascendente secondo la teoria della tensione-coesione?

21 Quali fattori influenzano la traspirazione?

22 Come funzionano le cellule di guardia?

7 Il trasporto della linfa elaborata

Nelle foglie la fotosintesi produce continuamente linfa elaborata, ricca di zuccheri, che viene distribuita a tutta la pianta attraverso i vasi del floema. Il processo, detto **traslocazione** (o *flusso discendente*), non è stato ancora del tutto chiarito nei suoi meccanismi, ma è evidente che non avviene per semplice diffusione, poiché questa richiederebbe anni per portare gli zuccheri dalle foglie sino alla radice. L'**ipotesi del flusso di pressione**, oggi la più accreditata, definisce *sorgenti* (dall'inglese *sources*) i siti da cui l'acqua e gli zuccheri iniziano il loro cammino: sono le foglie, dove si verifica la fotosintesi, e i tessuti parenchimatici di riserva, dove i granuli d'amido vengono idrolizzati in monosaccaridi e disaccaridi trasportabili. Sono definiti invece *scarichi* o *pozzi* (in inglese *sinks*) i luoghi di destinazione dei soluti organici, che sono in generale tutte le cellule vive e in particolare le parti in crescita della pianta (germogli, semi, frutti, meristemi secondari, ▶27).

Secondo questa ipotesi i materiali nutritivi vengono convogliati per trasporto attivo dalle sorgenti nei tubi cribrosi, il cui citoplasma perciò si concentra e richiama acqua per osmosi dai vicini

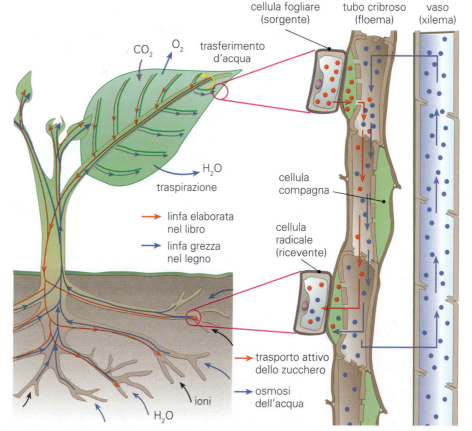

Figura 27 Il trasporto dell'acqua e degli zuccheri nei vasi conduttori, secondo l'ipotesi del flusso di pressione.

vasi del legno (spesso con la mediazione delle cellule compagne). In una cellula isolata il processo produrrebbe un semplice aumento della pressione di turgore contro le pareti cellulari e si interromperebbe, ma i tubi cribrosi sono cellule particolari, collegate strettamente tra loro da pareti porose. Gli zuccheri perciò si muovono da una cellula all'altra, in base al loro gradiente di concentrazione, trascinando con sé l'acqua. Quando i tubi cribrosi raggiungono un "pozzo", per esempio una gemma in crescita o una cellula della radice, le molecole di zucchero abbandonano il tubo cribroso per essere utilizzate come fonte di energia dalle cellule o per essere trasformate in amido, mentre l'acqua per osmosi lascia il floema e torna nei vasi xilematici.

La velocità di scorrimento nel flusso discendente dipende dalla differenza di concentrazione degli zuccheri tra sorgente e pozzo, ma è comunque notevole (in media un metro ogni ora). Tale flusso consistente non crea problemi alla pianta: in primo luogo l'acqua viene "riciclata" poiché passa alternativamente dallo xilema al floema e dal floema allo xilema; gli zuccheri inoltre vengono trasportati alla stessa velocità con cui vengono prodotti, e questo evita cadute di pressione idrostatica nelle sorgenti; tutto infine avviene con un consumo minimo di energia (e solo da parte delle cellule della sorgente).

L'esistenza di un flusso discendente può essere facilmente dimostrata incidendo il libro di una pianta: la pressione interna della linfa ne provocherà la fuoriuscita, che però cesserà ben presto perché la pianta mette in atto immediatamente processi di riparazione (vedi § 10).

Facciamo il punto

23 Che cosa caratterizza la linfa elaborata?

24 Qual è il significato del termine traslocazione?

25 In che cosa consiste l'ipotesi del flusso di pressione?

8 La fotosintesi: energia dalla luce, atomi dall'acqua e dall'anidride carbonica

Un mondo senza piante sarebbe impossibile, per almeno due motivi: esse immettono nell'atmosfera l'ossigeno molecolare (O_2) che respiriamo e, dal punto di vista ecologico, sono organismi **produttori**, situati alla base di quasi tutte le catene alimentari esistenti sul nostro pianeta (eccettuati alcuni ambienti di mare profondo, dove vivono animali che traggono energia dalle emissioni vulcaniche sottomarine).

Oltre a ciò, le piante influiscono notevolmente sul clima: assorbono infatti enormi quantità di CO_2, contrastando l'effetto serra, e la loro azione traspirante è parte essenziale del ciclo dell'acqua; nella stratosfera, infine, l'ossigeno da loro prodotto viene trasformato in ozono (O_3), gas che protegge i viventi dalle pericolose radiazioni ultraviolette.

Tutti questi effetti sono in un modo o nell'altro connessi alla **fotosintesi**, un processo chimico che permette alle piante di trasformare due sostanze prive di contenuto energetico, l'acqua e l'anidride carbonica, in zuccheri come il glucosio, ricchi di energia (▶28). Ma da dove prendono, le piante, l'energia per questo processo vitale? La ricavano dalla luce, grazie alla presenza, nei cloroplasti di molte cellule, di un pigmento in grado di catturarla: la **clorofilla**.

Le piante però, come tutti gli esseri viventi, devono utilizzare l'energia incamerata nel "cibo" per svolgere le loro attività vitali. A questo provvede un altro processo chimico di fondamentale importanza, presente sia nei vegetali sia negli animali: la **respirazione cellulare**, per mezzo della quale lo zucchero viene trasformato in acqua e anidride carbonica fornendo energia alla cellula.

I due processi si possono riassumere con la seguente equazione chimica:

$$6H_2O + 6CO_2 \rightleftharpoons C_6H_{12}O_6 + 6O_2$$

Se viene letta da sinistra verso destra, l'equazione

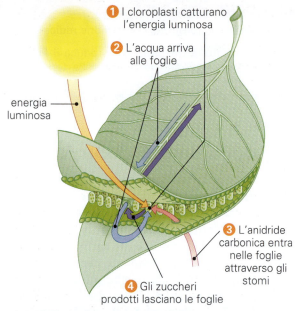

Figura 28 Rappresentazione schematica del processo di fotosintesi nelle piante.

1. I cloroplasti catturano l'energia luminosa
2. L'acqua arriva alle foglie
3. L'anidride carbonica entra nelle foglie attraverso gli stomi
4. Gli zuccheri prodotti lasciano le foglie

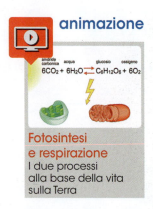

animazione

$6CO_2 + 6H_2O \rightleftharpoons C_6H_{12}O_6 + 6O_2$

Fotosintesi e respirazione
I due processi alla base della vita sulla Terra

rappresenta la fotosintesi, se la si legge da destra verso sinistra rappresenta la respirazione cellulare. La vita sul nostro pianeta dipende tutta da questo doppio processo!

In una pianta, durante il dì prevale la fotosintesi e quindi viene prodotto ossigeno in eccesso; durante la notte la fotosintesi non avviene e quindi le piante consumano ossigeno respirando. Il bilancio netto nel corso delle 24 ore è comunque a favore della fotosintesi, ed è questo il motivo per cui le piante sono dei produttori di ossigeno, mentre gli animali sono dei consumatori.

Fotosintesi e respirazione cellulare sono processi biochimici molto complessi che avvengono in fasi successive. Li descriveremo in dettaglio nel volume del quinto anno di corso.

Facciamo il punto

26 Perché la vita sulla Terra sarebbe impossibile senza le piante?

27 Scrivi l'equazione chimica che riassume il processo di fotosintesi e quello di respirazione cellulare.

28 In quale caso l'equazione rappresenta la fotosintesi?

9 La risposta agli stress

Una pianta è esposta a numerosi tipi di stress, intendendo con questo termine situazioni potenzialmente pericolose per la sua sopravvivenza: il caldo e il freddo, la carenza d'acqua, gli attacchi dei parassiti, la predazione da parte degli erbivori e degli insetti, la presenza di sostanze tossiche o di un eccesso di sali nel terreno e fattori contingenti come grandine, vento e fulmini. Ad aggravare la pericolosità di questi fattori è il fatto che da essi le piante non possono fuggire. Come fanno allora a difendersi?

9.1 Lo stress termico: troppo caldo o troppo freddo

Le piante che ci sono più familiari, quelle delle zone temperate, sopravvivono con temperature che variano da pochi gradi centigradi a più di 40 °C. Le *termofite* (o *piante termofile*) che vivono nei deserti possono sopportare temperature di oltre 50 °C, mentre le *criofite* (o *piante criofile*) dei climi glaciali tollerano temperature sino a −10 °C.

Nei climi caldi, il meccanismo più utilizzato dalle piante per evitare di surriscaldarsi è senza dubbio la traspirazione attraverso gli stomi: nel passare allo stato di vapore, l'acqua assorbe energia, che sottrae alla foglia (o al fusto verde) abbassandone la temperatura. Questo sistema richiede evidentemente un continuo apporto d'acqua, che può mancare nelle regioni aride, mettendo la pianta a rischio di disidratazione; d'altro canto la chiusura degli stomi, oltre a ridurre la capacità fotosintetica, rischia di causare in breve tempo il surriscaldamento della pianta (soprattutto delle foglie). Per evitare che questo accada le foglie di molte piante sono dotate di un fitto manto di peli che "fanno ombra" alla lamina fogliare impedendone l'irraggiamento diretto, altre sono ricoperte di sostanze cerose altamente riflettenti (come una crema solare), altre ancora si orientano in modo da ridurre l'assorbimento di energia luminosa oppure si arrotolano su se stesse nei momenti di massima calura. Nei deserti spesso le *xerofite* (adattate ai climi aridi) possiedono foglie trasformate in spine, con la doppia funzione di ridurre la traspirazione e difendersi dai predatori (▶ 29).

Tuttavia, l'adattamento più interessante contro gli effetti del surriscaldamento è la produzione di **proteine da shock termico**: si tratta di proteine di tipo enzimatico che resistono meglio delle altre alla denaturazione operata dal calore. La loro presenza rende la pianta più resistente anche alla disidratazione e ad altre cause di stress. Questa caratteristica viene sfruttata in agricoltura: sottoponendo piante coltivate a un particolare agente stressante (per esempio il freddo a primavera), esse produrranno proteine in grado di proteggerle anche da altri stress, come il caldo e le infezioni da funghi, durante tutto l'anno: in altri termini, diventeranno più "forti".

Nei climi freddi, se la temperatura scende al di sotto di 0 °C, si formano nelle cellule cristalli di ghiaccio che possono danneggiare le membrane uccidendo le cellule stesse. Particolarmente a rischio sono le parti più giovani della pianta, come le piccole foglie e le gemme. I meccanismi di difesa dal freddo sono poco noti: si sa che sono legati alla produzione di alcuni ormoni, come l'acido abscissico.

Figura 29 I cactus (famiglia delle *Cactaceae*) sono tipiche xerofite.

Figura 30 Strategie di difesa contro i predatori: le foglie pungenti dell'agrifoglio (**a**); le spine del cardo (**b**); i peli urticanti del fusto e delle foglie dell'ortica (**c**); gli aromi sgradevoli ai predatori della salvia (**d**).

9.2 La guerra ai predatori

Con le loro foglie ricche di amido, le piante sono "cibo a disposizione" di insetti e vertebrati erbivori. È ovvio quindi che nel corso dell'evoluzione abbiano sviluppato sistemi di difesa contro la predazione. Alcune "strategie" sono di tipo fisico: foglie particolarmente coriacee per rendere difficoltosa la masticazione (molte specie della macchia mediterranea, ▶30a), spine che trafiggono il palato dell'animale (cardo, fichi d'india ecc., ▶30b), superfici fogliari appiccicose, "pelose" o scivolose per rendere difficoltoso l'attacco di insetti.

Altre difese sono di tipo chimico: nei peli presenti sulle superfici fogliari alcune piante, come il *pyrethrum*, concentrano sostanze tossiche contro gli insetti, altre, come l'ortica, miscele urticanti di acidi e istamina (▶30c); altre ancora, nelle foglie contengono sostanze velenose (l'acido cianidrico del *Trifolium repens*) o alcaloidi come nicotina, morfina, caffeina, cocaina. Anche alcuni "aromi" non tossici possono comunque risultare sgradevoli e tenere alla larga il predatore: è il caso della menta, della salvia e di altre piante aromatiche (▶30d).

A questo tipo di difese gli animali erbivori rispondono con adattamenti di tipo coevolutivo (la bocca protetta da una robusta mucosa contro le punture delle spine, la resistenza alle sostanze tossiche ecc.).

9.3 La difesa dalle infezioni

I più comuni agenti infettanti delle piante sono i funghi (▶31). Sulla vegetazione ormai morta la loro azione è positiva, perché sono i principali responsabili dei processi di decomposizione (*funghi saprofiti*). In alcuni casi sono invece dei parassiti, e fanno considerevoli danni, poiché penetrano nella pianta attraverso gli stomi o i peli radicali e la danneggiano distruggendo le pareti cellulari. A questa aggressione le piante possono rispondere in vari modi: uno dei più efficaci è la produzione di *fenoli*

Figura 31 Muffa (*Penicillium italicum*) che è cresciuta su una clementina (un agrume).

e di *fitoalexine*, che inibiscono la crescita o la diffusione dei funghi. Nel caso di infezioni da batteri, la risposta più comune è invece la produzione di antibiotici e sostanze battericide.

9.4 I danni per eccesso di sali

Un eccesso di sali nel suolo, in particolare di cloruro di sodio, inibisce i processi osmotici per mezzo dei quali le radici assorbono acqua dal terreno. Solo alcune *alofite* (o *piante alofile*) possono sopravvivere nei terreni salini, utilizzando diversi stratagemmi: alcune (come l'artemisia) sono capaci di bloccare l'assunzione di sodio a livello delle membrane cellulari, altre (come le *Chenopodiaceae*) assorbono il sodio ma lo incamerano in appositi vacuoli in modo che non influenzi i processi osmotici, altre ancora (come le tamerici, ▶32) assorbono il sodio e lo trasportano sino alle foglie dove viene espulso per mezzo di particolari ghiandole.

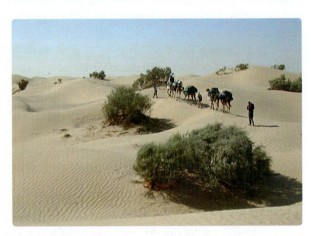

Figura 32 Tamerici (genere *Tamerix*) nel deserto.

9.5 La riparazione delle lesioni e i processi di rigenerazione

Quando la pianta ha subito dei danni, entrano in gioco processi di riparazione che attivano la divisione cellulare nelle zone "offese". Questi processi sfruttano la capacità delle cellule vegetali di rigenerare tutti i tipi di tessuti (vedi § 10). Se, per esempio, vengono lesi i tubi cribrosi, la pianta li ostruisce con il **callosio**, un polisaccaride, e la **proteina-P** (dall'inglese *phloem protein*), per evitare fuoriuscite di linfa dal vaso.

Un diverso tipo di risposta è la dormienza: la pianta interrompe sia le attività di crescita sia quelle riproduttive ed entra in una fase quiescente per minimizzare i danni.

Facciamo il punto

29 Come reagisce una pianta allo stress termico?

30 Come si difendono le piante dai predatori? E dalle infezioni?

31 Che cosa si intende per rigenerazione?

10 I meccanismi riproduttivi delle piante superiori

Le piante superiori si riproducono sia asessualmente sia sessualmente. La **riproduzione asessuale** o **vegetativa** si basa sulla notevole capacità rigenerativa delle cellule vegetali e produce cloni geneticamente identici alla pianta "madre": svantaggiosa dal punto di vista evolutivo, consente però a una popolazione di piante di occupare rapidamente nuovi spazi disponibili. In natura le piante utilizzano i fusti per propagarsi asessualmente: lo sviluppo può avvenire a partire dai nodi degli stoloni (nella fragola) o dalle gemme ascellari presenti nei tuberi (i cosiddetti "occhi" della patata) e nei bulbi come le cipolle.

La scoperta che le cellule vegetali differenziate possono tornare **totipotenti** risale agli anni Trenta del secolo scorso e agli esperimenti di Philip T. White e William J. Robinson. Questi ricercatori svilupparono tecniche di *coltura in vitro*, prelevando frammenti di tessuto vegetale e inserendoli in un opportuno terreno di coltura, in cui immisero i nutrienti necessari alla crescita, ormoni come le auxine e le citochinine, e vitamine del gruppo B. In queste condizioni le cellule della pianta riprendevano a riprodursi formando masse cellulari informi, dette **calli**, che potevano essere indotte a formare intere nuove piante dosando opportunamente la presenza dei fitormoni (fenomeno detto appunto **rigenerazione**).

Oggigiorno lo sviluppo di questa tecnica permette di ottenere nuove piantine, in grado di riprodursi sessualmente, a partire da una sola cellula vegetale e persino da un **protoplasto** (▶33), una cellula privata della parete cellulare per mezzo di specifici enzimi. Questa tecnica è comunemente utilizzata per la produzione di piante geneticamente modificate.

In agricoltura la riproduzione vegetativa è molto utilizzata (▶34): nella **talea** una porzione di fusto, radice o foglia asportata da una pianta viene interrata e indotta a produrre germogli; nella **margotta** si fa "radicare" un ramo ancora collegato alla pianta, asportando un anello di corteccia e circondandolo di terriccio; nella **propaggine** si sotterra un ramo ancora unito alla pianta, dopo aver asportato un anello di corteccia per facilitare lo sviluppo di radici, e successivamente si separa da essa; nell'**innesto** si inserisce un fusto tagliato a V di una specie vegetale, nel fusto o nella radice di una specie affine (metodo utilizzato in viticoltura, dove si innestano rami di viti pregiate su radici di viti meno pregiate ma resistenti a parassiti e patogeni).

La più recente e sofisticata delle tecniche di riproduzione vegetativa è la **micropropagazione** (▶35), che utilizza la coltura in vitro di porzioni di tessuti adulti o meristematici (detti *espianti*) per ottenere un gran numero di piante tutte dotate delle medesime caratteristiche genetiche vantaggiose.

10.1 La riproduzione sessuale nelle angiosperme

In questo paragrafo ci occupiamo unicamente dei processi che avvengono durante la riproduzione delle angiosperme, le piante con i fiori.

Come tutte le piante, le angiosperme presentano un'alternanza di generazione tra lo **sporofito** diploide ($2n$), che produce le spore, e il **gametofito** aploide (n), che produce i gameti. *La pianta che vediamo è lo sporofito*, mentre i *gametofiti maschili sono costituiti dai granuli pollinici* prodotti dagli stami e il *gametofito femminile dal sacco embrionale* presente nell'ovario (▶36, alla pagina seguente).

La formazione del polline inizia con lo sviluppo dell'antera all'interno della gemma fiorale. Attraverso una serie di divisioni mitotiche si formano, a partire da una cellula diploide, quattro masserelle di cellule che diventano, con la formazione di pareti divisorie, quattro **sacche polliniche**. All'interno delle sacche le cellule subiscono un processo di meiosi e diventano **microspore** aploidi, ognuna delle

Figura 34 Talee di edera in acqua (**a**). Margotta: il terriccio intorno al fusto inciso è ricoperto con un sacchetto di plastica (**b**). Un innesto del tipo a gemma (**c**).

Figura 35 Nella micropropagazione le piante di partenza sono testate per verificare che siano esenti da virus e funghi. Quindi ha inizio la raccolta di un espianto, che viene sterilizzato, ripulito e messo in un liquido di coltura.

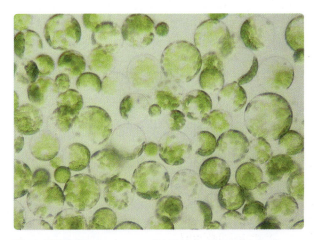

Figura 33 Protoplasti ottenuti da cellule di una foglia di petunia trattate con cellulasi, enzima che digerisce la cellulosa delle pareti.

animazione
Il ciclo vitale delle piante
L'alternanza tra sporofito e gametofito

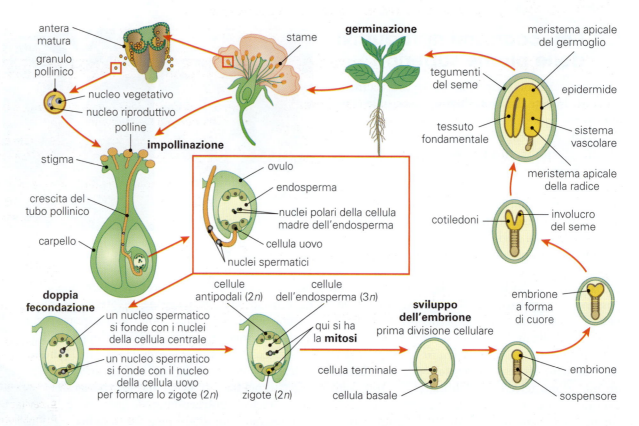

Figura 36 Ciclo vitale delle angiosperme: dalla germinazione del seme si origina lo sporofito maturo, in cui si differenziano poi il gametofito maschile e femminile.

quali produce per mitosi un **granulo pollinico** (gametofito maschile, ▶37). Una delle cellule del gametofito forma per mitosi due **nuclei spermatici**, il *nucleo vegetativo* e il *nucleo riproduttivo*, che sono i gameti maschili. Il granulo di polline di solito, a questo punto, entra in una fase di quiescenza che terminerà solo quando verrà liberato dall'antera.

Contemporaneamente, sulla parete interna dell'ovario (nel pistillo del fiore) si sviluppano alcune masse di cellule. Ognuna di esse dà origine a un **ovulo**, intorno al quale si costituisce un tegumento protettivo. A questo punto in ogni ovulo si formano per meiosi quattro **macrospore** (o **megaspore**) aploidi. Tre di queste di norma degenerano, la quarta va incontro a tre mitosi successive senza citodieresi, formando una sola cellula con otto nuclei. Successivamente questa cellula polinucleata si divide in sette cellule, che nel complesso formano il **sacco embrionale** (gametofito femminile): una di queste cellule è di dimensioni maggiori delle altre ed è dotata di due nuclei (**cellula madre dell'endosperma**), un'altra è la *cellula uovo*.

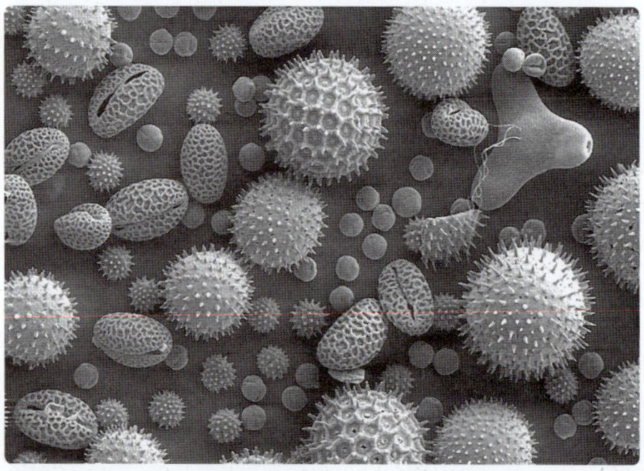

10.2 Una doppia fecondazione

Quando un granulo pollinico raggiunge lo stigma del carpello femminile, forma il **tubetto pollinico**, che penetra nello stilo e permette ai due nuclei spermatici di raggiungere il sacco embrionale. Il nucleo riproduttivo feconda la cellula uovo, formando uno zigote diploide (2n), l'altro feconda la cellula madre dell'endosperma, che possiede due nuclei, dando origine a un nucleo triploide (3n). Questa **doppia fecondazione** (rivedi la ▶36) *è tipica delle piante e unica tra i viventi*. Dallo zigote deriva l'embrione della nuova pianta, dal nucleo triploide si forma l'endosperma, ricco di materiale di riserva, ed entrambi vengono racchiusi dal tegumento del seme. L'embrione si sviluppa lungo l'asse radice-fusto (in base al gradiente di auxina prodotta dall'apice meristematico), formando una radichetta, un fusticino, abbozzi di foglie e i cotiledoni (uno o due). A questo punto il seme entra in fase di quiescenza sino al momento della germinazione, descritta nella precedente Unità.

Figura 37 Vari tipi di polline fotografati al microscopio elettronico a scansione.

Facciamo il punto

32 Che cosa caratterizza la riproduzione vegetativa?

33 Quali sono le tecniche di riproduzione vegetativa utilizzate in agricoltura?

34 Come si forma il gametofito maschile? E quello femminile?

CONOSCENZE

Con un testo articolato tratta i seguenti argomenti

1. Illustra le caratteristiche e i diversi effetti dei principali fitormoni.
2. Descrivi in quali modi le piante possono rispondere agli stimoli ambientali.
3. Delinea le cause e i meccanismi dei sistemi di trasporto nella pianta.
4. Descrivi i meccanismi riproduttivi delle piante superiori.

Con un testo sintetico rispondi alle seguenti domande

5. In che modo l'auxina influenza la crescita della pianta?
6. Quali sono gli effetti dell'etilene?
7. Che cos'è il fotoperiodismo e come si classificano in base ad esso le piante?
8. Quali vantaggi apportano alla pianta le micorrize e i batteri azotofissatori?
9. Come fa la radice a incrementare l'assorbimento di sali minerali?
10. Come fa la pianta a regolare la traspirazione?
11. Qual è la differenza chimica tra fotosintesi e respirazione cellulare?
12. Come si difendono le piante dal caldo eccessivo? E dai predatori?
13. Come si forma il gametofito femminile nel fiore? E quello maschile?

Quesiti

14. Vero o falso?
    a. L'assorbimento di acqua nelle radici si basa sull'osmosi. V F
    b. L'acqua penetra nelle radici sempre attraversando il citoplasma delle cellule. V F
    c. I sali minerali penetrano nelle radici anche per trasporto attivo. V F
    d. L'endoderma impedisce il passaggio extracellulare dell'acqua e dei soluti grazie alla presenza della banda del Caspary. V F

15. Sono gli ormoni che promuovono la crescita per distensione delle cellule e la dominanza apicale:
    a. auxine.
    b. citochinine.
    c. gibberelline.
    d. etilene e acido abscissico.

16. Sono gli ormoni che promuovono la germinazione dei semi, mobilitando le riserve nutritizie presenti in essi:
    a. auxine.
    b. citochinine.
    c. gibberelline.
    d. etilene e acido abscissico.

17. È la causa principale dell'abscissione fogliare:
    a. acido abscissico.
    c. auxina.
    b. etilene.
    d. nessuno di questi ormoni.

18. È la capacità della pianta di adeguare il ciclo vitale all'andamento delle stagioni:
    a. orologio biologico.
    c. fototropismo.
    b. fitocromo.
    d. fotoperiodismo.

19. È un movimento orientato in base allo stimolo:
    a. tropismo.
    c. risposta morfogenetica.
    b. nastia.
    d. abscissione.

20. La chiusura-apertura dei fiori è un/una:
    a. tropismo.
    c. risposta morfogenetica.
    b. nastia.
    d. abscissione.

21. Fornisce una spinta dal basso che favorisce la risalita della linfa grezza:
    a. traspirazione.
    c. traslocazione.
    b. tensione-coesione.
    d. pressione radicale.

22. Consiste nell'evaporazione dell'acqua attraverso gli stomi:
    a. traspirazione.
    c. cavitazione.
    b. tensione-coesione.
    d. pressione radicale.

23. È la forza che tiene unite tra loro le molecole d'acqua nei vasi del legno:
    a. coesione.
    c. cavitazione.
    b. adesione.
    d. tensione.

24. È la causa della perdita della capacità di trasporto dei vasi xilematici:
    a. coesione.
    c. cavitazione.
    b. adesione.
    d. tensione.

25. Gli stomi si aprono quando:
    a. diminuisce la pressione di turgore nelle cellule di guardia.
    b. aumenta la pressione di turgore nelle cellule di guardia.
    c. aumenta la concentrazione di acido abscissico.
    d. le cellule di guardia muoiono.

26. Fenoli e fitoalexine sono una difesa contro:
    a. il surriscaldamento.
    c. le infezioni da funghi.
    b. gli erbivori.
    d. l'eccesso di sali nel terreno.

27. Callosio e proteine-P:
    a. servono contro l'eccesso di sali.
    b. sono proteine da shock termico.
    c. sono antibiotici.
    d. chiudono i tubi cribrosi.

28. È una tecnica di riproduzione vegetativa basata sulla coltura in vitro:
    a. talea.
    c. propagginazione.
    b. micropropagazione.
    d. margotta.

29. Il gametofito femminile:
    a. è costituito dall'ovulo.
    b. corrisponde alle macrospore.
    c. è il sacco embrionale.
    d. è la cellula madre dell'endosperma.

verifiche

30 Il nucleo spermatico vegetativo:
- **a** feconda la cellula madre dell'endosperma.
- **b** feconda la cellula uovo.
- **c** forma il tubetto pollinico.
- **d** forma la macrospora.

31 Cancella il termine errato
- a. Carbonio, idrogeno, ossigeno, azoto, fosforo e zolfo sono *macronutrienti/micronutrienti*.
- b. Calcio, potassio e magnesio sono *macronutrienti/micronutrienti*.
- c. Le micorrize sono associazioni mutualistiche tra pianta e *funghi/batteri azotofissatori*.
- d. *Gli azotofissatori/I nitrificanti* sono microrganismi che trasformano ioni ammonio in nitrati.

32 Completa le frasi
- a. Il flusso discendente. Secondo l'ipotesi del .... di pressione i materiali nutritivi vengono convogliati per trasporto attivo dalle .... nei tubi cribrosi, il cui citoplasma perciò si concentra e richiama acqua per .... dai vicini vasi del legno.
- b. Quando i tubi cribrosi raggiungono un "pozzo", per esempio una gemma, le molecole di zucchero abbandonano il .... , mentre l'acqua per osmosi lascia il floema e torna nel (nello) ....
- c. La fotosintesi è rappresentata dalle seguente equazione chimica:
$$6H_2O + 6 \text{..............} \rightleftarrows C_6H_{12}O_6 + \text{..............}$$
(se viene letta da .... verso ....).

COMPETENZE

Leggi e interpreta

33 **Autoimpollinazione e impollinazione incrociata**
Si ha autoimpollinazione quando lo stigma riceve il polline dalle antere del suo stesso fiore o di un altro fiore della stessa pianta. Si ha invece impollinazione incrociata quando il polline proviene da un'altra pianta. Con l'autoimpollinazione si ha maggior sicurezza dell'arrivo del polline, ma ridotta variabilità genetica in quanto la fecondazione avviene tra gameti originati dal medesimo genitore. Con l'impollinazione incrociata invece, pur essendo l'arrivo del polline più incerto, si ha massima eterogeneità genetica e quindi maggiori "chances" adattative per i discendenti.

Vi sono differenti modi per evitare l'autoimpollinazione. Quando un fiore è completo l'autoimpollinazione può essere evitata se la maturazione di stami e carpelli è sfasata nel tempo. Può quindi succedere che le antere rilascino il polline quando le strutture femminili non sono ancora pronte a riceverlo. [...] Un altro meccanismo che impedisce l'autoimpollinazione è l'autoincompatibilità, governata da un singolo *locus* genico polimorfico: se il polline che ha raggiunto lo stigma presenta lo stesso allele presente nei tessuti carpellari viene inibito e non germina. [...] Anche la tendenza verso i fiori unisessuali, soprattutto nelle piante dioiche, può essere interpretata come una strategia per impedire l'autoimpollinazione.

Liberamente tratto da Botanica *di James D. Mauseth, Edizioni Idelson Gnocchi*

- a Individua nel brano i termini della biologia che hai incontrato nello studio di questa Unità.
- b Rispondi alle seguenti domande:
  1 Quali vantaggi e quali svantaggi presenta l'autoimpollinazione?
  2 Quali mezzi utilizzano le piante per evitare l'autoimpollinazione?

Fai un'indagine

34 La "fillotassi", termine che deriva dal greco *phyllon*, foglia e *taxis*, ordine, è un settore della botanica che studia l'ordine con cui foglie e fiori vengono distribuiti nello spazio intorno al fusto, conferendo una struttura geometrica alle piante. Fai una ricerca su questa disciplina cercando di comprendere i motivi per cui le piante distribuiscono le loro appendici in un certo modo.

35 Nella foto qui sotto si vedono alcune escrescenze lungo una radice: sono "galle", specie di tumori della pianta provocati dall'*Agrobacterium tumefaciens*. Cerca informazioni su questo strano fenomeno.

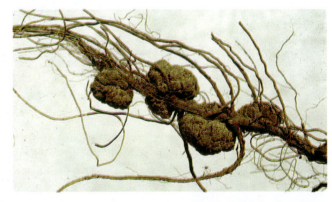

36 Avrai di certo sentito parlare di agricoltura "biologica". Si tratta di un insieme di tecniche di coltura che esclude l'uso di fertilizzanti, insetticidi, fungicidi, diserbanti. Ma come si può fare a meno di queste sostanze, che garantiscono la produzione di grandi quantità di prodotti agricoli esenti da malattie? Fai un'indagine e prepara una presentazione sulle metodiche utilizzate nel campo dell'agricoltura biologica.

Formula un'ipotesi

37 Leggi il testo e osserva la tabella.

Per valutare l'effetto di una gibberellina sulla crescita delle piante, furono utilizzati 42 semi di piante nane di pisello di razza pura, suddivisi in 7 gruppi da A a G fatti germinare nelle stesse condizioni e irrorati con dosi diverse di gibberellina una volta alla settimana per cinque settimane. Nelle stesse condizioni, ma senza essere irrorati, vennero coltivati 6 semi di piante normali di pisello (gruppo H). Due settimane dopo l'ultima irrorazione vennero misurate le altezze delle piantine: i valori medi di ciascun gruppo sono riportati nella tabella.

gruppo	dose settimanale in mg	altezza media delle piante in mm
A	0	152
B	5	204
C	10	251
D	50	408
E	100	454
F	500	600
G	1000	623
H	non irrorato	627

A quali conclusioni è possibile giungere in base ai dati raccolti?

In English

38 Fill in the blanks with the right words, then describe the mechanism of stomatal opening and closing.

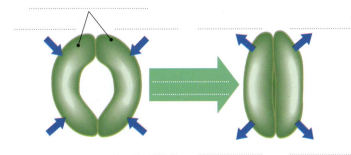

39 You will have certainly heard of "biological" agriculture. It is of a set of culture techniques which excludes the use of fertilizers, insecticides, fungicides, herbicides. But how can you do less of these substances, which guarantee the production of large quantities of agricultural products free from diseases? Do an investigation and prepare a presentation on the methods utilized in the field of organic farming.

Usa i termini corretti

40 Definisci i seguenti termini: fototropismo, nastia, micorrize, longidiurne.

Osserva e rispondi

41 Quali tecniche di riproduzione vegetativa sono rappresentate nelle fotografie?

a. .... b. ....

Organizza i concetti

42 Completa la mappa.

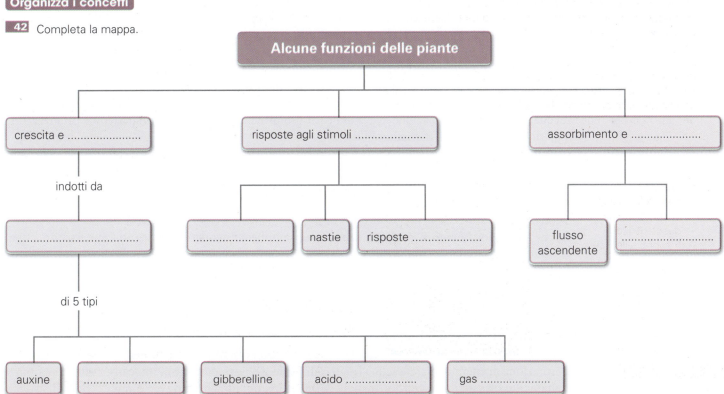

43 Elabora una mappa in cui riassumi i meccanismi con cui le piante effettuano l'assorbimento e il trasporto dell'acqua e dei soluti.

Verso le competenze

Una "foglia artificiale" a basso costo

Già un secolo fa nel mondo scientifico ci si interrogava sulla possibilità di imitare il processo di fotosintesi che avviene nelle piante. Il chimico italiano Giacomo Luigi Ciamician in un articolo del 1912 rifletteva su come fosse stato possibile "fissare l'energia solare attraverso opportune reazioni fotochimiche con nuovi composti che controllino i processi *fotochimici* che finora sono stati il segreto custodito delle piante".

Queste parole aprirono la strada alla ricerca di dispositivi capaci di imitare in un certo senso il processo di fotosintesi: si trattava di progettare "foglie artificiali", cioè dei dispositivi capaci di usare la radiazione solare per scindere le molecole di acqua nei gas ossigeno e idrogeno. Questo processo prende quindi il nome di *fotolisi dell'acqua*. Perché si realizzi la scissione dell'acqua in ossigeno e idrogeno bisogna "fornire" energia alla reazione[1], e normalmente questa energia viene fornita consumando combustibili fossili.

La tecnologia che sfrutta come fonte di energia la luce solare è considerata invece una tecnologia "pulita" (cioè non inquinante) e l'idrogeno che si ottiene può essere poi impiegato a sua volta come fonte di energia alternativa all'uso dei combustibili fossili per produrre, per esempio, elettricità e calore.

Nel 2012 il gruppo di ricerca guidato da Daniel G. Nocera, docente di chimica al MIT (Massachusetts Institute of Technology) di Boston e da anni impegnato in questo genere di studi, ha messo a punto una prima foglia artificiale a basso costo. In altre parole, la tecnologia sviluppata da Nocera sembra rendere possibili applicazioni pratiche prima ostacolate dai costi eccessivi, in particolare per quanto riguarda i materiali utilizzati nella fabbricazione di questo dispositivo.

In passato, infatti, erano già stati realizzati apparati in grado di utilizzare la luce solare per scindere l'acqua, ma la loro fabbricazione aveva dei costi proibitivi. Si utilizzavano, infatti, come catalizzatori[2] il platino e altri ossidi di metalli nobili.

La foglia artificiale di Nocera ha una struttura "a sandwich", cioè con due strati (pellicole o *film*): il primo produce gas idrogeno, il secondo permette invece la liberazione dell'ossigeno. Questi due strati sono stati costruiti non con costosissimi e rari materiali, ma con altri ben più economici e abbondanti: una lega di nichel, molibdeno e zinco per la prima pellicola, mentre per la seconda si è utilizzato il cobalto.

Anche il funzionamento è risultato abbastanza semplice: quando il congegno, immerso in acqua, viene illuminato dal sole, rompe le molecole di acqua in idrogeno e ossigeno. L'idrogeno e l'ossigeno prodotti sono subito accumulati in due serbatoi separati e ricombinati in una cella combustibile (come quelle che alimentano alcune auto elettriche) che genera calore ed elettricità in seguito alla trasformazione dei due gas di nuovo in acqua.

Secondo Nocera, un semplice dispositivo indipendente come quello da lui fabbricato a basso costo utilizzando materiali abbondanti sulla Terra, costituirebbe un importante mezzo per realizzare la trasformazione di energia solare e acqua (materiali comuni e poco costosi) in un "carburante" economico e altamente distribuito in tutto il pianeta. Come dire, quindi, che attraverso questo tipo di sistema l'energia solare può diventare una fonte di energia ancora più preziosa per il nostro pianeta.

1. **NdR**: si tratta infatti di una reazione termodinamicamente sfavorita.

2. **NdR**: un composto chimico che interviene durante lo svolgimento di una reazione aumentandone la velocità.

Liberamente tratto dal sito di Le Scienze, *11 maggio 2012*

Forme e funzioni delle piante **Biologia - Sezione B2**

Domanda 1
Definizioni

Aiutandoti con una ricerca su Internet, fornisci una breve definizione per ciascuno dei seguenti termini che trovi nel testo qui a lato.

a. Processi fotochimici: ....
....

b. Combustibili fossili: ....
....

c. Energia alternativa: ....
....

Domanda 2
La fotosintesi clorofilliana

a. Osserva con attenzione la figura e metti nel giusto ordine le frasi proposte.

...... L'anidride carbonica entra nelle foglie attraverso gli stomi.
...... I cloroplasti catturano l'energia luminosa.
...... Gli zuccheri prodotti lasciano le foglie.
...... L'ossigeno prodotto esce dalla foglia attraverso gli stomi.
...... L'acqua arriva alle foglie.

b. Scrivi ora una didascalia dell'immagine, descrivendo in breve il processo raffigurato e indicando in quali organuli della cellula vegetale avviene.

....
....
....

c. Completa infine la reazione complessiva del processo di fotosintesi e scrivi sotto a ogni composto chimico il suo nome.

......CO_2 + 6........ + energia .... → $C_6H_{12}O_6$ + ...O_2

....

Domanda 3
La foglia artificiale

Completa la frase scegliendo tra i termini proposti quelli corretti.

glucosio – idrogeno – ossigeno – diossido di carbonio – acqua – metano – fotolisi – respirazione

La "foglia artificiale" porta al rilascio di .... e .... tramite un processo di .... dell' ....

Domanda 4
La foglia artificiale

Indica se ogni affermazione è vera o falsa, motivando le tue scelte.
La "foglia" artificiale realizzata da Nocera:

a. si basa sull'utilizzo di materiali più costosi rispetto a quelli utilizzati in altri progetti. V F
   Motivazione: ....
   ....

b. permette di ottenere energia elettrica. V F
   Motivazione: ....
   ....

c. realizza la scissione dell'acqua in ossigeno e idrogeno consumando energia elettrica. V F
   Motivazione: ....
   ....

Biologia - Sezione B2 Forme e funzioni delle piante

Laboratorio
Osservazione al microscopio ottico

Estrazione del DNA da piante

Il lievito come modello di speciazione

Sezioni di vegetali

Premessa
L'allestimento e l'osservazione di sottili sezioni trasversali di foglie e fusticini verdi sono di facile realizzazione e di notevole interesse perché permettono di individuare strutture importanti come i vasi conduttori, il parenchima clorofilliano e l'epidermide.

Obiettivo
Riconoscere i tessuti e le principali strutture presenti in fusto e foglie.

Strumenti e materiali
- microscopio ottico
- microtomo (o bisturi o lametta per rasoio)
- fusticini di piante erbacee
- foglie verdi coriacee
- pipette
- vetrini portaoggetti e coprioggetti
- pinzette
- acqua distillata

Attività
1. Con il microtomo (o il bisturi o la lametta) taglia trasversalmente una foglia (per esempio, di geranio) e quindi ricava una sezione il più possibile sottile.
2. Con una pinzetta preleva la sezione ottenuta e delicatamente adagiala su di un vetrino portaoggetti.
3. Con una pipetta fai cadere una goccia di acqua distillata sulla sezione.
4. Copri con un vetrino coprioggetti facendo attenzione a non formare bolle d'aria sopra o intorno al campione.
5. Inserisci il vetrino sul piano portaoggetti del microscopio e osserva dapprima a *10X* quindi a *40X*.
6. Muovi la vite micrometrica per "fochettare" individuando eventuali strati sovrapposti di cellule vegetali.
7. Ripeti le medesime operazioni con uno o più fusti verdi.
8. Effettua alcuni disegni in cui evidenzi le strutture che sei riuscito a individuare nelle foglie e nel fusto (fasci conduttori, parenchima clorofilliano, epidermide, cuticola, stomi ecc.).

Alcuni suggerimenti
- Se effettui l'esperienza con piante diverse (per esempio una monocotiledone e una dicotiledone) potrai apprezzare le differenti disposizioni dei fasci conduttori nel fusto.
- Se utilizzi sia foglie "normali" sia aghi di pino potrai notare alcune differenze strutturali.
- Con l'obiettivo *40X* puoi individuare nel parenchima clorofilliano la presenza di cloroplasti.

Tessuto parenchimatico

Premessa
Il tessuto parenchimatico incamera materiale di riserva (in particolare amido), ma anche pigmenti. È abbondante in alcuni tipi di radici, nei fusti sotterranei (tuberi) e nei frutti.

Obiettivo
Individuare la presenza di leucoplasti (amiloplasti) e di cromoplasti nelle cellule parenchimatiche.

Strumenti e materiali
- microscopio ottico
- microtomo (o bisturi o lametta per rasoio)
- fusticini di piante erbacee
- patate e carote
- pipette
- vetrini portaoggetti e coprioggetti
- pinzette
- acqua distillata
- reattivo di Lugol (soluzione acquosa iodo-iodurata, I_2KI)

Attività
1. Con il microtomo (o il bisturi o la lametta) ottieni una sottile sezione di tessuto da una patata (cruda).
2. Con una pinzetta preleva la sezione e delicatamente adagiala su un vetrino portaoggetti.
3. Con una pipetta fai cadere una goccia di acqua distillata sulla sezione.
4. Copri con un vetrino coprioggetti facendo attenzione a non formare bolle d'aria sopra o intorno al campione.
5. Inserisci il vetrino sul piano portaoggetti del microscopio e osservare dapprima a *10X* e quindi a *40X*.
6. Lungo il lato del vetrino coprioggetto inserisci una goccia di Lugol e osserva che cosa accade a mano a mano che diffonde nelle cellule. Dovresti vedere all'interno delle cellule alcune piccole formazioni ovali che si colorano il blu: sono i *leucoplasti* (o amiloplasti).
7. Effettua una sezione di carota "scorticata" e osservala al microscopio a *40X* (senza aggiungere Lugol). Dovresti vedere all'interno delle cellule dei corpiccioli arancioni: sono i *cromoplasti*.

Indice analitico

Indice analitico Scienze della Terra

A

abito cristallino, 7, 29, 96, 106
acquiferi, 62
agenti mineralizzatori, 28, 39
alabastro, 80
albite, 18, 39
alluminio, 12, 18, 80
alluminosilicati, 12, 18, 32
aloidi, 15, 20
alterazione chimica, 74
ambienti sedimentari, 84, 88, 90
ametista, 21
amianto (o asbesto), 19
ammoniti, 86
analisi
    modale, 33
    normativa, 33
anatessi, 37
anello di fuoco circumpacifico, 63
andesiti, 32
anfiboli, 18, 32, 39, 98
anfiboliti, 95, 96, 98
angoli diedri, legge
    della costanza degli, 10
anisotropia, 13
anortite, 18
antracite, 81
aragonite, 12
arenarie, 76, 82
argille, 76, 82
argilliti, 76, 98
arrotondamento, 76
    forma, 76
    grado, 76
attività vulcanica
    effusiva, 52
    esplosiva, 50
    subacquea, 53
    subaerea, 53

B

barriere coralline, 78
basalti, 36, 37
batoliti, 32, 45
bauxite, 80
berillo, 17
biotite 18
biozona, 86
Black Shales, 77
bombe, 50
Bowen, serie di, 39, 40
bradisismi, 67
Bragg, legge di, 11
brecce vulcaniche, 51
brinamento, 8

C

caduta gravitativa, 51
calcari,
    bioclastici, 77
    biocostruiti, 77
    organogeni, 77
calcescisti, 99
calcite, 12, 20, 99, 106
caldere, 57
    di esplosione, 57
    di sprofondamento, 57
camera magmatica, 49
camini kimberlitici, 56
camino vulcanico, 49
Campi Flegrei, 60, 69
carbonati, 15
carboni fossili, 81
carta geologica, 85
cella elementare, 7, 9
cementazione, 74, 79
ceneri, 50
chimismo, 38, 95
cicli sedimentari, 88
ciclo litogenetico, 100
ciclosilicati, 17
cineriti, 51
clasti, 72, 74
cloritoscisti, 101
colata lavica, 46
combustibili fossili, 81
compattazione, 74, 75
composizione mineralogica
    e chimica, 29, 33
composizione mineralogica, 27, 76
condizioni
    di solidificazione, 29
conglomerato, 76, 82
coni di scorie, 55
contenuto in silice, 29
cornubianiti, 97
corpi plutonici ipoabissali, 46
cratere, 49
cristalli, 7, 8 , 23
    allotriomorfi, 29
    forma, 9
    idiomorfi, 29
    struttura dei, 8
cristallizzazione, 8
    frazionata, 38
crosta
    continentale, 5, 6
    oceanica, 6
    terrestre, 5, 6

D

datazione
    relativa, 83
    assoluta, 83
densità
    in mineralogia, 13, 14
diagenesi, 75
diamante, 8, 12, 21
diapiri, 49
diatomiti, 79
dicchi, 46
differenziazione magmatica, 38-40
dioriti, 32
disconformità, 88
discordanza angolare, 88
disgregazione fisica, 74
dolomia, 79
dolomite, 13, 78
dolomitizzazione, 79
dualismo dei magmi, 37
duomi di lava (cupole di ristagno), 55
durezza (dei minerali), 13

E

eclogiti, 95, 98
elementi nativi, 15, 20
energia geotermica, 61, 62
erosione, 74
eruzione
    centrale, 54
    di tipo pliniano, 65
    di tipo stromboliano, 64
    di tipo vulcaniano, 65
    freato-magmatica, 52
    vulcanica, 49
eternit, 19
eustatismo, 89

F

facce, 7
facies, 88, 90
fanghi
    carbonatici, 79
    silicei, 79
feldspati, 18
feldspato potassico, 18
fenocristalli, 30
fessurazioni colonnari, 56
filladi, 98
fillosilicati, 16, 18
filoni, 31, 46
filoni-strato, 46
fluidi circolanti, 94
fluorescenza, 14
flusso piroclastico, 51
formazione gessoso-solfifera, 80
fosforescenza, 14
fosforiti, 79
fossili,
    alloctoni, 86
    autoctoni, 86
    guida, 86
    rimaneggiati, 86
frattura, 14
fratture concoidi, 30
fumarole, 60
fuso (in mineralogia), 28

G

gabbri, 31, 37
geyser, 60
ghiaia, 76, 82
giacitura, 83
gneiss, 98
grado di arrotondamento, 76
grado metamorfico, 95
grafite, 12
granito, 29, 32
granulometria, 76

I

idrossidi, 20
ignimbriti, 52
immersione, 85
inclinazione, 85
inosilicati, 16, 17
isomorfismo dei minerali, 12

L

laccoliti, 46
lacuna, 87
laghi di lava, 57
lahar, 52
lapilli, 50
lateriti, 80
lava, 30
    aa, 53
    a blocchi, 53
    a corda, 53
    a cuscino, 53
    pahoehoe, 53
    subacquea, 53
    subaerea, 53
    tunnel di, 53
leucititi, 40
lignite, 81
litantrace, 81
lucentezza, 14
luminescenza, 14

Indice analitico

M
maar, 55
magma (magmi), 31
    acidi, 32
    anatettici, 37
    basici, 32
    primario, 37
    secondario, 37
    viscoso, 50
mantello, 6
marmi, 82, 99
marna, 77
meccanismo eruttivo, 49
metamorfismo, 94
    cataclastico, 97
    di contatto, 97
    regionale, 97
    retrogrado, 96
mica, 18
micascisti, 98
migmatiti, 99
minerali, 5, 7
    allocromatici, 13
    classificazione dei, 15
    femici, 20
    idiocromatici, 13
    indice, 95
    proprietà fisiche dei, 8, 13
    sialici, 20
miscuglio, 26
mofete, 60
Mohs, scala di, 13
movimenti eustatici, 89
mud cracks, 84

N
nesosilicati, 16, 17
nubi ardenti, 51
numero di coordinazione, 9
nummuliti, 86

O
olivina, 17, 21
ondata basale, 51, 52
opale, 21
orizzonte-guida (in stratigrafia), 86
ortoclasio, 18
ossidi, 15, 20
ossidiana, 30

P
paleogeografia, 83
paleosoma, 99
paragenesi, 95
peridotite, 33
periodi, 87
petrografia, 27
petrolio, 81
piani di tetraedri, 18
picrite, 33
pietra ollare, 101
pietre preziose, 21
piroclasti (piroclastiti), 50
pirosseni, 17
plagioclasi, 18
plateaux, 60
plutoni, 37, 44
polimorfismo dei minerali, 12, 21
pomici, 30
porfido rosso, 36
potenza, 83
prasiniti, 98
precipitazione, 8
pressione
    litostatica, 35, 94
    orientata, 94
processo (processi)
    chimico, 74
    litogenetico, 29
    magmatico, 27
    metamorfico, 27, 95
    sedimentario, 27, 74-76
proprietà ottiche (nei minerali), 14
protrusioni solide, 55
puddinga, 76

Q
quarziti, 99
quarzo, 16, 21
quiescenza, 65

R
radiolariti, 79
raggi X, 11
regressione, 88
rete tridimensionale dei tetraedri, 18
reticolo cristallino, 7, 11
retrocessione metamorfica, 96
ricristallizzazione (o blastesi), 94
rilevamento geologico, 85
riolite, 32
ripple marks, 84
rocce
    acide, 32
    basiche, 33
    carbonatiche, 77
    detritiche (o clastiche), 76
    di origine chimica, 79
    femiche, 33
    fosfatiche, 77, 79
    ignee effusive, 29
    ignee intrusive, 29
    ipoabissali (o filoniane), 30
    magmatiche (o ignee), 27, 29
    metamorfiche, 94-98
    neutre, 32
    organogene, 76, 77
    piroclastiche, 77
    residuali, 80
    sedimentarie, 74, 76, 82
    sedimentarie coerenti, 82
    sedimentarie incoerenti, 82
    sialiche, 33
    silicee, 77, 79
    ultrabasiche, 33
roccia
    sottosatura, 32
    sovrasatura, 32
rubino, 21
rudite, 76

S
sabbie, 76
saccaroide, 97
salse, 61
scala geocronologica, 87
scisti, 95
scistosità, 98
sedimentazione gradata, 84
sedimenti
    incoerenti, 75
selci, 79
serie
    alcaline, 40
    calcalcalina subalcalina, 40
    calcal-alcaline, 40
    continua, 39
    discontinua, 39
    isomorfa, 12
    magmatiche, 40
    metamorfiche, 98
    shoshonitiche, 40
    tholeiitiche, 40
serpentiniti, 99
sfaldatura (nei minerali), 14
sieniti, 40
silicati, 15, 20
silt, 76
siltiti, 76
smeraldo, 21
soffioni boraciferi, 60
solfatara, 60
solfati, 20
solfuri, 20
solidi
    amorfi, 10
    covalenti, 8
    ionici, 8
    metallici, 8
    molecolari, 8
sorosilicati, 17
sostanze amorfe, 10
spongoliti, 79
stalagmiti, 80
stalattiti, 80
strati
    datazione assoluta degli, 83
    datazione relativa degli, 83
    direzione degli, 85
    giacitura degli, 85
    immersione degli, 85
    inclinazione degli, 85
    legge dell'orizzontalità originaria degli, 83
    legge di sovrapposizione degli, 83
stratificazione
    incrociata, 84
    parallela, 84
    piani di, 83
    parallela, 84
stratigrafia, 83-89
stratovulcani, 55
Streckeisen, diagramma di, 34
stromatoliti, 77

T
talcoscisti, 99
temperatura di fusione, 13, 37
tetraedri a catena, 17
tetraedri ad anelli, 17
tetraedri isolati, 17
tettonica (o geologia strutturale), 85
tettosilicati, 15, 18
topazio, 21
torba, 81
tormalina, 17
trachiti, 40
trasgressione, 88
travertino, 80, 82
trilobiti, 86
tufi, 51, 82
tufiti, 51

U
ultrametamorfismo, 99
unità
    biostratigrafiche, 86
    cronostratigrafiche, 87
    geocronologiche, 87
    litostratigrafiche, 86
    stratigrafiche, 86

V
vicarianza, 12
vulcanetti di fango, 61
vulcani, 49-69
vulcanismo secondario, 60

W
Walther, legge di, 83

Z
zaffiro, 21
zeoliti, 95

Indice analitico Chimica

A
abbondanza isotopica, 10
affinità elettronica, 50
ammoniaca, 63, 70, 80
angoli di legame, 69
anidride, 89
anione, 10, 47
anodo, 4
atomo, 2
    modello di Bohr, 17, 18
    modello di Rutherford, 8
    modello di Thomson, 7
    modello quanto-meccanico, 24
Aufbau, principio di, 34

B
banda
    di conduzione, 79
    di valenza, 79
berillio, 44
Bohr, Niels
    modello di, 17, 18
    raggio di, 19

C
calcio, 43, 44
carica
    elettrica, 2-5
    negativa, 2-7
    positiva, 2-7
catione, 10, 47
catodo, 4
cloruro di sodio, 66
composto
    binario con ossigeno (ossido), 95
    binario senza ossigeno, 95
    inorganico, 93
    ternario, 92
condizione quantistica, 17
configurazione elettronica, 34
coppie
    di legame, 59
    libere, 59
corpo
    elettricamente carico, 2, 3
    elettricamente neutro, 2, 3
corrente
    elettrica, 3
costante
    di Coulomb, 3
    di Planck, 15
coulomb (C), 2
Coulomb, Charles-Auguste de, 2
    costante di, 3
    legge di, 3
creste, 11

D
de Broglie, Louis Victor, 24
    equazione di, 25
decadimento radioattivo, 4
delocalizzazione, 65
densità di probabilità, 29
deuterio, 10
diagramma
    a caselle, 36
    a punti, 58
diffrazione, 14
    figura di, 14
dipolo elettrico, 61
distanza di legame, 61
drogaggio, 79
dualismo onda-particella, 16
duttilità, 68

E
effetto
    fotoelettrico, 16
elementi
    di transizione, 42
    transuranici, 43
elettrizzazione, 3
elettrone spaiato (singoletto), 72
elettroni
    di legame (leganti), 51, 59
    di valenza, 44
    liberi (non leganti), 48, 68
elettronegatività, 46, 51
elio, 6, 43, 45, 78
energia
    di ionizzazione, 47
    di legame, 57
    di prima ionizzazione, 48
    di seconda ionizzazione, 49
    di terza ionizzazione, 49
    quantizzazione dell', 14
    quanto di, 15, 17
    reticolare, 67
equazione
    d'onda di Schrödinger, 29
    di de Broglie, 25
    di Rydberg, 19
esperimento
    di Rutherford, 7

F
fenomeni elettrici, 3
figura di diffrazione, 14
formula
    di risonanza, 65
    di struttura, 59
forza
    elettrostatica, 2
forze
    di London, 81
    di van der Waals, 80
fotone, 15, 16
frequenza, 12
funzione d'onda, 29

G
gallio, 43, 79
geometria molecolare, 69
    struttura angolare, 79
    struttura lineare, 70
    struttura piramidale, 70
    struttura tetraedrica, 70
    struttura triangolare planare, o trigonale piana, 70
gruppi (della tavola periodica), 44
gruppo
    eme, 65
    ossidrilico, 90

H
Heisenberg, Werner, 26, 28
    principio di indeterminazione di, 26
hertz (Hz), 12
Hund, 34, 77
    regola di, 34

I
ibridazione degli orbitali, 75
    sp, 75
    sp^2, 75
    sp^3, 75
idracido, 90
idrogeno, 6
idrogenosali, 92
idrossido, 91
idruro, 90
infrarossi, 12
intensità (di un'onda), 11
interferenza, 14
ione, 7
    negativo, 10
    positivo, 10
ionizzazione, 46
isotopo, 9

K
kripto, 43

L
lantanio, 43
legame
    a idrogeno, 56, 80
    angoli di, 69
    covalente, 56, 58
    covalente dativo (di coordinazione), 63
    covalente polare, 62
    covalente puro, 61
    debole, 57, 80
    di coordinazione, 63
    di valenza, 72
    dipolo-dipolo, 56
    distanza (lunghezza) di, 61
    doppio, 60
    energia di, 57
    forte, 57
    ionico, 56, 66
    metallico, 56, 68
    ordine di, 59, 78
    polare, 62
    primario, 56
    secondario (intermolecolare), 56
    semplice, 59
    tra molecole non polari, 56
    triplo, 60
legge
    di Coulomb, 3
    periodica, 40
Lewis, Gilbert N., 58
    notazione di (diagramma), 58
litio, 43
livello
    accettore, 79
    donatore, 79
    energetico, 17
    fondamentale, 17
London, Fritz W., 81
    forze di, 81
luce
    diffrazione della, 14
    natura corpuscolare della, 14
    natura ondulatoria della, 11
    rifrazione della, 13, 14
    visibile, 12
lunghezza
    d'onda, 11
    di legame, 61

M
magnesio, 44
malleabilità, 68
massa

Indice analitico

numero di, 9
meccanica
    delle matrici, 24
    ondulatoria, 24
    quantistica, 24
media ponderata, 10
Mendeleev, Dmitrij I., 40
mesomeria, 65
metano, 70
microonde, 63
modello
    AX_2, 70
    AX_2E_2, 70
    AX_3, 70
    AX_3E, 70
    AX_4, 70
    corpuscolare, 11
    di Bohr, 18
    di Rutherford, 17
    di Thomson, 7
    ondulatorio, 11, 14
    planetario, 8
    quanto-meccanico, 24
molecola
    AX_n, 70
    AX_nE_m, 70
    non polare, 61
    polare, 62
momento
    angolare, 17
    dipolare, 62

N

neon, 43
neutrone, 4, 6
nomenclatura
    corrente, 88
    razionale (IUPAC), 88, 94
    sistematica, 88
    tradizionale, 88, 89
notazione
    di Lewis, 58
    di Stock, 94
    spettroscopica, 35
nucleo, 8
nuclide, 9
numero
    atomico, 9
    di massa, 9
    di ossidazione, 86
    quantico, 17
    quantico angolare, 30
    quantico di spin, 32
    quantico magnetico, 31
    quantico principale, 30

O

onda
    di materia, 25
    elettromagnetica, 11
    equazione d', 29
    frequenza dell', 15
    funzione d', 29
    lunghezza d', 11
    velocità di propagazione dell', 12
onde radio, 12
orbita stazionaria, 17
orbitale
    completo, 33
    degenere, 31
    molecolare di antilegame (antilegante), 77
    molecolare di legame (legante), 77
    semicompleto, 33
ossoacidi, 90, 91
ottetto
    elettronico, 58
    regola dell', 57

P

paramagnetismo, 77
Pauli, Wolfgang, 33
    principio di esclusione di, 33
Pauling, Linus C., 51, 72
    elettronegatività degli elementi secondo, 51
percentuale di ionicità, 66
periodi (della tavola periodica), 43
perossido, 90
Planck, Max, 1
    costante di, 15
poli, 4
potassio, 10, 44
potere
principio
    di Aufbau, 34
    di esclusione di Pauli, 33
    di indeterminazione di Heisenberg, 26
proprietà periodiche, 46
protone, 4, 6
prozio, 10

Q

quantizzazione dell'energia, 14
quanto (fotone), 15

R

raggi
    α, 4
    β, 4
    canale (o positivo), 5
    catodico, 4
    γ, 4
    X, 4
raggio
    atomico, 46
    di Bohr, 19
    ionico, 47
regola
    dell'ottetto di stabilità, 58
    di Hund, 34
residuo acido, 92
reticolo cristallino, 14, 25, 68
rifrazione, 14
Rutherford, Ernest, 9
    esperimento di, 7
    modello di, 17
Rydberg, Johannes R., 19
    equazione di, 19

S

sali,
    acidi (idrogenosali), 90
    degli idracidi (binari), 90
    degli ossoacidi (ternari), 90
Schrödinger, Erwin, 29
    equazione d'onda di, 29
serie
    degli attinidi, 43
    dei lantanidi, 43
    di Balmer, 19
sistema
    periodico, 41
sottolivello energetico, 30
spettro di emissione, 13
    a righe o a bande, 13
    continuo, 13
spettro elettromagnetico, 12
spettroscopio, 13
spin, 32
    numero quantico di, 32
Stock, Alfred, 94
    notazione di, 94
struttura
    angolare, 71
    lineare, 70
    piramidale, 70
    tetraedrica, 70
    triangolare planare (trigonale piana), 70

T

tavola periodica, 40
teoria
    degli orbitali molecolari, 77
    del legame di valenza, 72
    quantistica, 14
    VSEPR, 69
Thomson, Joseph J., 7
    modello di, 7
trizio, 10
tubo catodico, 4

U

ultravioletti, 12
uranio, 43

V

valenza
    elettroni di, 44
    massima, 86
van der Waals, Johannes D., 80
    forze di, 80
velocità di propagazione, 12
ventri, 11
Volta, Alessandro, 3

Indice analitico Biologia

A

abscissione, 143, 145
accoppiamento/i
    assortativo, 58
    non casuali, 55, 70
accrescimento
    primario, 121
    secondario, 121
acido
    abscissico (o ABA), 145, 157
    acetilsalicilico, 138
acromatopsia, 12, 57
adattamento, 50, 55, 63, 97
    chiave, 76
adesione, 150
Aleksandr I. Oparin, 82
ambiente biologico, 64
amigdale (o bifacciali), 104
amminoacil-tRNA, 34
    sintetasi, 34
andatura bipede, 99
anelli annuali, 129
anemia
    falciforme, 11
    mediterranea (o talassemia), 11
aneuploidia, 9
angiosperme, 72, 118
animali ermafroditi, 5, 59
anomalie
    (o aberrazioni) cromosomiche, 9
    del numero, 16
    della struttura, 16
antera, 135
anticodone, 34
antropoidei, 98
antropologia molecolare, 106
area
    di Broca, 118
    di Wernicke, 118
argille, 84
australopiteci, 101
autosomi, 4
auxine, 142
azotofissatori, 151

B

bambino di Taung, 101
banda del Caspary, 124
barriere riproduttive (o meccanismi di isolamento riproduttivo), 67
    postzigotiche, 67
    prezigotiche, 67
base complementare, 25
bolle di duplicazione, 27
brachiazione, 98
brattee, 133
brevidiurne, 147
brodo primordiale, 83
bulbo, 133

C

calice, 135
calli, 161
cambiamento filetico, 71
cambio
    del sughero (o fellogeno), 125
    vascolare (o cribro-legnoso), 125
capacità sensoriali, 96
caratteri legati al sesso, 3
cariotipo, 16
carpelli, 135
cellula/e
    aerobie, 86
    compagna, 121
    di guardia, 156
    eucariotiche, 28
    madre dell'endosperma, 162
chinino, 138
chopper, 103
cilindro centrale (o stele), 125, 128
citochinine, 143
cladogenesi, 72
cline, 63
clorofilla, 143
coacervati, 84
codice genetico, 32
    ridondante, 32
    universale, 32
codone/i (o tripletta), 32
    di inizio, 32
    di stop (o non senso), 32
coesione, 155
coevoluzione, 64
colchicina, 17
collenchima, 120
collo di bottiglia, 56
complesso di inizio, 36
comportamenti altruistici, 60
corolla, 135
corteccia, 124
    primaria, 18
crescita
    indeterminata, 123
    per distensione, 122
cromosomi sessuali (o eterosomi), 4
crossing over, 7
cuffia, 124
cure parentali, 60, 97
cuticola, 119, 132

D

datazione, 75, 91
delezione, 18
demi, 58
deriva genetica, 55, 56, 78
digitalina, 138
dinosauri, 65, 73
discromatopsia, 12
disegno intelligente, 78
disfunzione metabolica, 29
disseminazione, 121
dita separate, 96
DNA
    elicasi, 27
    ligasi, 28
    polimerasi, 27
    struttura del, 25
dogma centrale della biologia, 31
doppia fecondazione, 162
dormienza (o quiescenza), 122
duplicazione, 18, 27

E

ecotipo/i, 64
effetto del fondatore, 56
endoderma, 124
endosimbiosi, 87
endosperma, 121
enzimi, 23
eoni, 91
epicotile, 122
epidermide, 119
    inferiore, 132
    radicale (o rizoderma), 124
    superiore, 132
epoche, 91
equilibrio/i
    punteggiati (o intermittenti), 75
    stabile, 53
era/e, 345
    cenozoica, 93
    mesozoica, 93
    paleozoica, 92
eredità poligenica, 15
ereditabilità, 15
Ernst Mayr, 50
esoni, 44
espressione genica, 31
espressività del gene, 15
estinzione, 56
    di massa, 92, 96
eterocromatina, 42
etilene, 145
eucromatina, 42
Eva mitocondriale, 106
evoluzione
    biologica, 86
    chimica, 82
    convergente, 73
    divergente, 74
    prebiotica, 84

F

fattore/i
    di rilascio, 37
    di trascrizione, 34, 44
fellogeno, 125, 129
fibre, 120
filamento/i
    antiparalleli, 26
    codificante (o senso), 33
    stampo (o antisenso), 33
fiore
    completo (o perfetto), 135
    incompleto (o imperfetto), 135
fisiologia vegetale, 142
fissazione dell'azoto, 152
fitness (o successo riproduttivo), 60
    complessiva (o *inclusive fitness*), 60
fitocromo, 147
floema (o libro), 121
flusso genico, 55
foglia/e
    bifacciale, 132
    composte, 132
    equifacciale, 132
    semplici, 132
fossile, 88
fossilizzazione, 75
fotonastia, 149
fotoperiodismo, 147
fotosintesi, 86, 131
fototropismo, 143, 148
frammenti di Okazaki, 28
frequenze alleliche, 53
frutto/i
    carnosi, 136
    composto, 136
    multiplo, 136
    secchi, 136
    semplice, 136
funzione/i
    catalitica, 85
    informazionale, 85
fusto primario, 127

G

gametofito, 161
gemme ascellari, 127

Indice analitico

gene/i, 2
    associati, 5
    egoista, 60
    omeotici, 77, 100
genetica delle popolazioni (o di popolazione), 51
George G. Simpson, 50
geotropismo, 143
germinazione, 121
germoglio, 122
gibberelline, 124, 144
grado di eterozigosi, 52
gradualismo filetico, 75
granulo pollinico, 7
gruppo riproduttivamente isolato, 67
guttazione, 155

H
Harold Urey, 83
Homo
    erectus, 104
    ergaster, 360
    habilis, 103
    heidelbergensis, 104
    neanderthalensis, 104
    sapiens, 105

I
ibridazione, 70
immaturità sessuale degli ibridi, 67
impregnazione, 89
inclusione, 90
individuo, 2
infiorescenza, 136
inincrocio, 58
innesto, 161
introni, 44
inversione, 18
ipocotile, 122
ipotesi
    del mondo a RNA, 85
isolamento
    ambientale (o ecologico), 68
    comportamentale, 67
    gametico, 68
    meccanico/anatomico, 68
    temporale, 67
istoni, 42

J
John B. S. Haldane, 82
Julian Huxley, 50

K
kin selection (o selezione di parentela), 60

L
lamina (o lembo), 132
legge (o equilibrio) di Hardy-Weinberg, 53
lenticelle, 130
locus, 2
longidiurne, 147
LUCA, 86

M
macroevoluzione, 71
macronutrienti, 150
macrospore (o megaspore), 162
maggese, 153
malattie
    dominanti, 9
    ereditarie, 9
    recessive autosomiche, 9
    eterosomiche (o legate al sesso), 9
    genetiche, 9
    monofattoriali, 9
    multifattoriali, 9
mappatura, 8
mappe cromosomiche, 8
margotta, 161
meme, 111
meristemi
    primari (o apicali), 121
    secondari (o laterali), 121
mesofillo, 132
micorriza/e, 151
microevoluzione, 55
micronutrienti, 151
microsfere di Fox, 84
microspore, 161
midollo, 128
mimetismo, 63
mineralizzazione, 89
modello/i (o calchi), 343
    a candelabro, 105
    arca di Noè, 106
    evolutivi, 71
molecole biologiche, 82
morfina, 138
mRNA maturo, 44
mummificazione, 90
Murchison, 84
mutazioni,
    cromosomiche, 9, 16
    di senso, 39
    frameshift, 39
    genetiche, 60
    geniche (o puntiformi), 9, 38
    genomiche, 39
    indotte, 39
    neutre, 39
    non senso, 39
    per delezione, 38
    per inserzione, 39
    per sostituzione, 39
    silenti, 39
    spontanee, 39

N
nastie, 148
neotenia, 100
nervature, 132
neutrodiurne, 147
Niels Eldredge, 75
nitrificazione, 152
non vitalità degli ibridi, 68
non-disgiunzione degli omologhi, 16
nuclei spermatici, 162
nutrienti essenziali, 150

O
ominidi, 93, 98
operatore, 41
operone/i, 41
    lac, 41
origine
    africana, 106
    multiregionale, 105
ormoni vegetali (o fitormoni), 142
orologio
    biologico, 147
    molecolare, 106
ovario, 135
ovulo, 17

P
parenchima, 119
    clorofilliano, 119
pedomorfosi, 100
peli radicali, 124
penetranza del gene, 15
perianzio, 135
pericarpo, 136
periciclo, 125
periodi, 91
perule, 133
petali, 135
piante
    annuali, 123
    biennali, 123
    carnivore (o insettivore), 153
    monoiche, 135
    parassite, 153
    perenni, 123
picciolo, 132
picco adattativo, 61
pistillo, 135
polimorfismo, 52
    bilanciato, 61
poliploidia, 9
poliribosoma, 37
pollice opponibile, 96
pool genico, 51
portatore sano, 9
porzione apicale, 124

postura eretta, 97
preadattamento (o exattamento), 64
Precambriano (o Criptozoico), 91
pressione
    radicale, 155
    selettiva, 60
primati, 96
principio di complementarietà, 25
produttori, 158
promotore, 33, 41
propaggine, 161
proscimmie, 98
proteina/e
    da shock termico, 159
    P, 160
    regolatrici, 34
    repressore, 41
    SSB, 27
protoplasto, 161
protoselezione naturale, 84
punteggiature, 120
punti di origine della duplicazione, 27

Q
quiescenza, 122

R
radiazione adattativa, 72
radici
    a fittone, 126
    avventizie, 126
    fascicolate, 126
    laterali, 125
regolazione
    genica, 31, 41
    ormonale, 142
replicazione, 27
respirazione cellulare, 86
ribozimi, 37, 85
ricombinazione genetica, 7, 53, 61
rigenerazione, 160
riproduzione
    asessuale (o vegetativa), 161
    sessuale, 134
risposte morfogenetiche, 148
ritmo circadiano, 147
rizomi, 130
RNA
    catalitico, 85
    di trasporto o transfer (tRNA), 34
    messaggero (mRNA), 32
    polimerasi, 33
    ribosomiale (rRNA), 34

S
sacche polliniche, 161
sacco embrionale, 162
sali minerali, 151

scimmie antropomorfe, 98
sclereidi, 120
sclerenchima, 120
selezione
    bilanciante, 61
    di gruppo, 60
    direzionale, 61
    divergente, 61
    stabilizzante, 61
sepali, 135
sequenze segnale, 37
Sidney W. Fox, 84
silicizzazione, 89
sindrome
    di Down, 16
    di Klinefelter, 18
    di Turner, 18
sintesi evoluzionistica (o teoria sintetica), 50
sito di terminazione, 34
speciazione, 67
    allopatrica, 69
    istantanea (quantum speciation), 70
    parapatrica, 69
    simpatrica, 70

specie
    dioiche, 135
    monoiche, 135
sporofito, 161
stami, 135
Stanley Miller, 83
stazione eretta (o bipedia), 99
Stephen Jay Gould, 75
sterilità degli ibridi, 68
Steven M. Stanley, 76
stigma, 135
stilo, 135
stoloni, 130
stomi, 127
struttura
    primaria, 124, 128
    secondaria, 125
sughero, 119, 129
superiorità dell'eterozigote, 59
sviluppo del cervello, 97

T

talea, 161
teoria
    cromosomica dell'ereditarietà, 2
    della tensione-coesione, 155
tepali, 135
tessuto/i
    a palizzata, 132
    adulti, 119
    conduttori, 120
    di accrescimento (o meristemi), 119
    di rivestimento, 119
    fondamentali, 119
    lacunoso, 132
    meccanici, 120
    parenchimatico (o parenchima), 119
Theodosius Dobzhansky, 50
tigmotropismo, 148
totipotenti, 161
tracce fossili, 90
trachee, 120
tracheidi, 120
traduzione, 32
trascritti primari, 44
trascrizione, 32
trasformazione batterica, 23
traslocazione, 18, 157
traspirazione, 119, 155
trisomia, 16
tronco legnoso, 129
tropismo, 143
tuberi, 130
tubetto pollinico, 162
tubi cribrosi, 121

V

valore adattativo, 60
variabilità genetica, 51
verticalità del tronco, 99
vista, 97
    stereoscopica, 97
viticci, 133

W

Walter Gilbert, 85

X

xilema (o legno), 120

Z

zona
    di differenziamento, 124
    di distensione, 124
    di struttura secondaria, 125
    pilifera, 124

Appendice

TAVOLA PERIODICA

Legenda (esempio Mn):
- numero atomico: 25
- simbolo: Mn
- massa atomica relativa[1]: 54,9380*
- energia di prima ionizzazione kJ·mol⁻¹: 714,8
- elettronegatività: 1,5
- punto di fusione °C: 1245
- densità[2]: 7,47
- punto di ebollizione °C: 2097
- n.o. più frequenti: 7,6,4,2,3
- nome: manganese (metallo / non metallo / semimetallo)
- configurazione elettronica: [Ar]3d⁵4s²

Gruppo 1 / I A

1 H — idrogeno
- 1,0079 ; 2,1
- 1308,4 ; 0,0899
- −259,14
- −252,5 ; −1,1
- 1s¹

3 Li — litio
- 6,941 ; 1,0
- 518,4 ; 0,534
- 180,54
- 1336 ; 1
- 1s²2s¹

11 Na — sodio
- 22,98977* ; 0,9
- 497,5 ; 0,9674
- 97,82
- 881,4 ; 1
- [Ne]3s¹

19 K — potassio
- 39,0983 ; 0,8
- 418 ; 0,856
- 63,2
- 765,5 ; 1
- [Ar]4s¹

37 Rb — rubidio
- 85,4678 ; 0,8
- 401,3 ; 1,532
- 39
- 688 ; 1
- [Kr]5s¹

55 Cs — cesio
- 132,9054* ; 0,7
- 376,2 ; 1,90
- 28
- 705 ; 1
- [Xe]6s¹

87 Fr — francio
- (223) ; 0,7
- 383 ; —
- —
- — ; 1
- [Rn]7s¹

Gruppo 2 / II A

4 Be — berillio
- 9,01218* ; 1,5
- 898,7 ; 1,85
- 1287
- 2770 ; 2
- 1s²2s²

12 Mg — magnesio
- 24,305 ; 1,2
- 735,7 ; 1,738
- 650
- 1107 ; 2
- [Ne]3s²

20 Ca — calcio
- 40,08 ; 1,0
- 589,6 ; 1,54
- 850
- 1440 ; 2
- [Ar]4s²

38 Sr — stronzio
- 87,62 ; 1,0
- 547,5 ; 2,54
- 757
- 1366 ; 2
- [Kr]5s²

56 Ba — bario
- 137,33 ; 0,9
- 501,6 ; 3,6
- 710
- 1640 ; 2
- [Xe]6s²

88 Ra — radio
- 226,0254 ; 0,9
- 507,5 ; 5,0
- 700
- 1737 ; 2
- [Rn]7s²

Gruppo 3 / III B

21 Sc — scandio
- 44,9559* ; 1,3
- 631,2 ; 2,99
- 1539
- 2727 ; 3
- [Ar]3d¹4s²

39 Y — ittrio
- 88,9059* ; 1,3
- 613,3 ; 4,47
- 1509
- 2927 ; 3
- [Kr]4d¹5s²

57 La — lantanio
- 138,9055 ; 1,1
- 539,3 ; 6,18
- 920
- 3454 ; 3
- [Xe]5d¹6s²

89 Ac — attinio
- 227,028 ; 1,1
- 497,1 ; 10,07
- 1050
- ~3300 ; 3
- [Rn]6d¹7s²

Gruppo 4 / IV B

22 Ti — titanio
- 47,88 ; 1,5
- 660,5 ; 4,5
- 1675
- 3260 ; 4,3
- [Ar]3d²4s²

40 Zr — zirconio
- 91,224 ; 1,4
- 657,5 ; 6,4
- 1852
- 3577 ; 4
- [Kr]4d²5s²

72 Hf — afnio
- 178,49 ; 1,3
- 639,1 ; 13,3
- 2227
- >5400 ; 4
- [Xe]4f¹⁴5d²6s²

104 Rf — rutherfordio
- (265,12)
- —
- —
- —
- [Rn]5f¹⁴6d²7s²

Gruppo 5 / V B

23 V — vanadio
- 50,9415 ; 1,6
- 652 ; 6,11
- 1917
- 3450 ; 5,4,3,2
- [Ar]3d³4s²

41 Nb — niobio
- 92,9064* ; 1,6
- 661,4 ; 8,57
- 2468
- 4927 ; 5,3
- [Kr]4d⁴5s¹

73 Ta — tantalio
- 180,9479 ; 1,5
- 758,5 ; 16,69
- 2996
- 5429 ; 5
- [Xe]4f¹⁴5d³6s²

105 Db — dubnio
- (268,13)
- —
- —
- —
- [Rn]5f¹⁴6d³7s²

Gruppo 6 / VI B

24 Cr — cromo
- 51,996 ; 1,6
- 652 ; 7,14
- 1900
- 2642 ; 6,3,2
- [Ar]3d⁵4s¹

42 Mo — molibdeno
- 95,94 ; 1,8
- 682,5 ; 10,2
- 2622
- ~4825 ; 6,5,4,3,2
- [Kr]4d⁵5s¹

74 W — tungsteno
- 183,85 ; 1,7
- 769,2 ; 19,3
- 3410
- 5927 ; 6,5,4,3,2
- [Xe]4f¹⁴5d⁴6s²

106 Sg — seaborgio
- (271,13)
- —
- —
- —
- [Rn]5f¹⁴6d⁴7s²

Gruppo 7 / VII B

25 Mn — manganese
- 54,9380* ; 1,5
- 714,8 ; 7,47
- 1245
- 2097 ; 7,6,4,2,3
- [Ar]3d⁵4s²

43 Tc — tecnezio
- (98) ; 1,9
- 698 ; ~11,5
- 2200
- — ; 7
- [Kr]4d⁵5s²

75 Re — renio
- 186,207 ; 1,9
- 760,8 ; 21,02
- 3180
- 5630 ; −1,7,6,4,2
- [Xe]4f¹⁴5d⁵6s²

107 Bh — bohrio
- (270)
- —
- —
- —
- [Rn]5f¹⁴6d⁵7s²

Gruppo 8 / VIII B

26 Fe — ferro
- 55,847 ; 1,8
- 760,8 ; 7,87
- 1536
- 3000 ; 2,3
- [Ar]3d⁶4s²

44 Ru — rutenio
- 101,07 ; 2,2
- 708,5 ; 12,45
- ~2450
- ~4150 ; 2,3,4,6,8
- [Kr]4d⁷5s¹

76 Os — osmio
- 190,2 ; 2,2
- 840,2 ; 22,61
- ~2700
- ~5500 ; 2,3,4,6,8
- [Xe]4f¹⁴5d⁶6s²

108 Hs — hassio
- (277,15)
- —
- —
- —
- [Rn]5f¹⁴6d⁶7s²

Gruppo 9 / VIII B

27 Co — cobalto
- 58,9332* ; 1,8
- 756,6 ; 8,9
- 1493
- 3100 ; 2,3
- [Ar]3d⁷4s²

45 Rh — rodio
- 102,9055* ; 2,2
- 717,2 ; 12,41
- 1966
- 4500 ; 2,3,4
- [Kr]4d⁸5s¹

77 Ir — iridio
- 192,22 ; 2,2
- 874,9 ; 22,65
- 2443
- ~4500 ; 2,3,4,6
- [Xe]4f¹⁴5d⁷6s²

109 Mt — meitnerio
- (276,15)
- —
- —
- —
- [Rn]5f¹⁴6d⁷7s²

LANTANIDI

58 Ce — cerio
- 140,12 ; 1,1
- 532,6 ; 6,78
- 795
- 3257 ; 3,4
- [Xe]4f²6s²

59 Pr — praseodimio
- 140,9077* ; 1,1
- 524,9 ; 6,78
- 935
- 3290 ; 3,4
- [Xe]4f³6s²

60 Nd — neodimio
- 144,24 ; 1,2
- 531,6 ; 7,0
- 1024
- ~3030 ; 3
- [Xe]4f⁴6s²

61 Pm — promezio
- (145) ; 1,2
- 533,9 ; 7,2
- 1169
- — ; 3
- [Xe]4f⁵6s²

62 Sm — samario
- 150,36 ; 1,2
- 539,3 ; 7,53
- 1072
- 1900 ; 2,3
- [Xe]4f⁶6s²

ATTINIDI

90 Th — torio
- 232,0381 ; 1,3
- 584,5 ; 11,7
- 1842
- ~4500 ; 4
- [Rn]6d²7s²

91 Pa — protoattinio
- 231,0359 ; 1,5
- 566,3 ; 15,4
- 1560
- — ; 5,4
- [Rn]5f²6d¹7s²

92 U — uranio
- 238,0289 ; 1,7
- 581,6 ; 19,0
- 1132
- 3818 ; 6,5,4,3
- [Rn]5f³6d¹7s²

93 Np — nettunio
- 237,0482 ; 1,3
- 595,1 ; 20,45
- 640
- — ; 6,5,4,3
- [Rn]5f⁴6d¹7s²

94 Pu — plutonio
- (244,06) ; 1,3
- 582,6 ; 19,816
- 640
- 3235 ; 6,5,4,3
- [Rn]5f⁶7s²

---

[1] Riferito alla massa atomica del ¹²C = 12,000. Per molti elementi radioattivi è indicato tra parentesi il numero di massa o la massa atomica dell'isotopo più stabile. L'asterisco * indica che l'elemento naturale è costituito da un solo isotopo.

[2] La densità per gli elementi solidi e liquidi viene espressa in g/cm³ a 20 °C. Per gli elementi gassosi in g/dm³ a 0 °C e alla pressione di 1 atm.

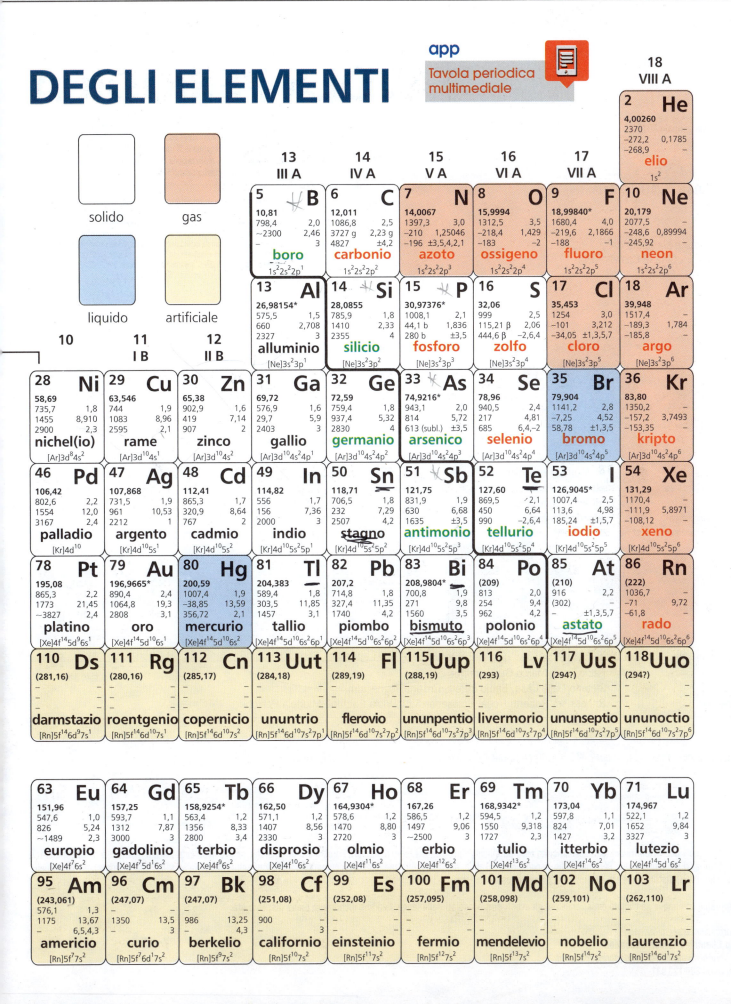

© 2015 by Mondadori Education S.p.A., Milano
Tutti i diritti riservati

www.mondadorieducation.it

Prima edizione: gennaio 2015

Edizioni

10	9	8	7	6	5	4	3
2019		2018		2017		2016	

Questo volume è stampato da:
Cartoedit S.r.l. - Città di Castello (Pg)
Stampato in Italia - Printed in Italy

Il Sistema Qualità di Mondadori Education S.p.A. è certificato da Bureau Veritas Italia S.p.A. secondo la Norma UNI EN ISO 9001:2008 per le attività di: progettazione, realizzazione di testi scolastici e universitari, strumenti didattici multimediali e dizionari.

Le fotocopie per uso personale del lettore possono essere effettuate nei limiti del 15% di ciascun volume/fascicolo di periodico dietro pagamento alla SIAE del compenso previsto dall'art. 68, commi 4 e 5, della legge 22 aprile 1941 n. 633.
Le fotocopie effettuate per finalità di carattere professionale, economico o commerciale o comunque per uso diverso da quello personale possono essere effettuate a seguito di specifica autorizzazione rilasciata da CLEARedi, Centro Licenze e Autorizzazioni per le Riproduzioni Editoriali, Corso di Porta Romana 108, 20122 Milano, e-mail autorizzazioni@clearedi.org e sito web www.clearedi.org.

Redazione	Beatrice Milano
Progetto grafico	Massimo De Carli
Impaginazione	ARA di Bellini Giovanni
Copertina	Alfredo La Posta
Disegni	ARA di Bellini Giovanni
Ricerca iconografica	Beatrice Milano

Contenuti digitali

Progettazione	Fabio Ferri, Marco Guglielmino
Redazione	Stefano Dalla Casa, Fabio Perelli, Cristina Tognaccini
Realizzazione	Bitness srl, Roberto Roda, Cineseries S.r.l., Viola Bachini, Michela Perrone

In copertina *Pinnacles at first light*, Nambung National Park, Western Australia © Neale Cousland/Shutterstock

L'editore fornisce - per il tramite dei testi scolastici da esso pubblicati e attraverso i relativi supporti - link a siti di terze parti esclusivamente per fini didattici o perché indicati e consigliati da altri siti istituzionali. Pertanto l'editore non è responsabile, neppure indirettamente, del contenuto e delle immagini riprodotte su tali siti in data successiva a quella della pubblicazione, distribuzione e/o ristampa del presente testo scolastico.

Per eventuali e comunque non volute omissioni e per gli aventi diritto tutelati dalla legge, l'editore dichiara la piena disponibilità.

Per informazioni e segnalazioni:
Servizio Clienti Mondadori Education
e-mail *servizioclienti.edu@mondadorieducation.it*
numero verde **800 123 931**